LEÇONS

SUR LA THÉORIE GÉNÉRALE

DES SURFACES.

PARIS. — IMPRIMERIE GAUTHIER-VILLARS ET FILS,

13646 Quai des Grands-Augustins, 55.

COURS DE GÉOMÉTRIE DE LA FACULTÉ DES SCIENCES.

LEÇONS
SUR LA THÉORIE GÉNÉRALE
DES SURFACES
ET LES APPLICATIONS GÉOMÉTRIQUES DU CALCUL INFINITÉSIMAL,

PAR

GASTON DARBOUX,

MEMBRE DE L'INSTITUT,
PROFESSEUR A LA FACULTÉ DES SCIENCES.

DEUXIÈME PARTIE.

LES CONGRUENCES ET LES ÉQUATIONS LINÉAIRES AUX DÉRIVÉES PARTIELLES.
DES LIGNES TRACÉES SUR LES SURFACES.

PARIS,
GAUTHIER-VILLARS ET FILS, IMPRIMEURS-LIBRAIRES
DE L'ÉCOLE POLYTECHNIQUE ET DU BUREAU DES LONGITUDES,
Quai des Grands-Augustins, 55.

1889

PRÉFACE.

Cette seconde Partie de mon Ouvrage se compose seulement de deux Livres.

Le Livre IV, qui traite des *congruences* et des *équations linéaires aux dérivées partielles,* est presque entièrement consacré à des développements d'analyse qui trouveront plus tard une application presque immédiate dans l'étude de deux questions importantes : la déformation infiniment petite d'une surface quelconque et la détermination des surfaces admettant une représentation sphérique donnée.

Le Livre V, qui traite des *lignes tracées sur les surfaces,* contient, en particulier, la démonstration des belles formules que nous devons à M. Codazzi. L'étude des lignes géodésiques s'y trouve commencée, mais non terminée. J'ai surtout insisté sur les rapprochements qui se présentent ici entre les méthodes employées par Gauss dans l'étude des géodésiques et celles que Jacobi a appliquées plus tard aux problèmes de la Mécanique analytique. J'ai pu ainsi mettre en évidence tout l'intérêt que présentent les belles découvertes de Jacobi lorsqu'on les envisage à un point de vue plus particulièrement géométrique.

Je m'empresse de remercier, en terminant, M. Paul Morin, professeur à la Faculté des Sciences de Rennes, et M. Édouard Goursat, Maître de Conférences à l'École Normale, qui ont bien voulu me prêter leur concours le plus dévoué dans la correction des épreuves.

28 octobre 1888.

ERRATA.

Première Partie.

Page 31, ligne 6 en remontant, *au lieu de* [p. 12], *lisez* [p. 22].

Page 32, formule (4), changer le signe du second membre. — Formules (5) et suivantes, échanger $\sin^2 \frac{MM'}{2}$ et $\cos^2 \frac{MM'}{2}$.

Page 40, dernière ligne, *au lieu de* [p. 13], *lisez* [p. 22].

Page 65, ligne 7 en remontant, *au lieu de* $F(u_0, v_0, u, v, t)$, *lisez* $F(u_0, v_0, u', v', t)$.

Page 69, dernière formule, *au lieu de* $B(du\,\delta v + C\,dv\,\delta u)$, *lisez*

$$B(du\,\delta v + dv\,\delta u).$$

Page 76, ligne 5 en remontant, *au lieu de* $\frac{dr}{r\sqrt{1+f'^2}}$, *lisez* $\frac{dr}{r}\sqrt{1+f'^2}$.

Page 336, seconde formule (26), *au lieu de* $\bar{\mathcal{F}}_1\left(\frac{m_0 u_1 + n_0}{-nu + m}\right)$, *lisez* $\bar{\mathcal{F}}_1\left(\frac{m_0 u_1 + n_0}{m - nu_1}\right)$.

Page 364, ligne 6 de la note, *ajouter* des cordes *après le mot* milieux.

Page 367, ligne 22, *au lieu de* l'ordre est, *lisez* la classe est un nombre.

Seconde Partie.

Page 113, dernière formule (45) et dernière formule (46), *au lieu de* λ_n, *lisez* λ_{2n-1}.

Page 127, lignes 14 et 17, changez les signes des seconds membres des équations.

Page 282, ligne 10, *au lieu de* MB', *lisez* M'B'.

Page 298, formule (34), changer le signe du terme en $\frac{\partial^2 \theta}{\partial \alpha\, \partial \beta}$.

Page 309, changer le signe du second membre dans l'équation (62) et dans la précédente.

Page 312, changer le signe des termes qui contiennent les dérivées premières de θ dans le système (75).

THÉORIE GÉNÉRALE
DES SURFACES.

DEUXIÈME PARTIE.

LIVRE IV.

LES CONGRUENCES ET LES ÉQUATIONS LINÉAIRES AUX DÉRIVÉES PARTIELLES.

CHAPITRE I.

NOTIONS GÉNÉRALES SUR LES CONGRUENCES.

Définition de la congruence. — Nombre limité de courbes passant par un point. — Cas d'exception. — Surfaces de la congruence. — Définition des points focaux. — Détermination du nombre et du degré de multiplicité des points focaux; application aux congruences engendrées par des courbes planes algébriques. — Surface focale, ses relations de contact avec les courbes et avec les surfaces de la congruence. — Détermination des surfaces de la congruence dont les génératrices admettent une enveloppe. — Cas particulier des congruences rectilignes. — Les deux séries de développables que l'on peut former avec les droites de la congruence. — Cas particulier où une des nappes de la surface focale se réduit à une courbe. — Proposition fondamentale relative à deux systèmes conjugués tracés sur les deux nappes de la surface focale. — Relation de cette proposition avec la méthode de transformation des équations linéaires aux dérivées partielles qui est due à Laplace.

311. Considérons un système de courbes, défini par les équations

$$(1)\qquad \begin{cases} f(x, y, z, a, b) = 0, \\ \varphi(x, y, z, a, b) = 0, \end{cases}$$

où a et b désignent deux constantes arbitraires. Nous désignerons sous le nom de *congruence*, emprunté à Plücker, l'ensemble des courbes correspondantes à tous les systèmes de valeurs de a et de b. Il est clair qu'il passe un nombre limité de courbes de la congruence par un point quelconque de l'espace; car, si l'on remplace, dans les équations précédentes, x, y, z par les coordonnées x_0, y_0, z_0 de ce point, on aura deux relations qui détermineront, en général, un nombre limité de systèmes de valeurs de a et de b. Cependant, il peut arriver que, pour certains points exceptionnels, ces équations admettent un nombre illimité de solutions. Il pourra donc y avoir certains points par lesquels passeront une infinité de courbes de la congruence.

Imaginons, par exemple, que l'on considère la congruence formée par les droites qui rencontrent une courbe (K) et sont tangentes à une surface (S). Les droites de la congruence qui passent par un point M de l'espace sont, en général, en nombre limité; elles sont les arêtes d'intersection de deux cônes de sommet M, l'un circonscrit à la surface (S), l'autre contenant la courbe (K). Mais, si le point M appartient à la courbe (K), il y passera une infinité de droites de la congruence qui formeront le cône circonscrit à la surface (S) ayant son sommet en ce point.

Si l'on considère de même la congruence formée par les cercles de l'espace qui passent par deux points fixes A et B, on reconnaît immédiatement qu'il passe, en général, par un point M un seul cercle de la congruence. Cette conclusion cesse d'être exacte si le point M vient se réunir à l'un des points A, B; on obtient alors tous les cercles de la congruence.

Les deux exemples différents que nous venons de signaler correspondent aux deux cas qui peuvent se présenter lorsqu'il y a indétermination. Dans le premier, les deux équations auxquelles doivent satisfaire a et b se réduisent à une seule; dans le second, elles sont, l'une et l'autre, identiquement vérifiées.

312. Revenons aux congruences les plus générales. Si l'on établit une relation quelconque entre a et b

$$b = F(a), \tag{2}$$

les courbes de la congruence qui correspondent aux valeurs de a

et de b pour lesquelles cette relation est vérifiée engendreront une surface que l'on obtiendra en éliminant a et b entre les équations (1) et (2). Le plan tangent en un point (x, y, z) de cette surface sera défini par l'équation

$$(3)\qquad \frac{\frac{\partial f}{\partial x}dx + \frac{\partial f}{\partial y}dy + \frac{\partial f}{\partial z}dz}{\frac{\partial \varphi}{\partial x}dx + \frac{\partial \varphi}{\partial y}dy + \frac{\partial \varphi}{\partial z}dz} = \frac{\frac{\partial f}{\partial a} + \frac{\partial f}{\partial b}F'(a)}{\frac{\partial \varphi}{\partial a} + \frac{\partial \varphi}{\partial b}F'(a)},$$

dont la forme va nous conduire à une proposition très intéressante.

Donnons, pour abréger, le nom de *surfaces de la congruence* aux surfaces que nous venons de définir et qui sont engendrées par des courbes de la congruence, choisies d'ailleurs de la manière la plus arbitraire. Considérons quatre de ces surfaces, passant par une même courbe (C) de la congruence, et prenons leurs plans tangents en un point déterminé M de cette courbe; x, y, z, a, b auront, en ce point, la même valeur pour toutes les surfaces, $F'(a)$ variera seule quand on passera d'une surface à une autre.

De cette remarque et de la forme de l'équation (3), nous pouvons donc conclure que le rapport anharmonique des plans tangents en M aux quatre surfaces, plans tangents qui contiennent tous la tangente en M à la courbe (C), est égal à celui des valeurs de $F'(a)$ relatives aux quatre surfaces et est, par conséquent, le même pour tous les points de la courbe (C). Ainsi :

Si l'on considère quatre surfaces quelconques de la congruence contenant une même courbe de la congruence, le rapport anharmonique des plans tangents à ces surfaces en un point quelconque de la courbe commune demeure constant quand le point se déplace sur cette courbe.

L'équation du plan tangent nous conduit encore à une autre conséquence essentielle. Déterminons sur la courbe commune (C) les points pour lesquels on a

$$(4)\qquad \frac{\frac{\partial f}{\partial a}}{\frac{\partial \varphi}{\partial a}} = \frac{\frac{\partial f}{\partial b}}{\frac{\partial \varphi}{\partial b}}.$$

Pour ces points, le plan tangent sera indépendant de $F'(a)$ et, par conséquent, sera le même pour toutes les surfaces de la congruence contenant la courbe (C). Ainsi :

Si l'on considère toutes les surfaces de la congruence qui contiennent une même courbe (C) *de la congruence, il existera sur* (C) *un certain nombre de points pour lesquels toutes ces surfaces admettront le même plan tangent, quelle que soit la loi suivant laquelle on ait assemblé les courbes qui les engendrent.*

Nous désignerons ces points sous le nom de *points focaux*.

313. Le nombre des points focaux situés sur chaque courbe dépend de la forme des équations (1) par rapport à x, y, z plutôt que de la manière dont y figurent a et b. En d'autres termes, il dépend surtout de la forme et de la définition des courbes de la congruence, plutôt que de la manière dont elles sont assemblées. Supposons, par exemple, que les équations (1) soient du premier degré par rapport à x, y, z et représentent une droite : l'équation (4) sera du second degré, en général, et définira deux points focaux sur chaque droite de la congruence. Si f est du degré m et φ du premier degré, la congruence sera formée par des courbes planes d'ordre m. L'équation (4) étant alors du degré $m+1$, il y aura, en général, $m(m+1)$ points focaux sur chaque courbe de la congruence.

Lorsque les courbes de la congruence rencontrent une courbe fixe (K), leurs points de concours avec la courbe fixe sont évidemment des points focaux. Il en est de même si ces courbes passent par des points fixes; mais nous allons montrer que, dans ce dernier cas, chacun de ces points fixes équivaut au moins à deux points focaux.

Soit, en effet, M un point par lequel passent toutes les courbes de la congruence. Si on le prend pour origine des coordonnées, les équations (1) ne contiendront pas de terme constant et les termes de degré moindre seront au moins du premier degré. Par suite, les termes de degré moindre dans l'équation (4) seront au moins du second degré; et deux, au moins, des points d'intersection de la surface représentée par cette équation avec la courbe (C) de la congruence se confondront à l'origine des coordonnées, c'est-à-dire au point M.

Indiquons quelques applications.

Pour une congruence de coniques, il y a six points focaux sur chaque conique.

Si les coniques deviennent des cercles, c'est-à-dire rencontrent deux fois le cercle de l'infini, deux des points focaux sont rejetés à l'intersection de chaque cercle et du cercle de l'infini; il en reste quatre seulement à distance finie.

Si les cercles passent par un point fixe A, il ne reste plus, en dehors de A, que deux points focaux à distance finie sur chaque cercle. C'est ce que l'on reconnaît d'ailleurs immédiatement en effectuant une inversion dont le pôle est en A.

314. Après ces indications sommaires sur le nombre des points focaux, étudions leur distribution dans l'espace. Si l'on élimine a et b entre les équations (1) et (4), on obtient en général une seule équation, qui représente le lieu des points focaux de toutes les courbes de la congruence. Nous donnerons à ce lieu le nom de *surface focale de la congruence*. Il se compose d'autant de nappes qu'il y a de points focaux sur chaque courbe de la congruence. La surface focale peut se décomposer, se réduire, en totalité ou en partie, à des courbes ou à des points : nous laisserons de côté l'examen de tous ces cas, qui nous entraînerait trop loin, et nous établirons les propriétés générales suivantes.

Écrivons les équations (1) et (4) sous la forme

$$(5) \qquad f=0, \qquad \varphi=0, \qquad \frac{\partial f}{\partial a}-k\frac{\partial \varphi}{\partial a}=0, \qquad \frac{\partial f}{\partial b}-k\frac{\partial \varphi}{\partial b}=0,$$

où k désigne une inconnue auxiliaire. Si l'on regarde a et b comme donnés, ces équations déterminent les points focaux d'une certaine courbe (C) de la congruence. Le plan tangent en un de ces points à l'une quelconque des surfaces de la congruence qui contiennent la courbe (C) est défini par l'équation (3), qui prend ici la forme

$$(6) \qquad \left(\frac{\partial f}{\partial x}-k\frac{\partial \varphi}{\partial x}\right)dx+\left(\frac{\partial f}{\partial y}-k\frac{\partial \varphi}{\partial y}\right)dy+\left(\frac{\partial f}{\partial z}-k\frac{\partial \varphi}{\partial z}\right)dz=0.$$

Nous allons montrer que ce plan est aussi tangent à la surface focale au point considéré.

On obtient, en effet, l'équation de la surface focale en éliminant a, b, k entre les quatre équations (5); mais, au lieu d'effectuer cette élimination, on peut conserver toutes ces équations en convenant d'y regarder a, b, k comme des fonctions à déterminer. Par suite, pour avoir le plan tangent à la surface focale au point considéré, il faudra différentier les équations (5) en y regardant a, b, k comme des variables. Or, si l'on différentie seulement les deux premières et que l'on forme la combinaison

$$df - k\,d\varphi = 0,$$

les coefficients de da, db disparaissent en vertu des deux dernières équations, et l'on retrouve l'équation (6). Cette équation représente donc, comme nous l'avons annoncé, le plan tangent à la surface focale, et nous pouvons énoncer la proposition suivante :

Les courbes de la congruence sont tangentes en tous leurs points focaux à la surface focale. Les différentes surfaces de la congruence qui contiennent une courbe déterminée de cette congruence sont toutes tangentes à la surface focale en tous les points focaux situés sur cette courbe; et, par conséquent, elles devaient être, comme il a été déjà établi, tangentes les unes aux autres en ces points.

315. On retrouve encore la surface focale en étudiant le problème suivant :

Assembler des courbes de la congruence de telle manière qu'elles aient une enveloppe, c'est-à-dire qu'elles soient toutes tangentes à une certaine courbe.

Prenons pour b une fonction de a : nous obtiendrons une famille de courbes représentées par les équations

$$f = 0, \qquad \varphi = 0, \tag{7}$$

qui ne contiennent plus qu'un paramètre a. Pour que ces courbes aient une enveloppe, il faut que, pour toute valeur de a, on puisse déterminer des valeurs de x, y, z satisfaisant aux deux équations (7) en même temps qu'à leurs dérivées prises par rapport à a,

$$\frac{\partial f}{\partial a} + \frac{\partial f}{\partial b}\frac{db}{da} = 0, \qquad \frac{\partial \varphi}{\partial a} + \frac{\partial \varphi}{\partial b}\frac{db}{da} = 0. \tag{8}$$

Si l'on élimine entre ces équations $\frac{db}{da}$, on retrouve l'équation (4) qui caractérise les points focaux. Donc :

Si l'on veut assembler des courbes de la congruence de telle manière qu'elles aient une enveloppe, cette enveloppe sera nécessairement formée par des points focaux de ces courbes et sera, par conséquent, située sur une des nappes de la surface focale.

D'autre part, si l'on élimine x, y, z entre les équations (7) et (8), on sera conduit à une relation de la forme

$$\Phi\left(a, b, \frac{db}{da}\right) = 0; \tag{9}$$

ce qui montre que la solution complète du problème exige, en général, l'intégration d'une équation différentielle du premier ordre.

Les propositions établies précédemment conduisent encore à ce dernier résultat. Nous avons reconnu que, si des courbes de la congruence admettent une enveloppe (E), cette enveloppe (E) doit se trouver sur une des nappes de la surface focale. Mais il est clair qu'elle doit encore satisfaire à une autre condition : il faut qu'en chacun de ses points elle soit tangente à la courbe de la congruence qui vient toucher en ce point la surface focale. Cette dernière condition, qui est évidemment nécessaire et suffisante, équivaut à une équation différentielle dont l'intégration permettra seule de résoudre complètement le problème. Cette équation différentielle sera du premier ordre et du premier degré pour chacune des nappes de la surface focale; mais, si ces nappes ne peuvent être séparées analytiquement, on aura à considérer une seule équation du premier ordre, dont le degré sera égal au nombre des nappes de la surface.

Dans le cas où l'une des nappes de la surface focale se réduira à une courbe (K), il suffira, pour avoir une solution partielle du problème, d'assembler toutes les courbes de la congruence qui passent par un même point de (K). Si l'on considère, par exemple, la congruence formée par les cercles qui rencontrent quatre courbes données, on aura toutes les solutions en assemblant les cercles, en nombre infini, qui passent par un point quelconque de l'une de ces courbes.

316. Lorsque les courbes de la congruence sont simplement tangentes à une des nappes de la surface focale, les points de contact de ces courbes doivent être considérés comme des points focaux simples; mais, si les courbes ont un contact d'ordre p avec la nappe considérée, chaque point de contact sera un point focal multiple tenant lieu de p points focaux ordinaires. Voici comment on peut établir cette proposition.

Soit

$$z = f(x, y)$$

l'équation de la nappe considérée. Si l'on remplace partout z par $z + f(x, y)$, cette substitution ne change pas l'ordre de contact des courbes et des surfaces; mais la nappe précédente est remplacée par le plan des xy. Nous pouvons donc, sans restreindre la généralité des raisonnements, supposer que toutes les courbes de la congruence soient tangentes au plan des xy; et nous allons les étudier dans le voisinage de ce plan.

Substituons aux paramètres a et b qui entrent dans les équations de chaque courbe de la congruence les coordonnées x_0, y_0 du point de contact de la courbe avec le plan des xy. Les équations qui définissent cette courbe donneront alors pour y et z des valeurs qui pourront être développées en série et seront de la forme

$$y = y_0 + A(x - x_0) + B(x - x_0)^2 + \dots,$$
$$z = A_1(x - x_0)^{p+1} + B_1(x - x_0)^{p+2} + \dots,$$

A, A_1, B, B_1, ... étant des fonctions quelconques de x_0, y_0 et p désignant l'ordre du contact de la courbe avec le plan des xy. Écrivons l'équation

$$\frac{\partial f}{\partial x_0}\frac{\partial \varphi}{\partial y_0} - \frac{\partial f}{\partial y_0}\frac{\partial \varphi}{\partial x_0} = 0,$$

qui détermine ici les points focaux. Elle sera de la forme

$$-(p+1)A_1(x-x_0)^p+\ldots=0,$$

les termes non écrits contenant tous en facteur une puissance de $x-x_0$ d'exposant supérieur à p. On voit que la valeur x_0 de x sera d'un ordre de multiplicité précisément égal à l'ordre de contact de chaque courbe de la congruence transformée avec le plan des xy, c'est-à-dire de chaque courbe de la congruence primitive avec la nappe considérée de la surface focale. C'est la proposition que nous voulions établir.

317. On peut raisonner d'une manière analogue lorsque les courbes de la congruence rencontrent toutes une courbe fixe (K). Si

$$z=f(x), \qquad y=\varphi(x)$$

sont les équations de cette courbe, on commencera par remplacer z par $z+f(x)$ et y par $y+\varphi(x)$ et la courbe se transformera dans l'axe des x sans que les ordres de contact aient été changés. Substituons à l'un des paramètres a et b qui entrent dans l'équation de chaque courbe de la congruence l'abscisse x_0 du point de rencontre de cette courbe avec l'axe des x, les équations de la courbe prendront la forme

$$y=A(x-x_0)+B(x-x_0)^2+\ldots,$$
$$z=A_1(x-x_0)+B_1(x-x_0)^2+\ldots,$$

A, B, A_1, B_1, ... désignant des fonctions de x_0 et de l'autre paramètre α dont dépendent les courbes de la congruence. L'équation qui déterminera les points focaux sera ici

$$(x-x_0)\left(A\frac{\partial A_1}{\partial \alpha}-A_1\frac{\partial A}{\partial \alpha}\right)+\ldots=0,$$

les termes non écrits contenant $(x-x_0)^2$ en facteur. On voit que le point de rencontre sera un point focal simple, à moins que l'on n'ait

$$A\frac{\partial A_1}{\partial \alpha}-A_1\frac{\partial A}{\partial \alpha}=0$$

ou, en intégrant,

$$A_1=A\,\varphi(x_0).$$

Cette condition s'interprète aisément; elle exprime que les tangentes à toutes les courbes de la congruence transformée qui coupent au même point l'axe des x sont dans un même plan passant par Ox. En étendant cette conclusion à la congruence primitive, nous obtenons le résultat suivant :

Quand les courbes de la congruence rencontrent une courbe fixe (K), *les points d'intersection sont des points focaux simples, à moins que les tangentes à toutes les courbes de la congruence qui passent en un point quelconque de* (K) *ne soient toutes situées dans un plan passant par la tangente en ce point à la courbe* (K).

Si l'on étend ce mode de recherches au cas où toutes les courbes de la congruence passent par un point fixe, on démontrera de même que ce point fixe, qui tient lieu, comme nous l'avons vu, de deux points focaux au moins, ne pourra avoir un ordre de multiplicité supérieur que si les tangentes menées en ce point à toutes les courbes de la congruence forment un cône, d'ailleurs quelconque, au lieu de remplir l'espace. Nous laisserons également au lecteur le soin d'établir, par une simple application des méthodes précédentes, une élégante proposition qui nous a été communiquée par M. G. Kœnigs :

Si une congruence est telle que chacune des courbes qui la composent soit rencontrée par toutes les courbes infiniment voisines de la congruence, les différentes courbes de la congruence sont tangentes à une ou à plusieurs courbes fixes ou bien elles passent par un ou plusieurs points fixes [1].

318. Appliquons les propositions précédentes aux congruences de droites ou *systèmes de rayons rectilignes*. Le nombre des droites de la congruence qui passent par un point quelconque de l'espace a reçu dans ce cas le nom d'*ordre* de la congruence; on appelle *classe* de la congruence le nombre des droites qui sont

---

[1] On laisse de côté le cas exceptionnel où toutes les courbes de la congruence seraient tracées sur une même surface et où, par suite, tous leurs points satisferaient à la définition des points focaux.

dans un plan quelconque. Le système des normales à l'ellipsoïde forme une congruence d'ordre 6 et de classe 2.

Sur chaque droite il y a, en général, deux points focaux réels ou imaginaires. Quand la droite se déplace, ces deux points focaux décrivent les deux nappes de la surface focale. Les droites de la congruence sont des tangentes doubles de cette surface focale, mais la réciproque n'est pas vraie, en général : toute tangente double de la surface focale n'est pas une droite de la congruence. Par exemple, la surface des centres de courbure de l'ellipsoïde admet bien comme tangentes doubles les normales de l'ellipsoïde; mais elle admet aussi d'autres tangentes doubles qui ne font pas partie de la congruence des normales.

Soit (d) une droite quelconque de la congruence, touchant en M la première nappe et en M' la seconde nappe de la surface focale (F). Soient (P), (P') les plans tangents en M et M' à (F). Si l'on veut assembler les droites de la congruence de telle manière qu'elles aient une enveloppe, c'est-à-dire qu'elles engendrent une surface développable, les arêtes de rebroussement de toutes les développables ainsi obtenues devront, d'après les propositions générales établies précédemment, se trouver sur l'une ou l'autre des nappes de (F). Il suit de là que la droite (d) fera partie de deux développables seulement, l'une ayant son arête de rebroussement sur la première nappe et tangente en M à la droite (d), l'autre ayant son arête de rebroussement sur la seconde nappe et tangente à (d) en M'. La détermination de ces deux séries de développables exigera d'ailleurs l'intégration de deux équations différentielles du premier ordre et du premier degré ou, ce qui revient au même, celle d'une équation du premier ordre et du second degré.

Toutes les surfaces réglées engendrées par des droites de la congruence et contenant la droite (d) seront tangentes les unes aux autres aux deux points focaux M et M'. Il faut cependant faire une remarque particulière relativement aux deux développables qui admettent (d) pour génératrice. Celle, par exemple, qui a son arête de rebroussement passant en M et située sur la première nappe de la surface focale, admet en M', et par conséquent en tous les autres points de (d), le plan tangent en M' à seconde nappe de la surface focale. Ce plan n'est pas, il est vrai, tangent en M à la première nappe; mais cette exception au théorème général, qui se présenterait aussi pour les congruences les plus générales, disparaît si l'on remarque que l'arête de rebroussement d'une surface développable est une ligne multiple en tous les points de laquelle le plan tangent doit être regardé comme indéterminé.

319. Désignons par les lettres (C), (C′) les arêtes de rebroussement, situées respectivement sur la première et la seconde nappe, des deux séries de développables que nous venons de définir. Les premières développables, ayant pour arêtes de rebroussement les courbes (C), touchent la seconde nappe suivant des courbes (D′). Les secondes, ayant pour arêtes de rebroussement les courbes (C′), touchent de même la première nappe suivant des courbes (D). Il y a une relation géométrique à peu près évidente, mais très essentielle, entre les deux familles de courbes tracées sur la même nappe (C) et (D) ou (C′) et (D′). Les tangentes aux différentes courbes (C) aux points où ces courbes rencontrent une même courbe (D) engendrent, par hypothèse, une surface développable ayant son arête de rebroussement sur la seconde nappe. Donc les courbes (C) et (D) forment un système conjugué sur la première nappe; et, de même, les courbes (C′) et (D′) forment un système conjugué sur la seconde nappe. Ainsi :

Sur chaque nappe de la surface focale, les courbes correspondantes aux deux séries de développables forment un système conjugué. Les unes sont les arêtes de rebroussement de l'une des deux familles de développables; les autres sont les courbes de contact des développables de l'autre série.

320. L'étude détaillée des relations précédentes est très féconde en conséquences et elle permet de résoudre différentes questions. Proposons-nous, par exemple, le problème suivant :

On considère sur une surface (Σ) *une famille de courbes* (C). *Les tangentes à ces courbes forment une congruence dans laquelle on connaît déjà une des deux familles de développables, celles qui sont engendrées par les tangentes aux diverses courbes* (C). *On propose de définir les développables de l'autre famille.*

Il est clair, d'après ce qui précède, qu'il faudra associer aux courbes (C) leurs conjuguées (D) sur (Σ). Les tangentes aux courbes (C) en tous les points d'une courbe (D) engendreront les développables de la seconde famille. La détermination de ces développables exigera l'intégration d'une équation du premier ordre et du premier degré, celle des courbes (D).

La construction précédente montre immédiatement que, si les courbes (C) sont des lignes asymptotiques, et seulement dans ce cas, elles coïncident avec les courbes (D). Ainsi les congruences dans lesquelles les deux points focaux sont constamment confondus, les deux nappes de la surface focale se réduisant à une seule (Σ), sont formées de l'un des deux systèmes de tangentes asymptotiques de (Σ). Ce résultat est en parfait accord avec celui qui a été démontré au n° 316.

321. Les propositions précédentes subissent des modifications qu'il est aisé de prévoir dans le cas où l'une ou l'autre des deux nappes de la surface focale se réduit à une courbe. Alors les développables qui avaient leur arête de rebroussement sur cette nappe se réduisent aux cônes engendrés par les droites de la congruence qui coupent en un même point la courbe à laquelle se réduit la nappe considérée.

Proposons-nous de déterminer, dans ce cas spécial, la seconde famille de développables de la congruence. Donnons-nous les équations de la courbe *focale* sous la forme

$$x = f(z), \qquad y = \varphi(z);$$

les équations qui déterminent une droite de la congruence seront de la forme

$$X - x = \lambda(Z - z), \qquad Y - y = \mu(Z - z),$$

X, Y, Z étant les coordonnées variables et μ une fonction de λ et de z déterminée par la définition de la congruence. Pour obtenir les développables, nous exprimerons que la droite représentée par les équations précédentes est rencontrée par une droite infiniment voisine de la congruence; c'est-à-dire que nous associerons aux deux équations précédentes les suivantes

$$dx + d\lambda(Z - z) - \lambda\, dz = 0,$$
$$dy + d\mu(Z - z) - \mu\, dz = 0,$$

que l'on obtient en faisant varier infiniment peu λ et z. Si nous éliminons $Z - z$, nous obtiendrons l'équation différentielle

$$(dx - \lambda\, dz)\, d\mu - (dy - \mu\, dz)\, d\lambda = 0,$$

dont l'intégration fera connaître les développables de la congruence. On aperçoit immédiatement une première solution

$$dx = dy = dz = 0;$$

elle correspond au cône formé par toutes les droites de la congruence qui passent au même point de la courbe focale. Si nous écartons cette solution évidente, et déjà signalée, et si nous remplaçons $d\mu$ par sa valeur $\frac{\partial \mu}{\partial z} dz + \frac{\partial \mu}{\partial \lambda} d\lambda$, nous serons conduits à l'équation différentielle du premier degré

$$\text{(10)} \qquad \frac{d\lambda}{\partial z} = \frac{(\lambda - x')\frac{\partial \mu}{\partial z}}{\mu - y' - (\lambda - x')\frac{\partial \mu}{\partial \lambda}},$$

dont l'intégration paraît impossible dans le cas général.

Si l'on suppose que toutes les droites de la congruence qui passent au même point de la courbe focale y forment un plan, la seconde nappe de la surface focale sera évidemment la développable (Δ) enveloppe de ce plan. Dans ce cas, la relation entre μ, λ, z prendra la forme

$$\mu = A\lambda + B,$$

A et B étant des fonctions de z, et l'équation (10) se réduira à la suivante

$$\frac{d\lambda}{dz} = \frac{(\lambda - x')(A'\lambda + B')}{Ax' + B - y'},$$

qui est une équation de Riccati. Ainsi :

La détermination de toutes les courbes, tracées sur une développable (Δ), dont les tangentes vont rencontrer une courbe *donnée quelconque* (K), *dépend de l'intégration d'une équation de Riccati.*

Par conséquent, elle pourra être effectuée (nos 16 et 17) par $3-n$ quadratures, dès que l'on connaîtra n courbes particulières donnant une solution du problème. Le lecteur fera de lui-même l'application au cas où la développable (Δ) est l'enveloppe des plans normaux à la courbe (R). Les courbes cherchées deviennent alors les développées de (R); on peut d'ailleurs obtenir deux de ces courbes sans aucune intégration : ce sont les arêtes de rebroussement des deux nappes de la développable circonscrite à la courbe (R) et au cercle de l'infini. Par suite, les développées les plus générales peuvent se déterminer par une simple quadrature, ce qui est conforme aux résultats du n° 12 [I, p. 18].

Si la courbe (R) est plane, son plan coupe (Δ) suivant une courbe plane dont les tangentes rencontrent (R); on connaîtra donc une solution du problème et, par suite, on obtiendra l'intégrale générale au moyen de deux quadratures.

Si, la courbe (R) étant quelconque, la développable (Δ) est un cône de sommet A, on connaîtra aussi une solution particulière fournie par le cône de sommet A, contenant la courbe (R). Ainsi on peut déterminer au moyen de deux quadratures seulement les courbes, tracées sur un cône quelconque, dont les tangentes vont rencontrer une courbe tout à fait arbitraire.

L'équation (10) permet de reconnaître les cas dans lesquels les deux points focaux de chaque droite de la congruence sont confondus; pour qu'il en soit ainsi, il faut évidemment que l'équation se réduise à

$$dz = 0,$$

c'est-à-dire que l'on ait

$$\mu - y' - (\lambda - x')\frac{\partial\mu}{\partial\lambda} = 0.$$

En intégrant, on a

$$\mu - y' = h(\lambda - x'),$$

h étant une fonction de z. L'interprétation géométrique de ce résultat conduit au théorème suivant, compris d'ailleurs comme cas particulier dans celui qui a été établi au n° 317.

Les droites qui rencontrent une courbe (C) *et font partie d'une congruence n'ont leurs deux points focaux confondus que dans le cas où toutes celles qui passent en un point de* (C) *y engendrent un plan tangent à* (C).

322. Telles sont les propriétés les plus simples des systèmes de rayons rectilignes. On voit que, si un tel système est défini, il sera toujours possible d'obtenir par des calculs algébriques l'équation de la surface focale; mais la détermination des deux familles de développables dans lesquelles on peut distribuer toutes les droites exigera, en général, l'intégration de deux équations différentielles. L'intégration de ces équations différentielles entraînera la connaissance d'un système conjugué sur chacune des nappes de la surface focale.

Réciproquement, toutes les fois que l'on connaîtra sur une surface (Σ) un système formé de deux familles de courbes conjuguées (C) et (D), on en déduira deux systèmes différents de rayons rectilignes pour lesquels on connaîtra les deux séries de développables. Considérons en effet les tangentes à toutes les courbes de l'une des familles, aux courbes (C) par exemple. Elles formeront une congruence pour laquelle les deux séries de développables seront connues : les unes seront formées par les tangentes en tous les points d'une même courbe (C), les autres par les tangentes aux différentes courbes (C) aux points où elles sont coupées par une même courbe (D) de la seconde famille. De là résulte cette nouvelle propriété :

Toutes les fois que l'on connaîtra un système conjugué sur une surface (Σ), *on pourra obtenir une suite, en général illimitée, de surfaces sur lesquelles on connaîtra également un système conjugué.*

Conservons en effet les notations précédentes et soient (C) et (D) les deux séries de courbes conjuguées tracées sur (Σ). Les tangentes aux courbes (C) forment une congruence dont la surface focale se compose de (Σ) et d'une autre surface (Σ_1) qui, en général, ne se réduit ni à une courbe ni à une surface développable. Aux courbes (C) et (D) de (Σ) correspondent des courbes (D_1) et (C_1) de (Σ_1) formant sur cette surface un réseau conjugué;

et les droites de la congruence considérée sont tangentes aux courbes (C_1). Construisons maintenant les tangentes aux courbes (D_1) de (Σ_1); elles touchent en même temps que (Σ_1) une autre surface (Σ_2) dont la relation à (Σ_1) sera la même que celle de (Σ_1) à (Σ). On pourra continuer indéfiniment ces opérations tant que l'on ne parviendra pas à une surface qui dégénère en une courbe ou en une développable, et l'on obtiendra ainsi une suite de surfaces

$$(\Sigma),\ (\Sigma_1),\ (\Sigma_2),\ (\Sigma_3),\ \ldots$$

que l'on pourra, en général, prolonger indéfiniment.

Revenons maintenant à la surface (Σ). Si, au lieu des tangentes aux courbes (C), on mène les tangentes aux courbes (D), en opérant comme nous venons de l'indiquer, on obtiendra une série de surfaces

$$(\Sigma_{-1}),\ (\Sigma_{-2}),\ (\Sigma_{-3}),\ \ldots,$$

qui ne se terminera pas, en général. Si l'on réunit les deux séries pour en former une suite unique

$$\ldots,\ (\Sigma_{-2}),\ (\Sigma_{-1}),\ (\Sigma),\ (\Sigma_1),\ (\Sigma_2),\ \ldots,$$

chacune des surfaces obtenues se déduira de la suivante ou de la précédente par une construction uniforme, et l'on connaîtra sur chacune d'entre elles un système conjugué correspondant au système primitif de (Σ).

Ainsi, toutes les fois que l'on aura intégré les équations différentielles qui déterminent les développables formées avec les droites d'une congruence donnée, la méthode précédente fournira une série de congruences nouvelles dont les développables se détermineront sans nouvelle intégration. Ajoutons même que, pour définir toutes ces congruences, il ne sera nullement nécessaire d'avoir trouvé les développables de la première. Car, si M désigne un point quelconque de la surface (Σ) et Mt la droite de la congruence tangente en M à (Σ), on peut toujours construire la tangente conjuguée de cette droite et définir, par conséquent, la congruence nouvelle qui doit succéder à la précédente.

323. Nous allons chercher la traduction analytique des opérations géométriques qui précèdent. Pour cela nous emploierons les coordonnées homogènes; nous désignerons par x, y, z, t les coordonnées d'un point quelconque de (Σ) et nous prendrons pour variables indépendantes les paramètres ρ, ρ_1 des deux familles de courbes conjuguées (C) et (D). Nous savons (n° 98), [I, p. 122] que x, y, z, t sont quatre solutions particulières d'une équation linéaire de la forme

$$(11)\qquad \frac{\partial^2\theta}{\partial\rho\,\partial\rho_1}+a\frac{\partial\theta}{\partial\rho}+b\frac{\partial\theta}{\partial\rho_1}+c\theta=0.$$

Considérons la congruence formée par les tangentes aux courbes (C); ces tangentes à (Σ) vont toucher une autre surface (Σ_1) qu'il s'agit de définir analytiquement. Pour cela nous prendrons un point quelconque $M(x, y, z, t)$ sur (Σ). Il passe en ce point une courbe (C); on définira un point quelconque P de la droite Mt tangente en M à cette courbe par les formules

$$(12)\qquad X=\lambda x+\frac{\partial x}{\partial\rho_1},\quad Y=\lambda y+\frac{\partial y}{\partial\rho_1},\quad Z=\lambda z+\frac{\partial z}{\partial\rho_1},\quad T=\lambda t+\frac{\partial t}{\partial\rho_1},$$

où λ désigne une arbitraire dont la variation donnerait tous les points de cette tangente. Pour déterminer λ, il faut exprimer que le point P décrit une courbe tangente à la droite Mt sur laquelle il se trouve, quand le point M se déplace sur la courbe (D), c'est-à-dire lorsque le paramètre ρ varie seul. Cette condition se traduit par des équations telles que les suivantes

$$(13)\qquad \frac{\partial X}{\partial\rho}=px+q\frac{\partial x}{\partial\rho_1},\qquad \frac{\partial Y}{\partial\rho}=py+q\frac{\partial y}{\partial\rho_1},\quad \ldots,$$

où p et q sont des indéterminées pouvant recevoir des valeurs quelconques. Considérons seulement l'équation relative à X et remplaçons-y $\frac{\partial X}{\partial\rho}$ par sa valeur tirée de la première équation (12) : nous aurons

$$x\frac{\partial\lambda}{\partial\rho}+\lambda\frac{\partial x}{\partial\rho}+\frac{\partial^2 x}{\partial\rho\,\partial\rho_1}=px+q\frac{\partial x}{\partial\rho_1},$$

ou, en substituant à $\frac{\partial^2 x}{\partial\rho\,\partial\rho_1}$ sa valeur tirée de l'équation (11),

$$x\left(\frac{\partial\lambda}{\partial\rho}-c-p\right)+\frac{\partial x}{\partial\rho}(\lambda-a)-\frac{\partial x}{\partial\rho_1}(b+q)=0.$$

Cette équation doit subsister quand on y remplace x par y, z,

t; elle doit donc être vérifiée identiquement (n° 99), ce qui donne

$$\lambda = a, \qquad q = -b, \qquad p = \frac{\partial a}{\partial \rho} - c.$$

Les formules (12) et (13) se transforment donc dans les suivantes

$$X = \frac{\partial r}{\partial \rho_1} + ax, \quad \ldots, \tag{14}$$

$$\frac{\partial X}{\partial \rho} = \left(\frac{\partial a}{\partial \rho} - c\right)x - b\frac{\partial r}{\partial \rho_1}, \quad \ldots, \tag{15}$$

où tout est connu et qui définissent complètement la nouvelle surface (Σ_1). Pour obtenir (Σ_{-1}), il suffirait d'échanger les deux variables ρ et ρ_1.

324. Supposons, par exemple, que les coordonnées x, y, z, t soient données par les formules

$$\left\{\begin{aligned} x &= A(\rho - a)^m(\rho_1 - a)^n, \\ y &= B(\rho - b)^m(\rho_1 - b)^n, \\ z &= C(\rho - c)^m(\rho_1 - c)^n, \\ t &= D(\rho - d)^m(\rho_1 - d)^n, \end{aligned}\right. \tag{16}$$

où a, b, c, d désignent maintenant des constantes quelconques, et qui ont été déjà employées au n° 112 [I, p. 142]; x, y, z, t sont des solutions particulières de l'équation aux dérivées partielles

$$(\rho - \rho_1)\frac{\partial^2 \theta}{\partial \rho \, \partial \rho_1} + n\frac{\partial \theta}{\partial \rho} - m\frac{\partial \theta}{\partial \rho_1} = 0.$$

Pour définir la surface dérivée, on emploiera les formules (14) qui nous donnent ici

$$X = \frac{n(\rho - a)}{(\rho_1 - a)(\rho - \rho_1)}x, \qquad Y = \frac{n(\rho - b)}{(\rho_1 - b)(\rho - \rho_1)}y, \qquad \ldots.$$

On peut multiplier les quatre coordonnées homogènes par le facteur $\frac{\rho - \rho_1}{n}$; ce qui conduit aux formules définitives

$$\left\{\begin{aligned} X &= A(\rho - a)^{m+1}(\rho_1 - a)^{n-1}, \\ Y &= B(\rho - b)^{m+1}(\rho_1 - b)^{n-1}, \\ &\ldots\ldots\ldots\ldots\ldots\ldots\ldots\ldots \end{aligned}\right. \tag{17}$$

Ce sont les équations primitives dans lesquelles m, n sont remplacés respectivement par $m+1$, $n-1$. En poursuivant l'application de la méthode, on obtiendra pour la surface (Σ_i) le système

$$(18)\qquad \begin{cases} X_i = A(\rho - a)^{m+i}(\rho_1 - a)^{n-i}, \\ Y_i = B(\rho - b)^{m+i}(\rho_1 - b)^{n-i}, \\ Z_i = C(\rho - c)^{m+i}(\rho_1 - c)^{n-i}, \\ T_i = D(\rho - d)^{m+i}(\rho_1 - d)^{n-i}, \end{cases}$$

qui convient, on s'en assure aisément, à toutes les valeurs entières, tant positives que négatives, de i. La suite obtenue sera illimitée dans les deux sens toutes les fois que les nombres m et n ne seront pas entiers. Mais si n, par exemple, était entier et positif, la surface (Σ_n) se réduirait à une courbe, et l'application de la méthode serait arrêtée à partir de (Σ_n).

325. Revenons aux formules générales (14) et (15); les coordonnées x, y, z, t d'un point de la surface primitive (Σ) sont des solutions particulières de l'équation (11) : cherchons l'équation de même forme à laquelle satisfont les coordonnées X, Y, Z, T d'un point de la surface (Σ_1). La formule (14) nous montre qu'il faudra faire la substitution

$$(19)\qquad \sigma = a\theta + \frac{\partial\theta}{\partial\rho_1}.$$

L'équation (11) peut être mise sous la forme

$$\frac{\partial}{\partial\rho}\left(a\theta + \frac{\partial\theta}{\partial\rho_1}\right) + b\frac{\partial\theta}{\partial\rho_1} + \left(c - \frac{\partial a}{\partial\rho}\right)\theta = 0;$$

on a donc

$$(20)\qquad \frac{\partial\sigma}{\partial\rho} = \left(\frac{\partial a}{\partial\rho} - c\right)\theta - b\frac{\partial\theta}{\partial\rho_1},$$

et cette formule est d'ailleurs identique à l'équation (15) que nous aurions pu poser *a priori*. Pour obtenir l'équation à laquelle satisfait σ, il faudra éliminer θ entre les équations (19) et (20).

Supposons d'abord que la quantité

$$(21)\qquad h = \frac{\partial a}{\partial\rho} + ab - c$$

soit nulle : alors il sera impossible de résoudre les équations (19) et (20) par rapport à θ et à $\frac{\partial\theta}{\partial\rho_1}$; mais, si on les ajoute, après avoir multiplié la première par b, on aura

$$\frac{\partial\sigma}{\partial\rho} + b\sigma = 0.$$

La solution générale de cette équation du premier ordre est de la forme

$$e^{-\int b\,d\rho}\varphi(\rho_1),$$

φ désignant une fonction arbitraire de ρ_1. Comme X, Y, Z, T sont des valeurs particulières de σ, on voit que les rapports mutuels de ces quantités seront des fonctions de ρ_1; et, par suite, la surface (Σ_1) se réduira à une courbe.

Supposons maintenant que la fonction h ne soit pas nulle. Des équations (19) et (20) on pourra déduire les valeurs de θ, $\frac{\partial\theta}{\partial\rho_1}$, qui seront

$$h\theta = b\sigma + \frac{\partial\sigma}{\partial\rho}, \tag{22}$$

$$h\frac{\partial\theta}{\partial\rho_1} = \left(\frac{\partial a}{\partial\rho} - c\right)\sigma - a\frac{\partial\sigma}{\partial\rho}; \tag{23}$$

en égalant la valeur de $\frac{\partial\theta}{\partial\rho_1}$ fournie par la seconde formule à celle que l'on obtient par la différentiation de la première, on trouvera pour σ l'équation

$$\left\{\begin{aligned} &\frac{\partial^2\sigma}{\partial\rho\,\partial\rho_1} + \left(a - \frac{\partial\log h}{\partial\rho_1}\right)\frac{\partial\sigma}{\partial\rho} \\ &\qquad + b\frac{\partial\sigma}{\partial\rho_1} + \left(c - \frac{\partial a}{\partial\rho} + \frac{\partial b}{\partial\rho_1} - b\frac{\partial\log h}{\partial\rho_1}\right)\sigma = 0. \end{aligned}\right. \tag{24}$$

Telle est l'équation à laquelle satisferont les coordonnées X, Y, Z, T d'un point quelconque de (Σ_1).

Nous sommes ainsi conduits, par une voie purement géométrique, à une méthode de transformation des équations linéaires aux dérivées partielles. Cette méthode, très importante, est due à Laplace qui l'a développée dans les *Mémoires de l'Académie des*

Sciences pour 1773 (¹). Comme elle joue un rôle fondamental dans l'étude d'un grand nombre de questions géométriques, nous allons l'exposer, dans le Chapitre suivant, avec tous les développements qu'elle comporte.

(¹) *Recherches sur le Calcul intégral aux différences partielles*, par M. DE LA PLACE. *Mémoires de Mathématique et de Physique de l'Académie des Sciences* pour 1773, p. 341-403. Imprimé en 1777.

CHAPITRE II.

LA MÉTHODE DE LAPLACE.

Les deux cas d'intégrabilité immédiate. — Définition des invariants h et k; leurs propriétés. — Formes réduites. — Équations à invariants égaux. — Méthode de Laplace; première substitution, les invariants de l'équation transformée; deuxième substitution. — Définition de la suite de Laplace, expression de z en fonction de z_i. — Suites périodiques. — Forme générale de la valeur de z lorsqu'une des équations de la suite a un de ses invariants nul et peut être intégrée. — Proposition réciproque. — Détermination de toutes les équations pour lesquelles la suite de Laplace est limitée d'un seul côté. — Recherche des équations pour lesquelles la suite se termine dans les deux sens. — Première solution; théorème fondamental. — Deuxième solution; vérification directe du résultat. — Étude des expressions auxquelles on est conduit. — Rappel des recherches de M. Moutard.

---

326. Considérons l'équation linéaire aux dérivées partielles

$$\frac{\partial^2 z}{\partial x\, \partial y} + a\frac{\partial z}{\partial x} + b\frac{\partial z}{\partial y} + cz = 0, \tag{1}$$

où a, b, c désignent des fonctions quelconques de x et de y; elle peut être mise sous l'une ou l'autre des deux formes suivantes :

$$(2)\quad \begin{cases} \dfrac{\partial}{\partial x}\left(\dfrac{\partial z}{\partial y} + az\right) + b\dfrac{\partial z}{\partial y} + \left(c - \dfrac{\partial a}{\partial x}\right)z = 0, \\[2ex] \dfrac{\partial}{\partial y}\left(\dfrac{\partial z}{\partial x} + bz\right) + a\dfrac{\partial z}{\partial x} + \left(c - \dfrac{\partial b}{\partial y}\right)z = 0. \end{cases}$$

Introduisons les deux fonctions h et k définies par les relations

$$(3)\quad \begin{cases} h = \dfrac{\partial a}{\partial x} + ab - c, \\[2ex] k = \dfrac{\partial b}{\partial y} + ab - c. \end{cases}$$

Si h est nulle, la première des équations (2) peut se mettre sous la forme

$$\frac{\partial}{\partial x}\left(\frac{\partial z}{\partial y}+az\right)+b\left(\frac{\partial z}{\partial y}+az\right)=0$$

et, par suite, la détermination complète de toutes les intégrales de l'équation (1) se ramène à l'intégration successive des deux équations du premier ordre

(4) $$\begin{cases} \dfrac{\partial z_1}{\partial x}+bz_1=0, \\ \dfrac{\partial z}{\partial y}+az=z_1, \end{cases}$$

intégration qui n'exige que des quadratures.

De même, si k est nulle, la seconde des équations (2) prend la forme

$$\frac{\partial}{\partial y}\left(\frac{\partial z}{\partial x}+bz\right)+a\left(\frac{\partial z}{\partial x}+bz\right)=0,$$

et l'on pourra remplacer l'équation proposée par le système suivant

(5) $$\begin{cases} \dfrac{\partial z_{-1}}{\partial y}+az_{-1}=0, \\ \dfrac{\partial z}{\partial x}+bz=z_{-1}, \end{cases}$$

tout à fait semblable au système (4).

327. Supposons maintenant que h et k ne soient pas nulles : nous allons montrer que ces fonctions jouissent de propriétés d'invariance, qui ont une grande importance dans l'étude de l'équation proposée ; nous envisagerons successivement les substitutions

$$z=\lambda z';$$
$$x=\varphi(x'),\qquad y=\psi(y');$$
$$x=y',\qquad y=x';$$

qui ne changent évidemment pas la forme de l'équation proposée.

Faisons d'abord

(6) $$z=\lambda z',$$

λ étant une fonction quelconque de x et de y. L'équation en z

sera

$$(7)\quad \left\{\begin{aligned} &\frac{\partial^2 z'}{\partial x\,\partial y}+\left(a+\frac{\partial\log\lambda}{\partial y}\right)\frac{\partial z'}{\partial x}+\left(b+\frac{\partial\log\lambda}{\partial x}\right)\frac{\partial z'}{\partial y}\\ &\qquad+\left(c+a\frac{\partial\log\lambda}{\partial x}+b\frac{\partial\log\lambda}{\partial y}+\frac{1}{\lambda}\frac{\partial^2\lambda}{\partial x\,\partial y}\right)z'=0.\end{aligned}\right.$$

On calcule sans difficulté les nouvelles valeurs des fonctions h et k : *on trouve ainsi que ces fonctions n'ont pas changé.*

Effectuons maintenant la substitution

$$x=\varphi(x'),\qquad y=\psi(y').$$

L'équation (1) deviendra

$$\frac{\partial^2 z}{\partial x'\,\partial y'}+a\psi'(y')\frac{\partial z}{\partial x'}+b\varphi'(x')\frac{\partial z}{\partial y'}+c\varphi'(x')\psi'(y')z=0.$$

Les nouvelles valeurs h', k' de h et de k seront

$$(8)\quad \left\{\begin{aligned} h'&=h\varphi'(x')\psi'(y'),\\ k'&=k\varphi'(x')\psi'(y').\end{aligned}\right.$$

Enfin la substitution

$$x=y',\qquad y=x'$$

échangera les valeurs de h et de k.

Toutes ces propriétés justifient le nom d'*invariants* que nous donnerons à h et k.

328. Lorsqu'on remplace z par λz, on a, nous l'avons vu, une équation de même forme

$$\frac{\partial^2 z}{\partial x\,\partial y}+a'\frac{\partial z}{\partial x}+b'\frac{\partial z}{\partial y}+c'z=0,$$

où a', b', c' ont les valeurs suivantes :

$$(9)\quad \left\{\begin{aligned} a'&=a+\frac{\partial\log\lambda}{\partial y},\\ b'&=b+\frac{\partial\log\lambda}{\partial x},\\ c'&=c+a\frac{\partial\log\lambda}{\partial x}+b\frac{\partial\log\lambda}{\partial y}+\frac{1}{\lambda}\frac{\partial^2\lambda}{\partial x\,\partial y},\end{aligned}\right.$$

et qui admet encore les invariants h et k. On pourra toujours déterminer la fonction λ, de telle manière que l'on ait

$$a'b' - c' = 0. \tag{10}$$

En effet, en remplaçant a', b', c' par leurs valeurs, nous obtiendrons l'équation

$$\frac{\partial^2 \log \lambda}{\partial x \, \partial y} = ab - c, \tag{11}$$

qui fera connaître $\log \lambda$ par une double quadrature. Nous appellerons *équations réduites* toutes celles dans lesquelles la relation (10) sera satisfaite. Il y a une infinité de formes réduites correspondantes à une équation donnée. Pour supprimer cet inconvénient, nous conviendrons de faire la quadrature double indiquée par la formule (11) de telle manière que a' s'annule pour $x = x_0$ quel que soit y, que b' s'annule pour $y = y_0$, quel que soit x. Ces conditions détermineront parfaitement les deux fonctions arbitraires introduites par l'intégration de l'équation (11).

La forme réduite ainsi définie peut se calculer exclusivement au moyen des invariants; car on a, par suite des expressions de h et de k,

$$a'b' = c',$$

$$\frac{\partial a'}{\partial x} = h, \qquad \frac{\partial b'}{\partial y} = k,$$

et, par conséquent,

$$a' = \int_{x_0}^{x} h \, dx, \qquad b' = \int_{y_0}^{y} k \, dy, \qquad c' = a'b'. \tag{12}$$

Il suit de là que *deux équations linéaires ayant les mêmes invariants peuvent toujours se ramener l'une à l'autre par la substitution*

$$z = \lambda z'.$$

Les formules d'identification (9) donneront d'ailleurs $\frac{\partial \log \lambda}{\partial x}$, $\frac{\partial \log \lambda}{\partial y}$ et, par conséquent, λ sera déterminé à un facteur constant près.

329. On peut encore adopter d'autres formes réduites pour l'équation proposée. Les formules (9) montrent immédiatement que l'on pourra, par exemple, disposer de λ de telle manière que a' s'annule identiquement et que b' s'annule pour $y = y_0$. Alors on aura

$$h = \frac{\partial a'}{\partial x} + a'b' - c' = -c',$$

$$k = \frac{\partial b'}{\partial y} + a'b' - c' = \frac{\partial b'}{\partial y} - c'$$

et, par suite,

$$c' = -h, \qquad b' = \int_{y_0}^{y} (k-h)\, dy, \qquad a' = 0.$$

La forme réduite serait donc

$$(13) \qquad \frac{\partial^2 z'}{\partial x\, \partial y} + \left[\int_{y_0}^{y} (k-h)\, dy\right] \frac{\partial z'}{\partial y} - h z' = 0.$$

Il est clair que l'on pourrait, par l'échange de x et de y, obtenir la forme analogue

$$(14) \qquad \frac{\partial^2 z'}{\partial x\, \partial y} + \left[\int_{x_0}^{x} (h-k)\, dx\right] \frac{\partial z'}{\partial x} - k z' = 0,$$

où le terme en $\frac{\partial z'}{\partial y}$ a disparu. On reconnaît ainsi que, dans le cas où les invariants sont égaux et dans ce cas seulement, on peut ramener l'équation proposée à la forme

$$\frac{\partial^2 z}{\partial x\, \partial y} = \lambda z.$$

330. Après ces remarques et ces définitions préliminaires, nous allons exposer la méthode de Laplace.

Supposons que les invariants h et k ne soient pas nuls. Nous pourrons substituer à l'équation proposée (1) deux équations de même forme dont l'intégration entraînera celle de l'équation (1).

Faisons d'abord la substitution définie par la formule

$$(15) \qquad z_1 = \frac{\partial z}{\partial y} + a z.$$

L'équation proposée pourra s'écrire

$$(16) \qquad \frac{\partial z_1}{\partial x} + b z_1 = h z.$$

L'élimination de z entre ces deux équations conduit, nous l'avons vu, à l'équation nouvelle

$$(17) \qquad \frac{\partial^2 z_1}{\partial x\,\partial y} + a_1 \frac{\partial z_1}{\partial x} + b_1 \frac{\partial z_1}{\partial y} + c_1 z_1 = 0,$$

où l'on a

$$(18) \qquad a_1 = a - \frac{\partial \log h}{\partial y}, \qquad b_1 = b, \qquad c_1 = c - \frac{\partial a}{\partial x} + \frac{\partial b}{\partial y} - b\frac{\partial \log h}{\partial y}.$$

Les nouvelles valeurs des invariants seront

$$(19) \qquad \begin{cases} h_1 = 2h - k - \dfrac{\partial^2 \log h}{\partial x\,\partial y}, \\ k_1 = h. \end{cases}$$

Elles s'expriment, comme il fallait s'y attendre, uniquement en fonction des invariants de l'équation donnée.

Effectuons de même la substitution

$$(20) \qquad z_{-1} = \frac{\partial z}{\partial x} + bz;$$

nous aurons

$$(21) \qquad kz = \frac{\partial z_{-1}}{\partial y} + a z_{-1},$$

et nous serons conduits pour z_{-1} à l'équation

$$(22) \qquad \frac{\partial^2 z_{-1}}{\partial x\,\partial y} + a_{-1} \frac{\partial z_{-1}}{\partial x} + b_{-1} \frac{\partial z_{-1}}{\partial y} + c_{-1} z_{-1} = 0,$$

avec les valeurs suivantes des coefficients

$$(23) \qquad a_{-1} = a, \qquad b_{-1} = b - \frac{\partial \log k}{\partial x}, \qquad c_{-1} = c - \frac{\partial b}{\partial y} + \frac{\partial a}{\partial x} - a\frac{\partial \log k}{\partial x}.$$

Les valeurs correspondantes des invariants seront

$$(24) \qquad \begin{cases} h_{-1} = k, \\ k_{-1} = 2k - h - \dfrac{\partial^2 \log k}{\partial x\,\partial y}. \end{cases}$$

Ainsi, par les deux substitutions indiquées, on déduit de l'équation proposée, que nous désignerons par la lettre (E), deux équations nouvelles (E_1) et (E_{-1}). On peut évidemment appliquer la même méthode à ces deux équations; mais il importe de remarquer qu'elle ne donnera pas deux équations nouvelles pour chacune d'elles. La formule (21), mise sous la forme

$$kz = \frac{\partial z_{-1}}{\partial y} + a_{-1} z_{-1},$$

nous montre que la première des deux substitutions appliquée à l'équation (E_{-1}) nous ramènerait à l'équation proposée dans laquelle z serait remplacée par $\frac{z}{k}$, et la formule (16) montre de même que la deuxième substitution, appliquée à (E_1), nous ramènerait à l'équation proposée dans laquelle z serait remplacée par $\frac{z}{h}$.

Si donc on regarde comme équivalentes deux équations qui se ramènent l'une à l'autre par le changement de z en λz et qui ont, par conséquent, la même réduite et les mêmes invariants, on voit que les substitutions de Laplace appliquées successivement nous donneront seulement une suite linéaire d'équations

$$\ldots, (E_{-2}), (E_{-1}), (E), (E_1), (E_2), \ldots$$

à indices positifs et négatifs, dans laquelle chaque équation (E_i) se déduira de l'équation (E_{i-1}) par la première substitution et de l'équation (E_{i+1}) par la deuxième. Si l'on remplace partout, pour éviter toute confusion, les variables x et y par ρ et ρ_1, et si l'on se reporte à l'interprétation géométrique de la méthode de Laplace donnée au Chapitre précédent, on reconnaîtra que, (E) étant l'équation relative au système conjugué tracé sur la surface (Σ), (E_i) sera l'équation relative au système conjugué tracé sur la surface (Σ_i).

331. Les invariants des équations (E_i) se déduisent les uns des autres par l'emploi répété des formules (19) et (24). On trouve ainsi

$$(25)\qquad \begin{cases} h_{i+1} = 2h_i - k_i - \dfrac{\partial^2 \log h_i}{\partial x\, \partial y}, \\ k_{i+1} = h_i. \end{cases}$$

Ces formules peuvent être résolues par rapport à h_i et k_i; et elles donnent

$$(26)\qquad \begin{cases} h_i = k_{i+1}, \\ k_i = 2k_{i+1} - h_{i+1} - \dfrac{\partial^2 \log k_{i+1}}{\partial x\,\partial y}. \end{cases}$$

On pourra d'ailleurs attribuer à l'indice i toutes les valeurs entières, positives ou négatives; on retrouve, par exemple, les formules (19) et (24) en faisant $i=0$ et $i=-1$. On pourrait aussi, au lieu de considérer deux séries de quantités h_i et k_i, introduire seulement les quantités h_i. On aurait alors une suite de quantités

$$\ldots,\ h_{-2},\ h_{-1},\ h,\ h_1,\ h_2,\ \ldots$$

se déduisant les unes des autres par la formule de récurrence

$$(27)\qquad h_{i+1} + h_{i-1} = 2h_i - \frac{\partial^2 \log h_i}{\partial x\,\partial y},$$

et les invariants de l'équation (E_i) seraient h_i et h_{i-1}. L'équation (E) fournira donc les deux termes consécutifs h et h_{-1}; et la relation précédente permettra de calculer les autres de proche en proche.

Il est difficile d'obtenir directement l'expression de h_i en fonction de h et de h_{-1}. On peut signaler cependant la relation

$$(28)\qquad h_{i+1} = h_i + h - k - \frac{\partial^2 \log h h_1 \ldots h_i}{\partial x\,\partial y},$$

qui s'obtient par la combinaison linéaire des équations (27).

Les formules relatives à la substitution par laquelle on passe de l'équation (E_i) à l'équation (E) peuvent être écrites sous une forme où ne figurent plus que les invariants des équations intermédiaires. Si l'on se reporte, en effet, aux équations (18), on reconnaît que le coefficient b de l'équation linéaire demeure toujours le même si l'on applique indéfiniment la première substitution. La formule (16) donnera donc, en général,

$$\frac{\partial z_i}{\partial x} + b z_i = h_{i-1} z_{i-1}$$

ou

$$z_{i-1} e^{\int b\,dx} = \frac{1}{h_{i-1}} \frac{\partial}{\partial x} z_i e^{\int b\,dx}.$$

L'application répétée de cette formule conduit à la suivante

$$(29)\qquad z = e^{-\int b\,dx}\frac{1}{h}\frac{\partial}{\partial x}\frac{1}{h_1}\frac{\partial}{\partial x}\cdots\frac{1}{h_{i-1}}\frac{\partial}{\partial x}\left(z_i e^{\int b\,dx}\right),$$

qui détermine z en fonction de z_i et de ses dérivées par rapport à x prises jusqu'à l'ordre i. En opérant de même avec la formule (15), on obtiendra l'équation

$$(30)\qquad z_i = e^{-\int a\,dy}hh_1\ldots h_{i-2}\frac{\partial}{\partial y}\frac{1}{h_{i-2}}\frac{\partial}{\partial y}\cdots\frac{1}{h}\frac{\partial}{\partial y}\left(z e^{\int a\,dy}\right),$$

qui fait connaître z_i en fonction de z.

Il existe, évidemment, des formules analogues relatives à la deuxième substitution; il suffira d'ailleurs, pour les obtenir, d'échanger, dans les formules précédentes, tout ce qui se rapporte aux variables x et y.

332. On peut se proposer un grand nombre de questions différentes au sujet de la suite d'équations linéaires fournie par la méthode de Laplace. Examinons, par exemple, les cas les plus simples dans lesquels la suite sera périodique. Si l'on veut que toutes les équations de la suite soient identiques, il suffira que l'équation (E_1) soit identique à (E), c'est-à-dire que l'on ait

$$h_1 = h,\qquad k_1 = k.$$

Les formules (19) nous donneront alors

$$k = h,\qquad \frac{\partial^2 \log h}{\partial x\,\partial y} = 0,\qquad h = XY.$$

En adoptant pour nouvelles variables x, y des fonctions convenablement choisies de x et de y, on pourra réduire la valeur de h à l'unité (n° 327). L'équation (E) aura donc pour forme réduite (n° 329)

$$\frac{\partial^2 z}{\partial x\,\partial y} = z.$$

On reconnaît, en effet, immédiatement que la méthode de Laplace transforme cette équation en elle-même.

Si l'on veut que les équations (E_i) se reproduisent de deux en deux, il suffira que l'équation (E_2) soit identique à l'équation (E), c'est-à-dire que l'on ait

$$h_2 = h, \qquad k_2 = k.$$

On est ainsi conduit au système

$$2k - 2h - \frac{\partial^2 \log k}{\partial x \partial y} = 0,$$

$$2h - 2k - \frac{\partial^2 \log h}{\partial x \partial y} = 0,$$

qui doit déterminer h et k. En ajoutant les deux équations, on trouve

$$\frac{\partial^2 \log hk}{\partial x \partial y} = 0, \qquad hk = XY.$$

Ici encore, en remplaçant les variables x, y par des fonctions nouvelles de ces variables, on peut ramener la relation précédente à la forme

$$hk = 1;$$

tout se réduira donc à l'intégration de l'équation

$$\frac{\partial^2 \log h}{\partial x \partial y} = 2\left(h - \frac{1}{h}\right),$$

que nous rencontrerons plus tard dans la théorie des surfaces à courbure constante et dans l'étude d'autres questions de Géométrie. Si l'on pose

$$h = e^{\Theta},$$

elle prend la forme

$$(31) \qquad \frac{\partial^2 \Theta}{\partial x \partial y} = 2(e^{\Theta} - e^{-\Theta}).$$

333. Nous laisserons de côté, pour le moment, l'étude de cette équation et l'examen des questions analogues que l'on peut se proposer relativement à la *suite de Laplace*, pour nous attacher surtout au problème le plus important, et rechercher dans quel cas la méthode de Laplace peut donner l'intégrale générale de l'équation linéaire proposée. Cette méthode ramène l'intégration de l'équation proposée à celle de l'une quelconque des équations (E_i); il suffira donc que l'on sache intégrer l'une de ces équations. C'est ce qui aura lieu, en particulier, si l'un des deux invariants h_i ou

k_i est nul : il importe seulement de bien définir les conditions dans lesquelles la méthode réussira.

Supposons d'abord qu'après avoir appliqué une ou plusieurs fois la première substitution, on rencontre une équation (E_i) d'indice positif pour laquelle un des invariants soit nul; ce ne pourra être que l'invariant h_i, puisque l'invariant k_i de cette équation est égal, d'après les formules (25), à l'invariant h_{i-1} de l'équation précédente (E_{i-1}), qui, par hypothèse, n'est pas nul. Écrivons donc

$$h_i = 0.$$

L'application de la méthode de Laplace sera alors arrêtée, et il sera impossible de former l'équation (E_{i+1}); mais l'équation (E_i) pourra, nous l'avons vu au n° 326, se mettre sous la forme

$$\frac{\partial}{\partial x}\left(\frac{\partial z_i}{\partial y} + a_i z_i\right) + b_i\left(\frac{\partial z_i}{\partial y} + a_i z_i\right) = 0,$$

et elle admettra l'intégrale première

$$\frac{\partial z_i}{\partial y} + a_i z_i = \mathrm{Y} e^{-\int b_i dx},$$

Y désignant une fonction quelconque de y. Une nouvelle intégration donnera la valeur générale de z_i qui sera

$$(32) \qquad z_i = e^{-\int a_i dy}\left(\mathrm{X} + \int \mathrm{Y} e^{\int a_i dy - \int b_i dx} dy\right).$$

Cette solution est de la forme

$$(33) \qquad z_i = \alpha\left(\mathrm{X} + \int \mathrm{Y}\beta\, dy\right),$$

α et β étant des fonctions déterminées de x et de y; X et Y désignent les fonctions arbitraires, qui dépendent respectivement de la seule variable x et de la seule variable y.

De la valeur de z_i on passera à celle de z. Nous avons vu plus haut (n° 331) que z sera une fonction linéaire et homogène de z_i et de ses dérivées par rapport à x jusqu'à l'ordre i. La forme générale de la valeur de z sera donc la suivante

$$(34)\quad \begin{cases} z = A\left(X + \int Y\beta\, dy\right) \\ \quad + A_1\left(X' + \int Y \frac{\partial\beta}{\partial x}\, dy\right) + \ldots + A_i\left(X^{(i)} + \int Y \frac{\partial^i\beta}{\partial x^i}\, dy\right), \end{cases}$$

$A, A_1, \ldots, A_i$ désignant des fonctions déterminées de x et de y. On voit que la fonction arbitraire Y sera engagée en général sous plusieurs signes d'intégration. Si l'on annule cette fonction, on obtiendra la solution

$$(35)\qquad z = AX + A_1X' + \ldots + A_iX^{(i)},$$

qui est moins générale, mais où la fonction arbitraire X est dégagée de tout signe d'intégration.

334. Réciproquement, toutes les fois que l'équation linéaire proposée admettra une solution particulière de la forme précédente, l'application répétée de la méthode de Laplace conduira certainement, après des opérations en nombre au plus égal à i, à une équation linéaire dont l'invariant h sera nul. Pour démontrer ce point essentiel, remarquons que, si l'on substitue une expression de z de la forme (35) dans l'équation proposée, elle prend la forme

$$HX + H_1X' + \ldots + H_{i+1}X^{(i+1)} = 0.$$

Si l'équation doit être vérifiée, comme nous le supposons, quelle que soit la fonction arbitraire X, il faudra que $H, H_1, \ldots, H_{i+1}$ soient nuls. En effet, si ces expressions n'étaient pas toutes nulles, il suffirait d'attribuer à y une valeur arbitraire dans l'équation précédente, pour obtenir une relation linéaire entre la fonction X et ses dérivées : cette fonction ne pourrait donc être choisie arbitrairement, ce qui est contraire à l'hypothèse.

On calcule aisément les valeurs de H_{i+1} et de H_i. On a

$$H_{i+1} = \frac{\partial A_i}{\partial y} + aA_i,$$

$$H_i = \frac{\partial A_{i-1}}{\partial y} + aA_{i-1} + \frac{\partial^2 A_i}{\partial x\,\partial y} + a\frac{\partial A_i}{\partial x} + b\frac{\partial A_i}{\partial y} + cA_i.$$

On voit donc que la fonction A_i devra satisfaire à l'équation

$$(36)\qquad \frac{\partial A_i}{\partial y} + a A_i = 0.$$

En outre, si l'on égale à zéro la valeur de H_i en y remplaçant $\frac{\partial A_i}{\partial y}$ par sa valeur tirée de l'équation précédente, on trouve

$$(37)\qquad \frac{\partial A_{i-1}}{\partial y} + a A_{i-1} = h A_i.$$

Ces points étant établis, appliquons la première substitution, définie par la formule (15). On aura

$$z_1 = \frac{\partial z}{\partial y} + a z$$

et, en vertu de la relation (36), la valeur de z_1 ne contiendra plus les dérivées de X que jusqu'à l'ordre $i - 1$ au plus. D'ailleurs, d'après la formule (37), le coefficient de $X^{(i-1)}$ sera $-hA_i$. Il ne sera donc nul que dans le cas où l'invariant h le sera.

Par conséquent, l'application répétée de la substitution nous conduira à une équation (E_j), d'indice j inférieur à i, pour laquelle l'invariant h sera nul; ou bien nous finirons par obtenir l'équation (E_i) admettant une solution de la forme

$$z_i = AX.$$

La substitution directe montre alors que, pour cette équation aussi, l'invariant h est nul. Donc, dans tous les cas, *au bout de i opérations au plus, la méthode de Laplace conduira à une équation intégrable*.

335. En rapprochant les résultats précédents, on peut parvenir à une proposition précise; mais il faut que nous présentions auparavant quelques remarques sur les expressions de la forme

$$U = AX + A_1X' + \ldots + A_iX^{(i)},$$

qui contiennent une fonction arbitraire et ses dérivées jusqu'à un ordre déterminé.

Il est évident qu'il est toujours possible de remplacer de telles expressions par d'autres qui contiennent les dérivées jusqu'à un ordre plus élevé.

Substituons, en effet, à X une expression telle que la suivante

$$\alpha X_1 + \beta X'_1 + \ldots + \lambda X_1^{(\mu)},$$

où α, β, ..., λ désignent des fonctions données de x et X_1 une fonction arbitraire nouvelle. La fonction U sous sa nouvelle forme contiendra les dérivées de X_1 jusqu'à l'ordre $i + \mu$. Réciproquement, il pourra se faire que le nombre des dérivées puisse être diminué dans U par un choix convenable de la fonction arbitraire. Par exemple, la fonction

$$A(X + X') + B(X' + X'')$$

peut être ramenée à une forme plus simple, si l'on pose

$$X + X' = X_1.$$

Nous dirons dans la suite que la fonction U est de *rang* $i + 1$ *par rapport à* x, lorsque l'ordre de la plus haute dérivée de X qu'elle contient est i et lorsqu'il sera impossible de l'amener à une forme dans laquelle figureraient un nombre moindre de dérivées de la fonction arbitraire. Nous ne chercherons pas à indiquer ici comment on reconnaît, d'une manière générale, si une fonction U est écrite sous sa forme la plus simple. Cette question, qu'il est aisé de résoudre, ne se présentera pas dans la théorie qui nous occupe.

Nous avons vu que, si l'équation (E_i) est la première pour laquelle l'invariant h devienne nul, il existera une solution de l'équation proposée contenant une fonction arbitraire de X et ses dérivées jusqu'à l'ordre i. Je dis que *cette solution est irréductible quant au nombre des dérivées et que son rang est bien* $i + 1$. En d'autres termes, il sera impossible de l'exprimer, ou même de trouver toute autre solution de l'équation, sous une autre forme contenant une fonction arbitraire de x et ses dérivées jusqu'à l'ordre $i - \mu$. En effet, si cela était possible, il y aurait, en vertu de la réciproque déjà établie, une équation (E_j) d'ordre au plus égal à $i - \mu$ et, par conséquent, certainement inférieur à i pour laquelle l'invariant h serait nul; ce qui est contraire à l'hypothèse.

Il résulte de là évidemment que, lorsque la première équation pour laquelle l'invariant h s'annule est (E_i), *toute équation* (E_{i-k}) *d'indice positif ou négatif admettra une solution de rang* $k+1$ *par rapport à* x.

Les résultats précédents s'appliquent sans modification lorsqu'on emploie la deuxième substitution; le mode de formation des équations d'indice négatif (E_{-1}), (E_{-2}), ... se ramène en effet à celui des équations à indice positif par l'échange de x et de y. On voit donc que la suite des équations d'indice négatif cessera d'être illimitée et se terminera à une équation (E_{-j}) pour laquelle l'invariant k sera nul toutes les fois que l'équation linéaire proposée admettra une intégrale particulière

$$z = BY + B_1 Y' + \ldots + B_j Y^{(j)},$$

de rang $j+1$ par rapport à y, et *vice versa*.

336. Les développements précédents permettent de former très aisément les équations linéaires dont la méthode de Laplace peut fournir l'intégrale générale. Supposons, par exemple, que l'on veuille obtenir toutes les équations admettant une solution de rang $i+1$ par rapport à x, c'est-à-dire pour lesquelles la suite des équations d'indice positif se termine à (E_i). On choisira arbitrairement a_i et b_i; l'équation

$$h_i = \frac{\partial a_i}{\partial x} + a_i b_i - c_i = 0$$

déterminera ensuite c_i. La valeur de l'intégrale générale sera donnée par la formule (32); les relations (26) feront ensuite connaître de proche en proche les invariants h et k des équations (E_{i-1}), ..., (E). D'après l'application répétée de deux des formules (18), on aura

$$(38) \qquad \begin{cases} b = b_i, \\ a = a_i + \dfrac{\partial}{\partial y} \log(h h_1 \ldots h_{i-1}). \end{cases}$$

La valeur connue de l'un des invariants h ou k permettra ensuite de calculer c. On aura, par exemple,

$$(39) \qquad k = \frac{\partial b_i}{\partial y} + a b_i - c.$$

On pourra même obtenir, sous forme développée, la valeur générale de z. Il suffira d'employer la formule (29), ce qui donnera

$$(40) \qquad z = e^{-\int b_i dx} \frac{1}{h} \frac{\partial}{\partial x} \frac{1}{h_1} \frac{\partial}{\partial x} \cdots \frac{1}{h_{i-1}} \frac{\partial}{\partial x} \left[\theta \left(X + \int \frac{Y}{\theta} dy \right) \right].$$

Si on laisse de côté l'intégrale $e^{-\int b_i dx}$ qui représente le facteur arbitraire par lequel on peut multiplier z, cette formule ne contient que les invariants et la fonction θ dont la valeur est

$$(41) \qquad \theta = e^{\int b_i dx - \int a_i dy},$$

et qui peut, elle-même, être regardée comme un invariant; car on a

$$\frac{\partial^2 \log \theta}{\partial x \partial y} = \frac{\partial b_i}{\partial y} - \frac{\partial a_i}{\partial x} = k_i - h_i = h_{i-1}.$$

L'application de la seconde formule (38) nous fournit encore la valeur suivante de θ

$$(42) \qquad \theta = e^{\int b dx - \int a dy} h h_1 \ldots h_{i-1},$$

et cette relation permettra de calculer θ quand l'équation sera donnée. Pour obtenir la partie de l'intégrale générale qui dépend de X, il suffira de remplacer Y par zéro.

337. Il n'y a donc, on le voit, aucune difficulté à former l'ensemble des équations linéaires dont la méthode de Laplace fournit l'intégrale générale, après des opérations dont on peut fixer le nombre à l'avance. Proposons-nous maintenant de déterminer, parmi toutes ces équations, celles pour lesquelles la suite de Laplace se termine *dans les deux sens* et qui admettent, par conséquent, une solution générale de la forme

$$z = AX + A_1 X' + \ldots + A_i X^{(i)} + BY + \ldots + B_j Y^{(j)},$$

entièrement débarrassée de tout signe d'intégration.

L'expression précédente est de rang $i+1$ par rapport à x et de rang $j+1$ par rapport à y. La somme $i+j$ sera appelée le *nombre caractéristique* de l'équation. Il est aisé de voir qu'il ne change pas quand on applique les substitutions de Laplace; car, si l'on passe de l'équation (E) à (E_h), par exemple, le nombre i aura diminué de h unités, mais le nombre j aura augmenté de la même quantité (n° 335); la somme de ces deux nombres n'aura donc pas changé. D'après cela, si l'on considère l'équation (E_i) de rang i, pour laquelle l'invariant h est nul et qui est de la forme

$$\frac{\partial}{\partial x}\left(\frac{\partial z_i}{\partial y} + a_i z_i\right) + b_i\left(\frac{\partial z_i}{\partial y} + a_i z_i\right) = 0,$$

tout se réduira à exprimer qu'elle admet une solution de rang 1 par rapport à x et de rang $i+j+1$ par rapport à y. Posons, pour abréger, $n = i+j$ et faisons la substitution

$$z_i = \theta e^{-\int a_i dy},$$

l'équation se ramènera à la forme

(43)
$$\frac{\partial}{\partial x}\left(\frac{1}{\alpha}\frac{\partial\theta}{\partial y}\right) = 0,$$

α désignant une fonction de x et de y. En intégrant, on aura

(44)
$$\frac{\partial\theta}{\partial y} = \alpha Y_1, \qquad \theta = \int \alpha Y_1\, dy + X,$$

Y_1 désignant une fonction arbitraire de y et X une fonction arbitraire de x. La question à résoudre sera ramenée à la suivante :

Exprimer que l'équation (44) *admet une solution de la forme*

(45)
$$\theta = X + BY + B_1 Y' + \ldots + B_n Y^{(n)},$$

où B, B_1, ..., B_n *sont des fonctions déterminées de x et de y et* X, Y *des fonctions arbitraires de x et de y respectivement.*

En substituant l'expression précédente dans l'équation (44) et en donnant à x une valeur numérique quelconque, on reconnaît immédiatement que les deux fonctions arbitraires Y et Y_1 doivent être liées l'une à l'autre par une relation de la forme

(46)
$$Y_1 = \lambda Y + \lambda_1 Y' + \ldots + \lambda_{n+1} Y^{(n+1)},$$

λ, λ_1, ..., λ_{n+1} désignant des fonctions de y parfaitement déterminées. Si l'on remplace θ et Y_1 par leurs valeurs dans l'équation

(44), on devra donc avoir

$$(47)\quad \frac{\partial}{\partial y}(BY + B_1 Y' + \ldots + B_n Y^{(n)}) = \alpha(\lambda Y + \lambda_1 Y' + \ldots + \lambda_{n+1} Y^{(n+1)}),$$

et cela pour toutes les formes possibles de la fonction Y. Pour qu'il en soit ainsi, il faut évidemment que les coefficients de Y et des dérivées $Y^{(i)}$ soient égaux dans les deux membres. En égalant ces coefficients, on obtient ainsi le système

$$(48)\quad \begin{cases} \dfrac{\partial B}{\partial y} = \alpha\lambda, \\ \dfrac{\partial B_1}{\partial y} + B = \alpha\lambda_1, \\ \dots\dots\dots\dots\dots, \\ \dfrac{\partial B_n}{\partial y} + B_{n-1} = \alpha\lambda_n, \\ B_n = \alpha\lambda_{n+1}. \end{cases}$$

L'élimination des quantités B montre que α devra satisfaire à l'équation

$$(49)\quad \alpha\lambda - \frac{\partial}{\partial y}(\alpha\lambda_1) + \frac{\partial^2}{\partial y^2}(\alpha\lambda_2) - \ldots + (-1)^{n+1}\frac{\partial^{n+1}}{\partial y^{n+1}}(\alpha\lambda_{n+1}) = 0,$$

qui est linéaire et d'ordre $n+1$ par rapport à α, tous les coefficients étant des fonctions de y. On aura ensuite les valeurs

$$(50)\quad \begin{cases} B_n = \alpha\lambda_{n+1}, \\ B_{n-1} = \alpha\lambda_n - \dfrac{\partial}{\partial y}(\alpha\lambda_{n+1}), \\ \dots\dots\dots\dots\dots\dots, \\ B = \alpha\lambda_1 - \dfrac{\partial}{\partial y}(\alpha\lambda_2) + \ldots + (-1)^n \dfrac{\partial^n}{\partial y^n}(\alpha\lambda_{n+1}), \end{cases}$$

qui permettront d'écrire l'expression de θ.

D'après la méthode précédente, on voit que, pour résoudre complètement le problème proposé, il suffira de choisir arbitrairement $n+2$ fonctions de y λ, λ_1, ..., λ_{n+1}, d'intégrer ensuite l'équation linéaire du $n+1^{\text{ième}}$ ordre à une seule variable indépendante (49), ce qui donnera α et permettra de former l'équation (E_i). Les formules (48) et (45) donneront ensuite l'intégrale générale de cette équation, et l'application répétée des substitutions de Laplace permettra de former par voie de récurrence l'équation

(E), ainsi que son intégrale générale. Mais cette solution, qui se présente ainsi de prime abord, peut être notablement simplifiée et perfectionnée.

338. Il faut d'abord lever une objection qui se présente immédiatement. L'expression obtenue pour l'intégrale générale sera-t-elle irréductible quant au nombre des dérivées de la fonction arbitraire Y, et ne pourra-t-on pas, par un choix convenable de la fonction Y, réduire ces dérivées à un moindre nombre? Il est aisé de reconnaître que cela aura lieu dans certains cas et de donner un caractère précis permettant de distinguer les valeurs de α pour lesquelles l'intégrale générale sera bien réellement de rang $n+1$ par rapport à y.

Nous rappellerons d'abord une identité empruntée aux deux théories voisines de l'équation adjointe et des conditions d'intégrabilité des expressions différentielles. Si l'on définit les fonctions nouvelles de y, μ, μ_1, ..., μ_{n+1} par l'identité

$$(51)\quad \begin{cases} \mu\omega + \mu_1\omega' + \mu_2\omega'' + \ldots + \mu_{n+1}\omega^{(n+1)} \\ \quad = \omega\lambda - \dfrac{\partial}{\partial y}(\omega\lambda_1) + \dfrac{\partial^2}{\partial y^2}(\omega\lambda_2) - \ldots + (-1)^{n+1}\dfrac{\partial^{n+1}}{\partial y^{n+1}}(\omega\lambda_{n+1}), \end{cases}$$

où ω désigne une fonction de forme quelconque, on aura aussi

$$(52)\quad \begin{cases} \lambda\omega + \lambda_1\omega' + \lambda_2\omega'' + \ldots + \lambda_{n+1}\omega^{(n+1)} \\ \quad = \omega\mu - \dfrac{\partial}{\partial y}(\omega\mu_1) + \dfrac{\partial^2}{\partial y^2}(\omega\mu_2) - \ldots + (-1)^{n+1}\dfrac{\partial^{n+1}}{\partial y^{n+1}}(\omega\mu_{n+1}); \end{cases}$$

et, par conséquent, les fonctions λ pourront s'exprimer au moyen des fonctions μ. On aura, par exemple,

$$(53)\quad \begin{cases} \lambda = \mu - \dfrac{\partial\mu_1}{\partial y} + \ldots + (-1)^{n+1}\dfrac{\partial^{n+1}\mu_{n+1}}{\partial y^{n+1}}, \\ \lambda_{n+1} = (-1)^{n+1}\mu_{n+1}. \end{cases}$$

Ainsi, les fonctions μ pourront être choisies arbitrairement; on en déduira ensuite les fonctions λ par l'emploi de l'identité (52).

Ces points étant rappelés, si l'on se reporte à l'équation (49), on voit qu'elle prend la forme

$$(54)\quad \mu\alpha + \mu_1\alpha' + \ldots + \mu_{n+1}\alpha^{(n+1)} = 0,$$

et, par suite, l'équation à laquelle doit satisfaire α, considérée comme fonction de y, est une équation linéaire *quelconque* d'ordre $n+1$. Cet ordre ne s'abaissera dans aucun cas; car, en vertu des formules (48) et (53), μ_{n+1} est égal au signe près à $\frac{B_n}{\alpha}$ et ne peut s'annuler qu'avec B_n. Si l'on prend pour α une solution quelconque de l'équation (54), on déterminera les fonctions λ par l'identité (52), puis les B par les formules (48); et l'on aura, en substituant dans la formule (45), l'intégrale générale, qui contiendra la fonction Y et ses dérivées jusqu'à l'ordre n.

Le résultat des raisonnements précédents se traduit par les deux propositions suivantes.

Si l'intégrale générale est de rang $n+1$ ou de rang inférieur par rapport à y, α, considérée comme fonction de y, satisfera à une équation linéaire d'ordre $n+1$ dont tous les coefficients seront des fonctions de y.

Inversement, si α, considérée comme fonction de y, satisfait à une équation linéaire d'ordre $n+1$ et dont les coefficients sont des fonctions de y, l'intégrale générale sera au plus de rang $n+1$ par rapport à y.

En rapprochant ces deux propositions, on obtient évidemment le théorème suivant :

Pour que l'équation linéaire

$$\frac{\partial}{\partial x}\left(\frac{1}{\alpha}\frac{\partial\theta}{\partial y}\right)=0$$

admette une solution de rang $n+1$ par rapport à y, c'est-à-dire pour que sa solution générale soit de la forme

$$\theta = X + BY + B_1 Y' + \ldots + B_n Y^{(n)}$$

et ne puisse pas être mise sous une forme analogue où il y aurait moins de dérivées de la fonction arbitraire de y, il faut et il suffit que α, considérée comme fonction de y, satisfasse à une équation linéaire d'ordre $n+1$ dont les coefficients soient des fonctions de y et ne satisfasse pas à une équation linéaire semblable, mais d'ordre moindre.

D'après cela, si l'on désigne par $Y_1, Y_2, \ldots, Y_{n+1}$ $n+1$ solutions particulières quelconques de l'équation à laquelle satisfait α, on devra prendre

$$\alpha = Y_1 X_1 + Y_2 X_2 + \ldots + Y_{n+1} X_{n+1},$$

$X_1, X_2, \ldots, X_{n+1}$ désignant des fonctions de x qui seront assujetties à la seule condition d'être linéairement indépendantes, afin que α, considérée comme fonction de y, ne satisfasse pas à une équation d'ordre inférieur à $n+1$.

Si l'on se donne *a priori* les solutions $Y_1, Y_2, \ldots, Y_{n+1}$, on pourra déterminer les fonctions μ par les équations

$$\begin{gathered} \mu Y_1 + \mu_1 Y'_1 + \ldots = 0, \\ \mu Y_2 + \mu_1 Y'_2 + \ldots = 0, \\ \ldots\ldots\ldots\ldots\ldots\ldots, \end{gathered}$$

et la solution complète du problème n'exigera plus *aucune intégration*. Mais nous allons voir que l'on peut présenter cette solution sous une forme beaucoup plus élégante et plus commode pour les applications.

339. Reprenons l'identité (47) et désignons par $y_1, y_2, \ldots, y_{n+1}$ $n+1$ solutions particulières distinctes de l'équation linéaire

$$\lambda Y + \lambda_1 Y' + \ldots + \lambda_{n+1} Y^{(n+1)} = 0; \tag{55}$$

$y_1, \ldots, y_{n+1}$ seront des fonctions de y dont le déterminant

$$\Delta = \begin{vmatrix} y_1 & y_2 & \ldots & y_{n+1} \\ y'_1 & y'_2 & \ldots & y'_{n+1} \\ \ldots & \ldots & \ldots & \ldots \\ y_1^{(n)} & y_2^{(n)} & \ldots & y_{n+1}^{(n)} \end{vmatrix} \tag{56}$$

ne sera pas nul.

L'équation (47) devant avoir lieu pour toutes les formes possibles de la fonction arbitraire Y, remplaçons-y Y par l'une quelconque y_i des solutions particulières précédentes. Nous aurons

$$\frac{\partial}{\partial y}(B y_i + B_1 y'_i + \ldots + B_n y_i^{(n)}) = 0,$$

et, par suite, en intégrant

$$B y_i + B_1 y'_i + \ldots + B_n y_i^{(n)} + x_i = 0, \tag{57}$$

x_i désignant une fonction de la seule variable x. En attribuant à i toutes les valeurs $1, 2, \ldots, n+1$, on obtient ainsi $n+1$ équations différentes d'où l'on pourra tirer les valeurs de $B, B_1, \ldots, B_n$. Porter ces valeurs dans la formule (45) qui donne θ, c'est éliminer $B, B_1, \ldots, B_n$ entre les équations précédentes et la suivante

$$0 = BY + B_1 Y' + \ldots + B_n Y^{(n)} + X.$$

On est ainsi conduit à la valeur suivante de θ

$$(58) \qquad \theta = \frac{1}{\Delta} \begin{vmatrix} X & Y & Y' & \ldots & Y^{(n)} \\ x_1 & y_1 & y'_1 & \ldots & y_1^{(n)} \\ \ldots & \ldots & \ldots & \ldots & \ldots \\ x_{n+1} & y_{n+1} & y'_{n+1} & \ldots & y_{n+1}^{(n)} \end{vmatrix} = \frac{H}{\Delta},$$

Δ étant le déterminant déjà défini par l'équation (56). De la valeur de θ on déduit celle de z_i

$$(58 \; bis) \qquad z_i = MH,$$

M désignant une fonction déterminée de x et de y dont la valeur ne joue aucun rôle dans la théorie.

Il est aisé de vérifier que la valeur précédente de θ satisfait bien à l'équation (44)

$$(59) \qquad \frac{\partial\theta}{\partial y} = \alpha[\lambda Y + \lambda_1 Y' + \ldots + \lambda_{n+1} Y^{(n+1)}],$$

où l'on a remplacé Y_1 par sa valeur (46), et de déterminer l'expression de α au moyen des fonctions x_i, y_i. La valeur de θ, ordonnée suivant les fonctions X et x_i, est évidemment de la forme

$$\theta = X + u_1 x_1 + \ldots + u_{n+1} x_{n+1},$$

les coefficients u_i contenant la fonction Y et ses dérivées. D'après l'expression (58) de cette fonction sous forme de déterminant, on reconnaît immédiatement que l'on a

$$\theta = X - x_i \qquad \text{pour} \qquad Y = y_i.$$

Il suit de là que la dérivée $\frac{\partial\theta}{\partial y}$ sera nulle toutes les fois que l'on remplacera Y par y_i, et, comme elle est linéaire par rapport à Y et à ses $n+1$ premières dérivées, on aura

$$\frac{\partial \theta}{\partial y} = \beta \begin{vmatrix} Y & Y' & \dots & Y^{(n+1)} \\ y_1 & y'_1 & \dots & y_1^{(n+1)} \\ \dots & \dots & \dots & \dots \\ y_{n+1} & y'_{n+1} & \dots & y_{n+1}^{(n+1)} \end{vmatrix},$$

β désignant une fonction qui ne contiendra plus Y. Le déterminant qui figure dans l'équation précédente est évidemment proportionnel au premier membre de l'équation (55); et, par suite, l'équation précédente est bien équivalente à l'équation (59) qu'il s'agissait d'établir, Quant à la valeur de α, on l'obtiendra, par exemple, en égalant les coefficients de la dérivée $Y^{(n+1)}$ dans les deux membres de l'équation (59), ce qui donnera

$$(60) \qquad \alpha = \frac{(-1)^{n-1}}{\Delta\lambda_{n+1}} \begin{vmatrix} x_1 & y_1 & y'_1 & \dots & y_1^{(n-1)} \\ x_2 & y_2 & y'_2 & \dots & y_2^{(n-1)} \\ \dots & \dots & \dots & \dots & \dots \\ x_{n+1} & y_{n+1} & y'_{n+1} & \dots & y_{n+1}^{(n-1)} \end{vmatrix}.$$

S'il y avait une relation linéaire quelconque entre les fonctions x_i, α considérée comme fonction de y satisferait à une équation linéaire d'ordre inférieur à $n+1$. Ainsi *les fonctions x_i doivent être indépendantes au même titre que les fonctions y_i.*

340. La solution que nous venons de donner offre ce grand avantage qu'elle permet de former non seulement l'équation (E_i), mais encore toutes celles d'indice moindre et, en particulier, l'équation primitive (E). Il résulte en effet de la formule (29) que la valeur de z, satisfaisant à l'équation (E), sera de la forme

$$(61) \qquad z = Dz_i + D_1 \frac{\partial z_i}{\partial x} + D_2 \frac{\partial^2 z_i}{\partial x^2} + \dots + D_i \frac{\partial^i z_i}{\partial x^i};$$

et, d'autre part, nous savons que cette solution z sera de rang $i+1$ par rapport à x et de rang $j+1$ par rapport à y, c'est-à-dire qu'elle sera aussi de la forme

$$(62) \qquad z = \beta X + \beta_1 X' + \dots + \beta_i X^{(i)} + \gamma Y + \dots + \gamma_j Y^{(j)}.$$

L'expression de z résulte aisément, on va le voir, du rapprochement de ces deux formules.

Si l'on se reporte en effet aux équations (58) et (58 *bis*), on reconnaît immédiatement que z_i s'annule toutes les fois que l'on y attribue à X et à Y les valeurs suivantes

$$X = x_p, \qquad Y = y_p,$$

p désignant un des nombres 1, 2, ..., $n+1$. Il en sera de même, évidemment, pour toutes les dérivées de z_i et, par suite, pour z qui est une fonction linéaire de ces dérivées. On aura donc, quel que soit l'indice p,

$$\beta x_p + \beta_1 x'_p + \ldots + \beta_i x_p^{(i)} + \gamma y_p + \gamma_1 y'_p + \ldots + \gamma_j y_p^{(j)} = 0.$$

Les équations ainsi obtenues déterminent les rapports mutuels de $\beta, \beta_1, \ldots, \gamma, \gamma_1, \ldots, \gamma_j$ et conduisent à l'expression suivante de z

$$(63) \qquad z = N \begin{vmatrix} X & X' & \ldots & X^{(i)} & Y & Y' & \ldots & Y^{(j)} \\ x_1 & x'_1 & \ldots & x_1^{(i)} & y_1 & y'_1 & \ldots & y_1^{(j)} \\ \ldots & \ldots & \ldots & \ldots & \ldots & \ldots & \ldots & \ldots \\ x_{n+1} & x'_{n+1} & \ldots & x_{n+1}^{(i)} & y_{n+1} & y'_{n+1} & \ldots & y_{n+1}^{(j)} \end{vmatrix},$$

N étant une fonction que l'on peut choisir arbitrairement et dont la valeur n'a aucune influence sur les invariants de (E) [1].

Il est intéressant de vérifier directement que la valeur précédente de z satisfait, quelles que soient les fonctions X, Y, à une équation linéaire du second ordre. On y parvient aisément de la manière suivante.

---

[1] Nous avons admis dans le texte que les équations

$$\beta x_p + \beta_1 x'_p + \ldots + \beta_i x_p^{(i)} + \gamma y_p + \ldots + \gamma_j y_p^{(j)} = 0$$

déterminent les rapports mutuels des coefficients β_k, γ_k. On pourrait objecter que, pour certaines formes des fonctions x_k, y_k, ces équations deviendront indéterminées. Si on les résout suivant la méthode ordinaire, on trouvera, en désignant par Δ le déterminant qui figure dans l'expression de z,

$$\frac{\beta}{\frac{\partial\Delta}{\partial X}} = \frac{\beta'}{\frac{\partial\Delta}{\partial X'}} = \ldots = \frac{\beta_i}{\frac{\partial\Delta}{\partial X^{(i)}}} = \frac{\gamma}{\frac{\partial\Delta}{\partial Y}} = \ldots = \frac{\gamma_j}{\frac{\partial\Delta}{\partial Y^{(j)}}}.$$

Nous verrons plus loin, au n° 342, que les deux déterminants $\frac{\partial\Delta}{\partial X^{(i)}}, \frac{\partial\Delta}{\partial Y^{(j)}}$ ne sont jamais nuls tant que les fonctions x_p et les fonctions y_p sont linéairement indépendantes. Cette hypothèse étant ici réalisée, les équations considérées ne seront jamais indéterminées.

Si l'on différentie l'équation (62), on aura successivement

$$\frac{\partial z}{\partial x} = \frac{\partial \beta}{\partial x} X + \ldots + \beta_i X^{(i+1)} + \frac{\partial \gamma}{\partial x} Y + \ldots + \frac{\partial \gamma_j}{\partial x} Y^{(j)},$$

$$\frac{\partial z}{\partial y} = \frac{\partial \beta}{\partial y} X + \ldots + \frac{\partial \beta_i}{\partial y} X^{(i)} + \frac{\partial \gamma}{\partial y} Y + \ldots + \gamma_j Y^{(j+1)},$$

$$\frac{\partial^2 z}{\partial x \, \partial y} = \frac{\partial^2 \beta}{\partial x \, \partial y} X + \ldots + \frac{\partial \beta_i}{\partial y} X^{(i+1)} + \frac{\partial^2 \gamma}{\partial x \, \partial y} Y + \ldots + \frac{\partial \gamma_j}{\partial x} Y^{(j+1)}.$$

Il suit de là que l'expression

$$\frac{\partial^2 z}{\partial x \, \partial y} - \frac{\partial \log \beta_i}{\partial y} \frac{\partial z}{\partial x} - \frac{\partial \log \gamma_j}{\partial x} \frac{\partial z}{\partial y}$$

ne contiendra les dérivées de X et de Y que jusqu'aux ordres i et j respectivement. D'ailleurs elle s'annule, comme z, pour

$$X = x_p, \qquad Y = y_p.$$

Elle est donc proportionnelle à z, et l'on a

$$(64) \qquad \frac{\partial^2 z}{\partial x \, \partial y} - \frac{\partial \log \beta_i}{\partial y} \frac{\partial z}{\partial x} - \frac{\partial \log \gamma_j}{\partial x} \frac{\partial z}{\partial y} = \delta z,$$

δ étant une fonction déterminée de x et de y. On peut l'obtenir comme il suit.

Si, dans l'expression de z, on attribue à X la valeur 1 et à Y la valeur 0, on trouve $z = \beta$. Si l'on fait de même $X = 0$, $Y = 1$, on trouve $z = \gamma$. Les deux fonctions β et γ sont donc des solutions particulières de l'équation précédente. En les substituant dans l'équation à la place de z, on aura deux relations dont chacune suffira à déterminer δ.

En résumé, voici le résultat auquel on parvient : si l'on veut obtenir toutes les équations linéaires pour lesquelles la suite de Laplace est limitée dans les deux sens et se compose de m équations, on choisira m couples de fonctions x_p, y_p, les fonctions x_p ne dépendant que de x et les fonctions y_p ne contenant que y, de telle manière qu'il n'y ait aucune relation linéaire à coefficients constants, soit entre les fonctions x_p, soit entre les fonctions y_p. Les différentes équations qui composent alors la suite de Laplace sont celles qui admettent les intégrales générales suivantes

$$
(65) \qquad z = M \begin{vmatrix} X & X' & \dots & X^{(i)} & Y & Y' & \dots & Y^{(j)} \\ x_1 & x'_1 & \dots & x_1^{(i)} & y_1 & y'_1 & \dots & y_1^{(j)} \\ x_2 & x'_2 & \dots & x_2^{(i)} & y_2 & y'_2 & \dots & y_2^{(j)} \\ \dots & \dots & \dots & \dots & \dots & \dots & \dots & \dots \\ x_m & x'_m & \dots & x_m^{(i)} & y_m & y'_m & \dots & y_m^{(j)} \end{vmatrix},
$$

la somme $i+j$ étant égale à $m-1$ et M désignant une fonction déterminée, dont la valeur n'a aucune importance, au point de vue auquel nous nous plaçons, puisqu'elle n'influe pas sur les invariants de chaque équation. Comme on peut donner à i les valeurs $0, 1, \dots, m-1$, la suite de Laplace se composera de m équations.

Le cas le plus simple est celui où l'on a $m = 1$. Alors on peut écrire

$$
z = M\left(\frac{X}{x_1} - \frac{Y}{y_1}\right)
$$

ou plus simplement

$$
z = M(X_1 - Y_1).
$$

La suite de Laplace se compose d'une seule équation pour laquelle les invariants sont nuls.

Puis vient le cas où l'on a deux équations admettant respectivement les intégrales générales

$$
z = M \begin{vmatrix} X & X' & Y \\ x_1 & x'_1 & y_1 \\ x_2 & x'_2 & y_2 \end{vmatrix}, \qquad z = N \begin{vmatrix} X & Y & Y' \\ x_1 & y_1 & y'_1 \\ x_2 & y_2 & y'_2 \end{vmatrix},
$$

et ainsi de suite.

341. Nous rencontrerons, dans la suite, des expressions semblables à celle qui est donnée par la formule (65), mais les fonctions x_i, ainsi que les fonctions y_i, pourront ne plus être linéairement indépendantes. Nous terminerons ce Chapitre en indiquant quelques propriétés très simples des expressions ainsi définies.

D'abord, il est clair que le facteur M seul est changé si l'on combine linéairement les couples (x_i, y_i), c'est-à-dire si l'on effectue une même substitution linéaire sur les x_i et sur les y_i.

Il en est de même si l'on multiplie toutes les fonctions x_i par une même fonction de x, et toutes les fonctions y_i par une même fonction de y; car on reconnaîtra par un calcul facile que, si l'on remplace x_i par ρx_i, X par ρX, y_i par σy_i et Y par σY, ρ désignant une fonction de x et σ une fonction de y, le déterminant se reproduit multiplié par $\rho^{i+1}\sigma^{j+1}$.

Il en est encore de même si l'on effectue un changement des variables indépendantes en remplaçant x par une fonction de x et y par une fonction de y.

En combinant les deux dernières propriétés, on reconnaît que, par un simple changement de notations, on pourra toujours réduire l'un des couples (x_i, y_i) au couple simple $(1, 1)$. De plus, si l'on prend comme nouvelles variables x et y les rapports $\frac{x_2}{x_1}$, $\frac{y_2}{y_1}$ et que l'on réduise le couple (x_1, y_1) à l'unité, le second couple sera réduit à (x, y).

Supposons maintenant qu'il y ait des relations linéaires, soit entre les fonctions x_i, soit entre les fonctions y_i. Par des combinaisons linéaires des couples, on pourra réduire à zéro autant de fonctions x_i qu'il y a de relations linéaires distinctes entre ces fonctions. On aura ainsi des couples

$$(0, y_\alpha),\quad (0, y_{\alpha+1}),\quad \ldots\quad (0, y_m),$$

pour lesquels les fonctions y_α, $y_{\alpha+1}$, $\ldots$, y_m seront linéairement indépendantes; car, s'il en était autrement, l'un des couples précédents serait une combinaison linéaire de tous les autres et l'expression considérée serait nulle.

Considérons maintenant les relations linéaires entre les fonctions y_i; d'après la remarque que nous venons de faire, elles contiennent toutes au moins l'une des fonctions y_1, y_2, $\ldots$, $y_{\alpha-1}$ et l'on peut, par conséquent, en combinant linéairement les $\alpha - 1$ premiers couples entre eux et avec les suivants, ramener ces relations à la forme simple

$$y_\beta = 0,\qquad y_{\beta+1} = 0,\qquad \ldots,\qquad y_{\alpha-1} = 0.$$

Après cette double transformation, il nous reste donc $\beta - 1$ couples

$$(x_1, y_1),\quad (x_2, y_2),\quad \ldots,\quad (x_{\beta-1}, y_{\beta-1})$$

pour lesquels les fonctions x_i et les fonctions y_i sont linéairement indépendantes; puis les couples

$$(x_\beta, 0), \quad (x_{\beta+1}, 0), \quad \ldots, \quad (x_{\alpha-1}, 0),$$

et

$$(0, y_\alpha), \quad (0, y_{\alpha+1}), \quad \ldots, \quad (0, y_m),$$

pour lesquels une des fonctions est nulle, les autres étant linéairement indépendantes et, de plus, n'étant liées par aucune relation linéaire avec les fonctions correspondantes des $\beta - 1$ premiers couples. Nous allons voir qu'on peut faire disparaître les couples des deux derniers groupes par les transformations que nous avons déjà signalées.

Considérons, par exemple, le couple $(0, y_m)$. Si l'on multiplie toutes les fonctions y_k par $\frac{1}{y_m}$, ce couple se réduira à $(0, 1)$ et l'expression considérée prendra la forme

$$M \begin{vmatrix} X & X' & \ldots & X^{(i)} & Y & Y' & \ldots & Y^{(j)} \\ x_1 & x'_1 & \ldots & x_1^{(i)} & y_1 & y'_1 & \ldots & x_1^{(j)} \\ \ldots & \ldots & \ldots & \ldots & \ldots & \ldots & \ldots & \ldots \\ 0 & 0 & \ldots & 0 & 1 & 0 & \ldots & 0 \end{vmatrix},$$

dans laquelle la dernière ligne a un seul élément différent de zéro; elle se réduit donc à une expression analogue dans laquelle Y est remplacée par Y' et y_k par y'_k. Les nouvelles fonctions x_k sont égales aux anciennes; quant aux nouvelles fonctions y_k, elles sont respectivement égales aux dérivées des anciennes divisées par y_m. En d'autres termes, chaque couple ancien (x_k, y_k) est remplacé par $\left[x_k, \left(\frac{y_k}{y_m}\right)'\right]$. Il ne peut évidemment exister aucune relation linéaire entre les fonctions $\left(\frac{y_k}{y_m}\right)'$; sans cela, il y aurait une relation analogue entre les y_k et y_m. L'application de la méthode ne sera donc pas arrêtée, et l'on pourra faire disparaître successivement tous les couples pour lesquels une des fonctions est nulle. Si l'on remarque que la suppression de chaque couple $(0, y_h)$ diminue d'une unité l'ordre des dérivées de la fonction arbitraire de y, on peut énoncer la proposition suivante :

Une expression de la forme (65), *en apparence de rang $i+1$ par rapport à x et $j+1$ par rapport à y, dans laquelle les couples* sont linéairement indépendants, sans qu'il en soit de même des fonctions x_i et y_i considérées séparément, peut toujours être réduite à une expression de même forme dans laquelle toutes les fonctions x_i et y_i sont linéairement indépendantes, et dans laquelle le nombre des couples est diminué du nombre total des relations linéaires distinctes qui existent entre les fonctions x_i et les fonctions y_i, considérées séparément; d'après les résultats de ce Chapitre, l'expression ainsi obtenue est irréductible, de sorte qu'elle sera, par rapport à x, d'un rang égal au nombre $i+1$ diminué du nombre total des relations linéaires entre les fonctions y_p et, par rapport à y, d'un rang égal à $j+1$ diminué du nombre des relations linéaires entre les fonctions x_p.

On voit qu'en dehors du cas, que nous avons signalé en premier lieu, où l'un des couples serait une combinaison linéaire des autres couples, l'expression sera encore identiquement nulle s'il y a entre les fonctions d'une variable, par exemple entre les fonctions x_p, des relations linéaires en nombre supérieur au rang apparent $j+1$ de l'expression par rapport à la variable dont ne dépendent pas les fonctions considérées.

342. Nous examinerons enfin une dernière question relative aux expressions définies par la formule (65). Supposons une telle expression réduite à sa forme la plus simple, c'est-à-dire à la forme dans laquelle les fonctions x_p et les fonctions y_p ne sont liées par aucune relation linéaire, et cherchons quelle valeur il faut attribuer aux fonctions arbitraires X, Y pour que l'expression s'annule. Nous allons montrer que cela ne pourra avoir lieu que si le couple (X, Y) est une combinaison linéaire des couples (x_p, y_p). Cette proposition est évidente pour les fonctions à un seul couple

$$\begin{vmatrix} X & Y \\ x_1 & y_1 \end{vmatrix}.$$

Il suffira donc de montrer que, si elle est établie pour les expressions à $m-1$ couples, elle est vraie aussi pour les fonctions à m couples.

Les coefficients de $X^{(i)}$ et de $Y^{(j)}$ dans l'expression (65) ne sont pas nuls; car, si l'on y regarde le couple (x_1, y_1) comme tenant lieu du couple (X, Y) des fonctions arbitraires, ils peuvent être considérés comme des expressions formées avec $m-1$ couples (x_2, y_2), ..., (x_m, y_m) pour lesquels les fonctions de chaque groupe sont linéairement indépendantes; et, d'ailleurs, le couple (x_1, y_1) n'est dans aucun cas une combinaison linéaire des précédents. Par suite, si l'expression (65) est nulle pour un système de valeurs attribuées à X et à Y, on pourra déterminer des coefficients *finis* $\lambda_1, \ldots, \lambda_m$, tels que l'on ait

$$\begin{aligned}
X &= \lambda_1 x_1 + \ldots + \lambda_m x_m,\\
X' &= \lambda_1 x'_1 + \ldots + \lambda_m x'_m,\\
&\ldots\ldots\ldots\ldots\ldots\ldots,\\
X^{(i)} &= \lambda_1 x_1^{(i)} + \ldots + \lambda_m x_m^{(i)};\\
Y &= \lambda_1 y_1 + \ldots + \lambda_m y_m,\\
Y' &= \lambda_1 y'_1 + \ldots + \lambda_m y'_m,\\
&\ldots\ldots\ldots\ldots\ldots\ldots,\\
Y^{(j)} &= \lambda_1 y_1^{(j)} + \ldots + \lambda_m y_m^{(j)}.
\end{aligned}$$

Différentions toutes ces équations, sauf la $i+1^{\text{ième}}$, par rapport à x; nous aurons

$$\begin{aligned}
&x_1 \frac{\partial\lambda_1}{\partial x} + \ldots + x_m \frac{\partial\lambda_m}{\partial x} = 0, \quad \ldots, \quad x_1^{(i-1)} \frac{\partial\lambda_1}{\partial x} + \ldots + x_m^{(i-1)} \frac{\partial\lambda_m}{\partial x} = 0;\\
&y_1 \frac{\partial\lambda_1}{\partial x} + \ldots + y_m \frac{\partial\lambda_m}{\partial x} = 0, \quad \ldots, \quad y_1^{(j)} \frac{\partial\lambda_1}{\partial x} + \ldots + y_m^{(j)} \frac{\partial\lambda_m}{\partial x} = 0;
\end{aligned}$$

c'est-à-dire $i+j+1$ ou m équations à m inconnues $\frac{\partial\lambda_1}{\partial x}, \ldots, \frac{\partial\lambda_m}{\partial x}$. Le déterminant de ces équations, qui est le coefficient de $X^{(i)}$ dans l'expression (65), n'est pas nul d'après une remarque déjà faite. On a donc

$$\frac{\partial\lambda_1}{\partial x} = 0, \quad \ldots, \quad \frac{\partial\lambda_m}{\partial x} = 0;$$

et, par suite, les coefficients λ_h ne dépendent pas de x. On établirait de même qu'ils sont indépendants de y; ils se réduisent donc à des constantes, et la proposition que nous avions en vue est ainsi établie.

343. Les résultats donnés dans ce Chapitre ont été exposés à plusieurs reprises dans notre enseignement et, en particulier, dans le cours de 1883. Nous avons été conduit à traiter de la méthode de Laplace par l'étude approfondie du théorème de Géométrie donné au n° 322 [p. 16]. Mais nous devons signaler ici un travail très important, présenté en 1870 à l'Académie des Sciences par M. Moutard (¹). Dans la seconde Partie de son Mémoire, cet habile géomètre avait traité et résolu précisément la question que nous avons étudiée dans ce Chapitre; et il avait formé toutes les équations linéaires dont l'intégrale s'obtient sans signe de quadrature. Malheureusement, l'extrait qui a paru aux *Comptes rendus* ne donne aucune indication ni sur la méthode suivie par M. Moutard, ni sur la forme définitive donnée à la solution. Le Mémoire original a disparu en 1871, dans les incendies de la Commune; et, dans la rédaction nouvelle qu'il a publiée d'une partie de ses recherches au XLVe Cahier du *Journal de l'École Polytechnique,* M. Moutard a traité seulement les équations de la forme

$$\frac{\partial^2 z}{\partial x \, \partial y} = \lambda z,$$

sur lesquelles nous reviendrons plus loin.

(¹) Ce Mémoire, portant pour titre *Recherches sur les équations aux dérivées partielles du second ordre à deux variables indépendantes,* a été présenté le 18 avril 1870. Un extrait en figure au *Compte rendu* de la séance de ce jour, t. LXX, p. 834. Un Rapport fait sur le Mémoire par M. Bertrand se trouve à la page 1068 du même tome.

CHAPITRE III.

L'ÉQUATION D'EULER ET DE POISSON.

Indications historiques. — Forme réduite de l'équation à étudier. — Cas particulier où les deux constantes β, β' qui y figurent deviennent égales; formes diverses de l'équation. — Solutions particulières homogènes ou entières. — Solutions particulières qui sont le produit d'une fonction de x par une fonction de y. — Invariants de l'équation. — Propriété fondamentale relative aux substitutions linéaires; cas particulier où β, β' sont égaux. — Application de la méthode de Laplace. — Recherche directe de l'intégrale dans le cas où la méthode de Laplace peut fournir cette intégrale. — Étude du cas où la suite de Laplace relative à l'équation est illimitée dans les deux sens; on peut ramener β et β' à être compris entre zéro et 1. — Intégrale de Poisson et de M. Appell. — Cas limite où l'on a $\beta + \beta' = 1$. — Indication d'un problème de Géométrie, déjà étudié au tome I, qui se ramène à l'intégration de l'équation $E\left(-\frac{1}{2}, -\frac{1}{2}\right)$.

---

344. Avant de continuer l'exposition des théories générales, nous allons faire l'application des propositions déjà obtenues à une équation remarquable, que nous rencontrerons d'ailleurs dans l'étude de plusieurs questions de Géométrie.

Cette équation est la suivante

$$(1) \qquad \frac{\partial^2 z}{\partial x\,\partial y} - \frac{n}{x-y}\frac{\partial z}{\partial x} + \frac{m}{x-y}\frac{\partial z}{\partial y} - \frac{p}{(x-y)^2}z = 0,$$

où m, n, p désignent trois constantes auxquelles on peut attribuer des valeurs quelconques. Sous sa forme la plus générale, elle a été traitée par Laplace dans le Mémoire que nous avons cité au n° 325 [p. 22]. Le cas particulier où m est égal à n s'était déjà présenté dans les recherches d'Euler relatives à la propagation du Son. Le grand géomètre a étudié ce cas particulier sous toutes ses formes dans le t. III de son *Calcul intégral* (Chap. III, IV et V de la seconde Section); il a montré que la solution la plus générale de l'équation peut être obtenue, sans qu'il y ait une intégrale première, toutes les fois que, p étant ramené à zéro par une transformation que nous allons indiquer, la valeur commune de m et de n est un nombre entier; et il a donné cette solution générale sous une forme développée qui était alors tout à fait nouvelle dans la Science et qui contenait les dérivées des fonctions arbitraires jusqu'à un ordre quelconque. D'autres travaux très importants, que nous aurons l'occasion de citer, ont pour objet, soit l'équation générale, soit le cas particulier où m est égal à n. De toutes les équations que nous aurions pu choisir, il n'en est aucune dont l'étude présente plus d'intérêt et puisse fournir autant d'indications précieuses sur l'intégration des équations linéaires les plus générales.

345. Si l'on effectue la substitution

$$z = (x - y)^{\alpha} \theta, \tag{2}$$

on obtiendra pour θ l'équation suivante

$$\frac{\partial^2 \theta}{\partial x \partial y} - \frac{n'}{x - y} \frac{\partial \theta}{\partial x} + \frac{m'}{x - y} \frac{\partial \theta}{\partial y} - \frac{p'}{(x - y)^2} \theta = 0, \tag{3}$$

où l'on a

$$m' = m + \alpha, \qquad n' = n + \alpha, \qquad p' = p + \alpha^2 + \alpha(m + n - 1). \tag{4}$$

L'équation (3) est de même forme que la proposée, mais on peut disposer de α, ce qui permet de la simplifier. Par exemple, il existe en général deux valeurs de α pour lesquelles le terme en θ disparaîtra. Nous pourrons donc, dans ce qui va suivre, nous borner à considérer l'équation

$$\frac{\partial^2 z}{\partial x \partial y} - \frac{\beta'}{x - y} \frac{\partial z}{\partial x} + \frac{\beta}{x - y} \frac{\partial z}{\partial y} = 0, \tag{E}$$

débarrassée du terme en z. Nous l'appellerons l'équation $E(\beta, \beta')$ et nous désignerons par la notation $Z(\beta, \beta')$ une quelconque de ses solutions.

Il résulte des formules (4) que, si l'on pose

$$z = \theta (x - y)^{1-\beta-\beta'},$$

l'équation en θ sera

$$\frac{\partial^2 \theta}{\partial x \partial y} - \frac{1 - \beta}{x - y} \frac{\partial \theta}{\partial x} + \frac{1 - \beta'}{x - y} \frac{\partial \theta}{\partial y} = 0. \tag{5}$$

Cette équation est de même forme que l'équation (E), mais β et β' y sont remplacés respectivement par $1-\beta'$ et $1-\beta$. En faisant usage de la notation indiquée plus haut, on peut dire que l'on a

$$(6)\qquad (y-x)^{1-\beta-\beta'}Z(1-\beta',\, 1-\beta) = Z(\beta,\, \beta').$$

Cette propriété si simple joue un rôle important dans l'étude de l'équation.

346. Si l'on applique à l'équation (E) la substitution générale définie par la formule (2), elle prend la forme (3), m', n', p' ayant les valeurs particulières suivantes :

$$(7)\qquad m' = \alpha+\beta, \qquad n' = \alpha+\beta', \qquad p' = \alpha(\alpha+\beta+\beta'-1).$$

On peut donc disposer de α de manière à faire disparaître soit le terme en $\frac{\partial z}{\partial x}$, soit le terme en $\frac{\partial z}{\partial y}$. On ne peut les faire disparaître simultanément que si l'on a

$$\beta = \beta'.$$

Supposons cette condition vérifiée. En effectuant la substitution

$$z = (x-y)^{-\beta}\theta,$$

on obtiendra pour θ l'équation

$$(e)\qquad \frac{\partial^2\theta}{\partial x\,\partial y} = \frac{\beta(1-\beta)}{(x-y)^2}\theta,$$

en sorte que, si l'on désigne par Z_β une solution quelconque de cette équation, on aura

$$(8)\qquad Z_\beta = (x-y)^\beta Z(\beta,\, \beta),$$

c'est-à-dire que l'on obtiendra toutes les solutions de l'équation (e) en multipliant par $(x-y)^\beta$ toutes les solutions de l'équation

$$E(\beta,\, \beta).$$

Par des changements de variables que l'on apercevra facilement, l'équation (e) peut se mettre sous l'une des formes suivantes

$$(9)\qquad \frac{\partial^2 z}{\partial y^2} = \frac{\partial^2 z}{\partial x^2} + \frac{2m}{x}\frac{\partial z}{\partial x} + \frac{n}{x^2}z,$$

$$(10)\qquad \frac{\partial^2 z}{\partial y^2} = x^m\frac{\partial^2 z}{\partial x^2},$$

qui ont été données par Euler et qui la rapprochent de l'équation de Riccati.

347. Revenons à l'équation générale $E(\beta, \beta')$; on peut obtenir, et de différentes manières, un grand nombre d'intégrales particulières de cette équation. Cherchons, par exemple, les intégrales homogènes en y et x. Si l'on pose

$$(11) \qquad \frac{y}{x} = t, \qquad z = x^{\lambda}\varphi(t),$$

on sera conduit, par la substitution de la valeur de z dans l'équation (E), à la relation

$$(12) \quad t(1-t)\varphi''(t) + [1-\lambda-\beta-(1-\lambda+\beta')t]\varphi'(t) + \lambda\beta'\varphi(t) = 0.$$

C'est, avec des notations différentes, l'équation différentielle à laquelle satisfait la série hypergéométrique. On peut prendre pour φ deux quelconques des intégrales particulières de cette équation, par exemple les deux suivantes

$$F\left(-\lambda, \beta', 1-\lambda-\beta, \frac{y}{x}\right),$$

$$\left(\frac{y}{x}\right)^{\lambda+\beta} F\left(\beta, \beta'+\beta+\lambda; 1+\beta+\lambda, \frac{y}{x}\right),$$

qui conduisent aux valeurs suivantes de z :

$$(13) \quad \begin{cases} z = x^{\lambda} F\left(-\lambda, \beta', 1-\beta-\lambda, \dfrac{y}{x}\right), \\ z = x^{-\beta} y^{\beta+\lambda} F\left(\beta, \beta'+\beta+\lambda, 1+\beta+\lambda, \dfrac{y}{x}\right). \end{cases}$$

Quelques-unes de ces solutions jouent, comme nous le verrons plus loin, un rôle important dans la recherche de l'intégrale générale de l'équation.

Si l'on donne à λ une valeur entière et positive, la première solution

$$x^{\lambda} F\left(-\lambda, \beta', 1-\beta-\lambda, \frac{y}{x}\right).$$

devient un polynôme homogène et entier de degré λ. On voit donc que l'équation proposée admet une infinité de solutions entières.

348. On peut aussi, en suivant une méthode très usitée en Physique mathématique, chercher si l'équation proposée admet des solutions qui soient le produit d'une fonction X de x par une fonction Y de y. Si l'on substitue à la place de z le produit XY, on obtient la relation

$$(x-y)X'Y' - \beta'X'Y + \beta XY' = 0,$$

à laquelle on peut donner la forme suivante :

$$x + \frac{\beta X}{X'} = y + \frac{\beta' Y}{Y'}.$$

La valeur commune des deux membres ne peut être qu'une constante; on aura donc

$$x + \frac{\beta X}{X'} = y + \frac{\beta' Y}{Y'} = a,$$

ce qui donne, en intégrant et négligeant les constantes qui entrent en facteur,

$$X = (x-a)^{-\beta}, \qquad Y = (y-a)^{-\beta'}.$$

Ainsi, quelle que soit la constante a,

(14) $$z = (x-a)^{-\beta}(y-a)^{-\beta'}$$

sera une solution particulière de l'équation proposée. Si l'on applique la proposition énoncée à la fin du n° 345, on verra qu'il en est de même de

(15) $$(y-x)^{1-\beta-\beta'}(x-a)^{\beta'-1}(y-a)^{\beta-1}.$$

349. Le calcul des invariants h et k de l'équation n'offre aucune difficulté. On a

(16) $$h = \frac{\beta'(1-\beta)}{(x-y)^2}, \qquad k = \frac{\beta(1-\beta')}{(x-y)^2}.$$

Ces valeurs si simples mettent sur la voie de la plus importante des propriétés de l'équation $E(\beta, \beta')$.

Nous avons vu en effet au n° 327 que, si l'on effectue sur les variables indépendantes la substitution

$$x = \varphi(x'), \qquad y = \psi(y'),$$

les nouvelles valeurs h', k' des invariants sont

$$h' = h\varphi'(x')\psi'(y'), \qquad k' = k\varphi'(x')\psi'(y').$$

Il suit de là, et de la valeur particulière que prennent ici h et k, que ces invariants conserveront la même valeur lorsqu'on effectuera sur x et sur y une même substitution linéaire, d'ailleurs quelconque. Par conséquent, si $\varphi(x, y)$ désigne une solution quelconque de l'équation $E(\beta, \beta')$, la fonction

$$\varphi\left(\frac{cx+d}{ax+b}, \frac{cy+d}{ay+b}\right),$$

où les constantes a, b, c, d ont des valeurs quelconques, sera une solution d'une équation linéaire *ayant les mêmes invariants*. On retrouvera donc une solution de l'équation proposée (n° 328) en multipliant l'expression précédente par une fonction déterminée, la même pour toutes les solutions. Voici comment on peut obtenir ce multiplicateur.

Considérons la solution particulière déjà donnée au numéro précédent

$$(x-\alpha)^{-\beta}(y-\alpha)^{-\beta'}.$$

Si l'on effectue sur x et sur y une même substitution linéaire définie par les constantes a, b, c, d, elle prend la forme

$$A(ax+b)^{-\beta}(ay+b)^{-\beta'}(x-\alpha')^{-\beta}(y-\alpha')^{-\beta'},$$

A étant une constante et α' étant définie par la relation

$$\alpha = \frac{c\alpha'+d}{a\alpha'+b}.$$

Il suit de là qu'on retrouve une solution de l'équation proposée multipliée par le facteur $(ax+b)^{-\beta}(ay+b)^{-\beta'}$; et l'on est ainsi conduit à la proposition suivante, qu'il est aisé d'ailleurs de confirmer par un calcul direct et rigoureux.

Si l'on a obtenu une solution quelconque

$$\varphi(x, y)$$

de l'équation $E(\beta, \beta')$, *on pourra en déduire la solution plus générale*

$$(17) \qquad (ax+b)^{-\beta}(ay+b)^{-\beta'}\varphi\left(\frac{cx+d}{ax+b}, \frac{cy+d}{ay+b}\right) = \varphi_1(x, y),$$

a, b, c, d désignant des constantes quelconques.

Ce résultat est dû à M. Appell, qui l'a établi dans une Note élégante consacrée à l'étude de l'équation E(β, β′) (¹). Nous l'avions obtenu d'abord pour le cas particulier de l'équation E(β, β) (²) où il revêt une forme particulièrement simple, et voici comment nous y avons été conduit.

Reprenons la forme (*e*) de cette équation que nous écrirons ainsi :

$$\frac{\partial^2 z}{\partial x\, \partial y}\, dx\, dy = m(1-m)\frac{dx\, dy}{(x-y)^2}z.$$

Le premier membre demeure invariable lorsqu'on remplace x et y respectivement par des fonctions quelconques de ces variables. Quant au second membre, il contient le facteur

$$\frac{dx\, dy}{(x-y)^2},$$

qui est le carré de l'élément linéaire d'une sphère [I, p. 30]; et il demeure invariable (n° 24) lorsqu'on effectue sur x et sur y une même substitution linéaire. Donc, *de toute solution de l'équation* (*e*), *on peut déduire une infinité de solutions nouvelles, en effectuant sur les variables x et y une même substitution linéaire quelconque.*

350. Voici une première conséquence de ces propositions. Si l'on différentie la solution générale (17) par rapport à l'une quelconque des constantes a, b, c, d et si, après les différentiations, on attribue à ces constantes les valeurs 0, 1, 1, 0, on obtient des

---

(¹) Appell, *Sur une équation linéaire aux dérivées partielles* (*Bulletin des Sciences mathématiques*, 2ᵉ série, t. VI, p. 314; 1882).

(²) Darboux, *Sur une équation linéaire aux dérivées partielles* (*Comptes rendus*, t. XCV, p. 69; juillet 1882).

combinaisons linéaires des trois expressions suivantes :

$$(18)\qquad \left\{\begin{aligned} &\frac{\partial\varphi}{\partial x}+\frac{\partial\varphi}{\partial y},\quad x\frac{\partial\varphi}{\partial x}+y\frac{\partial\varphi}{\partial y},\\ &x^2\frac{\partial\varphi}{\partial x}+y^2\frac{\partial\varphi}{\partial y}+(\beta x+\beta' y)\varphi. \end{aligned}\right.$$

Ainsi, *lorsqu'on aura une solution quelconque de l'équation* $E(\beta, \beta')$, *on en déduira des solutions nouvelles en opérant sur cette solution au moyen des symboles*

$$\frac{\partial}{\partial x}+\frac{\partial}{\partial y},\quad x\frac{\partial}{\partial x}+y\frac{\partial}{\partial y},$$
$$x^2\frac{\partial}{\partial x}+y^2\frac{\partial}{\partial y}+\beta x+\beta' y.$$

Pour le cas de l'équation (e), *le dernier symbole se réduit à la forme simple*

$$x^2\frac{\partial}{\partial x}+y^2\frac{\partial}{\partial y}.$$

Si l'on emploie la notion si importante des transformations infinitésimales due à M. Lie, on pourra dire que l'équation $E(\beta, \beta')$ admet trois transformations infinitésimales. Cette propriété a d'ailleurs été signalée par M. Lie.

351. Proposons-nous maintenant d'appliquer à l'équation considérée la méthode de Laplace. Les valeurs des invariants h et k ont été déjà données au n° 349; et l'on reconnaît aisément, en commençant les calculs, que les invariants h_i et k_i de l'équation (E_i) sont de la forme

$$h_i=\frac{A_i}{(x-y)^2},\qquad k_i=\frac{B_i}{(x-y)^2},$$

A_i et B_i désignant des constantes. Les formules (25) du n° 331 nous donnent ici

$$(19)\qquad \left\{\begin{aligned} A_{i+1}&=2A_i-B_i+2,\\ B_{i+1}&=A_i. \end{aligned}\right.$$

Ces relations de récurrence conduisent, par un calcul facile, aux valeurs générales de A_i et de B_i; on trouve ainsi

$$A_i = i^2 + (A - B + 1)i + A,$$
$$B_i = i^2 + (A - B - 1)i + B,$$

ou, en remplaçant A et B par leurs valeurs,

$$(20)\quad \begin{cases} A_i = (i + \beta')(i + 1 - \beta), \\ B_i = (i + \beta' - 1)(i - \beta). \end{cases}$$

Si aucun des nombres β, β' n'est un entier réel, la suite de Laplace sera illimitée dans les deux sens. Pour qu'elle soit limitée dans un sens, il suffira que l'un des nombres soit entier. Par exemple, pour que la suite soit limitée du côté des indices positifs, il faudra (nº 333) que l'un des nombres

$$-\beta', \quad \beta - 1$$

soit un entier positif ou nul; pour qu'elle le soit du côté des indices négatifs, il faudra que l'un des nombres

$$1 - \beta', \quad \beta$$

soit un entier nul ou négatif. La suite ne peut donc être limitée dans les deux sens que si les deux nombres β, β' sont des entiers de même signe, la valeur zéro n'étant exclue pour aucun d'eux. Dans ce cas, l'intégrale générale s'obtiendra sans aucun signe de quadrature; c'est ce que l'on vérifie aisément de la manière suivante.

352. Reprenons l'équation $E(\beta, \beta')$, écrite sous la forme

$$(x - y)\frac{\partial^2 z}{\partial x\,\partial y} - \beta'\frac{\partial z}{\partial x} + \beta\frac{\partial z}{\partial y} = 0,$$

et différentions-la par rapport à x, par exemple. Elle devient

$$(x - y)\frac{\partial^3 z}{\partial x^2\,\partial y} - \beta'\frac{\partial^2 z}{\partial x^2} + (1 + \beta)\frac{\partial^2 z}{\partial x\,\partial y} = 0.$$

Cette relation exprime que $\frac{\partial z}{\partial x}$ satisfait à l'équation $E(\beta + 1, \beta')$. Si nous employons la notation proposée au nº 345, nous aurons donc

$$\frac{\partial Z(\beta, \beta')}{\partial x} = Z(\beta + 1, \beta'), \tag{21}$$

et l'on trouverait de même

$$\frac{\partial Z(\beta, \beta')}{\partial y} = Z(\beta, \beta' + 1). \tag{22}$$

L'emploi répété de ces deux formules conduit à la suivante

$$\frac{\partial^{m+n} Z(\beta, \beta')}{\partial x^m \partial y^n} = Z(\beta + m, \beta' + n), \tag{23}$$

qui les contient toutes les deux. Nous allons déduire les conséquences de ces diverses relations; mais, auparavant, il est indispensable de présenter les remarques suivantes.

Considérons, pour fixer les idées, la formule (21); elle nous apprend que, si z est une solution de l'équation $E(\beta, \beta')$, $\frac{\partial z}{\partial x}$ sera une solution de l'équation $E(\beta + 1, \beta')$. Mais on n'a pas le droit de conclure qu'en prenant les dérivées par rapport à x de *toutes* les solutions de l'équation $E(\beta, \beta')$, on aura *toutes* les solutions de l'équation $E(\beta + 1, \beta')$. Pour décider ce point essentiel, il suffira évidemment de chercher si, étant donnée une solution z_1 de l'équation $E(\beta + 1, \beta')$, on peut toujours en déduire une solution z de $E(\beta, \beta')$ par la formule

$$\frac{\partial z}{\partial x} = z_1.$$

Portons cette valeur de $\frac{\partial z}{\partial x}$ dans l'équation $E(\beta, \beta')$, elle prendra la forme

$$(x - y)\frac{\partial z_1}{\partial y} - \beta' z_1 + \beta \frac{\partial z}{\partial y} = 0,$$

et elle fournira $\frac{\partial z}{\partial y}$ *tant que* β *ne sera pas nul*. On aura

$$\frac{\partial z}{\partial y} = \frac{\beta'}{\beta} z_1 - \frac{x - y}{\beta} \frac{\partial z_1}{\partial y},$$

et, par suite

$$dz = z_1\, dx + \left[\frac{\beta'}{\beta} z_1 - \frac{x - y}{\beta} \frac{\partial z_1}{\partial y}\right] dy.$$

Le second membre est une différentielle exacte, en vertu de l'équation $E(\beta+1, \beta')$ à laquelle satisfait z_1. En l'intégrant, on en déduira la valeur de z.

Ainsi, *tant que* β *sera différent de zéro, la formule* (21), *appliquée aux différentes solutions de* $E(\beta, \beta')$, *donnera toutes les solutions de* $E(\beta+1, \beta')$; *et, par conséquent, l'intégrale générale de cette dernière équation pourra se déduire de celle de* $E(\beta, \beta')$.

Il est aisé de reconnaître que, si β est nul, la proposition cesse d'être exacte; car la valeur générale de z est alors

$$Z(0, \beta') = \int X(y-x)^{-\beta'} dx + Y,$$

et la dérivation par rapport à x élimine la fonction arbitraire Y.

La proposition que nous avons établie s'étend naturellement à la formule (22), par l'échange de x et de y; et, par suite, elle nous conduit, relativement à l'équation générale (23), à la conclusion suivante :

La formule (23) *permet de déduire l'intégrale générale de l'équation* $E(\beta+m, \beta'+n)$ *de celle de l'équation* $E(\beta, \beta')$ *toutes les fois qu'aucun des nombres*

$$\begin{matrix} \beta, & \beta+1, & \ldots, & \beta+m-1, \\ \beta', & \beta'+1, & \ldots, & \beta'+n-1 \end{matrix}$$

n'est égal à zéro.

353. Faisons, en particulier, $\beta = 1$, $\beta' = 1$ et remplaçons m, n par $m-1$, $n-1$. La formule (23) nous donnera

$$Z(m, n) = \frac{\partial^{m+n-2} Z(1, 1)}{\partial x^{m-1} \partial y^{n-1}},$$

et il suffira de remplacer $Z(1,1)$ par sa valeur la plus générale pour obtenir l'intégrale générale de $E(m, n)$. Or l'équation $E(1,1)$

$$(x-y)\frac{\partial^2 z}{\partial x \partial y} - \frac{\partial z}{\partial x} + \frac{\partial z}{\partial y} = 0$$

s'intègre immédiatement et nous donne

$$z(x-y) = X - Y,$$

X désignant une fonction de x et Y une fonction de y. On aura donc, pour l'intégrale générale de $E(m, n)$, la formule élégante

$$(24)\qquad Z(m, n) = \frac{\partial^{m+n-2}}{\partial x^{m-1}\,\partial y^{n-1}}\left(\frac{X-Y}{x-y}\right).$$

Le développement du second membre donnera une expression de rang m par rapport à x et de rang n par rapport à y, ce qui est conforme à la théorie développée dans le Chapitre précédent.

Supposons maintenant que β et β' soient des entiers négatifs : si nous faisons usage de la formule (6) démontrée au n° 345, nous pourrons donner à l'équation (23) la forme nouvelle

$$(x-y)^{1-m-n-\beta-\beta'}\,Z(1-\beta'-n,\ 1-\beta-m) = \frac{\partial^{m+n}}{\partial x^m\,\partial y^n}\left[\frac{Z(1-\beta',\ 1-\beta)}{(x-y)^{\beta+\beta'-1}}\right],$$

ou, en remplaçant β, β', m, n respectivement par $1-\beta'$, $1-\beta$, n, m,

$$(25)\quad Z(\beta-m, \beta'-n) = (x-y)^{m+n+1-\beta-\beta'}\,\frac{\partial^{m+n}}{\partial x^n\,\partial y^m}\left[\frac{Z(\beta, \beta')}{(x-y)^{1-\beta-\beta'}}\right].$$

Si l'on fait dans cette équation $\beta = \beta' = 0$, on est conduit à la formule

$$(26)\qquad Z(-m, -n) = (x-y)^{m+n+1}\,\frac{\partial^{m+n}}{\partial x^n\,\partial y^m}\left(\frac{X-Y}{x-y}\right),$$

qui donne l'intégrale générale de l'équation $E(-m, -n)$.

On peut enfin obtenir l'intégrale générale lorsque la suite de Laplace est limitée d'un seul côté, c'est-à-dire toutes les fois que l'un des nombres β, β' est entier. Supposons, par exemple, β égal à un entier positif m. On aura

$$Z(m, \beta') = \frac{\partial^{m-1}}{\partial x^{m-1}}\,Z(1, \beta').$$

L'équation $E(1, \beta')$ ayant son invariant h égal à zéro, on déterminera sans difficulté son intégrale générale $Z(1, \beta')$. En la substituant dans la formule précédente, on trouvera

$$(27)\qquad Z(m, \beta') = \frac{\partial^{m-1}}{\partial x^{m-1}}\left\{(x-y)^{-\beta'}\left[X + \int Y(x-y)^{\beta'-1}\,dy\right]\right\}.$$

D'après la remarque développée plus haut (n° 352), il serait impossible de faire dériver cette intégrale générale de celle de l'équation $E(0, \beta')$.

354. Lorsque aucun des nombres β, β' n'est un entier réel, la méthode de Laplace associe à l'équation proposée une suite d'équations qui est illimitée dans les deux sens. Il faut alors, pour obtenir l'intégrale générale, employer des méthodes spéciales que nous allons maintenant développer.

Remarquons d'abord que les formules générales (21) et (22), qui, dans le cas actuel, ne sont plus sujettes à la difficulté signalée au n° 352, permettent de ramener l'intégration de l'équation $E(\beta, \beta')$ à celle de l'une quelconque des équations

$$E(\beta \pm m, \beta' \pm n),$$

où m et n sont deux entiers quelconques. En disposant convenablement de ces entiers, on ramènera β et β', ou leurs parties réelles si ces quantités sont imaginaires, à être comprises entre 0 et 1. Nous pourrons donc nous contenter, dans la suite, de traiter les équations pour lesquelles les parties réelles de β et β' sont positives et inférieures à l'unité.

Poisson a donné (¹), pour le cas où β et β' sont égaux, une forme générale de l'intégrale, qui contient deux fonctions arbitraires sous des signes d'intégration définie; et M. Appell, dans la Note déjà citée, a étendu cette formule de Poisson au cas où β et β' sont quelconques. Voici comment on est conduit à ces résultats :

Nous avons déjà remarqué au n° 348 que l'expression

$$H(x-a)^{-\beta}(y-a)^{-\beta'}$$

est, pour toutes les valeurs des constantes H, a, une solution particulière de l'équation $E(\beta, \beta')$. Il suit de là que l'intégrale définie

$$\int_A^B \varphi(u)(x-u)^{-\beta}(y-u)^{-\beta'}\,du,$$

prise entre deux limites constantes A, B, sera encore une solution; car l'équation $E(\beta, \beta')$ est linéaire, et l'intégrale définie précé-

(¹) Poisson, *Mémoire sur l'intégration des équations linéaires aux dérivées partielles* (*Journal de l'École Polytechnique*, t. XII, XIXᵉ Cahier, p. 215; 1823).

dente peut être considérée comme une somme de solutions particulières.

Nous obtenons ainsi une solution qui est assez générale puisqu'il y figure une fonction arbitraire sous le signe de quadrature. Le raisonnement par lequel nous établissons qu'elle satisfait à l'équation cesserait d'être applicable si l'une des limites constantes A, B entre lesquelles elle est prise était remplacée par une fonction de x et de y. Le résultat subsiste cependant, et l'intégrale définie ne cesse pas de satisfaire à l'équation, si l'on substitue à une de ces limites A, B, soit x, soit y. Voici comment on peut le reconnaître *a priori*.

Supposons, pour fixer les idées, que β et β' soient des nombres réels et impairs, c'est-à-dire que, réduits à leur plus simple expression, ils soient de la forme $\frac{2p+1}{2q}$. Admettons que les limites constantes A, B comprennent x dans leur intervalle et que y soit supérieur à la plus grande. Décomposons l'intégrale prise de A à B en deux parties, l'une prise de A à x, l'autre de x à B. L'une de ces parties sera réelle, l'autre imaginaire; elles devront donc, prises séparément, vérifier l'une et l'autre l'équation proposée. C'est ce que nous confirmerons tout à l'heure par un calcul direct où nous prendrons les précautions nécessaires pour calculer les dérivées de l'intégrale définie.

Nous adopterons dans la suite les limites y et x, ce qui donnera

$$\int_x^y \varphi(u)(u-x)^{-\beta}(y-u)^{-\beta'}\,du.$$

A ce premier terme on peut ajouter le suivant.

Nous avons vu au n° 345 que

$$(y-x)^{1-\beta-\beta'}Z(1-\beta', 1-\beta)$$

est toujours une solution de l'équation $E(\beta, \beta')$. Si l'on prend pour $Z(1-\beta', 1-\beta)$ la valeur

$$\int_x^y \psi(u)(u-x)^{\beta'-1}(y-u)^{\beta-1}\,du,$$

on trouvera la nouvelle solution

$$(y-x)^{1-\beta-\beta'}\int_x^y \psi(u)(u-x)^{\beta'-1}(y-u)^{\beta-1}\,du$$

de l'équation proposée. En réunissant les deux termes ainsi obtenus, on aura pour $Z(\beta, \beta')$ la formule générale

$$(28)\quad \left\{\begin{aligned} Z(\beta,\beta') &= \int_x^y \varphi(u)(u-x)^{-\beta}(y-u)^{-\beta'}\,du \\ &+ (y-x)^{1-\beta-\beta'}\int_x^y \psi(u)(u-x)^{\beta'-1}(y-u)^{\beta-1}\,du, \end{aligned}\right.$$

qui contient deux fonctions arbitraires distinctes.

Pour vérifier que cette intégrale satisfait effectivement à l'équation proposée, il suffira de la transformer comme il suit.

Posons

$$u = x(1-t)+yt,$$

l'intégrale prendra la forme

$$(29)\quad \left\{\begin{aligned} Z(\beta,\beta') &= (y-x)^{1-\beta-\beta'}\int_0^1 \varphi[x+(y-x)t]\,t^{-\beta}(1-t)^{-\beta'}\,dt \\ &+ \int_0^1 \psi[x+(y-x)t]\,t^{\beta'-1}(1-t)^{\beta-1}\,dt, \end{aligned}\right.$$

où les limites variables des quadratures sont remplacées par les constantes o et 1. On peut maintenant calculer sans difficulté les dérivées successives de z et les substituer dans l'équation proposée; on reconnaîtra que cette équation est vérifiée. Il est permis, d'après les remarques précédentes, de se contenter de vérifier un seul des deux termes. Si nous nous bornons au second, nous trouverons, pour le résultat de la substitution,

$$\int_0^1 \frac{\partial}{\partial t}\left\{\psi'[x+(y-x)t]\,t^{\beta'}(1-t)^{\beta}\right\}dt;$$

β et β' étant positifs, ce résultat est évidemment nul.

355. Dans le cas exceptionnel où l'on a

$$\beta+\beta'=1,$$

les deux termes de l'intégrale se ramènent l'un à l'autre, et la valeur de $Z(\beta, \beta')$ se réduit à la suivante

$$\int_0^1 (\varphi + \psi) t^{-\beta} (1-t)^{\beta-1}\, dt,$$

qui ne contient en réalité qu'une seule fonction arbitraire $\varphi + \psi$.

Pour conserver les deux fonctions arbitraires, on opérera de la manière suivante.

Posons

$$\beta + \beta' - 1 = \varepsilon, \qquad \beta' = 1 - \beta + \varepsilon,$$

et remplaçons φ et ψ respectivement par $\frac{\varphi}{2} - \frac{\psi}{\varepsilon}$, $\frac{\varphi}{2} + \frac{\psi}{\varepsilon}$; puis développons $Z(\beta, \beta')$ en conservant seulement les termes qui ne s'annulent pas pour $\varepsilon = 0$. On obtient ainsi la formule

$$(30) \quad \left\{ \begin{aligned} Z(\beta, 1-\beta) = &\int_0^1 \varphi[x + (y-x)t]\, t^{-\beta}(1-t)^{\beta-1}\, dt \\ &+ \int_0^1 \psi[x + (y-x)t]\, t^{-\beta}(1-t)^{\beta-1} \log[t(1-t)(y-x)]\, dt, \end{aligned} \right.$$

qui a été déjà donnée par Poisson, dans le Mémoire cité plus haut, pour le cas spécial où l'on a $\beta = \frac{1}{2}$.

356. La méthode par laquelle Poisson a obtenu l'intégrale générale de l'équation $E(\beta, \beta)$, ainsi que celle que nous avons suivie, laissent prise à des objections évidentes. Bien que la formule générale (28) contienne deux fonctions arbitraires, rien ne permet d'affirmer qu'elle donnera *toutes* les intégrales de l'équation proposée. Si l'on remplace, par exemple, les limites x et y des deux intégrales de la formule par des constantes a et b, n'aura-t-on pas des solutions nouvelles distinctes de celles qui sont données par la formule primitive? Nous allons montrer dans le Chapitre suivant que l'on peut faire disparaître toutes ces difficultés, et confirmer la généralité de l'intégrale, par l'étude approfondie d'une idée de Riemann. Mais, en terminant ce Chapitre, nous rappellerons que déjà, dans un problème de Géométrie, nous avons rencontré un cas particulier de l'équation $E(\beta, \beta)$. Au n° **162** [I, p. 242] nous avons ramené la détermination des surfaces qui admettent pour représentation sphérique de leurs lignes de courbure un système de coniques homofocales à l'intégration de l'équation aux dérivées partielles

$$2(\rho-\rho_1)\frac{\partial^2\theta}{\partial\rho\,\partial\rho_1}+\frac{\partial\theta}{\partial\rho}-\frac{\partial\theta}{\partial\rho_1}=0.$$

Cette équation n'est autre que $E\left(-\frac{1}{2}, -\frac{1}{2}\right)$. Son intégrale générale se déduit de celle de l'équation $E\left(\frac{1}{2}, \frac{1}{2}\right)$, qui, comme nous venons de le rappeler, a été donnée par Poisson. Cette intégrale est assez compliquée; mais il résulte des propriétés que nous avons données aux nos 347 et 348 que l'on pourra obtenir un nombre illimité de solutions algébriques.

Si l'on choisit, par exemple, la solution particulière

$$\theta = A\sqrt{(\rho-h)(\rho_1-h)},$$

on retrouve les surfaces du second degré; si l'on prend la solution encore plus simple

$$\theta = A + B(\rho+\rho_1),$$

on obtient la surface remarquable de quatrième classe que nous avons étudiée au n° 159 [I, p. 235].

CHAPITRE IV.

LA MÉTHODE DE RIEMANN.

Définition de l'équation linéaire adjointe à une équation linéaire donnée. — Cas particulier du second ordre; relation entre une intégrale double et une intégrale curviligne. — Méthode de Riemann; détermination d'une solution de l'équation par les conditions aux limites auxquelles elle est assujettie. — Double forme de l'intégrale générale. — La fonction $u(x, y; x_0, y_0)$ peut être définie, soit comme solution de l'équation adjointe, soit comme solution de l'équation proposée. — Détermination effective de la fonction u relative à l'équation $E(\beta, \beta')$. — La formule de Poisson, généralisée par M. Appell, donne effectivement l'intégrale générale de la même équation. — Démonstration générale de l'existence de la fonction u sur laquelle repose la méthode de Riemann. — Relation entre les invariants d'une équation linéaire et ceux de son adjointe. — Les suites de Laplace relatives aux deux équations. — Quand l'une des équations s'intègre par l'application de la méthode de Laplace, il en est de même de l'autre.

---

357. Étant donnée une expression différentielle

$$\varphi(x, y, y', \ldots, y^{(n)}), \tag{1}$$

contenant une variable x, une fonction y de x et ses dérivées jusqu'à l'ordre n, on sait que l'équation

$$\frac{\partial\varphi}{\partial y} - \frac{d}{dx}\left(\frac{\partial\varphi}{\partial y'}\right) + \frac{d^2}{dx^2}\left(\frac{\partial\varphi}{\partial y''}\right) - \ldots = 0 \tag{2}$$

exprime la condition nécessaire et suffisante pour que la fonction φ soit la dérivée d'une autre fonction ψ contenant, en même temps que la variable indépendante x, la fonction y et ses $n-1$ premières dérivées. De même, si l'on considère une expression

$$\varphi\left(x, y, z, \frac{\partial z}{\partial x}, \frac{\partial z}{\partial y}, \frac{\partial^2 z}{\partial x^2}, \frac{\partial^2 z}{\partial x\,\partial y}, \frac{\partial^2 z}{\partial y^2}, \ldots\right), \tag{3}$$

contenant deux variables indépendantes, une fonction z de ces variables et ses dérivées partielles jusqu'à un ordre quelconque n,

l'équation

$$(4)\quad \left\{\begin{aligned} &\frac{\partial\varphi}{\partial z} - \frac{\partial}{\partial x}\left(\frac{\partial\varphi}{\partial\frac{\partial z}{\partial x}}\right) - \frac{\partial}{\partial y}\left(\frac{\partial\varphi}{\partial\frac{\partial z}{\partial y}}\right) + \frac{\partial^2}{\partial x^2}\left(\frac{\partial\varphi}{\partial\frac{\partial^2 z}{\partial x^2}}\right)\\ &\qquad + \frac{\partial^2}{\partial x\,\partial y}\left(\frac{\partial\varphi}{\partial\frac{\partial^2 z}{\partial x\,\partial y}}\right) + \frac{\partial^2}{\partial y^2}\left(\frac{\partial\varphi}{\partial\frac{\partial^2 z}{\partial y^2}}\right) - \dots = 0\end{aligned}\right.$$

exprime la condition nécessaire et suffisante pour que φ puisse prendre la forme

$$(5)\qquad \frac{\partial M}{\partial x} + \frac{\partial N}{\partial y},$$

M et N étant des fonctions de x, de y, de z et de ses dérivées partielles jusqu'à un ordre que l'on peut toujours réduire à n ou à $n-1$.

D'après cela, considérons une équation linéaire quelconque d'ordre n

$$\mathcal{F}(z) = \sum\sum A_{ik}\frac{\partial^{i+k} z}{\partial x^i\,\partial y^k} = 0.$$

Si l'on multiplie le premier membre par une indéterminée u et si l'on écrit ensuite que la condition (4) est vérifiée, on aura l'équation linéaire

$$\mathcal{G}(u) = \sum\sum(-1)^{i+k}\frac{\partial^{i+k}}{\partial x^i\,\partial y^k}(A_{ik}u) = 0,$$

qui définira u. Nous dirons que cette équation est l'*adjointe* de la proposée, pour rappeler l'analogie qu'elle présente avec l'équation toute semblable considérée par Lagrange dans le cas d'une seule variable indépendante.

Quelles que soient les fonctions z et u, une suite d'intégrations par parties conduit facilement à l'identité

$$(6)\qquad u\,\mathcal{F}(z) - z\,\mathcal{G}(u) = \frac{\partial M}{\partial x} + \frac{\partial N}{\partial y},$$

où M et N ont les valeurs suivantes

$$(7)\quad \left\{\begin{aligned} M &= A_{10}zu + A_{20}u\frac{\partial z}{\partial x} - z\frac{\partial(A_{20}u)}{\partial x} + \frac{1}{2}A_{11}u\frac{\partial z}{\partial y} - \frac{1}{2}z\frac{\partial(A_{11}u)}{\partial y} + \dots,\\ N &= A_{01}zu + A_{02}u\frac{\partial z}{\partial y} - z\frac{\partial(A_{02}u)}{\partial y} + \frac{1}{2}A_{11}u\frac{\partial z}{\partial x} - \frac{1}{2}z\frac{\partial(A_{11}u)}{\partial x} + \dots,\end{aligned}\right.$$

et dépendent de z, de u et de leurs dérivées jusqu'à l'ordre $n-1$. Il importe toutefois de remarquer que les expressions de M et de N ne sont pas complètement déterminées. Le second membre de l'identité (6) ne change pas, en effet, si l'on remplace M et N respectivement par

$$M+\frac{\partial\theta}{\partial y}, \quad N-\frac{\partial\theta}{\partial x},$$

et l'on pourra prendre pour θ une fonction linéaire de z, de u et de leurs dérivées jusqu'à l'ordre $n-2$, sans changer la forme générale des valeurs de M et de N.

On déduira facilement de l'identité (6) que la relation entre les deux équations en z et en u est réciproque, c'est-à-dire que *chacune de ces équations est l'adjointe de l'autre*. Mais nous omettrons ici le raisonnement très simple par lequel on est conduit à ce résultat essentiel, parce que nous aurons à le présenter sans modification, au Chapitre suivant, dans l'étude de l'équation adjointe de Lagrange; nous insisterons, au contraire, sur la conséquence suivante, qui joue un rôle essentiel dans la théorie ([1]).

([1]) Pour établir l'identité (6) dans toute sa généralité, on peut employer le calcul élémentaire suivant :

On sait que l'expression

$$u\frac{\partial^i v}{\partial x^i}-(-1)^i v\frac{\partial^i u}{\partial x^i}$$

est la dérivée exacte d'une fonction de u, de v et de leurs dérivées jusqu'à l'ordre $i-1$, dont nous omettrons, pour abréger, l'expression développée. Si l'on remplace v par $\frac{\partial^k v}{\partial y^k}$, on aura donc

$$u\frac{\partial^{i+k} v}{\partial x^i\,\partial y^k}-(-1)^i\frac{\partial^k v}{\partial y^k}\frac{\partial^i u}{\partial x^i}=\frac{\partial P}{\partial x},$$

P contenant les dérivées de u et de v jusqu'à l'ordre $i+k-1$. Changeons dans cette équation u en v, x en y, i en k; nous aurons

$$v\frac{\partial^{i+k} u}{\partial x^i\,\partial y^k}-(-1)^k\frac{\partial^i u}{\partial x^i}\frac{\partial^k v}{\partial y^k}=\frac{\partial Q}{\partial y},$$

et la combinaison de ces deux équations nous donnera l'identité plus générale

$$(a)\qquad u\frac{\partial^{i+k} v}{\partial x^i\,\partial y^k}-(-1)^{i+k} v\frac{\partial^{i+k} u}{\partial x^i\,\partial y^k}=\frac{\partial P}{\partial x}-(-1)^{i+k}\frac{\partial Q}{\partial y},$$

Considérons l'intégrale double

$$\iint [u\,\mathcal{F}(z) - z\,\mathcal{G}(u)]\,dx\,dy = \iint \left(\frac{\partial M}{\partial x} + \frac{\partial N}{\partial y}\right) dx\,dy,$$

étendue à une aire plane (A) que nous supposerons simplement connexe et limitée par un contour (S); cette intégrale double aura la même valeur que l'intégrale simple

$$\int (M\,dy - N\,dx),$$

étendue à tout le contour (S) parcouru dans le sens direct. On aura donc l'équation

$$(8) \qquad \iint^{(A)} [u\,\mathcal{F}(z) - z\,\mathcal{G}(u)]\,dx\,dy = \int^{(S)} (M\,dy - N\,dx),$$

qui est tout à fait équivalente à l'identité (6). On reconnaît ici que l'indétermination signalée plus haut pour les valeurs de M et de N n'a plus aucun effet sur l'équation précédente; car, si l'on remplace M et N par leurs valeurs les plus générales $M + \frac{\partial\theta}{\partial y}$, $N - \frac{\partial\theta}{\partial x}$, le second membre s'accroît de l'intégrale

$$\int^{(S)} d\theta$$

qui est évidemment nulle toutes les fois que θ est une fonction uniforme et finie à l'intérieur de l'aire (A).

P et Q contenant les dérivées de u et de v jusqu'à l'ordre $i + k - 1$. Or on a

$$u\,\mathcal{F}(z) - z\,\mathcal{G}(u) = \sum\sum \left[u\,A_{ik} \frac{\partial^{i+k} z}{\partial x^i\,\partial y^k} - (-1)^{i+k} z \frac{\partial^{i+k}(A_{ik}u)}{\partial x^i\,\partial y^k} \right],$$

et il suffit de faire usage de l'identité (a), où l'on remplacera u par $A_{ik}u$ et v par z, pour reconnaître que le terme général du second membre, et par suite le second membre tout entier, peut se mettre sous la forme

$$\frac{\partial M}{\partial x} + \frac{\partial N}{\partial y},$$

où M et N contiennent les dérivées de z et de u jusqu'à l'ordre $n - 1$.

358. L'équation adjointe à une équation linéaire donnée s'est présentée pour la première fois dans un Mémoire de Riemann relatif à la propagation du Son (¹). M. P. du Bois-Reymond, qui déjà dans un Ouvrage (²) sur les équations aux dérivées partielles, avait, à juste titre, appelé l'attention des géomètres sur le Mémoire de Riemann, est depuis revenu sur ce sujet dans un court article publié à Tubingue (³). Dans ce qui va suivre, nous traiterons seulement de l'équation

$$\frac{\partial^2 z}{\partial x\,\partial y} + a\frac{\partial z}{\partial x} + b\frac{\partial z}{\partial y} + cz = 0, \tag{9}$$

déjà étudiée dans les Chapitres précédents; nous donnerons les résultats de Riemann et nous indiquerons les conséquences que l'on peut en déduire. On a alors

$$(10)\quad \begin{cases} \mathcal{F}(z) = \dfrac{\partial^2 z}{\partial x\,\partial y} + a\dfrac{\partial z}{\partial x} + b\dfrac{\partial z}{\partial y} + cz, \\ \mathcal{G}(u) = \dfrac{\partial^2 u}{\partial x\,\partial y} - a\dfrac{\partial u}{\partial x} - b\dfrac{\partial u}{\partial y} + \left(c - \dfrac{\partial a}{\partial x} - \dfrac{\partial b}{\partial y}\right)u, \\ M = auz + \dfrac{1}{2}\left(u\dfrac{\partial z}{\partial y} - z\dfrac{\partial u}{\partial y}\right), \\ N = buz + \dfrac{1}{2}\left(u\dfrac{\partial z}{\partial x} - z\dfrac{\partial u}{\partial x}\right). \end{cases}$$

Voici l'usage que Riemann fait de l'équation (8).

Supposons que l'on ait pris pour z et pour u respectivement des intégrales quelconques de l'équation proposée et de son adjointe. On aura

$$\mathcal{F}(z) = 0, \qquad \mathcal{G}(u) = 0,$$

et le premier membre de l'équation (8) sera toujours nul. Cette

---

(¹) RIEMANN, *Ueber die Fortpflanzung ebener Luftwellen von endlicher Schwingungsweite* (*Abhandlungen der K. Gesellschaft der Wissenschaften zu Göttingen*, t. VIII, 1860, et *Gesammelte Werke*, p. 145).

(²) P. DU BOIS-REYMOND, *Beiträge zur Interpretation der partiellen Differentialgleichungen mit drei Variabeln*, p. 250. Leipzig, 1864.

(³) P. DU BOIS-REYMOND, *Ueber ein in der Theorie der linearen partiellen Differentialgleichungen auftretendes wolständiges Differential*. (*Mathematisch-naturwissenschaftliche Mitteilungen herausgegeben von Dr O. Böklen*. Tubingue, t. I, p. 34; 1883.)

équation nous donnera donc

$$(11) \qquad \int^{(S)} (M\,dy - N\,dx) = 0.$$

Soit A un point quelconque du plan (*fig.* 25) et B'C' une courbe tracée arbitrairement dans ce plan. Menons par A des droites AB et AC parallèles aux axes jusqu'à la rencontre de la courbe, et supposons que les intégrales z, u, aussi bien que les

Fig. 25

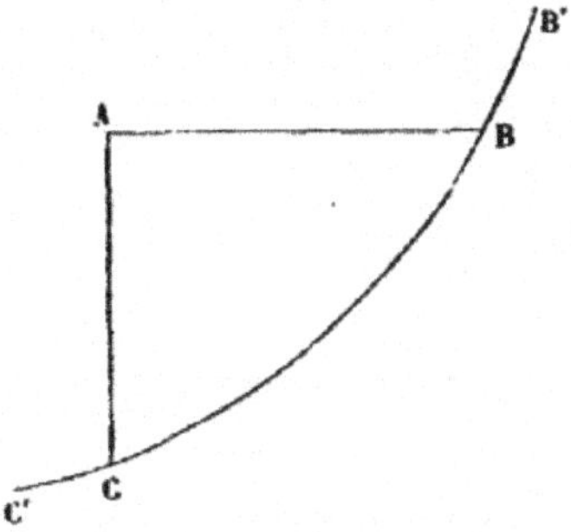

coefficients de l'équation proposée et leurs dérivées, soient finies et continues à l'intérieur de l'aire ABC. On pourra appliquer l'équation (11) au contour ACBA, ce qui donnera

$$(12) \qquad \int_A^C M\,dy + \int_C^B (M\,dy - N\,dx) - \int_B^A N\,dx = 0.$$

Si l'on se reporte aux valeurs de M et de N, on peut écrire

$$\int_A^C M\,dy = \int_A^C \left[\frac{1}{2}\frac{\partial(uz)}{\partial y}\,dy - z\left(\frac{\partial u}{\partial y} - au\right)dy\right],$$

$$\int_A^B N\,dx = \int_A^B \left[\frac{1}{2}\frac{\partial(uz)}{\partial x}\,dx - z\left(\frac{\partial u}{\partial x} - bu\right)dx\right].$$

Si donc on désigne, d'une manière générale, par φ_P la valeur d'une fonction φ au point P, on aura

$$\int_A^C M\,dy = \frac{(uz)_C - (uz)_A}{2} - \int_A^C z\left(\frac{\partial u}{\partial y} - au\right)dy,$$

$$\int_A^B N\,dx = \frac{(uz)_B - (uz)_A}{2} - \int_A^B z\left(\frac{\partial u}{\partial x} - bu\right)dx.$$

Si l'on porte ces valeurs des deux intégrales dans l'équation précédente (12), on aura

$$(13)\quad \left\{\begin{aligned} (uz)_A = {} & \frac{(uz)_B + (uz)_C}{2} - \int_B^C (M\,dy - N\,dx) \\ & - \int_A^B z\left(\frac{\partial u}{\partial x} - bu\right)dx - \int_A^C z\left(\frac{\partial u}{\partial y} - au\right)dy. \end{aligned}\right.$$

Étudions les différents termes du second membre.

Imaginons que l'on se propose, avec Riemann, de déterminer la solution z de l'équation aux dérivées partielles proposée, qui prend des valeurs données, ainsi que l'une de ses deux dérivées, pour tous les points de la courbe B'C'. L'équation

$$dz = \frac{\partial z}{\partial x}dx + \frac{\partial z}{\partial y}dy,$$

appliquée à un déplacement suivant cette courbe, détermine évidemment celle des deux dérivées premières qui n'est pas donnée *a priori;* nous pouvons donc considérer les deux dérivées de z comme connues en chaque point de la courbe B'C'. Il suit de là que, si l'on a choisi la solution u de l'équation adjointe, les trois termes

$$(uz)_B, \quad (uz)_C, \quad \int_B^C (M\,dy - N\,dx),$$

qui entrent dans le second membre de l'équation (13), sont parfaitement connus et dépendent seulement des conditions aux limites données pour z. Si donc on pouvait calculer les deux dernières intégrales qui figurent dans ce second membre, on connaîtrait z_A, c'est-à-dire la valeur de z en un point quelconque du plan. Or ces deux intégrales dépendent en général des valeurs, tout à fait inconnues, que prend la solution cherchée z sur les segments rectilignes AB et AC. Pour que ces valeurs n'interviennent pas, il est nécessaire que la solution u ait été choisie de telle manière que l'on ait

$$\frac{\partial u}{\partial x} - bu = 0, \qquad \text{en tous les points de AB,}$$

$$\frac{\partial u}{\partial y} - au = 0, \qquad \text{en tous les points de AC.}$$

Si ces deux conditions peuvent être remplies, l'équation fondamentale (13) se réduira à la suivante

$$(14)\qquad (uz)_A = \frac{(uz)_B + (uz)_C}{2} - \int_C^B (N\,dx - M\,dy),$$

qui déterminera la valeur de z pour un point quelconque A du plan, en fonction seulement des conditions aux limites.

Ainsi, *pour obtenir l'intégrale générale de l'équation sous sa forme la plus appropriée aux problèmes de la Physique mathématique, il suffit de déterminer une solution u de l'équation adjointe satisfaisant aux deux conditions que nous venons d'énoncer*.

Ces conditions peuvent être transformées de la manière suivante.

On doit avoir

$$\frac{\partial u}{\partial x} - bu = 0,$$

en tous les points de AB; x variant seule sur ce segment, on peut intégrer l'équation précédente, ce qui donne

$$u_M = u_A e^{\int_A^M b\,dx},$$

pour tous les points M compris entre A et B. De même, la seconde condition peut être remplacée par la suivante

$$u_M = u_A e^{\int_A^M a\,dy},$$

pour tous les points M situés sur le segment AC.

On peut toujours réduire la constante u_A à l'unité, de sorte que, si l'on désigne par x_0, y_0 les coordonnées de A, par x, y celles d'un point quelconque, la question est ramenée à déterminer une solution

$$u(x, y;\; x_0, y_0)$$

de l'équation adjointe, dépendante de deux paramètres x_0, y_0, se réduisant à l'unité pour $x = x_0$, $y = y_0$, prenant la valeur $e^{\int_{x_0}^x b\,dx}$ pour $y = y_0$, et la valeur $e^{\int_{y_0}^y a\,dy}$ pour $x = x_0$.

Tel est le résultat fondamental établi par Riemann. Le grand géomètre a pu déterminer la fonction u pour l'équation qu'il avait à traiter et qui n'est autre que l'équation $E(\beta, \beta)$. Nous allons voir que la détermination de cette fonction peut aussi être faite pour l'équation plus générale $E(\beta, \beta')$; mais, auparavant, nous allons, en restant dans la théorie générale, ajouter une remarque essentielle aux résultats que nous venons d'exposer.

359. Supposons que la ligne primitive BC se réduise aux deux

Fig. 26.

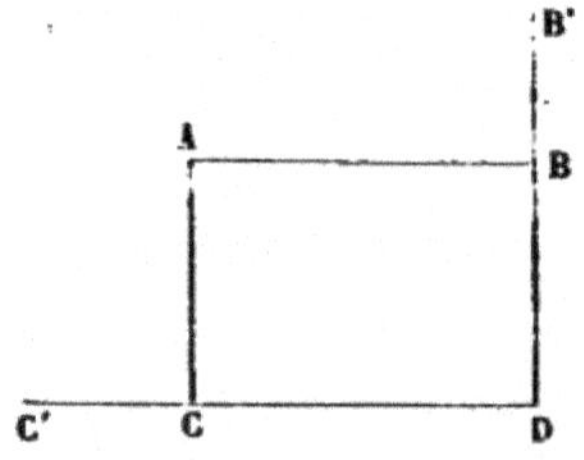

parallèles aux axes B'D et DC' et soient x_1, y_1 les coordonnées du point D. On aura ici

$$(15) \qquad \int_C^B (N\,dx - M\,dy) = \int_C^D N\,dx - \int_D^B M\,dy.$$

D'ailleurs on peut écrire

$$\int_C^D N\,dx = \int_C^D \left[\frac{1}{2}\left(u\frac{\partial z}{\partial x} - z\frac{\partial u}{\partial x}\right) + buz\right] dx$$

$$= \int_C^D \left[-\frac{1}{2}\frac{\partial(uz)}{\partial x} + u\left(\frac{\partial z}{\partial x} + bz\right)\right] dx$$

et, par conséquent,

$$\int_C^D N\,dx = \frac{(uz)_C - (uz)_D}{2} + \int_C^D u\left(\frac{\partial z}{\partial x} + bz\right) dx.$$

On aura de même

$$-\int_D^B M\,dy = \frac{(uz)_B - (uz)_D}{2} + \int_B^D u\left(\frac{\partial z}{\partial y} + az\right) dy.$$

Si l'on substitue ces valeurs des deux intégrales dans les équations (15) et (14), on aura

$$(16) \qquad z_A = (uz)_D - \int_C^D u\left(\frac{\partial z}{\partial x} + bz\right)dx - \int_B^D u\left(\frac{\partial z}{\partial y} + az\right)dy.$$

Cette formule s'applique à toute solution z de l'équation proposée. Elle offre la plus grande analogie avec l'équation générale (14), mais elle s'en distingue par une propriété essentielle. On reconnaît en effet immédiatement qu'il n'est plus nécessaire maintenant de donner l'une des dérivées de z sur le contour C′DB′. La connaissance seule des valeurs de la solution cherchée sur les droites C′D et DB′ permet de calculer les deux intégrales que contient la formule précédente et d'obtenir la valeur de cette solution. Il faut chercher l'origine de ce résultat si intéressant dans cette circonstance que le contour nouveau est formé avec les caractéristiques de l'équation linéaire proposée.

Supposons maintenant que l'on prenne pour z cette solution particulière

$$z(x, y; x_1, y_1)$$

de l'équation proposée qui se détermine par des conditions toutes pareilles à celles que nous avons indiquées pour $u(x, y; x_0, y_0)$ considérée comme solution de l'équation adjointe. Comme il faut changer le signe des coefficients a et b quand on passe de l'une des équations à l'autre, on voit que cette solution devra se réduire

pour $y = y_1$ à................ $e^{-\int_{x_1}^{x} b\,dx}$

pour $x = x_1$ à................ $e^{-\int_{y_1}^{y} a\,dy}$

et, par suite, à 1

pour $x = x_1, \quad y = y_1.$

On aura donc

$$\frac{\partial z}{\partial x} + bz = 0 \qquad \text{en tous les points de CD,}$$

$$\frac{\partial z}{\partial y} + az = 0 \qquad \text{en tous les points de BD,}$$

$$z = 1 \qquad \text{pour le point D.}$$

Par conséquent, la formule (16) se réduira ici à la relation

$$z_A = u_B,$$

c'est-à-dire

$$z(x_0, y_0; x_1, y_1) = u(x_1, y_1; x_0, y_0).$$

Cette égalité contient la proposition suivante.

La solution $u(x, y; x_0, y_0)$ de l'équation adjointe que nous avons définie précédemment peut être considérée comme fonction des paramètres x_0, y_0; elle est alors une solution de l'équation primitive (où l'on aurait remplacé x, y par x_0, y_0) et possède, par rapport à cette équation et aux variables x_0, y_0, les propriétés par lesquelles elle a été définie comme fonction des variables x, y et solution de l'équation adjointe. En d'autres termes, la définition de u ne change pas si l'on échange l'équation linéaire et son adjointe à la condition d'échanger les deux systèmes de variables x, y et x_0, y_0.

Il suit de là que la détermination de cette fonction

$$u(x, y; x_0, y_0)$$

permettra d'intégrer aussi l'équation adjointe par une formule analogue à celle qui a été donnée plus haut : *l'intégration des deux équations linéaires, la proposée et son adjointe, se ramène donc à un seul et même problème, la détermination de la fonction $u(x, y; x_0, y_0)$. Cette fonction peut être pleinement définie, soit comme solution de l'équation proposée, soit comme solution de l'équation adjointe, par les conditions aux limites auxquelles elle est assujettie.*

360. Appliquons cette proposition générale à l'équation $E(\beta, \beta')$ et proposons-nous de définir la fonction $u(x, y; x_0, y_0)$ relative à cette équation, en la considérant comme une solution de l'équation adjointe assujettie aux conditions que nous avons indiquées. L'équation adjointe est alors

$$(17) \qquad \frac{\partial^2 u}{\partial x\, \partial y} + \frac{\beta'}{x-y}\frac{\partial u}{\partial x} - \frac{\beta}{x-y}\frac{\partial u}{\partial y} - \frac{\beta+\beta'}{(x-y)^2}u = 0.$$

Pour faire disparaître le dernier terme, il suffit de poser

$$(18) \qquad u = (x-y)^{\beta+\beta'} v,$$

et l'on obtient l'équation

$$(19)\qquad \frac{\partial^2 v}{\partial x\,\partial y} - \frac{\beta}{x-y}\frac{\partial v}{\partial x} + \frac{\beta'}{x-y}\frac{\partial v}{\partial y} = 0,$$

dont une solution quelconque se représentera, suivant la notation du n° 345, par $Z(\beta', \beta)$. On aura donc

$$u = (x-y)^{\beta+\beta'} Z(\beta', \beta).$$

Parmi les solutions particulières Z, il en est d'assez générales que l'on peut faire dériver de celles qui sont homogènes.

Nous avons vu au n° 347 que

$$x^\lambda F\left(-\lambda, \beta', 1-\beta-\lambda, \frac{y}{x}\right)$$

est une solution de l'équation $E(\beta, \beta')$. Si l'on échange β et β', l'expression

$$v = x^\lambda F\left(-\lambda, \beta, 1-\beta'-\lambda, \frac{y}{x}\right)$$

sera une solution particulière de l'équation (19); elle ne contient qu'une constante λ; mais la proposition du n° 349 permet d'en introduire deux nouvelles. Nous avons vu, en effet, que l'on peut effectuer sur les variables x et y la substitution linéaire

$$x \;\Big|\; \frac{x-y_0}{x-x_0}, \qquad y \;\Big|\; \frac{y-y_0}{y-x_0},$$

à la condition de multiplier par un facteur, qui sera ici

$$(x-x_0)^{-\beta'}(y-x_0)^{-\beta}.$$

En effectuant cette double opération, on obtient la solution plus générale

$$v = (y_0-x)^\lambda (x-x_0)^{-\beta'-\lambda}(y-x_0)^{-\beta} F(-\lambda, \beta, 1-\beta'-\lambda, \sigma),$$

où l'on a posé, pour abréger,

$$(20)\qquad \sigma = \frac{(x-x_0)(y-y_0)}{(x-y_0)(y-x_0)}.$$

Il suffit de multiplier par $(y-x)^{\beta+\beta'}$ pour obtenir enfin la valeur suivante de u

$$(21)\quad \begin{cases} u = (y_0 - x)^{\lambda}(x_0 - x)^{-\beta'-\lambda} \\ \quad \times (y - x)^{\beta+\beta'}(y - x_0)^{-\beta}\,F(-\lambda, \beta, 1 - \beta' - \lambda, \sigma), \end{cases}$$

qui va nous conduire au résultat cherché.

Nous nous proposons, en effet, de déterminer une solution particulière u de l'équation adjointe, se réduisant pour $x = x_0$ à l'intégrale $e^{\int_{y_0}^{y} a\,dy}$ qui a ici pour valeur $\left(\frac{y - x_0}{y_0 - x_0}\right)^{\beta'}$, et se réduisant de même à $\left(\frac{y_0 - x}{y_0 - x_0}\right)^{\beta}$ pour $y = y_0$. Or si, dans l'expression précédente de u, on fait $x = x_0$, σ s'annule; la série F se réduit à l'unité, mais il reste le facteur $(x_0 - x)^{-\lambda-\beta'}$ qui annule la fonction u ou la rend infinie, à moins que l'on n'ait

$$\lambda = -\beta'.$$

Adoptons cette valeur de λ, u prendra la valeur

$$(22)\quad u = (y_0 - x)^{-\beta'}(y - x)^{\beta+\beta'}(y - x_0)^{-\beta}\,F(\beta, \beta', 1, \sigma);$$

si l'on fait $x = x_0$, on aura

$$u = \left(\frac{y - x_0}{y_0 - x_0}\right)^{\beta'};$$

si l'on fait de même $y = y_0$, on aura

$$\sigma = 0, \qquad u = \left(\frac{y_0 - x}{y_0 - x_0}\right)^{\beta};$$

par conséquent, *la valeur* (22) *de u sera la solution cherchée.*

Ainsi, appliquée à l'équation $E(\beta, \beta')$, la méthode de Riemann réussit pleinement et permet de déterminer les intégrales de l'équation par les conditions aux limites les plus générales. Il suffira de porter la valeur précédente de u dans l'une ou l'autre des équations (14) ou (16) pour obtenir l'intégrale générale de l'équation. Si l'on emploie, par exemple, la formule (16), la valeur de z se présentera sous la forme suivante

$$(23)\quad z_{x_0,y_0} = (uz)_{x_1,y_1} + \int_{x_0}^{x_1} u_{x,y_1} f(x)\,dx + \int_{y_0}^{y_1} u_{x_1,y}\,\varphi(y)\,dy;$$

f et φ désignent les deux fonctions arbitraires qui dépendent des valeurs aux limites pour z et la notation $\Phi_{\alpha,\beta}$ indique, d'une manière générale, le résultat de la substitution de α, β à la place de x et de y dans la fonction $\Phi(x, y)$.

361. Il nous reste maintenant à établir un point que nous avons regardé comme essentiel et à montrer que la formule (28) [p. 68] de Poisson et de M. Appell donne effectivement toutes les intégrales de l'équation proposée. Nous présenterons d'abord les remarques suivantes sur cette intégrale.

L'équation $E(\beta, \beta')$

$$\frac{\partial^2 z}{\partial x\, \partial y} - \frac{\beta'}{x-y}\frac{\partial z}{\partial x} + \frac{\beta}{x-y}\frac{\partial z}{\partial y} = 0$$

a ses coefficients finis et continus tant que x est différent de y. Si l'on trace (*fig.* 27) la bissectrice de l'angle yox, on peut dire que cette droite est une ligne de discontinuité pour l'équation précédente, de sorte que les coefficients de l'équation demeurent toujours finis et continus tant qu'on reste d'un même côté par rapport à cette droite. Examinons ce que devient l'intégrale de Poisson lorsque y se rapproche de x.

Si l'on se reporte à la forme (29) [p. 68] de cette intégrale, le premier terme du second membre a pour partie principale

$$(y-x)^{1-\beta-\beta'}\int_0^1 \varphi(x)t^{-\beta}(1-t)^{-\beta'}\,dt = \frac{\Gamma(1-\beta)\Gamma(1-\beta')}{\Gamma(2-\beta-\beta')}\varphi(x)(y-x)^{1-\beta-\beta'}.$$

Cette valeur approchée peut être regardée comme le premier terme du développement suivant les puissances de $(y-x)$, les termes non écrits ayant des degrés supérieurs d'*un nombre entier* à celui du terme conservé.

De même l'expression approchée de la seconde intégrale de la formule (29) [p. 68] sera

$$\psi(x)\int_0^1 t^{\beta'-1}(1-t)^{\beta-1}\,dt = \frac{\Gamma(\beta)\Gamma(\beta')}{\Gamma(\beta+\beta')}\psi(x).$$

Il résulte de là que, pour toute solution donnée par la formule de Poisson, le développement suivant les puissances de $y-x$ se compose de deux séries de termes, les uns de degrés entiers, les autres d'un degré égal à $1-\beta-\beta'$ augmenté d'un nombre entier; et, en limitant le développement au premier terme de chacune des deux séries, on aura pour l'intégrale l'expression approchée

$$(24)\quad z=\frac{\Gamma(1-\beta)\Gamma(1-\beta')}{\Gamma(2-\beta-\beta')}\varphi(x)(y-x)^{1-\beta-\beta'}+\frac{\Gamma(\beta)\Gamma(\beta')}{\Gamma(\beta+\beta')}\psi(x).$$

Cette formule nous indique la voie qu'il faudra suivre pour vérifier que toute solution de l'équation est donnée par la formule de Poisson. On cherchera à établir d'abord que, dans le voisinage de la ligne de discontinuité, la solution considérée est réductible à la forme

$$\varphi_1(x)(y-x)^{1-\beta-\beta'}+\psi_1(x).$$

La comparaison de cette forme à la précédente fera connaître les fonctions φ et ψ qui doivent figurer dans la formule de Poisson; et il ne restera qu'à vérifier une équation où ne subsistera plus rien d'inconnu.

Appliquons cette méthode à l'intégrale générale, telle qu'elle est donnée par la formule (23). Le troisième terme se déduisant du second par l'échange de x et de y, on peut se contenter de vérifier que les deux premiers termes du second membre sont donnés, l'un et l'autre, par la formule de Poisson.

Pour plus de netteté, nous supposerons que l'on se place au-dessus de la ligne de discontinuité, comme il est indiqué dans la *fig.* 27; x_1, y_1 étant les coordonnées de D, x_0, y_0 celles de A, on aura

$$x_1<x_0<y_0<y_1;$$

x_0, y_0 sont ici les variables indépendantes.

Le premier terme de l'intégrale (23) est $u(x_1, y_1; x_0, y_0)$ multiplié par la constante z_{x_1,y_1}. Nous avons donc à vérifier d'abord que l'expression

$$u(x, y; x_0, y_0),$$

considérée comme fonction des variables x_0, y_0, vérifie l'équation proposée et, de plus, est donnée par la formule de Poisson. Conformément à la méthode générale que nous venons d'indiquer, il faudra donc obtenir d'abord son expression approchée lorsque y_0-x_0 devient infiniment petit. Si l'on se reporte à l'expression

(22) de u et à la définition de σ, on voit que l'on aura

$$1-\sigma=\frac{(y-x)(y_0-x_0)}{(y-x_0)(y_0-x)};$$

$1-\sigma$ est donc du même ordre que y_0-x_0, et l'on est conduit à développer $F(\beta, \beta', 1, \sigma)$ suivant les puissances de $1-\sigma$. Pour

Fig. 27.

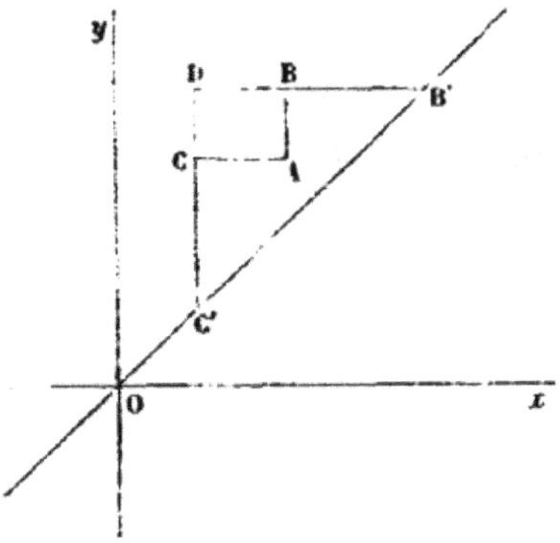

cela, nous emprunterons la formule suivante à la théorie de la série hypergéométrique (¹) :

(25)
$$\left\{\begin{aligned} F(\beta, \beta', 1, \sigma) &= \frac{\Gamma(1-\beta-\beta')}{\Gamma(1-\beta)\Gamma(1-\beta')} F(\beta, \beta', \beta+\beta', 1-\sigma) \\ &+ \frac{\Gamma(\beta+\beta'-1)}{\Gamma(\beta)\Gamma(\beta')} F(1-\beta, 1-\beta', 2-\beta-\beta', 1-\sigma)(1-\sigma)^{1-\beta-\beta'}. \end{aligned}\right.$$

Si l'on porte cette valeur de $F(\beta, \beta', 1, \sigma)$ dans la formule (22), on en déduira immédiatement l'expression approchée de u, lorsque y_0 se rapproche de x_0. Il suffit de réduire les séries F à l'unité et l'on trouve ainsi, pour les deux premiers termes de u,

$$\begin{aligned} u &= \frac{\Gamma(1-\beta-\beta')}{\Gamma(1-\beta)\Gamma(1-\beta')}(x_0-x)^{-\beta'}(y-x)^{\beta+\beta'}(y-x_0)^{-\beta} \\ &+ \frac{\Gamma(\beta+\beta'-1)}{\Gamma(\beta)\Gamma(\beta')}(x_0-x)^{\beta-1}(y-x)(y-x_0)^{\beta'-1}(y_0-x_0)^{1-\beta-\beta'}. \end{aligned}$$

La comparaison de cette formule avec l'équation (24), où l'on aurait remplacé x et y par x_0 et y_0, nous donne immédiatement

(¹) *Voir* le Mémoire de M. Goursat, déjà cité [I, p. 188] (*Annales de l'École Normale*, 2ᵉ série, t. X; 1881).

les deux fonctions qui doivent figurer dans la formule de Poisson.

On trouve ainsi

$$(26)\qquad \left\{\begin{aligned} \varphi(\alpha) &= -A(\alpha-x)^{\beta-1}(y-x)(y-\alpha)^{\beta'-1},\\ \psi(\alpha) &= A(\alpha-x)^{-\beta'}(y-x)^{\beta+\beta'}(y-\alpha)^{-\beta}, \end{aligned}\right.$$

A désignant la constante

$$A = \frac{\Gamma(1-\beta-\beta')\,\Gamma(\beta+\beta')}{\Gamma(\beta)\,\Gamma(1-\beta)\,\Gamma(\beta')\,\Gamma(1-\beta')} = \frac{\sin\beta\pi\,\sin\beta'\pi}{\pi\sin(\beta+\beta')\pi}.$$

Si l'on porte ces valeurs de $\varphi(\alpha)$, $\psi(\alpha)$ dans la formule de Poisson, on trouve le résultat suivant

$$(27)\qquad \left\{\begin{aligned} u &= A(y-x)^{\beta+\beta'}(y_0-x_0)^{1-\beta-\beta'}\\ &\quad\times\int_{x_0}^{y_0}(\alpha-x)^{-\beta'}(y-\alpha)^{-\beta}(y_0-\alpha)^{\beta-1}(\alpha-x_0)^{\beta'-1}\,d\alpha\\ &\quad-A(y-x)\int_{x_0}^{y_0}(\alpha-x)^{\beta-1}(y-\alpha)^{\beta'-1}(y_0-\alpha)^{-\beta'}(\alpha-x_0)^{-\beta}\,d\alpha; \end{aligned}\right.$$

et il n'y a plus qu'à vérifier la concordance de cette expression avec celle qui est donnée par la formule (22). La vérification est aisée, si l'on opère de la manière suivante.

Égalons les deux expressions de u : l'équation à vérifier prendra la forme

$$\begin{aligned} F(\beta,\beta',1,\sigma) &= A(y_0-x_0)^{1-\beta-\beta'}(y_0-x)^{\beta'}(y-x_0)^{\beta}\\ &\quad\times\int_{x_0}^{y_0}(\alpha-x)^{-\beta'}(y-\alpha)^{-\beta}(y_0-\alpha)^{\beta-1}(\alpha-x_0)^{\beta'-1}\,d\alpha\\ &\quad-A(y-x)^{1-\beta-\beta'}(y_0-x)^{\beta'}(y-x_0)^{\beta}\\ &\quad\times\int_{x_0}^{y_0}(\alpha-x)^{\beta-1}(y-\alpha)^{\beta'-1}(y_0-\alpha)^{-\beta'}(\alpha-x_0)^{-\beta}\,d\alpha; \end{aligned}$$

et l'on reconnaît presque immédiatement que les deux termes du second membre ne changent pas de forme si l'on effectue sur α, x, y, x_0, y_0 une même substitution linéaire. Choisissons les coefficients de cette substitution de telle manière que x, x_0, y_0 se réduisent respectivement à ∞, 0, 1. Alors y se réduira à $\frac{1}{1-\sigma}$, σ étant le rapport anharmonique déjà défini par la formule (20). Le second membre de l'égalité à vérifier deviendra

$$A\int_0^1 [1-\alpha(1-\sigma)]^{-\beta}(1-\alpha)^{\beta-1}\alpha^{\beta'-1}\,d\alpha$$
$$-A(1-\sigma)^{1-\beta-\beta'}\int_0^1 [1-\alpha(1-\sigma)]^{\beta'-1}(1-\alpha)^{-\beta'}\alpha^{-\beta}\,d\alpha.$$

D'après une formule bien connue d'Euler, les deux intégrales précédentes s'expriment au moyen de séries hypergéométriques et l'on retrouve les deux termes du second membre de l'identité (25). L'égalité que nous avions en vue est donc vérifiée.

362. Passons maintenant au second terme

$$\int_{x_0}^{x_1} u_{x,y_1} f(x)\,dx$$

de l'intégrale de Riemann. Nous avons donné l'expression approchée de u_{x,y_1} lorsque $x_0 - y_0$ se rapproche de zéro. Si on la porte dans l'intégrale précédente, on aura de même l'expression approchée de cette intégrale

$$\frac{\Gamma(1-\beta-\beta')}{\Gamma(1-\beta)\Gamma(1-\beta')}\int_{x_0}^{x_1}(x_0-x)^{-\beta'}(y_1-x)^{\beta+\beta'}(y_1-x_0)^{-\beta}f(x)\,dx$$
$$+\frac{\Gamma(\beta+\beta'-1)}{\Gamma(\beta)\Gamma(\beta')}(y_0-x_0)^{1-\beta-\beta'}\int_{x_0}^{x_1}(x_0-x)^{\beta-1}(y_1-x)(y_1-x_0)^{\beta'-1}f(x)\,dx.$$

La comparaison avec la formule (24) donne encore les deux fonctions qui doivent figurer dans la formule de Poisson. On trouve ainsi

$$\varphi(\alpha) = -A\int_\alpha^{x_1}(\alpha-x)^{\beta-1}(y_1-x)(y_1-\alpha)^{\beta'-1}f(x)\,dx,$$
$$\psi(\alpha) = A\int_\alpha^{x_1}(\alpha-x)^{-\beta'}(y_1-x)^{\beta+\beta'}(y_1-\alpha)^{-\beta}f(x)\,dx,$$

A étant la constante déjà définie. Il suffit maintenant de vérifier que, en introduisant ces valeurs de φ et de ψ dans l'intégrale de Poisson, on retrouvera le terme

$$\int_{x_0}^{x_1} u_{x,y_1} f(x)\,dx.$$

La substitution des valeurs de $\varphi(\alpha)$, $\psi(\alpha)$ donne deux termes qui sont, l'un et l'autre, de la forme

$$\int_{x_0}^{y_0} d\alpha \int_{\alpha}^{x_1} \mathrm{P}\, dx.$$

On a ici

$$x_1 < x_0 < \alpha < y_0 < y_1.$$

Quant à la variable d'intégration x, qui est comprise entre α et x_1, elle peut être, soit plus petite, soit plus grande que x_0. On peut donc décomposer ainsi l'intégrale précédente

$$\int_{x_0}^{y_0} d\alpha \int_{\alpha}^{x_0} \mathrm{P}\, dx + \int_{x_0}^{y_0} d\alpha \int_{x_0}^{x_1} \mathrm{P}\, dx.$$

Pour le premier terme, l'ordre de grandeur des variables sera défini par les inégalités

$$x_1 < x_0 < x < \alpha < y_0 < y_1.$$

On pourra donc intervertir l'ordre des intégrations, ce qui donnera

$$-\int_{x_0}^{y_0} dx \int_{x}^{y_0} \mathrm{P}\, d\alpha.$$

Pour la deuxième, on aura

$$x_1 < x < x_0 < \alpha < y_0 < y_1;$$

et, par suite, on pourra la remplacer par la suivante :

$$\int_{x_0}^{x_1} dx \int_{x_0}^{y_0} \mathrm{P}\, d\alpha.$$

Appliquons ces transformations aux deux termes qui composent l'intégrale de Poisson; nous aurons le résultat suivant :

$$-\mathrm{A}\int_{x_0}^{x_1} f(x)(y_1 - x)\,dx \int_{x_0}^{y_0} (y_0 - \alpha)^{-\beta'}(\alpha - x_0)^{-\beta}(\alpha - x)^{\beta-1}(y_1 - \alpha)^{\beta'-1}\,d\alpha$$

$$+\mathrm{A}\int_{x_0}^{y_0} f(x)(y_1 - x)\,dx \int_{x}^{y_0} (y_0 - \alpha)^{-\beta'}(\alpha - x_0)^{-\beta}(\alpha - x)^{\beta-1}(y_1 - \alpha)^{\beta'-1}\,d\alpha$$

$$+\mathrm{A}\int_{x_0}^{x_1} f(x)(y_0 - x_0)^{1-\beta-\beta'}(y_1 - x)^{\beta+\beta'}\,dx \int_{x_0}^{y_0} (y_0 - \alpha)^{\beta-1}(\alpha - x_0)^{\beta'-1} \times (\alpha - x)^{-\beta'}(y_1 - \alpha)^{-\beta}\,d\alpha$$

$$-\mathrm{A}\int_{x_0}^{y_0} f(x)(y_0 - x_0)^{1-\beta-\beta'}(y_1 - x)^{\beta+\beta'}\,dx \int_{x}^{y_0} (y_0 - \alpha)^{\beta-1}(\alpha - x_0)^{\beta'-1} \times (\alpha - x)^{-\beta'}(y_1 - \alpha)^{-\beta}\,d\alpha.$$

Le premier et le troisième terme représentent précisément l'expression

$$\int_{x_0}^{x_1} u_{x,y_1} f(x)\, dx,$$

qu'il s'agissait de retrouver. Il suffit, pour le reconnaître, de se reporter à l'expression (27) de u; quant au deuxième et au quatrième terme, leur somme est nulle, en vertu de l'équation

$$(y_1 - x)^{1-\beta-\beta'} \int_x^{y_0} (y_0 - \alpha)^{-\beta'} (\alpha - x_0)^{-\beta} (\alpha - x)^{\beta-1} (y_1 - \alpha)^{\beta'-1}\, d\alpha$$
$$= (y_0 - x_0)^{1-\beta-\beta'} \int_x^{y_0} (y_0 - \alpha)^{\beta-1} (\alpha - x_0)^{\beta'-1} (\alpha - x)^{-\beta'} (y_1 - \alpha)^{-\beta}\, d\alpha,$$

que l'on vérifiera comme il suit. On effectuera sur la variable de la première intégrale la substitution linéaire par laquelle y_0, x_0, y_1, x se changent respectivement en x, y_1, x_0, y_0 et l'on retrouvera la seconde intégrale.

363. L'intégrale de Poisson une fois établie d'une manière rigoureuse, on peut, en l'étudiant, obtenir différents résultats qui ont un réel intérêt pour la théorie des équations aux dérivées partielles. Nous signalerons seulement le suivant, que l'on déduit aussi de la formule (23).

La formule de Poisson contient deux fonctions arbitraires $\varphi(\alpha)$ et $\psi(\alpha)$. Supposons que l'on connaisse ces fonctions seulement pour les valeurs de α comprises entre les deux constantes α_0 et α_1; l'intégrale générale ne pourra être déterminée que pour les valeurs de x et de y comprises entre α_0 et α_1. Admettons, pour fixer les idées, que l'on ait pris y supérieur à x. Si l'on construit (*fig.* 27) la bissectrice OC'B' de l'angle des axes et les points C', B', d'abscisses α_0 et α_1, la valeur de l'intégrale sera connue pour tous les points du plan compris à l'intérieur et sur les côtés DB', DC' du triangle DB'C'; mais il sera impossible de la déterminer en dehors de ce triangle.

Nous avons supposé les fonctions φ et ψ déterminées seulement pour l'intervalle (α_0, α_1). Il est clair qu'on peut les prolonger au dehors de cet intervalle d'une infinité de manières, en s'assujettissant même à conserver la continuité des dérivées jusqu'à un ordre quelconque, soit pour $\alpha = \alpha_0$, soit pour $\alpha = \alpha_1$. En adoptant ces différents prolongements, on aura différentes intégrales de l'équation proposée qui auront, toutes, les mêmes valeurs à l'intérieur du triangle DB'C', dont les dérivées seront les mêmes jusqu'à un ordre quelconque pour les points de chacun des côtés DB', DC', mais qui différeront à l'extérieur du triangle. Ainsi, une intégrale de l'équation proposée qui est assujettie à prendre des valeurs données sur les côtés DB', DC' du triangle DB'C' est bien déterminée pour les points placés à l'intérieur de ce triangle; cela résulte de la formule (23); mais elle ne l'est en aucune manière à l'extérieur du triangle. Elle pourra prendre à l'extérieur une infinité de systèmes de valeurs que l'on pourra définir d'une manière très générale, en s'assujettissant même à respecter la continuité de z et de ses dérivées jusqu'à un ordre quelconque pour tous les points de DB' et de DC'. Ce résultat si intéressant tient à ce que les droites DB' et DC' sont des *caractéristiques*. La formule générale de Riemann nous montre en effet que, si, sur toute autre courbe qu'une droite parallèle à l'un des axes, la fonction est donnée ainsi que ses dérivées premières, elle est déterminée par cela même des deux côtés de la courbe.

364. L'étude approfondie que nous avons faite de la méthode de Riemann, dans le cas particulier de l'équation $E(\beta, \beta')$, va nous permettre de revenir sur la théorie générale développée dans les n°s 358 et 359, et de faire disparaître une objection que l'on peut adresser à cette théorie. La valeur de z donnée par la formule (14) vérifie, on peut s'en assurer, l'équation aux dérivées partielles (9); elle satisfait également aux conditions aux limites qui ont été posées *a priori;* mais on peut objecter que l'existence de la fonction u, sur laquelle reposent tous les raisonnements, et que nous avons déterminée dans le cas particulier de l'équation $E(\beta, \beta')$, n'est nullement établie pour les équations les plus générales. On peut lever cette objection, au moins pour le cas très étendu où les coefficients a, b, c de l'équation linéaire sont des fonctions finies et continues, par conséquent développables en séries.

La fonction u, considérée comme solution de l'équation adjointe, doit se réduire, pour $y = y_0$, à une fonction déterminée de x,

$e^{\int_{x_0}^{x} b\,dx}$ et, pour $x = x_0$, à une fonction déterminée de y, $e^{\int_{y_0}^{y} a\,dy}$. Ces deux fonctions sont évidemment développables en série suivant les puissances de $x - x_0$, $y - y_0$ toutes les fois qu'il en est de même des fonctions a et b. Il suffira donc, pour mettre hors de doute l'existence de la fonction u, d'établir la proposition générale suivante :

Étant donnée l'équation linéaire

$$\frac{\partial^2 z}{\partial x\, \partial y} + a\frac{\partial z}{\partial x} + b\frac{\partial z}{\partial y} + cz = 0, \tag{28}$$

dont les coefficients a, b, c sont développables en séries ordonnées suivant les puissances entières et positives de $x - x_0$, $y - y_0$, il existe une solution de l'équation aux dérivées partielles, se réduisant, pour $y = y_0$, à une fonction déterminée $\varphi(x)$ de x, développable suivant les puissances de $x - x_0$, et, pour $x = x_0$, à une fonction $\psi(y)$ de y, développable suivant les puissances de $y - y_0$.

Pour démontrer cette proposition, nous effectuerons d'abord la substitution

$$x \mid x_0 + \frac{x}{\rho}, \quad y \mid y_0 + \frac{y}{\sigma},$$

ρ et σ étant deux constantes que l'on choisira de telle manière que les développements des fonctions a, b, c, $\varphi(x)$, $\psi(y)$, qui sont ordonnés, après la substitution, suivant les puissances de x et de y, soient convergents pour toutes les valeurs de ces variables de module inférieur *ou égal à l'unité*. Cela posé, proposons-nous de déterminer toutes les dérivées de la fonction cherchée z pour $x = y = 0$.

Puisque z doit se réduire à $\varphi(x)$ pour $y = 0$, cette condition déterminera toutes les dérivées de z par rapport à la seule variable x; de même, puisque z doit se réduire à $\psi(y)$ pour $x = 0$, on connaîtra toutes les dérivées par rapport à la seule variable y; enfin, l'équation aux dérivées partielles fera connaître, en fonction des précédentes, toutes les dérivées prises à la fois par rapport à x et à y. On peut, avec toutes ces dérivées, former le développement en série de la solution cherchée suivant les puissances de x

et de y, et tout se réduit à établir que ce développement est convergent; car, s'il en est ainsi, il satisfera évidemment, et aux conditions aux limites, et à l'équation proposée.

Or, les séries qui développent les fonctions a, b, c, φ, ψ étant convergentes dans un cercle de rayon 1, il est toujours possible de trouver des constantes M, N, P, H positives et telles que les dérivées d'ordre quelconque de a, b, c, φ, ψ aient des modules respectivement inférieurs aux dérivées correspondantes des fonctions

$$\frac{M}{1-x-y}, \quad \frac{N}{1-x-y}, \quad \frac{P}{(1-x-y)^2}, \quad \frac{H}{1-x}, \quad \frac{H}{1-y}.$$

Si donc on se propose le problème suivant : « Déterminer une fonction satisfaisant à l'équation

$$(29) \qquad \frac{\partial^2 z}{\partial x\, \partial y} = \frac{M}{1-x-y}\frac{\partial z}{\partial x} + \frac{N}{1-x-y}\frac{\partial z}{\partial y} + \frac{P}{(1-x-y)^2} z,$$

se réduisant, pour $y=0$, à $\frac{H}{1-x}$ et, pour $x=0$, à $\frac{H}{1-y}$ », on obtiendra, pour définir cette fonction, une série dont tous les coefficients seront certainement supérieurs à ceux de la série relative à l'équation donnée. Il suffira donc de démontrer que cette nouvelle série est convergente pour les valeurs de x et de y suffisamment voisines de zéro.

Le nouveau problème auquel nous sommes ainsi conduits est virtuellement résolu dans ce Chapitre; car, si l'on remplace, dans l'équation, x par $1-x$, elle prend la forme même de l'équation (1) considérée au commencement du Chapitre précédent [p. 54] et peut, par suite, se ramener à l'équation E(β, β'), pour laquelle nous avons résolu le problème proposé. Le résultat, que nous nous contenterons d'indiquer, conduit à une fonction qui est réellement développable en série (¹). Il est donc possible de

(¹) Si l'on augmente les constantes M et N en les amenant à vérifier la relation

$$M = N > 1,$$

si l'on remplace ensuite les deux fonctions $\frac{H}{1-x}$, $\frac{H}{1-y}$ par $\frac{H}{(1-x)^{M}}$, déterminer une solution de l'équation aux dérivées partielles proposée par les conditions aux limites que nous avons indiquées, et d'établir le théorème général sur lequel repose l'existence de la fonction u.

365. Les relations que nous venons d'établir entre une équation linéaire et son adjointe ont un caractère très général; il en est d'autres que nous allons signaler et qui se rapportent au cas où l'une des deux équations peut être intégrée par la méthode de Laplace. Considérons, en même temps que l'équation aux dérivées partielles

$$\frac{\partial^2 z}{\partial x \partial y} + a\frac{\partial z}{\partial x} + b\frac{\partial z}{\partial y} + cz = 0,$$

son adjointe

$$\frac{\partial^2 z}{\partial x \partial y} - a\frac{\partial z}{\partial x} - b\frac{\partial z}{\partial y} + \left(c - \frac{\partial a}{\partial x} - \frac{\partial b}{\partial y}\right) z = 0;$$

et proposons-nous d'abord de calculer les valeurs des invariants h et k de cette équation. Si l'on désigne ces valeurs par h' et k', on trouve

$$(30) \qquad h' = k, \qquad k' = h.$$

Ainsi *les invariants de l'équation adjointe sont égaux à ceux de l'équation proposée, mais pris dans un ordre différent.*

Il suit de là que, si l'on a $h = k$, on pourra passer de l'équation à son adjointe par la substitution de λz à z, λ étant une fonction déterminée. C'est ce que l'on vérifie aisément; car, si l'on ramène l'équation linéaire à sa forme réduite, qui est, dans ce cas, (n° 329)

$$\frac{\partial^2 z}{\partial x \partial y} = hz,$$

on reconnaît immédiatement que l'équation est alors *identique* à son adjointe.

$\frac{H}{(1-y)^\alpha}$, on peut obtenir, pour la fonction auxiliaire, la forme très simple

$$H(1-x-y)^\alpha(1-x)^{-\beta}(1-y)^{-\beta}F\left[\beta, \beta, 1, \frac{xy}{(1-x)(1-y)}\right],$$

où α et β désignent deux constantes réelles, fonctions de M et de P.

366. On peut déduire une autre conséquence des relations entre les invariants de l'équation et ceux de son équation adjointe. Désignons par (E) l'équation, par (E') son adjointe et appliquons à l'une et à l'autre la méthode de Laplace. Nous obtiendrons deux suites d'équations

$$\ldots,\ (E_{-2}),\ (E_{-1}),\ (E),\ (E_1),\ (E_2),\ \ldots,$$
$$\ldots,\ (E'_{-2}),\ (E'_{-1}),\ (E'),\ (E'_1),\ (E'_2),\ \ldots.$$

Or nous avons vu au n° 331 que, si l'on désigne par h_{-1} et h les invariants k et h de l'équation (E), ceux de l'équation (E_i) seront h_{i-1} et h_i, les quantités h_i se déterminant au moyen des deux premières, h et h_{-1}, par la relation de récurrence

$$h_{i-1} - 2h_i + h_{i+1} = -\frac{\partial^2 \log h_i}{\partial x\, \partial y}.$$

La symétrie de cette formule nous permet de reconnaître immédiatement que, si l'on passe de (E) à l'équation adjointe (E'), c'est-à-dire si l'on échange les deux premiers invariants h_{-1} et h, au lieu d'obtenir la suite

$$\ldots,\ h_{-3},\ h_{-2},\ h_{-1},\ h,\ h_1,\ h_2,\ \ldots,$$

on aura

$$\ldots,\ h_3,\ h_2,\ h_1,\ h,\ h_{-1},\ h_{-2},\ \ldots.$$

Il résulte de là que l'équation (E_i) aura ses invariants égaux, à l'ordre près, à ceux de l'équation (E'_{-i}). Par conséquent, l'adjointe de (E_i) sera l'équation (E'_{-i}) dans laquelle on aura changé z en λz, λ désignant une fonction convenablement choisie de x et de y; et, si l'on néglige, comme nous l'avons fait jusqu'ici, les changements qui résultent de cette substitution, on pourra dire que (E'_{-i}) est l'adjointe de (E_i). Cette remarque à peu près évidente conduit aux conséquences suivantes.

Supposons que la première suite se termine dans un sens, dans celui des indices positifs par exemple; soit (E_i) la première équation dont l'invariant h est nul; il est clair que, parmi les équations d'indice négatif de la seconde suite, (E'_{-i}) sera la première dont l'invariant k sera nul; la seconde suite se terminera donc à (E'_{-i}). On peut donc énoncer la proposition suivante :

Quand l'une des deux suites de Laplace relatives à une équation et à son adjointe se termine dans un sens, l'autre se termine en sens contraire, et après un même nombre d'opérations; si donc la première suite se termine dans les deux sens, il en sera de même de la seconde, et il y aura autant d'équations d'indice positif dans l'une des suites que d'équations d'indice négatif dans l'autre (¹).

Nous allons nous attacher à cette dernière hypothèse et montrer comment, dans ce cas, on obtient *effectivement* l'intégrale de l'équation adjointe. Mais, pour résoudre cette question et celle qui la suivra, il est nécessaire que nous donnions des développements étendus sur l'équation adjointe de Lagrange relative à une équation linéaire d'ordre quelconque, mais contenant une seule variable indépendante. Ce sera l'objet du Chapitre suivant. Nous terminerons celui-ci en résumant les relations que nous avons mises en évidence entre une équation et son adjointe.

367. Nous présenterons d'abord quelques remarques sur la notion même d'intégrale générale. Étant donnée une équation aux dérivées partielles, il peut arriver, dans quelques cas spéciaux, que l'on ait des méthodes permettant d'obtenir une formule générale qui donne toutes les solutions de l'équation. C'est ainsi que, si l'on a à intégrer l'équation élémentaire

$$\frac{\partial^2 z}{\partial x \, \partial y} = 0,$$

on est assuré que toutes les solutions seront fournies par la formule

$$z = \varphi(x) + \psi(y).$$

Plus généralement, si la méthode de Laplace, appliquée à ces équations linéaires que nous avons étudiées dans les Chapitres

(¹) Un jeune géomètre, M. R. Liouville, qui a été conduit par ses recherches personnelles à la considération de l'équation adjointe, a établi ce théorème, comme nous le faisons ici, par l'emploi de nos invariants h et k. (*Voir* le Mémoire *Sur les formes intégrables des équations linéaires du second ordre* inséré au LVIe Cahier du *Journal de l'École Polytechnique*, p. 6; 1887.)

précédents, permet d'intégrer l'une des équations de la suite, la formule à laquelle on est conduit, et dont nous avons indiqué la forme, représente effectivement la solution générale de l'équation considérée. Mais il existe d'autres moyens, plus ou moins indirects, de parvenir à des formules générales qui représentent des solutions d'une équation aux dérivées partielles; tel est celui que nous avons employé, par exemple, pour obtenir la formule de Poisson généralisée par M. Appell. A quel caractère pourra-t-on reconnaître que de telles formules fournissent l'intégrale générale de l'équation considérée? Ampère, dans le célèbre Mémoire inséré aux XVIIe et XVIIIe Cahiers du *Journal de l'École Polytechnique* (¹), a adopté la règle suivante :

« Pour qu'une intégrale soit générale, il faut qu'il n'en résulte, entre les variables que l'on considère et leurs dérivées à l'infini, que les relations exprimées par l'équation donnée et par les équations qu'on en déduit en la différentiant (²). »

Cette intéressante définition porte la marque de l'esprit philosophique de son illustre auteur; on pourrait la justifier en s'appuyant sur les travaux ultérieurs de Cauchy; mais il vaut mieux, nous semble-t-il, déduire de ces travaux une définition nouvelle de l'intégrale générale. Si nous supposons, par exemple, que l'équation aux dérivées partielles soit du second ordre et à deux variables indépendantes, Cauchy a montré que, sous certaines conditions de continuité qu'il est inutile de rappeler ici, il existe une intégrale de l'équation, déterminée par la condition de prendre des valeurs données à l'avance, ainsi que l'une de ses dérivées premières, pour toutes les valeurs de x et de y liées par une relation donnée ou, si l'on veut, représentées géométriquement par tous les points d'une courbe analytique plane. Cette importante proposition, que nous avons déjà rappelée [I, p. 388], conduit par

(¹) AMPÈRE, *Considérations générales sur les intégrales des équations aux différentielles partielles*, lu à l'Institut le 11 janvier 1814 (*Journal de l'École Polytechnique*, XVIIe Cahier, p. 549.)

AMPÈRE, *Mémoire contenant l'application de la théorie exposée dans le XVIIe Cahier du* Journal de l'École Polytechnique *à l'intégration des équations aux différentielles partielles du premier et du second ordre* (*Journal de l'École Polytechnique*, XVIIIe Cahier, p. 1; 1820).

(²) *Journal de l'École Polytechnique*, XVIIe Cahier, p. 550.

une voie naturelle à une définition nouvelle et rationnelle de l'intégrale générale : pour qu'une formule obtenue par une voie quelconque représente l'intégrale générale, il suffira évidemment que l'on puisse disposer des arbitraires qui y figurent, fonctions ou constantes en nombre illimité, de manière à retrouver les solutions dont les théorèmes de Cauchy nous démontrent l'existence, c'est-à-dire de manière à attribuer à la fonction inconnue et à l'une de ses dérivées premières des valeurs se succédant suivant une loi quelconque, donnée à l'avance, pour tous les points d'une courbe. Il pourra arriver, sans doute, que la formule obtenue laisse échapper certaines solutions exceptionnelles : cette circonstance se présente déjà pour les équations différentielles à une seule variable indépendante qui peuvent avoir des solutions singulières dans certains cas exceptionnels. Il pourra arriver aussi que la solution obtenue ne convienne que pour les valeurs de x et de y représentées géométriquement dans une région déterminée du plan; plusieurs formules pourront être nécessaires pour représenter l'ensemble des intégrales. Le *critérium* qui se déduit immédiatement des résultats de Cauchy est précisément le moyen le plus sûr que nous ayons de reconnaître, dans les cas difficiles, le degré de généralité que présente une intégrale donnée *a priori*.

Appliquons ces remarques aux relations que nous avons établies entre une équation linéaire et son adjointe. Toutes les fois que l'une des deux équations s'intégrera directement, c'est-à-dire par l'application de la méthode de Laplace, il en sera de même de l'autre. D'ailleurs, lorsqu'on aura obtenu par un procédé quelconque l'intégrale générale de l'une des équations, on pourra déterminer la fonction u de Riemann et, par suite, intégrer aussi l'autre équation. Nous pouvons donc, en tenant compte des remarques précédentes, énoncer d'une manière générale la proposition suivante :

Étant données une équation linéaire et son adjointe, l'intégration par un procédé quelconque de l'une des deux équations entraîne comme conséquence celle de l'autre équation.

CHAPITRE V.

L'ÉQUATION ADJOINTE DE LAGRANGE ET LES ÉQUATIONS LINÉAIRES D'ORDRE IMPAIR ÉQUIVALENTES A LEUR ADJOINTE.

Définition de l'équation adjointe à une équation linéaire donnée, à une seule variable indépendante. — Relation de réciprocité entre les deux équations; chacune d'elles est l'adjointe de l'autre. — Relations entre deux systèmes fondamentaux d'intégrales se rapportant respectivement aux deux équations. — Intégration d'une équation linéaire avec second membre par l'application des propositions établies. — Forme remarquable que l'on peut donner aux premiers membres de deux équations linéaires adjointes l'une à l'autre. — Équations linéaires d'ordre impair équivalentes à leur adjointe. — Propriété caractéristique; le premier membre devient une dérivée exacte après sa multiplication par la fonction inconnue. — Étude de l'intégrale du second degré. — Relations quadratiques entre les intégrales particulières et leurs dérivées de même ordre. — Expression sans aucun signe de quadrature du système le plus général de solutions particulières d'une équation linéaire d'ordre impair équivalente à son adjointe. — Formation de toutes les équations d'ordre impair équivalentes à leur adjointe.

---

368. Étant donnée l'équation linéaire du $n^{\text{ième}}$ ordre

$$f(u) = \lambda u + \lambda_1 u' + \lambda_2 u'' + \ldots + \lambda_n u^{(n)} = 0, \tag{1}$$

où $\lambda, \lambda_1, \lambda_2, \ldots, \lambda_n$ désignent des fonctions quelconques d'une variable indépendante x, proposons-nous de déterminer toutes les fonctions v de x, telles que le produit

$$v f(u)$$

devienne la dérivée exacte d'une fonction linéaire de u et de ses dérivées jusqu'à l'ordre $n-1$. Une suite d'intégrations par parties conduit à la formule

$$\left\{\begin{aligned} &\int v f(u)\,dx \\ &\quad = \int u \left[\lambda v - \frac{d(\lambda_1 v)}{dx} + \frac{d^2(\lambda_2 v)}{dx^2} - \ldots + (-1)^n \frac{d^n(\lambda_n v)}{dx^n}\right] dx \\ &\qquad + u\left[\lambda_1 v - \frac{d(\lambda_2 v)}{dx} + \ldots + (-1)^{n-1} \frac{d^{n-1}(\lambda_n v)}{dx^{n-1}}\right] \\ &\qquad + u'\left[\lambda_2 v - \frac{d(\lambda_3 v)}{dx} + \ldots + (-1)^{n-2} \frac{d^{n-2}(\lambda_n v)}{dx^{n-2}}\right] \\ &\qquad + \ldots\ldots\ldots\ldots\ldots\ldots\ldots\ldots \\ &\qquad + u^{(n-1)}[\lambda_n v]. \end{aligned}\right. \tag{2}$$

Si donc on définit les fonctions nouvelles μ, μ_1, ..., μ_n et le polynôme $g(v)$ par la relation

$$(3)\quad \begin{cases} g(v) = \mu v + \mu_1 v' + \ldots + \mu_n v^{(n)} \\ \quad = \lambda v - \dfrac{d(\lambda_1 v)}{dx} + \dfrac{d^2(\lambda_2 v)}{dx^2} - \ldots + (-1)^n \dfrac{d^n(\lambda_n v)}{dx^n}, \end{cases}$$

il faudra que l'on ait

$$(4)\qquad g(v) = 0.$$

Car il n'existe, évidemment, aucune fonction de u et de ses dérivées dont la dérivée puisse se réduire à $u\,g(v)$, lorsque $g(v)$ est différent de zéro. L'équation (4) a été considérée pour la première fois par Lagrange (1) : on l'appelle aujourd'hui l'*adjointe* de la proposée; nous dirons aussi que $g(v)$ est le polynôme *adjoint* à $f(u)$. On voit que toute solution particulière de l'équation adjointe fournit une intégrale première de l'équation proposée sous la forme

$$(5)\qquad \Psi(u, v) = \text{const.},$$

où l'on a posé, pour abréger,

$$(6)\quad \begin{cases} \Psi(u, v) = u\left[\lambda_1 v - \dfrac{d(\lambda_2 v)}{dx} + \ldots + (-1)^{n-1} \dfrac{d^{n-1}(\lambda_n v)}{dx^{n-1}}\right] \\ \quad + u'\left[\lambda_2 v - \dfrac{d(\lambda_3 v)}{dx} + \ldots + (-1)^{n-2} \dfrac{d^{n-2}(\lambda_n v)}{dx^{n-2}}\right] \\ \quad + \ldots\ldots\ldots\ldots\ldots\ldots\ldots\ldots \\ \quad + u^{(n-1)}[\lambda_n v]. \end{cases}$$

Si l'on adopte les notations précédentes, l'équation (1) s'écrit comme il suit

$$(7)\qquad \int [v f(u) - u\,g(v)]\,dx = \Psi(u, v);$$

et, par suite, le binôme $v f(u) - u\,g(v)$ est une dérivée exacte pour toutes les formes possibles données aux fonctions u et v (2).

---

(1) LAGRANGE, *Solution de différents problèmes de Calcul intégral* (*Miscellanea Taurinensia*, t. III; 1762-1765. *Œuvres complètes*, t. I; p. 471).

(2) La forme bilinéaire $\Psi(u, v)$ se présente au début des belles recherches de M. Halphen sur les équations linéaires. *Voir* en particulier le *Mémoire sur un problème concernant les équations différentielles linéaires* (*Journal de M. Jordan*, t. I, p. 11; 1885). Otto Hesse l'a aussi considérée dans un Mémoire que nous citerons plus loin.

369. Réciproquement, étant donnée la fonction linéaire $f(u)$ de u et de ses dérivées jusqu'à l'ordre n, si l'on se propose de déterminer une fonction semblable $\varphi(u)$ par la condition que

$$v f(u) - u \varphi(v)$$

soit une dérivée exacte pour toutes les formes possibles de u et de v, on devra avoir nécessairement

$$\varphi(v) = g(v).$$

Écrivons, en effet, l'équation

$$\int [v f(u) - u \varphi(v)] \, dx = \Psi_0(u, v),$$

qui exprime la propriété par laquelle on veut déterminer $\varphi(u)$; si on la retranche de l'équation (7), on aura

$$\int u [\varphi(v) - g(v)] \, dx = \Psi(u, v) - \Psi_0(u, v),$$

et, comme il n'existe aucune fonction de u et de ses dérivées dont la dérivée contienne u seulement, il faudra nécessairement que l'on ait

$$\varphi(v) = g(v).$$

Si l'on applique la proposition précédente à l'équation (7), en remarquant que $f(u)$ et $g(u)$ y entrent de la même manière, on conclura que la relation entre ces deux polynômes est réciproque, c'est-à-dire que *chacun d'eux est l'adjoint de l'autre.*

Par conséquent, on pourra écrire la relation

$$(8) \quad \begin{cases} f(u) = \lambda u + \lambda_1 u' + \ldots + \lambda_n u^{(n)} \\ \quad = \mu u - \dfrac{d(\mu_1 u)}{dx} + \dfrac{d^2(\mu_2 u)}{dx^2} - \ldots + (-1)^n \dfrac{d^n(\mu_n u)}{dx^n}, \end{cases}$$

tout à fait analogue à l'équation (3). Chacune des identités (3) et (8) peut être considérée comme une conséquence de l'autre; nous avons déjà fait usage de cette remarque au Chapitre II [p. 41].

370. Lagrange a déjà montré comment la résolution complète ou partielle de l'équation adjointe permet de simplifier la résolution de l'équation proposée. Nous ne reviendrons pas sur ce sujet; mais,

en vue des applications qui vont suivre, nous étudierons d'une manière approfondie les relations entre toutes les solutions de l'équation proposée (1) et celles de l'équation adjointe (4).

Considérons un système fondamental d'intégrales particulières

$$u_1, \quad u_2, \quad \ldots, \quad u_n$$

de l'équation proposée, c'est-à-dire un système pour lequel le déterminant

$$(9) \qquad \Delta = \begin{vmatrix} u_1 & u'_1 & u''_1 & \ldots & u_1^{(n-1)} \\ u_2 & u'_2 & u''_2 & \ldots & u_2^{(n-1)} \\ \ldots & \ldots & \ldots & \ldots & \ldots \\ u_n & u'_n & u''_n & \ldots & u_n^{(n-1)} \end{vmatrix}$$

ne soit pas nul. On formera sans difficulté une fonction linéaire $\theta_i(u)$ de u et de ses dérivées jusqu'à l'ordre $n-1$, s'annulant lorsqu'on y remplace u par une solution particulière autre que u_i et devenant égale à 1 lorsqu'on y remplace u par u_i : cette fonction a pour expression

$$(10) \qquad \theta_i(u) = \frac{1}{\Delta}\left[\frac{\partial\Delta}{\partial u_i}u + \frac{\partial\Delta}{\partial u'_i}u' + \ldots + \frac{\partial\Delta}{\partial u_i^{(n-1)}}u^{(n-1)}\right],$$

Δ étant le déterminant déjà défini. L'équation

$$\theta_i(u) = \text{const.}$$

est une des intégrales premières de l'équation proposée; le premier membre se réduit, en effet, à la constante C_i quand on y remplace u par

$$C_1 u_1 + C_2 u_2 + \ldots + C_n u_n.$$

L'équation

$$\frac{d\theta_i(u)}{dx} = 0$$

est donc équivalente à la proposée, et la comparaison des coefficients de la plus haute dérivée $u^{(n)}$ dans les deux équations nous conduit à l'identité

$$(11) \qquad \frac{d\theta_i(u)}{dx} = v_i f(u),$$

v_i ayant pour valeur

$$(12) \qquad v_i = \frac{1}{\lambda_n}\frac{\partial \log\Delta}{\partial u_i^{(n-1)}}.$$

Le produit $v_i f(u)$ étant une dérivée exacte, v_i est une solution particulière de l'équation adjointe. En donnant à l'indice i toutes les valeurs, on formera ainsi un système

$$v_1, \quad v_2, \quad \ldots, \quad v_n$$

de n solutions de l'équation adjointe, que l'on reconnaîtra aisément être linéairement indépendantes; ce point résultera d'ailleurs de la suite des raisonnements. Nous dirons que les solutions v_i sont les *adjointes* des solutions u_i, et nous allons étudier les relations entre ces deux groupes de solutions.

Si l'on se reporte d'abord à l'équation (11), en la comparant à la formule (7), on reconnaît que l'on a

$$\theta_i(u) = \Psi(u, v_i),$$

et il suit de la définition des fonctions $\theta_i(u)$ que l'on a

$$\Psi(u_i, v_i) = 1, \qquad \Psi(u_i, v_k) = 0. \tag{13}$$

Ces relations très importantes contiennent les coefficients de l'équation proposée; les suivantes ont lieu seulement entre les intégrales u_i, v_i.

L'expression (12) des fonctions v_i et les propriétés élémentaires des déterminants montrent que l'on aura

$$\left\{\begin{array}{l} v_1 u_1 + v_2 u_2 + \ldots + v_n u_n = 0, \\ v_1 u'_1 + v_2 u'_2 + \ldots + v_n u'_n = 0, \\ \ldots\ldots\ldots\ldots\ldots\ldots\ldots\ldots, \\ v_1 u_1^{(n-2)} + v_2 u_2^{(n-2)} + \ldots + v_n u_n^{(n-2)} = 0, \\ v_1 u_1^{(n-1)} + v_2 u_2^{(n-1)} + \ldots + v_n u_n^{(n-1)} = \dfrac{1}{\lambda_n}. \end{array}\right. \tag{14}$$

De ces relations on déduira les suivantes, par des différentiations répétées,

$$\left\{\begin{array}{ll} v_1^{(i)} u_1^{(k)} + v_2^{(i)} u_2^{(k)} + \ldots + v_n^{(i)} u_n^{(k)} = 0, & i + k < n - 1; \\ v_1^{(i)} u_1^{(k)} + v_2^{(i)} u_2^{(k)} + \ldots + v_n^{(i)} u_n^{(k)} = \dfrac{(-1)^i}{\lambda_n}, & i + k = n - 1. \end{array}\right. \tag{15}$$

Ces formules permettent évidemment de déterminer les solutions u_i en fonction des solutions v_i; et, si l'on pose

(16) $$\Delta_1 = \begin{vmatrix} v_1 & v_2 & \dots & v_n \\ v'_1 & v'_2 & \dots & v'_n \\ \dots & \dots & \dots & \dots \\ v_1^{(n-1)} & v_2^{(n-1)} & \dots & v_n^{(n-1)} \end{vmatrix},$$

on obtiendra les expressions suivantes

(17) $$u_i = \frac{(-1)^{n-1}}{\lambda_n} \frac{\partial \log \Delta_1}{\partial v_i^{(n-1)}},$$

toutes pareilles à celles qui déterminent les v_i au moyen des u_i. On a d'ailleurs

(18) $$\Delta\Delta_1 = \left(\frac{1}{\lambda_n}\right)^n.$$

Nous signalerons encore les relations suivantes.

Considérons les deux systèmes de n^2 éléments

$$\begin{matrix} v_1, & v_2, & \dots, & v_n; \\ v'_1, & v'_2, & \dots, & v'_n; \\ \dots, & \dots, & \dots, & \dots; \\ v_1^{(n-1)}, & v_2^{(n-1)}, & \dots, & v_n^{(n-1)}; \end{matrix} \qquad \begin{matrix} u_1^{n-1}, & u_2^{(n-1)}, & \dots, & u_n^{(n-1)}; \\ u_1^{(n-2)}, & u_2^{(n-2)}, & \dots, & u_n^{(n-2)}; \\ \dots, & \dots, & \dots, & \dots, \\ u_1, & u_2, & \dots, & u_n. \end{matrix}$$

Les mineurs formés avec les p *premières* lignes et p colonnes quelconques du premier déterminant sont proportionnels aux coefficients des mineurs correspondants dans le second déterminant. Pour établir cette proposition, considérons, par exemple, le mineur principal du premier déterminant, que nous écrirons comme il suit :

$$\begin{vmatrix} v_1 & v_2 & \dots & v_p & v_{p+1} & \dots & v_n \\ \dots & \dots & \dots & \dots & \dots & \dots & \dots \\ v_1^{(p-1)} & v_2^{(p-1)} & \dots & v_p^{(p-1)} & v_{p+1}^{(p-1)} & \dots & v_n^{(p-1)} \\ 0 & \dots & \dots & 0 & 1 & 0 \dots & 0 \\ 0 & \dots & \dots & 0 & 0 & 1 \dots & 0 \\ . & \dots & \dots & . & . & \dots & . \\ 0 & \dots & \dots & 0 & 0 & \dots & 1 \end{vmatrix}.$$

Si on le multiplie ligne à ligne par le déterminant Δ, on trouve, après quelques réductions faciles, la relation

$$(19)\quad \begin{vmatrix} v_1 & v_2 & \dots & v_p \\ v'_1 & v'_2 & \dots & v'_p \\ \dots & \dots & \dots & \dots \\ v_1^{(p-1)} & v_2^{(p-1)} & \dots & v_p^{(p-1)} \end{vmatrix} = \frac{(-1)^{p(n-p)}}{\lambda_n^p \Delta} \begin{vmatrix} u_{p+1} & u_{p+2} & \dots & u_n \\ u'_{p+1} & u'_{p+2} & \dots & u'_n \\ \dots & \dots & \dots & \dots \\ u_{p+1}^{(n-p-1)} & u_{p+2}^{(n-p-1)} & \dots & u_n^{(n-p-1)} \end{vmatrix},$$

qui comprend comme cas particulier les formules (12) et (17). On aura de même

$$(20)\quad \begin{vmatrix} u_1 & u_2 & \dots & u_p \\ u'_1 & u'_2 & \dots & u'_p \\ \dots & \dots & \dots & \dots \\ u_1^{(p-1)} & u_2^{(p-1)} & \dots & u_p^{(p-1)} \end{vmatrix} = \lambda_n^{n-p} \Delta \begin{vmatrix} v_{p+1} & v_{p+2} & \dots & v_n \\ v'_{p+1} & v'_{p+2} & \dots & v'_n \\ \dots & \dots & \dots & \dots \\ v_{p+1}^{(n-p-1)} & v_{p+2}^{(n-p-1)} & \dots & v_n^{(n-p-1)} \end{vmatrix}.$$

371. L'emploi des propositions précédentes conduit rapidement à l'intégrale générale de l'équation avec second membre

$$f(u) = \mathrm{R},$$

où R désigne une fonction quelconque de la variable indépendante.

Si l'on multiplie, en effet, les deux membres de l'équation précédente par v_i, on aura, en intégrant,

$$\int v_i f(u)\, dx = \int \mathrm{R} v_i\, dx,$$

c'est-à-dire

$$(21)\qquad \Psi(u, v_i) = \int \mathrm{R} v_i\, dx.$$

Il suffit d'attribuer à i toutes les valeurs $1, 2, \dots, n$ et de résoudre les équations obtenues, qui sont du premier degré par rapport à la fonction inconnue u et à ses dérivées $u', u'', \dots, u^{(n-1)}$. La résolution se fait très simplement de la manière suivante.

Posons

$$(22)\qquad u^{(k)} = h_1 u_1^{(k)} + h_2 u_2^{(k)} + \dots + h_n u_n^{(k)},$$

$h_1, h_2, \dots, h_n$ désignant des inconnues nouvelles que l'on substituera à u et à ses dérivées. La substitution des valeurs de u, u', ..., données par la formule précédente dans l'équation (21), nous donnera

$$h_1 \Psi(u_1, v_i) + h_2 \Psi(u_2, v_i) + \ldots + h_n \Psi(u_n, v_i) = \int R v_i \, dx.$$

Si l'on tient compte des relations (13), il reste

$$h_i = \int R v_i \, dx.$$

Par suite, la solution cherchée et ses $n-1$ premières dérivées sont déterminées par les formules

$$(23) \qquad u = \sum_i u_i \int R v_i \, dx, \qquad u^{(k)} = \sum_i u_i^{(k)} \int R v_i \, dx.$$

Le résultat se présente sous la forme même que l'on doit obtenir lorsqu'on applique la méthode de la variation des constantes arbitraires due à Lagrange.

372. Pour compléter cette étude des relations entre une équation linéaire et son adjointe, nous indiquerons une forme remarquable que l'on peut donner aux deux fonctions $f(u)$ et $g(v)$.

Il suit de la théorie même de l'équation adjointe que l'on peut mettre $f(u)$, et d'une infinité de manières, sous la forme

$$\frac{1}{\alpha_{n+1}} \frac{d f_1(u)}{dx}.$$

En appliquant la même transformation à $f_1(u)$ et à toutes les fonctions que l'on introduira successivement, on obtiendra pour f une expression telle que la suivante

$$(24) \qquad f(u) = \frac{1}{\alpha_{n+1}} \frac{d}{dx} \frac{1}{\alpha_n} \frac{d}{dx} \cdots \frac{1}{\alpha_2} \frac{d}{dx} \frac{u}{\alpha_1},$$

chaque différentiation portant sur tout ce qui suit. Multiplions par v et posons

$$(25) \qquad \begin{cases} f_i(u) = \dfrac{1}{\alpha_{n-i+1}} \dfrac{d}{dx} \dfrac{1}{\alpha_{n-i}} \dfrac{d}{dx} \cdots \dfrac{1}{\alpha_2} \dfrac{d}{dx} \dfrac{u}{\alpha_1}, \\ f_n(u) = \dfrac{u}{\alpha_1}; \end{cases}$$

soit de même

$$(26)\quad \left\{\begin{aligned} g_n(v) &= \frac{v}{\alpha_{n+1}},\\ g_i(v) &= \frac{(-1)^{n-i}}{\alpha_{i+1}}\frac{d}{dx}\frac{1}{\alpha_{i+2}}\frac{d}{dx}\cdots\frac{1}{\alpha_n}\frac{d}{dx}\frac{v}{\alpha_{n+1}},\\ g(v) &= \frac{(-1)^n}{\alpha_1}\frac{d}{dx}\frac{1}{\alpha_2}\frac{d}{dx}\cdots\frac{1}{\alpha_n}\frac{d}{dx}\frac{v}{\alpha_{n+1}}.\end{aligned}\right.$$

D'après ces définitions des fonctions $f_i(u)$, $g_k(v)$, on aura

$$f(u) = \frac{1}{\alpha_{n+1}}\frac{df_1(u)}{dx},\qquad f_i(u) = \frac{1}{\alpha_{n-i+1}}\frac{df_{i+1}(u)}{dx},$$

$$g(v) = -\frac{1}{\alpha_1}\frac{dg_1(v)}{dx},\qquad g_i(v) = -\frac{1}{\alpha_{i+1}}\frac{dg_{i+1}(v)}{dx}.$$

Une suite d'intégrations par parties nous donnera les formules

$$\int v f(u)\,dx = \int g_n(v)\,df_1(u)$$
$$= g_n(v)f_1(u) - \int f_1(u)\,dg_n(v),$$
$$-\int f_1(u)\,dg_n(v) = \int g_{n-1}(v)\,df_2(u)$$
$$= g_{n-1}(v)f_2(u) - \int f_2(u)\,dg_{n-1}(v),$$
$$\cdots\cdots\cdots\cdots\cdots\cdots\cdots\cdots\cdots\cdots,$$
$$-\int f_n(u)\,dg_1(v) = \int u\,g(v)\,dx.$$

Si l'on ajoute toutes ces équations, on obtiendra l'identité

$$(27)\quad \left\{\begin{aligned} &\int [v f(u) - u g(v)]\,dx\\ &\quad = g_n(v)f_1(u) + g_{n-1}(v)f_2(u) + \ldots + g_1(v)f_n(u),\end{aligned}\right.$$

d'où il résulte que $g(v)$ est le polynôme adjoint à $f(u)$ et que l'on a

$$(28)\quad \Psi(u,v) = g_n(v)f_1(u) + g_{n-1}(v)f_2(u) + \ldots + g_1(v)f_n(u).$$

Cela posé, les différentes solutions particulières de l'équation proposée peuvent être représentées par les formules

$$(29)\quad \left\{\begin{aligned} u_1 &= \alpha_1, \\ u_2 &= \alpha_1 \int \alpha_2\, dx, \\ u_3 &= \alpha_1 \int \alpha_2\, dx \int \alpha_3\, dx, \\ &\dots\dots\dots\dots\dots\dots, \\ u_n &= \alpha_1 \int \alpha_2\, dx \int \dots \int \alpha_n\, dx, \end{aligned}\right.$$

chaque signe intégral portant sur tout ce qui suit. De même les solutions de l'équation adjointe, que nous désignerons par w_1, w_2, ..., w_n, seront

$$(30)\quad \left\{\begin{aligned} w_1 &= \alpha_{n+1}, \\ w_2 &= \alpha_{n+1} \int \alpha_n\, dx, \\ w_3 &= \alpha_{n+1} \int \alpha_n\, dx \int \alpha_{n-1}\, dx, \\ &\dots\dots\dots\dots\dots\dots, \\ w_n &= \alpha_{n+1} \int \alpha_n\, dx \int \dots \int \alpha_2\, dx. \end{aligned}\right.$$

Pour plus de netteté, nous supposerons que toutes les intégrales soient prises entre x_0 et x, x_0 étant une constante. Si l'on se reporte à la définition des fonctions $f_1, f_2, \dots, f_n$, on reconnaît que l'intégrale particulière u_i annule identiquement les $n-i$ premières et réduit à l'unité la $(n-i+1)^{\text{ième}}$. Quant aux suivantes $f_{n-i+2}, \dots, f_n$, elles auront toutes la forme d'une intégrale prise entre les limites x_0 et x. On trouvera, par exemple,

$$f_{n-i+2} = \int_{x_0}^{x} \alpha_i\, dx, \qquad f_{n-i+3} = \int_{x_0}^{x} \alpha_{i-1}\, dx \int_{x_0}^{x} \alpha_i\, dx,$$

et ainsi de suite. Toutes ces fonctions, qui ne sont pas nulles en général, le deviendront cependant pour $x = x_0$.

De même, la solution w_k, substituée dans les fonctions $g_i(v)$, les annulera toutes, pour $x = x_0$, sauf la fonction g_{n-k+1} qui se réduira à $(-1)^{k-1}$.

D'après cela, substituons, dans la formule (27), u_i à la place de u, w_k à la place de v. La dérivée $v\,f(u) - u\,g(v)$ du premier membre étant nulle, le second membre doit se réduire à une constante. On peut donc, pour calculer cette constante, donner à x la valeur particulière x_0. La seule fonction f_h qui ne soit pas nulle est alors f_{n-i+1} qui se réduit à l'unité. On a donc

$$\Psi(u_i, w_k) = g_i(w_k).$$

Mais la fonction $g_i(w_k)$ est nulle tant que l'on n'a pas

$$i = n - k + 1,$$

et elle est égale à $(-1)^{n-i}$ si cette relation a lieu entre les indices.

On aura donc

$$(31)\qquad \begin{cases} \Psi(u_i, w_k) = (-1)^{k-1} & \text{pour} \quad i + k = n + 1; \\ \Psi(u_i, w_k) = 0 & \text{pour} \quad i + k \neq n + 1. \end{cases}$$

Si l'on pose

$$v_i = (-1)^{n-i} w_{n-i+1},$$

ce qui donnera le système suivant

$$(32)\qquad \begin{cases} v_1 = (-1)^{n-1} \alpha_{n+1} \int \alpha_n \, dx \int \ldots \int \alpha_2 \, dx, \\ v_2 = (-1)^{n-2} \alpha_{n+1} \int \alpha_n \, dx \int \ldots \int \alpha_3 \, dx, \\ \ldots\ldots\ldots\ldots\ldots\ldots\ldots\ldots\ldots\ldots, \\ v_i = (-1)^{n-i} \alpha_{n+1} \int \alpha_n \, dx \int \ldots \int \alpha_{i+1} \, dx, \\ \ldots\ldots\ldots\ldots\ldots\ldots\ldots\ldots\ldots\ldots, \\ v_n = \alpha_{n+1}, \end{cases}$$

il viendra

$$(33)\qquad \Psi(u_i, v_i) = 1, \qquad \Psi(u_i, v_k) = 0,$$

c'est-à-dire que les v_i seront les solutions correspondantes ou *adjointes* aux u_i, dans le sens que nous avons donné à ce mot au n° 370.

373. Nous allons maintenant appliquer les propositions précédentes au cas où l'équation adjointe admet les mêmes intégrales que l'équation proposée. On a alors

$$g(u) = \rho f(u),$$

ρ étant une indéterminée que l'on obtient par la comparaison des coefficients de $u^{(n)}$ dans les deux membres. On trouve ainsi, en se reportant à la valeur (3) de $g(v)$,

$$\rho = (-1)^n;$$

de sorte que l'on a nécessairement

$$g(u) = f(u) \tag{34}$$

si l'équation est d'ordre pair, et

$$g(u) = -f(u) \tag{35}$$

si l'équation est d'ordre impair.

Il y a donc une différence essentielle entre les équations d'ordre pair et celles d'ordre impair. Les premières se rencontrent dans la théorie de la variation seconde des intégrales simples; Jacobi en a donné les principales propriétés [1]. Les secondes, que nous rencontrerons dans la suite, ne paraissent pas avoir été étudiées.

Supposons que l'équation linéaire soit d'ordre impair $2n-1$ et reprenons l'équation fondamentale (7) où nous remplacerons $g(v)$ par $-f(v)$. Nous aurons alors

$$\int [v\,f(u) + u\,f(v)]\,dx = \Psi(u, v). \tag{36}$$

Cette relation ayant lieu pour toutes les formes possibles des fonctions u et v, remplaçons-y v par u; elle deviendra

$$\int u\,f(u)\,dx = \frac{1}{2}\Psi(u, u). \tag{37}$$

Ainsi *toute équation linéaire d'ordre impair équivalente à son adjointe admet une intégrale du second degré, et son*

---

(1) Jacobi, *Zur Theorie der Variations-Rechnung und der Differential-Gleichungen* (*Journal de Crelle*, t. XVII, p. 68; 1836.) Une traduction de ce Mémoire a paru dans le *Journal de Liouville*, 1re série, t. III, p. 44. On pourra consulter aussi :

Bertrand (J.), *Démonstration d'un théorème de M. Jacobi* (*Journal de l'École Polytechnique*, XXVIIIe Cahier, p. 276; 1841).

Hesse (O.), *Ueber die Criterien des Maximums und Minimums der einfachen Integrale* (*Journal de Crelle*, t. LIV, p. 227; 1857).

premier membre devient une dérivée exacte quand on le multiplie par la fonction inconnue (¹).

Cette élégante propriété caractérise, il est aisé de le prouver, les équations de degré impair équivalentes à leur adjointe. *Si le premier membre d'une équation linéaire devient une dérivée exacte quand on le multiplie par la fonction inconnue, l'équation est nécessairement d'ordre impair et elle est équivalente à son adjointe.*

Soit, en effet,

$$\int u f(u)\, dx = \Pi(u)$$

l'équation qui exprime la propriété précédente. Remplaçons u par $u + \lambda v$, λ désignant une constante, et égalons les coefficients de λ dans les deux membres. Nous aurons une égalité de la forme

$$\int [u f(v) + v f(u)]\, dx = \Pi(u, v).$$

D'après la proposition genérale du n° 369, cette relation exprime que l'adjointe de la fonction linéaire $f(u)$ est $-f(u)$. L'équation linéaire considérée sera donc équivalente à son adjointe et, en vertu de la remarque faite plus haut, elle sera nécessairement d'ordre impair.

374. Si l'on substitue une solution de l'équation proposée dans l'intégrale du second degré $\Pi(u)$, celle-ci se réduit à une constante. Cette constante pourra-t-elle devenir nulle lorsque la solution substituée sera quelconque, mais réelle? Afin de décider ce point, qui est essentiel pour la suite, nous allons indiquer une forme remarquable du polynôme quadratique $\Pi(u)$.

Si l'on sépare dans $\Pi(u)$ les termes qui contiennent la plus haute dérivée de u, on pourra lui donner la forme

$$\Pi(u) = \Pi_1(u) + u^{(2n-2)}(a_1 u^{(2n-2)} + a_2 u^{(2n-3)} + \ldots + a_{2n-1} u),$$

(¹) Toutes les équations linéaires admettent des intégrales du second degré, en nombre illimité; mais, dans le cas général, le premier membre de l'équation ne devient une dérivée exacte que si on le multiplie par une fonction linéaire de u et de ses dérivées jusqu'à l'ordre $n-1$ qui contient nécessairement $u^{(n-1)}$.

$\Pi_1(u)$ contenant les dérivées de u jusqu'à l'ordre $2n-3$ seulement. En prenant la dérivée de Π, on aura l'expression suivante

$$u^{(2n-1)}(2a_1 u^{(2n-2)} + a_2 u^{(2n-3)} + \ldots + a_{2n-2} u' + a_{2n-1} u)$$

des termes qui contiennent la plus haute dérivée de u. Comme $\frac{d\Pi}{dx}$ est égale à $uf(u)$ et doit contenir u en facteur, on aura nécessairement

$$a_1 = a_2 = \ldots = a_{2n-2} = 0,$$

et $\Pi(u)$ sera, par suite, de la forme

$$\Pi(u) = \varphi(x) u u^{(2n-2)} + \Pi_1(u),$$

Π_1 étant le polynôme déjà défini. Cela posé, mettons à la place de u une solution de l'équation proposée s'annulant, ainsi que ses $2n-3$ premières dérivées, pour une valeur particulière quelconque x_0 donnée à x. La fonction $\Pi(u)$ sera nulle, pour $x = x_0$: cela résulte de la formule précédente; et, comme elle doit se réduire à une constante, elle sera nulle pour toutes les valeurs de x.

Il est donc établi que, si l'équation proposée a ses coefficients réels, il y a une infinité de solutions réelles annulant l'intégrale homogène du second degré $\Pi(u)$. Soit v une telle solution, pour laquelle on a

$$\Pi(v) = \frac{1}{2}\Psi(v, v) = 0. \tag{38}$$

Si on la porte dans la formule (36), on obtiendra, pour toute fonction u,

$$\int v f(u)\, dx = \Psi(u, v)$$

ou, en remplaçant u par vu,

$$\int v f(uv)\, dx = \Psi(uv, v). \tag{39}$$

D'après l'équation (38), le coefficient de u dans le second membre est nul. On aura donc

$$\int v f(uv)\, dx = f_1(u'), \tag{40}$$

$f_1(\omega)$ désignant une fonction linéaire de ω et de ses dérivées jusqu'à l'ordre $2n-3$. Nous allons montrer que *cette fonction nouvelle est, elle aussi, égale et de signe contraire à son adjointe.*

Considérons, en effet, l'intégrale

$$\int \omega f_1(\omega)\, dx.$$

Si l'on y remplace, pour un instant, ω par la dérivée u' d'une autre fonction, elle devient, en vertu des équations (39) et (40)

$$\int u' f_1(u')\, dx = \int u' \Psi(uv, v)\, dx = \int du \int v f(uv)\, dx.$$

En intégrant par parties, on a

$$\int du \int v f(uv)\, dx = u \int v f(uv)\, dx - \int uv f(uv)\, dx$$

ou, en tenant compte des formules (39) et (37),

$$\int \omega f_1(\omega)\, dx = u \Psi(uv, v) - \frac{1}{2} \Psi(uv, uv).$$

Tous les termes qui contiennent u disparaissent dans le second membre; on le reconnaît immédiatement si l'on remarque que les termes en u dans $\Psi(uv, uv)$ ont pour expression

$$2u \Psi(uv, v) - u^2 \Psi(v, v).$$

Si donc on substitue ω à u' dans le second membre, la relation précédente prend la forme

$$\int \omega f_1(\omega)\, dx = \text{H}(\omega, \omega', \ldots, \omega^{(2n-4)}),$$

qui, nous l'avons vu, caractérise les fonctions $f_1(\omega)$ égales et de signe contraire à leur adjointe. La proposition que nous avions énoncée est donc démontrée. On en déduit aisément la conséquence suivante, qui n'est autre qu'une transformation de l'équation (40) :

Toute fonction d'ordre impair $2n-1$ *égale et de signe*

contraire à son adjointe peut se mettre sous la forme

$$f(u) = \frac{1}{v}\frac{d}{dx}f_1\left(\left(\frac{u}{v}\right)'\right), \tag{41}$$

$f_1(\omega)$ désignant une fonction d'ordre $2n-3$ qui est aussi égale et de signe contraire à son adjointe; quant à la fonction v, on peut toujours lui attribuer d'une infinité de manières une forme réelle quand le polynôme linéaire $f(u)$ a ses coefficients réels.

L'application répétée de cette proposition permettra évidemment de former toutes les fonctions égales et de signe contraire à leur adjointe. On sera conduit à une expression de $f(u)$ qui s'écrira comme il suit :

$$f(u) = \frac{1}{\alpha_1}\frac{d}{dx}\frac{1}{\alpha_2}\frac{d}{dx}\cdots\frac{1}{\alpha_{n-1}}\frac{d}{dx}\frac{1}{\alpha_n}\frac{d}{dx}\frac{1}{\alpha_n}\frac{d}{dx}\frac{1}{\alpha_{n-1}}\cdots\frac{d}{dx}\left(\frac{u}{\alpha_1}\right). \tag{42}$$

C'est la forme générale donnée au n° 372, mais avec cette restriction que, dans la suite

$$\alpha_1,\quad \alpha_2,\quad \ldots,\quad \alpha_{2n},$$

les fonctions à égale distance des extrêmes sont égales. Pour la démontrer dans toute sa généralité, il suffira de prouver, ce qui n'offre aucune difficulté lorsqu'on emploie la formule (41), que, si elle est vraie pour les équations d'ordre $2n-3$, elle s'étend d'elle-même à celles d'ordre $2n-1$.

375. La forme précédente de $f(u)$ une fois établie, reprenons les deux systèmes de solutions d'une équation linéaire et de son adjointe définis au n° 371

$$u_1,\quad u_2,\quad \ldots,\quad u_{2n-1},$$
$$v_1,\quad v_2,\quad \ldots,\quad v_{2n-1}.$$

Il faudra remplacer, dans les formules (29) et (32), n par $2n-1$ et supposer aussi

$$\alpha_{2n-i} = \alpha_{i+1}.$$

On trouvera ainsi que l'on a, pour toutes les valeurs de i,

$$v_i = (-1)^{i-1}u_{2n-i}. \tag{43}$$

Si l'on porte ces expressions des v_i dans les formules (13), on trouvera

$$(44)\quad \begin{cases} \Psi(u_i,\ u_k) = 0, & (i+k \neq 2n), \\ \Psi(u_i,\ u_{2n-i}) = (-1)^{i-1}, \end{cases}$$

et, si l'on effectue ensuite la même substitution dans les formules (14) et (15), on obtiendra, en particulier, les relations suivantes :

$$(45)\quad \begin{cases} 2u_1 u_{2n-1} - 2u_2 u_{2n-2} + \ldots + (-1)^{n-1} u_n^2 = 0, \\ 2u_1^{(i)} u_{2n-1}^{(i)} - 2u_2^{(i)} u_{2n-2}^{(i)} + \ldots + (-1)^{n-1} (u_n^{(i)})^2 = 0, \quad (i < n-1), \\ 2u_1^{(n-1)} u_{2n-1}^{(n-1)} - 2u_2^{(n-1)} u_{2n-2}^{(n-1)} + \ldots + (-1)^{n-1} (u_n^{(n-1)})^2 = \dfrac{(-1)^{n-1}}{\lambda_n}. \end{cases}$$

Il existe donc, dans tous les cas, au moins une relation homogène du second degré entre les intégrales d'un système fondamental quelconque; et cette relation ne cesse pas d'être vérifiée lorsqu'on remplace les intégrales par leurs dérivées du premier, du second ordre, et ainsi de suite jusqu'à l'ordre $n-2$. On s'assurera aisément que les formules (45) conduisent par des différentiations répétées à toutes celles que l'on pourrait déduire des systèmes (14) et (15) et contiennent, par conséquent, toutes les relations réellement distinctes entre les intégrales du système fondamental considéré et leurs dérivées.

De ce système particulier on peut évidemment passer au système le plus général par une substitution linéaire quelconque effectuée sur les intégrales u_i. Alors les relations précédentes revêtent une forme élégante et se résument dans l'énoncé suivant :

Étant données les intégrales

$$u_1,\ u_2\ \ldots,\ u_{2n-1},$$

formant un système fondamental absolument quelconque, elles vérifient nécessairement n équations de la forme

$$(46)\quad \begin{cases} \varphi(u_1,\ u_2,\ \ldots,\ u_{2n-1}) = 0, \\ \varphi(u'_1,\ u'_2,\ \ldots,\ u'_{2n-1}) = 0, \\ \ldots\ldots\ldots\ldots\ldots\ldots\ldots\ldots, \\ \varphi(u_1^{(n-2)},\ u_2^{(n-2)},\ \ldots,\ u_{2n-1}^{(n-2)}) = 0, \\ \varphi(u_1^{(n-1)},\ u_2^{(n-1)},\ \ldots,\ u_{2n-1}^{(n-1)}) = \dfrac{1}{\lambda_n}, \end{cases}$$

où φ désigne une forme quadratique à coefficients constants que l'on peut toujours réduire à une somme de n carrés positifs et de $n-1$ carrés négatifs.

De plus, les intégrales

$$v_1, \quad v_2, \quad \ldots, \quad v_{2n-1}$$

du système adjoint au précédent sont définies par les formules

$$v_i = \frac{(-1)^{n-1}}{2} \frac{\partial\varphi}{\partial u_i}. \tag{47}$$

Cette dernière relation a lieu, en effet, quand la fonction φ se réduit à la forme simple

$$\varphi = u_n^2 - 2u_{n-1}u_{n+1} + 2u_{n-2}u_{n+2} + \ldots + (-1)^{n-1}2u_1u_{2n-1},$$

et, par sa nature même, elle doit subsister lorsqu'on effectue sur les fonctions u_i une substitution linéaire; car les fonctions v_i sont alors transformées, en vertu des relations (14), par la substitution inverse.

376. Si, dans les formules (29), on remplace n par $2n-1$ en faisant $\alpha_i = \alpha_{2n-i+1}$, on aura une expression très simple des intégrales particulières avec lesquelles on peut composer la solution complète de l'équation linéaire la plus générale d'ordre $2n-1$ équivalente à son adjointe. Pour les applications que nous aurons à traiter, on peut désirer des expressions équivalentes, mais débarrassées de tout signe de quadrature. Voici comment on les obtiendra.

Le problème se résout immédiatement pour l'équation du troisième ordre équivalente à son adjointe. Cette équation est en effet de la forme

$$\frac{1}{\alpha_1}\frac{d}{dx}\frac{1}{\alpha_2}\frac{d}{dx}\frac{1}{\alpha_2}\frac{d}{dx}\frac{u}{\alpha_1} = 0,$$

et elle se ramène, par un choix convenable de la variable indépendante, à la forme réduite

$$\frac{1}{\gamma}\frac{d^3}{dx^3}\left(\frac{u}{\gamma}\right) = 0. \tag{48}$$

dont les intégrales sont

$$(49) \qquad \gamma, \quad \gamma x, \quad \frac{\gamma x^2}{2}.$$

Nous pouvons donc supposer que le problème proposé est résolu jusqu'à un ordre donné $2n-1$. Soit

$$f(u) = 0$$

l'équation la plus générale de cet ordre et soient

$$u_1, \quad u_2 \quad \ldots, \quad u_{2n-1}$$

ses $2n-1$ solutions particulières, débarrassées de tout signe de quadrature. D'après la proposition du n° 374, l'équation

$$(50) \qquad \frac{1}{\gamma}\frac{d}{dx}\left\{\frac{1}{\delta} f\left(\frac{1}{\delta}\left(\frac{u}{\gamma}\right)'\right)\right\} = 0,$$

où γ et δ désignent deux fonctions arbitraires, sera la plus générale de l'ordre $2n+1$ équivalente à son adjointe.

Pour obtenir les différentes solutions particulières de cette équation, nous la remplacerons par la suivante

$$\frac{1}{\delta} f\left(\frac{1}{\delta}\left(\frac{u}{\gamma}\right)'\right) = C,$$

où C désigne une constante arbitraire. Si l'on fait d'abord $C = 0$, on obtiendra les $2n$ solutions

$$\gamma, \quad \gamma\int u_1 \delta\, dx, \quad \ldots, \quad \gamma\int u_{2n-1}\delta\, dx.$$

Si l'on attribue ensuite à C la valeur 1, il faudra déterminer une solution de l'équation

$$f\left(\frac{1}{\delta}\left(\frac{u}{\gamma}\right)'\right) = \delta.$$

On y parvient en mettant la fonction δ sous la forme suivante :

$$\delta = f(\beta),$$

β désignant une nouvelle fonction arbitraire. On pourra prendre alors

$$\frac{1}{\delta}\left(\frac{u}{\gamma}\right)' = \beta,$$

ou

$$u = \gamma \int \beta f(\beta)\, dx.$$

En résumé, nous obtenons les $2n+1$ solutions

$$\gamma, \quad \gamma \int u_i f(\beta)\, dx, \quad \gamma \int \beta f(\beta)\, dx,$$

qui forment, on s'en assure aisément, un système fondamental toutes les fois que $f(\beta)$ n'est pas nul. Il est vrai que ces solutions nouvelles contiennent des signes de quadrature; mais on les fera disparaître en s'appuyant sur les identités fondamentales (36) et (37), qui donnent ici

$$\int u_i f(\beta)\, dx = \Psi(u_i, \beta), \qquad \int \beta f(\beta)\, dx = \frac{1}{2}\Psi(\beta, \beta).$$

On peut donc représenter le système des solutions cherchées par les formules suivantes :

$$(51) \qquad \begin{cases} U_1 = \gamma, \\ U_{i+1} = \gamma\, \Psi(u_i, \beta), \qquad (i = 1, 2, \ldots, 2n-1), \end{cases}$$

$$(52) \qquad U_{2n+1} = \frac{1}{2}\gamma\, \Psi(\beta, \beta),$$

qui ne contiennent plus aucun signe de quadrature. Le premier membre de l'équation correspondante est alors

$$(53) \qquad f_0(u) = \frac{1}{\gamma}\frac{d}{dx}\left\{\frac{1}{f(\beta)} f\left(\frac{1}{f(\beta)}\left(\frac{u}{\gamma}\right)'\right)\right\},$$

et la nouvelle valeur de $\Psi(u, v)$ relative à cette équation sera

$$(54) \quad \Psi_0(u,v) = \frac{v}{\gamma f(\beta)} f\left(\frac{1}{f(\beta)}\left(\frac{u}{\gamma}\right)'\right) + \frac{u}{\gamma f(\beta)} f\left(\frac{1}{f(\beta)}\left(\frac{v}{\gamma}\right)'\right) - \Psi\left(\frac{1}{f(\beta)}\left(\frac{u}{\gamma}\right)', \frac{1}{f(\beta)}\left(\frac{v}{\gamma}\right)'\right).$$

On vérifiera sans difficulté que, si les solutions u_i sont celles que nous avons définies au n° 375 et qui sont caractérisées par les relations

$$\Psi(u_i, u_k) = 0, \qquad (i + k \neq 2n),$$
$$\Psi(u_i, u_{2n-i}) = (-1)^{i-1}$$

les nouvelles solutions U_i définies par les formules (51) vérifieront les relations analogues

$$\Psi_0(U_i, U_{2n+2-i}) = (-1)^{i-1},$$
$$\Psi_0(U_i, U_k) = 0, \qquad (i+k \neq 2n+2);$$

et la relation quadratique entre les intégrales U aura, ici encore, la forme simple

$$U_{n+1}^2 - 2U_n U_{n+2} + \ldots + 2(-1)^n U_1 U_{2n+1} = 0.$$

Appliquons la méthode précédente à la formation des solutions particulières de l'équation du cinquième ordre ; en prenant comme point de départ les valeurs

$$\gamma, \quad \gamma x, \quad \gamma \frac{x^2}{2},$$

données plus haut pour les solutions particulières de l'équation du troisième ordre, on obtiendra le résultat suivant :

$$(55) \quad \begin{cases} U_2 = \gamma \dfrac{d^2\beta}{dx^2}, & U_1 = \gamma, \\ U_3 = \gamma\left(x \dfrac{d^2\beta}{dx^2} - \dfrac{d\beta}{dx}\right), & U_5 = \gamma\left(\beta \dfrac{d^2\beta}{dx^2} - \dfrac{1}{2}\dfrac{d\beta^2}{dx^2}\right). \\ U_4 = \gamma\left(\dfrac{x^2}{2}\dfrac{d^2\beta}{dx^2} - x\dfrac{d\beta}{dx} + \beta\right), & \end{cases}$$

On vérifiera aisément la relation

$$U_3^2 - 2U_2 U_4 + 2U_1 U_5 = 0,$$

qui a lieu identiquement entre les intégrales et subsiste quand on les remplace par leurs dérivées premières.

377. Dans les Mémoires que nous avons cités, M. Bertrand et Otto Hesse ont montré, d'après Jacobi, que toute équation linéaire d'ordre pair équivalente à son adjointe peut être écrite de la manière suivante :

$$\frac{d^n}{dx^n} A_n u^n + \frac{d^{n-1}}{dx^{n-1}} A_{n-1} u^{(n-1)} + \ldots + A_0 u = 0.$$

La forme analogue relative aux équations d'ordre impair est la suivante :

$$\frac{d^n}{dx^n}\mathrm{A}_n u^{(n-1)} + \frac{d^{n-1}}{dx^{n-1}}\mathrm{A}_n u^{(n)}$$
$$+ \frac{d^{n-1}}{dx^{n-1}}\mathrm{A}_{n-1} u^{(n-2)} + \frac{d^{n-2}}{dx^{n-2}}\mathrm{A}_{n-1} u^{(n-1)} + \ldots + \frac{d}{dx}\mathrm{A}_1 u + \mathrm{A}_1 u' = 0.$$

Nous nous contenterons de la signaler, en laissant au lecteur le soin de la démontrer. D'autres propositions permettent encore de former des polynômes égaux, au signe près, à leur adjoint. Par exemple, il résulte du mode de formation même des polynômes adjoints que, si deux polynômes $f(u)$, $f_1(u)$ ont respectivement pour adjoints les polynômes $g(u)$, $g_1(u)$, la combinaison linéaire $af + bf_1$, où a et b désignent des constantes, aura pour adjointe $ag + bg_1$. Il suit de là, en particulier, que le polynôme $af(u) + bg(u)$ a pour adjoint $ag(u) + bf(u)$ et que les deux fonctions

$$f(u) + g(u), \quad f(u) - g(u)$$

sont l'une égale, l'autre égale et de signe contraire à son adjointe.

On peut indiquer encore les propositions suivantes :

Reprenons l'équation du n° 368

$$\int [v f(u) - u g(v)]\, dx = \Psi(u, v), \tag{56}$$

et soient $f_1(u)$, $g_1(u)$ deux nouveaux polynômes linéaires, adjoints l'un à l'autre. Si, dans l'identité précédente, on remplace u par $g_1(u)$, elle prend la forme

$$\int \{ v f(g_1(u)) - g_1(u) g(v) \}\, dx = \Psi(g_1(u), v).$$

Échangeons dans cette identité f et f_1, g et g_1, u et v; ce qui est évidemment permis. Nous aurons

$$\int \{ u f_1(g(v)) - g(v) g_1(u) \}\, dx = \Psi_0(g(v), u).$$

En retranchant membre à membre les deux égalités que nous venons d'établir, nous trouvons

$$\int \{ u f_1(g(v)) - v f(g_1(u)) \}\, dx = \Psi_0 - \Psi.$$

D'après la proposition du n° 369, nous pouvons conclure immédiatement que $f_1(g(u))$ est l'adjoint de $f(g_1(u))$.

En remplaçant dans l'identité (56) u par $\frac{d g_1(u)}{dx}$, on verrait de même que les deux polynômes

$$f\left(\frac{d g_1(u)}{dx}\right), \quad -f_1\left(\frac{d g(u)}{dx}\right)$$

sont adjoints l'un à l'autre. Supposons maintenant que f_1 soit identique à f et, par suite, g_1 à g ; nous obtiendrons la proposition suivante :

Étant donnés deux polynômes linéaires $f(u)$, $g(u)$ adjoints l'un à l'autre, la fonction

$$f(g(u))$$

sera identique à son adjointe, et la fonction

$$f\left(\frac{d g(u)}{dx}\right)$$

sera égale et de signe contraire à son adjointe.

L'application de la formule (42) nous permet d'ailleurs de montrer que toute fonction égale et de signe contraire à son adjointe peut se mettre, et d'une infinité de manières, sous la forme que nous venons d'indiquer; car, si l'on pose

$$\theta(u) = \frac{1}{\alpha_1}\frac{d}{dx}\frac{1}{\alpha_2}\frac{d}{dx}\cdots\frac{1}{\alpha_{n-1}}\frac{d}{dx}\left(\frac{u}{\alpha_n}\right),$$

le polynôme $\sigma(u)$ adjoint à $\theta(u)$ sera égal (n° 372) à

$$\sigma(u) = (-1)^n \frac{1}{\alpha_n}\frac{d}{dx}\frac{1}{\alpha_{n-1}}\cdots\frac{d}{dx}\left(\frac{u}{\alpha_1}\right),$$

et la formule (42) pourra s'écrire

$$f(u) = (-1)^n \theta\left(\frac{d\sigma(u)}{dx}\right).$$

CHAPITRE VI.

COMPLÉMENTS ET SOLUTIONS NOUVELLES DES PROBLÈMES RÉSOLUS AU CHAPITRE II.

Étude nouvelle du cas où la suite de Laplace se termine dans un sens. — Calcul direct des invariants pour les différentes équations de la suite. — Expression précise de la solution générale pour chacune de ces équations. — Relations entre les intégrales générales de deux et de trois équations consécutives de la suite. — Intégrale générale de l'équation adjointe. — Application au cas où la suite de Laplace doit se terminer dans les deux sens; nouvelle solution du problème résolu au Chapitre II. — Relations entre l'équation proposée et son adjointe. — Indication de trois formes différentes sous lesquelles on peut mettre l'intégrale générale de l'équation aux dérivées partielles.

378. Dans le Chapitre précédent, nous avons étudié d'une manière détaillée les relations qui existent entre une équation linéaire et son adjointe, pour le cas d'une seule variable indépendante. Nous avons vu qu'à tout système fondamental de solutions particulières de l'équation proposée on peut faire correspondre un système analogue de solutions particulières de l'équation adjointe, que nous avons nommé le système *adjoint* au premier. La notion des systèmes adjoints et les propriétés que nous y avons rattachées vont nous permettre de compléter les solutions que nous avons données au Chapitre II et les propositions que nous avons développées à la fin du Chapitre IV.

Nous traiterons d'abord le cas où la suite de Laplace relative à une équation (E) se termine dans un sens, par exemple à l'équation d'indice positif (E_i). Nous avons vu (n° 337) que cette équation peut se ramener à la forme

$$(1)\qquad \frac{\partial^2 \theta}{\partial x\, \partial y} - \frac{\partial \log \alpha}{\partial x}\frac{\partial \theta}{\partial y} = 0,$$

et son intégrale générale sera

$$0 = X + \int Y \alpha \, dy, \tag{2}$$

X et Y désignant les deux fonctions arbitraires. Si l'on conserve, pour les invariants, les notations du n° 331, on aura ici

$$h_i = 0, \qquad h_{i-1} = -\frac{\partial^2 \log \alpha}{\partial x \, \partial y}. \tag{3}$$

La formule de récurrence

$$h_{p+1} - 2h_p + h_{p-1} = -\frac{\partial^2 \log h_p}{\partial x \, \partial y} \tag{4}$$

permettra ensuite de calculer successivement les invariants des équations (E_{i-1}), (E_{i-2}), ... On aura, par exemple,

$$h_{i-2} = 2h_{i-1} - \frac{\partial^2 \log h_{i-1}}{\partial x \, \partial y} = -\frac{\partial^2}{\partial x \, \partial y} \log\left(\alpha \frac{\partial^2 \alpha}{\partial x \, \partial y} - \frac{\partial \alpha}{\partial x}\frac{\partial \alpha}{\partial y}\right). \tag{5}$$

Mais nous allons voir que l'on peut obtenir directement l'expression de l'un quelconque de ces invariants.

Introduisons, en effet, les quantités H_k définies par les formules suivantes :

$$\left\{\begin{aligned} & H_0 = \alpha, \\ & H_1 = \begin{vmatrix} \alpha & \frac{\partial \alpha}{\partial x} \\ \frac{\partial \alpha}{\partial y} & \frac{\partial^2 \alpha}{\partial x \, \partial y} \end{vmatrix}, \\ & \dots\dots\dots\dots\dots\dots\dots, \\ & H_p = \begin{vmatrix} \alpha & \frac{\partial \alpha}{\partial x} & \frac{\partial^2 \alpha}{\partial x^2} & \dots & \frac{\partial^p \alpha}{\partial x^p} \\ \frac{\partial \alpha}{\partial y} & \frac{\partial^2 \alpha}{\partial x \, \partial y} & \dots & \dots & \frac{\partial^{p+1} \alpha}{\partial x^p \, \partial y} \\ \dots & \dots\dots & \dots & \dots & \dots\dots \\ \frac{\partial^p \alpha}{\partial y^p} & \dots\dots & \dots & \dots & \frac{\partial^{2p} \alpha}{\partial x^p \, \partial y^p} \end{vmatrix}. \end{aligned}\right. \tag{6}$$

Si l'on convient de désigner par la notation

$$D_t(\alpha_1, \alpha_2, \dots, \alpha_k)$$

le déterminant formé avec k fonctions $\alpha_1, \dots, \alpha_k$ de t et leurs dérivées par rapport à t jusqu'à l'ordre $k-1$, on voit que l'on pourra écrire

$$(7)\quad \begin{cases} H_p = D_x\left(z, \dfrac{\partial z}{\partial y}, \dfrac{\partial^2 z}{\partial y^2}, \dots, \dfrac{\partial^p z}{\partial y^p}\right) \\ \quad\;\; = D_y\left(z, \dfrac{\partial z}{\partial x}, \dfrac{\partial^2 z}{\partial x^2}, \dots, \dfrac{\partial^p z}{\partial x^p}\right). \end{cases}$$

Cela posé, nous allons établir que l'on a, pour toutes les valeurs de p,

$$(8)\qquad h_{i-p} = -\frac{\partial^2 \log H_{p-1}}{\partial x\, \partial y}.$$

Cette relation se vérifie pour les deux premiers invariants h_{i-1} et h_{i-2}, dont nous avons déjà donné l'expression. Pour établir qu'elle est générale, il suffira donc de montrer que les valeurs ainsi définies des invariants satisfont à la relation de récurrence (4), c'est-à-dire que l'on a

$$(9)\qquad \frac{\partial^2}{\partial x\, \partial y}\log(H_{p-1}H_{p+1}) = \frac{\partial^2}{\partial x\, \partial y}\log\left(H_p\frac{\partial^2 H_p}{\partial x\, \partial y} - \frac{\partial H_p}{\partial x}\frac{\partial H_p}{\partial y}\right).$$

Or, si l'on considère le déterminant H_{p+1} et si l'on désigne, pour un instant, par $a_{p,p}$, $a_{p,p+1}$, $a_{p+1,p}$, $a_{p+1,p+1}$ les éléments qui appartiennent aux deux dernières lignes et aux deux dernières colonnes, une formule très importante, mais bien connue, de la théorie des déterminants nous donne la relation

$$H_{p+1}\frac{\partial^2 H_{p+1}}{\partial a_{p,p}\,\partial a_{p+1,p+1}} = \frac{\partial H_{p+1}}{\partial a_{p,p}}\frac{\partial H_{p+1}}{\partial a_{p+1,p+1}} - \frac{\partial H_{p+1}}{\partial a_{p,p+1}}\frac{\partial H_{p+1}}{\partial a_{p+1,p}}.$$

La dérivée seconde qui entre dans le premier membre est évidemment H_{p-1}. Quant aux quatre dérivées premières qui figurent dans le second membre, on reconnaît aisément qu'elles ont respectivement pour valeurs

$$\frac{\partial^2 H_p}{\partial x\, \partial y},\quad H_p,\quad -\frac{\partial H_p}{\partial y},\quad -\frac{\partial H_p}{\partial x}.$$

On est donc conduit à l'identité

$$(10)\qquad H_{p-1}H_{p+1} = H_p\frac{\partial^2 H_p}{\partial x\, \partial y} - \frac{\partial H_p}{\partial x}\frac{\partial H_p}{\partial y},$$

d'où découle la relation (9) que nous voulions vérifier.

379. Une fois connue l'expression des invariants, on pourra obtenir l'intégrale générale; il suffira d'appliquer la formule (40) donnée au n° 336 [p. 38]. Mais on parvient à un résultat plus élégant par la méthode synthétique suivante, à laquelle nous avons été conduit par induction.

θ étant la fonction déterminée par la formule (2), introduisons la quantité suivante :

$$\theta_p = \mathrm{D}_x\left(\theta,\ \alpha,\ \frac{\partial\alpha}{\partial y},\ \frac{\partial^2\alpha}{\partial y^2},\ \ldots,\ \frac{\partial^{p-1}\alpha}{\partial y^{p-1}}\right), \tag{11}$$

D_x étant le symbole déjà défini par la formule (7); θ_p est un déterminant d'ordre $p+1$. Nous allons voir que les valeurs de θ_p correspondantes aux valeurs 0, 1, 2, ... de p sont les solutions générales des différentes équations de la suite de Laplace; θ_p sera la solution générale de l'équation (E_{i-p}). Pour établir ce résultat, il suffira, évidemment, de montrer que θ_p satisfait, quelles que soient les fonctions arbitraires X et Y qui figurent dans l'expression de θ, à une équation qui admet les invariants de (E_{i-p}). Or, si l'on met θ_p sous forme de déterminant et si l'on désigne par $a_{m,n}$ l'élément de ce déterminant qui appartient à la ligne m et à la colonne n, une formule déjà rappelée nous donnera les identités

$$\frac{\partial\theta_p}{\partial a_{p+1,p+1}}\frac{\partial\theta_p}{\partial a_{p,p}} - \frac{\partial\theta_p}{\partial a_{p,p+1}}\frac{\partial\theta_p}{\partial a_{p+1,p}} = \theta_p\frac{\partial^2\theta_p}{\partial a_{p,p}\,\partial a_{p+1,p+1}},$$

$$\frac{\partial\theta_p}{\partial a_{p+1,p+1}}\frac{\partial\theta_p}{\partial a_{1,p}} - \frac{\partial\theta_p}{\partial a_{p+1,p}}\frac{\partial\theta_p}{\partial a_{1,p+1}} = \theta_p\frac{\partial^2\theta_p}{\partial a_{p+1,p+1}\,\partial a_{1,p}},$$

$$\frac{\partial\theta_p}{\partial a_{p,p}}\frac{\partial\theta_p}{\partial a_{1,p+1}} - \frac{\partial\theta_p}{\partial a_{p,p+1}}\frac{\partial\theta_p}{\partial a_{1,p}} = \theta_p\frac{\partial^2\theta_p}{\partial a_{p,p}\,\partial a_{1,p+1}}.$$

Pour éviter toute confusion, écrivons le déterminant comme il suit

$$\begin{vmatrix}
\theta & \dfrac{\partial\theta}{\partial x} & \cdots & \dfrac{\partial^p\theta}{\partial x^p} \\
\alpha & \dfrac{\partial\alpha}{\partial x} & \cdots & \dfrac{\partial^p\alpha}{\partial x^p} \\
\dfrac{\partial\alpha}{\partial y} & \dfrac{\partial^2\alpha}{\partial x\,\partial y} & \cdots & \dfrac{\partial^{p+1}\alpha}{\partial x^p\,\partial y} \\
\cdots & \cdots\cdots & \cdots & \cdots\cdots \\
\dfrac{\partial^{p-1}\alpha}{\partial y^{p-1}} & \dfrac{\partial^p\alpha}{\partial x\,\partial y^{p-1}} & \cdots & \dfrac{\partial^{2p-1}\alpha}{\partial x^p\,\partial y^{p-1}}
\end{vmatrix}$$

Si l'on remarque que *les dérivées par rapport à y des éléments de la première ligne sont proportionnelles aux éléments correspondants de la seconde ligne,* on calculera sans aucune difficulté les valeurs suivantes des mineurs qui figurent dans les identités précédentes

$$\frac{\partial \theta_p}{\partial a_{p+1,p+1}} = \theta_{p-1}, \qquad \frac{\partial \theta_p}{\partial a_{p,p}} = \frac{\partial^2 \theta_{p-1}}{\partial x\, \partial y},$$

$$\frac{\partial \theta_p}{\partial a_{p,p+1}} = -\frac{\partial \theta_{p-1}}{\partial y}, \qquad \frac{\partial \theta_p}{\partial a_{p+1,p}} = -\frac{\partial \theta_{p-1}}{\partial x},$$

$$\frac{\partial \theta_p}{\partial a_{1,p+1}} = (-1)^p \mathrm{H}_{p-1}, \qquad \frac{\partial^2 \theta_p}{\partial a_{p,p}\, \partial a_{p+1,p+1}} = \theta_{p-2},$$

$$\frac{\partial \theta_p}{\partial a_{1,p}} = (-1)^{p-1} \frac{\partial \mathrm{H}_{p-1}}{\partial x}, \qquad \frac{\partial^2 \theta_p}{\partial a_{1,p}\, \partial a_{p+1,p+1}} = (-1)^{p-1} \mathrm{H}_{p-2},$$

$$\frac{\partial^2 \theta_p}{\partial a_{p,p}\, \partial a_{1,p+1}} = (-1)^{p-1} \frac{\partial \mathrm{H}_{p-2}}{\partial y}.$$

La substitution de ces différentes valeurs nous donnera les trois relations suivantes :

$$(12) \quad \left\{ \begin{aligned} &\theta_{p-1} \frac{\partial^2 \theta_{p-1}}{\partial x\, \partial y} - \frac{\partial \theta_{p-1}}{\partial x} \frac{\partial \theta_{p-1}}{\partial y} = \theta_p \theta_{p-2}, \\ &\theta_{p-1} \frac{\partial \mathrm{H}_{p-1}}{\partial x} - \frac{\partial \theta_{p-1}}{\partial x} \mathrm{H}_{p-1} = \theta_p \mathrm{H}_{p-2}, \\ &\mathrm{H}_{p-1} \frac{\partial^2 \theta_{p-1}}{\partial x\, \partial y} - \frac{\partial \mathrm{H}_{p-1}}{\partial x} \frac{\partial \theta_{p-1}}{\partial y} = -\theta_p \frac{\partial \mathrm{H}_{p-2}}{\partial y}. \end{aligned} \right.$$

Si l'on élimine θ_p entre les deux dernières, on sera conduit à l'équation aux dérivées partielles

$$(13) \quad \left\{ \begin{aligned} &\frac{\partial^2 \theta_{p-1}}{\partial x\, \partial y} - \frac{\partial \log \mathrm{H}_{p-2}}{\partial y} \frac{\partial \theta_{p-1}}{\partial x} \\ &\qquad - \frac{\partial \log \mathrm{H}_{p-1}}{\partial x} \frac{\partial \theta_{p-1}}{\partial y} + \frac{\partial \log \mathrm{H}_{p-2}}{\partial y} \frac{\partial \log \mathrm{H}_{p-1}}{\partial x} \theta_{p-1} = 0, \end{aligned} \right.$$

dont θ_{p-1}, qui contient les deux fonctions arbitraires X et Y, sera évidemment l'intégrale générale. Les invariants h et k de cette équation ont pour valeurs

$$-\frac{\partial^2 \log \mathrm{H}_{p-2}}{\partial x\, \partial y}, \quad -\frac{\partial^2 \log \mathrm{H}_{p-1}}{\partial x\, \partial y};$$

ce sont précisément les invariants de l'équation (E_{i-p+1}).

380. Le problème que nous nous étions proposé est ainsi complètement résolu. Nous savons, en effet, former toutes les équations qui composent la suite de Laplace : l'équation (E_{i-p}) est donnée par la formule

$$(E_{i-p}) \quad \frac{\partial^2 z}{\partial x \partial y} - \frac{\partial \log H_{p-1}}{\partial y}\frac{\partial z}{\partial x} - \frac{\partial \log H_p}{\partial x}\frac{\partial z}{\partial y} + \frac{\partial \log H_p}{\partial x}\frac{\partial \log H_{p-1}}{\partial y} z = 0,$$

et elle se présente précisément sous la forme réduite que nous avons signalée au n° 328 [p. 26]. Nous connaissons de plus son intégrale générale, qui est

$$(14) \qquad z = \theta_p = D_x\left(\theta, \alpha, \frac{\partial \alpha}{\partial y}, \ldots, \frac{\partial^{p-1}\alpha}{\partial y^{p-1}}\right).$$

Enfin les identités (12) établissent des relations précises entre les intégrales générales de deux ou de trois équations consécutives. On peut, en les combinant et en éliminant θ_{p-1}, $\frac{\partial^2 \theta_{p-1}}{\partial x \partial y}$, en déduire la relation nouvelle

$$\frac{\partial H_{p-2}}{\partial y}\theta_{p-1} - H_{p-2}\frac{\partial \theta_{p-1}}{\partial y} = H_{p-1}\theta_{p-2}.$$

Si l'on joint cette équation à la seconde des identités (12), on obtient les relations

$$(15) \qquad \begin{cases} \dfrac{\partial H_{p-2}}{\partial y}\theta_{p-1} - H_{p-2}\dfrac{\partial \theta_{p-1}}{\partial y} = H_{p-1}\theta_{p-2}, \\ \dfrac{\partial H_{p-1}}{\partial x}\theta_{p-1} - H_{p-1}\dfrac{\partial \theta_{p-1}}{\partial x} = H_{p-2}\theta_p, \end{cases}$$

qui représentent ici les deux formules du n° 330 par lesquelles on passe d'une équation de la suite aux deux équations voisines et qui, à elles seules, suffiraient à établir que θ_p est bien l'intégrale générale de l'équation (E_{i-p}). Remarquons encore que la première des identités (12) établit une curieuse relation entre les intégrales générales de trois équations consécutives de la suite. On peut la généraliser et l'étendre au cas où la suite de Laplace est illimitée dans les deux sens, mais nous laisserons ce point à l'examen du lecteur.

381. L'étude de la suite de Laplace relative à l'équation (E'), adjointe de (E), ne présente plus aucune difficulté. Nous savons

(n° 365) que cette suite se termine à l'équation d'indice négatif (E'_{-i}).

L'invariant k de cette équation est égal à l'invariant h de (E_i), c'est-à-dire à

$$-\frac{\partial^2 \log \alpha}{\partial x\, \partial y}.$$

Il suffira maintenant de répéter, en partant de (E'_{-i}), les opérations que nous avons faites en prenant comme point de départ l'équation (E_i), c'est-à-dire, en définitive, d'échanger partout x et y en conservant la valeur de α; si donc on pose

$$\sigma = Y + \int \alpha X\, dx, \tag{16}$$

σ sera l'intégrale générale de (E'_{-i}) et la fonction

$$\sigma_p = D_y\left(\sigma, \alpha, \frac{\partial \alpha}{\partial x}, \ldots, \frac{\partial^{p-1} \alpha}{\partial x^{p-1}}\right) \tag{17}$$

satisfera à l'équation

$$(E'_{-i+p})\quad \frac{\partial^2 z}{\partial x\, \partial y} - \frac{\partial \log H_p}{\partial y}\frac{\partial z}{\partial x} - \frac{\partial \log H_{p-1}}{\partial x}\frac{\partial z}{\partial y} + \frac{\partial \log H_{p-1}}{\partial x}\frac{\partial \log H_p}{\partial y} z = 0,$$

qui a les mêmes invariants, à l'ordre près, que (E_{i-p}) et qui est, par suite, équivalente à l'adjointe de cette équation. Pour avoir *exactement* l'adjointe de (E_{i-p}), il suffira de faire la substitution

$$z \mid z H_p H_{p-1},$$

en sorte que cette adjointe aura pour intégrale générale

$$\frac{\sigma_p}{H_p H_{p-1}}. \tag{18}$$

382. Examinons maintenant le cas où la suite de Laplace se termine dans les deux sens, par exemple aux équations (E_i), (E_{-j}). On peut, en s'appuyant sur les résultats précédents, retrouver la solution déjà donnée au Chapitre II. Posons, en effet,

$$i + j = m - 1;$$

les invariants de l'équation (E_{-j}) sont, d'après la formule (8),

$$-\frac{\partial^2 \log H_{m-1}}{\partial x\, \partial y}, \quad -\frac{\partial^2 \log H_{m-2}}{\partial x\, \partial y}.$$

Pour que la suite se termine à cette équation, il faudra donc que l'on ait

$$\frac{\partial^2 \log H_{m-1}}{\partial x \, \partial y} = 0.$$

Si l'on tient compte de l'identité déjà démontrée (10)

$$H_m H_{m-2} = H_{m-1}^2 \frac{\partial^2 \log H_{m-1}}{\partial x \, \partial y},$$

on voit que l'on devra avoir

$$H_m = D_x\left(\alpha, \frac{\partial \alpha}{\partial y}, \ldots, \frac{\partial^m \alpha}{\partial y^m}\right) = 0,$$

sans qu'aucune des quantités antérieures H_{m-1}, H_{m-2}, ... soit nulle.

L'équation précédente s'intègre immédiatement : elle exprime qu'il y a entre les fonction α, $\frac{\partial \alpha}{\partial y}$, ... une relation linéaire

(19) $$\nu \alpha + \nu_1 \frac{\partial \alpha}{\partial y} + \ldots + \nu_m \frac{\partial^m \alpha}{\partial y^m} = 0,$$

dont les coefficients sont indépendants de x et sont, par suite, de simples fonctions de y. Cette relation peut être considérée comme une équation linéaire à laquelle doit satisfaire α et dont l'intégrale générale est, évidemment,

$$\alpha = x_1 \eta_1 + x_2 \eta_2 + \ldots + x_m \eta_m,$$

$\eta_1, \eta_2, \ldots, \eta_m$ désignant m solutions particulières, linéairement indépendantes et fonctions de y seulement; et $x_1, \ldots, x_m$ des fonctions quelconques de x. Ces fonctions devront être aussi linéairement indépendantes; sans cela un des déterminants H_{m-p} antérieurs à H_m serait nul.

Reprenons maintenant la valeur déjà donnée de θ

$$\theta = X + \int Y \alpha \, dy;$$

nous allons montrer qu'on peut la débarrasser de tout signe de quadrature. Soit, en effet,

(20) $$\varphi(\theta) = \mu_m \theta^{(m)} + \mu_{m-1} \theta^{(m-1)} + \ldots + \mu \theta = 0$$

l'équation linéaire dont les coefficients sont fonctions de y et qui est adjointe à l'équation (19). Si, dans l'expression de θ, on remplace Y par $-\varphi(Y)$, on a

$$\theta = X - \sum_{h=1}^{h=m} x_h \int \varphi(Y) \eta_{1h}\, dy.$$

Or, les η_1 étant les solutions de l'adjointe à l'équation (20), toutes les quadratures qui figurent dans cette formule peuvent être effectuées; et, si l'on pose

$$\int \varphi(Y) \eta_{1h}\, dy = \chi(Y, \eta_{1h}),$$

χ étant la fonction bilinéaire définie au n° 368, on aura

$$(21) \qquad \theta = X - \sum_{h=1}^{h=m} x_h \chi(Y, \eta_{1h}).$$

Introduisons maintenant le système

$$y_1, y_2, \ldots, y_m$$

de solutions de l'équation (20) qui admet pour adjoint le système

$$\eta_{11}, \eta_{12}, \ldots, \eta_{1m}.$$

On aura, nous l'avons vu au n° 370,

$$\chi(y_h, \eta_{1h}) = 1, \qquad \chi(y_h, \eta_{1h'}) = 0.$$

Si l'on fait $Y = y_h$, l'expression de θ deviendra donc

$$\theta = X - x_h;$$

et θ s'annulera pour $X = x_h$, $Y = y_h$; c'est le résultat qui nous a servi de point de départ et qui permettra de retrouver la solution donnée au n° 340.

Supposons maintenant qu'au lieu de considérer la suite de Laplace comme commençant à (E_i), on adopte comme point de départ l'équation (E_{-j}) : on obtiendra évidemment des résultats analogues, que l'on déduira des précédents par l'échange de x et de y, de i et de j. A l'équation (20) correspondra la suivante :

$$(22) \qquad f(\omega) = \lambda_m \omega^{(m)} + \lambda_{m-1} \omega^{(m-1)} + \ldots + \lambda \omega = 0,$$

à laquelle satisferont les fonctions x_i. Soient

$$\xi_1, \xi_2, \ldots, \xi_m$$

les solutions adjointes à $x_1, x_2, \ldots, x_m$. A α correspondra la fonction

$$(23) \qquad \beta = y_1\xi_1 + y_2\xi_2 + \ldots + y_m\xi_m,$$

et l'invariant h_{-j} de (E_{-j}) aura la valeur suivante

$$h_{-j} = -\frac{\partial^2 \log\beta}{\partial x\,\partial y},$$

toute semblable à l'expression (3) déjà donnée pour h_{i-1}. A la fonction θ, il faudra substituer la suivante

$$(24) \qquad \sigma = Y - \sum_{h=1}^{h=m} y_h \int \xi_h f(X)\,dx,$$

et, si l'on pose

$$(25) \qquad \int \xi_h f(X)\,dx = \Psi(X, \xi_h),$$

on reconnaîtra que σ s'annule, comme θ, pour $X = x_h$, $Y = y_h$.

383. Ces remarques étant admises, formons la suite de Laplace relative à l'équation adjointe (E'). Nous savons (n° 365) qu'elle se terminera aux équations (E'_j), (E'_{-i}); et l'invariant k de (E'_j) sera égal à l'invariant h de (E_{-j}), c'est-à-dire à

$$-\frac{\partial^2 \log\beta}{\partial x\,\partial y}.$$

Si donc on compare à la première suite, on voit que l'on obtiendra tout ce qui se rapporte à l'équation adjointe en échangeant i et j, α et β, c'est-à-dire en remplaçant les fonctions x_p, y_p par leurs adjointes ξ_p, η_p. Ainsi :

Pour passer de l'équation proposée (E) *à son adjointe* (E'), *il faudra échanger i et j et remplacer les couples* (x_p, y_p) *par les couples adjoints* (ξ_p, η_p).

L'intégrale de l'équation (E') sera donc de la forme

$$(26) \qquad N \begin{vmatrix} X & X' & \ldots & X^{(j)} & Y & Y' & \ldots & Y^{(i)} \\ \xi_1 & \xi'_1 & \ldots & \xi_1^{(j)} & \eta_1 & \eta'_1 & \ldots & \eta_1^{(i)} \\ \ldots & \ldots & \ldots & \ldots & \ldots & \ldots & \ldots & \ldots \\ \xi_m & \xi'_m & \ldots & \xi_m^{(j)} & \eta_m & \eta'_m & \ldots & \eta_m^{(i)} \end{vmatrix},$$

N étant un facteur que l'on saura déterminer.

384. Mais on peut obtenir une solution plus précise en faisant usage des résultats que nous avons donnés plus haut pour le cas où la suite de Laplace se termine dans un sens. Si nous considérons cette suite comme se terminant à l'équation (E_i), il faudra prendre pour α la valeur déjà donnée

$$\alpha = x_1 \eta_{i1} + \ldots + x_m \eta_{im},$$

et les invariants de (E) seront

$$(27) \qquad -\frac{\partial^2 \log H_{i-1}}{\partial x\, \partial y}, \quad -\frac{\partial^2 \log H_i}{\partial x\, \partial y}.$$

Si, au contraire, nous considérons la suite comme se terminant à l'équation (E_{-j}), on aura

$$\beta = y_1 \xi_1 + y_2 \xi_2 + \ldots + y_m \xi_m,$$

et, si l'on pose

$$(28) \qquad K_0 = \beta, \quad \ldots, \quad K_p = D_x\left(\beta, \frac{\partial \beta}{\partial y}, \ldots, \frac{\partial^p \beta}{\partial y^p}\right),$$

les invariants de (E) seront de même

$$(29) \qquad -\frac{\partial^2 \log K_j}{\partial x\, \partial y}, \quad -\frac{\partial^2 \log K_{j-1}}{\partial x\, \partial y}.$$

Nous allons vérifier d'abord que ces expressions différentes (27) et (29) donnent les mêmes valeurs pour les deux invariants.

D'après le théorème de Cauchy et de Binet relatif à la multiplication des systèmes linéaires, la fonction H_i sera le produit des deux systèmes rectangulaires

$$\begin{vmatrix} x_1 & x_2 & \ldots & x_m \\ x'_1 & x'_2 & \ldots & x'_m \\ \ldots & \ldots & \ldots & \ldots \\ x^i_1 & x^i_2 & \ldots & x^i_m \end{vmatrix}, \qquad \begin{vmatrix} \eta_{i1} & \eta_{i2} & \ldots & \eta_{im} \\ \eta'_{i1} & \eta'_{i2} & \ldots & \eta'_{im} \\ \ldots & \ldots & \ldots & \ldots \\ \eta^{(i)}_{i1} & \eta^{(i)}_{i2} & \ldots & \eta^{(i)}_{im} \end{vmatrix};$$

c'est-à-dire qu'elle sera la somme des produits de tous les déterminants formés avec $i+1$ colonnes du premier système et avec les colonnes de même rang du second. De même, la fonction K_{j-1} sera le produit des deux systèmes rectangulaires

$$\begin{vmatrix} \xi_1 & \xi_2 & \ldots & \xi_m \\ \xi'_1 & \xi'_2 & \ldots & \xi'_m \\ \ldots & \ldots & \ldots & \ldots \\ \xi^{(j-1)}_1 & \xi^{(j-1)}_2 & \ldots & \xi^{(j-1)}_m \end{vmatrix}, \qquad \begin{vmatrix} y_1 & y_2 & \ldots & y_m \\ y'_1 & y'_2 & \ldots & y'_m \\ \ldots & \ldots & \ldots & \ldots \\ y^{(j-1)}_1 & y^{(j-1)}_2 & \ldots & y^{(j-1)}_m \end{vmatrix}.$$

Or, d'après les formules (19) et (20) du Chapitre précédent, à chacun des produits de la première somme correspond un produit de la seconde qui est au premier dans le rapport de $\mu_m^{i+1}\Delta'$ à $(-1)^{(i+1)j}\lambda_m^j\Delta$, Δ et Δ' étant les déterminants formés respectivement avec les dérivées des fonctions x_i et des fonctions y_i jusqu'à l'ordre $m-1$. On aura donc

$$\frac{H_i}{\lambda_m^j\Delta} = (-1)^{(i+1)j}\frac{K_{j-1}}{\mu_m^{i+1}\Delta'} \tag{30}$$

et, par suite,

$$\frac{\partial^2 \log H_i}{\partial x\, \partial y} = \frac{\partial^2 \log K_{j-1}}{\partial x\, \partial y}.$$

On trouvera de même, en changeant i en $i-1$, j en $j+1$,

$$\frac{\partial^2 \log H_{i-1}}{\partial x\, \partial y} = \frac{\partial^2 \log K_j}{\partial x\, \partial y};$$

et ainsi se trouve établie la concordance des deux expressions différentes que nous avons obtenues pour chacun des invariants de (E).

385. On peut, en faisant usage de l'identité que nous venons d'établir, mettre sous une forme plus simple l'expression déjà donnée

$$M\begin{vmatrix} X & X' & \dots & X^{(i)} & Y & Y' & \dots & Y^{(j)} \\ x_1 & x'_1 & \dots & x_1^{(i)} & y_1 & y'_1 & \dots & y_1^{(j)} \\ \dots & \dots & \dots & \dots & \dots & \dots & \dots & \dots \\ x_m & x'_m & \dots & x_m^{(i)} & y_m & y'_m & \dots & y_m^{(j)} \end{vmatrix}$$

pour l'intégrale générale de (E). Multiplions le déterminant précédent par le suivant

$$\begin{vmatrix} 1 & 0 & 0 & \dots & 0 & 0 & 0 & \dots & 0 \\ 0 & \xi_1 & \xi'_1 & \dots & \xi_1^{(j-1)} & \eta_1 & \eta'_1 & \dots & \eta_1^{(i)} \\ 0 & \xi_2 & \xi'_2 & \dots & \xi_2^{(j-1)} & \eta_2 & \eta'_2 & \dots & \eta_2^{(i)} \\ \dots & \dots & \dots & \dots & \dots & \dots & \dots & \dots & \dots \\ 0 & \xi_m & \xi'_m & \dots & \xi_m^{(j-1)} & \eta_m & \eta'_m & \dots & \eta_m^{(i)} \end{vmatrix},$$

en ayant soin de faire la multiplication colonne par colonne. Si l'on tient compte des relations (14) et (15) établies au n° 370 [p. 103] entre les fonctions de deux systèmes adjoints et si l'on pose, pour abréger,

$$(31)\quad \begin{cases} A_{h,k} = x_1'^{(h)}\eta_1^{(k)} + \ldots + x_m'^{(h)}\eta_m^{(k)} = \dfrac{\partial^{h+k}\alpha}{\partial x^h\,\partial y^k}, \\ B_{h,k} = \xi_1^{(h)}y_1^{(k)} + \ldots + \xi_m^{(h)}y_m^{(k)} = \dfrac{\partial^{h+k}\beta}{\partial x^h\,\partial y^k}, \end{cases}$$

on a le résultat suivant

$$M\begin{vmatrix} X & X' & \ldots & X^{(i)} & Y & Y' & \ldots & . & Y^{(j)} \\ 0 & 0 & \ldots & 0 & B_{00} & B_{01} & \ldots & . & B_{0j} \\ 0 & 0 & \ldots & 0 & B_{10} & B_{11} & \ldots & . & B_{1j} \\ . & . & \ldots & . & \ldots & \ldots & \ldots & . & \ldots \\ 0 & . & \ldots & 0 & B_{j-1,0} & B_{j-1,1} & \ldots & . & B_{j-1,j} \\ A_{00} & A_{10} & \ldots & A_{i0} & 0 & 0 & \ldots & . & 0 \\ A_{01} & A_{11} & \ldots & A_{i1} & 0 & 0 & \ldots & . & 0 \\ \ldots & \ldots & \ldots & \ldots & . & . & \ldots & . & . \\ A_{0,i-1} & A_{1,i-1} & \ldots & A_{i,i-1} & 0 & 0 & \ldots & 0 & 0 \\ A_{0i} & A_{1i} & \ldots & A_{ii} & 0 & 0 & \ldots & 0 & \dfrac{(-1)^i}{\mu_m} \end{vmatrix}.$$

Ce déterminant se développe sans difficulté et nous donne

$$\frac{(-1)^{i(1+j)}MK_{j-1}}{\mu_m}\begin{vmatrix} X & X' & \ldots & X^{(i)} \\ A_{00} & A_{10} & \ldots & A_{i0} \\ A_{01} & \ldots & \ldots & A_{i1} \\ \ldots & \ldots & \ldots & \ldots \\ A_{0,i-1} & \ldots & \ldots & A_{i,i-1} \end{vmatrix}$$

$$+(-1)^{(i+1)(j+1)}H_iM\begin{vmatrix} Y & Y' & \ldots & Y^{(j)} \\ B_{00} & B_{01} & \ldots & B_{0j} \\ B_{10} & B_{11} & \ldots & B_{1j} \\ \ldots & \ldots & \ldots & \ldots \\ B_{j-1,0} & B_{j-1,1} & \ldots & B_{j-1,j} \end{vmatrix}.$$

Si l'on attribue à M la valeur $\dfrac{\mu_m}{K_{j-1}}\,\dfrac{(-1)^{j(1+j)}}{\lambda_m^j\Delta}$ et si l'on remplace ensuite le rapport $\dfrac{H_i}{K_{j-1}}$ par sa valeur tirée de la formule (30), on aura enfin l'expression suivante de l'intégrale générale

$$\frac{1}{\lambda_m^j \Delta}\begin{vmatrix} X & X' & \dots & X^{(i)} \\ A_{00} & A_{10} & \dots & A_{i0} \\ \dots & \dots & \dots & \dots \\ A_{0,i-1} & \dots & \dots & A_{i,i-1} \end{vmatrix} + \frac{(-1)^{ij+1}}{\mu_m^i \Delta'}\begin{vmatrix} Y & Y' & \dots & Y^{(j)} \\ B_{00} & B_{01} & \dots & B_{0j} \\ \dots & \dots & \dots & \dots \\ B_{j-1,0} & \dots & \dots & B_{j-1,j} \end{vmatrix},$$

qui est parfaitement symétrique par rapport aux indices i et j et ne contient plus que des déterminants d'ordre $i+1$ et $j+1$, tandis que l'expression primitive exigeait le calcul d'un déterminant d'ordre $i+j$. L'expression précédente peut encore s'écrire

$$(32)\quad \left\{\begin{aligned} Z = {} & \frac{1}{\lambda_m^j \Delta} D_x\left(X, \alpha, \frac{\partial \alpha}{\partial y}, \dots, \frac{\partial^{i-1}\alpha}{\partial y^{i-1}}\right) \\ & + \frac{(-1)^{ij+1}}{\mu_m^i \Delta'} D_y\left(Y, \beta, \frac{\partial \beta}{\partial x}, \dots, \frac{\partial^{j-1}\beta}{\partial x^{j-1}}\right). \end{aligned}\right.$$

Comparons cette formule à celle que nous aurions obtenue en appliquant la formule générale (11). L'expression de θ a déjà été donnée par l'équation (21), et l'on peut écrire

$$(32\ bis)\qquad \theta = X - \chi(Y, \alpha).$$

En la substituant dans la formule (14) où l'on fera ensuite $p = i$, on aura la valeur de θ_i. Cette valeur est nécessairement proportionnelle à Z, et la comparaison des parties des deux expressions qui dépendent de la seule fonction arbitraire X nous permet de conclure

$$(33)\qquad Z = \frac{\theta_i}{\Delta\lambda_m^j} = \frac{1}{\Delta\lambda_m^j} D_x\left(\theta, \alpha, \frac{\partial \alpha}{\partial y}, \dots, \frac{\partial^{i-1}\alpha}{\partial y^{i-1}}\right).$$

A cette nouvelle expression de l'intégrale, on ajoutera la suivante qui se démontre de la même manière

$$(34)\qquad Z = \frac{(-1)^{ij+1}}{\Delta'\mu_m^i} D_y\left(\sigma, \beta, \frac{\partial \beta}{\partial x}, \dots, \frac{\partial^{j-1}\beta}{\partial x^{j-1}}\right),$$

σ étant la fonction analogue à θ, définie par les formules (24) et (25).

386. Ces différentes expressions permettent de former sans nouveau calcul l'équation aux dérivées partielles dont Z est l'inté-

grale générale. Comme on a

$$\theta_i = Z\,\Delta\lambda_m^j,$$

il suffira de substituer cette valeur dans l'équation à laquelle satisfait θ_i. Si l'on fait $p = i$ dans l'équation (E_{i-p})[p. 127], on trouve

$$\frac{\partial^2\theta_i}{\partial x\,\partial y} - \frac{\partial \log H_{i-1}}{\partial y}\frac{\partial\theta_i}{\partial x} - \frac{\partial \log H_i}{\partial x}\frac{\partial\theta_i}{\partial y} + \frac{\partial \log H_i}{\partial x}\frac{\partial \log H_{i-1}}{\partial y}\theta_i = 0.$$

En effectuant la substitution indiquée, on obtiendra pour Z l'équation suivante

$$(35)\quad \frac{\partial^2 Z}{\partial x\,\partial y} - \frac{\partial \log H_{i-1}}{\partial y}\frac{\partial Z}{\partial x} - \frac{\partial \log K_{j-1}}{\partial y}\frac{\partial Z}{\partial y} + \frac{\partial \log H_{i-1}}{\partial y}\frac{\partial \log K_{j-1}}{\partial x} Z = 0,$$

qui est également sous forme réduite et parfaitement symétrique par rapport à i et à j.

On passera de la proposée à son adjointe en échangeant i et j, α et β. Si l'on pose

$$(36)\quad \left\{ \begin{aligned} Z_0 = {} & \frac{1}{\lambda_m^i \Delta} D_x\left(X, \beta, \frac{\partial\beta}{\partial y}, \ldots, \frac{\partial^{j-1}\beta}{\partial y^{j-1}}\right) \\ & + \frac{(-1)^{ij+1}}{\mu_m^j \Delta} D_y\left(Y, \alpha, \frac{\partial\alpha}{\partial x}, \ldots, \frac{\partial^{i-1}\alpha}{\partial x^{i-1}}\right), \end{aligned} \right.$$

l'adjointe à l'équation (35) aura pour intégrale générale

$$(37)\quad \frac{Z_0}{H_{i-1}K_{j-1}}.$$

Ce résultat s'établit par la méthode que nous avons employée au n° 381. On peut, d'ailleurs, ajouter à la formule (36) deux autres expressions équivalentes, toutes semblables à celles que nous avons données pour Z.

CHAPITRE VII.

LES ÉQUATIONS A INVARIANTS ÉGAUX.

Rappel des propositions déjà signalées relativement aux équations dont les invariants sont égaux. — Emploi des solutions données au Chapitre précédent. — Condition nécessaire et suffisante pour que l'équation proposée ait des invariants égaux et soit intégrable par la méthode de Laplace. — Détermination de toutes les équations à invariants égaux dont l'intégrale peut être obtenue sous forme explicite. — Deuxième solution de ce problème. — Théorème de M. Moutard. — Expression précise de la solution générale. — L'emploi du théorème de M. Moutard permet d'obtenir toutes les équations dont la méthode de Laplace peut donner l'intégrale générale.

---

387. Nous avons déjà signalé plusieurs propriétés très simples des équations linéaires du second ordre dont les invariants sont égaux. Nous savons (n° 329) qu'on peut les ramener à la forme simple

$$\frac{\partial^2 z}{\partial x \, \partial y} = \lambda z. \tag{1}$$

Nous avons aussi remarqué (n° 365) que, si on les écrit sous la forme précédente, elles sont identiques à leur adjointe, et que, dans tous les cas, on peut passer d'une équation dont les invariants sont égaux à son adjointe en remplaçant z par λz, λ étant une fonction convenablement choisie de x et de y. On peut encore signaler la propriété suivante, qui est une conséquence immédiate des propositions déjà obtenues.

Soit (E) une équation à invariants égaux; comme elle est équivalente à son adjointe, la suite de Laplace relative à cette équation se confond, évidemment, avec la suite analogue relative à son adjointe. Si donc la suite se termine dans un sens, à l'équation (E_{n-1}) par exemple, il faudra nécessairement (n° 365) qu'elle se termine en sens contraire à l'équation (E_{-n+1}). Ainsi, *les équations à invariants égaux ne peuvent jamais admettre ces* *intégrales générales dans lesquelles une des deux fonctions arbitraires est nécessairement engagée sous un signe d'intégration. Si la méthode de Laplace peut donner leur intégrale générale, les deux fonctions arbitraires y entreront dégagées de tout signe de quadrature; et cette intégrale sera du même rang à la fois par rapport à x et par rapport à y.* Cette remarque est essentielle, et elle va nous permettre de déterminer toutes les équations à invariants égaux que l'on pourra intégrer par l'application régulière de la méthode de Laplace.

Écrivons, en effet, la suite de Laplace

$$(E_{-n+1}),\quad (E_{-n+2}),\quad \ldots,\quad (E_{-1}),\quad (E),\quad (E_1),\quad \ldots,\quad (E_{n-2}),\quad (E_{n-1}),$$

relative à l'équation (E), et supposons que cette suite se termine aux deux équations (E_{n-1}), (E_{-n+1}). On aura ici, en conservant toutes les notations du Chapitre précédent,

$$i = j = n-1, \qquad m = 2n-1$$

et

$$(2) \qquad \begin{cases} \alpha = x_1\eta_1 + x_2\eta_2 + \ldots + x_{2n-1}\eta_{2n-1}, \\ \beta = \xi_1 y_1 + \xi_2 y_2 + \ldots + \xi_{2n-1} y_{2n-1}. \end{cases}$$

L'invariant k de (E_{n-1}) et l'invariant h de (E_{-n+1}) auront respectivement pour valeurs

$$-\frac{\partial^2 \log \alpha}{\partial x\, \partial y}, \quad -\frac{\partial^2 \log \beta}{\partial x\, \partial y}.$$

La suite de Laplace relative à (E) se confond, nous l'avons déjà remarqué, avec la suite analogue relative à son adjointe. Il résulte de là (n° 365) que l'équation (E_h) de la suite précédente aura pour adjointe l'équation (E_{-h}) de la même suite; ou, plus exactement, ces deux équations auront leurs invariants égaux, à l'ordre près. Si l'on applique cette remarque aux deux équations qui terminent la suite, on reconnaît immédiatement que l'on devra avoir

$$-\frac{\partial^2 \log \alpha}{\partial x\, \partial y} = -\frac{\partial^2 \log \beta}{\partial x\, \partial y},$$

ou, en intégrant,

$$(3) \qquad \alpha = \beta\, \theta(x)\, \sigma(y),$$

θ et σ désignant deux fonctions inconnues de x et de y. On peut les faire disparaître comme il suit.

Si l'on divise par $\theta(x)$ le premier membre de l'équation linéaire d'ordre $2n-1$ dont $x_1, x_2, \ldots, x_{2n-1}$ sont les solutions particulières, les nouvelles fonctions adjointes $\xi'_1, \xi'_2, \ldots$ sont égales aux anciennes multipliées par $\theta(x)$; l'équation précédente se réduira donc à la forme

$$\alpha = \beta\,\sigma(y).$$

Une opération analogue, appliquée à l'équation dont les solutions particulières sont $y_1, y_2, \ldots, y_{2n-1}$, permettra de même de faire disparaître la fonction $\sigma(y)$. Ainsi, par un simple changement d'écriture et sans diminuer en rien la généralité, on peut ramener l'équation (3) à la suivante

$$(4) \qquad \alpha = \beta,$$

d'où les fonctions θ et σ ont disparu.

Réciproquement, si la condition précédente est vérifiée, l'équation (E) aura ses invariants égaux. D'après les résultats du n° 386, cette équation peut, en effet, être ramenée à la forme simple

$$(5) \quad \frac{\partial^2 z}{\partial x\,\partial y} - \frac{\partial \log H_{n-2}}{\partial y}\frac{\partial z}{\partial x} - \frac{\partial \log K_{n-2}}{\partial x}\frac{\partial z}{\partial y} + \frac{\partial \log H_{n-2}}{\partial y}\frac{\partial \log K_{n-2}}{\partial x} z = 0;$$

et elle admet pour invariants

$$-\frac{\partial^2 \log H_{n-2}}{\partial x\,\partial y}, \quad -\frac{\partial^2 \log K_{n-2}}{\partial x\,\partial y}.$$

Or on a ici

$$(6) \quad \begin{cases} H_{n-2} = D_x\left(\alpha, \dfrac{\partial \alpha}{\partial y}, \ldots, \dfrac{\partial^{n-2}\alpha}{\partial y^{n-2}}\right), \\ K_{n-2} = D_y\left(\beta, \dfrac{\partial \beta}{\partial x}, \ldots, \dfrac{\partial^{n-2}\beta}{\partial x^{n-2}}\right) = D_x\left(\beta, \dfrac{\partial \beta}{\partial y}, \ldots, \dfrac{\partial^{n-2}\beta}{\partial y^{n-2}}\right); \end{cases}$$

α étant égal à β, on a nécessairement

$$H_{n-2} = K_{n-2};$$

et, par suite, l'équation proposée a bien ses deux invariants égaux.

Si, dans l'équation (5), on effectue la substitution

$$z = z_1 H_{n-2},$$

elle prend la forme simple

$$(7) \qquad \frac{\partial^2 z_1}{\partial x\,\partial y} = -\frac{\partial^2 \log H_{n-2}}{\partial x\,\partial y} z_1$$

et, d'après les résultats du Chapitre précédent, son intégrale peut se mettre sous l'une des trois formes suivantes :

$$(8)\quad \begin{cases} z_1 = \dfrac{1}{\Delta\lambda_{2n-1}^{n-1}\,\mathrm{H}_{n-2}}\,\mathrm{D}_x\left(\mathrm{X}, \alpha, \dfrac{\partial\alpha}{\partial y}, \ldots, \dfrac{\partial^{n-2}\alpha}{\partial y^{n-2}}\right) \\ \quad + \dfrac{(-1)^n}{\Delta'\mu_{2n-1}^{n-1}\,\mathrm{H}_{n-2}}\,\mathrm{D}_y\left(\mathrm{Y}, \alpha, \dfrac{\partial\alpha}{\partial y}, \ldots, \dfrac{\partial^{n-2}\alpha}{\partial x^{n-2}}\right), \end{cases}$$

$$(9)\quad z_1 = \frac{1}{\Delta\lambda_{2n-1}^{n-1}\,\mathrm{H}_{n-2}}\,\mathrm{D}_x\left[\mathrm{X} - \chi(\alpha, \mathrm{Y}), \alpha, \frac{\partial\alpha}{\partial y}, \ldots, \frac{\partial^{n-2}\alpha}{\partial y^{n-2}}\right],$$

$$(10)\quad z_1 = \frac{(-1)^n}{\Delta'\mu_{2n-1}^{n-1}\,\mathrm{H}_{n-2}}\,\mathrm{D}_y\left[\mathrm{Y} - \Psi(\alpha, \mathrm{X}), \alpha, \frac{\partial\alpha}{\partial x}, \ldots, \frac{\partial^{n-2}\alpha}{\partial x^{n-2}}\right].$$

Toute la difficulté se ramène, on le voit, à la détermination des fonctions x_h, y_h pour lesquelles on aura identiquement

$$\alpha = \beta,$$

c'est-à-dire

$$(11)\quad x_1\eta_1 + x_2\eta_2 + \ldots + x_{2n-1}\eta_{2n-1} = \xi_1 y_1 + \xi_2 y_2 + \ldots + \xi_{2n-1} y_{2n-1}.$$

Voici comment on peut résoudre cette équation.

388. Prenons les dérivées des deux membres, par rapport à y par exemple, jusqu'à l'ordre $2n-2$ inclusivement, et donnons ensuite à y une valeur particulière quelconque. On obtient ainsi $2n-1$ relations linéaires à coefficients constants entre les fonctions x_h, $\xi_{h'}$. Ces équations peuvent être résolues par rapport aux inconnues ; car leur déterminant

$$\mathrm{D}_y(y_1, y_2, \ldots, y_{2n-1})$$

ne peut être nul pour toute valeur particulière de y, les fonctions y_i étant, par hypothèse, linéairement indépendantes.

Les valeurs ainsi obtenues des fonctions ξ_h sont évidemment des combinaisons linéaires des fonctions x_h ; on peut donc énoncer le résultat suivant :

L'équation linéaire d'ordre impair considérée au n° 382, et dont $x_1, x_2, \ldots, x_{2n-1}$ sont les solutions particulières, doit être équivalente à son adjointe ; et il en est évidemment de même de l'équation linéaire d'ordre impair à laquelle satisfont les fonctions y_h.

Il faut, nous allons le voir, ajouter quelque chose encore à cette double condition. Soit

$$\varphi(x_1, x_2, \ldots, x_{2n-1})$$

la forme quadratique à coefficients constants définie au n° 375 et qui permet d'exprimer les solutions adjointes par les formules

$$\xi_h = \frac{(-1)^{n-1}}{2} \frac{\partial \varphi}{\partial x_h}.$$

Soit, de même,

$$\psi(y_1, y_2, \ldots, y_{2n-1})$$

la forme analogue relative aux solutions y_h. On aura

$$\eta_h = \frac{(-1)^{n-1}}{2} \frac{\partial \psi}{\partial y_h},$$

et l'égalité à vérifier prendra la forme

$$x_1 \frac{\partial \psi}{\partial y_1} + \ldots + x_{2n-1} \frac{\partial \psi}{\partial y_{2n-1}} = y_1 \frac{\partial \varphi}{\partial x_1} + \ldots + y_{2n-1} \frac{\partial \varphi}{\partial x_{2n-1}}.$$

On peut encore l'écrire comme il suit

$$x_1 \frac{\partial \psi}{\partial y_1} + \ldots + x_{2n-1} \frac{\partial \psi}{\partial y_{2n-1}} = x_1 \frac{\partial \varphi}{\partial y_1} + \ldots + x_{2n-1} \frac{\partial \varphi}{\partial y_{2n-1}};$$

et, sous cette forme, on reconnaît immédiatement que les deux fonctions φ et ψ doivent être les mêmes. S'il en était autrement, il suffirait d'attribuer à la variable y une valeur particulière quelconque et l'on obtiendrait, contrairement à l'hypothèse faite au début, une relation linéaire entre les fonctions $x_1, x_2, \ldots, x_{2n-1}$. On est donc conduit à la proposition suivante qui, rapprochée des résultats obtenus dans les deux derniers Chapitres, donne la solution complète et précise du problème proposé :

On détermine toutes les équations à invariants égaux qui s'intègrent par la méthode de Laplace en prenant, pour les fonctions x_h et y_h, les solutions particulières de deux équations linéaires d'ordre impair équivalentes à leur adjointe et en choisissant ces solutions particulières de telle manière qu'il existe entre les solutions y_h et leurs dérivées jusqu'à l'ordre $n-2$ la même relation quadratique qu'entre les solutions x_h et leurs dérivées jusqu'au même ordre.

389. Appliquons la proposition précédente aux cas les plus simples. Si l'on a

$$n = 1,$$

il y a un seul couple (x_1, y_1) que l'on peut réduire à $(1, 1)$. On a

$$z = X - Y,$$

et l'équation correspondante est

$$\frac{\partial^2 z}{\partial x\, \partial y} = 0.$$

Si n est égal à 2, il y a trois couples (x_1, y_1), (x_2, y_2), (x_3, y_3). Les fonctions x_1, x_2, x_3 devront être reliées par une équation du second degré que nous supposerons ramenée à la forme

$$x_2^2 - 2x_1x_3 = 0.$$

Les fonctions y_1, y_2, y_3 devront alors être liées par l'équation

$$y_2^2 - 2y_1y_3 = 0.$$

Si l'on prend comme nouvelles variables x, y les rapports $\frac{x_2}{x_1}$, $\frac{y_2}{y_1}$ et si l'on réduit (n° 341) le couple (x_1, y_1) à l'unité, on obtient, en tenant compte des relations quadratiques, les trois nouveaux couples

$$(1, 1), \quad (x, y), \quad \left(\frac{x^2}{2}, \frac{y^2}{2}\right).$$

On a ici

$$\xi_1 = \frac{x^2}{2}, \qquad \xi_2 = -x, \qquad \xi_3 = 1.$$

Les premiers membres des équations auxquelles satisfont les solutions x_i et les solutions y_i sont

$$f(\omega) = \omega^m, \qquad \varphi(\theta) = \theta^m.$$

On a encore

$$\Delta = \lambda_3 = \Delta' = \mu_3 = 1, \qquad H_{n-2} = \alpha = \frac{(x-y)^2}{2}.$$

L'application de la formule (8) nous donne donc

$$z_1 = \frac{1}{\alpha}\begin{vmatrix} X & X' \\ \alpha & \frac{\partial \alpha}{\partial x} \end{vmatrix} + \frac{1}{\alpha}\begin{vmatrix} Y & Y' \\ \alpha & \frac{\partial \alpha}{\partial y} \end{vmatrix}$$

ou

$$z_1 = \frac{2(X-Y)}{x-y} - X' - Y'. \tag{12}$$

L'équation dont z_1 est l'intégrale générale est

$$\frac{\partial^2 z_1}{\partial x\,\partial y} = -\frac{\partial^2 \log\alpha}{\partial x\,\partial y} z_1 = -\frac{2}{(x-y)^2} z_1. \tag{13}$$

Si l'on n'avait pas fait un choix particulier des variables indépendantes, on aurait obtenu l'équation

$$\frac{\partial^2 z_1}{\partial x\,\partial y} = \frac{-2X'_1 Y'_1}{(X_1-Y_1)^2} z_1, \tag{14}$$

et l'intégrale générale serait

$$z_1 = 2\frac{X-Y}{X_1-Y_1} - \frac{X'}{X'_1} - \frac{Y'}{Y'_1}. \tag{15}$$

Passons maintenant au cas où il y a cinq couples. Les expressions des fonctions x_h, y_h résultent des formules données au n° 376. On aura, si l'on choisit convenablement les variables indépendantes x et y,

$$\begin{aligned}
x_1 &= 1, & y_1 &= 1,\\
x_2 &= \beta'', & y_2 &= \gamma'',\\
x_3 &= x\beta'' - \beta', & y_3 &= y\gamma'' - \gamma',\\
x_4 &= \frac{x^2}{2}\beta'' - x\beta' + \beta, & y_4 &= \frac{y^2}{2}\gamma'' - y\gamma' + \gamma,\\
x_5 &= \beta\beta'' - \frac{\beta'^2}{2}; & y_5 &= \gamma\gamma'' - \frac{\gamma'^2}{2},
\end{aligned}$$

β désignant une fonction de x et γ une fonction de y. De plus, la formule (43) du n° 375 nous donnera

$$\xi_h = (-1)^{h-1} x_{6-h}, \qquad \eta_h = (-1)^{h-1} y_{6-h}.$$

On aura donc

$$\begin{aligned}
\alpha &= x_1 y_5 - x_2 y_4 + x_3 y_3 - x_4 y_2 + x_5 y_1\\
&= (\gamma-\beta)(\gamma''-\beta'') - \frac{(\gamma'-\beta')^2}{2} - \beta''\gamma''\frac{(y-x)^2}{2} + (\beta''\gamma' - \gamma''\beta')(y-x).
\end{aligned}$$

L'application de la formule (8) nous donne, tout calcul fait,

$$z_1 = \left(\frac{X'}{\beta'''}\right)' - \left(\frac{Y'}{\gamma'''}\right)'$$
$$- \frac{(X - Y)(x - y) + \frac{X'}{\beta'''}[\beta' - \gamma' - \beta''(x - y)] + \frac{Y'}{\gamma'''}[\gamma' - \beta' - \gamma''(y - x)]}{\beta - \gamma - \frac{\beta' + \gamma'}{2}(x - y)}.$$

L'écriture de cette formule se simplifie si l'on introduit la fonction suivante

$$(16) \qquad \theta = 2(\beta - \gamma) - (\beta' + \gamma')(x - y).$$

On a alors

$$(17) \qquad \begin{cases} z_1 = \left(\frac{X'}{\beta'''}\right)' - \left(\frac{Y'}{\gamma'''}\right)' \\ \qquad - \frac{2}{\theta}(X - Y)(x - y) - \frac{2X'}{\beta'''}\frac{\partial \log \theta}{\partial x} + \frac{2Y'}{\gamma'''}\frac{\partial \log \theta}{\partial y}, \end{cases}$$

et z_1 satisfait à l'équation

$$(18) \qquad \frac{\partial^2 z_1}{\partial x\, \partial y} = -2\frac{\partial^2 \log \theta}{\partial x\, \partial y} z_1.$$

Le calcul détaillé, que nous omettons, révèle un fait intéressant et qu'il serait possible d'établir d'une manière générale. Le déterminant H_{n-2} est toujours un carré parfait; ou, plutôt, il est de la forme

$$F(x)G(y)K^2,$$

et le facteur K figure à la première puissance seulement dans les dénominateurs des différents termes de z_1.

Si l'on employait les expressions générales sous forme d'intégrales, indiquées au n° 376, des fonctions x_h, y_h, on pourrait écrire la valeur générale de z_1 sous une forme où tout serait connu; nous nous contenterons ici des exemples que nous venons de traiter.

390. Dans la troisième Partie du Mémoire que nous avons cité au n° 343, M. Moutard s'était occupé spécialement des équations de la forme

$$(19) \qquad \frac{\partial^2 z}{\partial x\, \partial y} = \lambda z,$$

et il a publié une nouvelle rédaction de cette Partie de ses recherches dans le XLVe Cahier du *Journal de l'École Polytechnique* (¹). La méthode de M. Moutard repose sur un beau théorème que nous n'avons pas eu à employer dans la solution précédente; nous allons la faire connaître ici d'une manière détaillée.

Désignons, pour plus de netteté, par $\mathfrak{F}(z)$ l'expression

$$\mathfrak{F}(z) = \frac{1}{z}\frac{\partial^2 z}{\partial x\,\partial y}, \tag{20}$$

et supposons que l'on connaisse une solution quelconque ω de l'équation

$$\mathfrak{F}(z) = \lambda(x, y). \tag{21}$$

Cette équation étant identique à son adjointe, le produit

$$\omega\left(\frac{\partial^2 z}{\partial x\,\partial y} - \lambda z\right)$$

pourra se mettre sous la forme

$$\frac{\partial \mathrm{M}}{\partial x} + \frac{\partial \mathrm{N}}{\partial y},$$

et, en effet, on a

$$\begin{aligned}\omega\left(\frac{\partial^2 z}{\partial x\,\partial y} - \lambda z\right) &= \omega\frac{\partial^2 z}{\partial x\,\partial y} - z\frac{\partial^2 \omega}{\partial x\,\partial y}\\ &= \frac{1}{2}\frac{\partial}{\partial x}\left(\omega\frac{\partial z}{\partial y} - z\frac{\partial \omega}{\partial y}\right) + \frac{1}{2}\frac{\partial}{\partial y}\left(\omega\frac{\partial z}{\partial x} - z\frac{\partial \omega}{\partial x}\right).\end{aligned}$$

Écrivons donc l'équation

$$\frac{\partial}{\partial x}\left(\omega\frac{\partial z}{\partial y} - z\frac{\partial \omega}{\partial y}\right) + \frac{\partial}{\partial y}\left(\omega\frac{\partial z}{\partial x} - z\frac{\partial \omega}{\partial x}\right) = 0,$$

(¹) Moutard, *Sur la construction des équations de la forme*

$$\frac{1}{z}\frac{\partial^2 z}{\partial x\,\partial y} = \lambda(x, y),$$

qui admettent une intégrale générale explicite (*Journal de l'École Polytechnique*, XLVe Cahier, p. 1; 1878).

qui est identique à la proposée (21). Elle exprime évidemment que

$$\left(\omega\frac{\partial z}{\partial x} - z\frac{\partial \omega}{\partial x}\right)dx - \left(\omega\frac{\partial z}{\partial y} - z\frac{\partial \omega}{\partial y}\right)dy$$

est une différentielle exacte. On peut donc, à chaque solution z, associer une fonction θ, telle que l'on ait

$$(22) \qquad \frac{\partial \theta}{\partial x} = \omega\frac{\partial z}{\partial x} - z\frac{\partial \omega}{\partial x}, \qquad -\frac{\partial \theta}{\partial y} = \omega\frac{\partial z}{\partial y} - z\frac{\partial \omega}{\partial y}.$$

Il est aisé d'éliminer z et de trouver une équation linéaire du second ordre définissant la fonction θ. Les formules précédentes, écrites comme il suit

$$\frac{1}{\omega^2}\frac{\partial \theta}{\partial x} = \frac{\partial\left(\frac{z}{\omega}\right)}{\partial x}, \qquad -\frac{1}{\omega^2}\frac{\partial \theta}{\partial y} = \frac{\left(\partial \frac{z}{\omega}\right)}{\partial y},$$

montrent, en effet, que l'on aura

$$\frac{\partial}{\partial y}\left(\frac{1}{\omega^2}\frac{\partial \theta}{\partial x}\right) + \frac{\partial}{\partial x}\left(\frac{1}{\omega^2}\frac{\partial \theta}{\partial y}\right) = 0$$

ou, en développant,

$$(23) \qquad \omega\frac{\partial^2 \theta}{\partial x\,\partial y} - \frac{\partial \omega}{\partial y}\frac{\partial \theta}{\partial x} - \frac{\partial \omega}{\partial x}\frac{\partial \theta}{\partial y} = 0.$$

Or, si l'on pose

$$\theta = \omega.\sigma,$$

l'équation en σ prend la forme

$$\frac{1}{\sigma}\frac{\partial^2 \sigma}{\partial x\,\partial y} = \mathfrak{F}(\sigma) = \mu.$$

Pour déterminer μ, il suffit de remarquer que l'équation en θ admet la solution particulière $\theta = 1$; l'équation en σ doit donc admettre la solution $\frac{1}{\omega}$ et l'on a

$$(24) \qquad \mathfrak{F}(\sigma) = \mathfrak{F}\left(\frac{1}{\omega}\right);$$

σ peut s'exprimer en fonction de z par la formule

$$(25) \qquad \sigma = \frac{\theta}{\omega} = \frac{1}{\omega}\int\left[\omega^2\frac{\partial\left(\frac{z}{\omega}\right)}{\partial x}\,dx - \omega^2\frac{\partial\left(\frac{z}{\omega}\right)}{\partial y}\,dy\right],$$

et, inversement, z peut s'exprimer en fonction de σ par la relation analogue

$$(26) \qquad z = \omega \int \left[\frac{1}{\omega^2} \frac{\partial(\omega\sigma)}{\partial x} dx - \frac{1}{\omega^2} \frac{\partial(\omega\sigma)}{\partial y} dy \right].$$

On peut donc énoncer la proposition suivante :

Si l'on connaît une solution particulière ω de l'équation

$$\mathfrak{F}(z) = \lambda$$

et que l'on forme l'équation nouvelle

$$\mathfrak{F}(\sigma) = \mathfrak{F}\left(\frac{1}{\omega}\right),$$

toute solution de l'une des deux équations permettra de déterminer, par une simple quadrature, une solution de l'autre. Si donc on connaît l'intégrale générale de l'une des deux équations, on pourra déterminer l'intégrale générale de l'autre équation.

La relation entre les deux équations est évidemment réciproque ; si, pour abréger, nous disons que l'on passe de la première à la seconde par la solution ω, on passera de la seconde à la première par la solution $\frac{1}{\omega}$.

391. On peut rattacher la proposition précédente à la considération de certains systèmes du premier ordre qui se présentent dans différentes questions de Géométrie. Ces systèmes contenant deux fonctions inconnues p et q sont de la forme suivante

$$(27) \qquad \frac{\partial p}{\partial x} = \lambda^2 \frac{\partial q}{\partial x}, \qquad \frac{\partial p}{\partial y} = -\lambda^2 \frac{\partial q}{\partial y},$$

où λ est une fonction donnée. Comme les équations précédentes ne changent pas lorsqu'on échange p et q en remplaçant λ par $\frac{1}{\lambda}$, il est clair que, *si on sait les intégrer pour une valeur de λ, on saura aussi le faire pour la valeur inverse de λ.* Nous allons voir que cette simple remarque donne la proposition de M. Moutard.

Éliminons en effet p. Nous aurons l'équation

$$\frac{\partial}{\partial y}\left(\lambda^2 \frac{\partial q}{\partial x}\right) + \frac{\partial}{\partial x}\left(\lambda^2 \frac{\partial q}{\partial y}\right) = 0,$$

qui a ses invariants égaux et se ramène à la forme

$$\mathfrak{F}(\lambda q) = \mathfrak{F}(\lambda); \tag{28}$$

si l'on change dans cette équation q en p, λ en $\frac{1}{\lambda}$, on aura

$$\mathfrak{F}\left(\frac{p}{\lambda}\right) = \mathfrak{F}\left(\frac{1}{\lambda}\right). \tag{29}$$

La comparaison de ces résultats établit immédiatement le théorème énoncé plus haut : *De chaque solution de l'équation*

$$\mathfrak{F}(z) = \mathfrak{F}(\lambda),$$

on peut, par une simple quadrature, déduire une solution de l'équation

$$\mathfrak{F}(z) = \mathfrak{F}\left(\frac{1}{\lambda}\right).$$

392. Les propositions que nous venons d'établir permettent évidemment de déduire de toute équation

$$\mathfrak{F}(z) = \lambda, \tag{30}$$

que l'on sait intégrer, une suite illimitée d'équations nouvelles et de même forme dont l'intégrale se déterminera par de simples quadratures. Donnons en effet aux arbitraires, fonctions ou constantes, qui entrent dans l'intégrale générale de l'équation précédente, des valeurs particulières, mais quelconques; et soit ω le résultat obtenu. Nous pourrons, par une simple quadrature, obtenir l'intégrale générale de l'équation nouvelle

$$\mathfrak{F}(z) = \mathfrak{F}\left(\frac{1}{\omega}\right). \tag{31}$$

Donnons de même aux arbitraires qui entrent dans cette seconde intégrale générale des valeurs particulières, et soit ω_1 la valeur qu'elle prend alors. Nous pourrons de même déterminer par de nouvelles quadratures l'intégrale générale de l'équation

$$(32)\qquad \mathfrak{F}(z) = \mathfrak{F}\left(\frac{1}{\omega_1}\right);$$

et ainsi de suite. En continuant indéfiniment, on obtiendra toujours des équations de la forme (30), dans lesquelles λ contiendra un nombre de plus en plus grand de constantes ou de fonctions arbitraires.

On peut signaler quelques relations intéressantes entre toutes ces équations. Écrivons-les sous la forme

$$\mathfrak{F}(z) = \lambda, \qquad \mathfrak{F}(z) = \lambda_1, \qquad \ldots, \qquad \mathfrak{F}(z) = \lambda_i,$$

et soit ω_k la solution par laquelle on passe de l'équation de rang $k+1$ à l'équation de rang $k+2$. On aura

$$(33)\qquad \left\{\begin{array}{ll} \mathfrak{F}(\omega) = \lambda, & \mathfrak{F}\left(\frac{1}{\omega}\right) = \lambda_1, \\ \mathfrak{F}(\omega_1) = \lambda_1, & \mathfrak{F}\left(\frac{1}{\omega_1}\right) = \lambda_2, \\ \ldots\ldots\ldots\ldots, & \ldots\ldots\ldots\ldots, \\ \mathfrak{F}(\omega_{i-1}) = \lambda_{i-1}, & \mathfrak{F}\left(\frac{1}{\omega_{i-1}}\right) = \lambda_i. \end{array}\right.$$

On en déduit

$$\lambda_k - \lambda_{k-1} = \mathfrak{F}\left(\frac{1}{\omega_{k-1}}\right) - \mathfrak{F}(\omega_{k-1}) = -2\frac{\partial^2 \log \omega_{k-1}}{\partial x\, \partial y},$$

et, si l'on ajoute toutes les équations obtenues, on trouvera

$$(34)\qquad \lambda_i = \lambda - 2\frac{\partial^2}{\partial x\, \partial y}\log(\omega\omega_1\ldots\omega_{i-1}).$$

Si l'on a obtenu, par exemple, avec deux fonctions arbitraires, l'expression générale de ω, ω_1 contiendra deux fonctions arbitraires nouvelles, et ainsi de suite : l'expression de λ_i contiendra donc, en tout, $2i$ fonctions arbitraires. Si l'on a choisi des solutions particulières, on sera conduit à des équations nouvelles qui ne contiendront pas nécessairement plus d'arbitraires que la première, mais qui seront, en général, d'une forme différente.

Nous choisirons comme exemple l'équation

$$\frac{\partial^2 z}{\partial x\,\partial y} = \left[-\frac{m(m-1)}{(x-y)^2} + \frac{n(n-1)}{(x+y)^2}\right] z, \tag{35}$$

qui comprend comme cas particulier l'équation d'Euler (n° 346).

Elle admet la solution particulière

$$\omega = (x-y)^m (x+y)^n. \tag{36}$$

Si l'on emploie cette solution, on sera conduit à l'équation nouvelle

$$\mathfrak{F}(z) = \mathfrak{F}\left(\frac{1}{\omega}\right) = \frac{-m(m+1)}{(x-y)^2} + \frac{n(n+1)}{(x+y)^2},$$

qui ne diffère de la précédente que par le changement de m et n en $m+1$, $n+1$. Si l'on désigne par $A(m, n)$ l'équation (35), on voit que l'intégration de $A(m+1, n+1)$ et celle de $A(m, n)$ sont deux problèmes équivalents. On développera aisément les conséquences de cette remarque; il en résulte que l'on peut intégrer l'équation $A(m, n)$ toutes les fois que m et n sont des nombres entiers [1].

393. Revenons au théorème général. Il serait aisé de montrer que, si l'on connaît la solution de Riemann, définie au Chapitre IV, pour l'équation primitive, on saura déterminer cette solution pour chacune des équations suivantes. Mais nous laisserons de côté cette question pour nous attacher au problème particulier qui a

---

[1] Si l'on pose

$$(x-y)^2 = u, \qquad (x+y)^2 = v, \qquad z = (x-y)^m (x+y)^n \theta,$$

on obtient pour θ l'équation

$$u\frac{\partial^2\theta}{\partial u^2} - v\frac{\partial^2\theta}{\partial v^2} + \left(m+\frac{1}{2}\right)\frac{\partial\theta}{\partial u} - \left(n+\frac{1}{2}\right)\frac{\partial\theta}{\partial v} = 0,$$

dont l'intégrale est

$$\theta = \frac{\partial^{m+n}}{\partial u^m\,\partial v^n}\left[\varphi(\sqrt{u}+\sqrt{v}) + \psi(\sqrt{u}-\sqrt{v})\right],$$

lorsque m et n sont entiers positifs. Comme l'équation $A(m, n)$ ne change pas quand on y remplace m par $1-m$, ou n par $1-n$, on peut toujours supposer m et n positifs.

fait l'objet des recherches de M. Moutard, et montrer comment l'application de la proposition générale fournit un procédé régulier qui permet de former toutes les équations de la forme considérée pour lesquelles l'intégrale sera donnée par la méthode de Laplace.

Nous établirons d'abord la proposition préliminaire suivante, qui nous sera d'ailleurs utile dans d'autres recherches.

Étant données les expressions

$$\Psi_0 = AX + A_1 X' + \ldots + A_k X^{(k)},$$
$$\Psi_1 = BX + B_1 X' + \ldots + B_h X^{(h)},$$

où A, B, A_1, B_1, ... *désignent des fonctions déterminées de* x *et de* y *et* X *une fonction arbitraire de* x, *si l'expression*

$$\Psi_0\, dx + \Psi_1\, dy$$

est une différentielle exacte pour toutes les formes possibles de la fonction arbitraire X, *on pourra toujours, par des opérations purement algébriques, mettre l'intégrale*

$$\zeta = \int (\Psi_0\, dx + \Psi_1\, dy)$$

sous l'une ou l'autre des formes suivantes :

$$X_1 + C_1 X'_1 + C_2 X''_1 + \ldots + C_k X_1^{(k)},$$
$$C_1 X_1 + C_2 X'_1 + \ldots + C_k X_1^{(k-1)} + \text{const.},$$

X_1 *désignant une nouvelle fonction arbitraire qui, dans la seconde forme, peut être prise égale à* X.

En effet, on peut toujours, en effectuant des intégrations par parties, ramener Ψ_0 à la forme

$$\Psi_0 = \frac{\partial}{\partial x}[DX + D_1 X' + \ldots + D_{k-1} X^{(k-1)}] + \Omega X,$$

Ω ayant la valeur suivante

$$\Omega = A - \frac{\partial A_1}{\partial x} + \frac{\partial^2 A_2}{\partial x^2} - \ldots + (-1)^k \frac{\partial^k A_k}{\partial x^k}.$$

Si donc on considère la différence

$$\zeta - DX - D_1 X' - \ldots - D_{k-1} X^{(k-1)} = \zeta',$$

on aura

$$d\zeta' = \Omega X\,dx + \Psi_2\,dy,$$

Ψ_2 étant ordonné, comme Ψ_1, par rapport aux dérivées de la fonction arbitraire. Le second membre étant encore une différentielle exacte, on devra avoir

$$\frac{\partial \Psi_2}{\partial x} = X\frac{\partial \Omega}{\partial y}.$$

Cette équation ne peut être vérifiée que si Ψ_2 est identiquement nul : si Ψ_2 contenait, en effet, un seul terme en X ou en X′, ..., la différentiation par rapport à x introduirait dans $\frac{\partial \Psi_2}{\partial x}$ au moins une dérivée de X; et le premier membre de l'égalité précédente ne pourrait être égal au second pour toutes les formes possibles de la fonction arbitraire. On a donc nécessairement

$$\Psi_2 = 0, \qquad \frac{\partial \Omega}{\partial y} = 0;$$

Ω dépend donc seulement de la variable x; si Ω est nulle, on a

$$\zeta = DX + D_1 X' + \ldots + D_{k-1} X^{(k-1)} + \text{const.};$$

c'est la seconde des formes signalées dans l'énoncé. Si Ω n'est pas nulle, elle dépendra seulement de x; on aura

$$\zeta' = \int \Omega X\,dx,$$

$$\zeta = DX + D_1 X' + \ldots + D_{k-1} X^{(k-1)} + \int \Omega X\,dx.$$

Si l'on pose

$$\Omega X = X_1',$$

X_1 désignant une nouvelle fonction arbitraire, ζ prendra la forme

$$\zeta = X_1 + D\frac{X_1'}{\Omega} + D_1\left(\frac{X_1'}{\Omega}\right)' + \ldots + D_{k-1}\left(\frac{X_1'}{\Omega}\right)^{(k-1)},$$

qui est la première indiquée dans l'énoncé.

La proposition énoncée se trouve ainsi entièrement établie; elle s'étend évidemment au cas où Ψ_0 et Ψ_1 seraient des fonctions linéaires d'une fonction arbitraire Y de y et des dérivées de cette fonction, ou même contiendraient simultanément deux fonctions arbitraires X, Y de x et de y et leurs dérivées jusqu'à un ordre déterminé.

394. Soit maintenant

$$(37) \qquad \mathfrak{F}(z) = \lambda$$

une équation dont on puisse obtenir l'intégrale générale sans aucun signe de quadrature. Écrivons cette intégrale

$$z = MX + M_1 X' + \ldots + M_{k-1} X^{(k-1)} + NY + N_1 Y' + \ldots + N_{k-1} Y^{(k-1)}.$$

Pour abréger, nous désignerons par $f_1(u)$, $f_2(u)$ les polynômes linéaires suivants :

$$f_1(u) = Mu + M_1 \frac{\partial u}{\partial x} + \ldots + M_{k-1} \frac{\partial^{k-1} u}{\partial x^{k-1}},$$

$$f_2(u) = Nu + N_1 \frac{\partial u}{\partial y} + \ldots + N_{k-1} \frac{\partial^{k-1} u}{\partial y^{k-1}};$$

on aura ainsi

$$(38) \qquad z = f_1(X) + f_2(Y).$$

Introduisons les polynômes $g_1(u)$, $g_2(u)$, adjoints respectivement à $f_1(u)$, $f_2(u)$. Ils donneront naissance à des identités de la forme

$$(39) \qquad \begin{cases} v f_1(u) - u g_1(v) = \dfrac{\partial}{\partial x} B_1(u, v), \\ v f_2(u) - u g_2(v) = \dfrac{\partial}{\partial y} B_2(u, v), \end{cases}$$

où B_1 et B_2 sont les fonctions bilinéaires de u, v et de leurs dérivées qui ont été définies au Chapitre précédent. Ces notations étant admises, donnons, dans la solution générale z, des formes particulières X_1, Y_1 à X et à Y ; nous aurons une solution particulière

$$(40) \qquad \omega = f_1(X_1) + f_2(Y_1);$$

et nous savons que la fonction σ définie par l'égalité

$$(41) \qquad \omega\sigma = \int \left[\left(\omega \frac{\partial z}{\partial x} - z \frac{\partial \omega}{\partial x} \right) dx - \left(\omega \frac{\partial z}{\partial y} - z \frac{\partial \omega}{\partial y} \right) dy \right]$$

sera l'intégrale générale de l'équation

$$(42)\qquad \mathfrak{F}(\sigma) = \mathfrak{F}\left(\frac{1}{\omega}\right).$$

Pour calculer σ nous remplacerons successivement z par ses deux parties

$$(43)\qquad z_1 = f_1(X), \qquad z_2 = f_2(Y).$$

Soient σ_1, σ_2 les deux parties correspondantes de σ; on aura

$$(44)\qquad \sigma = \sigma_1 + \sigma_2$$

et

$$(45)\qquad \omega\sigma_1 = \omega z_1 - 2\int\left(z_1\frac{\partial\omega}{\partial x}dx + \omega\frac{\partial z_1}{\partial y}dy\right).$$

Dans la première des identités (39), substituons X à u et $\frac{\partial\omega}{\partial x}$ à v; elle prendra la forme

$$(46)\qquad z_1\frac{\partial\omega}{\partial x} - X g_1\left(\frac{\partial\omega}{\partial x}\right) = \frac{\partial}{\partial x}B_1\left(X, \frac{\partial\omega}{\partial x}\right),$$

et donnera une expression de $z_1\frac{\partial\omega}{\partial x}$ que l'on peut substituer dans l'expression de σ_1. On a ainsi

$$\omega\sigma_1 = \omega z_1 - 2\int\left\{\left[\frac{\partial}{\partial x}B_1\left(X, \frac{\partial\omega}{\partial x}\right) + X g_1\left(\frac{\partial\omega}{\partial x}\right)\right]dx + \omega\frac{\partial z_1}{\partial y}dy\right\},$$

ou, en intégrant partiellement,

$$\omega\sigma_1 = \omega z_1 - 2B_1\left(X, \frac{\partial\omega}{\partial x}\right) - 2\int\left\{X g_1\left(\frac{\partial\omega}{\partial x}\right)dx + \left[\omega\frac{\partial z_1}{\partial y} - \frac{\partial}{\partial y}B_1\left(X, \frac{\partial\omega}{\partial x}\right)\right]dy\right\}.$$

La quadrature qui figure dans cette formule est de celles auxquelles s'applique la proposition précédente. Le coefficient de dx et celui de dy y sont ordonnés suivant les dérivées de la fonction arbitraire X; comme celui de dx ne contient que X, il faut, d'après la remarque même qui constitue le point fondamental de la démonstration du numéro précédent, que l'on ait

$$\omega\frac{\partial z_1}{\partial y} - \frac{\partial}{\partial y}B_1\left(X, \frac{\partial\omega}{\partial x}\right) = 0,$$

et que $g_1\left(\frac{\partial\omega}{\partial x}\right)$ dépende de la seule variable x. On vérifie aisément l'égalité précédente. Comme le premier membre y est ordonné suivant les dérivées de la fonction arbitraire X, il suffit de montrer que sa dérivée par rapport à x est nulle. Cette dérivée a pour expression

$$\omega\frac{\partial^2 z_1}{\partial x\,\partial y}+\frac{\partial\omega}{\partial x}\frac{\partial z_1}{\partial y}-\frac{\partial^2}{\partial y\,\partial x}B_1\left(X,\frac{\partial\omega}{\partial x}\right)$$
$$=\omega\frac{\partial^2 z_1}{\partial x\,\partial y}+\frac{\partial\omega}{\partial x}\frac{\partial z_1}{\partial y}-\frac{\partial}{\partial y}\left[z_1\frac{\partial\omega}{\partial x}-X\,g_1\left(\frac{\partial\omega}{\partial x}\right)\right]=\omega\frac{\partial^2 z_1}{\partial x\,\partial y}-z_1\frac{\partial^2\omega}{\partial x\,\partial y}=0.$$

On a donc, en définitive,

$$\omega\sigma_1=\omega f_1(X)-2B_1\left(X,\frac{\partial\omega}{\partial x}\right)-2\int X\,g_1\left(\frac{\partial\omega}{\partial x}\right)dx, \tag{47}$$

et l'on trouverait de même, en échangeant x et y,

$$\omega\sigma_2=-\omega f_2(Y)+2B_2\left(Y,\frac{\partial\omega}{\partial y}\right)+2\int Y\,g_2\left(\frac{\partial\omega}{\partial y}\right)dy. \tag{48}$$

L'expression définitive de σ sera donnée par la formule

$$\left\{\begin{aligned}\omega\sigma&=\omega f_1(X)-\omega f_2(Y)-2B_1\left(X,\frac{\partial\omega}{\partial x}\right)+2B_2\left(Y,\frac{\partial\omega}{\partial y}\right)\\&\qquad-2\int X\,g_1\left(\frac{\partial\omega}{\partial x}\right)dx+2\int Y\,g_2\left(\frac{\partial\omega}{\partial y}\right)dy,\end{aligned}\right. \tag{49}$$

et il suffira de remplacer X et Y respectivement par

$$\frac{X'}{g_1\left(\frac{\partial\omega}{\partial x}\right)},\quad\frac{Y'}{g_2\left(\frac{\partial\omega}{\partial y}\right)},$$

pour obtenir une expression de σ débarrassée de tout signe de quadrature. On pourrait objecter que $g_1\left(\frac{\partial\omega}{\partial x}\right)$ ou $g_2\left(\frac{\partial\omega}{\partial y}\right)$ seront toujours nuls; mais on reconnaîtra aisément, en prenant le coefficient de la plus haute dérivée de X_1 dans $g_1\left(\frac{\partial\omega}{\partial x}\right)$, que cette expression, ainsi que $g_1\left(\frac{\partial\omega}{\partial y}\right)$, ne peut être nulle dans le cas général.

On a évidemment

$$g_1\left(\frac{\partial\omega}{\partial x}\right)=g_1\left(\frac{\partial f_1(X_1)}{\partial x}\right)+g_1\left(\frac{\partial f_2(Y_1)}{\partial x}\right).$$

Le second terme est ordonné suivant les dérivées de la fonction arbitraire Y_1; le premier membre dépendrait certainement de y si toutes ces dérivées ne disparaissaient pas. Il faut donc que l'on ait identiquement

$$g_1\left(\frac{\partial f_2(Y_1)}{\partial x}\right) = 0,$$

et de même

$$g_2\left(\frac{\partial f_1(X_1)}{\partial y}\right) = 0.$$

Il serait aisé de vérifier toutes ces identités en s'appuyant sur notre première solution et sur les formules que nous avons données au n° 387. Elles permettent évidemment de simplifier les calculs et nous donnent

$$(50)\quad \begin{cases} g_1\left(\dfrac{\partial\omega}{\partial x}\right) = g_1\left(\dfrac{\partial f_1(X_1)}{\partial x}\right), \\[2ex] g_2\left(\dfrac{\partial\omega}{\partial y}\right) = g_2\left(\dfrac{\partial f_2(Y_1)}{\partial y}\right). \end{cases}$$

Si l'on pose, pour abréger,

$$(51)\quad \begin{cases} \varphi_1(u) = g_1\left(\dfrac{\partial f_1(u)}{\partial x}\right), \\[2ex] \varphi_2(u) = g_2\left(\dfrac{\partial f_2(u)}{\partial y}\right), \end{cases}$$

il faudra, dans l'expression de $\omega\sigma$, remplacer X et Y respectivement par

$$\frac{X'}{\varphi_1(X_1)}, \quad \frac{Y'}{\varphi_2(Y_1)};$$

et l'on obtiendra l'expression définitive

$$(52)\quad \begin{cases} \omega\sigma = \omega f_1\left(\dfrac{X'}{\varphi_1(X_1)}\right) - \omega f_2\left(\dfrac{Y'}{\varphi_2(Y_1)}\right) \\[2ex] \qquad - 2B_1\left(\dfrac{X'}{\varphi_1(X_1)}, \dfrac{\partial\omega}{\partial x}\right) + 2B_2\left(\dfrac{Y'}{\varphi_2(Y_1)}, \dfrac{\partial\omega}{\partial y}\right) - 2X + 2Y, \end{cases}$$

qui est de rang $k+1$ au plus par rapport à x et à y. Remarquons que cette dernière transformation de l'expression σ suppose essentiellement les fonctions $\varphi_1(X_1)$ et $\varphi_2(Y_1)$ différentes de zéro. Ces fonctions pourront devenir nulles pour certaines valeurs particulières de X_1 et de Y_1; nous aurons à examiner plus loin cette hypothèse; mais nous allons auparavant indiquer les applications des résultats précédents.

395. Prenons comme point de départ l'équation

$$\frac{\partial^2 z}{\partial x\,\partial y} = 0.$$

On aura ici

$$\begin{aligned} z &= X - Y, & \omega &= X_1 - Y_1, \\ f_1(u) &= u, & f_2(u) &= -u, \\ B_1(u, v) &= 0, & B_2(u, v) &= 0, \\ g_1(u) &= u, & g_2(u) &= -u. \end{aligned}$$

L'application de la formule (49) donnera donc

$$(53) \qquad \sigma = X + Y - \frac{2}{X_1 - Y_1}\int XX'_1\,dx + \frac{2}{X_1 - Y_1}\int YY'_1\,dy.$$

Remplaçons X par $\frac{X'}{X'_1}$, Y par $\frac{Y'}{Y'_1}$, nous aurons

$$(54) \qquad \sigma = \frac{X'}{X'_1} + \frac{Y'}{Y'_1} - 2\frac{X - Y}{X_1 - Y_1},$$

et σ satisfera à l'équation

$$(55) \qquad \mathfrak{F}(\sigma) = \mathfrak{F}\left(\frac{1}{\omega}\right) = \frac{-2X'_1 Y'_1}{(X_1 - Y_1)^2}.$$

Pour continuer les calculs, supposons que l'on ait choisi comme nouvelles variables x et y les fonctions X_1 et Y_1. L'expression de z deviendra

$$(56) \qquad z = X' + Y' - 2\frac{X - Y}{x - y}.$$

Prenons pour valeur de la solution ω

$$(57) \qquad \omega = \beta' + \gamma' - 2\frac{\beta - \gamma}{x - y},$$

β désignant une fonction de x et γ une fonction de y.

On aura ici

$$\begin{aligned} f_1(u) &= u' - \frac{2u}{x - y}, & f_2(u) &= u' - \frac{2u}{y - x}, \\ g_1(u) &= -u' - \frac{2u}{x - y}, & g_2(u) &= -u' - \frac{2u}{y - x}, \\ B_1(u, v) &= uv, & B_2(u, v) &= uv, \\ g_1\left(\frac{\partial\omega}{\partial x}\right) &= -\beta''', & g_2\left(\frac{\partial\omega}{\partial y}\right) &= -\gamma'''. \end{aligned}$$

L'application de la formule (49) donnera donc

$$\sigma = X' - \frac{2X}{x-y} - Y' - \frac{2Y}{x-y} - \frac{2X}{\omega}\frac{\partial\omega}{\partial x} + \frac{2Y}{\omega}\frac{\partial\omega}{\partial y}$$
$$+ \frac{2}{\omega}\int X\beta^{\varpi}\,dx - \frac{2}{\omega}\int Y\gamma^{\varpi}\,dy;$$

si l'on introduit la fonction

$$\theta = \omega(y-x)$$

et si l'on remplacę X par $\frac{X'}{\beta^{\varpi}}$, Y par $\frac{Y'}{\gamma^{\varpi}}$, on retrouvera l'expression de l'intégrale générale

$$(58)\qquad \sigma = \left(\frac{X'}{\beta^{\varpi}}\right)' - \left(\frac{Y'}{\gamma^{\varpi}}\right)' - \frac{2X'}{\beta^{\varpi}}\frac{\partial\log\theta}{\partial x} + \frac{2Y'}{\gamma^{\varpi}}\frac{\partial\log\theta}{\partial y} - \frac{2}{\theta}(X-Y)(x-y),$$

déjà donnée au n° 389. L'application de la formule (34) montre que σ satisfera à l'équation

$$(59)\qquad \mathfrak{F}(\sigma) = -2\frac{\partial^2\log\theta}{\partial x\,\partial y};$$

tous ces résultats sont en parfait accord avec ceux que nous avons déjà obtenus.

396. L'application de la méthode peut encore se poursuivre. Les deux exemples que nous venons de traiter nous permettent de reconnaître qu'elle conduit aux équations les plus générales pour lesquelles l'intégrale générale est de rang 2 ou 3. Mais donnera-t-elle toutes les équations dont la méthode de Laplace peut fournir l'intégrale générale? Ce point n'est nullement évident, et M. Moutard n'y a peut-être pas assez insisté. On peut faire disparaître toute difficulté à l'aide des remarques suivantes, qui nous donneront d'ailleurs des indications utiles sur le passage de chaque équation à la suivante.

Nous prenons comme point de départ la valeur générale de z donnée par la formule (38), et nous supposerons que cette expression soit effectivement de rang k, soit par rapport à x, soit par rapport à y. Il résulte, en effet, des développements donnés au n° 387 que l'intégrale générale d'une équation à invariants égaux est nécessairement du même rang par rapport aux deux variables indépendantes. L'expression de z sera formée avec $2k-1$ couples (x_1, y_1), (x_2, y_2), ..., (x_{2k-1}, y_{2k-1}); c'est-à-dire qu'elle s'annulera quand on y remplacera X par x_h et Y par y_h, h prenant les valeurs $1, 2, \ldots, 2k-1$. Par suite, si l'on remplace dans l'expression de ω les fonctions X_1 et Y_1 par x_h et y_h, ω s'annulera identiquement, ainsi que toutes ses dérivées. On aura donc nécessairement

$$g_1\left(\frac{\partial\omega}{\partial x}\right) = \varphi_1(x_h) = 0.$$

On voit que l'équation linéaire

$$\varphi_1(u) = g_1\left(\frac{\partial f_1(u)}{\partial x}\right) = 0,$$

dont les coefficients sont fonctions de x (n° 394), admet les solutions particulières $x_1, x_2, \ldots, x_{2k-1}$ (¹).

On peut énoncer évidemment la même propriété pour le polynôme $\varphi_2(u)$, qui s'annule quand on y remplace u par $y_1, y_2, \ldots, y_{2k-1}$.

Admettons d'abord que les deux fonctions X_1 et Y_1, qui entrent dans l'expression de ω, ne vérifient aucune des équations

$$\varphi_1(X_1) = 0, \qquad \varphi_2(Y_1) = 0.$$

Alors la formule (52) présentera σ sous la forme d'une expression de rang au plus égal à $k+1$, soit par rapport à x, soit par rapport à y. Nous allons montrer que σ est effectivement de rang égal à $k+1$.

La valeur de z s'annule, par hypothèse, lorsqu'on y remplace X par x_h, Y par y_h. Si l'on tient compte du changement de notation par lequel on passe de la formule (49) à la formule (52), on pourra conclure que la valeur de $\omega\sigma$ donnée par cette dernière

---

(¹) D'après une des propositions énoncées à la fin du Chapitre V, on reconnaît immédiatement que le polynôme $\varphi_1(u)$, défini par cette égalité

$$\varphi_1(u) = g_1\left(\frac{\partial f_1(u)}{\partial x}\right),$$

est égal et de signe contraire à son adjoint. Ce résultat, que nous retrouverons plus loin sous une autre forme, confirme ceux que nous a fournis notre première solution.

formule s'annule quand on y remplace X et Y respectivement par

$$\int x_h \varphi_1(X_1)\,dx, \quad \int y_h \varphi_2(Y_1)\,dy,$$

pourvu que l'on détermine convenablement l'une des deux constantes que l'on peut toujours ajouter à ces intégrales.

Les dérivées de $\omega\sigma$ s'annulent encore lorsqu'on remplace dans la formule (49) X par X_1 et Y par Y_1, ce qui donne $z = \omega$, ou lorsqu'on remplace dans la formule (52) X et Y par

$$\int X_1 \varphi_1(X_1)\,dx, \quad \int Y_1 \varphi_2(Y_1)\,dy;$$

σ s'annulera donc encore si l'on choisit des déterminations convenables de ces deux intégrales.

On reconnaît enfin, à la simple inspection de la formule (52), que σ s'annule aussi lorsqu'on y remplace X et Y par 1.

Nous obtenons ainsi $2k+1$ couples pour lesquels s'annule la valeur de σ; et, dans ces couples, les fonctions de chaque groupe sont linéairement indépendantes; car, s'il y avait une relation linéaire entre les fonctions

$$1, \quad \int X_1 \varphi_1(X_1)\,dx, \quad \int x_1 \varphi_1(X_1)\,dx, \quad \ldots, \quad \int x_{2k-1} \varphi_1(X_1)\,dx,$$

par exemple, il y en aurait une aussi entre leurs dérivées; ce qui est impossible tant que X_1 ne satisfait pas à l'équation

$$\varphi_1(X_1) = 0,$$

et n'est pas, par conséquent, une combinaison linéaire des fonctions $x_1, x_2, \ldots, x_{2k-1}$.

L'expression de $\omega\sigma$, admettant $2k+1$ couples pour lesquels les fonctions de chaque groupe sont linéairement indépendantes, est donc nécessairement (nos 340 à 343) d'un rang égal à $k+1$.

Il est ainsi établi que l'application de la méthode conduit généralement d'une solution z à une solution σ de rang immédiatement supérieur. Mais là n'est pas le point essentiel de la démonstration : il faut établir, au contraire, que l'on peut aussi, en choisissant convenablement la solution ω, passer de la solution z à une solution de rang inférieur. Nous allons montrer qu'il suffira, pour obtenir ce résultat, de prendre, pour les fonctions X_1 et Y_1 qui entrent dans l'expression de ω, des solutions convenablement choisies des équations

$$\varphi_1(X_1) = 0, \qquad \varphi_2(Y_1) = 0.$$

Supposons d'abord que l'on ait seulement

$$\varphi_1(Y_1) = 0,$$

c'est-à-dire

$$Y_1 = \lambda_1 y_1 + \lambda_2 y_2 + \ldots + \lambda_{2k-1} y_{2k-1},$$

$\lambda_1, \ldots, \lambda_{2k-1}$ désignant des constantes. On pourra, en remarquant que ω ne change pas si l'on y remplace X_1, Y_1 respectivement par

$$X_1 - \lambda_1 x_1 - \ldots - \lambda_{2k-1} x_{2k-1},$$
$$Y_1 - \lambda_1 y_1 - \ldots - \lambda_{2k-1} y_{2k-1},$$

réduire Y_1 à zéro. Supposons donc

$$Y_1 = 0,$$

X_1 demeurant encore tout à fait arbitraire. Si l'on fait, dans la formule (49),

$$X = X_1, \qquad Y = 0,$$

c'est-à-dire $z = \omega$, la fonction $\omega\varpi$ devra se réduire à une constante. On aura donc

$$\omega f_1(X_1) - 2B_1\left(X_1, \frac{\partial\omega}{\partial x}\right) - 2\int X_1 \varphi_1(X_1)\, dx = \text{const.}$$

ou encore

$$[f_1(X_1)]^2 - 2B_1\left(X_1, \frac{\partial f_1(X_1)}{\partial x}\right) - 2\int X_1 \varphi_1(X_1)\, dx = \text{const.}$$

Cette équation, où X_1 désigne une fonction arbitraire de x, suffirait seule à établir que la fonction $\varphi_1(X_1)$ est égale et de signe contraire à son adjointe : elle exprime en effet que cette fonction devient une dérivée exacte quand on la multiplie par X_1. L'expression

$$\frac{1}{2}[f_1(X_1)]^2 - B_1\left(X_1, \frac{\partial f_1(X_1)}{\partial x}\right)$$

est l'intégrale du second degré considérée au n° 373.

Choisissons maintenant pour X_1 une solution particulière de

l'équation

$$\varphi_1(X_1) = 0,$$

qui annule en même temps l'intégrale du second degré. Nous avons vu au n° 374 que les solutions de ce genre peuvent être réelles. Alors la partie σ_1 de σ qui dépend exclusivement de X se réduira, d'après la formule (47), à (¹)

$$\frac{1}{\omega}\left[f_1(X_1)f_1(X) - 2B_1\left(X, \frac{\partial f_1(X_1)}{\partial x}\right)\right];$$

et, comme elle s'annule pour $X = X_1$, on pourra y remplacer X par

$$X_1\int X\,dx,$$

sans introduire aucun signe de quadrature. Après cette substitution, elle ne contiendra plus les dérivées de X que jusqu'à l'ordre $k-2$. L'intégrale σ sera donc de rang $k-1$ au plus par rapport à x, ou par rapport à y, puisque son rang est nécessairement le même par rapport aux deux variables. Elle ne saurait être de rang inférieur, puisque, dans l'opération inverse par laquelle on passe de σ à z, le rang ne peut s'élever, nous l'avons vu, de plus d'une unité.

En résumé, l'application de la méthode conduit généralement d'une solution d'un certain rang à une solution de rang immédia-

---

(¹) En toute rigueur, il faudrait ajouter à cette expression $\frac{C}{\omega}$, C désignant la constante arbitraire introduite par l'intégration. Mais, si une équation linéaire, intégrable par la méthode de Laplace, admet la solution générale

$$z = AX + A_1X' + \ldots + A_mX^{(m)} + \ldots + B_nY^{(n)} + \theta,$$

θ étant une fonction déterminée quelconque, on peut toujours supprimer θ sans diminuer la généralité de la solution. En effet, si l'on fait $X = 0$, $Y = 0$, on a $z = \theta$, et, par suite, θ est une solution particulière. Soient alors X_1 et Y_1 les valeurs de X et de Y qui donnent pour z la solution particulière 2θ. En remplaçant X par $X - X_1$, Y par $Y - Y_1$, on fera disparaître le terme en θ; et il restera simplement

$$z = AX + \ldots + A_mX^{(m)} + BY + B_1Y' + \ldots + B_nY^{(n)}.$$

Cette expression a le même degré de généralité que la précédente.

tement supérieur; mais elle peut conduire aussi à une solution de rang inférieur ([1]).

Puisqu'il est toujours possible d'abaisser le rang d'une unité, on pourra, après $k-1$ opérations, passer de toute équation admettant une solution générale de rang k à l'équation

$$\frac{\partial^2 z}{\partial x\, \partial y} = 0,$$

qui est la seule dont la solution générale soit de rang 1. Les opérations inverses permettront de passer de cette équation à toutes celles dont l'intégration peut être obtenue par la méthode de Laplace.

([1]) On reconnaît aisément que l'on peut aussi choisir la solution ω de telle manière que le rang demeure le même dans le passage de l'équation à celle qui lui succède.

CHAPITRE VIII.

LA RÉSOLUTION DES ÉQUATIONS LINÉAIRES LES UNES PAR LES AUTRES.

Définition des expressions (m, n). — Transformation que subit une telle expression quand on applique la méthode de Laplace. — Une expression (m, n) est définie, en général, à un facteur près, par la condition de s'annuler quand on y remplace z par $m+n$ solutions particulières de l'équation proposée. — Discussion des cas exceptionnels dans lesquels cette proposition se trouve en défaut. — Détermination de toutes les expressions (m, n) qui satisfont à une équation linéaire du second ordre. — La méthode de Laplace est comprise comme cas limite dans celles qui résultent de l'emploi des expressions (m, n) les plus générales. — Recherche de la fonction la plus générale satisfaisant à une équation du second ordre et définie par la quadrature $\int(\mathrm{P}\,dx + \mathrm{Q}\,dy)$ où P et Q sont des fonctions linéaires de z et de ses dérivées. — Application au cas où P et Q contiennent les dérivées jusqu'au premier ordre seulement. Extension au cas de deux variables des propriétés des systèmes adjoints. — L'intégration de l'une quelconque des deux équations, ponctuelle ou tangentielle, relatives à un système conjugué tracé sur une surface quelconque se ramène à celle de l'autre.

---

397. Nous nous proposons, dans ce Chapitre, d'indiquer quelques propositions générales qui permettent de rattacher à toute équation linéaire du second ordre une série d'équations de même forme et de même ordre, que l'on saura intégrer en même temps que celle dont elles dérivent.

Étant donnée une intégrale quelconque z de l'équation aux dérivées partielles

$$\frac{\partial^2 z}{\partial x\,\partial y} + a\frac{\partial z}{\partial x} + b\frac{\partial z}{\partial y} + cz = 0, \tag{1}$$

cette équation permettra, nous l'avons déjà remarqué, de calculer toutes les dérivées de z prises à la fois par rapport à x et à y en fonction des dérivées prises par rapport à x ou par rapport à y seulement.

On est ainsi conduit à des relations de la forme suivante :

$$\frac{\partial^{m+n} z}{\partial x^m\,\partial y^n} = \mathrm{M}z + \mathrm{P}_1\frac{\partial z}{\partial x} + \mathrm{P}_2\frac{\partial^2 z}{\partial x^2} + \ldots + \mathrm{P}_m\frac{\partial^m z}{\partial x^m} + \mathrm{Q}_1\frac{\partial z}{\partial y} + \ldots + \mathrm{Q}_n\frac{\partial^n z}{\partial y^n}.$$

Un calcul facile donne les valeurs de P_m et de Q_n. Si l'on suppose m et n différents de zéro, on trouve

$$P_m = e^{\int a\,dy} \frac{\partial^n}{\partial y^n} e^{-\int a\,dy},$$

$$Q_n = e^{\int b\,dx} \frac{\partial^m}{\partial x^m} e^{-\int b\,dx};$$

P_m et Q_n ne sont pas nuls, en général, mais ils peuvent le devenir, ainsi que quelques-uns des autres coefficients, dans certains cas particuliers. C'est ainsi que, lorsque a est égal à zéro, les dérivées de z par rapport à x disparaîtront de la formule, si l'on a $n \geqq m$, et n'y figureront que jusqu'à l'ordre $m - n$, si m est supérieur à n.

Si l'on combine linéairement, en les multipliant par des fonctions quelconques de x et de y, l'intégrale z et ses dérivées successives jusqu'à un ordre déterminé, on pourra toujours, par l'application de la formule précédente, ramener la fonction linéaire de z et de ses dérivées ainsi obtenue à la forme

$$Mz + P_1 \frac{\partial z}{\partial x} + \ldots + P_m \frac{\partial^m z}{\partial x^m} + Q_1 \frac{\partial z}{\partial y} + \ldots + Q_n \frac{\partial^n z}{\partial y^n},$$

dans laquelle ne figurent que des dérivées prises par rapport à une seule des variables indépendantes. Nous désignerons, pour abréger, par la notation (m, n) une expression de ce genre ou, plus exactement, pour comprendre le cas où les coefficients P_m, Q_n deviendraient nuls, une expression qui contiendra les dérivées de z par rapport à x au plus jusqu'à l'ordre m, et les dérivées de z par rapport à y au plus jusqu'à l'ordre n. Par exemple, la dérivée $\frac{\partial^{m+n} z}{\partial x^m \partial y^n}$ est une expression (m, n). La dérivée par rapport à x d'une expression (m, n) est une expression $(m+1, n)$ et la dérivée par rapport à y une expression $(m, n+1)$.

On aperçoit aisément les transformations que subit une expression (m, n) quand on applique la méthode de Laplace. Imaginons, par exemple, que l'on emploie la substitution par laquelle on passe de (E) à (E_1), celle qui est définie par les formules

$$(2) \qquad z_1 = \frac{\partial z}{\partial y} + az, \qquad \frac{\partial z_1}{\partial x} + bz_1 = hz,$$

données au n° 330. L'emploi de la première de ces formules permet d'éliminer les dérivées de z par rapport à y et de les remplacer par les dérivées de z_1 se rapportant à la même variable, mais prises jusqu'à l'ordre $n-1$ seulement. La seconde formule permet ensuite de remplacer z et ses dérivées par rapport à x par les dérivées analogues de z_1, mais prises jusqu'à l'ordre $m+1$. Ainsi une expression (m, n) relative à l'équation (E) se transforme en une expression $(m+1, n-1)$ formée avec la solution correspondante de l'équation (E_1); et, inversement, on démontrerait de même que toute expression $(m+1, n-1)$ relative à (E_1) se transforme en une expression (m, n), relative à (E). On peut donc conclure que l'expression (m, n) la plus générale formée avec une solution de (E) admet pour transformée l'expression $(m+1, n-1)$ la plus générale relative à (E_1) et, par suite, l'expression $(m+i, n-i)$ la plus générale formée avec la solution correspondante de l'équation d'indice positif (E_i), au moins tant que i sera inférieur ou égal à n. Si l'on suppose $i=n$, on obtiendra une expression de la forme

$$Mz_i + P_1 \frac{\partial z_i}{\partial x} + P_2 \frac{\partial^2 z_i}{\partial x^2} + \ldots + P_{m+n} \frac{\partial^{m+n} z_i}{\partial x^{m+n}},$$

qui ne contiendra que les dérivées prises par rapport à la seule variable x. Si l'on continuait à appliquer la méthode de Laplace, on serait conduit à des expressions $(m+n+k, 0)$; elles seraient de même forme, mais ne seraient pas les plus générales de leur définition. Nous supposerons donc que l'on s'arrête à (E_n).

Si l'on emploie de même la deuxième substitution de Laplace, on reconnaîtra que l'expression (m, n) la plus générale admet pour transformée l'expression $(m-j, n+j)$ relative à l'équation (E_{-j}), qui sera aussi la plus générale tant que j sera inférieur à $m+1$. En résumé, i étant positif ou négatif, l'expression (m, n) la plus générale formée avec une solution quelconque de (E) a pour transformée l'expression $(m+i, n-i)$ la plus générale formée avec la solution correspondante de (E_i), tant que l'on attribue à l'entier i les valeurs

$$-m, \quad -m+1, \quad \ldots, \quad 0, \quad 1, \quad \ldots, \quad n.$$

398. Une expression (m, n) contient $m+n+1$ coefficients,

M, P_i, Q_k, qui sont des fonctions arbitraires de x et de y. Elle sera donc déterminée à un facteur près, au moins en général, si on l'assujettit à s'annuler lorsqu'on y remplace z par $m+n$ solutions particulières

$$z_1, \quad z_2, \quad \ldots, \quad z_{m+n}$$

de l'équation proposée. Si, pour abréger, on pose

$$m+n=p, \tag{3}$$

son expression sous forme de déterminant est alors

$$(4)\quad (m,n) = \mathrm{M}\begin{vmatrix} z & \dfrac{\partial z}{\partial x} & \cdots & \dfrac{\partial^m z}{\partial x^m} & \dfrac{\partial z}{\partial y} & \cdots & \dfrac{\partial^n z}{\partial y^n} \\ z_1 & \dfrac{\partial z_1}{\partial x} & \cdots & \dfrac{\partial^m z_1}{\partial x^m} & \dfrac{\partial z_1}{\partial y} & \cdots & \dfrac{\partial^n z_1}{\partial y^n} \\ z_2 & \dfrac{\partial z_2}{\partial x} & \cdots & \dfrac{\partial^m z_2}{\partial x^m} & \dfrac{\partial z_2}{\partial y} & \cdots & \dfrac{\partial^n z_2}{\partial y^n} \\ \cdots & \cdots & \cdots & \cdots & \cdots & \cdots & \cdots \\ z_p & \dfrac{\partial z_p}{\partial x} & \cdots & \dfrac{\partial^m z_p}{\partial x^m} & \dfrac{\partial z_p}{\partial y} & \cdots & \dfrac{\partial^n z_p}{\partial y^n} \end{vmatrix}.$$

Il peut cependant arriver qu'une expression (m, n) ne soit pas déterminée par les conditions que nous venons d'énoncer : c'est ce qui aura lieu si les mineurs qui sont, dans l'expression précédente, les coefficients de z et de ses dérivées sont tous égaux à zéro. On peut définir d'une manière précise ces cas exceptionnels dans lesquels l'expression précédente devient illusoire.

Désignons par la notation $(m, n)_i$ le résultat de la substitution de z_i à z dans une expression (m, n). Si l'expression doit s'annuler, comme nous le supposons, pour les valeurs déjà indiquées de z, on aura les équations de condition

$$(m,n)_1 = 0, \qquad (m,n)_2 = 0, \qquad \ldots \qquad (m,n)_p = 0,$$

auxquelles devront satisfaire les coefficients inconnus de la fonction (m, n). La première ne sera pas vérifiée d'elle-même tant que z_1 sera différent de zéro ; la seconde ne sera pas, en général, une conséquence de la première ; mais, en poursuivant, on arrivera nécessairement, si le système précédent est indéterminé, à une équation qui sera la conséquence de celles qui la précèdent. Cette équation, dont nous désignerons le rang par h, s'obtiendra nécessairement par une combinaison linéaire des équations précédentes. On aura donc l'identité

$$(5) \qquad \lambda_1(m, n)_1 + \lambda_2(m, n)_2 + \ldots + \lambda_h(m, n)_h = 0,$$

applicable à toute fonction (m, n). D'après la manière même dont on l'obtient, il est évident qu'*il n'y aura aucune autre relation linéaire de même forme entre les quantités* $(m, n)_1, \ldots, (m, n)_h$.

Cela posé, appliquons la transformation de Laplace, en passant de (E) à l'équation (E_n). L'identité (5) se transformera dans la suivante

$$(6) \qquad \lambda_1(m+n, 0)_1 + \lambda_2(m+n, 0)_2 + \ldots + \lambda_h(m+n, 0)_h = 0,$$

qui se rapporte à la nouvelle équation, mais qui ne contient plus que les dérivées de l'intégrale par rapport à la seule variable x. Si l'on substitue successivement à $(m+n, 0)$ les fonctions z, $\frac{\partial z}{\partial x}, \ldots, \frac{\partial^{m+n} z}{\partial x^{m+n}}$, en nombre nécessairement supérieur à h, on obtient un système qui se présente dans la théorie des équations linéaires à une seule variable indépendante; et l'on reconnaît immédiatement que les rapports mutuels des quantités $\lambda_1, \lambda_2, \ldots, \lambda_h$ doivent être constants lorsque x varie, c'est-à-dire ne peuvent dépendre que de la variable y. En passant de même de (E) à (E_{-m}) et en répétant le raisonnement précédent, on reconnaîtra de même que les rapports mutuels de $\lambda_1, \lambda_2, \ldots, \lambda_h$ ne peuvent dépendre de y. Ces rapports sont donc constants; et, par suite, les solutions z_1, $z_2, \ldots, z_h$ ne sont pas linéairement indépendantes. Ainsi :

Dans le cas où la suite de Laplace relative à l'équation proposée (E) *s'étend au moins depuis l'équation* (E_{-m}) *jusqu'à l'équation* (E_n), *une expression* (m, n) *est toujours définie à un facteur près par la condition de s'annuler lorsqu'on y remplace* z *par* $m+n$ *solutions particulières de l'équation, pourvu que ces solutions soient linéairement indépendantes* (¹).

(¹) On peut aussi discuter très simplement le cas où la suite de Laplace se termine entre (E_{-m}) et (E_n). Supposons d'abord qu'elle se termine d'un seul côté, à l'équation (E_i) par exemple, i étant positif et inférieur à n. On reconnaîtra, comme on l'a fait dans le texte, que les rapports mutuels de $\lambda_1, \lambda_2, \ldots, \lambda_h$

399. Après cette discussion, revenons au cas général et supposons que les solutions

$$z_1, \quad z_2, \quad \ldots, \quad z_{m+n}$$

aient été choisies de telle manière qu'une expression (m, n) soit définie, à un facteur près, par la condition de s'annuler quand on

---

ne peuvent dépendre de y et sont, par conséquent, des fonctions de la seule variable x. Si l'on applique maintenant la relation (5) à l'équation (E_i), elle prend la forme

$$(a) \qquad \lambda_1(m+i, n-i)_1 + \ldots + \lambda_h(m+i, n-i)_h = 0.$$

L'intégrale générale de (E_i) a été donnée au n° 333; elle est de la forme

$$\beta\left(X + \int Y\alpha\, dy\right),$$

α et β étant des fonctions déterminées de x et de y. Comme $n-i$ est au moins égal à 1, on peut prendre d'abord, pour l'expression $(m+i, n-i)$ qui figure dans l'identité précédente, la fonction

$$\frac{\partial}{\partial y}\left(\frac{z}{\beta}\right).$$

On aura alors

$$(b) \qquad \lambda_1 y_1 + \lambda_2 y_2 + \ldots + \lambda_h y_h = 0,$$

$y_1, y_2, \ldots, y_h$ désignant les valeurs que prend la fonction arbitraire Y pour les solutions particulières $z_1, z_2, \ldots, z_h$. On peut supposer que les coefficients λ_1, $\lambda_2, \ldots, \lambda_h$ soient linéairement indépendants. S'il en était autrement, on les exprimerait tous en fonction d'un certain nombre d'entre eux; et l'identité (5) se transformerait en une identité analogue où h serait remplacé par un nombre plus petit h' et les solutions $z_1, z_2, \ldots, z_h$ par des combinaisons linéaires de ces solutions.

Supposons donc $\lambda_1, \lambda_2, \ldots, \lambda_h$ linéairement indépendants; l'identité (b) nous donne alors

$$(c) \qquad y_1 = y_2 = \ldots = y_h = 0;$$

car, s'il en était autrement, il suffirait d'attribuer à y une valeur particulière quelconque pour obtenir une relation linéaire entre $\lambda_1, \ldots, \lambda_h$.

Soient maintenant $x_1, x_2, \ldots, x_h$ les valeurs que prend la fonction arbitraire X pour les diverses solutions particulières. En substituant dans l'égalité (a) les diverses fonctions

$$\frac{\partial^k\left(\frac{z}{\beta}\right)}{\partial x^k}, \qquad (k = 0, 1, 2, \ldots, m+i),$$

y remplace z par l'une quelconque de ces solutions. Soit

$$(7)\qquad \theta = Az + B_1\frac{\partial z}{\partial x} + \ldots + B_m\frac{\partial^m z}{\partial x^m} + C_1\frac{\partial z}{\partial y} + \ldots + C_n\frac{\partial^n z}{\partial y^n}$$

le résultat obtenu. Nous allons, en répétant le raisonnement du n° 340, montrer que θ satisfait à une équation linéaire du second ordre. Si l'on différentie, en effet, la formule précédente successivement par rapport à x et par rapport à y, on obtient des expressions des dérivées premières qui sont de la forme

$$(8)\qquad \begin{cases} \dfrac{\partial\theta}{\partial x} = B_m\dfrac{\partial^{m+1} z}{\partial x^{m+1}} + (m, n), \\[2mm] \dfrac{\partial\theta}{\partial y} = C_n\dfrac{\partial^{n+1} z}{\partial y^{n+1}} + (m, n). \end{cases}$$

---

on obtient des relations de la forme

$$(d)\qquad \lambda_1 x_1^{(k)} + \lambda_2 x_2^{(k)} + \ldots + \lambda_h x_h^{(k)} = 0.$$

Si les fonctions x_1, x_2, ..., x_h ne sont pas linéairement indépendantes, il en est de même, évidemment, des solutions z_1, z_2, ..., z_k de l'équation primitive (E). Si les fonctions x_1, ..., x_h sont linéairement indépendantes, les équations précédentes, qui déterminent, par hypothèse, les rapports mutuels de λ_1, λ_2, ..., λ_h donnent, comme on sait, des valeurs constantes pour ces rapports tant que l'on n'a pas

$$h > m + i + 1.$$

Ainsi, *dans le cas où la suite de Laplace se termine entre* (E_{-m}) *et* (E_n), *et d'un seul côté, par exemple à l'équation* (E_i), *l'expression* (m, n) *ne cessera d'être déterminée par les conditions énoncées que si les solutions* z_1, z_2, ..., z_k, *ne sont pas linéairement indépendantes, ou s'il y a plus de* $m + i + 1$ *solutions* z_k *se déduisant de cette partie de la solution générale qui est de la forme*

$$AX + A_1 X' + \ldots + A_i X^{(i)},$$

par l'attribution de valeurs particulières quelconques à la fonction arbitraire X.

Dans le cas où la suite de Laplace se termine dans les deux sens entre (E_{-m}) et (E_n), il est inutile de recommencer la discussion. Car alors soient (E_{-j}), (E_i) les équations auxquelles se termine la suite. Si l'on désigne par X et Y les fonctions arbitraires qui entrent dans l'intégrale générale, par (x_α, y_α) les couples pour lesquels s'annule cette intégrale et par (x'_k, y'_k) le système des valeurs particulières qu'il faut attribuer à X et à Y pour obtenir la solution z_k, une expression (m, n) contiendra les dérivées de X jusqu'à l'ordre $i + m$, celles de Y jusqu'à l'ordre $j + n$. Les conditions pour lesquelles nous l'avons définie l'assujettissent simplement à s'annuler quand on y remplace le couple (X, Y) par les couples (x_α, y_α) et (x'_k, y'_k), au nombre total de

$$m + n + i + j + 1.$$

L'étude détaillée de l'expression obtenue et des cas dans lesquels elle s'annule a été donnée au n°s 341 et 342.

Un calcul facile donne ensuite (¹)

$$(9) \quad \frac{\partial^2 \theta}{\partial x \partial y} = \left(\frac{\partial B_m}{\partial y} - a B_m\right) \frac{\partial^{m+1} z}{\partial x^{m+1}} + \left(\frac{\partial C_n}{\partial x} - b C_n\right) \frac{\partial^{n+1} z}{\partial y^{n+1}} + (m, n).$$

En combinant ces trois formules, on sera conduit à une expression de la forme

$$(10) \quad \frac{\partial^2 \theta}{\partial x \partial y} + \left(a - \frac{\partial \log B_m}{\partial y}\right) \frac{\partial \theta}{\partial x} + \left(b - \frac{\partial \log C_n}{\partial x}\right) \frac{\partial \theta}{\partial y} = (m, n).$$

Or, si l'on remplace z par l'une quelconque des solutions z_i, la fonction θ s'annule ainsi que toutes ses dérivées. Le second membre de l'équation précédente s'annulera donc quand on y remplacera z par z_i; et, comme une expression (m, n) est définie à un facteur près, d'après l'hypothèse, par ces conditions, ce second membre sera nécessairement proportionnel à θ. Si l'on désigne par $-\gamma$ le facteur de proportionnalité, on voit que l'on aura

$$(11) \quad \frac{\partial^2 \theta}{\partial x \partial y} + \left(a - \frac{\partial \log B_m}{\partial y}\right) \frac{\partial \theta}{\partial x} + \left(b - \frac{\partial \log C_n}{\partial x}\right) \frac{\partial \theta}{\partial y} + \gamma \theta = 0;$$

θ satisfera donc bien, comme nous l'avons annoncé, à une équation linéaire du second ordre, dont elle sera évidemment l'intégrale générale.

Imaginons, par exemple, que l'on parte de l'équation

$$\frac{\partial^2 z}{\partial x \partial y} = 0.$$

On aura alors

$$z_i = x_i + y_i, \qquad z = X + Y,$$

et le déterminant (4) se réduira au suivant

$$K \begin{vmatrix} X+Y & X' & \ldots & X^{(m)} & Y' & \ldots & Y^{(n)} \\ x_1+y_1 & x'_1 & \ldots & x_1^{(m)} & y'_1 & \ldots & y_1^{(n)} \\ \cdots & \cdots & \cdots & \cdots & \cdots & \cdots & \cdots \\ x_p+y_p & x'_p & \ldots & x_p^{(m)} & y'_p & \ldots & y_p^{(n)} \end{vmatrix}.$$

(¹) Ces formules doivent subir des modifications que le lecteur trouvera aisément lorsqu'un des nombres m ou n est égal à zéro.

Par l'addition d'une colonne, on peut le transformer ainsi

$$K\begin{vmatrix} X & Y & X' & \ldots & X^{(m)} & Y' & \ldots & Y^{(n)} \\ -1 & 1 & 0 & \ldots & 0 & 0 & \ldots & 0 \\ x_1 & y_1 & x'_1 & \ldots & x_1^{(m)} & y'_1 & \ldots & y_1^{(n)} \\ \ldots & \ldots & \ldots & \ldots & \ldots & \ldots & \ldots & \ldots \\ x_p & y_p & x'_p & \ldots & x_p^{(m)} & y'_p & \ldots & y_p^{(n)} \end{vmatrix};$$

on retrouve, avec une très légère différence de notation, les expressions que nous avons étudiées au Chapitre II et qui sont les intégrales générales des équations pour lesquelles la suite de Laplace se compose d'un nombre limité d'équations; elles dérivent toutes, comme on voit, de l'équation élémentaire

$$\frac{\partial^2 z}{\partial x\, \partial y} = 0,$$

par une simple application de la proposition générale que nous venons d'établir relativement à une équation linéaire quelconque.

400. Cette proposition générale définit certains cas dans lesquels une expression (m, n) satisfait à une équation aux dérivées partielles du second ordre; nous allons nous proposer maintenant de déterminer toutes les fonctions (m, n) jouissant de la même propriété.

Soit

$$(12) \qquad 0 = Az + B_1 \frac{\partial z}{\partial x} + \ldots + B_m \frac{\partial^m z}{\partial x^m} + C_1 \frac{\partial z}{\partial y} + \ldots + C_n \frac{\partial^n z}{\partial y^n}$$

une expression (m, n) que nous supposerons d'abord tout à fait quelconque. Si l'on calcule les dérivées de θ jusqu'à un ordre quelconque p, on obtiendra en tout $\frac{(p+1)(p+2)}{2}$ équations. On peut éliminer, au moyen de l'équation aux dérivées partielles, toutes les dérivées prises à la fois par rapport à x et à y; il restera donc seulement, dans les expressions des dérivées de θ, $m + n + 2p$ dérivées de z, soit, en comprenant z,

$$m + n + 2p + 1$$

quantités. Ce nombre finit toujours par être inférieur à celui des dérivées de θ; l'élimination de z et de ses dérivées conduira donc à une ou plusieurs relations entre θ et ses dérivées, c'est-à-dire à une ou plusieurs équations aux dérivées partielles pour θ, qui seront, en général, d'ordre supérieur au second.

Si l'on connaît une fonction θ satisfaisant à toutes ces équations, on pourra déterminer z et ses dérivées en fonction de θ, sans aucune intégration.

Ces conclusions ne s'appliquent évidemment qu'à l'hypothèse la plus générale; elles sont complètement modifiées, nous allons le voir, si θ satisfait à une équation aux dérivées partielles du second ordre. Il faut alors retrancher des $\frac{(p+1)(p+2)}{2}$ équations qui pourraient, lorsque θ est connu, déterminer z et ses $m+n+2p$ dérivées, toutes celles que l'on obtient en prenant l'équation du second ordre à laquelle satisfait θ et lui adjoignant toutes ses dérivées jusqu'à l'ordre $p-2$, ce qui donne en tout

$$\frac{(p-1)p}{2}$$

équations. Il restera donc seulement

$$\frac{(p+1)(p+2)}{2} - \frac{p(p-1)}{2} = 2p+1$$

relations qui ne peuvent déterminer z et ses $m+n+2p$ dérivées. Il y aura toujours $m+n$ de ces fonctions qui demeureront arbitraires. Dès que l'on aura écrit les trois équations qui expriment θ, $\frac{\partial\theta}{\partial x}$, $\frac{\partial\theta}{\partial y}$, il sera inutile de continuer les dérivations; elles introduiraient autant de dérivées nouvelles de z à déterminer que de nouvelles relations.

Les équations qui donnent θ, $\frac{\partial\theta}{\partial x}$, $\frac{\partial\theta}{\partial y}$ constituent donc ce que M. Mayer a appelé un *système complet*, c'est-à-dire un système dans lequel toutes les conditions d'intégrabilité sont satisfaites. Si l'on prend comme inconnues auxiliaires les fonctions suivantes

$$(13)\quad \begin{cases} u_1 = \frac{\partial z}{\partial x}, & u_2 = \frac{\partial^2 z}{\partial x^2}, & \ldots, & u_m = \frac{\partial^m z}{\partial x^m}, \\ v_1 = \frac{\partial z}{\partial y}, & v_2 = \frac{\partial^2 z}{\partial y^2}, & \ldots, & v_n = \frac{\partial^n z}{\partial y^n}, \end{cases}$$

que l'on ajoutera à z, ce qui donnera $m+n+1$ fonctions inconnues, l'équation qui donne θ fournira une relation entre ces inconnues; on aura

$$\frac{\partial z}{\partial x}=u_1,\quad \frac{\partial u_1}{\partial x}=u_2,\quad \ldots,\quad \frac{\partial u_{m-1}}{\partial x}=u_m;$$
$$\frac{\partial z}{\partial y}=v_1,\quad \frac{\partial v_1}{\partial y}=v_2,\quad \ldots,\quad \frac{\partial v_{n-1}}{\partial y}=v_n.$$

Les autres dérivées des fonctions $u, \ldots, u_{m-1}$; $v, \ldots, v_{n-1}$ seront définies par l'équation aux dérivées partielles à laquelle satisfait z. L'équation qui donne $\frac{\partial\theta}{\partial x}$ et qui contient en général $\frac{\partial^{m+1} z}{\partial x^{m+1}}$ déterminera $\frac{\partial u_m}{\partial x}$, celle qui exprime $\frac{\partial\theta}{\partial y}$ déterminera de même $\frac{\partial v_n}{\partial y}$; enfin les deux autres dérivées de u_m et de v_n s'obtiendront au moyen de l'équation aux dérivées partielles.

Nous avons bien, on le voit, un système complet, de la nature de ceux que M. Mayer a étudiés ([1]). Les fonctions inconnues sont au nombre de $m+n+1$; mais, comme elles sont liées par l'équation qui donne θ, l'intégrale générale contiendra seulement $m+n$ constantes arbitraires. Par suite de la forme linéaire des équations, la valeur générale de z sera de la forme

$$(14)\qquad z = Z + a_1 z_1 + a_2 z_2 + \ldots + a_{m+n} z_{m+n},$$

$a_1, \ldots, a_{m+n}$ désignant des constantes arbitraires *que l'on devra pouvoir déterminer de telle manière que z et ses $m+n$ premières dérivées prennent les valeurs les plus générales satisfaisant à l'équation qui donne* θ. Si l'on porte la valeur précédente de z dans l'expression (12) de θ, le coefficient de a_i devra être nul; et, par suite, θ s'annulera lorsqu'on y remplacera z par z_i. Comme on a $m+n$ quantités z_i, θ sera déterminée à un facteur près par cette condition; θ rentre donc dans la catégorie des fonctions que nous venons d'étudier.

On pourrait objecter que les solutions z_i peuvent rendre illusoire la forme (4) de θ; mais on verra aisément que ce fait excep-

---

([1]) MAYER (A.), *Ueber unbeschränkt integrable Systeme von linearen totalen Differentialgleichungen und die simultane Integration linearer partieller Differentialgleichungen* (*Mathematische Annalen*, t. V, p. 448; 1872).

tionnel ne se présente pas ici; car les déterminants qui sont, dans cette formule (4), les coefficients de $\frac{\partial^m z}{\partial x^m}$, $\frac{\partial^n z}{\partial y^n}$ ne sont jamais nuls. Ce sont ceux que l'on obtient lorsqu'on veut déterminer les constantes a_i, de telle manière que z et ses dérivées, moins la dernière prise par rapport à x ou par rapport à y, prennent des valeurs données à l'avance; et nous avons indiqué que, d'après les propriétés de la solution générale, ces déterminants ne peuvent être nuls. Mais on peut adresser au raisonnement précédent une autre objection plus sérieuse que nous allons examiner.

Nous avons admis que les deux équations par lesquelles on exprime $\frac{\partial \theta}{\partial x}$, $\frac{\partial \theta}{\partial y}$ peuvent être résolues respectivement par rapport à $\frac{\partial^{m+1} z}{\partial x^{m+1}}$, $\frac{\partial^{n+1} z}{\partial y^{n+1}}$. Cela a toujours lieu, en effet, si les nombres m et n sont supérieurs à zéro; mais, dans le cas exceptionnel où l'un de ces entiers se réduit à zéro, la proposition peut être en défaut.

Supposons, par exemple, que θ ne contienne pas les dérivées de z par rapport à x; et donnons-lui, pour la commodité du raisonnement, la forme suivante

$$(15)\quad \left\{\begin{aligned} \theta = {} & \mathrm{A}z + \mathrm{B}_1\left(\frac{\partial z}{\partial y} + az\right) \\ & + \mathrm{B}_2\frac{\partial}{\partial y}\left(\frac{\partial z}{\partial y} + az\right) + \ldots + \mathrm{B}_n\frac{\partial^{n-1}}{\partial y^{n-1}}\left(\frac{\partial z}{\partial y} + az\right), \end{aligned}\right.$$

qui est tout aussi générale que si on l'avait ordonnée simplement par rapport aux dérivées de z. Si l'on forme la dérivée de θ par rapport à x, on aura, en général,

$$\mathrm{B}_p\frac{\partial^p}{\partial x\,\partial y^{p-1}}\left(\frac{\partial z}{\partial y} + az\right) = \mathrm{B}_p\frac{\partial^{p-1}}{\partial y^{p-1}}\left[\left(-c + \frac{\partial a}{\partial x}\right)z - b\frac{\partial z}{\partial y}\right],$$

et, par suite, l'expression de $\frac{\partial \theta}{\partial x}$ sera de la forme

$$\frac{\partial \theta}{\partial x} = \mathrm{A}\frac{\partial z}{\partial x} + \mathrm{C}_1 + \mathrm{C}_2\frac{\partial z}{\partial y} + \ldots + \mathrm{C}_n\frac{\partial^n z}{\partial y^n},$$

A ayant la même valeur que précédemment. Si A n'est pas nul, cette équation donnera $\frac{\partial z}{\partial x}$, et l'on pourra appliquer sans modification le raisonnement général. Il reste donc seulement à examiner le cas où l'on a

$$A = 0;$$

mais alors substituons à l'équation proposée (E) sa transformée (E_1) par la méthode de Laplace; c'est-à-dire posons

$$\frac{\partial z}{\partial y} + az = z'.$$

L'expression de θ prendra la forme nouvelle

$$\theta = B_1 z' + B_2 \frac{\partial z'}{\partial y} + \ldots + B_n \frac{\partial^{n-1} z'}{\partial y^{n-1}},$$

qui contient une dérivée de moins. En recommençant sur cette nouvelle expression de θ les raisonnements précédents, on reconnaîtra que cette fonction doit s'annuler lorsqu'on y remplacera z' par $n - 1$ intégrales particulières de (E_1); ou bien on sera encore conduit à appliquer la transformation de Laplace et à passer à l'équation (E_2). On peut donc énoncer la proposition suivante :

Si la fonction

$$\theta = Az + B_1 \frac{\partial z}{\partial y} + \ldots + B_n \frac{\partial^n z}{\partial y^n}$$

satisfait à une équation du second ordre, elle s'annulera lorsqu'on y remplacera z par n intégrales particulières de l'équation linéaire proposée, et elle sera définie à un facteur près par ces conditions; ou bien elle pourra être ramenée, par l'application successive des substitutions de Laplace, à une expression de la forme

$$A^{(i)} z_i + B_1^{(i)} \frac{\partial z_i}{\partial y} + \ldots + B_{n-i}^{(i)} \frac{\partial^{n-i} z_i}{\partial y^{n-i}},$$

définie par les mêmes propriétés relativement à l'équation (E_i).

Si l'on suppose $i = n$, on retrouve la substitution de Laplace.

En résumé, le théorème du n° 399, combiné, dans certains cas exceptionnels où l'un des nombres m et n doit être nul, avec l'application de la méthode de Laplace, donne toutes les fonctions (m, n) satisfaisant à une équation linéaire du second ordre.

Supposons, par exemple, que l'on prenne

$$\theta = A\frac{\partial z}{\partial y} + Bz,$$

ou, plus simplement,

$$(16) \qquad \theta = \frac{\partial z}{\partial y} + \lambda z;$$

en vertu de la proposition précédente, θ ne pourra satisfaire à une équation du second ordre que si l'on a

$$(17) \qquad \lambda = a,$$

ce qui donne la première substitution de Laplace, ou si l'on a

$$(18) \qquad \lambda = -\frac{1}{z_1}\frac{\partial z_1}{\partial y},$$

z_1 désignant une intégrale particulière de l'équation proposée. Ce résultat avait été déjà obtenu et étudié par M. Lucien Lévy (¹) dans un intéressant Mémoire sur lequel nous aurons l'occasion de revenir.

401. Au milieu de toutes les transformations précédentes, celle de Laplace apparaît donc, on serait tenté de le penser, comme une sorte de transformation singulière échappant à la loi générale qui donne toutes les autres. Nous allons montrer qu'une telle vue serait inexacte : *la transformation de Laplace est comprise, comme cas limite, dans celles que nous venons de définir.*

Pour donner plus de précision au raisonnement, bornons-nous aux expressions de la forme (16). Il faudra, semble-t-il, pour que la substitution de Laplace soit comprise dans les transformations générales, que l'on puisse obtenir une solution particulière de l'équation aux dérivées partielles satisfaisant à la relation

$$(19) \qquad \frac{1}{z'}\frac{\partial z'}{\partial y} = -a, \qquad \frac{\partial z'}{\partial y} + az' = 0.$$

Or il suffit de substituer dans l'équation aux dérivées partielles

(¹) LÉVY (LUCIEN), *Sur quelques équations linéaires aux dérivées partielles* (*Journal de l'École Polytechnique*, LVIᵉ Cahier, p. 63; 1886).

la valeur précédente de $\frac{\partial z'}{\partial y}$; on trouvera

$$z'h = 0.$$

Comme z' ne peut être nul, il faudra que l'invariant h le soit; c'est là un cas exceptionnel que nous pouvons écarter.

Il n'y a donc pas, en général, de solution particulière de l'équation proposée pour laquelle on ait

$$\frac{1}{z'}\frac{\partial z'}{\partial y} = -a;$$

mais nous allons montrer qu'*il existe une infinité de solutions pour lesquelles le premier membre est aussi voisin qu'on le veut de $-a$.*

Posons, en effet,

$$(20) \qquad \frac{1}{z}\frac{\partial z}{\partial y} = -a - \mu.$$

L'inconnue μ, que nous substituons ainsi à z, satisfait à une équation non linéaire du second ordre. Si l'on porte, en effet, dans l'équation à laquelle satisfait z, la valeur de $\frac{\partial z}{\partial y}$ déduite de l'équation précédente, on a

$$-\frac{\partial}{\partial x}(a+\mu)z + a\frac{\partial z}{\partial x} + (c - ab - b\mu)z = 0,$$

ou, en développant,

$$\frac{\partial \log z}{\partial x} = -\frac{\partial \log \mu}{\partial x} - b - \frac{h}{\mu}.$$

On aura donc

$$(21) \qquad d\log z = -\left(\frac{\partial \log \mu}{\partial x} + b + \frac{h}{\mu}\right)dx - (a+\mu)\,dy,$$

et il suffira d'écrire la condition d'intégrabilité pour obtenir l'équation à laquelle doit satisfaire μ. On trouve ainsi

$$(22) \qquad \mu\frac{\partial^2 \mu}{\partial x\,\partial y} - \frac{\partial \mu}{\partial x}\frac{\partial \mu}{\partial y} + (k-h)\mu^2 + \frac{\partial h}{\partial y}\mu - h\frac{\partial \mu}{\partial y} - \mu^2\frac{\partial \mu}{\partial x} = 0;$$

à chaque solution, *différente de zéro*, de cette équation correspondra une valeur de z définie, à un facteur constant près, par la formule (21).

L'équation (22) admet évidemment la solution $\mu = 0$, *à laquelle ne correspond aucune valeur de z*; mais cette solution n'est pas *isolée;* il y a des valeurs infiniment petites de μ qui sont exprimées d'une manière approchée par la formule

$$\mu = hX,$$

X désignant une fonction arbitraire, mais infiniment petite, de x. Il y aura donc des intégrales de l'équation aux dérivées partielles proposée pour lesquelles $\frac{1}{z}\frac{\partial z}{\partial y}$ sera infiniment voisin de $-a$.

On pourrait encore le reconnaître en étudiant les différentes équations particulières dont nous avons donné l'intégrale générale. Nous avons vu, par exemple, au n° 352, que l'équation $E(0, \beta')$ admet pour intégrale générale

$$Z(0, \beta') = Y + \int X(x-y)^{-\beta'} dx.$$

Faisons $\beta' = -1$ et remplaçons X par X″, nous aurons

$$Z(0, -1) = Y + X'(x-y) - X.$$

La valeur de μ sera

$$\mu = \frac{-1}{x-y} - \frac{Y' - X'}{Y + X'(x-y) - X}.$$

Il n'y a aucune solution pour laquelle μ soit nul; mais, si l'on annule la fonction Y, il reste

$$\mu = \frac{1}{x - y - \frac{X}{X'}} - \frac{1}{x-y};$$

il suffira de choisir la fonction arbitraire X de telle manière que $\frac{X}{X'}$ soit très grand, et l'on aura des valeurs de μ très voisines de zéro.

402. La proposition générale que nous avons étudiée depuis le commencement de ce Chapitre nous a permis de rattacher à toute équation linéaire une série d'équations semblables dont l'intégrale se forme avec l'intégrale générale de la proposée et avec ses dérivées prises jusqu'à un ordre déterminé. Nous allons indiquer maintenant une autre proposition qui conduit au même résultat, mais par des moyens tout à fait différents, puisqu'elle repose essentiellement sur l'emploi de certaines quadratures. Désignons par P et Q deux fonctions linéaires de z et de ses dérivées prises jusqu'à un ordre quelconque, et proposons-nous de déterminer P et Q de telle manière que

$$P\,dx + Q\,dy$$

soit une différentielle exacte $d\theta$, et que son intégrale θ satisfasse à une équation linéaire du second ordre.

Écrivons d'abord la condition d'intégrabilité. Si, pour abréger, on désigne par $\mathcal{F}(z)$ le premier membre de l'équation à laquelle satisfait z, il faudra évidemment que l'on ait une identité de la forme

$$\frac{\partial Q}{\partial x} - \frac{\partial P}{\partial y} = A\mathcal{F} + B\frac{\partial \mathcal{F}}{\partial x} + C\frac{\partial \mathcal{F}}{\partial y} + D\frac{\partial^2 \mathcal{F}}{\partial x^2} + \ldots,$$

A, B, C, D, ... étant des fonctions quelconques de x et de y. On peut, au moyen des intégrations par parties, donner au second membre la forme suivante :

$$\mu\mathcal{F} + \frac{\partial}{\partial x}\left(B\mathcal{F} + B_1\frac{\partial \mathcal{F}}{\partial x} + \ldots\right) + \frac{\partial}{\partial y}(C\mathcal{F} + \ldots).$$

Par suite, si l'on écrit

$$P - C\mathcal{F} - \ldots,$$

$$Q + B\mathcal{F} + B_1\frac{\partial \mathcal{F}}{\partial x} + \ldots,$$

au lieu de P et de Q, ce qui change seulement la forme de P et de Q *sans changer leur valeur*, on aura l'identité plus simple

$$\frac{\partial Q}{\partial x} - \frac{\partial P}{\partial y} = \mu\mathcal{F}. \tag{23}$$

Si μ était nul, il faudrait évidemment que l'on eût

$$P = \frac{\partial v}{\partial x}, \qquad Q = \frac{\partial v}{\partial y},$$

v étant une fonction linéaire de z et de ses dérivées. On aurait

$$\theta = v,$$

et l'on retrouverait les expressions que nous avons étudiées au commencement de ce Chapitre. Si μ n'est pas nul, il résulte des propositions rappelées au n° 357 que μ sera nécessairement une solution particulière de l'équation adjointe. On aura alors

$$\mu \mathcal{F} = \frac{\partial}{\partial x}\left(\mu \frac{\partial z}{\partial y} + a\mu z\right) - \frac{\partial}{\partial y}\left(z\frac{\partial \mu}{\partial x} - b\mu z\right),$$

et l'identité à vérifier se ramènera à la suivante :

$$\frac{\partial}{\partial x}\left(Q - \mu\frac{\partial z}{\partial y} - a\mu z\right) = \frac{\partial}{\partial y}\left(P - z\frac{\partial \mu}{\partial x} + b\mu z\right).$$

Si donc v désigne une fonction linéaire de z et de ses dérivées jusqu'à un ordre quelconque, on aura nécessairement

$$(24)\qquad \begin{cases} P = z\left(\dfrac{\partial \mu}{\partial x} - b\mu\right) + \dfrac{\partial v}{\partial x}, \\ Q = \mu\left(\dfrac{\partial z}{\partial y} + az\right) + \dfrac{\partial v}{\partial y}, \end{cases}$$

et, si l'on pose

$$(25)\qquad \sigma = \int\left[z\left(\frac{\partial \mu}{\partial x} - b\mu\right)dx + \mu\left(\frac{\partial z}{\partial y} + az\right)dy\right],$$

on pourra écrire

$$(26)\qquad \theta = \int(P\,dx + Q\,dy) = \sigma + v.$$

Il faut maintenant déterminer μ et v de telle manière que θ soit l'intégrale d'une équation du second ordre.

Nous allons montrer d'abord que σ satisfait, pour chaque valeur de μ, à une telle équation. On a, en effet

$$(27)\qquad \frac{\partial \sigma}{\partial x} = z\left(\frac{\partial \mu}{\partial x} - b\mu\right), \qquad \frac{\partial \sigma}{\partial y} = \mu\left(\frac{\partial z}{\partial y} + az\right).$$

En tirant de la première équation la valeur de z et la portant dans la seconde, on trouve

$$(28)\qquad \frac{1}{\mu}\frac{\partial \sigma}{\partial y} = \frac{a}{\dfrac{\partial \mu}{\partial x} - b\mu}\frac{\partial \sigma}{\partial x} + \frac{\partial}{\partial y}\left(\frac{\dfrac{\partial \sigma}{\partial x}}{\dfrac{\partial \mu}{\partial x} - b\mu}\right);$$

et cette relation constitue bien une équation linéaire du second ordre à laquelle satisfait la valeur générale de σ.

Revenons maintenant à l'expression de θ. Comme les équations (27) permettent d'exprimer z et ses dérivées en fonction linéaire des dérivées de σ, on voit que θ pourra être exprimée en fonction linéaire des dérivées de σ. Il suffira donc d'appliquer les propositions des nos 399 et 400 pour obtenir toutes les fonctions θ satisfaisant à une équation linéaire du second ordre.

Les deux propositions que nous venons d'étudier permettent, on le voit, de rattacher à toute équation linéaire (E) deux séries différentes d'équations qui s'intégreront en même temps qu'elle. Si l'équation primitive (E) s'intègre par la méthode de Laplace, c'est-à-dire si elle admet des solutions de la forme

$$AX + A_1X' + \ldots + A_iX^{(i)},$$

la même propriété subsistera pour toutes les équations qui en dérivent. Ce résultat est évident pour celles que nous avons obtenues au n° 399; et, pour celles que nous venons de définir, il est une simple conséquence de la proposition démontrée au n° 393. Ainsi, *lorsque l'équation primitive* (E) *est intégrable par la méthode de Laplace, il en est de même de toutes les équations qui en dérivent par l'application des deux propositions précédentes.*

Comme application, proposons-nous de déterminer toutes les fonctions θ pour lesquelles P et Q contiennent les dérivées de z jusqu'au premier ordre seulement. Il faudra évidemment que v soit égal à ρz, ρ étant une fonction quelconque de x et de y; et, par conséquent, on aura

$$\theta = \sigma + \rho z = \sigma + \frac{\rho}{\dfrac{\partial\mu}{\partial x} - b\mu}\frac{\partial\sigma}{\partial x}. \tag{29}$$

Pour que cette fonction soit l'intégrale d'une équation du second ordre, il faudra, ou bien que la valeur de θ soit celle que l'on déduit de σ par l'application de la deuxième substitution de Laplace à l'équation (28) et, dans ce cas, il faudra prendre $\rho = -\mu$; ou bien que le second membre s'annule pour une solution particulière σ' de l'équation en σ.

Dans le premier cas, on a

$$(30)\qquad \theta = -\int \mu\left(\frac{\partial z}{\partial x} + bz\right)dx + z\left(\frac{\partial \mu}{\partial y} - a\mu\right)dy,$$

et la valeur de θ est, au signe près, celle que l'on déduirait de σ par l'échange des variables x et y.

Dans le second cas, on devra avoir

$$(31)\qquad \rho = -\left(\frac{\partial \mu}{\partial x} - b\mu\right)\frac{\sigma'}{\dfrac{\partial \sigma'}{\partial x}};$$

ou, si l'on désigne par z' la valeur de z correspondante à σ',

$$(32)\qquad \rho = -\frac{\sigma'}{z'}, \qquad \nu = \frac{-\sigma' z}{z'}.$$

On a ainsi

$$(33)\quad \theta = \int \left\{\left[z\left(\frac{\partial \mu}{\partial x} - b\mu\right) - \frac{\partial}{\partial x}\left(\frac{\sigma' z}{z'}\right)\right]dx + \left[\mu\left(\frac{\partial z}{\partial y} + az\right) - \frac{\partial}{\partial y}\left(\frac{\sigma' z}{z'}\right)\right]dy\right\};$$

en réduisant, on trouve

$$(34)\qquad \theta = \int\left[-\sigma'\frac{\partial}{\partial x}\left(\frac{z}{z'}\right)dx + (\mu z' - \sigma')\frac{\partial}{\partial y}\left(\frac{z}{z'}\right)dy\right].$$

La valeur de θ est d'ailleurs

$$(35)\qquad \theta = \sigma - \frac{z\sigma'}{z'} = \sigma - \sigma'\frac{\dfrac{\partial \sigma}{\partial x}}{\dfrac{\partial \sigma'}{\partial x}}.$$

Nous indiquerons plus loin, au Chapitre X, l'interprétation géométrique de ces résultats.

403. Nous pouvons maintenant traiter d'une manière simple une question que nous avons laissée de côté dans les développements qui précèdent. Étant donnée l'expression

$$\theta = (m, n)$$

qui satisfait à une équation linéaire du second ordre, proposons-nous de déterminer les valeurs de z qui correspondent à une solution donnée θ. Nous allons voir que l'on peut résoudre cette question par de simples quadratures lorsqu'on connaît les valeurs particulières de z qui annulent l'expression de θ. Mais, au lieu de traiter la question directement, nous allons employer la méthode suivante, qui mettra mieux en évidence ce qu'il y a de réellement intéressant dans la solution.

Désignons par

$$z_1, z_2, \ldots, z_{m+n}$$

des solutions particulières de l'équation

$$(36)\qquad \frac{\partial^2 z}{\partial x\, \partial y} + a\frac{\partial z}{\partial x} + b\frac{\partial z}{\partial y} + cz = 0;$$

soit encore

$$(37)\qquad m + n = p,$$

et déterminons des quantités $\lambda_1, \lambda_2, \ldots, \lambda_p$ par les équations

$$(38)\qquad \left\{\begin{array}{l} z_1\lambda_1 + z_2\lambda_2 + \ldots + z_p\lambda_p = 0, \\ \dfrac{\partial z_1}{\partial x}\lambda_1 + \ldots\ldots\ldots + \dfrac{\partial z_p}{\partial x}\lambda_p = 0, \\ \ldots\ldots\ldots\ldots\ldots\ldots\ldots\ldots\ldots, \\ \dfrac{\partial^{m-1} z_1}{\partial x^{m-1}}\lambda_1 + \ldots\ldots\ldots + \dfrac{\partial^{m-1} z_p}{\partial x^{m-1}}\lambda_p = 0, \\ \dfrac{\partial z_1}{\partial y}\lambda_1 + \ldots\ldots\ldots + \dfrac{\partial z_p}{\partial y}\lambda_p = 0, \\ \ldots\ldots\ldots\ldots\ldots\ldots\ldots\ldots\ldots, \\ \dfrac{\partial^{n-1} z_1}{\partial y^{n-1}}\lambda_1 + \ldots\ldots\ldots + \dfrac{\partial^{n-1} z_p}{\partial y^{n-1}}\lambda_p = 0. \end{array}\right.$$

Si l'on conserve les notations du n° 397, les équations précédentes peuvent être écrites d'une manière abrégée comme il suit :

$$(39)\qquad (m-1,\, n-1)_1\lambda_1 + \ldots + (m-1,\, n-1)_p\lambda_p = 0,$$

cette unique équation devant être vérifiée pour *toute* expression $(m-1,\, n-1)$ et $(m-1,\, n-1)_i$ désignant encore le résultat de la substitution de z_i à z dans cette expression. Les équations (38) ou l'équation (39) déterminent, en général, les rapports mutuels de $\lambda_1, \lambda_2, \ldots, \lambda_p$. Nous laisserons de côté le cas exceptionnel où ces équations formeraient un système indéterminé ([1]).

Nous allons montrer que toutes les quantités λ_i ainsi déterminées satisfont, elles aussi, à une équation aux dérivées partielles du second ordre. Pour plus de netteté, nous supposerons m et n au moins égaux à 1; s'il en était autrement, il suffirait de passer à l'une des équations voisines, dans la suite de Laplace relative à l'équation proposée.

Une expression $(m-2, n-1)$ étant un cas particulier d'une expression $(m-1, n-1)$, on déduit de la formule (39) que l'on aura

$$(m-2, n-1)_1\lambda_1 + \ldots + (m-2, n-1)_p\lambda_p = 0,$$

pour toute expression $(m-2, n-1)$. Différentions cette équation par rapport à x, nous aurons

$$\sum \lambda_i \frac{\partial}{\partial x}(m-2, n-1)_i + \sum (m-2, n-1)_i \frac{\partial \lambda_i}{\partial x} = 0.$$

Comme la dérivée par rapport à x d'une expression $(m-2, n-1)$ est une expression $(m-1, n-1)$, le premier terme de la somme précédente sera nul, et il restera

$$\sum_{i=1}^{i=p} (m-2, n-1)_i \frac{\partial \lambda_i}{\partial x} = 0. \tag{40}$$

On aurait de même

$$\sum_{i=1}^{i=p} (m-1, n-2)_i \frac{\partial \lambda_i}{\partial y} = 0. \tag{41}$$

En traitant de la même manière l'équation

$$\sum_{i=1}^{i=p} (m-2, n-2)_i \frac{\partial \lambda_i}{\partial x} = 0, \tag{42}$$

qui est un cas particulier de la formule (40), et en la différentiant

([1]) Ce cas ne peut se présenter, si les solutions z_i sont linéairement indépendantes, tant que la suite de Laplace s'étendra entre les équations (E_{-m+1}), (E_{n-1}). On s'en assure aisément en répétant les raisonnements du n° 397.

par rapport à y, on trouvera de même

$$\sum (m-2, n-2)_i \frac{\partial^2 \lambda_i}{\partial x \partial y} = 0. \tag{43}$$

Il résulte des formules (40) à (43) que, si l'on pose

$$\mathcal{G}(\lambda) = \frac{\partial^2 \lambda}{\partial x \partial y} + \alpha \frac{\partial \lambda}{\partial x} + \beta \frac{\partial \lambda}{\partial y} + \gamma \lambda, \tag{44}$$

on aura

$$\sum_{i=1}^{i=p} (m-2, n-2)_i \, \mathcal{G}(\lambda_i) = 0, \tag{45}$$

pour toute expression $(m-2, n-2)$. Cette équation tiendra donc lieu de $m+n-3$ équations distinctes que l'on obtiendrait en y remplaçant successivement $(m-2, n-2)$ par

$$z, \quad \frac{\partial z}{\partial x}, \quad \ldots, \quad \frac{\partial^{m-2} z}{\partial x^{m-2}}; \quad \frac{\partial z}{\partial y}, \quad \ldots, \quad \frac{\partial^{n-2} z}{\partial y^{n-2}}.$$

Il y a p ou $m+n$ quantités $\mathcal{G}(\lambda_i)$; mais on peut disposer des fonctions α, β, γ de manière à annuler trois quelconques d'entre elles. Les autres, au nombre de $p-3$, seront liées par un nombre égal de relations homogènes; elles seront donc aussi égales à zéro [1]. Ainsi, les fonctions λ_i dont les rapports sont définis par les équations (38) satisfont toutes à une équation aux dérivées partielles, entièrement semblable à celle dont les fonctions z_i sont des solutions particulières.

Nous avons déjà étudié [I, p. 119] un cas particulier de cette proposition générale. Nous avons vu que, si les coordonnées homogènes x, y, z, t d'un point variable d'une surface donnée satisfont à une équation de la forme

$$\frac{\partial^2 \theta}{\partial \rho \partial \rho_1} + a \frac{\partial \theta}{\partial \rho} + b \frac{\partial \theta}{\partial \rho_1} + c\theta = 0, \tag{46}$$

il en est de même des coordonnées tangentielles u, v, w, p. Or

---

[1] Pour que cette conclusion cessât d'être établie, il faudrait que les déterminants des différents systèmes que l'on obtient en annulant trois quelconques des quantités $\mathcal{G}(\lambda_i)$ choisies arbitrairement fussent tous nuls. S'il en était ainsi, les équations (38) ne détermineraient plus, contrairement à l'hypothèse, les rapports mutuels des quantités λ_i.

ces coordonnées sont liées aux premières par les relations

$$(47)\quad \begin{cases} ux+vy+wz+pt=0, \\ u\dfrac{\partial x}{\partial \rho}+v\dfrac{\partial y}{\partial \rho}+w\dfrac{\partial z}{\partial \rho}+p\dfrac{\partial t}{\partial \rho}=0, \\ u\dfrac{\partial x}{\partial \rho_1}+v\dfrac{\partial y}{\partial \rho_1}+w\dfrac{\partial z}{\partial \rho_1}+p\dfrac{\partial t}{\partial \rho_1}=0. \end{cases}$$

C'est, aux notations près, pour le cas particulier où m et n sont égaux à 2, le système (38) que nous venons d'étudier.

Signalons également l'analogie de ce système (38) avec celui que nous avons considéré au n° 370 et qui établit, dans le cas d'une variable indépendante, les relations entre deux groupes de fonctions adjointes. Cette analogie peut encore se poursuivre; et l'on établira aisément des équations analogues au système (15) de la page 103. On peut les écrire ainsi, sous forme abrégée,

$$(48)\qquad \sum(m-1-h,\ n-1-k)_i(h,\ k)_i=0,$$

$(m-1-h,\ n-1-k)$ se rapportant à l'équation qui admet les solutions particulières z_i et le symbole (h, k) à l'équation à laquelle satisfont les λ_i. Mais nous laisserons de côté toutes ces relations pour nous attacher surtout au point essentiel et montrer que *l'intégration de chacune des équations en z ou en λ*

$$\mathfrak{F}(z)=0,\qquad \mathfrak{G}(\lambda)=0$$

peut se ramener à celle de l'autre, ou, plus exactement, à celle de l'adjointe à l'autre équation.

404. Écrivons en effet l'adjointe de $\mathfrak{G}(\lambda)$

$$(49)\qquad \frac{\partial^2\mu}{\partial x\,\partial y}-\alpha\frac{\partial\mu}{\partial x}-\beta\frac{\partial\mu}{\partial y}+\left(\gamma-\frac{\partial\alpha}{\partial x}-\frac{\partial\beta}{\partial y}\right)\mu=0,$$

et soit μ son intégrale générale. D'après la proposition du n° 402, l'expression

$$\mu\left(\frac{\partial\lambda_h}{\partial x}+\beta\lambda_h\right)dx+\lambda_h\left(\frac{\partial\mu}{\partial y}-\alpha\mu\right)dy$$

sera une différentielle exacte. Introduisons la fonction suivante :

$$(50)\qquad Z=\sum_{h=1}^{h=p} z_h\int\left[\mu\left(\frac{\partial\lambda_h}{\partial x}+\beta\lambda_h\right)dx+\lambda_h\left(\frac{\partial\mu}{\partial y}-\alpha\mu\right)dy\right];$$

la valeur de Z satisfera, nous allons le montrer, à l'équation

$$(51) \qquad \mathcal{F}(z) = 0,$$

dont elle sera l'intégrale générale.

Posons, pour abréger,

$$(52) \qquad \sigma_h = \int \left[\mu \left(\frac{\partial \lambda_h}{\partial x} + \beta \lambda_h \right) dx + \lambda_h \left(\frac{\partial \mu}{\partial y} - \alpha \mu \right) dy \right].$$

Comme on a

$$(53) \qquad \frac{\partial \sigma_h}{\partial x} = \mu \left(\frac{\partial \lambda_h}{\partial x} + \beta \lambda_h \right), \qquad \frac{\partial \sigma_h}{\partial y} = \lambda_h \left(\frac{\partial \mu}{\partial y} - \alpha \mu \right);$$

les relations auxquelles satisfont les λ_h nous donneront immédiatement les suivantes :

$$(54) \qquad \begin{cases} \sum (m-1,\ n-1)_h \dfrac{\partial \sigma_h}{\partial y} = 0, \\ \sum (m-2,\ n-1)_h \dfrac{\partial \sigma_h}{\partial x} = 0, \\ \sum (m-2,\ n-1)_h \dfrac{\partial^2 \sigma_h}{\partial x \, \partial y} = 0. \end{cases}$$

On aura, en particulier,

$$(55) \qquad \begin{cases} \sum z_h \dfrac{\partial \sigma_h}{\partial x} = 0, & \sum z_h \dfrac{\partial \sigma_h}{\partial y} = 0, \\ \sum z_h \dfrac{\partial^2 \sigma_h}{\partial x \, \partial y} = 0, & \sum \dfrac{\partial z_h}{\partial x} \dfrac{\partial \sigma_h}{\partial y} = 0. \end{cases}$$

D'après cela, si l'on différentie la valeur de Z,

$$(56) \qquad Z = \sum z_h \sigma_h,$$

on aura, en tenant compte des relations précédentes,

$$(57) \qquad \begin{cases} \dfrac{\partial Z}{\partial x} = \sum \sigma_h \dfrac{\partial z_h}{\partial x}, \qquad \dfrac{\partial Z}{\partial y} = \sum \sigma_h \dfrac{\partial z_h}{\partial y}, \\ \dfrac{\partial^2 Z_h}{\partial x \, \partial y} = \sum \sigma_h \dfrac{\partial^2 z_h}{\partial x \, \partial y}, \end{cases}$$

et, par suite,

$$\mathcal{F}(Z) = \sum \sigma_h \mathcal{F}(z_h) = 0.$$

La proposition que nous avions en vue est ainsi établie. Proposons-nous maintenant de reconnaître comment on déterminera la valeur de μ correspondante à chaque valeur de Z.

Si, tenant compte des formules (38), on différentie successivement l'équation qui donne Z, on obtiendra une série de formules comprises dans le type suivant

$$(58)\qquad (m-1,\, n-1)_Z = \sum_{h=1}^{h=p} (m-1,\, n-1)_h \sigma_h,$$

où l'on peut employer la fonction $(m-1,\, n-1)$ la plus générale, et qui tient lieu par conséquent de $m+n-1$ équations distinctes. Considérons deux de ces équations et d'abord la suivante :

$$\frac{\partial^{m-1} Z}{\partial x^{m-1}} = \sum \sigma_h \frac{\partial^{m-1} z_h}{\partial x^{m-1}}.$$

Si on la différentie par rapport à x, on trouvera

$$(59)\qquad \frac{\partial^m Z}{\partial x^m} = \sum \sigma_h \frac{\partial^m z_h}{\partial x^m} + \mu \sum \frac{\partial^{m-1} z_h}{\partial x^{m-1}} \frac{\partial \lambda_h}{\partial x}.$$

Prenons ensuite l'équation

$$\frac{\partial^{n-1} Z}{\partial y^{n-1}} = \sum \sigma_h \frac{\partial^{n-1} z_h}{\partial y^{n-1}},$$

et différentions-la par rapport à y ; nous trouverons

$$(60)\qquad \frac{\partial^n Z}{\partial y^n} = \sum \sigma_h \frac{\partial^n z_h}{\partial y^n} + \sum \frac{\partial \sigma_h}{\partial y} \frac{\partial^{n-1} z_h}{\partial y^{n-1}} = \sum \sigma_h \frac{\partial^n z_h}{\partial y^n}.$$

Si l'on joint les deux équations (59) et (60) aux $m+n-1$ équations (58), on forme un système qui peut être résolu par rapport aux $p+1$ inconnues σ_h et μ ; et qui donne, en particulier, pour μ une fonction linéaire de Z et de ses dérivées, prises jusqu'aux ordres m et n respectivement par rapport à x et par rapport à y, c'est-à-dire une expression de la forme

$$(61)\qquad \mu = (m,\, n)_Z.$$

D'ailleurs, le système des équations considérées ne change pas lorsqu'on remplace Z par $Z + C z_h$ à la condition de remplacer σ_h par $\sigma_h + C$; cela résulte de ce que les σ_h sont des intégrales auxquelles on peut toujours ajouter une constante. La valeur de μ ne changera donc pas si l'on y remplace Z par $Z + Cz_h$; par suite, elle devra s'annuler quand on y remplacera Z par z_h.

Ainsi la valeur de μ est cette expression (m, n) qui est définie par la condition de s'annuler quand on y remplace Z par l'une quelconque des solutions particulières

$$z_1, \quad z_2, \quad \dots, \quad z_p.$$

La proposition que nous venons d'étudier peut donc être considérée comme le complément et l'inversion de celle que nous avons donnée au n° 400.

405. Nous indiquerons l'application suivante. Soit (E) l'équation à laquelle satisfont les coordonnées x, y, z, t d'un point d'une surface, considérées comme fonctions de ρ et ρ_1. Soit (E′) son adjointe, et désignons de même par (G), (G′) les équations analogues relatives aux coordonnées tangentielles. Si U désigne la solution la plus générale de (G), l'intégrale générale de (E′) sera l'expression (2, 2) définie par la condition de s'annuler pour $U = u, v, w, p$, c'est-à-dire

$$\begin{vmatrix} U & \dfrac{\partial U}{\partial \rho} & \dfrac{\partial U}{\partial \rho_1} & \dfrac{\partial^2 U}{\partial \rho^2} & \dfrac{\partial^2 U}{\partial \rho_1^2} \\ u & \dfrac{\partial u}{\partial \rho} & \dots & \dots & \dfrac{\partial^2 u}{\partial \rho_1^2} \\ v & \dots & \dots & \dots & \dots \\ w & \dots & \dots & \dots & \dots \\ p & \dfrac{\partial p}{\partial \rho} & \dots & \dots & \dfrac{\partial^2 p}{\partial \rho_1^2} \end{vmatrix};$$

et, réciproquement, l'intégrale U s'exprimera au moyen de l'intégrale générale de (E′) par une équation de la forme

$$U = u\sigma_1 + v\sigma_2 + w\sigma_3 + p\sigma_4,$$

où σ_1, σ_2, σ_3, σ_4 désignent quatre intégrales semblables à celle qui est définie par la formule (52). Il y aura des relations analogues entre (G′) et (E).

Si donc, conformément aux remarques présentées à la fin du

Chapitre IV, on regarde l'intégration d'une équation et celle de son adjointe comme deux problèmes équivalents, on voit que *les deux équations auxquelles satisfont, soit les coordonnées tangentielles, soit les coordonnées ponctuelles, s'intégreront en même temps, et que, si l'une des équations s'intègre par la méthode de Laplace, il en sera de même de l'autre.*

CHAPITRE IX.

LES ÉQUATIONS HARMONIQUES. APPLICATIONS ANALYTIQUES DES PROPOSITIONS DÉVELOPPÉES DANS LES DEUX CHAPITRES PRÉCÉDENTS.

Définition des équations et des solutions harmoniques. — Groupes de quatre solutions liées par une équation quadratique. — Application du théorème de M. Moutard au cas où l'on emploie une solution particulière harmonique. — Théorème relatif aux équations linéaires de la forme

$$y'' = y[\varphi(t) + h].$$

— D'une telle équation, lorsqu'on sait l'intégrer pour toutes les valeurs de h, on peut déduire une infinité d'autres équations de même forme que l'on saura intégrer pour toutes les valeurs de h. — Caractère distinctif de toutes les équations linéaires qui dérivent ainsi d'une même équation. — Étude d'une transformation particulière qui permet de passer d'une équation harmonique à d'autres équations harmoniques. — Formule générale permettant de rattacher à toute solution non harmonique d'une équation harmonique une infinité de solutions particulières nouvelles. — Reconnaître si une équation à invariants égaux est une équation harmonique. — Ce problème est équivalent au suivant : Reconnaître si l'élément linéaire d'une surface est réductible à la forme

$$ds^2 = [\varphi(u) - \psi(v)](du^2 + dv^2).$$

— Application à l'équation d'Euler. — Étude d'une équation aux dérivées partielles plus générale. — Indication de quelques sujets de recherche auxquels conduisent les propositions développées dans ce Chapitre.

---

406. Nous avons développé, dans les deux derniers Chapitres, différentes propositions générales relatives aux équations linéaires du second ordre. Il ne sera pas inutile d'indiquer, dès à présent, quelques-unes de leurs applications. Nous commencerons par celles qui se rapportent à l'analyse, et nous envisagerons plus spécialement les équations de la forme suivante

$$(1) \qquad \frac{\partial^2 z}{\partial x \, \partial y} = [\varphi(x+y) - \psi(x-y)]z,$$

où les symboles φ et ψ représentent deux fonctions quelconques.

Ces équations, que nous désignerons, pour abréger, sous le nom d'*équations harmoniques*, jouent un rôle capital en Physique mathématique ([1]). Elles ont la propriété d'admettre une infinité de solutions particulières de la forme

$$f(x+y)f_1(x-y)$$

Si l'on exprime, en effet, qu'une telle fonction satisfait à l'équation proposée (1), on est conduit à la relation

$$\frac{f''(x+y)}{f(x+y)} - \varphi(x+y) = \frac{f_1''(x-y)}{f_1(x-y)} - \psi(x-y).$$

Il suffira donc de prendre pour f et f_1 des solutions quelconques des équations linéaires

$$(2)\qquad \begin{cases} f''(t) = f(t)[\varphi(t)+h], \\ f_1''(t) = f_1(t)[\psi(t)+h], \end{cases}$$

([1]) Étant donnée une équation de la forme

$$(a)\qquad \mathrm{P}\frac{\partial^2 z}{\partial x^2} + \mathrm{Q}\frac{\partial z}{\partial x} + \mathrm{R}z = \mathrm{P}_1\frac{\partial^2 z}{\partial y^2} + \mathrm{Q}_1\frac{\partial z}{\partial y} + \mathrm{R}_1 z,$$

où P, Q, R désignent des fonctions quelconques de x et P_1, Q_1, R_1 des fonctions quelconques de y, on peut toujours, par de simples quadratures, la ramener à la forme (1). Si l'on pose, en effet,

$$x_1 = \int\frac{dx}{\sqrt{\mathrm{P}}} + \int\frac{dy}{\sqrt{\mathrm{P}_1}}, \qquad y_1 = \int\frac{dx}{\sqrt{\mathrm{P}}} - \int\frac{dy}{\sqrt{\mathrm{P}_1}},$$

l'équation (a) se transforme en une équation

$$\frac{\partial^2 z}{\partial x_1\,\partial y_1} + a\frac{\partial z}{\partial x_1} + b\frac{\partial z}{\partial y_1} + cz = 0,$$

qui a ses invariants égaux et peut être ramenée à la forme

$$\frac{\partial^2 z}{\partial x\,\partial y} = \lambda z.$$

Le calcul, qui n'offre aucune difficulté, conduit à une équation *harmonique*. On peut aussi ramener l'équation (a) à la forme réduite

$$(b)\qquad f(x)\frac{\partial^2 z}{\partial x^2} = f_1(y)\frac{\partial^2 z}{\partial y^2};$$

mais cette forme n'est nullement typique et peut être obtenue d'une infinité de manières.

où h désigne une constante quelconque. A chaque valeur de h correspondent deux fonctions $f(x+y)$, deux fonctions $f_1(x-y)$ et, par suite, quatre solutions particulières de l'équation proposée. Si l'on désigne par A et B les deux valeurs de f, par A_1 et B_1 celles de f_1, les quatre solutions seront

$$z_1 = AB, \qquad z_2 = AB_1, \qquad z_3 = A_1B, \qquad z_4 = A_1B_1,$$

et seront liées par la relation quadratique

$$z_1 z_4 = z_2 z_3.$$

Ainsi *les équations harmoniques admettent un nombre illimité de groupes de quatre solutions satisfaisant à une équation homogène du second degré à coefficients constants.*

Nous désignerons également sous le nom de *solutions harmoniques* une quelconque des solutions que nous venons de définir et qui sont le produit d'une fonction de $x+y$ par une fonction de $x-y$.

407. Soit

$$\omega = f(x+y)f_1(x-y)$$

une telle solution. On peut évidemment l'employer pour appliquer la méthode de M. Moutard et passer de l'équation (1) à une équation nouvelle qui sera

$$\frac{1}{Z}\frac{\partial^2 Z}{\partial x\,\partial y} = \omega\frac{\partial^2\left(\frac{1}{\omega}\right)}{\partial x\,\partial y}.$$

Le calcul du second membre se fait très simplement de la manière suivante. Nous avons déjà remarqué que l'on a

$$\frac{1}{\omega}\frac{\partial^2\omega}{\partial x\,\partial y} = \frac{f''}{f} - \frac{f_1''}{f_1}.$$

Si l'on change f en $\frac{1}{f}$ et f_1 en $\frac{1}{f_1}$, il viendra, sans nouveau calcul,

$$\omega\frac{\partial^2\left(\frac{1}{\omega}\right)}{\partial x\,\partial y} = f\left(\frac{1}{f}\right)'' - f_1\left(\frac{1}{f_1}\right)''. \tag{3}$$

Ainsi l'équation nouvelle que l'on obtient par l'emploi de la solution ω

$$\frac{\partial^2 Z}{\partial x\,\partial y} = Z\left[f\left(\frac{1}{f}\right)'' - f_1\left(\frac{1}{f_1}\right)''\right] \tag{4}$$

conserve la forme de l'équation dont elle dérive; elle est encore une équation harmonique.

Nous avons vu que l'on passe d'une solution z de l'équation (1) à la solution correspondante de l'équation (4) à l'aide de la formule

$$\omega Z = \int\left(\omega\frac{\partial z}{\partial x} - z\frac{\partial\omega}{\partial x}\right)dx - \left(\omega\frac{\partial z}{\partial y} - z\frac{\partial\omega}{\partial y}\right)dy; \tag{5}$$

proposons-nous de rechercher ce que deviennent les solutions harmoniques de la première équation.

Soit

$$z = \theta(x+y)\,\theta_1(x-y)$$

une telle solution de l'équation proposée. Les équations qui définissent θ, θ_1 pourront être mises sous la forme suivante

$$\frac{\theta''}{\theta} = \frac{f''}{f} + h, \qquad \frac{\theta_1''}{\theta_1} = \frac{f_1''}{f_1} + h, \tag{6}$$

h désignant une constante quelconque. Si l'on porte la valeur de z dans la formule (5), il viendra

$$ff_1 Z = \int[f_1\theta_1(f\theta' - \theta f')\,d(x-y) + f\theta(f_1\theta_1' - f_1'\theta_1)\,d(x+y)].$$

La quadrature qui figure dans le second membre peut être effectuée dans tous les cas. On déduit, en effet, des formules (6)

$$f\theta = \frac{1}{h}(f\theta'' - \theta f''), \qquad f_1\theta_1 = \frac{1}{h}(f_1\theta_1'' - \theta_1 f_1'');$$

et, si l'on porte les valeurs de $f\theta$, $f_1\theta_1$ dans l'équation qui donne Z, on aura

$$ff_1 Z = \frac{1}{h}\int[(f\theta' - \theta f')\,d(f_1\theta_1' - f_1'\theta_1) + (f_1\theta_1' - \theta_1 f_1')\,d(f\theta' - \theta f')],$$

ou, en négligeant la constante h,

$$ff_1 Z = (f\theta' - \theta f')(f_1\theta_1' - \theta_1 f_1'),$$

$$Z = \left(\theta' - \theta\frac{f'}{f}\right)\left(\theta_1' - \theta_1\frac{f_1'}{f_1}\right). \tag{7}$$

On obtient donc pour Z une solution qui est le produit d'une fonction de $x+y$ par une fonction de $x-y$, c'est-à-dire qui est aussi harmonique.

408. Il est aisé de vérifier le résultat précédent. Si l'on introduit en effet la fonction

(8) $$u = \theta' - \theta\frac{f'}{f},$$

on reconnaît par un calcul facile que l'on a

(9) $$\frac{u''}{u} = f\left(\frac{1}{f}\right)'' + h.$$

On est ainsi conduit au curieux théorème d'Analyse suivant :

Étant donnée l'équation différentielle du second ordre

(10) $$\frac{d^2y}{dt^2} = [\varphi(t) + h]y,$$

supposons qu'on sache l'intégrer pour toutes les valeurs de h. Soit $f(t)$ une solution de cette équation, correspondante à une valeur particulière de h, par exemple $h = h_1$. On saura aussi intégrer, pour toutes les valeurs de h, l'équation

(11) $$\frac{d^2y}{dt^2} = \left[f\left(\frac{1}{f}\right)'' + h - h_1\right]y.$$

Si y désigne la solution générale de l'équation (10) *correspondante à une valeur déterminée de h, différente de h_1,*

(12) $$y' - y\frac{f'}{f}$$

sera la solution générale de l'équation (11) *pour la même valeur de h.*

Cette proposition, qu'il est aisé de vérifier directement [1], permet, évidemment, de rattacher à toute équation de la forme (10), que

---

[1] On trouvera la démonstration directe dans une Note de l'auteur *Sur une proposition relative aux équations linéaires*, insérée aux *Comptes rendus* (t. XCIV, p. 1456; 1882).

l'on sait intégrer pour toutes les valeurs de h, une suite illimitée d'équations différentielles de même forme que l'on saura aussi intégrer pour toutes les valeurs du paramètre h. Chaque passage d'une équation à la suivante introduira deux constantes arbitraires nouvelles; en général, les équations successives s'éloigneront de plus en plus de la forme initiale et deviendront de plus en plus compliquées. Il y a cependant des cas exceptionnels dans lesquels la forme de l'équation se conserve lorsqu'on choisit convenablement les solutions particulières au moyen desquelles s'effectue le passage de chaque équation à la suivante.

Prenons, par exemple, comme équation initiale

$$y'' = h y; \tag{13}$$

si l'on fait $h = 0$, on a la solution

$$y = t;$$

on est donc conduit à l'équation

$$y'' = y\left[t\left(\frac{1}{t}\right)'' + h\right] = y\left[\frac{1.2}{t^2} + h\right].$$

Celle-ci admet à son tour, pour $h = 0$, la solution

$$y = t^2;$$

on saura donc intégrer l'équation

$$y'' = y\left[t^2\left(\frac{1}{t^2}\right)'' + h\right] = y\left[\frac{2.3}{t^2} + h\right].$$

En continuant de cette manière, on parviendra évidemment à l'équation

$$y'' = y\left[\frac{m(m-1)}{t^2} + h\right],$$

qui est trop connue pour que nous y insistions.

Reprenons l'équation initiale (13). Pour $h = -1$, elle admet la solution $\sin t$; on saura donc intégrer l'équation.

$$y'' = \left[\sin t\left(\frac{1}{\sin t}\right)'' + h + 1\right] y = \left[\frac{1.2}{\sin^2 t} + h\right] y.$$

Pour des valeurs particulières de h, cette équation admet les solutions $\sin^2 t$, $\sin^2 t \cos t$. En les employant et en poursuivant l'application de la méthode, on parviendra successivement à des équations de la forme

$$(14) \qquad y'' = y\left[\frac{m(m-1)}{\sin^2 t} + \frac{n(n-1)}{\cos^2 t} + h\right],$$

où m et n désignent deux entiers. On peut établir ce résultat en toute rigueur de la manière suivante.

Si l'on prend

$$h = -(m+n)^2,$$

l'équation précédente admet la solution particulière

$$f(t) = \sin^m t \cos^n t.$$

En employant cette solution particulière, on obtiendra l'équation nouvelle

$$y'' = y\left[f\left(\frac{1}{f}\right)'' + h + (m+n)^2\right],$$

ou

$$y'' = y\left[\frac{m(m+1)}{\sin^2 t} + \frac{n(n+1)}{\cos^2 t} + h\right].$$

C'est l'équation précédente dans laquelle m et n sont changés en $m+1$ et $n+1$. On peut donc intégrer cette équation par voie de récurrence toutes les fois que m et n sont entiers; et, si l'on désigne par $y_{m,n}$ la solution générale de l'équation (14), il faudra employer la formule

$$y_{m+1,n+1} = y'_{m,n} - (m \cot t - n \tang t) y_{m,n}.$$

On a évidemment

$$y_{00} = y_{10} = y_{01} = y_{11} = \mathrm{A} e^{t\sqrt{h}} + \mathrm{B} e^{-t\sqrt{h}},$$
$$y_{m,1} = y_{m,0}, \qquad y_{0,n} = y_{1,n}.$$

L'emploi de ces formules permet d'obtenir l'intégrale pour toutes les valeurs entières de m et de n sous la forme

$$\mathrm{P}_{m,n} e^{t\sqrt{h}} + \mathrm{Q}_{m,n} e^{-t\sqrt{h}},$$

$\mathrm{P}_{m,n}$ et $\mathrm{Q}_{m,n}$ étant des polynômes entiers par rapport à $\tang t$, $\cot t$ et $\sqrt{h}$.

Ici encore nous rencontrons des équations bien connues, quoiqu'on les étudie rarement sous la forme précédente. Si l'on détermine, en effet, les constantes α, β, γ par les formules

$$\gamma - \frac{1}{2} = m, \qquad \gamma = m + \frac{1}{2},$$

$$\alpha + \beta - \gamma + \frac{1}{2} = n, \qquad \alpha = \frac{m+n}{2} + \frac{1}{2}\sqrt{-h},$$

$$(\alpha - \beta)^2 = -h, \qquad \beta = \frac{m+n}{2} - \frac{1}{2}\sqrt{-h},$$

la solution générale de l'équation (14) sera

$$y = \sin^m t \cos^n t \, F(\alpha, \beta, \gamma, \sin^2 t),$$

F désignant la série hypergéométrique de Gauss, ou toute autre solution de l'équation du second ordre par laquelle elle est déterminée (¹).

409. Considérons maintenant, d'une manière générale, toute équation de la forme

$$\frac{d^2 y}{dt^2} = [\varphi(t) + h] y, \tag{15}$$

que l'on saura intégrer pour toutes les valeurs de h; et proposons-nous de rechercher un caractère précis permettant de reconnaître toutes les équations qui en dérivent par la méthode que nous venons d'exposer. Il est évident que toutes ces équations admettront une intégrale générale de la forme

$$z = A y + B y', \tag{16}$$

où y désigne l'intégrale générale de l'équation précédente, A et B des fonctions de t *qui sont entières par rapport à h*. Nous allons établir la proposition réciproque et montrer que, si l'équation

$$\frac{d^2 z}{dt^2} = [\psi(t) + h] z \tag{17}$$

(¹) Il est vrai que, si l'on présente sous cette forme la solution générale de l'équation (14), on n'aperçoit pas immédiatement pourquoi elle s'intègre lorsque m et n sont entiers. Pour établir ce résultat, il faut employer plusieurs des formules que Kummer a données et qui permettent de transformer la série hypergéométrique.

admet une intégrale de la forme (16), A et B étant d'ailleurs des fonctions entières de h, elle dérivera nécessairement de l'équation (15) par la méthode que nous avons exposée.

Substituons, en effet, dans l'équation (17) la valeur (16) de z. En égalant à zéro les coefficients de y, $\frac{dy}{dt}$, on trouvera les deux équations

$$(18) \qquad \begin{cases} A'' + A(\varphi - \psi) + 2B'(\varphi + h) + B\varphi' = 0, \\ 2A' + B(\varphi - \psi) + B'' = 0, \end{cases}$$

d'où l'on déduira aisément que B ne saurait être, par rapport à h, d'un degré supérieur à celui de A.

Soient maintenant y_1, y_2 deux intégrales quelconques de l'équation (15) et z_1, z_2 les intégrales correspondantes de l'équation (17) déterminées par la formule (16). Un calcul facile donnera

$$z_1 \frac{dz_2}{dt} - z_2 \frac{dz_1}{dt} = (A^2 + AB' - BA' - B^2\varphi - B^2h)\left(y_1 \frac{dy_2}{dt} - y_2 \frac{dy_1}{dt}\right).$$

Le premier membre devant être constant, ainsi que

$$y_1 \frac{dy_2}{dt} - y_2 \frac{dy_1}{dt},$$

on voit que la fonction

$$A^2 + AB' - BA' - B^2\varphi - B^2h$$

se réduira à une constante. Cette constante est d'ailleurs une fonction de h; car le terme qui contient la plus haute puissance de h ne se réduit avec aucun autre et se trouve, soit dans A^2, soit dans B^2h, suivant que A est de degré supérieur ou égal à celui de B. On peut donc écrire

$$(19) \qquad A^2 + AB' - BA' - B^2(\varphi + h) = F(h),$$

$F(h)$ désignant un polynôme entier et à coefficients constants.

Soit $h = h_1$ une racine de ce polynôme. On peut admettre que l'hypothèse $h = h_1$ n'annule pas à la fois A et B. Sans cela il n'y aurait qu'à diviser $Ay + By'$ par $h - h_1$ et à reprendre le raisonnement précédent. Substituons partout h_1 à h, et soient A_1 et B_1 les valeurs que prennent A et B. Si l'on désigne par y_1 une solution particulière de l'équation (15) où l'on a remplacé h par h_1, la fonction correspondante

$$z_1 = A_1 y_1 + B_1 y'_1,$$

qui ne sera pas nulle si l'on a choisi convenablement y_1, sera une solution de l'équation

$$\frac{d^2 z}{dt^2} = [\psi(t) + h_1] z;$$

et, par suite, si l'on applique le théorème général du n° 408, la fonction

$$Z = z' - z \frac{z'_1}{z_1}$$

sera l'intégrale de l'équation

$$\frac{d^2 Z}{dt^2} = \left[z_1 \left(\frac{1}{z_1} \right)'' + h - h_1 \right] Z,$$

qui est de même forme que l'équation (17). Nous allons ramener la valeur de Z à la forme (16) et examiner quel est le degré de ses deux termes par rapport à h.

La valeur de Z peut s'écrire

$$Z = (A y + B y')' - (A y + B y') \frac{(A_1 y_1 + B_1 y'_1)'}{A_1 y_1 + B_1 y'_1}.$$

En développant et tenant compte de l'équation (15), on la ramène à la forme

$$Z = A_0 y + B_0 y',$$

où l'on a

$$\begin{aligned}(A_1 y_1 + B_1 y'_1) A_0 = \; & [A' A_1 + B A_1 (\varphi + h) - A A'_1 - A B_1 (\varphi + h_1)] y_1 \\ & + (B_1 A' + B B_1 (\varphi + h) - A A_1 - A B'_1) y'_1, \\ (A_1 y_1 + B_1 y'_1) B_0 = \; & [A_1 A + A_1 B' - B A'_1 - B B_1 (\varphi + h_1)] y_1 \\ & + (A B_1 + B_1 B' - B A_1 - B B'_1) y'_1.\end{aligned}$$

Remarquons d'abord que ces valeurs de A_0, B_0 s'annulent pour $h = h_1$; on le reconnaît immédiatement en remplaçant A, B, h par A_1, B_1, h_1 et tenant compte de la formule (19) où l'on aura fait $h = h_1$. On pourra donc diviser les valeurs de A_0, B_0 par $h - h_1$ et, par conséquent, réduire d'une unité leur degré par rapport à h.

Cela posé, supposons d'abord que A et B soient d'un même

degré n par rapport à h. Le coefficient A_0 sera au plus de degré $n+1$; mais ce degré se réduira à n après la division. Le degré de B_0 sera n et, après la division, il se réduira au plus à $n-1$.

Supposons maintenant que A soit du degré n et B de degré inférieur. Le coefficient A_0 sera du degré n au plus, ainsi que B_0; et par suite, après la division, ils se réduiront l'un et l'autre au degré $n-1$.

Par conséquent, si les degrés de A et de B sont d'abord n et n, on les réduira par la première opération à n et à $n-1$, puis à $n-1$ et à $n-1$, et ainsi de suite. On voit donc que l'on finira par parvenir à une équation pour laquelle le degré de A et de B par rapport à h sera zéro.

Les formules (18) nous donnent alors

$$B' = 0,$$
$$2A' + B(\varphi - \psi) = 0,$$
$$A'' + A(\varphi - \psi) + B\varphi' = 0.$$

Il est très aisé de résoudre ces équations et de montrer qu'elles conduisent, soit à l'équation (15) pour $B=0$, soit, pour $B=1$, à celle que l'on obtient par la première application de la méthode. La proposition que nous avions annoncée est ainsi établie.

Proposons-nous, par exemple, de caractériser les équations que l'on peut faire dériver en nombre illimité de l'équation (13). D'après la proposition précédente, leur intégrale générale sera de la forme

$$f(t, h)y + f_1(t, h)y',$$

f et f_1 désignant deux polynômes entiers en h. Si l'on remplace y par sa valeur, on trouvera

$$F(t, \sqrt{h})e^{t\sqrt{h}} + F_1(t, \sqrt{h})e^{-t\sqrt{h}},$$

F et F_1 désignant des polynômes entiers par rapport à $\sqrt{h}$. Ainsi ces équations sont les seules qui admettent des intégrales de la forme

$$F(t, \sqrt{h})e^{t\sqrt{h}},$$

F étant entier par rapport à $\sqrt{h}$ (1).

(1) On pourra consulter une *Note sur les équations différentielles linéaires du second ordre* publiée en 1875 par M. Moutard et insérée aux *Comptes rendus*,

410. Revenons aux propositions générales que nous avons établies; elles peuvent être résumées comme il suit : à toute équation harmonique on peut rattacher une suite illimitée d'équations harmoniques qui s'intégreront toutes en même temps que l'équation initiale. De plus, si l'on sait déterminer les solutions harmoniques de la première équation, on pourra connaître aussi, sans aucune intégration, les solutions harmoniques de toutes les autres. Ces résultats, que nous avons déduits du théorème de M. Moutard, peuvent être complétés par l'emploi de l'une des transformations générales définies au n° 399.

Étant donnée l'équation

$$\frac{\partial^2 z}{\partial x\,\partial y} = \lambda z, \tag{20}$$

nous avons vu (n° 399) qu'il existe une infinité de fonctions de la forme

$$z_1 = \mathrm{H}z + \mathrm{P}\frac{\partial z}{\partial x} + \mathrm{Q}\frac{\partial z}{\partial y}, \tag{21}$$

satisfaisant également à une équation du second ordre : cherchons s'il est possible de déterminer les fonctions H, P, Q de telle manière que l'équation nouvelle soit de la forme

$$\frac{\partial^2 z_1}{\partial x\,\partial y} = \lambda_1 z_1. \tag{22}$$

La substitution de la valeur de z_1 dans cette équation nous donne un résultat de la forme

$$\left[\mathrm{H}\lambda + \frac{\partial^2 \mathrm{H}}{\partial x\,\partial y} + \frac{\partial(\mathrm{P}\lambda)}{\partial x} + \frac{\partial(\mathrm{Q}\lambda)}{\partial y}\right] z + \left(\frac{\partial \mathrm{H}}{\partial y} + \frac{\partial^2 \mathrm{P}}{\partial x\,\partial y} + \mathrm{P}\lambda\right)\frac{\partial z}{\partial x}$$
$$+\left(\frac{\partial \mathrm{H}}{\partial x} + \frac{\partial^2 \mathrm{Q}}{\partial x\,\partial y} + \mathrm{Q}\lambda\right)\frac{\partial z}{\partial y} + \frac{\partial \mathrm{P}}{\partial y}\frac{\partial^2 z}{\partial x^2} + \frac{\partial \mathrm{Q}}{\partial x}\frac{\partial^2 z}{\partial y^2} = \lambda_1 \mathrm{H} z + \lambda_1 \mathrm{P}\frac{\partial z}{\partial x} + \lambda_1 \mathrm{Q}\frac{\partial z}{\partial y}.$$

Cette relation doit être vérifiée identiquement : il faut donc que l'on ait d'abord

$$\frac{\partial \mathrm{P}}{\partial y} = \frac{\partial \mathrm{Q}}{\partial x} = 0,$$

(t. LXXX, p. 729). Le savant géomètre y établit, par une méthode toute différente, un résultat équivalent à celui que nous venons d'énoncer en dernier lieu, relativement aux équations différentielles qui dérivent de l'équation initiale $y'' = 0$.

c'est-à-dire

$$P = \varphi(x), \qquad Q = \psi(y).$$

Ne nous arrêtons pas au cas, dont l'analyse est facile, où l'une des fonctions $\varphi(x)$, $\psi(y)$ serait nulle; on peut alors, en prenant comme nouvelles variables x et y les fonctions

$$\int \frac{dx}{\varphi(x)}, \quad \int \frac{dy}{\psi(y)},$$

réduire P et Q à l'unité. Supposons donc

$$P = 1, \qquad Q = 1;$$

nous aurons encore à résoudre le système

$$\frac{\partial \lambda}{\partial x} + \frac{\partial \lambda}{\partial y} = (\lambda_1 - \lambda) H - \frac{\partial^2 H}{\partial x \, \partial y},$$

$$\frac{\partial H}{\partial x} = \frac{\partial H}{\partial y} = \lambda_1 - \lambda.$$

On voit que H doit être une fonction de la seule variable $x + y$; pour la commodité des calculs, nous poserons

$$H = -2 \frac{\theta'(x+y)}{\theta(x+y)}.$$

Les formules précédentes donnent alors

$$\lambda_1 - \lambda = -2 \frac{\theta''}{\theta} + 2 \frac{\theta'^2}{\theta^2} = \frac{\partial H}{\partial x},$$

$$\frac{\partial \lambda}{\partial x} + \frac{\partial \lambda}{\partial y} = H \frac{\partial H}{\partial x} - \frac{\partial^2 H}{\partial x^2}.$$

Cette dernière équation admet la solution particulière

$$\lambda = \frac{H^2}{4} - \frac{1}{2} \frac{\partial H}{\partial x}.$$

On a donc pour la valeur générale de λ

$$\lambda = -\psi(x - y) + \frac{H^2}{4} - \frac{1}{2} \frac{\partial H}{\partial x},$$

ou encore

$$\lambda = \frac{\theta''(x+y)}{\theta(x+y)} - \psi(x - y).$$

On trouve de même pour λ_1 la valeur suivante :

$$\lambda_1 = \theta\left(\frac{1}{\theta}\right)'' - \psi(x-y).$$

Nous sommes ainsi conduits au théorème suivant :

Étant donnée l'équation aux dérivées partielles

$$\frac{\partial^2 z}{\partial x \partial y} = [\varphi(x+y) - \psi(x-y)] z, \tag{23}$$

on déterminera une fonction θ *de* $x+y$ *par l'équation*

$$\frac{\theta''}{\theta} = \varphi(x+y) + h. \tag{24}$$

La fonction

$$z_1 = \frac{\partial z}{\partial x} + \frac{\partial z}{\partial y} - 2\frac{\theta'}{\theta} z, \tag{25}$$

formée avec l'intégrale générale z *de l'équation aux dérivées partielles, satisfera à l'équation nouvelle*

$$\frac{\partial^2 z_1}{\partial x \partial y} = \left[\theta\left(\frac{1}{\theta}\right)'' - \psi(x-y) - h\right] z_1 \tag{26}$$

et en sera évidemment l'intégrale générale.

411. Cette proposition entraîne un grand nombre de conséquences. Nous allons montrer tout d'abord qu'elle conduit aux résultats que l'on a déduits plus haut du théorème de M. Moutard.

Si l'on change en effet y en $-y$, l'équation ne change pas de forme et, par conséquent, on peut obtenir une transformation nouvelle.

Déterminons une fonction σ de $x-y$ par l'équation

$$\frac{1}{\sigma}\frac{\partial^2 \sigma}{\partial x^2} = \psi(x-y) + h; \tag{27}$$

la fonction

$$z_2 = \frac{\partial z}{\partial x} - \frac{\partial z}{\partial y} - \frac{2\sigma'}{\sigma} z, \tag{28}$$

où z désigne l'intégrale générale de l'équation (23), sera l'intégrale générale de l'équation

$$(29) \qquad \frac{\partial^2 z_1}{\partial x\,\partial y} = \left[\varphi(x+y) + h - \sigma\left(\frac{1}{\sigma}\right)''\right] z_1.$$

Ainsi chaque équation harmonique donne naissance à deux séries de transformations différentes, les unes formées avec des fonctions de $(x+y)$, les autres avec des fonctions de $(x-y)$. Il suffira, évidemment, de les appliquer successivement pour obtenir la transformation que nous avons définie au n° 407. On est ainsi conduit au résultat suivant :

Déterminons deux fonctions $\theta(x+y)$, $\sigma(x-y)$ *par les équations différentielles*

$$(30) \qquad \frac{\theta''}{\theta} = \varphi(x+y) + h, \qquad \frac{\sigma''}{\sigma} = \psi(x-y) + h;$$

la fonction

$$(31) \qquad Z = 4\frac{\sigma'\theta'}{\sigma\theta} z - \frac{2\theta'}{\theta}\left(\frac{\partial z}{\partial x} - \frac{\partial z}{\partial y}\right) - \frac{2\sigma'}{\sigma}\left(\frac{\partial z}{\partial x} + \frac{\partial z}{\partial y}\right) + \frac{\partial^2 z}{\partial x^2} - \frac{\partial^2 z}{\partial y^2},$$

où z *désigne l'intégrale générale de l'équation* (23), *sera l'intégrale générale de l'équation*

$$(32) \qquad \frac{\partial^2 Z}{\partial x\,\partial y} = Z\left[\theta\left(\frac{1}{\theta}\right)'' - \sigma\left(\frac{1}{\sigma}\right)''\right].$$

C'est la proposition du n° 407, mais avec une remarque complémentaire qui ne manque pas d'intérêt : *on peut passer de l'une des équations à l'autre par la formule* (31), *qui ne contient aucun signe de quadrature.*

412. Revenons à la proposition qui nous a servi de point de départ. Les deux équations (23) et (26) qu'elle transforme l'une dans l'autre peuvent être écrites comme il suit :

$$(23)' \qquad \frac{\partial^2 z}{\partial x\,\partial y} = z\left[\frac{\theta''}{\theta} - \psi(x-y) - h\right],$$

$$(26)' \qquad \frac{\partial^2 z_1}{\partial x\,\partial y} = z_1\left[\theta\left(\frac{1}{\theta}\right)'' - \psi(x-y) - h\right].$$

On passe de l'une à l'autre en changeant θ en $\frac{1}{\theta}$; la relation entre ces deux équations est donc réciproque. La proposition nous apprend d'ailleurs que, z étant une solution de la première, la fonction

$$z_1 = -\frac{2\theta'}{\theta} z + \frac{\partial z}{\partial x} + \frac{\partial z}{\partial y} \tag{33}$$

sera une solution de la seconde. Si l'on échange les deux équations, on voit donc que la fonction

$$z' = \frac{2\theta'}{\theta} z_1 + \frac{\partial z_1}{\partial x} + \frac{\partial z_1}{\partial y}$$

sera encore une solution de la première. En remplaçant z_1 par sa valeur déduite de la formule (33), on trouve

$$z' = \frac{\partial^2 z}{\partial x^2} + \frac{\partial^2 z}{\partial y^2} - 2(\varphi + \psi)z - 4hz.$$

Nous pouvons donc énoncer le théorème suivant :

Étant donnée l'équation harmonique

$$\frac{\partial^2 z}{\partial x\, \partial y} = [\varphi(x+y) - \psi(x-y)]z, \tag{34}$$

une solution quelconque z de cette équation donne naissance à une solution nouvelle z' par l'emploi de la formule

$$z' = \frac{\partial^2 z}{\partial x^2} + \frac{\partial^2 z}{\partial y^2} - 2(\varphi + \psi)z. \tag{35}$$

Nous avons déjà donné au n° 350 [p. 61] des propositions analogues relatives à l'équation E(β, β'); mais on remarquera que la formule précédente contient les dérivées secondes de z.

413. Les équations harmoniques possèdent, on le voit, un grand nombre de propriétés intéressantes et forment un groupe nettement défini par ces propriétés, qui les distinguent de toutes les autres équations du second ordre dont les invariants sont égaux. Étant donnée une telle équation

$$\frac{1}{Z} \frac{\partial^2 Z}{\partial x\, \partial y} = \lambda(x, y), \tag{36}$$

il est donc intéressant de rechercher si elle appartient au groupe des équations harmoniques. Le problème peut être formulé comme il suit :

Si l'équation précédente est harmonique, elle peut être ramenée à la forme

$$\frac{\partial^2 Z}{\partial x' \partial y'} = [\varphi(x'+y') - \psi(x'-y')]Z. \tag{37}$$

Il faudra donc que l'on puisse déterminer pour x' une fonction de x et pour y' une fonction de y, telles que l'on ait

$$[\varphi(x'+y') - \psi(x'-y')]\, dx'\, dy' = \lambda(x, y)\, dx\, dy. \tag{38}$$

Cette équation admet l'interprétation géométrique suivante :

Considérons la surface dont l'élément linéaire est donné par la formule

$$ds^2 = \lambda(x, y)\, dx\, dy$$

et introduisons les nouvelles variables u et v définies par les formules

$$x' = u + vi, \qquad y' = u - vi;$$

le problème proposé pourra s'énoncer ainsi :

Reconnaître si l'élément linéaire de la surface peut être ramené à la forme

$$[\Phi(u) - \Psi(v)](du^2 + dv^2). \tag{39}$$

M. Liouville, en suivant les méthodes de Jacobi, a montré que l'on peut déterminer par de simples quadratures les lignes géodésiques de toutes les surfaces dont l'élément linéaire est réductible à la forme (39). La question d'analyse que nous avons à étudier donne donc la solution de deux problèmes différents.

Revenons à l'identité (38); on peut la transformer comme il suit. Posons

$$x' = \int \frac{dx}{\sqrt{X}}, \qquad y' = \int \frac{dy}{\sqrt{Y}}, \tag{40}$$

X et Y étant de nouvelles fonctions de x et de y respectivement que l'on substituera à x' et à y' pour la commodité des calculs. L'identité prendra la forme

$$\varphi(x'+y') - \psi(x'-y') = \lambda(x, y)\sqrt{X}\sqrt{Y}.$$

Il suffira évidemment d'exprimer que le second membre satisfait à l'équation

$$\frac{\partial^2 \theta}{\partial x'^2} = \frac{\partial^2 \theta}{\partial y'^2},$$

c'est-à-dire que l'on a

$$\frac{\partial^2}{\partial x'^2}(\lambda\sqrt{X}\sqrt{Y}) = \frac{\partial^2}{\partial y'^2}(\lambda\sqrt{X}\sqrt{Y}).$$

En remplaçant dx', dy' par leurs valeurs $\frac{dx}{\sqrt{X}}$, $\frac{dy}{\sqrt{Y}}$, on est conduit à l'équation

$$\sqrt{X}\frac{\partial}{\partial x}\sqrt{X}\frac{\partial}{\partial x}(\lambda\sqrt{X}\sqrt{Y}) = \sqrt{Y}\frac{\partial}{\partial y}\sqrt{Y}\frac{\partial}{\partial y}(\lambda\sqrt{X}\sqrt{Y})$$

qui, développée, prend la forme suivante :

$$(41) \qquad 2X\frac{\partial^2\lambda}{\partial x^2} + 3X'\frac{\partial\lambda}{\partial x} + \lambda X'' = 2Y\frac{\partial^2\lambda}{\partial y^2} + 3Y'\frac{\partial\lambda}{\partial y} + \lambda Y''.$$

Ainsi la question proposée se ramène à la suivante :

Rechercher s'il existe une fonction X *de* x *et une fonction* Y *de* y, *telles que l'équation précédente ait lieu identiquement.*

La forme linéaire de cette équation nous conduit à la conséquence suivante :

Si l'équation est vérifiée pour deux systèmes différents (X_1, Y_1) et (X_2, Y_2) de valeurs de X et de Y, elle l'est aussi par le système $(aX_1 + bX_2,\ aY_1 + bY_2)$. Donc, *lorsqu'une équation est réductible de deux manières distinctes à la forme harmonique, elle l'est d'une infinité de manières différentes.*

Lorsque l'élément linéaire d'une surface est réductible de deux manières différentes à la forme de Liouville, il l'est aussi d'une infinité de manières.

La véritable origine de cette proposition apparaîtra dans la théorie des lignes géodésiques.

Une autre remarque évidente est la suivante : Si l'équation est vérifiée par une valeur de λ, elle l'est aussi par $a\lambda$, a étant une constante. Si elle est vérifiée, pour un même système de valeurs de X et de Y, par λ, λ_1, elle l'est aussi par $a\lambda + b\lambda_1$.

414. Comme première application, choisissons l'équation

d'Euler

$$\frac{\partial^2 z}{\partial x\,\partial y} = \frac{m(1-m)}{(x-y)^2}\,z. \tag{42}$$

L'équation à vérifier prendra la forme

$$12(X-Y) - 6(x-y)(X'+Y') + (x-y)^2(X''-Y'') = 0. \tag{43}$$

Si l'on différentie deux fois par rapport à x et deux fois par rapport à y, on trouve

$$X^{(\text{IV})} = Y^{(\text{IV})};$$

il faut donc que $X^{(\text{IV})}$ et $Y^{(\text{IV})}$ soient constants et, par suite, que X et Y soient des polynômes du quatrième degré. D'après l'équation (43), ces polynômes devront être égaux quand on fera $x=y$. On pourra donc écrire

$$X = ax^4 + bx^3 + cx^2 + dx + e,$$
$$Y = ay^4 + by^3 + cy^2 + dy + e,$$

et l'on reconnaîtra que les constantes a, b, c, d, e ne sont assujetties à aucune condition. Comme on a

$$x' = \int\frac{dx}{\sqrt{X}}, \qquad y' = \int\frac{dy}{\sqrt{Y}},$$

et comme l'équation ne change pas lorsqu'on effectue sur x et sur y une même substitution linéaire, on voit que l'on pourra toujours attribuer à trois racines distinctes du polynôme X telles valeurs que l'on voudra. Cette remarque permet de simplifier la discussion.

1° Si le polynôme X a toutes ses racines égales, on peut supposer infinie la valeur commune de ces racines. On a

$$X = Y = 1, \qquad x' = x, \qquad y' = y. \tag{44$_a$}$$

La forme correspondante de l'équation est

$$\frac{\partial^2 z}{\partial x'\,\partial y'} = \frac{m(1-m)}{(x'-y')^2}\,z. \tag{45$_a$}$$

2° Si le polynôme X a une racine triple, rendons-la infinie et réduisons à zéro la racine simple. On aura

$$(44)_b \qquad X = 4x, \quad Y = 4y, \quad x = x'^2, \quad y = y'^2.$$

La forme correspondante de l'équation sera

$$(45)_b \qquad \frac{\partial^2 z}{\partial x' \partial y'} = \left[\frac{m(m-1)}{(x'+y')^2} - \frac{m(m-1)}{(x'-y')^2}\right] z.$$

3° Si le polynôme X a deux racines doubles, on pourra les réduire à $+i$ et à $-i$; on aura

$$(44)_c \qquad X = (1+x^2)^2, \quad x = \tang x', \quad y = \tang y'.$$

La forme correspondante de l'équation sera

$$(45)_c \qquad \frac{\partial^2 z}{\partial x' \partial y'} = \frac{m(1-m)}{\sin^2(x'-y')} z.$$

4° S'il y a une seule racine double, rendons-la infinie et prenons 0 et 1 pour la valeur des racines simples. On aura

$$(44)_d \qquad X = 4x(1-x), \quad x = \sin^2 x', \quad y = \sin^2 y'$$

et l'équation aura pour forme correspondante

$$(45)_d \qquad \frac{\partial^2 z}{\partial x' \partial y'} = \left[\frac{m(m-1)}{\sin^2(x'+y')} - \frac{m(m-1)}{\sin^2(x'-y')}\right] z.$$

5° Enfin, dans le cas général, la substitution dépendra des fonctions elliptiques. On pourra prendre

$$(44)_e \qquad X = 4x(1-x)(1-k^2x), \quad x = \operatorname{sn}^2(x'+iK'), \quad y = \operatorname{sn}^2 y',$$

et l'équation se réduira à la forme

$$(45)_e \qquad \frac{\partial^2 z}{\partial x' \partial y'} = m(m-1)[k^2 \operatorname{sn}^2(x'+y') - k^2 \operatorname{sn}^2(x'-y')] z.$$

Telles sont les cinq formes différentes que l'on peut obtenir. La dernière est la plus générale et pourrait donner toutes les autres par le passage à la limite. La détermination des solutions harmoniques correspondantes à la dernière forme se ramène à l'intégration de l'équation

$$(46) \qquad \frac{d^2 u}{dt^2} = [m(m-1)k^2 \operatorname{sn}^2 t + h],$$

qui est une équation de Lamé. Le rapprochement ainsi établi entre cette équation différentielle que les travaux de M. Hermite ont rendue célèbre et l'équation aux dérivées partielles d'Euler mériterait, croyons-nous, d'être étudié avec soin.

Si l'on se reporte à la double interprétation que nous avons déjà donnée au n° **413**, on reconnaît que les calculs précédents donnent la solution de la question suivante :

Ramener l'élément d'une sphère à la forme (39).

La solution la plus générale correspond à l'emploi des coordonnées elliptiques.

415. Nous allons maintenant envisager une équation aux dérivées partielles nouvelle qui se rattache directement à l'équation d'Euler. Si, dans cette équation, on change successivement x en $-x$, en $\frac{1}{x}$ ou en $-\frac{1}{x}$, on peut lui donner différentes formes dans lesquelles le quotient $\frac{1}{z}\frac{\partial^2 z}{\partial x \partial y}$ prend l'une des quatre valeurs suivantes :

$$\frac{m(1-m)}{(x-y)^2}, \quad -\frac{m(1-m)}{(x+y)^2}, \quad \frac{m(1-m)}{(1+xy)^2}, \quad -\frac{m(1-m)}{(1-xy)^2}.$$

Considérons l'équation suivante

$$(47) \qquad \frac{1}{z}\frac{\partial^2 z}{\partial x \partial y} = \frac{\mu(\mu-1)}{(x+y)^2} - \frac{\mu'(\mu'-1)}{(x-y)^2} + \frac{\nu(\nu-1)}{(1-xy)^2} - \frac{\nu'(\nu'-1)}{(1+xy)^2},$$

où μ, μ', ν, ν' sont des nombres quelconques. Nous allons montrer que cette équation peut toujours être ramenée à la forme harmonique.

Si le second terme existait seul, il faudrait prendre, nous venons de le voir,

$$(48) \qquad x' = \int \frac{dx}{\sqrt{X}}, \qquad y' = \int \frac{dy}{\sqrt{Y}},$$

X désignant un polynôme quelconque du quatrième degré. Si l'on choisit ce polynôme de telle manière que la quadrature $\int \frac{dx}{\sqrt{X}}$ ne change pas de valeur quand on change x en $-x$ ou en $\frac{1}{x}$, la transformation correspondante ramènera évidemment l'équation (47) à la forme harmonique.

Les conditions précédentes exigent que X soit de la forme

$$X = ax^4 + bx^2 + a.$$

On aura alors

$$(49) \qquad x' = \int \frac{dx}{\sqrt{a(x^4+1)+bx^2}}, \qquad y' = \int \frac{dy}{\sqrt{a(y^4+1)+by^2}}.$$

Voici le moyen d'introduire les fonctions elliptiques qui nous a paru le plus commode pour la suite.

On peut résoudre les équations (49) par l'emploi de la fonction doublement périodique suivante :

$$(50) \qquad \rho(u) = \frac{k}{1-k'}\,\frac{1-(1-k')\,\mathrm{sn}^2 u}{1-(1+k')\,\mathrm{sn}^2 u} = k\,\mathrm{sn}\left(u+\frac{K}{2}\right)\mathrm{sn}\left(u-\frac{K}{2}\right).$$

Cette fonction, qui se réduit à un sinus amplitude par une transformation du second degré, satisfait aux équations suivantes :

$$(51) \qquad \begin{cases} \rho(u+iK') = \dfrac{1}{\rho(u)}, & \rho(u+K) = -\rho(u), \\ \rho(u+K+iK') = -\dfrac{1}{\rho(u)}. \end{cases}$$

Cela posé, prenons

$$(52) \qquad x = \rho(x'), \qquad y = \frac{1}{\rho(y')}.$$

On trouvera facilement

$$(53) \qquad \frac{dx\,dy}{(x-y)^2} = k^2[\mathrm{sn}^2(x'-y') - \mathrm{sn}^2(x'+y')]\,dx'\,dy'.$$

Changeons x' en $x' + iK'$; si l'on tient compte des formules (51), on aura

$$(54) \qquad \frac{dx\,dy}{(1-xy)^2} = \left[-\frac{1}{\mathrm{sn}^2(x'-y')} + \frac{1}{\mathrm{sn}^2(x'+y')}\right] dx'\,dy'.$$

Remplaçons enfin, dans les deux équations (53), (54), x' par $x'+K$, nous trouverons

$$(55) \qquad \frac{dx\,dy}{(x+y)^2} = -k^2\left[\frac{\mathrm{cn}^2(x'-y')}{\mathrm{dn}^2(x'-y')} - \frac{\mathrm{cn}^2(x'+y')}{\mathrm{dn}^2(x'+y')}\right] dx'\,dy',$$

$$(56) \qquad \frac{dx\,dy}{(1+xy)^2} = \left[\frac{\mathrm{dn}^2(x'-y')}{\mathrm{cn}^2(x'-y')} - \frac{\mathrm{dn}^2(x'+y')}{\mathrm{sn}^2(x'+y')}\right] dx'\,dy'.$$

En tenant compte de ces relations, on peut ramener l'équation (47) à la forme

$$(57)\qquad \frac{1}{z}\frac{\partial^2 z}{\partial x'\partial y'} = \varphi(x'+y') - \varphi(x'-y'),$$

la fonction $\varphi(t)$ étant définie par la formule

$$(58)\qquad \left\{\begin{aligned} \varphi(t) &= \mu(\mu-1)\frac{k^2\,\mathrm{cn}^2 t}{\mathrm{dn}^2 t} \\ &\quad + \mu'(\mu'-1)k^2\,\mathrm{sn}^2 t + \frac{\nu(\nu-1)}{\mathrm{sn}^2 t} + \nu'(\nu'-1)\frac{\mathrm{dn}^2 t}{\mathrm{cn}^2 t}; \end{aligned}\right.$$

de sorte que la détermination des solutions harmoniques dépendra de l'intégration de l'équation

$$(59)\qquad \frac{1}{u}\frac{d^2 u}{dt^2} = \varphi(t) + h,$$

analogue à l'équation de Lamé. Nous avons déjà remarqué [I, p. 442] que cette équation s'intègre, par l'application du beau théorème de M. Picard, toutes les fois que μ, μ', ν, ν' sont des nombres entiers.

416. Ici encore se maintient la correspondance que nous avons déjà signalée à propos de l'équation d'Euler. L'équation (47) est explicitement intégrable, comme l'équation linéaire (59), toutes les fois que les nombres μ, μ', ν, ν' sont entiers. Nous établirons ce résultat en faisant connaître une transformation singulière de cette équation.

Introduisons les fonctions

$$(60)\qquad \left\{\begin{aligned} u &= x+y, & w &= xy-1, \\ v &= i(y-x), & p &= (xy+1)i \end{aligned}\right.$$

de x et de y. Si l'on considère x, y comme les coordonnées symétriques d'un point de la sphère de rayon 1, u, v, w, $-pi$ seront les coordonnées homogènes du même point [I, p. 37]. On a

$$(61)\qquad \left\{\begin{aligned} u+iv &= 2x, & w+ip &= -2, \\ u-iv &= 2y, & w-ip &= 2xy, \end{aligned}\right.$$

$$(62)\qquad u^2+v^2+w^2+p^2 = 0.$$

Au moyen de ces formules, on peut toujours exprimer une

fonction donnée quelconque de x et de y, $F(x, y)$, sous une infinité de formes différentes, parmi lesquelles nous distinguerons les suivantes

$$F\left(\frac{u+iv}{2}, \frac{u-iv}{2}\right),$$

$$\left(-\frac{w+ip}{2}\right)^h F\left(-\frac{u+iv}{w+ip}, -\frac{u-iv}{w+ip}\right),$$

dont la dèrnière est une fonction homogène de degré quelconque h, ne contenant w et p que dans la combinaison $w+ip$.

D'après cela, supposons qu'une fonction Z de x et de y ait été exprimée en fonction de u, v, w, p. On aura

$$(63)\qquad \begin{cases} \dfrac{\partial Z}{\partial x} = \dfrac{\partial Z}{\partial u} - i\dfrac{\partial Z}{\partial v} + y\left(\dfrac{\partial Z}{\partial w} + i\dfrac{\partial Z}{\partial p}\right), \\ \dfrac{\partial Z}{\partial y} = \dfrac{\partial Z}{\partial u} + i\dfrac{\partial Z}{\partial v} + x\left(\dfrac{\partial Z}{\partial w} + i\dfrac{\partial Z}{\partial p}\right). \end{cases}$$

La multiplication nous donnera

$$(64)\qquad \begin{cases} \dfrac{\partial Z}{\partial x}\dfrac{\partial Z}{\partial y} = \left(\dfrac{\partial Z}{\partial u}\right)^2 + \left(\dfrac{\partial Z}{\partial v}\right)^2 + \left(\dfrac{\partial Z}{\partial w}\right)^2 + \left(\dfrac{\partial Z}{\partial p}\right)^2 \\ \qquad + \left(\dfrac{\partial Z}{\partial w} + i\dfrac{\partial Z}{\partial p}\right)\left(u\dfrac{\partial Z}{\partial u} + v\dfrac{\partial Z}{\partial v} + w\dfrac{\partial Z}{\partial w} + p\dfrac{\partial Z}{\partial p}\right). \end{cases}$$

Si donc la fonction Z a été ramenée à être homogène et de degré zéro, ou bien si elle ne contient w et p que dans la combinaison $w+ip$, on aura l'équation suivante :

$$(64)' \qquad \frac{\partial Z}{\partial x}\frac{\partial Z}{\partial y} = \left(\frac{\partial Z}{\partial u}\right)^2 + \left(\frac{\partial Z}{\partial v}\right)^2 + \left(\frac{\partial Z}{\partial w}\right)^2 + \left(\frac{\partial Z}{\partial p}\right)^2.$$

Calculons de même $\dfrac{\partial^2 Z}{\partial x\,\partial y}$. L'application des formules (63) nous donnera

$$(65)\qquad \begin{cases} \dfrac{\partial^2 Z}{\partial x\,\partial y} = \dfrac{\partial^2 Z}{\partial u^2} + \dfrac{\partial^2 Z}{\partial v^2} + \dfrac{\partial^2 Z}{\partial w^2} + \dfrac{\partial^2 Z}{\partial p^2} \\ \qquad - \sigma - u\dfrac{\partial \sigma}{\partial u} - v\dfrac{\partial \sigma}{\partial v} - w\dfrac{\partial \sigma}{\partial w} - p\dfrac{\partial \sigma}{\partial p}, \end{cases}$$

σ désignant, pour abréger,

$$\sigma = \frac{\partial Z}{\partial w} + i\frac{\partial Z}{\partial p}.$$

Donc, si l'on adopte les mêmes hypothèses que précédemment

sur l'expression de Z, on aura

$$\text{(66)}\qquad \frac{\partial^2 Z}{\partial x\,\partial y} = \frac{\partial^2 Z}{\partial u^2} + \frac{\partial^2 Z}{\partial v^2} + \frac{\partial^2 Z}{\partial w^2} + \frac{\partial^2 Z}{\partial p^2} = \Delta Z,$$

et l'équation proposée sera ramenée à la forme

$$\text{(67)}\qquad \Delta Z = Z\left[\frac{\mu(\mu-1)}{u^2} + \frac{\mu'(\mu'-1)}{v^2} + \frac{\nu(\nu-1)}{w^2} + \frac{\nu'(\nu'-1)}{p^2}\right],$$

qui est parfaitement symétrique par rapport à u, v, w, p. Il suffira de rechercher les solutions de cette équation qui sont homogènes et de degré zéro.

Si l'on effectue le changement de variables suivant

$$\text{(68)}\qquad Z = u^{\mu} v^{\mu'} w^{\nu} p^{\nu'} \theta,$$

on sera conduit à l'équation nouvelle

$$\text{(69)}\qquad \Delta\theta + \frac{2\mu}{u}\frac{\partial\theta}{\partial u} + \frac{2\mu'}{v}\frac{\partial\theta}{\partial v} + \frac{2\nu}{w}\frac{\partial\theta}{\partial w} + \frac{2\nu'}{p}\frac{\partial\theta}{\partial p} = 0,$$

dont il faudra rechercher les solutions homogènes de degré $-s$, s désignant la somme

$$\text{(70)}\qquad s = \mu + \mu' + \nu + \nu'.$$

Une dernière transformation, définie par les formules

$$\text{(71)}\qquad u = \sqrt{u'},\qquad v = \sqrt{v'},\qquad w = \sqrt{w'},\qquad p = \sqrt{p'},$$

ramènera l'équation à la forme

$$\text{(72)}\qquad \left\{\begin{aligned} & u'\frac{\partial^2\theta}{\partial u'^2} + v'\frac{\partial^2\theta}{\partial v'^2} + w'\frac{\partial^2\theta}{\partial w'^2} + p'\frac{\partial^2\theta}{\partial p'^2} \\ & \quad + \left(\mu + \frac{1}{2}\right)\frac{\partial\theta}{\partial u'} + \left(\mu' + \frac{1}{2}\right)\frac{\partial\theta}{\partial v'} \\ & \quad + \left(\nu + \frac{1}{2}\right)\frac{\partial\theta}{\partial w'} + \left(\nu' + \frac{1}{2}\right)\frac{\partial\theta}{\partial p'} = 0, \end{aligned}\right.$$

qui donne naissance à des formules analogues à celles que nous avons développées au n° 353 relativement à l'équation $E(\beta, \beta')$. Si l'on désigne par $\theta(\mu, \mu', \nu, \nu')$ une quelconque de ses solutions, on aura

$$\text{(73)}\qquad \frac{\partial}{\partial u'}\theta(\mu, \mu', \nu, \nu') = \theta(\mu + 1, \mu', \nu, \nu'),$$

et des formules analogues relatives aux dérivées par rapport à v', w', p'. En revenant aux variables u, v, w, p, on voit que l'on pourra écrire la formule générale

$$(74)\quad \left\{\begin{array}{l}\left(\frac{\partial}{u\,\partial u}\right)^m \left(\frac{\partial}{v\,\partial v}\right)^{m'} \left(\frac{\partial}{w\,\partial w}\right)^n \left(\frac{\partial}{p\,\partial p}\right)^{n'} \theta(\mu, \mu', \nu, \nu') \\ \quad = \theta(\mu + m, \mu' + m', \nu + n, \nu' + n'),\end{array}\right.$$

dans laquelle les symboles tels que $\left(\frac{\partial}{u\,\partial u}\right)^m$ désignent l'opération $\frac{\partial}{u\,\partial u}$ répétée m fois, et qui est analogue à la formule (23) de la page 64.

On aura, en particulier,

$$(75)\quad \left\{\begin{array}{l}\theta(m, m', n, n') \\ \quad = \left(\frac{\partial}{u\,\partial u}\right)^{m-1} \left(\frac{\partial}{v\,\partial v}\right)^{m'-1} \left(\frac{\partial}{w\,\partial w}\right)^{n-1} \left(\frac{\partial}{p\,\partial p}\right)^{n'-1} \theta(1, 1, 1, 1).\end{array}\right.$$

La valeur de $\theta(1, 1, 1, 1)$ se trouve aisément. En remontant aux équations (66) et (67), on voit que l'on peut prendre

$$(76)\quad \theta(1, 1, 1, 1) = \frac{1}{uvwp}[F(x) + F_1(y)],$$

F et F_1 désignant deux fonctions arbitraires. Si l'on écrit cette fonction sous forme homogène, on aura

$$(77)\quad \theta(1, 1, 1, 1) = \frac{(w + ip)^h}{uvwp}\left[F\left(-\frac{u + iv}{w + ip}\right) + F_1\left(-\frac{u - iv}{w + ip}\right)\right];$$

il suffira de prendre

$$(78)\quad h = m + m' + n + n' - 4,$$

pour obtenir une expression de $\theta(m, m', n, n')$ qui soit homogène et de l'ordre que nous avons supposé. La substitution de cette expression dans la formule (75) donnera l'intégrale cherchée.

417. Nous terminerons ce Chapitre en indiquant quelques sujets de recherches, qui se rattachent directement aux propositions précédentes :

1° Nous avons indiqué les moyens de former un nombre illimité d'équations harmoniques qui s'intègrent par l'application de la méthode de Laplace. Il y aurait intérêt à déterminer l'ensemble des équations harmoniques possédant cette propriété.

2° Les équations harmoniques, admettant une infinité de solutions particulières avec lesquelles on peut former des solutions plus étendues, se prêtent à l'application des méthodes de Fourier. Il semble donc que l'on pourrait déterminer, au moins dans des cas très étendus, la fonction $u(x, y; x_0, y_0)$ (n° 358) relative à ces équations. Telle est, d'ailleurs, la voie suivie par Riemann dans le cas particulier de l'équation $E(\beta, \beta)$.

3° Il résulte enfin des calculs du n° 415 que l'élément linéaire défini par la formule

$$(79) \qquad ds^2 = \left[\frac{A}{(x+y)^2} + \frac{B}{(x-y)^2} + \frac{C}{(1-xy)^2} + \frac{D}{(1+xy)^2}\right] dx\,dy$$

est réductible *d'une infinité de manières* à la forme

$$[\Phi(u) - \Psi(v)](du^2 + dv^2).$$

On ne connaît pas encore toutes les formes de l'élément linéaire qui possèdent cette propriété. La recherche de ces formes entraîne des calculs assez longs que fait prévoir, d'ailleurs, l'étendue de la solution donnée par la formule précédente. Nous reviendrons sur ce sujet lorsque nous traiterons des lignes géodésiques, et nous nous contenterons de renvoyer le lecteur à un beau Mémoire de M. Lie, *Untersuchungen über geodätische Curven*, inséré en 1882 aux *Mathematische Annalen* (t. XX, p. 357), où se trouve indiquée une forme de l'élément linéaire qui est comprise comme cas particulier dans celle que nous venons de signaler.

CHAPITRE X.

APPLICATIONS GÉOMÉTRIQUES.

Détermination de toutes les surfaces sur lesquelles les développables d'une congruence donnée interceptent un réseau conjugué. — L'intégration d'une seule équation linéaire aux dérivées partielles permet de résoudre ce problème pour une suite illimitée de congruences rectilignes. — Problème inverse : Étant donné un système conjugué tracé sur une surface, trouver toutes les congruences dont les développables interceptent sur la surface ce réseau conjugué. — Double solution de ce problème par l'emploi des deux équations, ponctuelle et tangentielle, relatives au système conjugué. — Troisième problème : Étant donnée une surface (S) et un réseau conjugué sur cette surface, déterminer toutes les surfaces (S_1) telles que les développables d'une même congruence inconnue interceptent sur (S_1) un réseau conjugué et sur (S) le réseau donné. — Relations géométriques entre les deux surfaces (S) et (S_1). — Application au cas particulier où l'on établit une correspondance entre deux surfaces quelconques par la condition que les plans tangents aux points correspondants se coupent suivant une droite située dans un plan fixe. — Cas où le plan fixe est rejeté à l'infini. — Correspondance de Steiner. — Application à l'Optique géométrique.

---

418. Les principales applications géométriques des propositions que nous avons démontrées dans les Chapitres précédents se développeront dans la suite de cet Ouvrage. Ces propositions jouent un rôle fondamental dans l'étude de la déformation infiniment petite d'une surface quelconque et dans la recherche de toutes les surfaces qui admettent une représentation sphérique donnée pour leurs lignes de courbure. Nous allons, dès à présent, faire connaître quelques résultats très simples, qui doivent être regardés comme donnant l'interprétation géométrique des théorèmes d'Analyse que nous avons démontrés au Chapitre VIII.

Reprenons les notations du Chapitre I; soit

$$(1) \qquad \frac{\partial^2 \theta}{\partial \rho\, \partial \rho_1} + a \frac{\partial \theta}{\partial \rho} + b \frac{\partial \theta}{\partial \rho_1} + c\theta = 0$$

l'équation ponctuelle relative à un système conjugué tracé sur une surface donnée (Σ); les coordonnées homogènes x, y, z, t d'un point M de la surface seront des solutions particulières de l'équation précédente.

Les coordonnées X, Y, Z, T d'un point quelconque P pris sur la tangente en M à la courbe de paramètre ρ seront (n° 323)

$$(2) \quad X = \frac{\partial x}{\partial \rho_1} + \lambda x, \quad Y = \frac{\partial y}{\partial \rho_1} + \lambda y, \quad Z = \frac{\partial z}{\partial \rho_1} + \lambda z, \quad T = \frac{\partial t}{\partial \rho_1} + \lambda t,$$

λ étant une arbitraire dont la variation donnera tous les points de la tangente.

Cela posé, envisageons la congruence (G) formée par l'ensemble des tangentes aux courbes de paramètre ρ. La surface focale de cette congruence se compose de deux nappes, la surface (Σ) et une surface (Σ_1), que l'on obtiendrait (n° 323) en attribuant à λ la valeur a dans les formules (2). Nous allons chercher quelle valeur il faut attribuer à cette arbitraire pour que les développables de la congruence (G) découpent sur la surface (S) décrite par le point (X, Y, Z, T) un système conjugué. Les lignes suivant lesquelles la surface (S) est coupée par les développables de la congruence sont, évidemment, les courbes de paramètre ρ et ρ_1 : il sera donc nécessaire et suffisant que X, Y, Z, T soient quatre solutions particulières d'une même équation linéaire du second ordre

$$(3) \qquad \frac{\partial^2 \theta}{\partial \rho\, \partial \rho_1} + A\frac{\partial \theta}{\partial \rho} + B\frac{\partial \theta}{\partial \rho_1} + C\theta = 0,$$

de même forme que l'équation (1).

Si l'on substitue dans le premier membre de l'équation précédente la valeur de X, par exemple, et que l'on élimine au moyen de l'équation (1) toutes les dérivées de x prises à la fois par rapport à ρ et à ρ_1, on obtiendra un résultat de la forme

$$Mx + N\frac{\partial x}{\partial \rho} + P\frac{\partial x}{\partial \rho_1} + Q\frac{\partial^2 x}{\partial \rho_1^2};$$

et cette expression devra s'annuler, ainsi que celles que l'on obtient en y remplaçant x par y, z, t.

Si M, N, P, Q n'étaient pas nuls, on aurait nécessairement

$$\begin{vmatrix} x & \frac{\partial x}{\partial \rho} & \frac{\partial x}{\partial \rho_1} & \frac{\partial^2 x}{\partial \rho_1^2} \\ y & \frac{\partial y}{\partial \rho} & \frac{\partial y}{\partial \rho_1} & \frac{\partial^2 y}{\partial \rho_1^2} \\ z & \frac{\partial z}{\partial \rho} & \frac{\partial z}{\partial \rho_1} & \frac{\partial^2 z}{\partial \rho_1^2} \\ t & \frac{\partial t}{\partial \rho} & \frac{\partial t}{\partial \rho_1} & \frac{\partial^2 t}{\partial \rho_1^2} \end{vmatrix} = 0.$$

Mais alors, d'après un résultat donné au n° 109 [I, p. 139], l'équation des lignes asymptotiques de la surface (Σ) deviendrait

$$d\rho^2 = 0.$$

La surface serait développable et les courbes de paramètre ρ seraient des génératrices rectilignes. Nous pouvons écarter cette hypothèse, dans laquelle le problème proposé n'aurait aucun sens.

Il faudra donc que M, N, P, Q soient tous nuls, c'est-à-dire que, *pour toute solution* θ *de l'équation* (1), *la fonction*

$$\frac{\partial \theta}{\partial \rho_1} + \lambda \theta$$

vérifie une équation de la forme (3).

La question d'Analyse à laquelle nous sommes conduits est une de celles que nous avons examinées au Chapitre VIII. D'après le théorème du n° 400, le problème ainsi posé n'admet que deux solutions. On doit prendre $\lambda = a$, ce qui donnera la seconde nappe (Σ_1) de la surface focale de la congruence (G), ou

$$\lambda = -\frac{1}{\theta'} \frac{\partial \theta'}{\partial \rho}, \tag{4}$$

θ' désignant une solution quelconque de l'équation (1). Cette dernière valeur de λ donne la véritable solution du problème proposé. Si on la porte dans les formules (2), on obtient le théorème suivant, qui a été donné par M. Lucien Lévy, dans le Mémoire que nous avons déjà cité [p. 177].

Les formules

$$(5)\qquad \begin{cases} X = \theta \dfrac{\partial x}{\partial \rho_1} - x \dfrac{\partial \theta}{\partial \rho_1}, \\ Y = \theta \dfrac{\partial y}{\partial \rho_1} - y \dfrac{\partial \theta}{\partial \rho_1}, \\ Z = \theta \dfrac{\partial z}{\partial \rho_1} - z \dfrac{\partial \theta}{\partial \rho_1}, \\ T = \theta \dfrac{\partial t}{\partial \rho_1} - t \dfrac{\partial \theta}{\partial \rho_1}, \end{cases}$$

où θ *désigne une solution quelconque de l'équation* (1), *définissent la surface la plus générale sur laquelle les développables de la congruence* (G) *découpent un réseau ou système conjugué.*

La Géométrie explique ainsi très bien pourquoi la méthode de Laplace peut être considérée comme un cas limite des transformations plus générales que nous avons définies : parmi les surfaces sur lesquelles les développables d'une congruence découpent un réseau conjugué, se trouvent évidemment comprises, comme surfaces limites, les deux nappes de la surface focale de cette congruence.

Si l'on combine le résultat précédent avec l'application de la méthode de Laplace, on est conduit à la proposition suivante :

Étant donnée une surface (Σ) *sur laquelle on connaît un réseau conjugué, désignons par*

$$\ldots,\quad (G_{-1}),\quad (G),\quad (G_1),\quad \ldots$$

la congruence (G) *formée par les tangentes aux courbes de paramètre* ρ, *et toutes celles que l'on en fait dériver géométriquement par la méthode du n°* 322. *L'intégration de l'équation linéaire à laquelle satisfont les quatre coordonnées homogènes d'un point de la surface permet :*

1° *De déterminer toutes les surfaces* (S_i) *découpées suivant un réseau conjugué par les développables de l'une quelconque des congruences* (G_i);

2° *De résoudre le même problème lorsqu'on substitue à* (Σ) *l'une quelconque des surfaces* (S_i), *le système conjugué tracé sur* (S_i) *étant celui qui est déterminé par les développables de* (G_i).

Chaque solution de l'équation linéaire permet de déterminer une surface (S_i) *pour chacune des congruences* (G_i).

419. La dernière partie de cette proposition peut recevoir l'application suivante.

Associons au point P, défini par les formules (5) et qui décrit la surface (S), le point P_1 défini par les formules analogues

$$(6) \qquad X_1 = \theta \frac{\partial x}{\partial \rho} - x \frac{\partial \theta}{\partial \rho}, \qquad Y_1 = \theta \frac{\partial y}{\partial \rho} - y \frac{\partial \theta}{\partial \rho}, \qquad \ldots,$$

où l'on change ρ_1 en ρ en conservant la même solution θ. Le point P_1 décrira une surface (S_{-1}) et se trouvera sur la tangente en M à la courbe de paramètre ρ_1 tracée sur (Σ). La droite PP_1 est donc située dans le plan tangent en M à la surface (Σ).

Lorsque ρ et ρ_1 varient d'une manière quelconque, cette droite engendre une congruence rectiligne : nous allons montrer que P *et* P_1 *sont les points focaux de la droite* PP_1. En d'autres termes, (S) *et* (S_{-1}) *constituent les deux nappes de la surface focale de la congruence formée par toutes les droites* PP_1.

En effet, on peut toujours, en multipliant les solutions de l'équation (1) par une fonction de x et de y, réduire θ à l'unité; cette équation, devant alors admettre la solution 1, se réduira à la forme simple

$$(7) \qquad \frac{\partial^2 \theta}{\partial \rho \, \partial \rho_1} + a \frac{\partial \theta}{\partial \rho} + b \frac{\partial \theta}{\partial \rho_1} = 0;$$

et les coordonnées des points P et P_1 deviendront

$$X = \frac{\partial x}{\partial \rho_1}, \qquad Y = \frac{\partial y}{\partial \rho_1}, \qquad Z = \frac{\partial z}{\partial \rho_1}, \qquad T = \frac{\partial t}{\partial \rho_1};$$

$$X_1 = \frac{\partial x}{\partial \rho}, \qquad Y_1 = \frac{\partial y}{\partial \rho}, \qquad Z_1 = \frac{\partial z}{\partial \rho}, \qquad T_1 = \frac{\partial t}{\partial \rho}.$$

En vertu de l'équation (7), on aura, par exemple,

$$\frac{\partial X}{\partial \rho} = -aX_1 - bX,$$

et les équations analogues en Y, Z, T. Ces équations expriment évidemment que, lorsque ρ varie seul, le point P décrit une courbe tangente à la droite PP_1. Ce point est donc un des points focaux de la droite PP_1 ; et une démonstration analogue prouverait de même que P_1 est le second point focal.

420. Proposons-nous maintenant le problème inverse du précédent. Supposons que l'on demande de trouver les congruences rectilignes dont les développables découpent sur la surface (Σ) le réseau conjugué considéré (ρ, ρ_1). Il résulte des équations (5) et des développements précédents que le problème peut être formulé ainsi.

Étant donnée l'équation

$$(8) \qquad \frac{\partial^2 \theta}{\partial \rho \, \partial \rho_1} + a \frac{\partial \theta}{\partial \rho} + b \frac{\partial \theta}{\partial \rho_1} + c\theta = 0,$$

à laquelle satisfont x, y, z, t, trouver une fonction σ définie en fonction de θ par une équation de la forme

$$\mu\theta = \sigma' \frac{\partial \sigma}{\partial \rho_1} - \sigma \frac{\partial \sigma'}{\partial \rho_1},$$

et satisfaisant à une équation linéaire

$$\frac{\partial^2 \sigma}{\partial \rho \, \partial \rho_1} + \alpha \frac{\partial \sigma}{\partial \rho} + \beta \frac{\partial \sigma}{\partial \rho_1} + \gamma \sigma = 0,$$

dont σ' sera une solution particulière.

Nous remarquons d'abord qu'on peut remplacer σ par $\frac{\sigma}{\sigma'}$, ce qui revient à supposer $\sigma' = 1$. On aura donc, pour déterminer σ, les deux équations plus simples

$$(9) \qquad \mu\theta = \frac{\partial \sigma}{\partial \rho_1},$$

$$(10) \qquad \frac{\partial^2 \sigma}{\partial \rho \, \partial \rho_1} + \alpha \frac{\partial \sigma}{\partial \rho} + \beta \frac{\partial \sigma}{\partial \rho_1} = 0;$$

d'où l'on déduit par un calcul facile

$$d\sigma = -\frac{1}{\alpha} \left[\frac{\partial(\mu\theta)}{\partial \rho} + \beta\mu\theta \right] d\rho + \mu\theta \, d\rho_1.$$

Il faudra que le second membre soit une différentielle exacte et que σ satisfasse, quel que soit θ, à l'équation (10).

Cette question est un cas particulier de celle que nous avons traitée au n° 402. Les résultats que nous avons obtenus montrent que l'on aura

$$\sigma = \int \left[\theta \left(\frac{\partial \mu}{\partial \rho_1} - a\mu \right) d\rho_1 + \mu \left(\frac{\partial \theta}{\partial \rho} + b\theta \right) d\rho \right],$$

μ étant une solution quelconque de l'équation adjointe à la proposée (8).

Ainsi, si l'on se propose de déterminer toutes les congruences dont les développables découpent sur une surface (Σ) un réseau conjugué donné, la solution de ce problème dépendra de l'intégration de l'équation linéaire adjointe à celle que vérifient les quatre coordonnées homogènes d'un point quelconque de (Σ). Si μ désigne une solution quelconque de cette équation, l'une des nappes (S) de la surface focale de la congruence cherchée sera définie par les équations

$$(11) \quad \left\{ \begin{aligned} X &= \int \left[x \left(\frac{\partial \mu}{\partial \rho_1} - a\mu \right) d\rho_1 + \mu \left(\frac{\partial x}{\partial \rho} + bx \right) d\rho \right], \\ Y &= \int \left[y \left(\frac{\partial \mu}{\partial \rho_1} - a\mu \right) d\rho_1 + \mu \left(\frac{\partial y}{\partial \rho} + by \right) d\rho \right], \\ Z &= \int \left[z \left(\frac{\partial \mu}{\partial \rho_1} - a\mu \right) d\rho_1 + \mu \left(\frac{\partial z}{\partial \rho} + bz \right) d\rho \right], \\ T &= \int \left[t \left(\frac{\partial \mu}{\partial \rho_1} - a\mu \right) d\rho_1 + \mu \left(\frac{\partial t}{\partial \rho} + bt \right) d\rho \right]; \end{aligned} \right.$$

et il résulte des remarques présentées au n° 402 que l'autre nappe est définie par des équations toutes semblables, où l'on conserve la même solution de l'équation adjointe, mais où l'on échange a et b, ρ et ρ_1.

D'après les remarques qui terminent le Chapitre IV, l'intégration d'une équation linéaire et celle de son adjointe sont deux problèmes qui se ramènent l'un à l'autre, à quelque point de vue que l'on se place. On peut donc dire que la résolution des deux problèmes de Géométrie que nous venons d'étudier dépend de l'intégration d'une même équation linéaire, l'équation ponctuelle relative au système conjugué tracé sur (Σ).

421. On peut encore résoudre les deux problèmes précédents en employant l'équation tangentielle relative au système conjugué et obtenir ainsi, par une voie purement géométrique, la confirmation du résultat établi au n° 405 [p. 190], relativement aux deux équations, ponctuelle et tangentielle, qui se rapportent à un même système conjugué.

Considérons, par exemple, le second problème, celui dans lequel on se propose de déterminer les congruences dont les développables interceptent sur (Σ) un réseau conjugué donné. Soit

$$\frac{\partial^2 \omega}{\partial \rho\, \partial \rho_1} + \alpha \frac{\partial \omega}{\partial \rho} + \beta \frac{\partial \omega}{\partial \rho_1} + \gamma \omega = 0 \tag{12}$$

l'équation tangentielle relative à ce système conjugué. Les coordonnées u, v, w, p du plan tangent en M à (Σ) sont des solutions particulières de cette équation. La tangente à la courbe de paramètre ρ_1, par exemple, sera définie par les deux équations

$$\left\{\begin{aligned} &uX + vY + wZ + pT = 0, \\ &\frac{\partial u}{\partial \rho_1} X + \frac{\partial v}{\partial \rho_1} Y + \frac{\partial w}{\partial \rho_1} Z + \frac{\partial p}{\partial \rho_1} T = 0. \end{aligned}\right. \tag{13}$$

L'une des développables de la congruence doit contenir cette courbe; son plan tangent en M sera donc défini par l'équation

$$UX + VY + WZ + PT = 0, \tag{13 bis}$$

où l'on a

$$U = \frac{\partial u}{\partial \rho_1} + \lambda u, \qquad V = \frac{\partial v}{\partial \rho_1} + \lambda v, \qquad \dots$$

Le plan défini par l'équation (13 *bis*) doit envelopper une des deux nappes de la surface focale de la congruence cherchée; et nous savons que, sur ces nappes, les courbes de paramètres ρ et ρ_1 doivent tracer un réseau conjugué. Il faudra donc que U, V, W, P considérées comme fonctions de ρ, ρ_1 satisfassent à une équation linéaire de la forme (12); et, par suite, on aura

$$\left\{\begin{aligned} U &= \omega \frac{\partial u}{\partial \rho_1} - u \frac{\partial \omega}{\partial \rho_1}, \\ V &= \omega \frac{\partial v}{\partial \rho_1} - v \frac{\partial \omega}{\partial \rho_1}, \\ W &= \omega \frac{\partial w}{\partial \rho_1} - w \frac{\partial \omega}{\partial \rho_1}, \\ P &= \omega \frac{\partial p}{\partial \rho_1} - p \frac{\partial \omega}{\partial \rho_1}, \end{aligned}\right. \tag{14}$$

ω désignant une solution particulière quelconque de l'équation (12).

422. Nous allons maintenant résoudre un troisième problème de Géométrie qui se rattache directement à ceux que nous venons d'étudier.

Étant donnés une surface (S) et un réseau conjugué tracé sur cette surface, proposons-nous de déterminer toutes les surfaces (S_1), telles que les développables d'une même congruence, d'ailleurs inconnue, interceptent sur (S_1) un réseau conjugué et sur (S) le réseau donné *a priori*.

La solution de ce nouveau problème s'obtient évidemment par la combinaison de celles que nous avons fait connaître dans les numéros précédents. On déterminera d'abord toutes les congruences dont les développables interceptent sur (S) le réseau donné; et il n'y aura plus ensuite qu'à chercher les surfaces (S_1) sur lesquelles les développables de chaque congruence obtenue interceptent un réseau conjugué.

Désignons par x, y, z, t les coordonnées d'un point quelconque M de (S); ces coordonnées seront des solutions particulières de l'équation ponctuelle

$$\frac{\partial^2 \theta}{\partial \rho \, \partial \rho_1} + a \frac{\partial \theta}{\partial \rho} + b \frac{\partial \theta}{\partial \rho_1} + c\theta = 0, \tag{15}$$

relative au système conjugué tracé sur (S). La surface focale (Σ) d'une congruence dont les développables interceptent sur (S) le réseau conjugué donné sera déterminée par les formules (11), où μ désigne une solution déterminée, mais quelconque, de l'équation adjointe; et nous savons (n° 402) que l'équation linéaire dont X, Y, Z, T sont des solutions particulières admettra pour solution générale

$$\sigma = \int \left[\theta \left(\frac{\partial \mu}{\partial \rho_1} - a\mu \right) d\rho_1 + \mu \left(\frac{\partial \theta}{\partial \rho} + b\theta \right) d\rho \right], \tag{16}$$

θ étant la solution générale de l'équation (15).

D'après le théorème du n° 418, la surface (S_1) la plus générale sur laquelle les développables de la même congruence découpent un réseau conjugué sera définie par les formules

$$(17)\qquad x_1 = X - \frac{\sigma}{\frac{\partial\sigma}{\partial\rho_1}}\frac{\partial X}{\partial\rho_1}, \qquad y_1 = Y - \frac{\sigma}{\frac{\partial\sigma}{\partial\rho_1}}\frac{\partial Y}{\partial\rho_1}, \qquad \ldots.$$

Si l'on remarque que l'on a, d'après les formules (11) et (16),

$$(18)\qquad \frac{\partial\sigma}{\partial\rho_1} = \theta\left(\frac{\partial\mu}{\partial\rho_1} - a\mu\right), \qquad \frac{\partial X}{\partial\rho_1} = x\left(\frac{\partial\mu}{\partial\rho_1} - a\mu\right),$$

on pourra écrire

$$(19)\qquad x_1 = X - \frac{\sigma x}{\theta}, \qquad y_1 = Y - \frac{\sigma y}{\theta}, \qquad \ldots;$$

et l'on déduira de là

$$(20)\quad \frac{\partial x_1}{\partial\rho} = \mu\left(\frac{\partial x}{\partial\rho} + bx\right) - \sigma\frac{\partial}{\partial\rho}\left(\frac{x}{\theta}\right) - \frac{x}{\theta}\mu\left(\frac{\partial\theta}{\partial\rho} + b\theta\right) = (\mu\theta - \sigma)\frac{\partial}{\partial\rho}\left(\frac{x}{\theta}\right)$$

et de même

$$(21)\quad \frac{\partial x_1}{\partial\rho_1} = x\left(\frac{\partial\mu}{\partial\rho_1} - a\mu\right) - \frac{x}{\theta}\theta\left(\frac{\partial\mu}{\partial\rho_1} - a\mu\right) - \sigma\frac{\partial}{\partial\rho_1}\left(\frac{x}{\theta}\right) = -\sigma\frac{\partial}{\partial\rho_1}\left(\frac{x}{\theta}\right).$$

On voit donc que, si l'on multiplie x, y, z, t par θ, les relations entre les deux surfaces (S) et (S_1) appartiennent au type suivant :

$$(22)\qquad \left\{\begin{aligned} \frac{\partial x_1}{\partial\rho} &= \lambda\frac{\partial x}{\partial\rho}, & \frac{\partial x_1}{\partial\rho_1} &= \mu\frac{\partial x}{\partial\rho_1},\\ \frac{\partial y_1}{\partial\rho} &= \lambda\frac{\partial y}{\partial\rho}, & \frac{\partial y_1}{\partial\rho_1} &= \mu\frac{\partial y}{\partial\rho_1},\\ \frac{\partial z_1}{\partial\rho} &= \lambda\frac{\partial z}{\partial\rho}, & \frac{\partial z_1}{\partial\rho_1} &= \mu\frac{\partial z}{\partial\rho_1},\\ \frac{\partial t_1}{\partial\rho} &= \lambda\frac{\partial t}{\partial\rho}, & \frac{\partial t_1}{\partial\rho_1} &= \mu\frac{\partial t}{\partial\rho_1}. \end{aligned}\right.$$

Réciproquement, toutes les fois qu'il y aura, entre les points correspondants M et M_1 de deux surfaces quelconques (S) et (S_1), des relations de la forme précédente, quelles que soient d'ailleurs les valeurs de λ et de μ, ces surfaces auront entre elles la relation que nous nous proposons d'étudier.

Si l'on élimine, en effet, x_1 entre les deux premières équations, on obtient l'équation

$$(23)\qquad \frac{\partial}{\partial\rho_1}\left(\lambda\frac{\partial x}{\partial\rho}\right) - \frac{\partial}{\partial\rho}\left(\mu\frac{\partial x}{\partial\rho_1}\right) = 0,$$

qui est encore vérifiée quand on remplace x par y, z et t. Par suite les courbes de paramètres ρ et ρ_1 déterminent sur (S) un système conjugué.

La relation analogue

$$(24)\qquad \frac{\partial}{\partial\rho_1}\left(\frac{1}{\lambda}\frac{\partial x_1}{\partial\rho}\right)-\frac{\partial}{\partial\rho}\left(\frac{1}{\mu}\frac{\partial x_1}{\partial\rho_1}\right)=0$$

montre qu'il en est de même pour la surface (S_1).

D'ailleurs le point P (*fig.* 28) de coordonnées $\frac{\partial x}{\partial\rho}$, $\frac{\partial y}{\partial\rho}$, $\frac{\partial z}{\partial\rho}$, $\frac{\partial t}{\partial\rho}$ se trouve sur la tangente à la courbe de paramètre ρ_1 tracée sur (S); et, comme il est identique, d'après les formules (22), au point de coordonnées $\frac{\partial x_1}{\partial\rho}$, $\frac{\partial y_1}{\partial\rho}$, $\frac{\partial z_1}{\partial\rho}$, $\frac{\partial t_1}{\partial\rho}$ qui se trouve sur la tangente à la courbe correspondante tracée sur (S_1), on reconnaît immédiatement que ces deux tangentes se rencontrent toujours. De même les deux tangentes aux courbes de paramètre ρ se coupent en un point P_1, de coordonnées $\frac{\partial x}{\partial\rho_1}$, $\frac{\partial y}{\partial\rho_1}$, $\frac{\partial z}{\partial\rho_1}$, $\frac{\partial t}{\partial\rho_1}$.

Fig. 28.

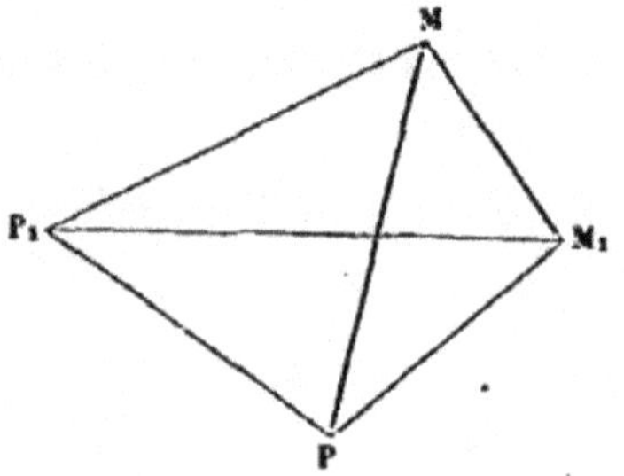

D'après cela, déplaçons-nous sur une courbe de paramètre ρ par exemple.

La surface réglée engendrée par la droite MM_1, admettant en M le plan tangent P_1MM_1 et en M_1 le même plan tangent P_1M_1M, sera nécessairement développable. Comme on peut faire le même raisonnement pour les courbes de paramètre ρ_1, on reconnaît ainsi que les développables de la congruence engendrée par la droite MM_1 interceptent effectivement sur les deux surfaces les deux réseaux conjugués considérés.

423. Nous allons maintenant établir la propriété la plus essen-

tielle de cette théorie et montrer que *les développables de la congruence engendrée par la droite* PP_1 *correspondent à celles de la congruence engendrée par* MM_1; *et, de plus, que* P *et* P_1 *sont les points focaux de la droite* PP_1.

Nous avons, en effet, déterminé dans le raisonnement précédent les coordonnées des points P et P_1. Elles sont

$$\frac{\partial x}{\partial \rho}, \quad \frac{\partial y}{\partial \rho}, \quad \frac{\partial z}{\partial \rho}, \quad \frac{\partial t}{\partial \rho}, \qquad \text{pour P},$$

$$\frac{\partial x}{\partial \rho_1}, \quad \frac{\partial y}{\partial \rho_1}, \quad \frac{\partial z}{\partial \rho_1}, \quad \frac{\partial t}{\partial \rho_1}, \qquad \text{pour } P_1.$$

Écrivons l'équation (23) sous la forme suivante :

$$(25) \qquad \frac{\partial}{\partial \rho_1}\left(\frac{\partial x}{\partial \rho}\right) = \frac{\frac{\partial \lambda}{\partial \rho_1}}{\mu - \lambda}\frac{\partial x}{\partial \rho} - \frac{\frac{\partial \mu}{\partial \rho}}{\mu - \lambda}\frac{\partial x}{\partial \rho_1}.$$

Cette relation, où l'on pourrait remplacer x par y, z, t, exprime que le point P décrit, lorsque ρ_1 varie seul, une courbe dont la tangente est la droite PP_1. En effet, si l'on remplace dans le second membre x par x, y, z, t, on a les coordonnées d'un point de la droite PP_1. On verra de même que le point P_1 décrit, lorsque ρ varie seul, une courbe dont la tangente est PP_1. La proposition que nous avions énoncée est ainsi complètement démontrée.

Si on la transforme par la méthode des polaires réciproques, on obtient le théorème suivant :

Étant données deux surfaces (S), (S_1) *qui se correspondent point par point, soient* M *et* M_1 *deux points correspondants sur les deux surfaces et soit* PP_1 *la droite d'intersection des plans tangents en ces points. Elle engendre une congruence rectiligne et nous désignerons par* P, P_1 *ses deux points focaux. Si les droites* MP, MP_1 *sont des tangentes conjuguées de* (S), *et de même les droites* M_1P, M_1P_1 *des tangentes conjuguées de* (S_1), *les développables de la congruence engendrée par la droite* MM_1 *correspondent à celles de la congruence formée par les droites* PP_1; *et elles découpent sur les deux surfaces les réseaux conjugués formés des courbes admettant en* M *les tangentes* MP, MP_1 *et en* M_1 *les tangentes* M_1P, M_1P_1.

Il résulte immédiatement de ce théorème que la relation entre les deux surfaces (S) et (S_1) est dualistique. On pourra donc joindre aux formules (22) les équations analogues, relatives aux coordonnées tangentielles des plans tangents en M et en M_1,

$$(26)\qquad \left\{\begin{aligned} \frac{\partial u_1}{\partial \rho} &= \lambda' \frac{\partial u}{\partial \rho}, & \frac{\partial u_1}{\partial \rho_1} &= \mu' \frac{\partial u}{\partial \rho_1}, \\ \frac{\partial v_1}{\partial \rho} &= \lambda' \frac{\partial v}{\partial \rho}, & \frac{\partial v_1}{\partial \rho_1} &= \mu' \frac{\partial v}{\partial \rho_1}, \\ \frac{\partial w_1}{\partial \rho} &= \lambda' \frac{\partial w}{\partial \rho}, & \frac{\partial w_1}{\partial \rho_1} &= \mu' \frac{\partial w}{\partial \rho_1}, \\ \frac{\partial p_1}{\partial \rho} &= \lambda' \frac{\partial p}{\partial \rho}, & \frac{\partial p_1}{\partial \rho_1} &= \mu' \frac{\partial p}{\partial \rho_1}. \end{aligned}\right.$$

424. Les propositions que nous venons de développer pourraient être démontrées par la Géométrie; pour ne pas étendre notre exposition, nous nous contenterons d'appliquer la méthode géométrique à la démonstration du théorème suivant :

Étant donnée une correspondance entre deux surfaces (S) *et* (S_1), *soient* (*fig.* 28) M, M_1 *les points correspondants et* PP_1 *l'intersection des plans tangents en* M *et* M_1. *Si les développables de la congruence* (G) *formée par la droite* MM_1 *correspondent aux développables de la congruence* (K) *engendrée par la droite* PP_1; *et si, de plus, les points focaux* P *et* P_1 *de la droite* PP_1 *sont dans les plans focaux de la droite* MM_1 (*c'est-à-dire dans les plans tangents aux deux développables qui contiennent* MM_1), *chaque point focal se trouvant dans le plan focal qui ne lui correspond pas, les deux surfaces* (S) *et* (S_1) *sont dans la relation que nous venons de définir, c'est-à-dire que les développables de la congruence* (G) *interceptent sur* (S) *et* (S_1) *des familles de courbes conjuguées.*

Considérons, en effet, les deux plans focaux de la droite MM_1. Ils rencontrent les deux plans tangents suivant des droites MP et M_1P, MP_1 et M_1P_1 qui se coupent deux à deux aux points P et P_1; et ces points sont, d'après l'hypothèse, les points focaux de la droite PP_1.

Lorsque la droite MM_1 se déplacera infiniment peu en décrivant un élément de développable dans le plan MPM_1 par exemple, la droite PP_1 décrira aussi un élément de développable et tournera, d'après l'hypothèse, autour du point P_1.

Soit $M'M'_1$ la position nouvelle de MM_1. Il est aisé d'établir que les quatre plans tangents aux deux surfaces en M, M_1, M', M'_1 viennent se couper au point P_1. En effet, les deux premiers plans se coupent suivant la droite PP_1, les deux autres suivant la position infiniment voisine de cette droite, qui, par hypothèse, rencontre PP_1 en P_1. Prenons maintenant les quatre plans dans un autre ordre. L'intersection des plans tangents en M et M' est la tangente conjuguée de MP; cette tangente viendra nécessairement passer par le point P_1. Les droites MP, MP_1 sont donc des tangentes conjuguées, et il en est de même de M_1P, M_1P_1. C'est la proposition que nous avons énoncée.

425. Les différents résultats que nous venons d'établir sont d'une grande généralité et interviennent comme éléments essentiels dans différentes recherches géométriques. Nous allons, dès à présent, en indiquer une application très simple.

Étant données deux surfaces (S), (S_1) et un plan (P), par toutes les droites (*d*) du plan (P) on mène des plans tangents à (S) et à (S_1), et l'on établit ainsi une correspondance entre les points des deux surfaces. Nous allons montrer que les développables de la congruence formée par l'ensemble des droites qui joignent les points correspondants interceptent sur (S) et sur (S_1) deux réseaux conjugués.

Soient, en effet, M, M_1 les points correspondants de (S) et de (S_1). Les plans tangents en M et en M_1 se coupent suivant une droite (*d*) du plan (P); construisons sur cette droite les deux points Q, Q_1 qui divisent harmoniquement l'angle des deux tangentes asymptotiques en M à (S) et l'angle des deux tangentes asymptotiques en M_1 à (S_1). Les points Q, Q_1 peuvent être considérés, au même titre que tous les autres points de la droite (*d*), comme les points focaux de la congruence engendrée par cette droite. Par suite, comme les droites MQ, MQ_1 sont des tangentes conjuguées de (S) et les droites M_1Q, M_1Q_1 des tangentes conjuguées de (S_1), il résulte des théorèmes du numéro précédent que la droite MM_1 appartient à une congruence dont les développables découpent des réseaux conjugués sur (S) et sur (S_1).

Et de plus les plans QMM_1, Q_1MM_1 seront les plans focaux de MM_1, c'est-à-dire les plans tangents aux deux développables qui contiennent MM_1.

Il est clair que ces développables ne pourront pas être déterminées en général; pour les obtenir, il faudra chercher dans le plan (P) les courbes qui sont tangentes aux différentes droites (d) en un des points Q, Q_1, c'est-à-dire les courbes dont les tangentes admettent leur point de contact comme point focal.

Imaginons, par exemple, que les deux surfaces (S) et (S_1) soient du second degré. Si l'on mène une droite (d) dans le plan (P), les points focaux de cette droite seront les extrémités du segment qui est divisé harmoniquement par les deux surfaces. On les obtient, comme on sait, en menant par les quatre points communs à (S) et à (S_1) situés dans le plan (P) les deux coniques tangentes à la droite (d). Si l'on considère une quelconque de ces coniques, chacune de ses tangentes admettra son point de contact comme point focal; et, par suite, les développables de la congruence seront formées des droites MM_1 qui correspondent aux diverses tangentes d'une même conique. On peut donc énoncer la proposition suivante.

Si, par toutes les droites d'un plan (P), *on mène des plans tangents à deux surfaces* (S), (S_1), *la droite qui joint les points de contact engendre une congruence dont les développables découpent sur* (S) *et sur* (S_1) *des réseaux conjugués. Si* (S) *et* (S_1) *sont du second degré, ces développables peuvent être déterminées algébriquement. Les droites qui, dans le plan* (P), *correspondent à leurs génératrices rectilignes, sont tangentes à une même conique passant par les quatre points communs à* (S) *et à* (S_1) *situés dans le plan* (P).

Les plans tangents aux deux développables qui contiennent une même droite MM_1 coupent les plans tangents aux deux surfaces suivant des droites conjuguées. Ils sont donc conjugués à la fois par rapport aux deux surfaces (S) et (S_1), c'est-à-dire que chacun d'eux contient le pôle de l'autre.

Si les deux surfaces sont homofocales, les plans conjugués par rapport aux deux surfaces sont nécessairement rectangulaires; par suite, les deux familles de développables se couperont à angle droit. Nous verrons que cette propriété caractérise les congruences formées des normales à une surface. Nous sommes ainsi conduits à l'élégant théorème suivant, que Laguerre, notre ami regretté, a obtenu comme conséquence de ses études sur les divers modes de génération des cyclides [1].

Étant données deux surfaces homofocales du second degré et un plan (P), *si l'on mène, par les droites du plan* (P), *des plans tangents aux deux surfaces, les droites qui joignent les points de contact correspondants seront normales à une famille de surfaces parallèles.*

426. Nous allons maintenant envisager d'autres applications en supposant que les surfaces (S) et (S_1) demeurent quelconques, mais que le plan (P) s'éloigne à l'infini. On a alors le théorème suivant :

Si l'on mène à deux surfaces (S) *et* (S_1) *des plans tangents parallèles, la droite qui joint les points de contact correspondants* M, M_1 *engendre une congruence dont les développables interceptent sur* (S) *et sur* (S_1) *un réseau conjugué.*

Si l'on choisit pour variables ρ et ρ_1 les paramètres des courbes conjuguées qui se correspondent sur (S) et sur (S_1), les équations (22) prennent ici la forme

$$(27)\qquad \left\{\begin{array}{ll} \dfrac{\partial x_1}{\partial \rho} = \lambda \dfrac{\partial x}{\partial \rho}, & \dfrac{\partial x_1}{\partial \rho_1} = \mu \dfrac{\partial x}{\partial \rho_1}, \\ \dfrac{\partial y_1}{\partial \rho} = \lambda \dfrac{\partial y}{\partial \rho}, & \dfrac{\partial y_1}{\partial \rho_1} = \mu \dfrac{\partial y}{\partial \rho_1}, \\ \dfrac{\partial z_1}{\partial \rho} = \lambda \dfrac{\partial z}{\partial \rho}, & \dfrac{\partial z_1}{\partial \rho_1} = \mu \dfrac{\partial z}{\partial \rho_1}, \end{array}\right.$$

x, y, z et x_1, y_1, z_1 désignant les coordonnées cartésiennes des points M et M_1. Ces équations sont évidentes : elles expriment

---

(1) LAGUERRE, *Sur quelques propriétés des surfaces anallagmatiques* (*Bulletin de la Société philomathique*, p. 17; 1868). Parmi les surfaces auxquelles sont normales toutes les droites de la congruence, se trouve toujours une *cyclide* [I, p. 207] si le plan (P) ne passe pas par le centre commun des deux surfaces homofocales. Cette cyclide se construit par points de la manière suivante : soit (δ) la droite, perpendiculaire au plan (P), qui contient les pôles de ce plan par

simplement que les tangentes aux courbes correspondantes des deux réseaux conjugués sont parallèles.

Le mode de correspondance précédent a été considéré par Steiner (¹). Il comprend comme cas particulier la représentation sphérique de Gauss; il suffit de supposer que la surface (S_1) se réduit à une sphère. Dans ce cas particulier, les deux développables qui contiennent la droite MM_1 coupent le plan tangent en M_1 à la sphère suivant des droites conjuguées, c'est-à-dire rectangulaires. Les tangentes conjuguées de la surface (S) en M, étant parallèles aux précédentes, sont nécessairement rectangulaires; le système conjugué se réduit donc à celui qui est formé par les lignes de courbure. Les formules (27) deviennent identiques à celles d'Olinde Rodrigues [I, p. 199] qui jouent un rôle si important dans la théorie des lignes de courbure.

Revenons au cas général où la surface (S_1) est quelconque, et imaginons que cette surface grandisse indéfiniment en demeurant homothétique à sa position initiale par rapport à un point fixe O. Le système conjugué tracé sur (S) demeurera invariable; on le reconnaît immédiatement, car les systèmes conjugués tracés sur (S) et sur (S_1) peuvent aussi être définis par la condition, indépendante de toute congruence, que les tangentes aux courbes correspondantes des deux systèmes tracés sur les deux surfaces soient toujours parallèles; et cette propriété subsiste évidemment lorsque (S_1) est remplacée par une surface homothétique. A la limite, lorsque (S_1) aura grandi indéfiniment, la droite MM_1 se confondra avec la parallèle menée par le point M au rayon primitif OM_1. Ainsi :

Étant données deux surfaces (S), (S_1), *on leur mène des plans tangents parallèles* (P), (P_1). *Si, par le point de contact*

---

rapport aux deux surfaces homofocales; et soit (d') la droite du plan qui correspond à une droite quelconque (d) de la congruence. Le plan mené par (δ) perpendiculairement à (d') coupe la droite (d) au point où elle est normale à la cyclide cherchée. Si le plan (P) passe par le centre commun des deux surfaces, les droites deviennent normales à des surfaces de quatrième classe, corrélatives des cyclides, que nous rencontrerons plus loin (Chap. XIV et XV).

(¹) STEINER, *Ueber Lehrsätze von welchen die bekannten Sätze über parallele Curven besondere Fälle sind* (*Journal de Crelle*, t. XXII, p. 75, 1846, et *J. Steiner's gesammelte Werke*, t. II, p. 361).

de (P) *et de* (S), *on mène une parallèle au rayon vecteur qui joint un point fixe de l'espace au point de contact de* (P_1) *et de* (S_1), *cette parallèle appartient à une congruence dont les développables découpent sur* (S) *un réseau conjugué. Ce réseau correspond à un réseau conjugué de* (S_1).

C'est une généralisation de la propriété bien connue des normales à une surface.

427. Nous avons, au n° 81 [I, p. 99], indiqué quelques propriétés des surfaces qui sont engendrées par la translation d'une courbe de forme invariable. L'étude du mouvement d'une surface qui se déplace en conservant son orientation conduit à des propositions analogues. Étant donnée une surface quelconque (S_1) et un point O dans l'espace, supposons que ce point O soit invariablement lié à (S_1) et déplaçons cette surface parallèlement à elle-même, en assujettissant le point O à décrire une surface fixe (S). Les positions successives de (S_1) dépendent des deux paramètres qui fixent la position du point O; cette surface aura donc une enveloppe qu'elle touchera en un nombre limité de points. Soient (S'_1) une position de (S_1) et O′ la position correspondante de O sur la surface (S). Il est évident géométriquement que les points où la surface (S'_1) touche l'enveloppe sont ceux où le plan tangent à (S'_1) est parallèle au plan tangent à (S) en O′. On aura donc la construction suivante de l'enveloppe :

Menons aux deux surfaces (S) et (S_1) deux plans tangents parallèles quelconques et soient M, M_1 leurs points de contact. Le rayon vecteur de l'enveloppe sera la résultante ou la somme géométrique des deux rayons vecteurs OM, OM_1 ; et le plan tangent à l'extrémité de ce rayon vecteur sera parallèle aux plans tangents en M et en M_1.

Cette construction montre immédiatement que l'on peut échanger (S) et (S_1). L'enveloppe demeurera la même si, au lieu de déplacer (S_1), on déplace (S) de telle manière que le point O décrive la surface (S_1). On a ainsi une généralisation de la propriété du n° 81.

Reprenons la construction précédente, mais en substituant successivement à la surface (S_1) toutes les surfaces homothétiques de (S_1) par rapport au centre O. On obtiendra une série d'enveloppes (Σ), (Σ'), (Σ''), ... qui constitueront une famille dont la surface (S) fera partie. Soient M, μ, μ', ... les points qui se correspondent sur (S), (Σ), (Σ'), ... *Tous ces points seront en ligne droite; les plans tangents en ces points seront tous parallèles; et enfin les développables de la congruence engendrée par la droite* $M\mu\mu'$... *découperont sur toutes les surfaces un réseau conjugué correspondant à un réseau conjugué tracé sur* (S_1). Il suffit de supposer que cette surface (S_1) se réduit à une sphère pour retrouver les propriétés essentielles et bien connues des surfaces parallèles.

428. L'étude de la famille de surfaces que nous venons de définir trouve une application immédiate et très intéressante dans l'optique géométrique des milieux homogènes ([1]). Admettons, en effet, que (S_1) soit la surface d'onde caractéristique d'un tel milieu, c'est-à-dire qu'elle soit le lieu des points atteints après l'unité de temps par un ébranlement parti de O. D'après la définition même des milieux homogènes, le lieu des points atteints après un temps quelconque par le mouvement vibratoire sera la surface homothétique de (S_1) par rapport à O, le rapport de similitude étant égal au temps écoulé. Cela posé, imaginons que la seconde surface (S) soit une surface d'onde, c'est-à-dire qu'elle soit le lieu des points atteints au même instant par un mouvement vibratoire lumineux *qui a son origine dans une source unique,* mais qui peut avoir subi un nombre quelconque de réflexions ou de réfractions. Proposons-nous de déterminer les positions successives que prendra l'onde (S) qui se propage dans le milieu. D'après le principe de Huygens, il faudra construire les surfaces d'onde, toutes égales, qui ont pour centres les différents points de (S) et qui correspondent à la même durée : leur enveloppe sera la position nouvelle de (S). Il résulte de cette construction que les positions successives de l'onde (S) sont précisément les surfaces (Σ), (Σ'), ... que nous venons de définir. Les

---

([1]) Pour tout ce qui concerne ce sujet, consulter la solide étude de M. Lévistal *Recherches d'Optique géométrique,* insérée en 1867 au tome IV (1re série) des *Annales scientifiques de l'École Normale supérieure,* p. 195.

droites $M\mu\mu'$... sont les rayons lumineux. La lumière se propage avec une vitesse uniforme sur chaque rayon; mais, comme elle met le même temps à passer de l'une à l'autre des positions de l'onde, la vitesse est différente sur les différents rayons. Elle ne dépend d'ailleurs que de la direction de ces rayons et demeure la même pour tous les rayons parallèles, dans le même milieu. Si le milieu est isotrope, la surface (S_1) est une sphère; les rayons lumineux sont normaux à l'onde (S) et à ses positions successives. Convenablement transformée, cette propriété subsiste pour tous les milieux homogènes : dans chacun de ces milieux, il y a, entre la direction du rayon lumineux et celle du plan tangent en un de ses points à l'onde qui se propage, une relation constante qui dépend uniquement de la constitution du milieu et demeure la même quelle que soit la forme de l'onde (S). Cela est évident, car le rayon lumineux est parallèle à un certain rayon OM_1 de la surface d'onde caractéristique du milieu décrite de O comme centre, et le plan tangent de l'onde est toujours parallèle au plan tangent en M_1 à cette surface (S_1).

Dans le cas des milieux isotropes, les développables formées par les rayons lumineux interceptent sur les différentes positions de l'onde un réseau conjugué; cette propriété s'étend aussi aux milieux homogènes quelconques. *Les développables formées par les rayons lumineux découpent sur les positions successives de l'onde un réseau conjugué, qui correspond à un réseau conjugué tracé sur la surface d'onde caractéristique du milieu.*

Pour les milieux isotropes, la surface caractéristique étant une sphère, le réseau conjugué se réduit nécessairement à celui qui est formé par les lignes de courbure.

CHAPITRE XI.

LES SURFACES A LIGNES DE COURBURE ISOTHERMES.

Problème de M. Christoffel. — Recherche de tous les cas dans lesquels la correspondance par plans tangents parallèles établie entre deux surfaces détermine un tracé géographique de l'une sur l'autre. — Différentes solutions déjà connues de ce problème; les surfaces homothétiques, deux surfaces minima quelconques. — Solution nouvelle. — Elle est fournie par des surfaces à lignes de courbure isothermes. — Théorème de Bour et de M. Christoffel. — Application aux surfaces minima. — Les surfaces dont la courbure moyenne est constante ont leurs lignes de courbure isothermes, c'est-à-dire elles sont isothermiques. — On peut faire dériver de toute surface isothermique une infinité de surfaces isothermiques nouvelles. — Formation de l'équation aux dérivées partielles du quatrième ordre qui caractérise les surfaces isothermiques. — Seconde propriété caractéristique : L'équation ponctuelle relative au système conjugué formé par les lignes de courbure doit avoir ses deux invariants égaux. — Applications.

---

429. On peut rattacher aux propositions que nous avons données dans le Chapitre précédent l'étude d'une intéressante question qui a été posée et résolue par M. Christoffel (¹). Proposons-nous de rechercher tous les cas dans lesquels la correspondance par plans tangents parallèles établie entre deux surfaces (S), (S_1) peut donner une représentation conforme ou un tracé géographique de l'une des surfaces sur l'autre.

Soient x, y, z; x_1, y_1, z_1 les coordonnées cartésiennes rectangulaires des points correspondants sur les deux surfaces (S) et (S_1). Prenons comme variables indépendantes ρ et ρ_1 les paramètres des deux familles conjuguées qui se correspondent sur les deux surfaces (²). Les formules (27) du Chapitre précédent nous

(¹) E.-B. Christoffel, *Ueber einige allgemeine Eigenschaften der Minimumsflächen* (*Journal de Crelle*, t. LVII, p. 218-228; 1867).

(²) Nous écartons, on le voit, le cas exceptionnel où ces deux familles viendraient se confondre et se réduiraient à une famille de lignes asymptotiques. Le donneront d'abord

$$
(1) \quad \begin{cases} \dfrac{\partial x_1}{\partial \rho} = \lambda \dfrac{\partial x}{\partial \rho}, & \dfrac{\partial y_1}{\partial \rho} = \lambda \dfrac{\partial y}{\partial \rho}, & \dfrac{\partial z_1}{\partial \rho} = \lambda \dfrac{\partial z}{\partial \rho}; \\ \dfrac{\partial x_1}{\partial \rho_1} = \mu \dfrac{\partial x}{\partial \rho_1}, & \dfrac{\partial y_1}{\partial \rho_1} = \mu \dfrac{\partial y}{\partial \rho_1}, & \dfrac{\partial z_1}{\partial \rho_1} = \mu \dfrac{\partial z}{\partial \rho_1}; \end{cases}
$$

et il faudra que l'on ait

$$
(2) \qquad dx_1^2 + dy_1^2 + dz_1^2 = k^2(dx^2 + dy^2 + dz^2),
$$

k désignant une fonction quelconque de ρ et de ρ_1. Les équations (1) et (2) expriment toutes les relations qui doivent exister entre les deux surfaces (S) et (S_1).

Introduisons, pour abréger, les quantités E, F, G définies par la formule

$$
(3) \qquad dx^2 + dy^2 + dz^2 = E\, d\rho^2 + 2F\, d\rho\, d\rho_1 + G\, d\rho_1^2.
$$

L'équation (2), dans laquelle on remplacera les dérivées de x_1, y_1, z_1 par leurs valeurs déduites des formules (1), se décomposera dans les trois relations suivantes

$$
(4) \qquad (\lambda^2 - k^2)E = 0, \qquad (\lambda\mu - k^2)F = 0, \qquad (\mu^2 - k^2)G = 0,
$$

qui devront être vérifiées toutes les trois.

Les différentes solutions de ce système de trois équations simultanées appartiennent à l'un des types suivants :

1°	$E = 0$,	$G = 0$,	$\lambda\mu - k^2 = 0$;
2°	$E = 0$,	$\mu^2 - k^2 = 0$,	$F = 0$;
3°	$E = 0$,	$\mu^2 - k^2 = 0$,	$\lambda\mu - k^2 = 0$;
4°	$\lambda^2 - k^2 = 0$,	$\mu^2 - k^2 = 0$,	$\lambda\mu - k^2 = 0$;
5°	$\lambda^2 - k^2 = 0$,	$\mu^2 - k^2 = 0$,	$F = 0$.

Dans la première solution, E et G étant nuls, les deux familles conjuguées seront formées de lignes de longueur nulle; (S) et (S_1) seront donc (n° 186) des surfaces minima. Deux surfaces minima quelconques nous donnent, en effet, une solution du problème proposé; cela a été démontré au n° 214 [I, p. 329].

---

lecteur traitera facilement cette hypothèse; elle conduit seulement à deux surfaces homothétiques ou aux surfaces imaginaires, considérées dans la Note du n° 116 [I, p. 148], et dont l'élément linéaire est un carré parfait.

La deuxième solution conduit à ces surfaces imaginaires pour lesquelles l'élément linéaire est un carré parfait. Nous pouvons la négliger.

La troisième et la quatrième entraînent la relation

$$\lambda = \mu.$$

Alors les formules (1) nous donnent

$$dx_1 = \lambda\, dx, \qquad dy_1 = \lambda\, dy, \qquad dz_1 = \lambda\, dz;$$

λ ne peut être qu'une constante : les deux surfaces (S) et (S_1) sont homothétiques. Cette solution était évidente *a priori*.

430. Il nous reste donc seulement à examiner la dernière solution, qui nous donne, en écartant l'hypothèse déjà examinée $\lambda = \mu$,

$$(5) \qquad \lambda = k, \qquad \mu = -k, \qquad F = 0.$$

La dernière équation exprime que les deux familles de courbes conjuguées (ρ) et (ρ_1) se coupent à angle droit sur les deux surfaces. Ainsi *le système conjugué* (ρ), (ρ_1) *est formé des lignes de courbure des surfaces* (S) *et* (S_1). Nous allons étudier cette solution, qui est la seule véritablement nouvelle.

Toutes les relations entre les deux surfaces sont exprimées par les formules suivantes

$$(6) \qquad \frac{\partial x}{\partial \rho}\frac{\partial x}{\partial \rho_1} + \frac{\partial y}{\partial \rho}\frac{\partial y}{\partial \rho_1} + \frac{\partial z}{\partial \rho}\frac{\partial z}{\partial \rho_1} = 0,$$

$$(7) \qquad \begin{cases} \dfrac{\partial x_1}{\partial \rho} = \lambda\dfrac{\partial x}{\partial \rho}, & \dfrac{\partial y_1}{\partial \rho} = \lambda\dfrac{\partial y}{\partial \rho}, & \dfrac{\partial z_1}{\partial \rho} = \lambda\dfrac{\partial z}{\partial \rho}, \\[2mm] \dfrac{\partial x_1}{\partial \rho_1} = -\lambda\dfrac{\partial x}{\partial \rho_1}, & \dfrac{\partial y_1}{\partial \rho_1} = -\lambda\dfrac{\partial y}{\partial \rho_1}, & \dfrac{\partial z_1}{\partial \rho_1} = -\lambda\dfrac{\partial z}{\partial \rho_1}, \end{cases}$$

dont nous allons examiner les nombreuses conséquences.

On pourrait d'abord éliminer x_1, y_1, z_1. On a, en effet,

$$(8) \qquad \begin{cases} dx_1 = \lambda\left(\dfrac{\partial x}{\partial \rho}d\rho - \dfrac{\partial x}{\partial \rho_1}d\rho_1\right), \\[2mm] dy_1 = \lambda\left(\dfrac{\partial y}{\partial \rho}d\rho - \dfrac{\partial y}{\partial \rho_1}d\rho_1\right), \\[2mm] dz_1 = \lambda\left(\dfrac{\partial z}{\partial \rho}d\rho - \dfrac{\partial z}{\partial \rho_1}d\rho_1\right), \end{cases}$$

et il suffira d'exprimer que les seconds membres sont des différentielles exactes. On trouvera ainsi que x, y, z doivent être des solutions particulières de l'équation

$$2\lambda \frac{\partial^2 \theta}{\partial \rho\, \partial \rho_1} + \frac{\partial \lambda}{\partial \rho_1} \frac{\partial \theta}{\partial \rho} + \frac{\partial \lambda}{\partial \rho} \frac{\partial \theta}{\partial \rho_1} = 0. \tag{9}$$

Cette équation n'est autre que l'équation ponctuelle relative au système conjugué formé des lignes de courbure de (S). Elle a d'ailleurs la forme la plus générale des équations dont les invariants sont égaux. Nous pouvons donc énoncer la proposition suivante, sur laquelle nous reviendrons plus loin :

Pour qu'une surface (S) *soit une solution du problème proposé, il faut et il suffit que l'équation linéaire aux dérivées partielles relative au système conjugué formé par ses lignes de courbure ait ses invariants égaux.*

431. Cette propriété purement analytique peut recevoir une interprétation géométrique très simple.

Remarquons, d'une manière générale, que l'équation ponctuelle

$$\frac{\partial^2 \theta}{\partial \rho\, \partial \rho_1} + a \frac{\partial \theta}{\partial \rho} + b \frac{\partial \theta}{\partial \rho_1} = 0, \tag{10}$$

relative à tout système conjugué tracé sur une surface, peut toujours être déterminée quand on connaît l'élément linéaire de cette surface. Soit, en effet,

$$ds^2 = E\, d\rho^2 + 2F\, d\rho\, d\rho_1 + G\, d\rho_1^2 \tag{11}$$

l'expression de cet élément linéaire. Si l'on multiplie le premier membre de l'équation (10) par $\frac{\partial \theta}{\partial \rho}$ et si l'on ajoute ensuite les trois résultats que l'on obtient en remplaçant θ successivement par x, y, z, on obtiendra la première des deux équations

$$\left\{ \begin{aligned} &\frac{1}{2} \frac{\partial E}{\partial \rho_1} + aE + bF = 0, \\ &\frac{1}{2} \frac{\partial G}{\partial \rho} + aF + bG = 0, \end{aligned} \right. \tag{12}$$

qui se déduisent l'une de l'autre par l'échange de ρ et de ρ_1 et qui feront connaître a et b.

432. Appliquons cette proposition à l'équation (9) en remarquant que l'on a ici $F = 0$. Les équations (12) prendront la forme

$$\frac{\partial E}{\partial \rho_1} + \frac{E}{\lambda}\frac{\partial \lambda}{\partial \rho_1} = 0, \qquad \frac{\partial G}{\partial \rho} + \frac{G}{\lambda}\frac{\partial \lambda}{\partial \rho} = 0,$$

d'où l'on déduit, en intégrant,

$$E = \frac{r}{\lambda}, \qquad G = \frac{r_1}{\lambda},$$

r désignant une fonction de ρ et r_1 une fonction de ρ_1. L'élément linéaire de (S) sera donc exprimé par la formule

(13) $$ds^2 = \frac{1}{\lambda}(r\,d\rho^2 + r_1\,d\rho_1^2),$$

qui caractérise les systèmes isothermes. La surface (S) aura donc ses lignes de courbure isothermes; et il en sera de même, évidemment, de la surface (S_1) dont l'élément linéaire, en vertu de la formule (2), aura pour expression

(14) $$ds_1^2 = \lambda(r\,d\rho^2 + r_1\,d\rho_1^2).$$

En réunissant tous les résultats précédents, on obtient le théorème suivant :

A toute surface (S) *dont les lignes de courbure sont isothermes et dont l'élément linéaire est déterminé par la formule*

$$ds^2 = \frac{1}{\lambda}(r\,d\rho^2 + r_1\,d\rho_1^2)$$

on peut faire correspondre une seconde surface (S_1) *dont l'élément linéaire a pour expression*

$$ds_1^2 = \lambda(r\,d\rho^2 + r_1\,d\rho_1^2),$$

et dont les lignes de courbure sont aussi isothermes.

De plus, on peut toujours placer les deux surfaces de telle manière que les plans tangents et les tangentes principales aux points correspondants soient parallèles.

433. Bour avait déjà établi la première partie de ce théorème

dans son *Mémoire sur la déformation des surfaces* (¹). Les considérations par lesquelles il l'a établie offrent la plus grande analogie avec celles que M. Moutard a employées pour démontrer son théorème fondamental. Le fait s'explique aisément : à chacune des surfaces (S) et (S_1) correspond une équation linéaire à invariants égaux ; on passe de l'une à l'autre précisément par l'emploi de la méthode de M. Moutard. D'ailleurs le système

$$(15) \qquad \frac{\partial \theta_1}{\partial \rho} = \lambda \frac{\partial \theta}{\partial \rho}, \qquad \frac{\partial \theta_1}{\partial \rho_1} = -\lambda \frac{\partial \theta}{\partial \rho_1},$$

qui est vérifié par les coordonnées correspondantes x et x_1, ou y et y_1, ou z et z_1, des points des deux surfaces, est identique à celui que nous avons étudié au n° 391.

En appliquant le théorème précédent à la sphère, qui peut être regardée d'une infinité de manières comme une surface à lignes de courbure isothermes, Bour a montré que l'on retrouve les surfaces minima les plus générales ; et nous avons déjà indiqué cette application au n° 205 [I, p. 313]. On peut retrouver immédiatement le théorème de Bour par l'interprétation géométrique du système (7).

Soient c, c', c'' les cosinus directeurs de la normale en un quelconque des points correspondants des deux surfaces (S) et (S_1). Soient R et R' les rayons de courbure principaux de (S), R_1 et R'_1 ceux de (S_1) au point correspondant. Les formules d'Olinde Rodrigues nous donnent

$$(16) \qquad \begin{cases} \dfrac{\partial x}{\partial \rho} + R\dfrac{\partial c}{\partial \rho} = 0, & \dfrac{\partial x_1}{\partial \rho} + R_1\dfrac{\partial c}{\partial \rho} = 0, \\[2ex] \dfrac{\partial x}{\partial \rho_1} + R'\dfrac{\partial c}{\partial \rho_1} = 0, & \dfrac{\partial x_1}{\partial \rho_1} + R'_1\dfrac{\partial c}{\partial \rho_1} = 0. \end{cases}$$

En substituant les dérivées de x et de x_1 dans les formules (7), on trouve

$$(17) \qquad R_1 = \lambda R, \qquad R'_1 = -\lambda R'$$

et, par suite,

$$(18) \qquad \frac{R_1}{R'_1} + \frac{R}{R'} = 0.$$

(¹) *Journal de l'École Polytechnique*, XXXIXᵉ Cahier, p. 118 ; 1862.

Si la surface (S) est une sphère, on aura $R = R'$ et, par suite, $R_1 + R'_1 = 0$; (S_1) sera une surface minima. Si, au contraire, (S) est une surface minima, on aura $R = -R'$ et, par suite, $R_1 = R'_1$; (S_1) sera une sphère. On peut donc faire dériver de la sphère toutes les surfaces minima; et les remarques précédentes constituent une véritable intégration de l'équation aux dérivées partielles de ces surfaces.

Proposons-nous maintenant de rechercher tous les cas dans lesquels la surface (S_1) est parallèle à (S). Il suffira évidemment d'exprimer que les équations (7) sont vérifiées quand on y remplace x_1, y_1, z_1 respectivement par

$$x + ac, \quad y + ac', \quad z + ac'',$$

a désignant une constante. On obtiendra ainsi des relations telles que les suivantes :

$$\frac{\partial x}{\partial \rho} + a\frac{\partial c}{\partial \rho} = \lambda \frac{\partial x}{\partial \rho}, \qquad \frac{\partial x}{\partial \rho_1} + a\frac{\partial c}{\partial \rho_1} = -\lambda \frac{\partial x}{\partial \rho_1}.$$

En éliminant $\frac{\partial c}{\partial \rho}, \frac{\partial c}{\partial \rho_1}$ au moyen des équations d'Olinde Rodrigues, on trouve

$$1 - \frac{a}{R} = \lambda, \qquad 1 - \frac{a}{R'} = -\lambda.$$

Il suffira donc que l'on ait

$$\frac{2}{a} = \frac{1}{R} + \frac{1}{R'}.$$

Ainsi *la surface* (S) *devra avoir sa courbure moyenne constante;* et réciproquement *à toute surface* (S) *à courbure moyenne constante correspondra une surface* (S_1) *qui sera parallèle à* (S). La relation entre les deux surfaces étant réciproque, (S_1) *sera, elle aussi, à courbure moyenne constante.*

Si l'on rapproche cette proposition des résultats précédents, on peut conclure que *toute surface à courbure moyenne constante a nécessairement ses lignes de courbure isothermes.* Nous reviendrons sur ce résultat, qui est dû à M. Bonnet [1].

---

[1] O. BONNET, *Mémoire sur la théorie des surfaces applicables sur une surface donnée* (*Journal de l'École Polytechnique*, XLIIe Cahier, p. 77; 1867).

434. Après avoir signalé les propriétés géométriques qui se rattachent à l'étude du problème de M. Christoffel, nous allons indiquer le parti qu'on peut en tirer dans la recherche des surfaces à lignes de courbure isothermes. Cette recherche constitue certainement un des problèmes les plus difficiles de la Géométrie; elle dépend, nous le verrons, de l'intégration d'une équation non linéaire du quatrième ordre. Les surfaces du second degré, les cyclides, les surfaces de révolution, les cônes et les cylindres, certaines surfaces à lignes de courbure planes dans un système qui dépendent d'une fonction arbitraire (¹), les surfaces minima et, plus généralement, les surfaces à courbure moyenne constante ont leurs lignes de courbure isothermes. Toutes ces surfaces, auxquelles on peut ajouter celles qu'on en déduit par l'inversion la plus générale, ne constituent, cependant, que des solutions extrêmement particulières du problème proposé, qui doit conduire à des surfaces contenant quatre fonctions arbitraires dans leur équation. Bour, qui a considéré le premier les surfaces à lignes de courbure isothermes, annonce, dans la partie de son Mémoire que nous avons citée plus haut, que, de toute surface à lignes de courbure isothermes, on peut déduire une infinité de surfaces analogues, contenant dans leur équation deux fonctions arbitraires; mais on reconnaîtra aisément que le raisonnement de l'éminent géomètre manque de généralité et s'applique à la sphère seulement.

Il existe toutefois un moyen de déduire de toute surface à lignes de courbure isothermes une infinité de surfaces nouvelles contenant dans leur équation autant de constantes arbitraires qu'on le veut. Il suffit, pour cela, de combiner les propositions précédentes avec l'application de l'inversion.

Désignons, pour abréger, sous le nom de surface *isothermique* toute surface à lignes de courbure isothermes. A toute surface isothermique (I), dont l'élément linéaire est donné par la formule

$$ds^2 = \frac{1}{\lambda}(r\,d\rho^2 + r_1\,d\rho_1^2), \tag{19}$$

(¹) G. DARBOUX, *Détermination d'une classe particulière de surfaces à lignes de courbure planes dans un système et isothermes* (*Bulletin des Sciences mathématiques*, 2ᵉ série, t. VII, p. 257; 1883).

l'inversion fera correspondre une nouvelle surface isothermique (I′) dont l'élément linéaire aura pour expression

$$(20) \qquad ds'^2 = \frac{r\,d\rho^2 + r_1\,d\rho_1^2}{\lambda[(x-a)^2+(y-b)^2+(z-c)^2]^2},$$

x, y, z désignant les coordonnées rectangulaires du point de la surface (I) et a, b, c celles du pôle de l'inversion.

Or, d'après la proposition de Bour et de M. Christoffel, on peut, par de simples quadratures, déduire de la surface (I′) une surface isothermique nouvelle (I″) dont l'élément linéaire aura pour expression

$$(21) \qquad ds''^2 = \lambda[(x-a)^2+(y-b)^2+(z-c)^2]^2(r\,d\rho^2 + r_1\,d\rho_1^2).$$

Si l'on recommence, avec cette surface (I″), les opérations que nous avons appliquées à la surface primitive (I), on introduira trois constantes nouvelles. On pourra donc, en répétant indéfiniment ces opérations, faire apparaître autant de constantes arbitraires qu'on le voudra.

L'expression de l'élément linéaire de (I″) est entière par rapport aux constantes a, b, c. La même propriété appartient aussi aux coordonnées x'', y'', z'' du point de (I″). Si l'on pose, en effet,

$$(22) \qquad \theta = (x-a)^2+(y-b)^2+(z-c)^2,$$

on verra facilement que l'on a

$$(23) \qquad x'' = \int\left[\lambda\theta\left(\frac{\partial x}{\partial\rho}d\rho - \frac{\partial x}{\partial\rho_1}d\rho_1\right) - \lambda(x-a)\left(\frac{\partial\theta}{\partial\rho}d\rho - \frac{\partial\theta}{\partial\rho_1}d\rho_1\right)\right],$$

et des expressions analogues pour y'', z''. Ces formules mettent en évidence la propriété annoncée. Si on les applique, par exemple, aux surfaces de révolution, on sera conduit à une classe de surfaces dont les lignes de courbure sont planes dans un système. Les plans de ces lignes enveloppent un cylindre, et ces lignes ellesmêmes, qui sont rectifiables, sont identiques de forme à celles que nous avons considérées à la fin du n° 206 [I, p. 316].

L'application des méthodes précédentes semble être subordonnée à la détermination préalable des lignes de courbure de la surface; mais nous démontrerons plus loin qu'une surface isothermique étant donnée d'une manière quelconque, *on peut toujours*, *par de simples quadratures, intégrer l'équation différentielle des lignes de courbure.*

435. Dans un élégant article publié en 1885, M. J. Weingarten (¹) a montré que les surfaces isothermiques peuvent être définies par une équation du quatrième ordre à laquelle doit satisfaire une des trois coordonnées rectangulaires, considérée comme fonction des deux autres; et il a indiqué un moyen de former cette équation. L'emploi du système de coordonnées tangentielles étudié au Livre II [I, p. 245] permet d'obtenir un résultat équivalent et d'écrire sous une forme assez simple l'équation du quatrième ordre à laquelle doivent satisfaire les surfaces isothermiques.

Employons, par exemple, le système défini au n° **165** [I, p. 245] et dans lequel l'équation du plan tangent est

$$(24) \qquad (\alpha+\beta)X + i(\beta-\alpha)Y + (\alpha\beta-1)Z + \xi = 0,$$

ξ étant une fonction de α et de β. Si nous conservons toutes les notations de ce numéro, l'équation différentielle des lignes de courbure sera

$$(25) \qquad r\,d\alpha^2 - t\,d\beta^2 = 0,$$

et l'élément linéaire de la surface se présentera sous la forme

$$(26) \qquad \begin{cases} ds^2 = (z\,d\alpha + dq)(z\,d\beta + dp) \\ = [(z+s)\,d\alpha + t\,d\beta][(z+s)\,d\beta + r\,d\alpha], \end{cases}$$

où l'on a posé, pour abréger,

$$z = \frac{\xi - p\alpha - q\beta}{1+\alpha\beta}.$$

Les paramètres u et v des lignes de courbure seront définis par des équations telles que les suivantes

$$(27) \qquad du = \lambda(\sqrt{r}\,d\alpha - \sqrt{t}\,d\beta), \qquad dv = \mu(\sqrt{r}\,d\alpha + \sqrt{t}\,d\beta),$$

(¹) J. Weingarten, *Ueber die Differentialgleichungen der Oberflächen, welche durch ihre Krümmungslinien in unendlich kleine Quadrate getheilt werden können* (*Sitzungsberichte der K. P. Akademie der Wissenschaften zu Berlin*, t. II, p. 1163; 1883).

λ et μ devant être choisis de telle manière que les seconds membres soient des différentielles exactes; et il faudra exprimer que l'élément linéaire de la surface peut être ramené à la forme

$$ds^2 = \mathrm{E}(du^2 + dv^2). \tag{28}$$

En portant dans cette formule les valeurs de du et de dv, et en écrivant que l'expression obtenue est identique à celle qui est fournie par la formule (26), on obtient trois équations

$$\begin{aligned}
\mathrm{E}r(\lambda^2 + \mu^2) &= r(z + s),\\
\mathrm{E}t(\lambda^2 + \mu^2) &= t(z + s),\\
2\mathrm{E}\sqrt{rt}(\mu^2 - \lambda^2) &= (z + s)^2 + rt,
\end{aligned}$$

qui se réduisent à deux, comme il fallait s'y attendre, et nous donnent

$$4\mathrm{E}\lambda^2 = -\frac{(z + s - \sqrt{rt})^2}{\sqrt{rt}}, \qquad 4\mathrm{E}\mu^2 = \frac{(z + s + \sqrt{rt})^2}{\sqrt{rt}}.$$

Si donc on pose, pour plus de simplicité,

$$4\mathrm{E} = \frac{[(z + s)^2 - rt]^2}{\theta^2\sqrt{rt}}, \tag{29}$$

on aura

$$\lambda = \frac{i\theta}{r + s + \sqrt{rt}}, \qquad \mu = \frac{\theta}{z + s - \sqrt{rt}};$$

et toute la difficulté se réduira à exprimer que, pour une même valeur de θ, les deux expressions

$$\theta\,\frac{\sqrt{r}\,d\alpha - \sqrt{t}\,d\beta}{z + s + \sqrt{rt}}, \qquad \theta\,\frac{\sqrt{r}\,d\alpha + \sqrt{t}\,d\beta}{z + s - \sqrt{rt}}$$

sont des différentielles exactes. Considérons, par exemple, la première; en écrivant la condition d'intégrabilité, nous obtenons le résultat suivant

$$\begin{aligned}
\sqrt{r}\,\frac{\partial\log\theta}{\partial\beta} + \sqrt{t}\,\frac{\partial\log\theta}{\partial\alpha} + \frac{\partial\sqrt{r}}{\partial\beta} + \frac{\partial\sqrt{t}}{\partial\alpha}&\\
- \sqrt{r}\,\frac{\partial}{\partial\beta}\log(z + s + \sqrt{rt}) - \sqrt{t}\,\frac{\partial}{\partial\alpha}\log(z + s + \sqrt{rt}) &= 0.
\end{aligned}$$

Pour en déduire la condition d'intégrabilité relative à la seconde expression, il suffira de changer le signe de $\sqrt{t}$. On est ainsi conduit à deux équations qui permettent de calculer les deux dérivées et, par suite, la différentielle totale de $\log\theta$. On trouve ainsi

$$\begin{aligned}2\,d\log\left(\frac{\theta}{\sqrt{(z+s)^2-rt}}\right) &= -\frac{\partial\log t}{\partial\alpha}\,d\alpha - \frac{\partial\log r}{\partial\beta}\,d\beta \\ &\quad + \sqrt{\frac{r}{t}}\,\frac{\partial}{\partial\beta}\log\left(\frac{z+s+\sqrt{rt}}{z+s-\sqrt{rt}}\right)d\alpha \\ &\quad + \sqrt{\frac{t}{r}}\,\frac{\partial}{\partial\alpha}\log\left(\frac{z+s+\sqrt{rt}}{z+s-\sqrt{rt}}\right)d\beta;\end{aligned}$$

et il suffira d'exprimer que le second membre est une différentielle exacte pour obtenir l'équation cherchée sous la forme

$$(30)\quad \left\{\begin{aligned}&\frac{\partial^2}{\partial\alpha\,\partial\beta}\log\frac{r}{t} - \frac{\partial}{\partial\alpha}\sqrt{\frac{t}{r}}\,\frac{\partial}{\partial\alpha}\log\left(\frac{z+s+\sqrt{rt}}{z+s-\sqrt{rt}}\right) \\ &\qquad + \frac{\partial}{\partial\beta}\sqrt{\frac{r}{t}}\,\frac{\partial}{\partial\beta}\log\left(\frac{z+s+\sqrt{rt}}{z+s-\sqrt{rt}}\right) = 0.\end{aligned}\right.$$

On voit que cette équation est du quatrième ordre et qu'elle est linéaire par rapport aux dérivées de cet ordre. Toutes les fois qu'elle sera vérifiée, on pourra déterminer θ, u, v par des quadratures et, par suite, obtenir les lignes de courbure. Ce résultat est, d'ailleurs, un simple corollaire d'une proposition générale sur laquelle nous aurons l'occasion de revenir.

L'équation précédente, qui n'est irrationnelle qu'en apparence, donne lieu à quelques remarques intéressantes. D'abord il n'y apparaît que deux fonctions des dérivées de ξ

$$\frac{r}{t} \quad \text{et} \quad \frac{z+s+\sqrt{rt}}{z+s-\sqrt{rt}};$$

et ces deux fonctions ont une signification très simple. La première fait connaître les deux valeurs du rapport $\frac{d\beta}{d\alpha}$ relatives aux lignes de courbure. La seconde représente, d'après les formules du n° 165, le rapport des deux rayons de courbure principaux de la surface. On peut ainsi vérifier immédiatement que les surfaces minima sont isothermiques. Le premier membre de l'équation (30) se réduit alors au seul terme

$$\frac{\partial^2}{\partial\alpha\,\partial\beta}\log\frac{r}{t},$$

qui est nul, comme on le reconnaît en substituant les valeurs de r et de t qui ont été calculées au n° **194** [I, p. 298].

436. La méthode que nous avons suivie pour former l'équation aux dérivées partielles des surfaces isothermiques peut être remplacée par la suivante, qui nous donnera quelques résultats nouveaux.

Si, entre les deux équations d'Olinde Rodrigues,

$$\frac{\partial x}{\partial u} + R\frac{\partial c}{\partial u} = 0, \qquad \frac{\partial x}{\partial v} + R'\frac{\partial c}{\partial v} = 0,$$

on élimine c, on trouvera l'équation

$$(\rho - \rho')\frac{\partial^2 x}{\partial u\,\partial v} + \frac{\partial \rho}{\partial v}\frac{\partial x}{\partial u} - \frac{\partial \rho'}{\partial u}\frac{\partial x}{\partial v} = 0,$$

où l'on a désigné, pour plus de netteté, par ρ et ρ' les inverses de R et de R', c'est-à-dire les courbures principales. L'équation linéaire précédente est celle qui correspond au système conjugué formé par les lignes de courbure. Pour exprimer que la surface est isothermique, il suffira donc d'écrire que cette équation a ses deux invariants égaux, c'est-à-dire que l'on a

$$\frac{\partial}{\partial u}\,\frac{\dfrac{\partial \rho}{\partial v}}{\rho - \rho'} = \frac{\partial}{\partial v}\,\frac{\dfrac{\partial \rho'}{\partial u}}{\rho' - \rho}.$$

En d'autres termes, l'expression

$$(31) \qquad \frac{\dfrac{\partial \rho}{\partial v}dv - \dfrac{\partial \rho'}{\partial u}du}{\rho - \rho'}$$

devra être une différentielle exacte $d\Omega$. On peut donner des formes très différentes à cette condition. Si l'on retranche $\frac{1}{2}d\log(\rho - \rho')$, on aura

$$2\,d\Omega - d\log(\rho - \rho') = \frac{\dfrac{\partial(\rho + \rho')}{\partial v}dv - \dfrac{\partial(\rho + \rho')}{\partial u}du}{\rho - \rho'}.$$

En exprimant le second membre au moyen des coordonnées tangentielles (α, β, ξ) employées plus haut, on trouvera, après un calcul que nous omettons, que l'expression

$$(\rho-\rho')^{-1}\left[\sqrt{\frac{t}{r}}\,\frac{\partial(\rho+\rho')}{\partial\alpha}\,d\beta+\sqrt{\frac{r}{t}}\,\frac{\partial(\rho+\rho')}{\partial\beta}\,d\alpha\right]$$

doit être une différentielle exacte. On est ainsi conduit à une forme nouvelle

$$\frac{\partial}{\partial\alpha}\left[\sqrt{\frac{t}{r}}\,\frac{\frac{\partial(\rho+\rho')}{\partial\alpha}}{\rho-\rho'}\right]=\frac{\partial}{\partial\beta}\left[\sqrt{\frac{r}{t}}\,\frac{\frac{\partial(\rho+\rho')}{\partial\beta}}{\rho-\rho'}\right] \tag{32}$$

de l'équation (30).

Nous signalerons enfin une dernière transformation de la différentielle $d\Omega$, qui a été donnée par M. Weingarten. Multiplions, dans l'expression (31), le numérateur et le dénominateur du premier membre par $\rho-\rho'$, afin de rendre le dénominateur rationnel, nous trouverons

$$d[\Omega-\log(\rho-\rho')]=\frac{d(\rho\rho')-\rho\,\frac{\partial(\rho+\rho')}{\partial u}\,du-\rho'\,\frac{\partial(\rho+\rho')}{\partial v}\,dv}{(\rho-\rho')^2}. \tag{33}$$

Cette relation permet d'écrire, en coordonnées ponctuelles, l'équation aux dérivées partielles des surfaces isothermiques. Supposons, en effet, la surface définie par une équation de la forme la plus générale

$$\varphi(x,y,z)=0.$$

Des formules bien connues permettent d'exprimer $\rho\rho'$, $\rho+\rho'$, $(\rho-\rho')^2$ en fonctions rationnelles des dérivées de φ par rapport à x, y, z. Or, si l'on désigne par σ une fonction quelconque de x, y, z, les formules d'Olinde Rodrigues conduisent, par un calcul facile, à la relation suivante

$$\rho\,\frac{\partial\sigma}{\partial u}\,du+\rho'\,\frac{\partial\sigma}{\partial v}\,dv=-\frac{\partial\sigma}{\partial x}\,dc-\frac{\partial\sigma}{\partial y}\,dc'-\frac{\partial\sigma}{\partial z}\,dc''.$$

En remplaçant σ par $\rho+\rho'$ et en se reportant à l'équation (33), on reconnaît immédiatement que $d[\Omega-\log(\rho-\rho')]$ prend la forme

$$\left[d(\rho\rho')+\frac{\partial(\rho+\rho')}{\partial x}\,dc+\frac{\partial(\rho+\rho')}{\partial y}\,dc'+\frac{\partial(\rho+\rho')}{\partial z}\,dc''\right](\rho-\rho')^{-2}.$$

Supposons l'expression précédente ramenée à la forme

$$P\,dx + Q\,dy + R\,dz.$$

Pour exprimer qu'elle est une différentielle exacte lorsqu'on se déplace sur la surface, on écrira la condition

$$(34)\qquad \frac{\partial\varphi}{\partial x}\left(\frac{\partial Q}{\partial z} - \frac{\partial R}{\partial y}\right) + \frac{\partial\varphi}{\partial y}\left(\frac{\partial R}{\partial x} - \frac{\partial P}{\partial z}\right) + \frac{\partial\varphi}{\partial z}\left(\frac{\partial P}{\partial y} - \frac{\partial Q}{\partial x}\right) = 0,$$

qui devra être vérifiée pour chaque point de la surface. Telle est l'équation obtenue par M. Weingarten.

437. De quelque manière qu'on la forme, l'équation aux dérivées partielles précédente paraît être d'une intégration difficile. Mais il résulte des propositions que nous avons établies une méthode nouvelle de recherche des surfaces isothermiques qui peut conduire sans effort à un grand nombre de ces surfaces. Elles sont caractérisées, nous l'avons vu, par la condition que l'équation ponctuelle relative au système conjugué formé par les lignes de courbure ait ses invariants égaux. Si l'on écrit cette équation sous la forme la plus générale en y remplaçant θ par $\mu\theta$, on obtient (n° 154) [I, p. 221] l'équation à laquelle satisfont les cinq coordonnées pentasphériques d'un point de la surface, considérées comme fonctions des paramètres ρ et ρ_1 des lignes de courbure. En rapprochant tous ces résultats, nous pouvons donc énoncer les propositions suivantes :

Les cinq coordonnées pentasphériques d'un point de toute surface isothermique considérées comme fonctions des paramètres ρ et ρ_1 des lignes de courbure satisfont à une équation linéaire du second ordre dont les invariants sont égaux.

Inversement, si une équation de la forme

$$\frac{\partial^2\theta}{\partial\rho\,\partial\rho_1} = \lambda\theta,$$

ou, plus généralement, une équation à invariants égaux, admet cinq solutions particulières x_1, x_2, ..., x_5 liées par l'équation

$$\sum_1^5 x_i^2 = 0,$$

les quantités x_i sont les coordonnées pentasphériques qui définissent une surface isothermique rapportée à ses lignes de courbure (¹).

Cette proposition permet, par exemple, de reconnaître immédiatement que les *cyclides*, pour lesquelles les cinq coordonnées x_i sont définies par les formules

$$x_i = \sqrt{\frac{(a_i - \alpha)(a_i - \rho)(a_i - \rho_1)}{f'(a_i)}},$$

où nous conservons les notations du n° 154 [I, p. 223], sont des surfaces isothermiques. Car les cinq coordonnées précédentes sont des solutions particulières de l'équation $E\left(-\frac{1}{2}, -\frac{1}{2}\right)$ (n° 356) dont les invariants sont égaux.

Pour donner une application du théorème précédent, considérons l'équation

$$\frac{\partial^2 \theta}{\partial \rho \, \partial \rho_1} = 0,$$

qui est la plus simple de toutes celles dont les invariants sont égaux. Son intégrale générale étant de la forme

$$f(\rho) + \varphi(\rho_1),$$

on voit que l'on obtiendra une surface isothermique si l'on peut trouver cinq fonctions $f_i(\rho)$ et cinq fonctions $\varphi_i(\rho_1)$, telles que l'on ait

$$\sum_1^5 [f_i(\rho) + \varphi_i(\rho_1)]^2 = 0.$$

Les équations de ce genre contenant des fonctions arbitraires d'arguments différents se rencontrent souvent en Géométrie. Nous laisserons au lecteur le soin de résoudre la précédente, nous contentant d'indiquer le résultat, qui donne les cônes généraux, les

(¹) Rapprocher cette proposition des résultats obtenus par M. Cayley dans une Note *Sur les surfaces divisibles en carrés par leurs courbes de courbure et sur la théorie de Dupin*, insérée en 1872 au tome LXXIV des *Comptes rendus de l'Académie des Sciences*, p. 1445. Consulter aussi l'article *Sur un point de la théorie des surfaces*, publié à la page 1517 du même tome par M. Combescure.

surfaces de révolution et les transformées par inversion de ces deux séries de surfaces.

Lorsqu'on aura obtenu une solution du problème, c'est-à-dire déterminé cinq fonctions x_i satisfaisant à l'équation

$$\frac{\partial^2 \theta}{\partial \rho\, \partial \rho_1} = \lambda \theta, \tag{35}$$

on en pourra déduire une infinité de solutions nouvelles. Il suffira d'introduire la solution particulière

$$\omega = \sum a_i x_i,$$

où les constantes a_i sont liées par la relation

$$\sum a_i^2 = 0,$$

et d'employer cette solution ω pour passer, en suivant la méthode de M. Moutard, à une nouvelle équation de la forme (35) qui donnera à son tour de nouvelles surfaces isothermiques. Ce procédé analytique, que nous signalons rapidement, n'est autre que la traduction des opérations géométriques indiquées plus haut au n° 434.

CHAPITRE XII.

TRAJECTOIRES ORTHOGONALES D'UNE FAMILLE DE SURFACES.

Condition pour que les courbes d'une congruence définie par deux équations différentielles du premier ordre soient normales à une famille de surfaces. — Interprétation géométrique de la relation analytique à laquelle on est conduit. — Condition nécessaire et suffisante pour que les droites d'une congruence soient les normales d'une surface. — Propriétés relatives aux deux nappes de la surface des centres de courbure. — Intégrale première, obtenue par la Géométrie, de l'équation différentielle des lignes géodésiques tracées sur une surface du second degré. — Étude du cas où l'une des nappes de la surface des centres se réduit à une courbe. — Surface à lignes de courbure circulaires; cyclide de Dupin. — Condition pour que les courbes d'une congruence admettent une famille de surfaces trajectoires orthogonales lorsqu'on connaît les équations en termes finis qui définissent chaque courbe de la congruence.

---

438. Nous allons maintenant continuer l'étude des congruences de courbes en nous plaçant à un point de vue nouveau. Nous chercherons la condition pour que les courbes d'une congruence donnée soient les trajectoires orthogonales d'une famille de surfaces.

Considérons d'abord une famille de surfaces définie, en coordonnées rectangulaires, par l'équation

$$\alpha = f(x, y, z); \tag{1}$$

si l'on se propose de déterminer leurs trajectoires orthogonales, on aura à intégrer le système d'équations différentielles

$$\frac{dx}{\frac{\partial f}{\partial x}} = \frac{dy}{\frac{\partial f}{\partial y}} = \frac{dz}{\frac{\partial f}{\partial z}}. \tag{2}$$

Les deux intégrales de ce système contiendront deux constantes arbitraires et détermineront, par conséquent, une congruence de courbes qui couperont à angle droit les surfaces considérées.

Donnons-nous maintenant une congruence de courbes, et supposons d'abord que les courbes qui la composent soient définies seulement par leurs équations différentielles, qui seront de la forme

$$\frac{dx}{X} = \frac{dy}{Y} = \frac{dz}{Z}, \tag{3}$$

X, Y, Z étant des fonctions données de x, y, z. S'il existe une surface (Σ) coupant à angle droit toutes les courbes, on aura, pour chaque point de cette surface,

$$p = -\frac{X}{Z}, \qquad q = -\frac{Y}{Z}, \tag{4}$$

p et q désignant les dérivées de z considérée comme fonction de x et de y.

On voit qu'il n'existe pas, en général, de surface normale à toutes les courbes de la congruence; car les deux équations (4) peuvent être envisagées comme deux équations aux dérivées partielles auxquelles doit satisfaire une même fonction z de x et de y, et deux telles équations n'ont pas, en général, de solution commune. C'est ce que montre, du reste, le raisonnement suivant.

S'il existe une fonction z satisfaisant aux deux équations (4), les valeurs de $\frac{\partial p}{\partial y}$, $\frac{\partial q}{\partial x}$, obtenues en différentiant ces deux équations, devront être égales; on devra donc avoir

$$\frac{\partial}{\partial y}\left(\frac{X}{Z}\right) + \frac{\partial}{\partial z}\left(\frac{X}{Z}\right)q = \frac{\partial}{\partial x}\left(\frac{Y}{Z}\right) + \frac{\partial}{\partial z}\left(\frac{Y}{Z}\right)p.$$

En développant et en remplaçant p et q par leurs valeurs tirées des équations (4), on trouve

$$X\left(\frac{\partial Y}{\partial z} - \frac{\partial Z}{\partial y}\right) + Y\left(\frac{\partial Z}{\partial x} - \frac{\partial X}{\partial z}\right) + Z\left(\frac{\partial X}{\partial y} - \frac{\partial Y}{\partial x}\right) = 0. \tag{5}$$

Supposons d'abord que cette condition ne soit pas vérifiée identiquement. Alors elle fera connaître z, et il faudra chercher si les valeurs de z qu'elle détermine satisfont aux équations (4). Cela peut arriver; mais il n'est pas démontré, et il n'est pas vrai en général, que les valeurs de z définies par l'équation (5) soient, en totalité ou en partie, des solutions communes des équations (4). Ainsi :

Quand l'équation (5) n'aura pas lieu identiquement, les courbes de la congruence ne pourront être normales qu'à un nombre limité de surfaces fournies par les valeurs de z qui satisfont à cette équation; mais, si aucune de ces valeurs de z n'est solution commune des équations (4), il n'y aura aucune surface coupant à angle droit toutes les courbes de la congruence.

Considérons, par exemple, le système d'équations différentielles

$$\frac{dx}{x+bz-cy}=\frac{dy}{y+cx-az}=\frac{dz}{z+ay-bx}.$$

La condition (5) se réduit ici à la suivante

$$ax+by+cz=0,$$

et il est aisé de voir que les équations (4) ne sont pas vérifiées lorsqu'on y substitue la valeur de z qui est définie par cette équation.

439. Supposons maintenant que l'équation (5) soit identiquement vérifiée; dans ce cas, les deux équations (4) admettront une solution commune qui contiendra une constante arbitraire.

Il suffit, pour le démontrer, de répéter un raisonnement déjà fait au Livre I. Considérons une fonction quelconque z satisfaisant à la première des équations (4). Elle ne vérifiera pas, en général, la seconde de ces équations. En tenant compte de la première et de l'identité (5), on sera conduit à la relation

$$\frac{\partial}{\partial x}\left(q+\frac{Y}{Z}\right)=-\frac{\partial}{\partial z}\left(\frac{X}{Z}\right)\left(q+\frac{Y}{Z}\right)$$

qui aura lieu pour toutes les valeurs de x et de y. On déduit de là

$$q+\frac{Y}{Z}=\left(q+\frac{Y}{Z}\right)_0 e^{-\int_{x_0}^{x}\frac{\partial}{\partial z}\left(\frac{X}{Z}\right)dx},$$

l'indice o indiquant la valeur de $q+\frac{Y}{Z}$ pour $x=x_0$. On voit donc que, si $q + \frac{Y}{Z}$ est nul pour $x = x_0$ quel que soit y, il sera nul pour toutes les valeurs de x et de y. Ainsi :

Toute fonction z satisfaisant à la première des équations (4) pour toutes les valeurs de x et de y, et à la seconde de ces équations pour $x = x_0$, satisfera aussi à cette dernière équation pour toutes les valeurs de x et de y.

D'après cela, faisons $x = x_0$ dans la seconde équation (4), et déterminons la fonction z_1 de y qui satisfait à cette équation et se réduit à z_0 pour $y = y_0$. Cette fonction z_1 contiendra la constante arbitraire z_0. Puis déterminons une fonction z satisfaisant à la première équation (4) et se réduisant à z_1 pour $x = x_0$. En vertu de la proposition précédente, cette fonction z, qui dépend de la constante z_0, satisfera également aux deux équations (4).

Toutes les fois que l'équation (5) sera identiquement vérifiée, il y aura, on le voit, une famille de surfaces coupant à angle droit toutes les courbes de la congruence considérée. Soit

$$f(x, y, z) = \alpha$$

l'équation de cette famille de surfaces. On pourra déterminer la fonction $f(x, y, z)$ par les trois équations

$$(6) \qquad \frac{\partial f}{\partial x} = \lambda X, \qquad \frac{\partial f}{\partial y} = \lambda Y, \qquad \frac{\partial f}{\partial z} = \lambda Z.$$

En égalant les différentes valeurs de $\frac{\partial^2 f}{\partial x \partial y}, \dots$ que l'on peut déduire de ces équations, on verra que λ doit satisfaire aux trois équations

$$(7) \qquad \begin{cases} X\dfrac{\partial \lambda}{\partial y} - Y\dfrac{\partial \lambda}{\partial x} + \lambda\left(\dfrac{\partial X}{\partial y} - \dfrac{\partial Y}{\partial x}\right) = 0, \\ Y\dfrac{\partial \lambda}{\partial z} - Z\dfrac{\partial \lambda}{\partial y} + \lambda\left(\dfrac{\partial Y}{\partial z} - \dfrac{\partial Z}{\partial y}\right) = 0, \\ Z\dfrac{\partial \lambda}{\partial x} - X\dfrac{\partial \lambda}{\partial z} + \lambda\left(\dfrac{\partial Z}{\partial x} - \dfrac{\partial X}{\partial z}\right) = 0. \end{cases}$$

On retrouverait la condition (5) en ajoutant ces équations après les avoir multipliées respectivement par Z, X, Y.

Supposons, par exemple, que l'on ait

$$X = \varphi(x), \qquad Y = \psi(y), \qquad Z = \chi(z).$$

Les formules (6) nous montrent tout de suite que l'on pourra prendre $\lambda = 1$, et l'on aura

$$f(x, y, z) = \int \varphi(x)\,dx + \int \psi(y)\,dy + \int \chi(z)\,dz.$$

440. Après avoir obtenu, sous la forme (5), la condition pour que les courbes d'une congruence admettent des surfaces trajectoires orthogonales, il nous reste à interpréter cette condition et à la traduire par une relation géométrique équivalente. Commençons par considérer une famille de surfaces (Σ) et leurs trajectoires orthogonales (C). Soit M un point quelconque de l'espace par lequel passe une surface (Σ) et une courbe (C). Considérons toutes les surfaces (S), engendrées par des trajectoires orthogonales, qui contiennent cette courbe (C); et cherchons toutes celles de ces surfaces (S) qui admettent en M pour une de leurs directions principales la tangente à la courbe (C). La seconde direction principale sera, évidemment, la tangente commune en M à (S) et à (Σ); et, comme ces deux surfaces se coupent à angle droit, cette tangente commune ne peut être direction principale de (S) sans l'être en même temps de (Σ) [1]. Ainsi :

Quand les courbes d'une congruence sont normales à une surface (Σ), *toutes les surfaces de la congruence qui passent en un point* M *de* (Σ) *et admettent en ce point la normale à* (Σ) *pour direction principale forment deux séries distinctes,*

---

[1] Considérons, en effet, les représentations sphériques des deux surfaces (Σ), (S) sur une même sphère. La courbe d'intersection (Γ) aura deux représentations distinctes (γ), (γ') suivant qu'on la regardera comme appartenant à l'une ou à l'autre des deux surfaces (Σ), (S); et les points m, m' qui se correspondent sur ces deux courbes sphériques, c'est-à-dire qui sont les représentations sphériques d'un même point M de (Γ), seront toujours à une distance égale à un quadrant. La tangente MT en M à la courbe (Γ) étant, par hypothèse, une tangente principale de (S), la courbe décrite par le point m' aura sa tangente $m't'$ en m' parallèle à MT (n° 142) et, par suite, perpendiculaire à l'arc de grand cercle mm'. Or on sait que, lorsqu'un arc de cercle de longueur invariable se meut sur la sphère, il ne peut être normal à la courbe décrite par une de ses extrémités sans être normal à la courbe décrite par l'autre extrémité m. Il résulte de là que la tangente mt en m à la courbe décrite par ce point est aussi perpendiculaire à l'arc mm' et, par suite, parallèle à la tangente MT. Il est ainsi établi que MT est aussi une tangente principale de (Σ).

admettant au point M *deux plans tangents rectangulaires* [*qui sont les plans principaux de* (Σ)].

Nous allons maintenant démontrer la réciproque, et prouver que cette relation géométrique est équivalente à l'équation (5). Reprenons pour cela les équations différentielles des courbes de la congruence

$$\frac{dx}{X} = \frac{dy}{Y} = \frac{dz}{Z}.$$

Les surfaces engendrées par ces courbes devront satisfaire à l'équation linéaire

$$pX + qY - Z = 0. \tag{8}$$

Si l'on veut exprimer qu'une de leurs directions principales au point (x, y, z) est la tangente à la courbe de la congruence, il faudra, dans l'équation différentielle des lignes de courbure

$$\frac{dx + p\,dz}{dp} = \frac{dy + q\,dz}{dq},$$

remplacer dx, dy, dz par X, Y, Z, ce qui donnera

$$\frac{X + pZ}{rX + sY} = \frac{Y + qZ}{sX + tY}. \tag{9}$$

En différentiant l'équation (8) successivement par rapport à x et à y, on obtiendra les valeurs de

$$rX + sY, \quad sX + tY$$

en fonction des dérivées premières; et ces valeurs, portées dans l'équation (9), nous donneront

$$\begin{vmatrix} \dfrac{\partial Z}{\partial x} - p\dfrac{\partial X}{\partial x} - q\dfrac{\partial Y}{\partial x} & \dfrac{\partial Z}{\partial y} - p\dfrac{\partial X}{\partial y} - q\dfrac{\partial Y}{\partial y} & \dfrac{\partial Z}{\partial z} - p\dfrac{\partial X}{\partial z} - q\dfrac{\partial Y}{\partial z} \\ p & q & -1 \\ X & Y & Z \end{vmatrix} = 0. \tag{10}$$

Cette équation du second degré par rapport à p et à q, jointe à l'équation (8), définira deux systèmes de valeurs de p et de q.

Supposons, par exemple, que l'on ait pris le point considéré pour origine des coordonnées et la tangente à la courbe de la congruence pour axe des x. On aura

$$(11)\qquad \begin{cases} X = 1, \\ Y = ax + by + cz + \ldots, \\ Z = a'x + b'y + c'z + \ldots. \end{cases}$$

L'équation (8) donnera

$$p = 0,$$

et l'équation (10)

$$(12)\qquad cq^2 + (b - c')q - b' = 0.$$

Aux deux valeurs de q correspondent deux plans tangents; les surfaces qui satisfont à la condition proposée doivent être tangentes à l'un ou l'autre de ces plans.

Avec les valeurs (11) de X, Y, Z, la condition (5) se réduit à la suivante

$$b' - c = 0;$$

et elle exprime, par conséquent, que les deux plans définis par l'équation (12) sont perpendiculaires. Nous obtenons donc la proposition suivante :

Étant donnée une congruence quelconque, les surfaces de la congruence qui sont assujetties à contenir une courbe (K) *de cette congruence et à admettre en un de ses points* M *la tangente* MT *à la courbe comme direction principale forment deux séries distinctes et sont tangentes à deux plans différents passant par la droite* MT. *Réciproquement, toute surface de la congruence tangente en* M *à un de ces deux plans satisfait à la condition proposée.*

Pour que les courbes de la congruence admettent des surfaces trajectoires orthogonales, il faut et il suffit que les deux plans précédents soient toujours rectangulaires (¹).

(¹) On peut proposer une autre interprétation géométrique de la condition d'orthogonalité. Étant donnée la courbe (K) et un point M déterminé de cette courbe, considérons les courbes infiniment voisines de la congruence, et prenons sur chacune d'elles le point M' pour lequel la tangente à cette courbe vient rencontrer la tangente en M à la courbe (K). Le lieu des points M', ou mieux le lieu des droites MM', est un cône du second degré contenant la tangente en M;

441. Pour montrer par des exemples l'utilité de la proposition précédente, supposons que l'on connaisse deux familles de surfaces orthogonales se coupant mutuellement suivant des lignes de courbure communes. Si l'on considère la congruence formée par toutes ces lignes de courbure, la condition précédente sera évidemment vérifiée : il existera donc une troisième famille de surfaces coupant à angle droit les lignes d'intersection et, par conséquent, les surfaces des deux premières familles. Ainsi :

Lorsqu'on a deux familles de surfaces se coupant mutuellement à angle droit, et suivant des lignes de courbure communes, il existe nécessairement une troisième famille de surfaces qui forme avec les deux premières un système triple orthogonal.

Supposons encore que la congruence soit formée de droites. Toutes les surfaces de la congruence passant en un point M d'une droite (d) de la congruence admettront cette droite pour tangente asymptotique. Mais elle sera, en même temps, direction principale si la surface réglée est l'une des surfaces développables de la congruence. Donc :

La condition nécessaire et suffisante pour que les droites d'une congruence soient les normales d'une surface est que les développables de la congruence se coupent à angle droit.

C'est là une proposition très importante au point de vue géométrique [1] et dont il sera utile de développer les conséquences.

Nous savons que les droites d'une congruence sont, en général, tangentes à deux surfaces (Σ), (Σ'). Des deux familles de développables, les unes ont leurs arêtes de rebroussement (C) sur la pre-

---

nous laisserons au lecteur le soin de le démontrer. Pour que les courbes admettent des trajectoires orthogonales, il faut et il suffit que les deux droites d'intersection de ce cône par le plan normal à la courbe (K) soient rectangulaires, c'est-à-dire que *le cône soit équilatère*.

[1] Elle était connue de Malus et de Dupin; mais elle a été établie pour la première fois, d'une manière complète, par M. J. Bertrand, dans le *Mémoire sur la théorie des surfaces* inséré en 1844 au *Journal de Liouville*, (1re série, t. IX, p. 133).

mière surface et touchent la seconde surface suivant des courbes (D'); les autres touchent la première surface suivant des courbes (D) conjuguées des courbes (C) et ont leurs arêtes de rebroussement (C'), conjuguées des courbes (D'), sur la seconde surface. Si donc les deux séries de développables se coupent à angle droit, les courbes (C) et les courbes (C') auront, en chaque point, leur plan osculateur normal à la surface sur laquelle elles sont tracées.

Les lignes qui sont tracées sur une surface et qui satisfont à cette condition que leur plan osculateur soit toujours normal à la surface ont reçu le nom de *lignes géodésiques*. Il résulte donc de ce qui précède la proposition suivante :

Quand des droites sont normales à une surface, les arêtes de rebroussement des développables formées avec ces droites sont des lignes géodésiques de celle des nappes de la surface focale sur laquelle elles sont tracées.

Réciproquement, *les tangentes à une famille de lignes géodésiques tracées sur une surface sont les normales d'une autre surface*. Dans ce cas, en effet, les *plans focaux* de chaque tangente sont le plan tangent à la surface et le plan osculateur de la ligne géodésique; et ces deux plans sont rectangulaires, d'après la définition même des lignes géodésiques.

Ces propositions sont immédiatement applicables dans l'étude des lignes de courbure. Comme conséquence des remarques précédentes, nous obtenons les résultats suivants.

Soient (S) une surface donnée, (Σ) et (Σ') les deux nappes de la surface des centres de courbure de (S). Toute normale en un point M de (S) est tangente en un point C à (Σ), en un point C' à (Σ'); C et C' sont les centres de courbure principaux. Toutes les surfaces réglées, engendrées par des normales de (S), qui contiennent la normale en M sont tangentes en C à la nappe (Σ) et en (C') à la nappe (Σ'). Les plans tangents en C et en C' sont rectangulaires; ce sont les plans principaux de (S) pour le point M.

Si l'on se déplace sur une des lignes de courbure, la normale à la surface engendrera une surface développable dont l'arête de rebroussement, lieu du point C par exemple, sera une ligne géodésique de (Σ); cette développable sera tangente à la nappe (Σ') en tous les points de la courbe (D′) décrite par le point C′. Si l'on se déplace de même sur l'autre ligne de courbure, le centre de courbure correspondant C′ décrira sur la nappe (Σ′) une ligne géodésique, arête de rebroussement de la développable engendrée par la normale; cette développable touchera la première nappe (Σ) en tous les points d'une courbe (D) décrite par le point C.

Si, plaçant l'œil en un point quelconque, on regarde dans la direction de l'une des normales de (S), les deux nappes de la surface des centres paraîtront se couper à angle droit.

Réciproquement, *étant données deux surfaces* (Σ), (Σ′), *s'il existe des tangentes communes à ces deux surfaces, formant une congruence et telles que les deux surfaces paraissent se couper à angle droit lorsqu'on regarde dans la direction de l'une de ces droites, ces tangentes communes seront les normales d'une surface.*

442. Cette dernière proposition trouve une application très intéressante dans la théorie des surfaces du second degré. On sait, en effet, qu'étant données deux surfaces homofocales du second ordre (Σ), (Σ′), elles paraissent se couper à angle droit quand on les regarde d'un point quelconque de l'espace; en d'autres termes, les cônes de même sommet circonscrits aux deux surfaces sont orthogonaux. Il suit de là que *les tangentes communes à deux surfaces homofocales quelconques sont les normales d'une famille de surfaces parallèles.* Les arêtes de rebroussement des développables formées par ces tangentes communes seront donc des lignes géodésiques de celle des surfaces (Σ), (Σ′) sur laquelle elles sont tracées.

Ces simples remarques donnent immédiatement l'intégrale première de l'équation différentielle du second ordre qui caractérise les lignes géodésiques dans le cas des surfaces du second degré. Adjoignons, en effet, à la surface donnée (Σ) une surface homofocale (Σ′). L'équation différentielle du premier ordre qui définit les lignes de (Σ) dont les tangentes sont aussi tangentes à (Σ′) sera, évidemment, une intégrale première de l'équation différentielle des lignes géodésiques; car elle contient une constante qui dépend du choix de (Σ′). Nous reviendrons plus loin sur ce sujet au Chapitre XIV et nous montrerons que les remarques précédentes conduisent à la détermination complète des lignes géodésiques pour les surfaces du second degré.

443. Les propositions que nous venons d'établir se rapportent au cas où la congruence formée par les normales admet une véritable surface focale. Il peut arriver que les nappes de la surface focale se réduisent à des courbes; on obtient sans difficulté la définition géométrique des surfaces correspondantes.

Supposons, en effet, que les normales à une surface rencontrent toutes une courbe (C). Alors il en passera une infinité par chaque point M de (C); et, comme toutes ces normales forment un cône, qui est une surface développable, leurs pieds décriront une ligne de courbure de la surface; de plus elles seront toutes de même longueur. La sphère décrite du point M avec un rayon égal à la longueur d'une de ces normales sera donc tangente à la surface considérée en tous les points d'une courbe; et, par suite, cette surface est l'enveloppe d'une sphère de rayon variable dont le centre décrit une courbe (C). Réciproquement, il est évident que toute surface susceptible de ce mode de génération jouira de la propriété indiquée.

Dans ce cas, l'une des nappes de la surface focale se réduit à une courbe; l'autre nappe est, en général, une véritable surface dont on peut donner la génération suivante.

Considérons une sphère variable dont le centre (x, y, z) décrit une courbe (C) et dont le rayon R est une fonction de la position du centre sur la courbe (C). Elle enveloppera une surface (Σ) dont on obtiendra l'équation en éliminant le paramètre variable entre les deux équations

$$(13)\qquad \left\{\begin{aligned} &(X-x)^2+(Y-y)^2+(Z-z)^2=R^2,\\ &(X-x)\,dx+(Y-y)\,dy+(Z-z)\,dz+R\,dR=0.\end{aligned}\right.$$

Ces deux équations, prises simultanément, représentent une des lignes de courbure circulaires de la surface. L'équation

$$(14)\qquad \left\{\begin{aligned} &(X-x)^2+(Y-y)^2+(Z-z)^2\\ &\quad=\left[(X-x)\frac{dx}{dR}+(Y-y)\frac{dy}{dR}+(Z-z)\frac{dz}{dR}\right]^2,\end{aligned}\right.$$

que l'on obtient en les combinant et qui est homogène par rapport à $X-x$, $Y-y$, $Z-z$, représente évidemment le cône de révolution formé par les normales en tous les points de cette ligne de courbure circulaire. Par suite, en prenant l'enveloppe de ce cône, on devra retrouver la deuxième nappe de la surface des centres de courbure. Associons à l'équation précédente sa dérivée par rapport au paramètre; nous aurons

$$\left[(X-x)\frac{dx}{dR}+(Y-y)\frac{dy}{dR}+(Z-z)\frac{dz}{dR}\right]$$
$$\times\left[1-\frac{dx^2+dy^2+dz^2}{dR^2}+(X-x)\frac{d}{dR}\left(\frac{dx}{dR}\right)+\dots\right]=0.$$

Le premier facteur, égalé à zéro, nous donne une surface imaginaire qui est l'enveloppe d'un plan tangent à la courbe (C) et au cercle de l'infini; le second

$$(15)\qquad (X-x)\frac{d}{dR}\left(\frac{dx}{dR}\right)+\dots+1-\frac{dx^2+dy^2+dz^2}{dR^2}=0$$

fait connaître la courbe de contact du cône avec la surface des centres ou le lieu des centres de deuxième courbure correspondants à tous les points de la ligne de courbure circulaire; ce lieu, on le voit, sera une conique.

Ainsi la deuxième nappe de la surface des centres sera une surface engendrée par des coniques et telle que le plan tangent en tous les points de chaque conique enveloppe un cône de révolution.

444. La proposition précédente permet de définir immédiatement la surface dont les normales rencontrent deux courbes (C), (C'). En effet, (C') devra contenir les centres de courbure principaux situés sur toutes les normales passant par un point de (C). Donc (C') sera une conique, il en sera de même de (C); et *chacune de ces deux coniques devra être le lieu des sommets des cônes de révolution passant par l'autre.*

On sait qu'il existe deux coniques satisfaisant à ces conditions : ce sont les *focales* de Dupin. Si nous nous contentons d'étudier le cas le plus général, la première est une ellipse, qu'on peut définir par les équations

$$(16)\qquad z = 0, \qquad \frac{x^2}{a^2} + \frac{y^2}{b^2} = 1;$$

l'autre est une hyperbole

$$(17)\qquad y = 0, \qquad \frac{x^2}{a^2 - b^2} - \frac{z^2}{b^2} = 1.$$

Prenons un point quelconque $M'(x', y')$ sur la première, un point quelconque $M''(x'', z'')$ sur la seconde. On trouvera facilement

$$\overline{M'M''}^2 = \left(\frac{\sqrt{a^2 - b^2}}{a} x' - \frac{a}{\sqrt{a^2 - b^2}} x''\right)^2;$$

et, par suite, les deux sphères qui ont leurs centres respectivement sur les deux focales et qui sont définies par les équations

$$(18)\qquad (X - x')^2 + (Y - y')^2 + Z^2 = \left(\frac{\sqrt{a^2 - b^2}}{a} x' + k\right)^2,$$

$$(19)\qquad (X - x'')^2 + Y^2 + (Z - z'')^2 = \left(\frac{a}{\sqrt{a^2 - b^2}} x'' + k\right)^2,$$

sont constamment tangentes l'une à l'autre, la distance de leurs centres étant toujours égale à la somme ou à la différence de leurs rayons. Elles enveloppent, par conséquent, *la même surface;* et cette surface répond évidemment aux conditions posées : par suite de son double mode de génération, ses normales rencontrent nécessairement les deux coniques (¹).

La variation de la constante k fera connaître toutes les surfaces parallèles dont les normales rencontrent les deux coniques.

Le moyen le plus simple de définir la surface précédente à laquelle Dupin avait donné le nom de *cyclide,* mais que nous nommerons *cyclide de Dupin* pour la distinguer des cyclides les plus générales, consiste à employer les coordonnées tangentielles.

L'équation tangentielle de la première sphère est

$$ux' + vy' + p = \frac{\sqrt{a^2 - b^2}}{a} x' + k,$$

(¹) Nous avons déjà employé ces propositions de DUPIN aux nᵒˢ 103 et 104 [I, p. 129].

en supposant

$$u^2+v^2+w^2=1.$$

L'enveloppe sera donc définie par l'équation

$$a^2\left(u-\frac{\sqrt{a^2-b^2}}{a}\right)^2+b^2v^2=(p-k)^2. \tag{20}$$

On trouverait de même, en employant la seconde sphère, l'équation

$$(a^2-b^2)\left(u-\frac{a}{\sqrt{a^2-b^2}}\right)^2-b^2w^2=(p-k)^2,$$

évidemment équivalente à la précédente; car, en la retranchant de cette équation, on obtient l'identité

$$b^2(u^2+v^2+w^2-1)=0.$$

445. Jusqu'ici nous avons défini les courbes de la congruence par leurs équations différentielles. Supposons maintenant que l'on connaisse leurs équations en termes finis; et commençons par le cas le plus simple, celui où ces équations sont résolues par rapport aux constantes arbitraires.

Soient

$$\begin{cases} a=f(x,y,z), \\ b=\varphi(x,y,z) \end{cases} \tag{21}$$

les équations des courbes de la congruence. On déduit de là par la différentiation

$$\frac{dx}{\dfrac{\partial a}{\partial y}\dfrac{\partial b}{\partial z}-\dfrac{\partial a}{\partial z}\dfrac{\partial b}{\partial y}}=\frac{dy}{\dfrac{\partial a}{\partial z}\dfrac{\partial b}{\partial x}-\dfrac{\partial a}{\partial x}\dfrac{\partial b}{\partial z}}=\frac{dz}{\dfrac{\partial a}{\partial x}\dfrac{\partial b}{\partial y}-\dfrac{\partial a}{\partial y}\dfrac{\partial b}{\partial x}}.$$

Appliquons l'équation (5) en y remplaçant X, Y, Z par

$$\frac{\partial a}{\partial y}\frac{\partial b}{\partial y}-\frac{\partial a}{\partial z}\frac{\partial b}{\partial z},\quad \frac{\partial a}{\partial z}\frac{\partial b}{\partial x}-\frac{\partial a}{\partial x}\frac{\partial b}{\partial z},\quad \frac{\partial a}{\partial x}\frac{\partial b}{\partial y}-\frac{\partial a}{\partial y}\frac{\partial b}{\partial x};$$

nous trouverons ainsi

$$\left(\frac{\partial a}{\partial y}\frac{\partial b}{\partial z}-\frac{\partial a}{\partial z}\frac{\partial b}{\partial y}\right)\left[\frac{\partial}{\partial z}\left(\frac{\partial a}{\partial z}\frac{\partial b}{\partial x}-\frac{\partial a}{\partial x}\frac{\partial b}{\partial z}\right)-\frac{\partial}{\partial y}\left(\frac{\partial a}{\partial x}\frac{\partial b}{\partial y}-\frac{\partial a}{\partial y}\frac{\partial b}{\partial x}\right)\right]+\dots=0,$$

les termes non écrits se déduisant des précédents par des permutations. La relation paraît compliquée, mais on peut lui donner une forme assez élégante

$$(22)\quad \frac{\partial a}{\partial x}d\frac{\partial b}{\partial x}+\frac{\partial a}{\partial y}d\frac{\partial b}{\partial y}+\frac{\partial a}{\partial z}d\frac{\partial b}{\partial z}=\frac{\partial b}{\partial x}d\frac{\partial a}{\partial x}+\frac{\partial b}{\partial y}d\frac{\partial a}{\partial y}+\frac{\partial b}{\partial z}d\frac{\partial a}{\partial z},$$

les différentielles totales d se rapportant à un déplacement effectué sur la courbe même de la congruence.

Soit, par exemple, une congruence définie par les formules

$$(23)\quad \begin{cases} a = \varphi(x) + f(y) + \psi(z), \\ b = \varphi_1(x) + f_1(y) + \psi_1(z). \end{cases}$$

L'équation à laquelle il s'agira de satisfaire sera

$$(\varphi'\varphi''_1 - \varphi''\varphi'_1)\,dx + (f'f''_1 - f''f'_1)\,dy + (\psi'\psi''_1 - \psi''\psi'_1)\,dz = 0.$$

Il faudra donc que la fonction

$$\int(\varphi'\varphi''_1 - \varphi''\varphi'_1)\,dx + \int(f'f''_1 - f''f'_1)\,dy + \int(\psi'\psi''_1 - \psi''\psi'_1)\,dz$$

soit constante en tous les points de chacune des courbes; ce qui exige, on s'en assure aisément, qu'elle soit une combinaison linéaire à coefficients constants des seconds membres des équations (23).

On obtient ainsi les équations de condition

$$(24)\quad \begin{cases} \varphi'\varphi''_1 - \varphi''\varphi'_1 = m\varphi' + n\varphi'_1, \\ f'f''_1 - f''f'_1 = mf' + nf'_1, \\ \psi'\psi''_1 - \psi''\psi'_1 = m\psi' + n\psi'_1, \end{cases}$$

où m et n sont deux constantes, et qui feront connaître les fonctions φ_1, f_1, ψ_1 lorsqu'on se donnera arbitrairement f, φ, ψ.

Ces équations sont vérifiées si l'on considère la congruence définie par les formules

$$a = \varphi(x) + f(y) + \psi(z),$$
$$b = \alpha\varphi(x) + \beta f(y) + \gamma\psi(z);$$

il suffit de remplacer m et n par zéro. Alors les surfaces trajectoires orthogonales auront pour équation

$$(\beta-\gamma)\int\frac{dx}{\varphi'(x)} + (\gamma-\alpha)\int\frac{dy}{f'(y)} + (\alpha-\beta)\int\frac{dz}{\psi'(z)} = \text{const.}$$

446. Écrivons maintenant les équations de la congruence sous la forme plus générale

$$(25)\qquad \begin{cases} f(x, y, z, a, b) = 0, \\ \varphi(x, y, z, a, b) = 0. \end{cases}$$

On calculera successivement les dérivées de a et de b par rapport à x, à y et à z; et on les portera dans l'équation (22). On obtient ainsi le résultat suivant

$$(26)\qquad \begin{vmatrix} S\frac{\partial\varphi}{\partial x}d\frac{\partial f}{\partial x} & d\frac{\partial f}{\partial a} & d\frac{\partial f}{\partial b} \\ F & \frac{\partial f}{\partial a} & \frac{\partial f}{\partial b} \\ G & \frac{\partial\varphi}{\partial a} & \frac{\partial\varphi}{\partial b} \end{vmatrix} - \begin{vmatrix} S\frac{\partial f}{\partial x}d\frac{\partial\varphi}{\partial x} & d\frac{\partial\varphi}{\partial a} & d\frac{\partial\varphi}{\partial b} \\ E & \frac{\partial f}{\partial a} & \frac{\partial f}{\partial b} \\ F & \frac{\partial\varphi}{\partial a} & \frac{\partial\varphi}{\partial b} \end{vmatrix} = 0,$$

où les différentiations se rapportent encore à un déplacement effectué sur la courbe et où l'on a posé, pour abréger,

$$(27)\qquad E = S\left(\frac{\partial f}{\partial x}\right)^2, \qquad F = S\frac{\partial f}{\partial x}\frac{\partial\varphi}{\partial x}, \qquad G = S\left(\frac{\partial\varphi}{\partial x}\right)^2,$$

le signe S indiquant toujours une somme étendue aux trois coordonnées.

La forme même de l'équation (26) nous conduit à une remarque analogue à celle qui a été développée au n° 313. Supposons, pour fixer les idées, que les courbes de la congruence soient algébriques; $\frac{\partial f}{\partial a}, \frac{\partial f}{\partial b}, \frac{\partial\varphi}{\partial a}, \frac{\partial\varphi}{\partial b}$ seront des fonctions de degré déterminé et, par suite, le nombre des points de chaque courbe de la congruence qui satisfont à la relation (26) dépendra de la nature de la courbe plutôt que de la manière dont a et b entrent dans les coefficients. Soit p le nombre des points ainsi obtenus; on pourra énoncer le théorème suivant :

Les courbes de la congruence ne peuvent être normales à plus de p surfaces sans être normales à toute une famille de surfaces.

Supposons, par exemple, que les courbes de la congruence soient planes et de l'ordre m. Prenons pour plan des xy le plan qui contient l'une des courbes et supposons que la première équation $f=0$ représente le plan de la courbe. On aura des résultats de la forme suivante :

$$f=z,$$

$$\frac{\partial f}{\partial a}=mx+ny+qz+r, \qquad \frac{\partial f}{\partial b}=m'x+n'y+q'z+r'.$$

Si l'on suppose que la seconde équation de la courbe représente le cylindre qui la projette sur le plan des xy, φ, $\frac{\partial\varphi}{\partial a}=\varphi_1$, $\frac{\partial\varphi}{\partial b}=\varphi_2$ seront trois fonctions quelconques de x et de y. L'équation (26 prendra alors la forme suivante

$$(28)\quad \left\{\begin{aligned} &\left[\left(\frac{\partial\varphi}{\partial x}\right)^2+\left(\frac{\partial\varphi}{\partial y}\right)^2\right]\left[A\frac{\partial\varphi}{\partial x}+B\frac{\partial\varphi}{\partial y}+C\left(x\frac{\partial\varphi}{\partial x}+y\frac{\partial\varphi}{\partial y}\right)\right]\\ &\qquad+\begin{vmatrix} \varphi & \frac{\partial\varphi}{\partial x} & \frac{\partial\varphi}{\partial y}\\ \varphi_1 & \frac{\partial\varphi_1}{\partial x} & \frac{\partial\varphi_1}{\partial y}\\ \varphi_2 & \frac{\partial\varphi_2}{\partial x} & \frac{\partial\varphi_2}{\partial y}\end{vmatrix}=0,\end{aligned}\right.$$

A, B, C étant trois constantes qui dépendent de m, n, q; m', n', q'. L'application du théorème des fonctions homogènes permet de réduire cette équation au degré $3(m-1)$. On aura donc ici

$$p=3m(m-1).$$

Pour les congruences de cercles, on peut prendre

$$\varphi=x^2+y^2-r^2,$$

et φ_1, φ_2 se réduisent, on le verra aisément, à des fonctions du premier degré. On a alors

$$\left(\frac{\partial\varphi}{\partial x}\right)^2+\left(\frac{\partial\varphi}{\partial y}\right)^2=4r^2,$$

et le déterminant qui figure dans la relation (28) peut se ramener au premier degré; le premier membre de cette relation se réduit donc au premier degré et l'on a

$$p=2.$$

On est ainsi conduit au théorème suivant :

Lorsque les cercles d'une congruence sont normaux à plus de deux surfaces, ils coupent à angle droit toute une famille de surfaces,

qui a été donné par M. Ribaucour et que nous démontrerons plus loin, avec tous les développements qu'il comporte, par une analyse plus élégante.

Lorsque les fonctions f et φ sont, l'une et l'autre, de degré supérieur à 1, on peut encore, en introduisant les coordonnées homogènes x, y, z, t, abaisser le degré de la condition (26). Si, pour abréger, on désigne par (P, Q) le déterminant fonctionnel des quatre fonctions P, Q, f, φ, considérées comme dépendant des variables homogènes x, y, z, t, on pourra mettre l'équation (26) sous la forme suivante :

$$\begin{aligned}
&\frac{\partial\varphi}{\partial x}\left(\frac{\partial f}{\partial x}, \Delta\right) + \frac{\partial\varphi}{\partial y}\left(\frac{\partial f}{\partial y}, \Delta\right) + \frac{\partial\varphi}{\partial z}\left(\frac{\partial f}{\partial z}, \Delta\right)\\
&-\frac{\partial f}{\partial x}\left(\frac{\partial\varphi}{\partial x}, \Delta\right) - \frac{\partial f}{\partial y}\left(\frac{\partial\varphi}{\partial y}, \Delta\right) - \frac{\partial f}{\partial z}\left(\frac{\partial\varphi}{\partial z}, \Delta\right)\\
&+2F\left[\left(\frac{\partial f}{\partial b}, \frac{\partial\varphi}{\partial a}\right) - \left(\frac{\partial f}{\partial a}, \frac{\partial\varphi}{\partial b}\right)\right]\\
&+\frac{m+n}{n}E\left(\frac{\partial\varphi}{\partial a}, \frac{\partial\varphi}{\partial b}\right) + \frac{m+n}{m}G\left(\frac{\partial f}{\partial a}, \frac{\partial f}{\partial b}\right) = 0,
\end{aligned}$$

m et n étant les degrés de f et de φ, et Δ désignant le déterminant

$$\frac{\partial f}{\partial a}\frac{\partial\varphi}{\partial b} - \frac{\partial f}{\partial b}\frac{\partial\varphi}{\partial a}.$$

Le premier membre de l'équation précédente est du degré $3(m+n-2)$ par rapport aux coordonnées x, y, z, t. Par suite, *si une congruence est formée des courbes qui sont l'intersection complète de deux surfaces d'ordres m et n, les courbes de la congruence ne pourront être normales à plus de*

$$3mn(m+n-2)$$

surfaces distinctes, à moins qu'elles ne soient les trajectoires orthogonales d'une famille de surfaces.

Pour $n = 1$, on retrouve la proposition indiquée plus haut, et qui a, d'ailleurs, été déjà énoncée par M. Ribaucour.

CHAPITRE XIII.

DROITES NORMALES A UNE SURFACE.

Théorie directe pour les congruences rectilignes. — Condition pour que des droites partant des différents points d'une surface soient normales à une autre surface. — Remarque d'Hamilton. — Équation aux dérivées partielles d'une famille de surfaces parallèles. — Applications. — Théorème de Malus. — Propositions de Dupin relatives aux cas où les développables formées par les rayons incidents ne sont pas détruites par la réflexion. — Définition des axes optiques d'une surface. — Pour que des rayons incidents normaux à une surface aient leurs développables conservées par la réflexion, il faut et il suffit que ces développables découpent sur la surface réfléchissante un réseau conjugué. — Ombilics catoptriques de Dupin. — Exemples particuliers. — Cas où les rayons incidents émanent d'un point unique. — Cas où la surface réfléchissante est du second degré.

447. Dans le Chapitre précédent, nous avons rattaché la théorie des congruences rectilignes à des propositions qui s'appliquent aux congruences les plus générales. On peut aussi la traiter directement de la manière suivante.

Traçons dans l'espace une surface quelconque (S), assujettie à l'unique condition de ne pas être formée par des droites de la congruence. Les cosinus directeurs u, v, w de l'une quelconque des droites de cette congruence sont des fonctions déterminées des coordonnées rectangulaires x, y, z du point où cette droite rencontre la surface (S). Nous allons montrer que la condition nécessaire et suffisante pour que les droites soient normales à une même surface est que *l'expression*

$$u\,dx + v\,dy + w\,dz$$

soit une différentielle exacte, pour tous les déplacements qui s'effectuent sur la surface (S).

Cette condition est nécessaire; car elle est remplie toutes les fois que les droites sont normales à une surface (Σ). Soient, en effet, X, Y, Z les coordonnées du point où la droite de la congruence est normale à (Σ). On aura, pour tous les déplacements considérés,

$$u\,dX + v\,dY + w\,dZ = 0. \tag{1}$$

D'ailleurs on peut écrire

$$X = x - u\rho, \qquad Y = y - v\rho, \qquad Z = z - w\rho, \tag{2}$$

ρ désignant la distance des deux points (x, y, z), (X, Y, Z). Si l'on remplace X, Y, Z par ces valeurs dans l'équation (1), on trouve

$$d\rho = u\,dx + v\,dy + w\,dz; \tag{3}$$

le second membre est donc la différentielle de la fonction ρ.

Réciproquement, si le second membre est la différentielle exacte d'une certaine fonction ρ, le point défini par les équations (2) vérifiera la relation (1); et toutes les droites de la congruence seront normales à la surface lieu du point (X, Y, Z). La proposition que nous avions énoncée se trouve ainsi établie.

448. La démonstration précédente conduit par une voie naturelle aux remarques suivantes, qui sont dues à Hamilton.

Imaginons que, par chaque point (x, y, z) de l'espace, on mène une droite. Les cosinus directeurs de cette droite sont des fonctions données, mais quelconques, de x, y, z; et la droite dépend, en général, de trois paramètres. Dans un Mémoire que nous allons citer tout à l'heure, Malus a considéré pour la première fois de tels assemblages de droites, qui sont bien connus depuis les travaux de Plücker et qui ont reçu le nom de *complexes*. Ces définitions étant admises, voici en quoi consiste la proposition d'Hamilton :

La condition nécessaire et suffisante pour que les droites forment une congruence (au lieu de former un complexe) et soient normales à une surface est que l'expression

$$u\,dx + v\,dy + w\,dz$$

soit une différentielle exacte pour tous les déplacements possibles du point (x, y, z).

La condition est nécessaire; il suffit, pour le reconnaître, de répéter la démonstration que nous venons de faire; il reste donc à prouver seulement qu'elle est suffisante.

Puisque l'on a, par hypothèse,

$$(4)\qquad u\,dx + v\,dy + w\,dz = d\theta,$$

on pourra écrire

$$(5)\qquad u = \frac{\partial\theta}{\partial x},\qquad v = \frac{\partial\theta}{\partial y},\qquad w = \frac{\partial\theta}{\partial z},$$

ce qui donnera

$$(6)\qquad \left(\frac{\partial\theta}{\partial x}\right)^2 + \left(\frac{\partial\theta}{\partial y}\right)^2 + \left(\frac{\partial\theta}{\partial z}\right)^2 = 1.$$

La proposition d'Hamilton se ramène donc à la suivante, qui est bien connue :

Étant donnée une fonction θ satisfaisant à l'équation précédente, les surfaces

$$(7)\qquad \theta = \text{const.}$$

sont toutes parallèles à l'une d'elles.

Au reste, on peut démontrer directement cette proposition de la manière suivante : Menons aux surfaces représentées par l'équation (7) des plans tangents parallèles; les points de contact de ces plans seront distribués sur les courbes représentées par les deux équations

$$(8)\qquad u = \frac{\partial\theta}{\partial x} = \text{const.},\qquad v = \frac{\partial\theta}{\partial y} = \text{const.}$$

Ces courbes, on le reconnaît immédiatement, sont des trajectoires orthogonales de la famille de surfaces (7). On a, en effet,

$$\frac{\partial\theta}{\partial x}\frac{\partial u}{\partial x} + \frac{\partial\theta}{\partial y}\frac{\partial u}{\partial y} + \frac{\partial\theta}{\partial z}\frac{\partial u}{\partial z} = \frac{\partial\theta}{\partial x}\frac{\partial^2\theta}{\partial x^2} + \frac{\partial\theta}{\partial y}\frac{\partial^2\theta}{\partial x\,\partial y} + \frac{\partial\theta}{\partial z}\frac{\partial^2\theta}{\partial x\,\partial z} = 0;$$

car le second membre n'est autre que la dérivée par rapport à x du premier membre de l'équation (6).

Comme le plan tangent a une direction invariable aux points où toutes les surfaces (7) sont coupées par les lignes (8), ces trajectoires orthogonales se réduisent nécessairement à des droites; et, par suite, l'équation (7) représente une famille de surfaces parallèles. D'ailleurs la droite menée par un point quelconque de l'espace et définie par les cosinus directeurs u, v, w est évidemment la normale à celle des surfaces parallèles qui passe par le point; et elle est, par conséquent, normale commune à toutes les surfaces. La remarque d'Hamilton se trouve ainsi complètement justifiée.

449. Les propositions précédentes sont d'un emploi très commode dans les applications. Supposons, par exemple, que les équations d'une droite soient écrites sous la forme

$$(9)\qquad \begin{cases} x = az + p, \\ y = bz + q, \end{cases}$$

a, b, p, q étant des fonctions de deux paramètres; si l'on considère le point de la droite qui se trouve dans le plan des xy et qui a pour coordonnées p, q, o, on aura ici

$$(10)\qquad u\,dx + v\,dy + w\,dz = \frac{a\,dp + b\,dq}{\sqrt{a^2 + b^2 + 1}},$$

et cette expression devra être une différentielle exacte pour toutes les congruences de normales.

Si la droite est définie de la manière la plus générale par les équations

$$(11)\qquad \begin{cases} bz - cy + a' = 0, \\ cx - az + b' = 0, \\ ay - bx + c' = 0, \end{cases}$$

données au n° 139 [I, p. 194], on aura

$$\frac{u}{a} = \frac{v}{b} = \frac{w}{c} = \frac{1}{\sqrt{a^2 + b^2 + c^2}}.$$

En substituant à l'expression

$$u\,dx + v\,dy + w\,dz$$

la suivante

$$x\,du + y\,dv + z\,dw,$$

qui est, en même temps que la première, une différentielle exacte, on sera conduit à l'expression

$$(12) \qquad (a^2+b^2+c^2)^{-\frac{3}{2}} \begin{vmatrix} da & db & dc \\ a & b & c \\ a' & b' & c' \end{vmatrix},$$

qui devra être une différentielle exacte pour toutes les congruences de normales.

430. On peut déduire des résultats précédents un théorème célèbre, dont la première idée revient à Malus, mais qui n'a été complètement établi que par les efforts combinés de Dupin, de Gergonne, de Quételet. En voici l'énoncé :

Si des rayons lumineux sont normaux à une surface, ils ne cessent pas de conserver cette propriété après un nombre quelconque de réflexions et de réfractions.

Il suffit évidemment, la réflexion pouvant être assimilée à une réfraction d'indice -1, de démontrer le théorème pour le cas de la réfraction. Voici comment on peut énoncer la loi de Descartes.

Portons sur le rayon incident (*fig.* 30) une longueur $MA = 1$,

Fig. 30.

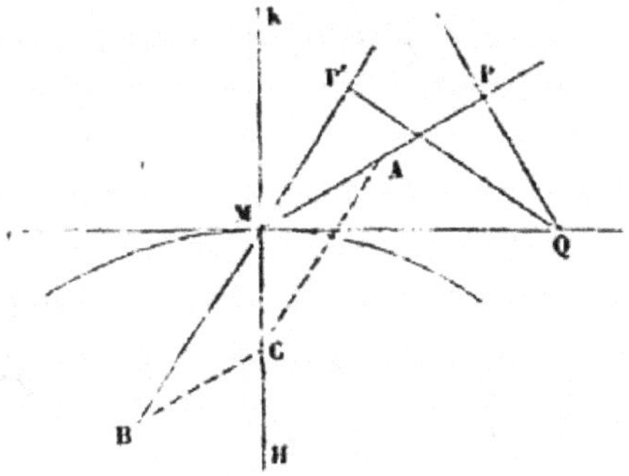

et sur le rayon réfracté une longueur $MB = n$, n désignant l'indice de réfraction. Composons MA, MB suivant la loi du parallélogramme, la résultante MC sera normale à la surface dirimante. En effet, dans le triangle MBC, on aura

$$\frac{BC}{\sin BMC} = \frac{MB}{\sin MCB},$$

ou, ce qui est la même chose,

$$\sin \text{AMK} = n \sin \text{BMH}. \tag{13}$$

C'est la loi connue de la réfraction.

Soient α, β, γ, u, v, w, u', v', w' les cosinus directeurs de la normale à la surface, du rayon incident et du rayon réfracté. En égalant la projection de MC à la somme des projections MA, MB, on a

$$\left\{\begin{array}{l} nu' + u = \lambda\alpha, \\ nv' + v = \lambda\beta, \\ nw' + w = \lambda\gamma, \end{array}\right. \tag{14}$$

λ désignant la longueur $\overline{\text{MC}}$. Soient x, y, z les coordonnées rectangulaires de M. On a, pour tout déplacement de M sur la surface dirimante,

$$\alpha\, dx + \beta\, dy + \gamma\, dz = 0, \tag{15}$$

ou, en éliminant α, β, γ au moyen des équations précédentes,

$$u\, dx + v\, dy + w\, dz = -n(u'\, dx + v'\, dy + w'\, dz). \tag{16}$$

Cela posé, supposons que les rayons incidents soient normaux à une surface (Σ). Le premier membre sera la différentielle d'une fonction ρ qui est, nous l'avons vu plus haut, la distance du point M au point P où le rayon coupe normalement la surface (Σ). En vertu de la formule précédente,

$$u'\, dx + v'\, dy + w'\, dz$$

sera aussi une différentielle exacte $-d\left(\frac{\rho}{n}\right)$, et, par suite, *les rayons réfractés seront aussi normaux à une surface* (Σ'). On obtiendra le point P' où le rayon réfracté coupe normalement (Σ') en portant la longueur $-\frac{\rho}{n}$, dans le sens déterminé par son signe, sur le rayon réfracté. On verra facilement que les plans normaux aux deux rayons, incident et réfracté, en P et en P', vont se couper suivant une droite située dans le plan tangent en M à la surface dirimante; cette relation entre les plans tangents aux trois surfaces est d'ailleurs évidente dans le système des ondulations. On en déduit que, si p, p' et δ désignent les termes tout connus dans les équations des plans tangents en P, P' et M aux surfaces (Σ), (Σ') et à la surface dirimante, on a

$$(14)' \qquad np' + p = \lambda\delta,$$

λ ayant la même valeur que dans les formules (14).

Les surfaces normales aux rayons réfractés ont reçu le nom d'*anticaustiques;* les résultats précédents peuvent donc s'énoncer ainsi :

Si les rayons incidents sont normaux à une surface (Σ), *considérons cette surface comme l'enveloppe de sphères ayant leurs centres sur la surface dirimante. Pour obtenir l'anticaustique relative aux rayons réfractés, il faut prendre l'enveloppe de toutes les sphères que l'on obtient en réduisant le rayon des précédentes dans le rapport de l'unité à l'indice de réfraction* (1).

Il résulte de cette construction qu'il sera, en général, impossible

---

(1) Voici quelques indications au sujet de la découverte de cette belle proposition. Dans un Mémoire portant ce simple titre : *Optique* et inséré en 1808 au XIVe Cahier du *Journal de l'École Polytechnique,* Malus démontre, en premier lieu, une propriété intéressante de ces assemblages de droites auxquels nous donnons le nom de *complexes.* Imaginons qu'à chaque point de l'espace on fasse correspondre, suivant une loi quelconque, une droite passant par ce point, et soit M un point quelconque par lequel passe une droite (d) du système. Si l'on cherche les points M', infiniment voisins de M, pour lesquels la droite correspondante rencontre (d), on trouve que le lieu des directions MM' est un cône du second degré. Après avoir établi cette proposition, l'illustre physicien étudie les assemblages de droites qui dépendent de deux paramètres, c'est-à-dire les *congruences;* et il montre que l'on peut, en général, distribuer les droites de la congruence en deux systèmes différents de surfaces développables. Il cherche la condition pour que ces deux familles de développables se coupent à angle droit, et il reconnaît qu'elle est remplie lorsque les droites sont les normales d'une surface.

Faisant ensuite l'application de ces principes généraux à l'Optique, Malus démontre que, lorsque des rayons incidents émanés d'un point fixe se réfléchissent sur une surface quelconque, ils demeurent, après la réflexion, normaux à une surface.

Dans la seconde Partie de son Mémoire, insérée à la page 84 du même Cahier, Malus étend cette proposition au cas d'une réfraction unique, et il essaye (p. 101) de l'étendre aussi au cas de plusieurs réfractions; mais, trompé par une faute de de séparer analytiquement les deux sytèmes de rayons réfractés qui correspondent à des valeurs égales et de signes contraires de l'indice de réfraction.

451. Dans son étude du théorème précédent, qu'il a démontré seulement pour le cas de la réflexion, Dupin s'était proposé la question suivante, qui donne naissance à des recherches intéressantes.

Si les rayons lumineux sont normaux à une surface, on peut les assembler en deux familles de développables orthogonales. La réflexion sur une surface donnée transforme, en général, ces développables en surfaces gauches. Dupin donne de belles propositions relatives au cas où les rayons incidents formant une développable se réfléchissent suivant des rayons formant également une développable; et il a reconnu que les traces des deux séries de développables sur la surface réfléchissante doivent former un système conjugué. Les démonstrations de Dupin reposent sur les propriétés de l'indicatrice et sur celles des surfaces de révolution du

---

calcul, il croit que les rayons lumineux cessent, en général, après une deuxième réfraction, d'être normaux à une surface.

C'est à Dupin que revient le mérite d'avoir énoncé, pour la première fois, dans un *Mémoire sur les routes de la lumière* que nous citerons plus loin, le théorème général, et d'en avoir donné une démonstration géométrique très simple, mais pour le cas de la réflexion seulement. D'ailleurs Cauchy, comme l'indique Dupin, avait repris et corrigé les calculs de Malus, de sorte qu'aucun doute ne subsistait plus sur la portée et la généralité du théorème. Dupin s'est contenté de le regarder, dans le cas de la réfraction, comme un simple corollaire des propositions qu'il avait données dans sa théorie des déblais et des remblais; cette vue était exacte, mais les théorèmes sur lesquels s'appuyait Dupin étaient incomplètement démontrés.

Quelques années plus tard, Quételet a introduit une idée neuve dans cette théorie en substituant aux *caustiques*, dont la détermination est très pénible, les *caustiques secondaires* ou mieux les *anticaustiques* qui sont normales aux rayons réfléchis ou réfractés. C'est grâce à ses efforts et à ceux de Gergonne que le théorème a été enfin simplement et complètement démontré. (Voir le tome I de la *Correspondance mathématique et physique*, 1825, le tome XVI des *Annales de Gergonne* et les *Nouveaux Mémoires de l'Académie de Bruxelles*, t. III et IV, 1826 et 1827.)

Dans l'étude que nous avons citée [p. 237], M. Lévistal a étendu le théorème de Malus et de Dupin au cas de la double réfraction.

second degré (¹). On peut leur substituer les suivantes, qui nous donneront d'ailleurs des résultats nouveaux.

Commençons par considérer des rayons lumineux formant une seule développable, et cherchons la condition pour que les rayons réfléchis engendrent également une surface développable.

Soit AA' ... une ligne de courbure de la développable formée par les rayons incidents. Les génératrices qui passent aux points A, A', ... rencontrent la surface réfléchissante (Σ) en M, M', ... et se réfléchissent suivant des rayons MB, M'B', ... Prenons $MB = MA$, $MB' = M'A'$, ... La courbe BB' ... sera une trajectoire orthogonale des rayons réfléchis et, par suite, elle sera nécessairement une ligne de courbure si ces rayons réfléchis forment, eux aussi, une développable. Les sphères de centres M, M', ... et de rayons MA, MA', ... enveloppent une surface (S) à lignes de courbure circulaires, et les deux courbes AA', ..., BB', ... devront être des lignes de courbure non circulaires de cette surface. Par suite, les tangentes à ces deux lignes, aux points correspondants A et B, seront deux génératrices d'un cône de révolution circonscrit à la surface (S) suivant un cercle, et elles se rencontreront nécessairement. Considérons maintenant la surface réglée (Δ) engendrée par la droite AB; d'après la propriété que nous venons de démontrer, ce sera une surface développable, puisqu'elle admet le même plan tangent aux deux points distincts A et B. Soient AB, A'B' deux positions consécutives de AB; comme elles sont respectivement perpendiculaires aux deux plans tangents en M et en M' à la surface réfléchissante (Σ), elles seront aussi perpendiculaires à l'intersection de ces deux plans Mt, qui est la tangente conjuguée de MM'. Ainsi :

La développable (Δ) engendrée par la droite AB a, à chaque instant, son plan tangent perpendiculaire à la tangente Mt.

Par suite, le plan normal mené par MA à la développable des rayons incidents, plan qui est évidemment perpendiculaire à la tan-

(¹) Consulter, dans les *Applications de Géométrie et de Méchanique*, le *Quatrième Mémoire* intitulé : *Sur les routes suivies par la lumière et par les corps élastiques, en général, dans les phénomènes de la réflexion et de la réfraction.* (Présenté à l'Académie des Sciences, le 22 janvier 1816.)

gente en A à la ligne de courbure AA' ... de cette développable, coupera le plan tangent en M à la surface réfléchissante suivant la droite qui est perpendiculaire à la tangente en A, c'est-à-dire suivant la tangente M*t*. En d'autres termes, *le plan tangent à la développable suivant le rayon incident et le plan normal qui contient ce rayon doivent couper le plan tangent à la surface réfléchissante suivant deux droites conjuguées.*

Cette condition, qui est nécessaire, est aussi suffisante : il suffira, pour le reconnaître, de reprendre dans un ordre inverse les raisonnements précédents. On en déduit la conséquence suivante.

La tangente à la courbe d'incidence et sa tangente conjuguée se trouvent dans deux plans rectangulaires contenant le rayon incident; ces deux plans sont évidemment des plans diamétraux conjugués de tout cylindre de révolution ayant pour axe le rayon incident. Par suite, les droites considérées sont des diamètres conjugués de la section de ce cylindre par le plan tangent en M.

D'après cela, si l'on se donne un rayon incident quelconque coupant la surface réfléchissante en M, il n'y aura que deux directions possibles pour la tangente à la courbe d'incidence en M : ce seront celles des deux diamètres conjugués communs à l'indicatrice de la surface et à la section du plan tangent par le cylindre de révolution dont l'axe est le rayon incident.

On remarquera l'analogie de cette théorie avec celle des lignes de courbure; au reste, les deux théories se confondent si l'on suppose le rayon incident normal à la surface réfléchissante (¹).

452. La construction précédente nous conduit à considérer une classe de droites qui possèdent des propriétés optiques remarquables. Supposons que les deux coniques employées dans cette

---

(¹) Les résultats établis par notre méthode comprennent ceux sur lesquels Dupin s'est appuyé; car, si la surface réfléchissante est une surface de révolution du second degré à deux foyers F, F', les rayons lumineux qui émanent de F se réfléchiront vers F'. Construisons le cône formé par les rayons incidents qui rencontrent la section de la surface par un plan (P); le plan normal suivant chaque génératrice devra contenir la tangente conjuguée de la tangente à la section plane et, par suite, passera par le pôle du plan (P). Or, un cône est évidemment de révolution lorsque son plan normal va passer par un point fixe. Ainsi, *toutes les sections planes, vues du foyer, paraîtront des cercles.*

construction soient semblables, c'est-à-dire que le rayon incident soit l'axe de l'un des quatre cylindres de révolution qui contiennent l'indicatrice; alors les directions de la courbe d'incidence ne seront plus déterminées. Ainsi :

Si l'on considère en chaque point d'une surface les quatre droites, axes des cylindres de révolution qui coupent le plan tangent suivant l'indicatrice, ou encore lieux des points d'où l'on voit deux tangentes conjuguées quelconques sous un angle droit, ces droites formeront quatre systèmes de rayons rectilignes dont les développables se réfléchiront suivant des développables.

Ces droites sont imaginaires si l'indicatrice est hyperbolique; dans le cas d'une indicatrice elliptique, il y en a deux qui sont réelles : ce sont les asymptotes de l'hyperbole focale; elles sont dans le plan principal qui contient les deux foyers de l'indicatrice et placées symétriquement par rapport à la normale. Elles forment deux systèmes différents et chacun d'eux s'obtient par la réflexion de l'autre sur la surface. Nous les appellerons, pour abréger, *axes optiques*. On peut encore les construire comme il suit.

Menons par les deux tangentes asymptotiques de la surface réfléchissante les plans tangents au cercle de l'infini. Ces quatre plans se couperont suivant quatre droites, placées deux à deux symétriquement par rapport au plan tangent, et qui seront les quatre axes optiques relatifs au point considéré.

Il suit de là que, dans le cas d'une surface du second degré, les axes optiques de la surface sont les génératrices rectilignes des surfaces du second degré homofocales à la proposée. On peut déterminer sans aucune intégration les développables formées par ces droites; car on sait qu'elles sont les tangentes doubles de la développable dans laquelle sont inscrites toutes les surfaces homofocales. Or, quand des droites d'une congruence sont les tangentes doubles d'une développable, il est évident qu'il y en a une infinité dans chaque plan tangent de la développable. Ce plan touche, en effet, la développable suivant une droite (d) et la coupe suivant une courbe (C); toutes les tangentes de (C) seront des tangentes doubles de la développable et devront être considérées comme formant elles-mêmes une surface développable. Ainsi, dans le cas des surfaces du second degré, nous saurons distribuer les axes optiques en deux séries de développables. Remarquons d'ailleurs que ces deux séries de développables sont imaginaires.

453. Les axes optiques jouissent, dans tous les cas, d'une remarquable propriété. Imaginons que des rayons lumineux émanent d'un point de l'une de ces droites et forment un pinceau infiniment petit autour de la droite. D'après la propriété des axes optiques, les rayons réfléchis, de quelque manière qu'on les assemble, doivent être considérés comme formant une surface développable; et, par conséquent, le faisceau réfléchi paraîtra, lui aussi, émaner d'un point unique.

On peut établir cette conclusion d'une manière plus rigoureuse en donnant le complément suivant à notre première proposition. Imaginons un rayon AM venant rencontrer en M la surface réfléchissante et se réfléchissant suivant un rayon MB; et supposons que AM fasse partie d'une développable qui se réfléchit suivant une développable. Lorsqu'on passera de AM au rayon infiniment voisin A'M', le plan AMB sera remplacé par un plan A'M'B' qui coupera le premier suivant une droite $\alpha\mu\beta$, α, μ, β étant les points de cette droite situés respectivement sur AM, sur la normale en M et sur BM. Les plans AMB, A'M'B' passant par deux génératrices infiniment voisines de la développable engendrée par AM, la position limite de α est le point de contact du rayon AM avec la courbe qu'il enveloppe; et, de même, β est le point de contact du rayon réfléchi BM avec l'arête de rebroussement de la développable engendrée par ce rayon. Quant à μ, c'est évidemment le point où la normale au point M' de la courbe d'incidence infiniment voisin de M vient couper le plan AMB. Nous avons donc le théorème suivant :

Quand une développable se réfléchit suivant une développable, la droite qui joint les points de contact des rayons incident et réfléchi avec les courbes qu'ils enveloppent vient couper la normale à la surface réfléchissante au point où la surface gauche formée par les normales en tous les points de la courbe d'incidence est tangente au plan du rayon incident et du rayon réfléchi.

En particulier, quand il s'agit d'un axe optique, qui est nécessairement situé dans un plan principal, toutes les normales infiniment voisines de la normale viennent couper ce plan en un point dont la position limite coïncide avec celui des deux centres principaux où le plan principal est tangent à la surface des centres. Si γ désigne ce centre, on voit que β devra être sur la ligne $\alpha\gamma$; et cette construction est toujours la même, quelles que soient les développables formées par les rayons incidents. Si donc ceux-ci émanent de α, les rayons réfléchis paraîtront émaner de β.

Les propriétés établies donnent lieu à un certain nombre de conséquences qu'il ne sera pas inutile d'énoncer explicitement.

Si les rayons incidents sont formés par un système d'axes optiques de la surface, les développables incidentes se réfléchissent suivant d'autres développables, que les rayons incidents soient ou ne soient pas normaux à une surface. En dehors de ce cas exceptionnel, on peut dire que, si la réflexion ne détruit pas les deux séries de développables, supposées distinctes, formées par les rayons incidents, ceux-ci sont nécessairement normaux à une surface. Nous avons vu en effet que, si le rayon incident AM est donné, les deux seules droites qui puissent être les tangentes en M de la trace d'une développable sur la surface réfléchissante sont dans deux plans rectangulaires passant par le rayon incident. Donc, si les deux séries distinctes de développables formées par les rayons incidents doivent subsister après la réflexion, il est nécessaire qu'elles se coupent à angle droit et qu'elles découpent sur la surface réfléchissante un système conjugué. Ces deux conditions sont d'ailleurs suffisantes. Ainsi :

Toutes les fois que les deux séries de développables formées par les rayons incidents se réfléchissent toutes suivant des développables, les rayons incidents sont normaux à une surface, à moins qu'ils ne constituent un des quatre systèmes d'axes optiques de la surface.

Pour que des rayons incidents normaux à une surface aient leurs développables conservées par la réflexion, il faut et il suffit que ces développables découpent sur la surface réfléchissante un système conjugué.

454. Considérons, par exemple, une surface (Σ), que nous supposerons quelconque, et des rayons lumineux émanés d'un point O. Ces rayons lumineux, qui forment un système (I), se réfléchissent sur (Σ) et donnent un système (R) de rayons réfléchis normaux à une surface (Σ_1), enveloppe des sphères qui passent par le point O et ont leur centre sur (Σ). Cette surface (Σ_1) est évidemment homothétique à la podaire de O par rapport à (Σ); car elle est le lieu des symétriques du point O par rapport à tous les plans tangents de (Σ). Soit OM un rayon incident se réfléchissant au point M de (Σ). Supposons l'œil placé en un point O′ sur la direction du rayon réfléchi; il recevra un pinceau de rayons émanés de O et réfléchis dans la région de (Σ) qui avoisine le point M. Ce pinceau de rayons réfléchis, formé par des normales à (Σ_1), aura, en général, deux lignes focales, perpendiculaires l'une à l'autre et placées aux deux centres de courbure principaux de (Σ_1) qui sont sur la normale O′M. L'image du point lumineux, pour l'observateur placé en O′, sera plus ou moins confuse; elle sera rapportée par cet observateur à un point qu'aucune règle précise ne permet de déterminer. Mais, dans le cas particulier où la ligne OM est un des axes optiques du point M, tous les rayons réfléchis paraîtront émanés d'un point unique que nous avons appris à construire. L'image du point lumineux sera devenue nette et les rayons réfléchis auront un foyer qui pourra être *réel* ou *virtuel*. Le point M a reçu de Dupin le nom d'*ombilic catoptrique* justifié par l'analogie qu'il présente avec les ombilics ordinaires, avec lesquels il se confond d'ailleurs lorsque le rayon incident est normal à la surface. Si la surface (Σ) est du second degré, il y aura, pour chaque point O, douze ombilics catoptriques, dont quatre seront réels, situés à l'intersection de cette surface et des deux génératrices rectilignes de l'hyperboloïde homofocal qui passe au point O.

Ici les rayons incidents, de quelque manière qu'on les assemble, forment toujours des cônes et, par suite, des développables. Proposons-nous de déterminer les cônes formés par les rayons incidents auxquels correspondent des rayons réfléchis formant une développable. D'après les propositions précédentes, ces cônes devront découper sur la surface réfléchissante deux systèmes de lignes conjuguées qui paraîtront se couper à angle droit lorsqu'on les regardera du point O. D'ailleurs la détermination de ces cônes équivaut à celle des lignes de courbure de la surface (Σ_1) ou, ce qui est la même chose, de la podaire de (Σ) relativement au point O. Ainsi :

Étant donnée une surface (Σ) *et un point* O, *les lignes de courbure de la podaire de* (Σ) *relative au point* O *correspondent à deux systèmes de lignes conjuguées tracées sur* (Σ) *et qui paraissent se couper à angle droit pour un observateur placé en* O.

Cette proposition, que le lecteur établira très simplement d'une manière directe, permet de déterminer les développables formées par les rayons réfléchis lorsque la surface (Σ) est du second degré. On obtient alors la construction suivante, que nous nous contenterons d'énoncer :

Les courbes d'incidence des cônes qui se réfléchissent suivant des développables sont à l'intersection de (Σ) *et des cônes du second degré, de sommet* O, *homofocaux au cône de même sommet circonscrit à* (Σ); *elles sont aussi les courbes de contact des développables circonscrites à* (Σ) *et à l'une quelconque des surfaces du second degré qui passent par l'intersection de* (Σ) *et de la sphère de rayon nul ayant pour centre le point* O.

455. Dans deux Notes publiées en 1872 [1], M. Ribaucour a indiqué d'autres applications très intéressantes du théorème de Dupin. Elles reposent essentiellement sur la remarque suivante, qui est à peu près évidente :

Pour que les développables d'une congruence découpent sur une surface du second degré un réseau conjugué, il faut et il suffit que les deux plans focaux de chaque droite de la con-

---

(1) RIBAUCOUR, *Sur la théorie des lignes de courbure* (*Comptes rendus*, t. LXXIV, p. 1489 et 1570, 1er semestre 1872).

gruence soient conjugués par rapport à cette surface, c'est-à-dire que chacun d'eux contienne le pôle de l'autre (¹).

La condition précédente étant indépendante du point où chaque droite de la congruence coupe la surface, on en déduit tout d'abord la proposition suivante :

Si les développables formées par les droites d'une congruence découpent, à leur entrée, un réseau conjugué sur une surface du second degré, elles découpent aussi à la sortie un second réseau conjugué.

Considérons maintenant le cas où les développables se coupent à angle droit. On aura alors une congruence de normales (I) dont les développables découperont, par hypothèse, un réseau conjugué sur la surface du second degré (S). Les deux plans focaux de chaque droite (d) de la congruence, étant à la fois normaux et conjugués par rapport à (S), seront aussi conjugués par rapport à toutes les surfaces (S_i) qui sont homofocales à (S); par conséquent, les développables de (I) découperont, sur toutes les surfaces (S_i), soit à l'entrée, soit à la sortie, des réseaux conjugués. Si donc on envisage les droites de la congruence comme formant un système de rayons incidents (I), on pourra faire réfléchir ces rayons sur une quelconque (S_1) des surfaces (S_i). On aura ainsi un premier système de rayons réfléchis (I_1) dont les développables correspondront à celles de (I); et, comme elles découpent sur (S_1) le même réseau conjugué que les développables de (I), elles découperont encore sur toutes les surfaces homofocales des réseaux conjugués. On peut, maintenant, faire réfléchir le faisceau (I_1) sur une autre surface homofocale (S_2); et ainsi de suite. En continuant de cette manière, on obtient une suite, en général illimitée, de congruences de normales (I), (I_1), (I_2), ... dont les développables se correspondent mutuellement et découpent sur

(¹) Soit, en effet, M un point de la surface, (d) la droite de la congruence qui passe en ce point et Mt, Mt' les traces des deux plans focaux de cette droite sur le plan tangent en M. Le plan focal passant par Mt a, comme on sait, son pôle sur la tangente conjuguée de Mt. Pour que les deux plans focaux soient conjugués, il est donc nécessaire et suffisant que Mt et Mt' soient des tangentes conjuguées.

toutes les surfaces homofocales des réseaux conjugués. Si l'on veut suivre un des rayons incidents, on reconnaîtra aisément que les deux surfaces homofocales qui sont tangentes à ce rayon demeurent aussi tangentes à toutes ses positions successives.

Ces propriétés si élégantes nous ont paru mériter d'être signalées. Dans le Chapitre suivant, nous allons poursuivre cette étude, qui nous permettra d'ailleurs de compléter les résultats donnés plus haut sur les lignes géodésiques des surfaces du second degré.

CHAPITRE XIV.

LA SURFACE DE M. LIOUVILLE ET LES SURFACES DONT LES PLANS PRINCIPAUX SONT CONJUGUÉS PAR RAPPORT A UNE SURFACE DU SECOND DEGRÉ.

Les surfaces dont les plans principaux sont conjugués par rapport à une surface du second degré. — Théorème de M. Ribaucour relatif aux développables formées par les normales. — Indication de deux surfaces remarquables satisfaisant à la définition précédente. — Système des surfaces homofocales du second degré. — Surface qui admet pour normales les tangentes communes à deux homofocales. — Lignes géodésiques de l'ellipsoïde. — Équation en coordonnées elliptiques d'une droite quelconque; théorème de Jacobi relatif à l'intégration des équations abéliennes les plus simples. — Propositions analogues aux théorèmes de M. Chasles sur les polygones de périmètre maximum ou minimum inscrits ou circonscrits à une ellipse. — Intégration de l'équation aux dérivées partielles des surfaces dont les plans principaux sont conjugués par rapport à une surface du second degré. — L'intégrale générale est de forme transcendante, mais le théorème d'Abel permet de définir un nombre illimité de solutions algébriques. — Extension de la méthode précédente à la détermination d'un système triple orthogonal qui dépend de trois fonctions arbitraires d'une variable.

---

436. Considérons, d'une manière générale, une surface (Σ) dont les plans principaux soient conjugués par rapport à une surface du second degré (S), représentée en coordonnées tangentielles par l'équation

$$Au^2 + Bv^2 + Cw^2 - p^2 = 0. \tag{1}$$

Soient u, v, w, p les coordonnées d'un plan tangent quelconque de (Σ). Nous supposerons que l'on ait

$$u^2 + v^2 + w^2 = 1 \tag{2}$$

et que l'on ait choisi comme variables indépendantes les paramètres α et β des lignes de courbure. On pourra écrire alors

$$du^2 + dv^2 + dw^2 = e\,d\alpha^2 + g\,d\beta^2, \tag{3}$$

et u, v, w, p seront (n° 431) des solutions particulières de

l'équation

$$(4)\qquad \frac{\partial^2\theta}{\partial\alpha\,\partial\beta} - \frac{1}{2e}\frac{\partial e}{\partial\beta}\frac{\partial\theta}{\partial\alpha} - \frac{1}{2g}\frac{\partial g}{\partial\alpha}\frac{\partial\theta}{\partial\beta} = 0.$$

D'autre part, l'équation du plan tangent à la surface étant

$$(5)\qquad uX + vY + wZ + p = 0,$$

les plans principaux sont définis par les équations suivantes

$$(6)\qquad \begin{cases} \dfrac{\partial u}{\partial\alpha}X + \dfrac{\partial v}{\partial\alpha}Y + \dfrac{\partial w}{\partial\alpha}Z + \dfrac{\partial p}{\partial\alpha} = 0, \\ \dfrac{\partial u}{\partial\beta}X + \dfrac{\partial v}{\partial\beta}Y + \dfrac{\partial w}{\partial\beta}Z + \dfrac{\partial p}{\partial\beta} = 0, \end{cases}$$

que l'on obtient en prenant les dérivées de la précédente par rapport à α et à β. La condition nécessaire et suffisante pour que ces plans soient conjugués par rapport à la surface du second degré (S) est, comme on sait,

$$(7)\qquad A\frac{\partial u}{\partial\alpha}\frac{\partial u}{\partial\beta} + B\frac{\partial v}{\partial\alpha}\frac{\partial v}{\partial\beta} + C\frac{\partial w}{\partial\alpha}\frac{\partial w}{\partial\beta} - \frac{\partial p}{\partial\alpha}\frac{\partial p}{\partial\beta} = 0.$$

Or cette condition est équivalente à la suivante : la fonction

$$(8)\qquad \sigma = Au^2 + Bv^2 + Cw^2 - p^2$$

doit être une solution particulière de l'équation linéaire (4); de sorte que la recherche des surfaces (Σ) qui satisfont à la condition indiquée peut se ramener au problème suivant :

Trouver une équation de la forme

$$(9)\qquad \frac{\partial^2\theta}{\partial\alpha\,\partial\beta} + m\frac{\partial\theta}{\partial\alpha} + n\frac{\partial\theta}{\partial\beta} = 0,$$

admettant cinq solutions particulières u, v, w, p, σ liées par les relations (2) *et* (8).

Cette forme particulière donnée au problème va nous conduire à une propriété de la surface (Σ). Remplaçons successivement, dans l'équation (4), θ par u, v, w, p; et ajoutons les équations obtenues, après les avoir multipliées respectivement par $A\dfrac{\partial u}{\partial\alpha}$, $B\dfrac{\partial v}{\partial\alpha}$, $C\dfrac{\partial w}{\partial\alpha}$, $-\dfrac{\partial p}{\partial\alpha}$. En tenant compte de l'équation (7), nous aurons

$$\frac{1}{2}\frac{\partial}{\partial\beta}\left[A\left(\frac{\partial u}{\partial\alpha}\right)^2+B\left(\frac{\partial v}{\partial\alpha}\right)^2+C\left(\frac{\partial w}{\partial\alpha}\right)^2-\left(\frac{\partial p}{\partial\alpha}\right)^2\right]$$
$$=\frac{1}{2e}\frac{\partial e}{\partial\beta}\left[A\left(\frac{\partial u}{\partial\alpha}\right)^2+B\left(\frac{\partial v}{\partial\alpha}\right)^2+C\left(\frac{\partial w}{\partial\alpha}\right)^2-\left(\frac{\partial p}{\partial\alpha}\right)^2\right].$$

En intégrant, on trouve

$$A\left(\frac{\partial u}{\partial\alpha}\right)^2+B\left(\frac{\partial v}{\partial\alpha}\right)^2+C\left(\frac{\partial w}{\partial\alpha}\right)^2-\left(\frac{\partial p}{\partial\alpha}\right)^2=e\alpha_1, \tag{10}$$

α_1 désignant une fonction de α; et, si l'on remplace e par sa valeur déduite de l'équation (3), on a

$$(A-\alpha_1)\left(\frac{\partial u}{\partial\alpha}\right)^2+(B-\alpha_1)\left(\frac{\partial v}{\partial\alpha}\right)^2+(C-\alpha_1)\left(\frac{\partial w}{\partial\alpha}\right)^2-\left(\frac{\partial p}{\partial\alpha}\right)^2=0. \tag{11}$$

Tout étant symétrique en α et β, on peut joindre à cette relation la suivante

$$(A-\beta_1)\left(\frac{\partial u}{\partial\beta}\right)^2+(B-\beta_1)\left(\frac{\partial v}{\partial\beta}\right)^2+(C-\beta_1)\left(\frac{\partial w}{\partial\beta}\right)^2-\left(\frac{\partial p}{\partial\beta}\right)^2=0, \tag{12}$$

où β_1 est une fonction de β.

Si l'on se reporte aux équations (6), on reconnaît que ces relations expriment la propriété suivante :

Les normales à la surface cherchée en tous les points d'une ligne de courbure de la surface (Σ) *forment une développable qui est circonscrite à l'une des surfaces du second degré homofocales à* (S).

En effet, l'équation (11) exprime que le plan principal qui correspond à la ligne de courbure (α) demeure tangent à une surface homofocale dont le paramètre α_1 ne dépend que de α.

La propriété précédente est due à M. Ribaucour qui l'a énoncée dans les articles déjà cités; le lecteur pourra l'établir aussi par la Géométrie.

457. Nous laisserons de côté, dans l'étude qui va suivre, le cas où l'une des fonctions α_1, β_1 se réduirait à une constante. Alors une des nappes de la surface des centres de (Σ) se réduira à une surface (S_1) homofocale à (S). Il suffira évidemment, d'après les remarques que nous avons présentées au n° 441, de tracer sur (S_1) *une famille quelconque de lignes géodésiques;* leurs tangentes seront les normales de la surface cherchée. L'étude de ce cas spécial se ramène donc à celle des lignes géodésiques d'une surface du second degré, que nous présenterons plus loin.

On peut, dès à présent, indiquer des solutions assez étendues du problème proposé. Considérons la surface définie en coordonnées tangentielles par l'équation

$$(13) \qquad A u^2 + B v^2 + C w^2 - p^2 = 2au + 2bv + 2cw + 2hp + k,$$

où a, b, c, h, k sont des constantes quelconques et où l'on suppose u, v, w liés par la relation (2). Pour tous les points de cette surface, la solution que nous avons désignée par σ sera une fonction linéaire de u, v, w, p et, par suite, elle satisfera aussi à l'équation (4). Donc :

La surface représentée en coordonnées tangentielles par l'équation (13) *jouit de la propriété que les normales en tous les points d'une ligne de courbure soient tangentes à une même surface du second degré homofocale à* (S).

Ce théorème équivaut, évidemment, à l'intégration de l'équation différentielle des lignes de courbure; car, si l'on exprime que la normale est tangente à une surface homofocale déterminée, on aura une équation en termes finis qui déterminera le lieu décrit par le pied de la normale.

Nous retrouverons plus loin la surface définie par l'équation (13).

458. On peut répéter la théorie précédente en coordonnées ponctuelles. Soient x, y, z les coordonnées d'un point de (Σ) et posons

$$(14) \qquad 2r = x^2 + y^2 + z^2.$$

Nous savons (n° 143) que x, y, z, r, considérés comme fonctions des paramètres α, β des lignes de courbure, satisferont à une équation de la forme

$$(15) \qquad \frac{\partial^2\theta}{\partial\alpha\,\partial\beta} + m_0\frac{\partial\theta}{\partial\alpha} + n_0\frac{\partial\theta}{\partial\beta} = 0.$$

Les plans principaux de la surface auront ici pour équations

$$(16)\qquad \begin{cases} X\dfrac{\partial x}{\partial\alpha}+Y\dfrac{\partial y}{\partial\alpha}+Z\dfrac{\partial z}{\partial\alpha}-\dfrac{\partial r}{\partial\alpha}=0,\\[2mm] X\dfrac{\partial x}{\partial\beta}+Y\dfrac{\partial y}{\partial\beta}+Z\dfrac{\partial z}{\partial\beta}-\dfrac{\partial r}{\partial\beta}=0.\end{cases}$$

En exprimant qu'ils sont conjugués par rapport à (S), nous obtiendrons la relation

$$A\frac{\partial x}{\partial\alpha}\frac{\partial x}{\partial\beta}+B\frac{\partial y}{\partial\alpha}\frac{\partial y}{\partial\beta}+C\frac{\partial z}{\partial\alpha}\frac{\partial z}{\partial\beta}-\frac{\partial r}{\partial\alpha}\frac{\partial r}{\partial\beta}=0.$$

Cette équation exprime que la fonction

$$(17)\qquad \sigma_1 = Ax^2+By^2+Cz^2-r^2$$

est une solution particulière de l'équation (15); et le problème est ramené à trouver une équation de cette forme pour laquelle on ait cinq solutions x, y, z, r, σ_1 liées par les deux relations (14) et (17).

La surface pour laquelle ces cinq solutions sont liées par une relation linéaire à coefficients constants

$$(18)\qquad \sigma_1 = ax+by+cz+dr+e$$

est une *cyclide générale;* elle donne lieu aux mêmes remarques que précédemment; et l'on reconnaît ainsi, par une nouvelle méthode, que les lignes de courbure de cette surface sont algébriques.

459. Les deux propositions précédentes nous font connaître des surfaces pour lesquelles les développables formées par les normales interceptent sur une surface du second degré un réseau conjugué. Mais ces surfaces sont loin d'être les seules qui possèdent la propriété précédente : si l'on exprime, en effet, que les deux plans principaux relatifs à chaque point d'une surface sont conjugués par rapport à une surface du second degré, on sera évidemment conduit à une équation aux dérivées partielles du second ordre. Lorsqu'on emploie les coordonnées ponctuelles, on reconnaît aisément que cette équation est linéaire par rapport aux dérivées du second ordre de z, mais elle est d'une forme assez compliquée par rapport à x, y, z et aux dérivées premières. Nous allons montrer qu'on peut l'intégrer; mais nous devons, auparavant, rappeler des résultats très importants que la théorie des surfaces homofocales doit à Jacobi et à M. Liouville.

Considérons les surfaces homofocales définies par l'équation

$$\frac{x^2}{a-\lambda}+\frac{y^2}{b-\lambda}+\frac{z^2}{c-\lambda}-1=0, \tag{19}$$

où nous supposerons

$$a>b>c.$$

On peut les distribuer en trois familles (n° 122) [I, p. 157], les ellipsoïdes (ρ_2), les hyperboloïdes à une nappe (ρ_1) et les hyperboloïdes à deux nappes (ρ). On a

$$\rho_2<c<\rho_1<b<\rho<a; \tag{20}$$

si l'on pose

$$\left\{\begin{aligned} f(u)&=4(a-u)(b-u)(c-u),\\ \varphi(u)&=(u-\rho)(u-\rho_1)(u-\rho_2),\end{aligned}\right. \tag{21}$$

on aura identiquement

$$\frac{x^2}{a-u}+\frac{y^2}{b-u}+\frac{z^2}{c-u}-1=4\frac{\varphi(u)}{f(u)}, \tag{22}$$

et l'élément linéaire de l'espace sera déterminé par la formule

$$ds^2=\sum\frac{\varphi'(\rho_i)}{f(\rho_i)}d\rho_i^2, \tag{23}$$

la somme Σ étant étendue ici, et dans la suite, aux valeurs 0, 1, 2 de l'indice.

On sait que, lorsqu'on a un système orthogonal quelconque dans lequel l'élément linéaire a pour expression

$$ds^2=\mathrm{H}^2\,d\rho^2+\mathrm{H}_1^2\,d\rho_1^2+\mathrm{H}_2^2\,d\rho_2^2, \tag{24}$$

on peut écrire les formules suivantes

$$\left(\frac{\partial\theta}{\partial x}\right)^2+\left(\frac{\partial\theta}{\partial y}\right)^2+\left(\frac{\partial\theta}{\partial z}\right)^2=\Delta(\theta)=\sum\frac{1}{\mathrm{H}_i^2}\left(\frac{\partial\theta}{\partial\rho_i}\right)^2, \tag{25}$$

$$\frac{\partial\theta}{\partial x}\frac{\partial\theta_1}{\partial x}+\frac{\partial\theta}{\partial y}\frac{\partial\theta_1}{\partial y}+\frac{\partial\theta}{\partial z}\frac{\partial\theta_1}{\partial z}=\Delta(\theta,\theta_1)=\sum\frac{1}{\mathrm{H}_i^2}\frac{\partial\theta}{\partial\rho_i}\frac{\partial\theta_1}{\partial\rho_i}, \tag{26}$$

relatives à deux fonctions Θ, Θ_1 que l'on suppose exprimées en fonction de x, y, z dans les premiers membres des équations et en fonction de ρ, ρ_1, ρ_2 dans les derniers. L'équation

$$\Delta(\Theta, \Theta_1) = 0 \tag{27}$$

exprime la condition pour que les deux familles de surfaces

$$\Theta = \text{const.}, \qquad \Theta_1 = \text{const.}$$

se coupent à angle droit.

Si l'on applique ces formules aux coordonnées elliptiques, on aura

$$\Delta(\Theta) = \sum \frac{f(\rho_i)}{\varphi'(\rho_i)} \left(\frac{\partial\Theta}{\partial\rho_i}\right)^2, \tag{28}$$

$$\Delta(\Theta, \Theta_1) = \sum \frac{f(\rho_i)}{\varphi'(\rho_i)} \frac{\partial\Theta}{\partial\rho_i} \frac{\partial\Theta_1}{\partial\rho_i}. \tag{29}$$

Cela posé, voici la remarque essentielle que l'on doit à M. Liouville [1].

460. Il existe évidemment une fonction Θ dont les dérivées sont données par les formules

$$\left(\frac{\partial\Theta}{\partial\rho_i}\right)^2 = \frac{\rho_i^2 + A\rho_i + B}{f(\rho_i)}, \qquad (i = 0, 1, 2), \tag{30}$$

où A et B désignent deux constantes; et cette fonction Θ satisfait, on le reconnaît en appliquant la formule (28), à l'équation

$$\Delta(\Theta) = 1. \tag{31}$$

Si l'on remplace A et B respectivement par $-(\alpha + \beta)$ et $\alpha\beta$, on a

$$\Theta = \sum \int \sqrt{\frac{(\rho_i - \alpha)(\rho_i - \beta)}{f(\rho_i)}}\, d\rho_i, \tag{32}$$

les radicaux pouvant être pris avec des signes quelconques.

Il résulte immédiatement de l'identité (25) que l'équation

$$\Theta = \text{const.}$$

---

[1] J. Liouville, *Sur un théorème de M. Chasles* (*Journal de Liouville*, t. XVI, p. 6; 1851). *Voir* aussi t. XII du même Recueil, p. 418 et suiv.

représente, en coordonnées elliptiques, *une famille de surfaces parallèles*. M. Liouville a montré que ces surfaces sont celles dont l'existence avait été établie *a priori* par M. Chasles et dont les centres de courbure sont distribués sur deux surfaces homofocales (nº 412); les constantes α et β sont précisément les paramètres de ces deux surfaces. Voici comment on peut établir cette belle proposition.

L'équation (31) étant vérifiée pour toutes les valeurs de α et de β, on peut la différentier par rapport à chacune de ces constantes, ce qui donnera les deux relations

$$(33)\qquad \begin{cases} \Delta\left(\theta, \dfrac{\partial\theta}{\partial\alpha}\right) = 0, \\ \Delta\left(\theta, \dfrac{\partial\theta}{\partial\beta}\right) = 0, \end{cases}$$

qui ont lieu pour toutes les valeurs de α et de β.

Si l'on remarque d'ailleurs (nº 356) que chacun des termes de Θ, et par suite Θ, considéré comme fonction de α et de β, satisfait à l'équation

$$(34)\qquad (\alpha-\beta)\frac{\partial^2\theta}{\partial\alpha\,\partial\beta} - \frac{1}{2}\frac{\partial\theta}{\partial\alpha} + \frac{1}{2}\frac{\partial\theta}{\partial\beta} = 0,$$

on reconnaîtra immédiatement que l'on peut ajouter aux deux équations (33) la suivante

$$(35)\qquad \Delta\left(\theta, \frac{\partial^2\theta}{\partial\alpha\,\partial\beta}\right) = 0,$$

qui s'obtient en les retranchant l'une de l'autre.

Différentions enfin par rapport à β la première équation (33); nous obtiendrons

$$\Delta\left(\theta, \frac{\partial^2\theta}{\partial\alpha\,\partial\beta}\right) + \Delta\left(\frac{\partial\theta}{\partial\alpha}, \frac{\partial\theta}{\partial\beta}\right) = 0,$$

ou, en tenant compte de l'équation précédente,

$$(36)\qquad \Delta\left(\frac{\partial\theta}{\partial\alpha}, \frac{\partial\theta}{\partial\beta}\right) = 0,$$

équation qu'il serait aisé de vérifier directement.

L'ensemble des trois équations (33) et (36) exprime que les

trois familles de surfaces représentées par les équations

$$\theta = \text{const.} \tag{37}$$

$$\frac{\partial\theta}{\partial\alpha} = \theta_1 = \text{const.}, \qquad \frac{\partial\theta}{\partial\beta} = \theta_2 = \text{const.} \tag{38}$$

se coupent mutuellement à angle droit; et, *comme la première famille est composée de surfaces parallèles, les deux autres le sont des deux séries de développables dans lesquelles on peut distribuer les normales aux surfaces de la première famille.*

461. Il ne reste plus qu'à obtenir la signification des constantes α et β. Remarquons d'abord que ces constantes sont réelles toutes les fois qu'il en est de même des surfaces parallèles ou, ce qui est la même chose, de la fonction Θ. En effet, $f(\rho)$ et $f(\rho_2)$ sont positives; mais $f(\rho_1)$ est négative. Il faut donc, pour que les dérivées de Θ soient réelles, que l'on ait

$$(\rho-\alpha)(\rho-\beta) > 0, \qquad (\rho_1-\alpha)(\rho_1-\beta) < 0, \qquad (\rho_2-\alpha)(\rho_2-\beta) > 0;$$

ces inégalités montrent non seulement que α et β sont réelles, mais aussi que l'on a

$$\rho_2 < \beta < \rho_1 < \alpha < \rho; \tag{39}$$

α et β pourront être les paramètres de deux hyperboloïdes à une nappe, mais non ceux de deux ellipsoïdes ou de deux hyperboloïdes à deux nappes.

Considérons maintenant une des développables représentées par l'équation

$$\frac{\partial\theta}{\partial\alpha} = \theta_1 = \text{const.},$$

qui, différentiée, nous donne

$$\sum\sqrt{\frac{\rho_i-\beta}{(\rho_i-\alpha)f(\rho_i)}}\,d\rho_i = 0. \tag{40}$$

On voit que, si ρ_i devient égal à α, on a

$$d\rho_i = 0.$$

Donc toutes ces développables sont tangentes à la surface homofocale dont le paramètre est α.

De même les développables

$$\frac{\partial\theta}{\partial\beta} = \theta_1 = \text{const.} \tag{41}$$

sont toutes tangentes à la surface homofocale de paramètre β. Par suite, les deux homofocales de paramètres α et β forment bien les deux nappes de la surface des centres de courbure pour les surfaces parallèles représentées par l'équation (37).

462. Nous allons d'abord développer les conséquences des résultats précédents en ce qui concerne les lignes géodésiques des surfaces du second dégré.

Les développables

$$\frac{\partial\theta}{\partial\alpha} = \theta_1 = \text{const.} \tag{42}$$

étant tangentes à la surface homofocale de paramètre α ont, par suite, leur arête de rebroussement sur la surface de paramètre β (n° **441**). Supposons, pour fixer les idées, que cette surface soit un ellipsoïde : en faisant, dans l'équation précédente, $\rho_2 = \beta$, on trouvera

$$\int\sqrt{\frac{\rho-\beta}{(\rho-\alpha)f(\rho)}}\,d\rho + \int\sqrt{\frac{\rho_1-\beta}{(\rho_1-\alpha)f(\rho_1)}}\,d\rho_1 = \text{const.} \tag{43}$$

Cette équation représentera une ligne géodésique de l'ellipsoïde (β), et il résulte des remarques présentées au numéro cité que l'on aura toutes les lignes géodésiques en faisant varier α et la constante du second membre [1]. Il suffira d'ajouter que, d'après la forme même de l'équation (43), toutes les lignes géodésiques qui

---

[1] C'est à JACOBI que l'on doit, comme l'on sait, la détermination des lignes géodésiques de l'ellipsoïde. (*Voir* la *Note von der geodätischen Linie auf einem Ellipsoïd und den verschiedenen Anwendungen einer merkwürdigen analytischen Substitution,* publiée en 1839 au tome XIX du *Journal de Crelle*, p. 309.) Cette Note, très importante pour l'histoire des idées de Jacobi et de ses découvertes en Mécanique, a été reproduite en 1841 dans le *Journal de Liouville* (t. VI, p. 267). Elle a provoqué presque immédiatement une foule de travaux intéressants qui figurent dans les tomes suivants de ce Recueil. Dans ces dernières années, la théorie des lignes géodésiques a été reprise par MM. CAYLEY et WEIERSTRASS et par plusieurs autres géomètres.

correspondent à une même valeur de α seront tangentes à une même ligne de courbure de l'ellipsoïde; car, si α est, par exemple, le paramètre d'un hyperboloïde à deux nappes, on trouve $d\rho = 0$ en faisant $\rho = \alpha$.

463. On peut se proposer de déterminer l'élément linéaire de l'espace lorsqu'on prend pour coordonnées curvilignes les fonctions Θ, Θ_1, Θ_2, c'est-à-dire lorsqu'on rapporte les points au système triple orthogonal formé par les surfaces parallèles (Θ) et les deux familles de développables. Un calcul facile donne alors

$$(44)\quad \left\{\begin{aligned} ds^2 = d\Theta^2 &- 4\frac{(\alpha-\rho)(\alpha-\rho_1)(\alpha-\rho_2)}{\alpha-\beta}d\Theta_1^2 \\ &- 4\frac{(\beta-\rho)(\beta-\rho_1)(\beta-\rho_2)}{\beta-\alpha}d\Theta_2^2. \end{aligned}\right.$$

Si l'on remplace ρ_2 par β, on aura l'élément linéaire de l'ellipsoïde (β)

$$(45)\quad ds^2 = d\Theta^2 + 4(\rho-\alpha)(\alpha-\rho_1)\,d\Theta_1^2;$$

et il suffit d'appliquer un théorème de Gauss que nous donnerons plus tard pour retrouver les résultats précédents, c'est-à-dire pour reconnaître que les courbes

$$\Theta_1 = \text{const.}$$

sont des lignes géodésiques. La formule précédente fera ainsi connaître la longueur de l'arc et les trajectoires orthogonales des géodésiques tangentes à une même ligne de courbure.

464. Nous nous sommes étendu sur les remarques précédentes qui complètent les résultats déjà donnés au n° **442**. Nous allons maintenant développer d'autres conséquences et considérer les deux équations simultanées

$$(46)\quad \frac{\partial\Theta}{\partial\alpha} = \text{const.}, \qquad \frac{\partial\Theta}{\partial\beta} = \text{const.},$$

qui représentent l'intersection de deux développables appartenant à des sytèmes différents, c'est-à-dire une droite tangente aux deux surfaces homofocales (α) et (β).

D'après la définition de Θ, la longueur s portée sur la droite à partir d'une origine convenablement choisie sera égale à θ. On aura

$$s = \theta. \tag{47}$$

Si nous différentions cette équation en même temps que les deux précédentes, nous obtiendrons un système que l'on ramènera aisément à la forme suivante :

$$\left\{\begin{aligned} &\sum \frac{d\rho_i}{\sqrt{(\rho_i - \alpha)(\rho_i - \beta)f(\rho_i)}} = 0, \\ &\sum \frac{\rho_i\, d\rho_i}{\sqrt{(\rho_i - \alpha)(\rho_i - \beta)f(\rho_i)}} = 0, \\ &\sum \frac{\rho_i^2\, d\rho_i}{\sqrt{(\rho_i - \alpha)(\rho_i - \beta)f(\rho_i)}} = ds, \end{aligned}\right. \tag{48}$$

chaque radical devant être pris avec le même signe dans les trois équations.

Les deux premières, qui ne contiennent pas s, sont évidemment, en coordonnées elliptiques, *les équations différentielles d'une droite tangente aux deux surfaces homofocales* (α) *et* (β). Cette proposition de Jacobi (¹) donne, dans le cas le plus simple, l'interprétation géométrique du théorème d'Abel. On voit que les équations (48) peuvent être intégrées de deux manières différentes : on peut d'abord employer des quadratures qui établiront des relations entre des intégrales hyperelliptiques; mais on peut aussi les intégrer algébriquement; car il suffira d'écrire les équations

$$x = ms + n, \qquad y = m's + n', \qquad z = m''s + n'', \tag{49}$$

et d'adjoindre à la condition

$$m^2 + m'^2 + m''^2 = 1$$

les deux relations qui expriment que la droite est tangente aux deux surfaces homofocales de paramètres α et β. On remplacera

---

(¹) *Voir* la Note déjà citée plus haut et la trentième Leçon des *Vorlesungen über Dynamik*. On pourra consulter aussi le second *Mémoire sur quelques cas particuliers où les équations du mouvement d'un point matériel peuvent s'intégrer* publié par M. LIOUVILLE en 1847 (*Journal de Liouville*, t. XII, 1ʳᵉ série, p. 410).

ensuite x, y, z en fonction de ρ, ρ_1, ρ_2 et l'on obtiendra les intégrales algébriques du système (48). Ces intégrales peuvent être présentées sous des formes très variées; mais nous nous attacherons surtout aux propriétés géométriques.

465. Jusqu'ici nous avons fait abstraction des signes des radicaux. Si l'on veut déterminer, par exemple, les droites de la congruence qui passent par un point de l'espace, il faudra en tenir compte. Considérons ρ, ρ_1, ρ_2 comme donnés, les deux premières équations (48) déterminent les rapports des différentielles $d\rho, d\rho_1, d\rho_2$. En attribuant aux radicaux tous les signes possibles, on obtiendra quatre directions différentes et, par suite, quatre droites passant par le point considéré. Ces droites sont les intersections des deux cônes circonscrits aux surfaces (α) et (β) qui ont leur sommet au point considéré; elles sont placées symétriquement par rapport aux trois normales aux surfaces homofocales qui se croisent en ce point. L'une d'elles donnera toutes les autres si on la considère comme un rayon incident qui se réfléchit successivement sur les trois surfaces homofocales; et, si l'on veut passer de l'une d'elles à celle qui est placée symétriquement par rapport à la normale de la surface (ρ_i), il suffira de changer le signe du radical qui entre dans les termes en $d\rho_i$. Ces remarques très simples nous conduisent à la généralisation suivante des beaux théorèmes de Chasles sur les polygones de périmètre maximum ou minimum inscrits ou circonscrits à une ellipse.

Considérons un rayon lumineux, tangent aux deux surfaces homofocales (α) et (β), qui se réfléchit successivement sur les surfaces homofocales (S_1), (S_2), ... Supposons qu'après un certain nombre de réflexions il vienne coïncider avec sa position initiale. Nous allons montrer que, s'il en est ainsi, la même propriété appartiendra à tous les rayons qui sont tangents aux mêmes surfaces homofocales que le rayon considéré. En d'autres termes, *si un polygone est circonscrit à deux surfaces homofocales et si ses sommets sont placés sur d'autres surfaces homofocales aux premières, de telle manière que la normale en chacun de ces sommets à la surface homofocale qui contient ce sommet soit la bissectrice intérieure de l'angle formé par les deux côtés qui se croisent en ce sommet, il y aura une infinité de polygones ayant les mêmes propriétés, l'un quelconque des sommets de ces polygones pouvant se déplacer arbitrairement sur la surface qu'il est assujetti à décrire.*

Nous supposerons, pour plus de netteté, que tous les sommets du polygone décrivent la même surface, par exemple un ellipsoïde (E) de paramètre γ. Admettons encore que les côtés soient tangents à un ellipsoïde (E_0) de paramètre β, qui sera nécessairement intérieur à (E), et à un hyperboloïde à une nappe (H_0), de paramètre α. Considérons les côtés du polygone comme limités aux sommets $A_1, A_2, A_3, \ldots, A_m$. Le polygone sera tout entier entre (E) et (E_0); et, si l'on désigne par ρ, ρ_1, ρ_2 les coordonnées elliptiques d'un de ses points, on aura, d'après cette remarque et les inégalités déjà établies,

$$\gamma < \rho_2 < \beta < c < \rho_1 < \alpha < b < \rho < a. \tag{50}$$

Cela posé, considérons les coordonnées elliptiques de chaque point du polygone comme des fonctions de la distance de ce point au sommet initial A_1, distance s qui croît de zéro jusqu'à la valeur totale du périmètre. Si, pour abréger, on pose

$$\Delta^2(u) = f(u)(u-\alpha)(u-\beta), \tag{51}$$

on aura, sur chaque côté,

$$\left\{\begin{aligned} &\frac{d\rho}{\Delta(\rho)} + \frac{d\rho_1}{\Delta(\rho_1)} + \frac{d\rho_2}{\Delta(\rho_2)} = 0,\\ &\frac{\rho\, d\rho}{\Delta(\rho)} + \frac{\rho_1\, d\rho_1}{\Delta(\rho_1)} + \frac{\rho_2\, d\rho_2}{\Delta(\rho_2)} = 0,\\ &\frac{\rho^2\, d\rho}{\Delta(\rho)} + \frac{\rho_1^2\, d\rho_1}{\Delta(\rho_1)} + \frac{\rho_2^2\, d\rho_2}{\Delta(\rho_2)} = ds, \end{aligned}\right. \tag{52}$$

les radicaux étant pris chaque fois avec le signe convenable. Ces équations nous donnent

$$\left\{\begin{aligned} &\frac{d\rho}{\Delta(\rho)} = \frac{ds}{(\rho-\rho_1)(\rho-\rho_2)},\\ &\frac{d\rho_1}{\Delta(\rho_1)} = \frac{-ds}{(\rho-\rho_1)(\rho_1-\rho_2)},\\ &\frac{d\rho_2}{\Delta(\rho_2)} = \frac{ds}{(\rho-\rho_2)(\rho_1-\rho_2)}. \end{aligned}\right. \tag{53}$$

Par conséquent, lorsque s croîtra, *les trois différentielles*

$$\frac{d\rho}{\Delta(\rho)}, \quad -\frac{d\rho_1}{\Delta(\rho_1)}, \quad \frac{d\rho_2}{\Delta(\rho_2)}$$

demeureront toujours positives.

Cette remarque étant admise, intégrons la première équation (52), l'intégrale étant étendue à tout le contour P du polygone, ce qui donnera

$$(54) \qquad \int^{(P)} \frac{d\rho}{\Delta(\rho)} + \int^{(P)} \frac{d\rho_1}{\Delta(\rho_1)} + \int^{(P)} \frac{d\rho_2}{\Delta(\rho_2)} = 0.$$

Nous allons calculer la valeur de chacune des trois intégrales qui figurent dans cette équation. Pour la troisième, ρ_2 commencera par varier de γ à β lorsqu'on passera de A_1 au point de contact de A_1A_2 avec l'ellipsoïde (E_0). Ensuite, lorsqu'on passera de ce point de contact au sommet A_2, ρ_2 décroîtra de β à γ; mais, comme *l'élément de l'intégrale doit rester positif,* il faudra changer le signe de $\Delta(\rho_2)$. On aura donc, pour le premier côté, $2\int_\gamma^\beta \frac{d\rho_2}{\Delta(\rho_2)}$. Comme il en est de même pour tous les autres, la dernière intégrale de l'équation précédente aura pour valeur

$$2m\int_\gamma^\beta \frac{d\rho_2}{\Delta(\rho_2)},$$

Δ étant pris avec le signe $+$.

Considérons maintenant les deux premières intégrales. *Leurs éléments ne présentent aucune discontinuité aux sommets du polygone.* En effet, ρ et ρ_1 varient toujours dans le même sens quand on passe d'un côté au suivant; et, comme $\frac{d\rho}{\Delta(\rho)}$, $\frac{d\rho_1}{\Delta(\rho_1)}$ conservent leurs signes, il en est de même des radicaux $\Delta(\rho)$, $\Delta(\rho_1)$; ρ et ρ_1 varient donc toujours dans un sens déterminé jusqu'à ce qu'ils atteignent une des limites entre lesquelles ils sont nécessairement compris; ρ, par exemple, doit être compris entre b et a; s'il a commencé à croître, il atteindra a, puis il décroîtra nécessairement jusqu'à b, et ainsi de suite; quand on sera revenu au point de départ, il reprendra sa valeur initiale, à laquelle il parviendra nécessairement en croissant, comme cela avait lieu au départ. On aura donc, tous les éléments de l'intégrale étant positifs,

$$\int^{(P)} \frac{d\rho}{\Delta(\rho)} = 2n \int_b^a \frac{d\rho}{\Delta(\rho)},$$

le radical étant pris dans le second membre avec le signe +.

n est un nombre pair; car il est égal au nombre des points du polygone pour lesquels ρ prend la valeur b; et ces points, qui, par suite des inégalités (30), sont les seuls où le polygone coupe le plan des xz, sont nécessairement en nombre pair.

On trouvera de même

$$\int^{(P)} \frac{d\rho_1}{\Delta(\rho_1)} = -2n' \int_c^{\alpha} \frac{d\rho_1}{\Delta(\rho_1)},$$

le radical $\Delta(\rho_1)$ étant pris dans le second membre avec le signe + et n' étant encore un nombre pair.

En substituant les diverses valeurs obtenues dans l'équation, on a donc l'égalité

$$(55) \qquad m\int_\gamma^\beta \frac{d\rho_2}{\Delta(\rho_2)} + n\int_b^a \frac{d\rho}{\Delta(\rho)} - n'\int_c^\alpha \frac{d\rho_1}{\Delta(\rho_1)} = 0,$$

n et n' étant des nombres pairs. Si l'on avait employé la seconde équation (32), on aurait trouvé de même

$$(55)_a \qquad m\int_\gamma^\beta \frac{\rho_2\, d\rho_2}{\Delta(\rho_2)} + n\int_b^a \frac{\rho\, d\rho}{\Delta(\rho)} - n'\int_c^\alpha \frac{\rho_1\, d\rho_1}{\Delta(\rho_1)} = 0.$$

Nous pouvons conclure immédiatement de ces deux relations qu'*il n'est pas possible en général d'inscrire dans l'ellipsoïde un polygone circonscrit aux deux surfaces* (E_0) *et* (H_0).

466. Supposons que les deux équations précédentes soient vérifiées et qu'il y ait un polygone (P), inscrit dans (E), circonscrit à (E_0) et à (H_0). Soient μ et μ_1 les valeurs de ρ et de ρ_1 pour le sommet A_1. Si l'on prend un point B_1 infiniment voisin de A_1 et que l'on mène de ce point la tangente commune à (E_0), (H_0) qui est très voisine de A_1A_2, puis que, du point B_2 où cette tangente coupe (E), on mène la tangente commune voisine de A_2A_3, et ainsi de suite; on finira par obtenir sur (E) un point B'_1 qui sera très voisin de B_1, la ligne brisée $B_1B_2\ldots B_mB'_1$ s'écartant très peu de $A_1A_2\ldots A_mA_1$. Il faut prouver que cette ligne brisée se fermera, c'est-à-dire que B'_1 coïncide avec B_1. Soient ρ' et ρ'_1 les valeurs de ρ et de ρ_1 relatives au point B'_1. Nous aurons évidemment

$$(56)\quad \left\{\begin{aligned} &\frac{d\rho'}{\Delta(\rho')}+\frac{d\rho'_1}{\Delta(\rho'_1)}=\frac{d\rho}{\Delta(\rho)}+\frac{d\rho_1}{\Delta(\rho_1)},\\ &\frac{\rho'\,d\rho'}{\Delta(\rho')}+\frac{\rho'_1\,d\rho'_1}{\Delta(\rho'_1)}=\frac{\rho\,d\rho}{\Delta(\rho)}+\frac{\rho_1\,d\rho_1}{\Delta(\rho_1)},\end{aligned}\right.$$

ρ et ρ_1 désignant les coordonnées elliptiques du point B_1 et les radicaux correspondants ayant les mêmes signes dans les deux membres. Ces deux relations peuvent être considérées comme des équations différentielles qui déterminent ρ' et ρ'_1 en fonction de ρ et de ρ_1. Et, comme elles ne se présentent pas sous forme indéterminée pour $\rho=\mu$, $\rho_1=\mu_1$, $\rho'=\mu$, $\rho'_1=\mu_1$, elles admettent un seul système de solutions déterminé par ces conditions initiales. Or ce système est évident; il est le suivant

$$\rho'=\rho,\qquad \rho'_1=\rho_1.$$

Donc le point B'_1 coïncide avec le point B_1, et la proposition est établie.

Tous les polygones ainsi obtenus sont isopérimètres. Cela est évident par la Géométrie; mais on peut aussi le reconnaître en appliquant les raisonnements qui précèdent à la troisième équation (52). On trouve ainsi que la longueur du périmètre est [1]

$$(57)\qquad P=2m\int_\gamma^\beta\frac{\rho_2^2\,d\rho_2}{\Delta(\rho_2)}-2n'\int_c^\alpha\frac{\rho_1^2\,d\rho_1}{\Delta(\rho_1)}+2n\int_b^a\frac{\rho^2\,d\rho}{\Delta(\rho)}.$$

---

[1] Les théorèmes relatifs aux polygones inscrits et circonscrits ont été énoncés par l'auteur dans une Note *Sur les polygones inscrits et circonscrits à l'ellipsoïde* (*Bulletin de la Société philomathique*, t. VII, p. 92, 1870). Mais nous préférons renvoyer le lecteur au Mémoire *Geometrische Deutung der Additions-Theoreme der hyperelliptischen Integrale und Functionen 1. Ordnung im System der confocalen Flächen 2. Grades*, publié par M. O. Staude, dans les *Mathematische Annalen* (t. XXII, p. 1 et 145; 1883). Cet intéressant travail est, à notre connaissance, le premier qui contienne une application développée des propriétés des fonctions Θ à quatre périodes dans la géométrie des surfaces du second degré. Nous renverrons plus spécialement au Chapitre IV, où sont étudiées les propositions relatives aux polygones inscrits et circonscrits.

Il importe de le remarquer; le théorème donné dans le texte suppose essen-

467. L'étude que nous venons de faire nous a permis de compléter les résultats donnés au n° **442**. Nous allons maintenant revenir au problème que nous avions posé et déterminer les surfaces pour lesquelles les développables formées par les normales découpent sur les surfaces homofocales un réseau conjugué. Voici comment on peut y parvenir.

Soit (Σ) la surface cherchée et M un de ses points. La normale en M est tangente à deux surfaces homofocales de paramètres α et β; et nous savons, d'après le théorème de M. Ribaucour, que l'un de ces deux paramètres demeurera constant lorsqu'on se déplacera sur l'une ou l'autre des lignes de courbure de la surface. Cela posé, considérons la *surface de Liouville* (Θ), dont les centres de courbure sont disposés sur les deux homofocales (α) et (β) :

$$\Theta = \sum \int_{h_i}^{\rho_i} \sqrt{\frac{(\rho_i - \alpha)(\rho_i - \beta)}{f(\rho_i)}}\, d\rho_i = C; \tag{58}$$

et disposons de la constante C de telle manière que la surface (Θ) soit tangente en M à la surface (Σ). C sera évidemment une fonction $\mathcal{F}(\alpha, \beta)$ de α et de β, de sorte que la surface cherchée sera l'enveloppe des surfaces (Θ) représentées par l'équation

$$\Theta = \mathcal{F}(\alpha, \beta), \tag{59}$$

lorsqu'on fera varier α et β. Pour avoir le point M de contact, il faudra joindre à l'équation précédente ses dérivées par rapport à

---

tiellement que les côtés du polygone soient formés par les parties *réelles* et non *virtuelles* du rayon réfléchi. Il existe des polygones fermés d'une tout autre nature. Étant donnés, par exemple, deux ellipsoïdes homofocaux (E_0), (E_1) si, par une droite quelconque, on leur mène des plans tangents, on aura quatre points de contact a_0, b_0 sur (E_0), a_1, b_1 sur (E_1). Le quadrilatère $a_0 a_1 b_0 b_1$ sera tel que les bissectrices des angles a_1, b_1 soient les normales de (E_1), et les bissectrices des angles a_0, b_0 les normales de (E_0), mais il ne constituera pas une route *réelle* pour un rayon lumineux; deux de ses côtés seront formés par les parties virtuelles des rayons réfléchis. De tels polygones mériteraient aussi d'être étudiés; leur théorie offre les rapports les plus étroits avec celle de l'addition des fonctions hyperelliptiques et de certaines surfaces algébriques que nous définirons plus loin.

α et β,

(60) $$\frac{\partial\Theta}{\partial\alpha} = \frac{\partial\mathcal{F}}{\partial\alpha}, \qquad \frac{\partial\Theta}{\partial\beta} = \frac{\partial\mathcal{F}}{\partial\beta}.$$

Or il résulte de l'étude que nous venons de faire que ces deux équations, considérées indépendamment de la première, *représentent en coordonnées elliptiques la normale commune en* M *aux surfaces* (Θ) et (Σ). Si l'on fait varier α ou β seulement, il faut que la normale engendre une surface développable. Faisons varier α par exemple; les deux équations nouvelles que l'on obtiendra

(61) $$\frac{\partial^2\Theta}{\partial\alpha^2} = \frac{\partial^2\mathcal{F}}{\partial\alpha^2}, \qquad \frac{\partial^2\Theta}{\partial\alpha\,\partial\beta} = \frac{\partial^2\mathcal{F}}{\partial\alpha\,\partial\beta},$$

jointes aux équations (60), détermineront le centre de courbure principal et devront, par suite, se réduire à trois. Cette condition, qui est nécessaire, est d'ailleurs suffisante.

Or on a, d'après l'équation (34) à laquelle satisfait Θ,

$$(\alpha-\beta)\frac{\partial^2\Theta}{\partial\alpha\,\partial\beta} = \frac{1}{2}\left(\frac{\partial\mathcal{F}}{\partial\alpha} - \frac{\partial\mathcal{F}}{\partial\beta}\right).$$

Remplaçant $\dfrac{\partial^2\Theta}{\partial\alpha\,\partial\beta}$ par sa valeur tirée de la seconde équation (61), on trouve

(62) $$(\alpha-\beta)\frac{\partial^2\mathcal{F}}{\partial\alpha\,\partial\beta} = \frac{1}{2}\left(\frac{\partial\mathcal{F}}{\partial\alpha} - \frac{\partial\mathcal{F}}{\partial\beta}\right).$$

Réciproquement, si $\mathcal{F}(\alpha, \beta)$ satisfait à cette équation, les quatre équations (60), (61) se réduiront à trois. La question proposée est donc complètement résolue, et nous pouvons énoncer le théorème suivant :

Les surfaces dont les plans principaux sont conjugués par rapport à une surface du second degré, et, par suite, par rapport à toutes les surfaces homofocales, se divisent en deux classes. Les unes, considérées au n° 457, *ont leurs normales tangentes à une même surface homofocale et leur théorie se ramène à celle des lignes géodésiques de cette surface. Les autres sont les enveloppes des surfaces de Liouville définies par l'équation*

$$\sum \int_{h_i}^{\rho_i} \sqrt{\frac{(\rho_i - \alpha)(\rho_i - \beta)}{f(\rho_i)}}\, d\rho_i = \mathfrak{F}(\alpha, \beta), \tag{63}$$

où $\mathfrak{F}(\alpha, \beta)$ *est une solution quelconque de l'équation linéaire* (62).

468. Cette équation linéaire a été déjà rencontrée plusieurs fois (n° 356). Nous savons l'intégrer par l'application des méthodes de Poisson et de Riemann. Son intégrale générale est transcendante et de forme compliquée, mais l'application du théorème d'Abel va nous permettre de reconnaître qu'il existe une infinité de surfaces algébriques déterminées par l'équation précédente.

Posons, pour abréger,

$$F(u) = (u - \alpha)(u - \beta) f(u) = 4(u - \alpha)(u - \beta)(a - u(b - u)(c - u), \tag{64}$$

et soient $P(u)$ et $Q(u)$ deux polynômes

$$\left\{ \begin{aligned} P(u) &= u^p + m_1 u^{p-1} + \ldots, \\ Q(u) &= n u^{p-3} + n_1 u^{p-4} + \ldots. \end{aligned} \right. \tag{65}$$

Considérons l'équation

$$P^2(u) - F(u) Q^2(u) = 0, \tag{66}$$

et désignons ses racines par

$$\rho, \rho_1, \rho_2;\ h_1, h_2, \ldots, h_{2p-3}.$$

Ces racines, au nombre de $2p$, dépendent des $2p - 2$ coefficients qui entrent dans $P(u)$ et $Q(u)$; mais nous supposerons toujours que l'on ait

$$n = C, \tag{67}$$

C désignant une constante numérique, de sorte que les deux polynômes contiendront seulement $2p - 3$ coefficients arbitraires. Il y aura donc entre les racines trois relations, qui contiennent d'ailleurs α et β. Nous allons montrer que, si l'on élimine α et β, et si l'on regarde $h_1, \ldots, h_{2p-3}$ comme des constantes, on aura, en coordonnées elliptiques, l'équation d'une des surfaces cherchées.

En effet, d'après le théorème d'Abel et l'hypothèse que nous avons faite sur le coefficient n, les relations entre ρ, ρ_1, ρ_2, α, β se présentent sous la forme transcendante suivante :

$$(68)\qquad \left\{\begin{aligned} &\sum\int\frac{\rho_i\,d\rho_i}{\sqrt{F(\rho_i)}}=\sum\int\frac{h_i\,dh_i}{\sqrt{F(h_i)}},\\ &\sum\int\frac{d\rho_i}{\sqrt{F(\rho_i)}}=\sum\int\frac{dh_i}{\sqrt{F(h_i)}},\\ &\sum\int\frac{\rho_i^2\,d\rho_i}{\sqrt{F(\rho_i)}}=\sum\int\frac{h_i^2\,dh_i}{\sqrt{F(h_i)}}. \end{aligned}\right.$$

On verra aisément que ce système est celui que l'on obtient lorsqu'on introduit dans l'équation (63) la solution particulière suivante de l'équation (62)

$$(69)\qquad \mathcal{F}(\alpha,\beta)=\sum\int\sqrt{\frac{(h_i-\alpha)(h_i-\beta)}{f(h_i)}}\,dh_i,$$

et lorsqu'on joint à cette équation ses deux dérivées prises par rapport à α et à β.

Les surfaces que nous venons de définir paraissent mériter une étude approfondie. Elles comprennent comme cas particulier les surfaces du second degré et les cyclides, lorsque p est égal ou inférieur à 4. Les normales donnent lieu à des propriétés remarquables relatives à leur réflexion sur les surfaces homofocales de paramètre h_i. Nous nous contenterons d'indiquer ici comment on obtiendra les équations qui déterminent la surface.

Dans l'identité

$$(70)\qquad P^2(u)-Q^2(u)F(u)=(u-\rho)(u-\rho_1)(u-\rho_2)\Pi(u-h_i),$$

on fera d'abord $u=h_i$, ce qui donnera $2p-3$ équations

$$P(h_i)=Q(h_i)\sqrt{F(h_i)},$$

qui, jointes à l'équation (67), feront connaître les coefficients de $P(u)$ et de $Q(u)$ en fonction rationnelle des radicaux $\sqrt{(h_i-\alpha)(h_i-\beta)}$. Puis on substituera dans l'identité (70) les valeurs a, b, c pour u, ce qui donnera des équations de la forme suivante :

$$P(a)=\sqrt{(a-\rho)(a-\rho_1)(a-\rho_2)}\sqrt{\Pi(a-h_i)},$$

c'est-à-dire

$$P(a) = \sqrt{(a-b)(a-c)}\, x \sqrt{\Pi(a-h_i)}, \tag{71}$$

x désignant l'une des coordonnées rectangulaires du point de la surface cherchée; on obtiendra des expressions analogues pour y et z. Les coordonnées rectangulaires sont donc des fonctions rationnelles, à dénominateur commun, des radicaux $\sqrt{(h_i-\alpha)(h_i-\beta)}$. La même propriété appartient aux coordonnées pentasphériques et l'on reconnait aisément que la surface ne coupe le plan de l'infini qu'en tous les points du cercle de l'infini.

469. Les propositions précédentes comportent une généralisation que nous allons indiquer, bien qu'elle ne se rattache pas directement au sujet traité dans ce Chapitre.

Considérons, d'une manière générale, un système orthogonal pour lequel l'élément linéaire soit donné par la formule

$$ds^2 = \frac{1}{M}\sum \frac{\varphi'(\rho_i)}{f(\rho_i)}\, d\rho_i^2, \tag{72}$$

où l'on a

$$\varphi(u) = (u-\rho)(u-\rho_1)(u-\rho_2),$$

et où $f(\rho)$ est un polynôme algébrique. La forme précédente de l'élément linéaire convient à deux systèmes déjà rencontrés, celui des surfaces du second degré et celui des cyclides; et ces systèmes sont d'ailleurs les seuls pour lesquels elle ait lieu. La condition d'orthogonalité prendra la forme

$$\Delta(\theta, \theta_1) = M \sum \frac{f(\rho_i)}{\varphi'(\rho_i)} \frac{\partial\theta}{\partial\rho_i} \frac{\partial\theta_1}{\partial\rho_i} = 0. \tag{73}$$

D'après cela, posons

$$\theta = \sum \int \sqrt{\frac{(\rho_i-\alpha)(\rho_i-\beta)(\rho_i-\gamma)}{f(\rho_i)}}\, d\rho_i. \tag{74}$$

La fonction θ, considérée comme dépendante de α, β, γ, satisfera aux trois équations

$$\left\{\begin{aligned}
&(\alpha-\beta)\frac{\partial^2\theta}{\partial\alpha\,\partial\beta} - \frac{1}{2}\frac{\partial\theta}{\partial\alpha} + \frac{1}{2}\frac{\partial\theta}{\partial\beta} = 0,\\
&(\beta-\gamma)\frac{\partial^2\theta}{\partial\beta\,\partial\gamma} - \frac{1}{2}\frac{\partial\theta}{\partial\beta} + \frac{1}{2}\frac{\partial\theta}{\partial\gamma} = 0,\\
&(\gamma-\alpha)\frac{\partial^2\theta}{\partial\gamma\,\partial\alpha} - \frac{1}{2}\frac{\partial\theta}{\partial\gamma} + \frac{1}{2}\frac{\partial\theta}{\partial\beta} = 0.
\end{aligned}\right. \tag{75}$$

Cela posé, $\mathcal{F}$ étant une fonction de α, β, γ satisfaisant aux trois équations précédentes, considérons le système

$$(76)\qquad \frac{\partial\theta}{\partial\alpha}=\frac{\partial\mathcal{F}}{\partial\alpha},\qquad \frac{\partial\theta}{\partial\beta}=\frac{\partial\mathcal{F}}{\partial\beta},\qquad \frac{\partial\theta}{\partial\gamma}=\frac{\partial\mathcal{F}}{\partial\gamma},$$

qui détermine α, β, γ en fonction de ρ, ρ_1, ρ_2. Nous allons montrer que α, β, γ *sont les paramètres de trois familles d'un système orthogonal.*

On peut joindre, en effet, aux relations précédentes les suivantes

$$(77)\qquad \frac{\partial^2\theta}{\partial\alpha\,\partial\beta}=\frac{\partial^2\mathcal{F}}{\partial\alpha\,\partial\beta},\qquad \frac{\partial^2\theta}{\partial\alpha\,\partial\gamma}=\frac{\partial^2\mathcal{F}}{\partial\alpha\,\partial\gamma},\qquad \frac{\partial^2\theta}{\partial\beta\,\partial\gamma}=\frac{\partial^2\mathcal{F}}{\partial\beta\,\partial\gamma},$$

qui en sont des combinaisons linéaires en vertu des équations (75).

Or, si l'on différentie les équations (76) en tenant compte des précédentes, on aura

$$(78)\qquad \left\{\begin{aligned} &d\frac{\partial\theta}{\partial\alpha}+\left(\frac{\partial^2\theta}{\partial\alpha^2}-\frac{\partial^2\mathcal{F}}{\partial\alpha^2}\right)d\alpha=0,\\ &d\frac{\partial\theta}{\partial\beta}+\left(\frac{\partial^2\theta}{\partial\beta^2}-\frac{\partial^2\mathcal{F}}{\partial\beta^2}\right)d\beta=0,\\ &d\frac{\partial\theta}{\partial\gamma}+\left(\frac{\partial^2\theta}{\partial\gamma^2}-\frac{\partial^2\mathcal{F}}{\partial\gamma^2}\right)d\gamma=0,\end{aligned}\right.$$

le signe d indiquant les différentielles prises par rapport à ρ, ρ_1, ρ_2 seulement. Ces formules permettent de calculer immédiatement les dérivées de α, β, γ par rapport à ρ, ρ_1, ρ_2 et de vérifier la relation d'orthogonalité.

Le théorème ainsi établi comprend comme cas particulier le précédent, qui s'en déduit en faisant $\gamma=\infty$. La fonction $\mathcal{F}(\alpha,\beta,\gamma)$ contient dans son expression la plus générale trois fonctions arbitraires d'une variable; mais, ici encore, on peut appliquer le théorème d'Abel et obtenir une infinité de systèmes orthogonaux algébriques. Nous nous contenterons maintenant de ces indications.

CHAPITRE XV.

LES CONGRUENCES DE CERCLES ET LES SYSTÈMES CYCLIQUES.

Définition de certaines congruences spéciales dans lesquelles chaque courbe est rencontrée seulement par deux courbes infiniment voisines. — Cas où les courbes de la congruence sont des cercles. — Enveloppes d'une famille de sphères dépendant de deux paramètres. — Lignes *principales* de l'enveloppe. — Elles correspondent à un système conjugué tracé sur la surface des centres des sphères. — Étude détaillée du cas où les lignes de courbure se correspondent sur les deux nappes de l'enveloppe. — Les six coordonnées de la sphère variable satisfont alors à une même équation linéaire aux dérivées partielles du second ordre. — Les systèmes cycliques de M. Ribaucour; théorèmes divers. — Différentes manières d'obtenir des systèmes cycliques. — Pour que les lignes asymptotiques se correspondent sur les deux nappes de la surface focale d'une congruence rectiligne, il faut et il suffit que les six coordonnées de chaque droite de la congruence vérifient une même équation linéaire du second ordre.

---

470. Les propriétés des équations linéaires du second ordre, que nous avons employées surtout dans la théorie des congruences rectilignes, peuvent être appliquées aussi à l'étude de certaines congruences particulières formées avec des courbes de degré quelconque.

Considérons des surfaces (Σ) représentées par une équation de la forme

$$\sum_{i=1}^{i=n} A_i \varphi_i(x, y, z) = 0, \tag{1}$$

où les symboles φ_i désignent des fonctions déterminées de x, y, z et où les coefficients A_i sont des constantes arbitraires. Si l'on prend, par exemple, en faisant $i = 4$,

$$1, \; x, \; y, \; z,$$

pour les fonctions φ_i, on aura l'équation la plus générale d'un plan. Si, faisant $i = 5$, on ajoute aux fonctions précédentes

$$x^2 + y^2 + z^2,$$

on a l'équation d'une sphère, et ainsi de suite. Il est clair que, si l'on choisit convenablement le nombre i et les fonctions φ_i, on peut obtenir l'équation la plus générale des surfaces algébriques qui passent par un nombre déterminé de points fixes ou contiennent certaines courbes fixes.

Deux surfaces (Σ) se coupent suivant une courbe (C) définie par deux équations de la forme

$$(2)\qquad \begin{cases} \sum A_i \varphi_i(x, y, z) = 0, \\ \sum B_i \varphi_i(x, y, z) = 0; \end{cases}$$

et il est clair que deux courbes (C) ne peuvent se couper en des points distincts dont le nombre dépasse celui des points communs à trois surfaces (Σ). Il faudra, pour que ce nombre maximum soit atteint, qu'il y ait une relation linéaire entre les premiers membres des équations des deux courbes. Par exemple, si les surfaces (Σ) sont des sphères, les courbes (C) seront des cercles; et, pour que deux cercles se coupent en deux points, il faut que l'une des quatre équations qui, prises deux à deux, représentent les deux cercles soit une combinaison linéaire des trois autres.

Cela posé, supposons que les coefficients A_i, B_i soient des fonctions quelconques de deux paramètres variables a et b : on obtiendra une congruence de courbes (C). Nous allons chercher la condition pour que chacune de ces courbes soit coupée dans le nombre maximum de points par deux courbes infiniment voisines de la congruence.

Substituons aux variables a et b les deux fonctions ρ et ρ_1 de ces variables qui demeurent constantes lorsqu'on associe les courbes de la congruence qui se coupent consécutivement. Si l'on joint aux équations (2) leurs dérivées par rapport à ρ

$$(3)\qquad \begin{cases} \sum \dfrac{\partial A_i}{\partial \rho} \varphi_i(x, y, z) = 0, \\ \sum \dfrac{\partial B_i}{\partial \rho} \varphi_i(x, y, z) = 0, \end{cases}$$

on aura à exprimer que les premiers membres des équations (2) et (3) sont liés par une relation linéaire; ce qui conduit à une série de relations de la forme

$$(4)\qquad M\frac{\partial A_i}{\partial \rho} + N\frac{\partial B_i}{\partial \rho} = PA_i + QB_i,$$

où M, N, P, Q sont des fonctions déterminées de ρ et de ρ_1; et il faudra qu'il en soit de même lorsqu'on prendra les dérivées par rapport à ρ_1, ce qui donnera les relations analogues

$$(5)\qquad M_1\frac{\partial A_i}{\partial \rho_1} + N_1\frac{\partial B_i}{\partial \rho_1} = P_1 A_i + Q_1 B_i,$$

qui doivent avoir lieu, comme les précédentes, pour toutes les valeurs de l'indice i.

On peut résoudre comme il suit le système des équations (4) et (5). Substituons à la fonction A_i la combinaison linéaire

$$MA_i + NB_i,$$

ce qui ne change pas les équations de la courbe (C). L'équation (4) prendra la forme

$$\frac{\partial A_i}{\partial \rho} = PA_i + QB_i,$$

et elle déterminera B_i [1]. Si l'on porte la valeur ainsi obtenue dans la seconde équation (2) et dans l'équation (5), on est conduit au résultat suivant :

Les équations qui déterminent les courbes (C) *doivent être de la forme*

$$(6)\qquad \begin{cases} \sum A_i\varphi_i(x, y, z) = 0, \\ \sum \dfrac{\partial A_i}{\partial \rho}\varphi_i(x, y, z) = 0, \end{cases}$$

---

[1] L'hypothèse que l'on néglige, où Q serait nul, ne peut conduire qu'à des congruences comprises dans la formule générale que nous allons obtenir ou à celles qui sont définies par les deux équations

$$\sum \theta_i(\rho)\,\varphi_i(x, y, z) = 0,$$
$$\sum \sigma_i(\rho_1)\,\varphi_i(x, y, z) = 0,$$

qui ne sont pas données, il est vrai, par le système (6), mais qui sont comprises comme cas particulier dans les formules (12), que nous substituerons plus loin aux équations (6).

les différentes fonctions A_i *étant des solutions particulières d'une même équation linéaire*

$$\frac{\partial^2\theta}{\partial\rho\,\partial\rho_1} + a\frac{\partial\theta}{\partial\rho} + b\frac{\partial\theta}{\partial\rho_1} + c\theta = 0, \tag{7}$$

où a, b, c *désignent des fonctions quelconques de* ρ *et de* ρ_1.

471. Cette proposition permet d'obtenir sans aucune intégration les congruences cherchées. Supposons, par exemple, que l'on veuille déterminer toutes les congruences de cercles pour lesquelles chaque cercle est coupé seulement par deux cercles infiniment voisins, mais en deux points par chacun d'eux. On choisira cinq fonctions quelconques θ_i de deux paramètres α et β et l'on écrira l'équation linéaire de la forme

$$M\frac{\partial^2\theta}{\partial\alpha^2} + N\frac{\partial^2\theta}{\partial\alpha\,\partial\beta} + P\frac{\partial^2\theta}{\partial\beta^2} + M_1\frac{\partial\theta}{\partial\alpha} + N_1\frac{\partial\theta}{\partial\beta} + P_1\theta = 0, \tag{8}$$

dont les coefficients sont déterminés par la condition que l'équation admette les cinq solutions particulières θ_i. Les cercles de la congruence seront déterminés par les deux équations

$$\left\{\begin{array}{l}\sum\theta_i x_i = 0,\\[4pt] \sum\left(m\dfrac{\partial\theta_i}{\partial\alpha} + n\dfrac{\partial\theta_i}{\partial\beta}\right)x_i = 0,\end{array}\right. \tag{9}$$

où x_i sont cinq fonctions linéaires de $x^2+y^2+z^2$, x, y, z, 1, par exemple les coordonnées pentasphériques d'un point, et où le rapport $\frac{m}{n}$ est défini par la condition que l'équation différentielle

$$n\,d\alpha - m\,d\beta = 0$$

soit celle de l'une des caractéristiques de l'équation (8). En effet, si l'on ramène l'équation (8) à la forme normale, en intégrant les équations différentielles des caractéristiques, les équations (9) prendront précisément la forme (6).

Revenons à ces équations générales; ρ et ρ_1 n'y entrent pas symétriquement; mais on peut obtenir des formules plus élégantes. Nous avons vu, en effet, au n° **402**, qu'étant donnée une solution quelconque θ de l'équation (7), il est possible de trouver une fonction σ, telle que l'on ait

$$(10) \qquad \frac{\partial\sigma}{\partial\rho} = m\theta + n\frac{\partial\theta}{\partial\rho}, \qquad \frac{\partial\sigma}{\partial\rho_1} = p\theta,$$

σ satisfaisant à une équation de la forme

$$(11) \qquad \frac{\partial^2\sigma}{\partial\rho\,\partial\rho_1} + \alpha\frac{\partial\sigma}{\partial\rho} + \beta\frac{\partial\sigma}{\partial\rho_1} = 0.$$

A chacune des solutions A_i correspondra de cette manière une solution a_i de l'équation en σ et les équations (6) prendront la forme

$$(12) \qquad \begin{cases} \sum \dfrac{\partial a_i}{\partial\rho}\varphi_i(x, y, z) = 0, \\ \sum \dfrac{\partial a_i}{\partial\rho_1}\varphi_i(x, y, z) = 0, \end{cases}$$

où ρ et ρ_1 entrent de la même manière et où les a_i sont des solutions particulières de l'équation (11). Cette détermination nouvelle des courbes de la congruence donne lieu aux remarques suivantes.

Étant donnée une congruence quelconque, appelons pour un instant *surfaces singulières* de la congruence les surfaces engendrées par des courbes de la congruence qui se coupent consécutivement. Il y a généralement (n° 315) autant de séries de surfaces singulières qu'il y a de points focaux sur chaque courbe de la congruence. Ici, au contraire, il y a deux séries seulement de surfaces singulières. Les unes contiennent toutes les courbes de la congruence pour lesquelles ρ a une même valeur; les autres toutes celles pour lesquelles ρ_1 demeure constant. On obtiendrait les unes et les autres en éliminant, soit ρ, soit ρ_1 entre les deux équations (12); nous allons montrer que chacune de ces deux équations (12), considérée seule, représente une surface qui est tangente, en tous les points de la courbe de la congruence, à l'une des deux surfaces singulières qui contiennent cette courbe.

Posons, pour abréger,

$$(13) \qquad P = \sum a_i\varphi_i(x, y, z);$$

P, considérée comme fonction de ρ et de ρ_1, satisfera à l'équation

$$(14) \qquad \frac{\partial^2 P}{\partial\rho\,\partial\rho_1} + 2\frac{\partial P}{\partial\rho} + 3\frac{\partial P}{\partial\rho_1} = 0,$$

et les équations (12) prendront la forme plus simple

$$(15) \qquad \frac{\partial P}{\partial\rho} = 0, \qquad \frac{\partial P}{\partial\rho_1} = 0.$$

Si nous différentions totalement ces équations, nous trouverons, en tenant compte de l'équation (14),

$$d\frac{\partial P}{\partial\rho} + \frac{\partial^2 P}{\partial\rho^2}d\rho = 0, \qquad d\frac{\partial P}{\partial\rho_1} + \frac{\partial^2 P}{\partial\rho_1^2}d\rho_1 = 0,$$

la différentielle d portant seulement sur x, y, z. L'équation du plan tangent à la surface $\rho =$ const. sera donc

$$d\frac{\partial P}{\partial\rho} = 0;$$

et il est ainsi établi que la surface représentée par la première des équations (12) ou (15) est tangente en tous les points de la courbe à une des surfaces singulières. S'il s'agit, par exemple, d'une congruence rectiligne, les deux équations (15) représentent les plans focaux de la droite. Si la congruence est formée de cercles, elles représentent deux sphères que l'on pourrait aussi appeler les sphères focales; elles contiennent un des deux cercles infiniment voisins du cercle proposé qui le coupent en deux points.

472. L'étude des congruences spéciales de cercles que nous venons de définir doit être associée à celle de la congruence rectiligne formée par les axes de ces cercles. Soient (K) un cercle de la congruence et (d) son axe. Les droites (d) seront tangentes à deux surfaces fixes (Σ), (Σ_1); désignons, comme nous l'avons fait jusqu'ici, par les lettres (C) et (C_1) les courbes, tracées respectivement sur (Σ) et (Σ_1), qui sont les arêtes de rebroussement des diverses développables formées par les droites (d). Lorsque le cercle (K) se déplace de telle manière que deux de ses positions consécutives se coupent en deux points, il est évident que son axe doit engendrer une développable; car les axes de deux cercles qui se coupent en deux points vont se couper au centre de la sphère qui contient ces deux cercles. On voit donc que, pour obtenir les surfaces singulières de la congruence de cercles, il faudra déterminer les développables formées avec les axes (d) de ces cercles. On obtiendra ces développables lorsque la droite (d) se déplacera de manière à rester tangente à une des courbes (C) ou (C_1). A chaque cercle (K) correspondent deux points M, M_1 où l'axe du cercle est tangent respectivement à (Σ) et à (Σ_1). Décrivons de ces points comme centres deux sphères (S), (S_1) contenant le cercle (K). Lorsque le point M décrira une courbe (C), la sphère (S) enveloppera une des surfaces singulières qu'elle touchera suivant les positions successives du cercle (K). Lorsque le point M_1 décrira de même la courbe (C_1), la sphère (S_1) enveloppera une surface singulière de l'autre série qu'elle touchera suivant les positions successives du cercle (K). Ces relations géométriques sont à peu près évidentes; elles résultent de ce que les sphères (S) et (S_1) contiennent chacune, en même temps que le cercle (K), un des deux cercles infiniment voisins qui le coupent en deux points. On voit qu'aux deux familles de surfaces singulières correspondent, sur (Σ) par exemple, deux familles de courbes conjuguées décrites par le point M, les courbes (C) tangentes aux axes (d) et les courbes (D) qui correspondent (n° 319) aux courbes (C_1) tracées sur (Σ_1).

Les remarques précédentes montrent qu'il convient d'associer l'étude des congruences de cercles à celles des surfaces enveloppes de sphères.

Considérons une sphère définie en coordonnées pentasphériques par l'équation

$$\sum_1^5 u_i x_i = 0, \tag{16}$$

et supposons que les cinq quantités u_i soient des fonctions quelconques de deux paramètres α et β. Il y aura toujours une équation de la forme (8) admettant les cinq solutions particulières u_i. Supposons cette équation ramenée à la forme normale (7) et proposons-nous de rechercher la propriété géométrique qui caractérise les courbes de paramètres ρ et ρ_1 tracées sur l'enveloppe des sphères.

Chaque sphère touche cette enveloppe (E) en deux points A et

B, qui sont définis par l'équation (16) jointe aux deux suivantes :

$$(17)\qquad \sum \frac{\partial u_i}{\partial \rho} x_i = 0, \qquad \sum \frac{\partial u_i}{\partial \rho_1} x_i = 0.$$

Si l'on fait varier infiniment peu ρ et ρ_1, on aura deux nouveaux points de contact A' et B'; cherchons la condition pour que les quatre points A, B, A', B' soient sur un même cercle et, par suite, dans un même plan.

L'équation générale des sphères passant par les points A et B est évidemment

$$(18)\qquad \sum \left(\lambda u_i + \mu \frac{\partial u_i}{\partial \rho} + \mu_1 \frac{\partial u_i}{\partial \rho_1}\right) x_i = 0,$$

λ, μ, μ_1 étant trois arbitraires. Pour que l'une de ces sphères contienne les points A', B', il faudrait que l'on ait

$$(19)\qquad \sum \left(\lambda u_i + \mu \frac{\partial u_i}{\partial \rho} + \mu_1 \frac{\partial u_i}{\partial \rho_1}\right) dx_i = 0,$$

lorsqu'on passera de A à A' ou de B à B'.

Or, si l'on différentie les équations (16) et (17), on trouvera, en tenant compte de l'équation aux dérivées partielles à laquelle satisfont les cinq quantités u_i,

$$\sum u_i\, dx_i = 0,$$

$$\left(\sum \frac{\partial^2 u_i}{\partial \rho^2} x_i\right) d\rho + \sum \frac{\partial u_i}{\partial \rho} dx_i = 0,$$

$$\left(\sum \frac{\partial^2 u_i}{\partial \rho_1^2} x_i\right) d\rho_1 + \sum \frac{\partial u_i}{\partial \rho_1} dx_i = 0.$$

L'emploi de ces formules permet de ramener l'équation (19) à la forme

$$(19)_a\qquad \mu \left(\sum \frac{\partial^2 u_i}{\partial \rho^2} x_i\right) d\rho + \mu_1 \left(\sum \frac{\partial^2 u_i}{\partial \rho_1^2} x_i\right) d\rho_1 = 0;$$

et cette nouvelle équation devra être vérifiée lorsqu'on y remplacera les quantités x_i par les coordonnées des points A et B. Cela ne peut arriver, en général, que si l'équation est identiquement vérifiée, ce qui donne les deux conditions

$$\mu\, d\rho = 0, \qquad \mu_1\, d\rho_1 = 0.$$

On obtient donc les deux solutions

$$\mu = 0, \qquad d\rho_1 = 0;$$
$$\mu_1 = 0, \qquad d\rho = 0.$$

Pour la première, par exemple, on a

$$d\rho_1 = 0,$$

et les sphères représentées par l'équation

$$(20) \qquad \sum\left(\lambda u_i + \mu_1 \frac{\partial u_i}{\partial \rho_1}\right) x_i = 0$$

passent, quel que soit le rapport $\frac{\lambda}{\mu_1}$, par les quatre points A, B, A′, B′. Ces quatre points sont donc sur un cercle, et nous pouvons énoncer le théorème suivant :

Sur toute enveloppe de sphères à deux paramètres, il y a en général deux séries de lignes que nous appellerons lignes principales *de l'enveloppe; elles sont définies par cette propriété que, lorsqu'on se déplace sur l'une d'elles, les quatre points de contact des deux sphères infiniment voisines avec l'enveloppe soient sur un même cercle que nous appellerons* cercle principal. *Les lignes principales sont les caractéristiques de l'équation aux dérivées partielles qui admet comme solutions particulières les cinq coordonnées homogènes des sphères variables* (¹).

Lorsque les quatre points de contact, deux à deux infiniment voisins, A, B, A′, B′ sont sur un même cercle, les cordes de contact AB, A′B′ se rencontrent; par suite, les plans focaux de la droite

(¹) Nous avons admis que la sphère représentée par l'équation (19)ₐ ne peut contenir, quand le rapport $\frac{\mu_1 \, d\rho_1}{\mu \, d\rho}$ varie, les deux points A et B. Cela est vrai, en général; mais on reconnaîtra aisément qu'il n'en est plus de même dans le cas exceptionnel où les cinq fonctions

$$\sum u_i x_i, \quad \sum \frac{\partial u_i}{\partial \rho} x_i, \quad \sum \frac{\partial u_i}{\partial \rho_1} x_i, \quad \sum \frac{\partial^2 u_i}{\partial \rho^2} x_i, \quad \sum \frac{\partial^2 u_i}{\partial \rho_1^2} x_i$$

ne sont pas linéairement indépendantes. Mais alors les quantités u_i ne seront pas linéairement indépendantes; l'enveloppe sera une surface anallagmatique, les cordes de contact des sphères iront passer par un point fixe, et les lignes principales seront indéterminées.

AB sont tangents, sur les deux nappes, aux lignes principales; *ces lignes se trouvent donc sur les développables de la congruence engendrée par la corde de contact des sphères*. Cette proposition pourrait leur servir de définition; mais elle mettrait moins bien en évidence la propriété essentielle des *lignes principales* qui est de *se conserver par l'inversion*, comme le montre immédiatement la définition que nous avons adoptée.

D'après les résultats précédents et la formule (20), l'un des cercles principaux aura pour équations

$$(21) \qquad \sum u_i x_i = 0, \qquad \sum \frac{\partial u_i}{\partial \rho_1} x_i = 0;$$

et, si l'on rapproche ces résultats de ceux que nous avons obtenus au n° 470, on reconnaîtra immédiatement que toute congruence de cercles dans laquelle chaque cercle est rencontré par deux cercles infiniment voisins seulement est formée par les cercles principaux d'une enveloppe de sphères.

473. C'est ici le lieu de faire connaître une proposition qui est due à M. Ribaucour ([1]).

Considérons une surface (Σ) et soient x, y, z les coordonnées d'un de ses points. L'équation

$$(22) \qquad X^2 + Y^2 + Z^2 - 2xX - 2yY - 2zZ + x^2 + y^2 + z^2 - R^2 = 0$$

représente une sphère ayant son centre sur la surface. Supposons que la valeur de R soit déterminée pour chaque point de la surface; la sphère enveloppera une des surfaces à deux nappes que nous venons de considérer d'une manière générale. Nous allons montrer que les lignes principales de cette enveloppe correspondent à un système conjugué tracé sur (Σ).

Prenons comme variables les paramètres ρ, ρ_1 du système conjugué qui correspond à la fonction $x^2 + y^2 + z^2 - R^2$ (n° 107) [I, p. 135]. Alors les fonctions

$$1, \; x, \; y, \; z, \; x^2 + y^2 + z^2 - R^2$$

([1]) A. Ribaucour, *Sur une propriété des surfaces enveloppes de sphères* (*Comptes rendus*, t. LXVII, p. 1334; 1868).

satisferont à une équation linéaire de la forme (11) et le premier membre de l'équation (22) sera un cas particulier de l'expression générale définie par l'équation (13), correspondant aux valeurs précédentes des fonctions a_i. Les formules (12) deviendront ici

$$(23) \quad \begin{cases} (X-x)\dfrac{\partial x}{\partial \rho}+\ldots+R\dfrac{\partial R}{\partial \rho}=0, \\ (X-x)\dfrac{\partial x}{\partial \rho_1}+\ldots+R\dfrac{\partial R}{\partial \rho_1}=0. \end{cases}$$

Elles définissent la *corde de contact* de la sphère variable (22) avec son enveloppe. Si l'on remarque maintenant que, d'après la théorie générale, les deux plans représentés par les équations précédentes sont les *plans focaux* de cette corde de contact, on sera conduit au théorème de M. Ribaucour :

Si une sphère variable dépend de deux paramètres, la corde de contact de cette sphère avec son enveloppe engendre une congruence dont les développables correspondent à deux familles de courbes conjuguées tracées sur la surface des centres (Σ), *et les tangentes à ces courbes en un point de* (Σ) *sont perpendiculaires aux plans focaux de la corde correspondante.*

En adoptant les définitions précédentes, nous voyons que les cercles principaux de l'enveloppe ont pour *axes* les tangentes aux deux familles de courbes conjuguées tracées sur la surface des centres.

474. Si l'on examine la démonstration que nous avons donnée du théorème de M. Ribaucour, on reconnaît que la sphère n'y intervient que d'une manière accessoire et, en quelque sorte, comme élément de construction. Rien ne serait changé aux résultats si l'on substituait à l'équation (22) la suivante

$$\varphi(X, Y, Z) - 2xX - 2yY - 2zZ + \theta = 0,$$

où $\varphi(X, Y, Z)$ désigne une fonction absolument quelconque de X, Y, Z, θ étant d'ailleurs une fonction donnée d'une manière arbitraire des paramètres qui fixent la position du point (x, y, z) sur la surface. Cette remarque permet de former un grand nombre de théorèmes analogues à celui de M. Ribaucour. Nous signalerons seulement le suivant :

U, V, W, P désignant des coordonnées tangentielles, écrivons l'équation

$$(24) \qquad Ux + Vy + Wz + P - R\sqrt{U^2 + V^2 + W^2} = 0,$$

qui représente une sphère ayant son centre sur la surface (Σ). Soient maintenant ρ, ρ_1 les paramètres du système conjugué, tracé sur cette surface, qui correspond à la fonction R (n° 107) et non plus à la fonction $x^2 + y^2 + z^2 - R^2$. Alors x, y, z, R seront quatre solutions particulières d'une équation de la forme

$$(25) \qquad \frac{\partial^2 \theta}{\partial \rho\, \partial \rho_1} + \alpha \frac{\partial \theta}{\partial \rho} + \beta \frac{\partial \theta}{\partial \rho_1} = 0,$$

et, si l'on remplace θ par θR, on reconnaîtra que $\frac{x}{R}$, $\frac{y}{R}$, $\frac{z}{R}$, $\frac{1}{R}$ satisfont encore à une équation toute semblable, de sorte que l'on pourra appliquer le théorème général à l'équation (24) divisée par R. Les deux équations

$$(26) \qquad \left\{ \begin{aligned} & U \frac{\partial}{\partial \rho}\left(\frac{x}{R}\right) + V \frac{\partial}{\partial \rho}\left(\frac{y}{R}\right) + W \frac{\partial}{\partial \rho}\left(\frac{z}{R}\right) + P \frac{\partial}{\partial \rho}\left(\frac{1}{R}\right) = 0, \\ & U \frac{\partial}{\partial \rho_1}\left(\frac{x}{R}\right) + V \frac{\partial}{\partial \rho_1}\left(\frac{y}{R}\right) + W \frac{\partial}{\partial \rho_1}\left(\frac{z}{R}\right) + P \frac{\partial}{\partial \rho_1}\left(\frac{1}{R}\right) = 0, \end{aligned} \right.$$

auxquelles on est conduit, définissent une droite qui est l'intersection des plans tangents à la sphère aux deux points où elle touche son enveloppe. Elle se trouve dans le plan tangent à (Σ) et elle est la polaire de la corde de contact par rapport à la sphère. D'après la proposition générale, interprétée en coordonnées tangentielles, les deux points focaux de cette droite sont déterminés par chacune des équations précédentes, considérée seule. On peut donc énoncer le théorème suivant :

Étant donnée une sphère variable dont le centre décrit une surface (Σ), *les deux plans tangents à cette sphère aux points où elle touche son enveloppe se coupent suivant une droite située dans le plan tangent correspondant de* (Σ). *Les développables de la congruence engendrée par cette droite correspondent à deux familles de courbes conjuguées tracées sur* (Σ);

et les tangentes à ces courbes en un point de (Σ) *vont couper la droite correspondante de la congruence en ses deux points focaux.*

475. Ainsi, à chaque enveloppe de sphères on peut faire correspondre deux systèmes conjugués tracés sur la surface (Σ). Lorsqu'on se déplace sur une courbe appartenant au premier système, les quatre points de contact de deux sphères consécutives avec l'enveloppe sont dans un même plan; si l'on se déplace au contraire sur une courbe du second système, les quatre plans de contact de deux sphères consécutives vont concourir en un même point. Ces deux systèmes conjugués sont, en général, distincts; mais ils peuvent devenir identiques. Pour qu'il en soit ainsi, il faut évidemment, lorsque les points de la surface sont définis par deux variables quelconques α et β, que l'équation linéaire de la forme (8) dont les coefficients sont déterminés par la condition qu'elle admette les solutions particulières 1, x, y, z, R, admette aussi la solution particulière

$$x^2+y^2+z^2-R^2.$$

Nous reviendrons sur cette condition; lorsqu'elle sera remplie, on pourra ramener l'équation linéaire à la forme normale

$$\frac{\partial^2\theta}{\partial\rho\,\partial\rho_1}+a\frac{\partial\theta}{\partial\rho}+b\frac{\partial\theta}{\partial\rho_1}=0. \tag{27}$$

ρ et ρ_1 seront les paramètres du système conjugué tracé sur (Σ) et l'équation précédente devra admettre les cinq solutions

$$x,\ y,\ z,\ R,\ x^2+y^2+z^2-R^2.$$

Si l'on y substitue $x^2+y^2+z^2-R^2$, en tenant compte de ce fait que x, y, z, R sont déjà des solutions particulières, on trouvera la relation

$$\frac{\partial x}{\partial\rho}\frac{\partial x}{\partial\rho_1}+\frac{\partial y}{\partial\rho}\frac{\partial y}{\partial\rho_1}+\frac{\partial z}{\partial\rho}\frac{\partial z}{\partial\rho_1}-\frac{\partial R}{\partial\rho}\frac{\partial R}{\partial\rho_1}=0, \tag{28}$$

que nous allons interpréter géométriquement.

Soient (*fig.* 31) M le centre de l'une des sphères, A et B les points de contact de cette sphère avec l'enveloppe, C et D les points focaux de la droite CD d'intersection des plans tangents en A et en B. Nous allons montrer que les plans focaux de la droite AB passent respectivement par C et par D.

Fig. 31.

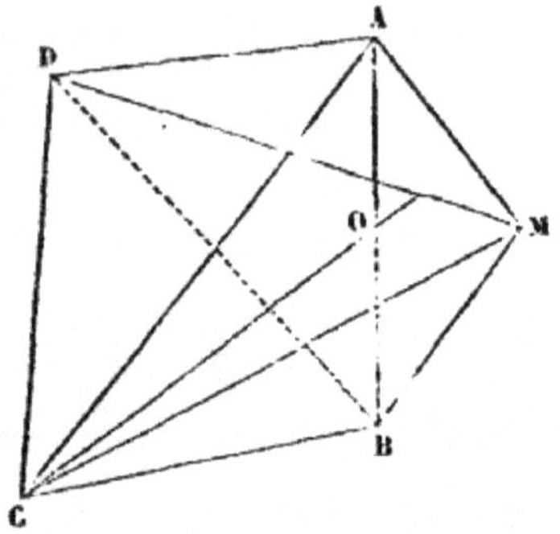

Nous avons vu que les plans focaux de AB sont représentés par les deux équations (23). Considérons celui qui est représenté par l'équation suivante :

$$(X-x)\frac{\partial x}{\partial \rho}+(Y-y)\frac{\partial y}{\partial \rho}+(Z-z)\frac{\partial z}{\partial \rho}+R\frac{\partial R}{\partial \rho}=0.$$

Les points focaux de CD sont représentés de même en coordonnées tangentielles par les équations (26); celui qui est défini par la seconde aura pour coordonnées

$$\frac{\dfrac{\partial}{\partial \rho_1}\left(\dfrac{x}{R}\right)}{\dfrac{\partial}{\partial \rho_1}\left(\dfrac{1}{R}\right)},\qquad \frac{\dfrac{\partial}{\partial \rho_1}\left(\dfrac{y}{R}\right)}{\dfrac{\partial}{\partial \rho_1}\left(\dfrac{1}{R}\right)},\qquad \frac{\dfrac{\partial}{\partial \rho_1}\left(\dfrac{z}{R}\right)}{\dfrac{\partial}{\partial \rho_1}\left(\dfrac{1}{R}\right)}$$

ou, en réduisant,

$$x-\frac{R}{\dfrac{\partial R}{\partial \rho_1}}\frac{\partial x}{\partial \rho_1},\quad y-\frac{R}{\dfrac{\partial R}{\partial \rho_1}}\frac{\partial y}{\partial \rho_1},\quad z-\frac{R}{\dfrac{\partial R}{\partial \rho_1}}\frac{\partial z}{\partial \rho_1}.$$

Si l'on exprime que ce point est dans le plan focal précédent, on retrouve précisément l'équation (28).

Il est donc établi que les plans focaux de AB passent par les points C et D; et, comme ils sont respectivement perpendiculaires aux deux tangentes conjuguées MC, MD, le point O où AB coupe le plan tangent en M sera le point de concours des hauteurs du triangle MCD. De plus, d'après un théorème de Géométrie élémentaire, les deux angles CAM, DAM étant droits, il en sera de même de l'angle CAD.

Les développables de AB correspondent à celles de CD, puisque les unes et les autres correspondent aux courbes du système conjugué tracé sur (Σ); et, de plus, les plans focaux de AB contiennent les points focaux de CD. Donc (n° 424) les tangentes AC et AD seront conjuguées par rapport à la nappe décrite par le point A; et, comme elles sont rectangulaires, elles seront tangentes en A aux lignes de courbure. Comme on peut répéter le raisonnement pour la nappe décrite par le point B, on voit que les développables de la congruence formée par la droite AB intercepteront sur les deux nappes de l'enveloppe leurs lignes de courbure. Si l'on considère les droites MA comme des rayons incidents qui se réfléchissent sur la surface des centres (Σ) suivant les rayons MB, on retrouve les systèmes étudiés par Dupin (n° 459), dans lesquels les développables formées par les rayons incidents se conservent après la réflexion. Ces développables découpent sur la surface des centres le système conjugué que nous avons considéré au n° 453.

Réciproquement, supposons que les lignes de courbure de la nappe décrite par le point A correspondent à celles de la nappe normale aux rayons réfléchis. D'après la démonstration du n° 451, les tangentes en A et en B aux lignes de courbure se couperont en des points C et D situés nécessairement dans le plan tangent en M, et les plans focaux de la droite AB seront les plans ACB, ADB.

Donc (n° 423) C et D seront les points focaux de la droite CD. Les deux systèmes conjugués tracés sur (Σ) deviendront identiques, puisque les deux paires de tangentes conjuguées relatives à ces deux systèmes se confondent en une seule, formée des droites MC, MD.

476. Les relations géométriques se présentent maintenant en grand nombre. On voit que, lorsque le point A décrit une ligne de courbure de la nappe correspondante, toutes les droites AM, AC, AD, BC, BD, CD, AB, BM, CM, DM décrivent en même temps des développables. Il y a trois paires de tangentes conjuguées : MC et MD pour la surface décrite par le point M; AC, AD et BC, BD pour les surfaces décrites par les points A et B.

Décrivons des points C et D comme centres deux sphères (S_1) et (S_2) passant par A et par B, qui seront nécessairement tangentes en ces points aux lignes de courbure des deux nappes. Ces sphères, qui sont orthogonales, se couperont suivant un cercle (K); ce cercle a pour axe la droite CD et coupe à angle droit en A et en B la sphère de centre M. Supposons maintenant que le point M se déplace de telle manière que le point A, par exemple, décrive la ligne de courbure dont la tangente est AD. La sphère (S_1) de centre C enveloppera une surface à lignes de courbure circulaires et la touchera suivant le cercle (K). En effet, la sphère, étant constamment tangente à la courbe décrite par A, sera coupée par la sphère infiniment voisine suivant un cercle passant en A; et, d'autre part, la courbe décrite par le point C ayant CD pour tangente, ce cercle aura pour axe la droite CD. Il coïncidera donc avec le cercle (K).

Si l'on fait maintenant décrire au point A l'autre ligne de courbure de la nappe (A), la sphère de centre D enveloppera une surface à lignes de courbure circulaires, qu'elle touchera aussi suivant le cercle (K).

Nous obtenons ainsi deux familles distinctes de surfaces à lignes de courbure circulaires se coupant mutuellement à angle droit suivant leurs lignes de courbure circulaires, qui sont les différentes positions du cercle (K). D'après le théorème du n° 441, ces deux familles de surfaces sont orthogonales à une troisième famille. On peut donc énoncer le théorème suivant :

Toutes les fois qu'une sphère variable dépendante de deux paramètres enveloppera une surface sur les deux nappes de laquelle les lignes de courbure se correspondent, le cercle (K) *qui est normal à la sphère variable et la coupe en ses deux points de contact coupe à angle droit toute une famille de surfaces. A cette première famille on peut associer deux autres familles orthogonales formées des surfaces à lignes de courbure circulaires obtenues en associant les positions successives du cercle* (K) *qui se coupent consécutivement.*

477. La découverte de ces systèmes triples orthogonaux est due à M. Ribaucour ([1]). Ils constituent une belle généralisation de celui qui est formé par une famille de surfaces parallèles et les développables trajectoires orthogonales. M. Ribaucour y a été conduit par le théorème suivant :

Lorsque les cercles d'une congruence sont normaux à plus de deux surfaces, ils sont normaux à une infinité de surfaces sur lesquelles les lignes de courbure se correspondent et qui constituent, par suite, une des trois familles d'un système orthogonal.

Pour établir cette proposition, nous envisagerons d'abord les cercles normaux à deux surfaces quelconques (A) et (B). On démontre aisément que ces cercles forment une congruence. Pour les obtenir tous, il suffit de construire une des sphères (S) tangentes à (A) et à (B) : le cercle qui passe par les points de contact de cette sphère avec (A) et (B) en coupant la sphère à angle droit est l'un des cercles cherchés. La surface (Σ) qui contient les centres des sphères (S) a été considérée par Gergonne; elle est le lieu des points d'où l'on peut mener aux deux surfaces (A) et (B) des normales de longueur égale. Si des rayons lumineux normaux à (A) et partant de (A) se réfléchissent sur la surface (Σ), ils deviendront après la réflexion normaux à (B), et le chemin total parcouru par la lumière sera le même que s'ils étaient partis des différents points de (B).

Cela posé, soit

$$\sum_1^5 u_i x_i = 0 \tag{29}$$

l'équation en coordonnées pentasphériques de l'une des sphères (S). Les quantités u_i dépendent de deux paramètres variables α et β, et l'on obtiendra les points de contact de la sphère avec les

---

([1]) A. Ribaucour, *Sur la déformation des surfaces* (*Comptes rendus*, t. LXX, p. 330; 1870). *Sur les systèmes cycliques* (Même Recueil, t. LXXVI, p. 478; 1873). *Sur les faisceaux de cercles* (Même Recueil et même tome, p. 830).

deux nappes (A) et (B) de l'enveloppe en joignant à l'équation précédente ses deux dérivées par rapport à α et à β

$$(30) \qquad \sum \frac{\partial u_i}{\partial \alpha} x_i = 0, \qquad \sum \frac{\partial u_i}{\partial \beta} x_i = 0.$$

Ces deux équations représentent un cercle qui passe par les points de contact de la sphère. Mais, si l'on a multiplié les quantités u_i par une fonction telle que l'on ait

$$(31) \qquad \sum u_i^2 = 1,$$

les deux sphères représentées par l'équation (30) couperont à angle droit la sphère (S) en vertu des relations

$$\sum u_i \frac{\partial u_i}{\partial \alpha} = 0, \qquad \sum u_i \frac{\partial u_i}{\partial \beta} = 0,$$

qui dérivent de l'équation (31) (n° 156). Par suite, *les deux équations* (30) *représenteront tous les cercles* (K) *normaux aux deux surfaces* (A) *et* (B).

Supposons maintenant que ces cercles soient normaux à une troisième surface (C). En raisonnant sur les deux surfaces (A) et (C) comme nous l'avons fait avec (A) et (B), on sera conduit à des équations nouvelles pour les cercles (K). Si l'équation

$$(32) \qquad \sum v_i x_i = 0$$

représente les sphères tangentes à (A) et à (C), et si l'on a choisi les fonctions v_i, de telle manière que l'on ait

$$\sum v_i^2 = 1,$$

le cercle (K) sera encore défini par les équations

$$\sum \frac{\partial v_i}{\partial \alpha} x_i = 0, \qquad \sum \frac{\partial v_i}{\partial \beta} x_i = 0,$$

qui devront être équivalentes aux précédentes (30). Il faudra donc que l'on ait

$$(33) \qquad \frac{\partial v_i}{\partial \alpha} = m\frac{\partial u_i}{\partial \alpha} + n\frac{\partial u_i}{\partial \beta}, \qquad \frac{\partial v_i}{\partial \beta} = m_0\frac{\partial u_i}{\partial \alpha} + n_0\frac{\partial u_i}{\partial \beta},$$

pour toutes les valeurs de l'indice i. En éliminant v_i, on sera conduit à une équation aux dérivées partielles de la forme suivante

$$(34) \qquad A\frac{\partial^2 u_i}{\partial \alpha^2} + B\frac{\partial^2 u_i}{\partial \alpha\,\partial \beta} + C\frac{\partial^2 u_i}{\partial \beta^2} + D\frac{\partial u_i}{\partial \alpha} + E\frac{\partial u_i}{\partial \beta} = 0,$$

qui devra être vérifiée par les cinq quantités u_i.

Nous avons au Livre II [I, p. 227] introduit la notation des *six* coordonnées de la sphère. Il suffit de joindre aux *cinq* quantités u_i qui figurent dans l'équation de la sphère la sixième u_6 qui est définie par la relation identique

$$(35) \qquad \sum_1^5 u_k^2 = -u_6^2.$$

Ici cette sixième coordonnée sera égale à $\pm i$, d'après la relation (21) et, par suite, elle sera aussi une solution de l'équation (34). Nous pouvons donc interpréter comme il suit la condition trouvée. *Les six coordonnées de la sphère* (S) *doivent satisfaire à une même équation aux dérivées partielles du second ordre.* Cette propriété a lieu, en effet, lorsque la sixième coordonnée est réduite à une constante, et elle subsiste évidemment quand on multiplie toutes les coordonnées par une fonction quelconque de α et de β.

Il est aisé maintenant de reconnaître que la condition précédente, qui est nécessaire, est aussi suffisante. En effet, si l'on désigne par x, y, z les coordonnées cartésiennes du centre de (S) et par R son rayon, on déduira facilement des développements donnés au Chapitre VI [I, p. 213] que les six coordonnées de la sphère sont des fonctions linéaires de

$$\lambda, \quad \lambda x, \quad \lambda y, \quad \lambda z, \quad \lambda R, \quad \lambda(x^2+y^2+z^2-R^2),$$

λ étant un facteur de proportionnalité. Si on le réduit à l'unité, on reconnaît que

$$1, \quad x, \quad y, \quad z, \quad R, \quad x^2+y^2+z^2-R^2$$

doivent satisfaire à une même équation linéaire aux dérivées partielles. On retrouve ainsi la condition qui nous a servi de point de départ; et, par suite, le théorème de M. Ribaucour est complètement établi.

On démontrerait de même que, *si des cercles sont normaux à deux surfaces et si chacun d'eux est rencontré en deux points par un des cercles infiniment voisins, tous ces cercles sont normaux à une famille de surfaces.*

478. Les systèmes que nous venons d'étudier et auxquels M. Ribaucour a donné le nom de *systèmes cycliques* jouent le rôle le plus important dans la théorie des surfaces à courbure constante. Pour le moment, nous allons rechercher comment on peut effectivement obtenir de tels systèmes, c'est-à-dire, d'après les propositions précédentes, des enveloppes de sphères pour lesquelles les lignes de courbure se correspondent sur les deux nappes.

Nous nous donnerons d'abord la surface (Σ) décrite par les centres des sphères, et nous chercherons à déterminer le rayon R des sphères de manière à satisfaire à la condition énoncée. Cela revient à déterminer les rayons incidents qui se réfléchissent sur (Σ) et dont les développables sont conservées par la réflexion.

Soient α et β les paramètres d'ailleurs quelconques qui fixent la position du point (x, y, z) sur (Σ). Il faudra exprimer qu'il existe une équation de la forme (34) admettant les cinq solutions

$$x,\quad y,\quad z,\quad \mathrm{R},\quad x^2+y^2+z^2-\mathrm{R}^2.$$

Désignons par la notation

$$\mathrm{D}_{\alpha\beta}(u_1, u_2, u_3, u_4, u_5, u_6) \tag{36}$$

le déterminant formé avec six fonctions, leurs dérivées premières et leurs dérivées secondes; on voit que R devra satisfaire à l'équation du second ordre

$$\mathrm{D}_{\alpha\beta}(x, y, z, 1, \mathrm{R}, x^2+y^2+z^2-\mathrm{R}^2) = 0. \tag{37}$$

En posant, pour abréger,

$$dx^2+dy^2+dz^2 = \mathrm{E}\,d\alpha^2+2\mathrm{F}\,d\alpha\,d\beta+\mathrm{G}\,d\beta^2, \tag{38}$$

on ramènera aisément l'équation précédente à la forme

$$\begin{vmatrix} E-\left(\frac{\partial R}{\partial \alpha}\right)^2 & F-\frac{\partial R}{\partial \alpha}\frac{\partial R}{\partial \beta} & G-\left(\frac{\partial R}{\partial \beta}\right)^2 & 0 & 0 \\ \frac{\partial^2 x}{\partial \alpha^2} & \frac{\partial^2 x}{\partial \alpha\,\partial \beta} & \frac{\partial^2 x}{\partial \beta^2} & \frac{\partial x}{\partial \alpha} & \frac{\partial x}{\partial \beta} \\ \frac{\partial^2 y}{\partial \alpha^2} & \cdots & \cdots & \cdots & \cdots \\ \frac{\partial^2 z}{\partial \alpha^2} & \cdots & \cdots & \cdots & \cdots \\ \frac{\partial^2 R}{\partial \alpha^2} & \cdots & \cdots & \cdots & \cdots \end{vmatrix} = 0.$$

Si l'on suppose, par exemple, que α et β soient les coordonnées rectangulaires x et y, on trouvera, après quelques réductions,

$$(39)\quad \left\{ \begin{aligned} &(1+p^2-p'^2)(st'-ts') \\ &\quad -(pq-p'q')(rt'-tr')+(1+q^2-q'^2)(rs'-sr')=0, \end{aligned} \right.$$

les lettres p, q, r, s, t désignant les dérivées de z et les lettres accentuées celles de R.

Cette équation du second ordre est celle que nous avons intégrée dans le Chapitre précédent lorsque la surface (Σ) est du second degré. On en connaît toujours des solutions particulières, qui correspondent au cas où la sphère mobile ayant son centre sur (Σ) couperait sous un angle constant une sphère fixe. Dans ce cas, en effet, les lignes de courbure se correspondent sur les deux nappes de l'enveloppe (n° 172); et, du reste, le déterminant (37) est évidemment nul, puisqu'il y a une relation linéaire entre les six fonctions avec lesquelles il est formé.

479. Prenons, par exemple,

$$R = nz.$$

Alors, si l'on considère des rayons incidents parallèles à l'axe des z et qui se réfractent en rencontrant la surface (Σ), l'anticaustique normale aux rayons réfractés sera (n° 450) l'enveloppe de toutes les sphères dont les rayons sont définis, en chaque point de la surface, par la formule précédente, pourvu que la constante n soit égale à l'indice de réfraction. Cette enveloppe se composera de deux nappes qui correspondront à des valeurs égales et de signes contraires de l'indice de réfraction. Comme la valeur précédente de R satisfait à l'équation (39), les lignes de courbure se correspondront sur les deux nappes de l'enveloppe, et elles correspondront à un système conjugué tracé sur la surface (Σ).

Soient ρ et ρ_1 les paramètres des deux familles qui composent ce système conjugué. Nous avons vu plus haut que l'on aura

$$(40)\qquad \frac{\partial x}{\partial \rho}\frac{\partial x}{\partial \rho_1}+\frac{\partial y}{\partial \rho}\frac{\partial y}{\partial \rho_1}+\frac{\partial z}{\partial \rho}\frac{\partial z}{\partial \rho_1}-\frac{\partial R}{\partial \rho}\frac{\partial R}{\partial \rho_1}=0.$$

Si l'on remplace R par nz, il viendra

$$\frac{\partial x}{\partial \rho}\frac{\partial x}{\partial \rho_1}+\frac{\partial y}{\partial \rho}\frac{\partial y}{\partial \rho_1}+(1-n^2)\frac{\partial z}{\partial \rho}\frac{\partial z}{\partial \rho_1}=0.$$

Construisons la surface (Σ') obtenue en diminuant les coordonnées z de tous les points de (Σ) dans le rapport de $\sqrt{1-n^2}$ à 1, c'est-à-dire la surface lieu du point

$$x'=x,\qquad y'=y,\qquad z'=z\sqrt{1-n^2}.$$

Le système (ρ, ρ_1) sera encore conjugué sur cette surface. De plus l'équation (40) prendra la forme

$$\frac{\partial x'}{\partial \rho}\frac{\partial x'}{\partial \rho_1}+\frac{\partial y'}{\partial \rho}\frac{\partial y'}{\partial \rho_1}+\frac{\partial z'}{\partial \rho}\frac{\partial z'}{\partial \rho_1}=0,$$

et, par conséquent, le système conjugué, étant orthogonal, sera formé des lignes de courbure de (Σ'). Ainsi :

Les lignes de courbure des anticaustiques par réfraction relatives à un système de rayons incidents, normaux à un plan (P), *qui se réfractent sur une surface* (Σ), *correspondent aux lignes de courbure de la surface* (Σ') *obtenue en diminuant les ordonnées normales à* (P) *des différents points de* (Σ) *dans le rapport de* $\sqrt{1-n^2}$ *à* 1.

Cette proposition, qui est équivalente à celle que nous avons donnée [I, p. 262], fera connaître les lignes de courbure des anticaustiques dans un grand nombre de cas et, en particulier, lorsque la surface (Σ) sera du second degré.

480. Nous donnerons ici une règle commode pour déterminer, dans le cas le plus général, les équations tangentielles de ces anticaustiques.

Désignons par x, y, z les coordonnées d'un point de la surface dirimante (Σ). Soit

$$(41) \qquad ax + by + cz + \delta = 0$$

l'équation du plan normal aux rayons incidents. De chaque point de (Σ) comme centre, avec le rayon

$$R = n\frac{ax + by + cz + \delta}{\sqrt{a^2 + b^2 + c^2}},$$

il faut décrire une sphère dont l'enveloppe donnera l'anticaustique (A'). On peut toujours supposer, pour simplifier, que l'équation du plan a été multipliée par une constante convenable, et que l'on a

$$(42) \qquad n = \sqrt{a^2 + b^2 + c^2},$$

ce qui donne pour le rayon R la valeur

$$(43) \qquad R = ax + by + cz + \delta.$$

L'équation tangentielle d'une sphère de centre (x, y, z) et de rayon R est

$$ux + vy + wz + p + R\sqrt{u^2 + v^2 + w^2} = 0.$$

Remplaçons R par sa valeur et supposons

$$(44) \qquad u^2 + v^2 + w^2 = 1;$$

nous aurons à prendre l'enveloppe des sphères représentées par l'équation

$$(45) \qquad (u + a)x + (v + b)y + (w + c)z + p + \delta = 0,$$

quand le point (x, y, z) décrit la surface (Σ). Le résultat est évident ; nous trouverons l'équation tangentielle de la surface dans laquelle on aurait remplacé u, v, w, p par $u + a, v + b, w + c, p + \delta$. Ainsi :

Pour obtenir l'équation de l'anticaustique relative aux rayons incidents qui sont normaux au plan représenté par l'équation (41), *on cherchera l'équation tangentielle homogène*

$$f(u, v, w, p) = 0$$

de la surface dirimante. Celle de l'anticaustique sera alors

$$f(u + a, v + b, w + c, p + \delta) = 0,$$

u, v, w étant supposés maintenant reliés par l'équation

$$u^2 + v^2 + w^2 = 1.$$

Considérons, par exemple, une surface à centre du second degré, rapportée à ses axes de symétrie. Son équation sera

$$(46)\qquad p^2 = Au^2 + Bv^2 + Cw^2,$$

et, par conséquent, celle de l'anticaustique (A) deviendra

$$(47)\qquad (p + \delta)^2 = A(u + a)^2 + B(v + b)^2 + C(w + c)^2.$$

Cette équation développée est de la forme

$$(48)\qquad (p + \delta)^2 = \alpha u^2 + \beta v^2 + \gamma w^2 + 2\alpha' u + 2\beta' v + 2\gamma' w,$$

déjà considérée au n° 457. Elle représente, avec des axes convenablement choisis, la surface la plus générale définie par la condition d'*être corrélative d'une surface du quatrième ordre à conique double et d'admettre elle-même comme conique double le cercle de l'infini.*

Réciproquement, il est possible de démontrer qu'une surface de cette définition peut être considérée comme une anticaustique relativement à quatre surfaces différentes du second degré. Si l'on identifie, en effet, les équations (47) et (48), on sera conduit à la relation

$$\begin{aligned}(\alpha - A)u^2 + (\beta - B)v^2 + (\gamma - C)w^2\\ + 2(\alpha' - Aa)u + 2(\beta' - Bb)v + 2(\gamma' - Cc)w - Aa^2 - Bb^2 - Cc^2 = 0.\end{aligned}$$

Elle ne peut avoir lieu que si l'on a

$$\begin{gathered}\alpha' = Aa, \qquad \beta' = Bb, \qquad \gamma' = Cc,\\ \alpha - A = \lambda, \qquad \beta - B = \lambda, \qquad \gamma - C = \lambda,\\ \lambda = Aa^2 + Bb^2 + Cc^2.\end{gathered}$$

On obtient ainsi

$$A = \alpha - \lambda, \qquad B = \beta - \lambda, \qquad C = \gamma - \lambda;$$

$$a = \frac{\alpha'}{\alpha - \lambda}, \qquad b = \frac{\beta'}{\beta - \lambda}, \qquad c = \frac{\gamma'}{\gamma - \lambda},$$

$$f(\lambda) = \lambda - \frac{\alpha'^2}{\alpha - \lambda} - \frac{\beta'^2}{\beta - \lambda} - \frac{\gamma'^2}{\gamma - \lambda} = 0.$$

L'équation en λ fera connaître quatre valeurs différentes de cette inconnue, auxquelles correspondront quatre surfaces différentes du second degré. Ces surfaces seront homofocales; l'indice relatif à chaque réfraction aura pour valeur

$$(19) \qquad n = \sqrt{1 - f'(\lambda)};$$

et, par suite, la réfraction ne se changera en une réflexion que dans le cas exceptionnel où l'équation en λ aura une racine double ([1]).

481. Dans les applications précédentes, nous avons considéré comme donnée la surface des centres (Σ), et nous avons cherché le rayon R, c'est-à-dire nous avons déterminé les rayons incidents. Donnons-nous maintenant les rayons incidents, qui seront normaux à une surface (A), et proposons-nous de déterminer les surfaces (Σ) sur lesquelles on peut faire réfléchir ces rayons de telle manière que les développables soient conservées par la réflexion. D'après le théorème de Dupin, ce problème peut s'énoncer ainsi :

Étant donnée la surface (A), *déterminer toutes les surfaces* (Σ) *sur lesquelles les développables formées par les normales de* (A) *découpent un réseau conjugué.*

Soient x, y, z les coordonnées d'un point de (A), c, c', c'' les cosinus directeurs de la normale en ce point. Rapportons la surface au système de coordonnées (ρ, ρ_1) formé par les lignes de

([1]) Consulter sur ce sujet :

LAGUERRE, *Sur la transformation par directions réciproques* (*Comptes rendus*, t. XCII, p. 71; 1881).

DARBOUX, *Détermination des lignes de courbure de toutes les surfaces de quatrième classe, corrélatives des cyclides, qui admettent le cercle de l'infini comme ligne double* (même Recueil et même tome, p. 29).

courbure. Nous aurons les équations d'Olinde Rodrigues

$$(50)\qquad \frac{\partial x}{\partial \rho} + R\frac{\partial c}{\partial \rho} = 0, \qquad \frac{\partial y}{\partial \rho} + R\frac{\partial c'}{\partial \rho} = 0, \qquad \frac{\partial z}{\partial \rho} + R\frac{\partial c''}{\partial \rho} = 0,$$

$$(51)\qquad \frac{\partial x}{\partial \rho_1} + R_1\frac{\partial c}{\partial \rho_1} = 0, \qquad \frac{\partial y}{\partial \rho_1} + R_1\frac{\partial c'}{\partial \rho_1} = 0, \qquad \frac{\partial z}{\partial \rho_1} + R_1\frac{\partial c''}{\partial \rho_1} = 0,$$

où R et R_1 désignent les deux rayons de courbure principaux. Si l'on pose

$$(52)\qquad X = x + cR, \qquad Y = y + c'R, \qquad Z = z + c''R,$$

X, Y, Z seront les coordonnées de l'un des centres de courbure et devront être des solutions particulières d'une équation de la forme

$$(53)\qquad \frac{\partial^2 \theta}{\partial \rho\, \partial \rho_1} + \alpha\frac{\partial \theta}{\partial \rho} + \beta\frac{\partial \theta}{\partial \rho_1} = 0,$$

que l'on obtiendrait en éliminant x et c entre les trois premières équations des groupes (50), (51) et (52), mais qu'il est inutile de former; on reconnaît immédiatement que sa solution générale s'obtiendra en prenant les valeurs les plus générales de λ, μ satisfaisant aux deux équations

$$(54)\qquad \frac{\partial \lambda}{\partial \rho} + R\frac{\partial \mu}{\partial \rho} = 0, \qquad \frac{\partial \lambda}{\partial \rho_1} + R_1\frac{\partial \mu}{\partial \rho_1} = 0,$$

et en les portant dans la suivante

$$(55)\qquad \theta = \lambda + \mu R.$$

Cette remarque nous donne la solution de la question proposée. Nous avons vu, en effet (n° 418), comment on détermine toutes les surfaces (Σ) qui sont coupées suivant des courbes conjuguées par les développables d'une congruence, lorsqu'on connaît une des surfaces focales de la congruence et le système conjugué tracé sur cette surface. Appliquons cette solution générale à la congruence formée par les normales de la surface (A). Les coordonnées homogènes du centre de courbure étant X, Y, Z, 1, on aura ici, en appliquant les formules (5) [p. 222],

$$X_0 = X\frac{\partial \theta}{\partial \rho} - \theta\frac{\partial X}{\partial \rho}, \qquad Y_0 = Y\frac{\partial \theta}{\partial \rho} - \theta\frac{\partial Y}{\partial \rho}, \qquad Z_0 = Z\frac{\partial \theta}{\partial \rho} - \theta\frac{\partial Z}{\partial \rho},$$

$$T_0 = \frac{\partial \theta}{\partial \rho},$$

θ étant la solution la plus générale de l'équation (53) et X_0, Y_0, Z_0, T_0 désignant les coordonnées homogènes du point de la surface cherchée (Σ). Si l'on remplace X, Y, Z, θ par leurs valeurs déduites des formules (52) et (55), on trouve ainsi

$$(56) \qquad X_1 = x - c\frac{\lambda}{\mu}, \qquad Y_1 = y - c'\frac{\lambda}{\mu}, \qquad Z_1 = z - c''\frac{\lambda}{\mu},$$

X_1, Y_1, Z_1 désignant maintenant les coordonnées rectangulaires du point cherché et λ, μ les solutions les plus générales du système (54).

On voit que tout se ramène à l'intégration de ce système (54). On en connaît déjà des solutions particulières

$$\lambda = x, \quad \mu = c; \quad \lambda = y, \quad \mu = c'; \quad \lambda = z, \quad \mu = c'';$$
$$\lambda = x^2 + y^2 + z^2, \quad \mu = 2cx + 2c'y + 2c''z.$$

Par suite, si l'on élimine λ entre les deux équations (54), on sera conduit à l'équation aux dérivées partielles suivante

$$(57) \qquad \frac{\partial}{\partial \rho_1}\left(R\frac{\partial \mu}{\partial \rho}\right) - \frac{\partial}{\partial \rho}\left(R_1\frac{\partial \mu}{\partial \rho_1}\right) = 0,$$

qui, devant admettre les solutions particulières c, c', c'', sera nécessairement l'*équation tangentielle* relative au système conjugué formé par les lignes de courbure de la surface (A).

Nous avons vu (n° 162) que l'intégration de cette équation équivaut à la détermination de toutes les surfaces ayant même représentation sphérique de leurs lignes de courbure que (A).

La sphère qui est normale au rayon incident et au rayon réfléchi a son centre au point (X_1, Y_1, Z_1) et elle touche la surface (A) au point (x, y, z). Son équation s'obtient donc sans difficulté; on peut lui donner la forme suivante :

$$(58) \qquad \left\{ \begin{aligned} &\frac{\mu}{2\lambda}[(X-x)^2 + (Y-y)^2 + (Z-z)^2] \\ &\quad + c(X-x) + c'(Y-y) + c''(Z-z) = 0. \end{aligned} \right.$$

Pour déterminer les points où elle touche son enveloppe, on la différentiera successivement par rapport à ρ et à ρ_1, ce qui donnera, en tenant compte du système (54), les deux équations

$$(59)\quad \left\{\begin{aligned} &\frac{\frac{\partial\mu}{\partial\rho}}{2\lambda}[(X-x)^2+(Y-y)^2+(Z-z)^2] \\ &\qquad + \frac{\partial c}{\partial\rho}(X-x)+\frac{\partial c'}{\partial\rho}(Y-y)+\frac{\partial c''}{\partial\rho}(Z-z)=0, \\ &\frac{\frac{\partial\mu}{\partial\rho_1}}{2\lambda}[(X-x)^2+(Y-y)^2+(Z-z)^2] \\ &\qquad + \frac{\partial c}{\partial\rho_1}(X-x)+\frac{\partial c'}{\partial\rho_1}(Y-y)+\frac{\partial c''}{\partial\rho_1}(Z-z)=0, \end{aligned}\right.$$

qui représentent un cercle coupant la sphère aux deux points cherchés.

L'un de ces deux points est évidemment le pied de la normale

$$X=x,\qquad Y=y,\qquad Z=z.$$

Les plans tangents en ce point aux trois sphères représentées par les équations (58), (59) s'obtiennent immédiatement; ce sont le plan tangent et les deux plans principaux de la surface (A). Par suite, les trois sphères sont orthogonales et *le cercle représenté par les équations* (59) *est celui qui est normal aux deux nappes de l'enveloppe.*

482. Comme on peut toujours ajouter à μ une constante ρ_2 sans que le système (54) cesse d'être vérifié, on voit que les enveloppes des sphères représentées par l'équation

$$(60)\quad \left\{\begin{aligned} &\frac{\mu+\rho_2}{2\lambda}[(X-x)^2+(Y-y)^2+(Z-z)^2] \\ &\qquad + c(X-x)+c'(Y-y)+c''(Z-z)=0 \end{aligned}\right.$$

admettront comme trajectoires orthogonales tous les cercles représentés par les équations (59). Nous obtenons ainsi le système triple orthogonal dont nous avions établi l'existence au n° 476; et les valeurs de ρ, ρ_1, ρ_2 tirées des formules (59) et (60) seront les paramètres des trois familles qui le composent.

Voici quelques formules relatives à ce système :

Introduisons la fonction auxiliaire θ définie par la relation

$$(61)\qquad X-x)^2+(Y-y)^2+(Z-z)^2=-2\lambda\theta.$$

Les formules (59) et (60) pourront être remplacées par le système suivant :

$$(62)\quad \begin{cases} c(X-x)+c'(Y-y)+c''(Z-z)=\theta(\mu+\rho_2), \\ \dfrac{\partial c}{\partial\rho}(X-x)+\dfrac{\partial c'}{\partial\rho}(Y-y)+\dfrac{\partial c''}{\partial\rho}(Z-z)=\theta\dfrac{\partial\mu}{\partial\rho}, \\ \dfrac{\partial c}{\partial\rho_1}(X-x)+\dfrac{\partial c'}{\partial\rho_1}(Y-y)+\dfrac{\partial c''}{\partial\rho_1}(Z-z)=\theta\dfrac{\partial\mu}{\partial\rho_1}. \end{cases}$$

Ces équations peuvent être résolues par rapport à X, Y, Z et nous donnent

$$(63)\quad \begin{cases} X-x=\theta(\mu+\rho_2)c+\dfrac{\theta}{e}\dfrac{\partial\mu}{\partial\rho}\dfrac{\partial c}{\partial\rho}+\dfrac{\theta}{g}\dfrac{\partial\mu}{\partial\rho_1}\dfrac{\partial c}{\partial\rho_1}, \\ Y-y=\theta(\mu+\rho_2)c'+\dfrac{\theta}{e}\dfrac{\partial\mu}{\partial\rho}\dfrac{\partial c'}{\partial\rho}+\dfrac{\theta}{g}\dfrac{\partial\mu}{\partial\rho_1}\dfrac{\partial c'}{\partial\rho_1}, \\ Z-z=\theta(\mu+\rho_2)c''+\dfrac{\theta}{e}\dfrac{\partial\mu}{\partial\rho}\dfrac{\partial c''}{\partial\rho}+\dfrac{\theta}{g}\dfrac{\partial\mu}{\partial\rho_1}\dfrac{\partial c''}{\partial\rho_1}, \end{cases}$$

e et g étant les quantités définies par l'identité

$$(64)\qquad dc^2+dc'^2+dc''^2=e\,d\rho^2+g\,d\rho_1^2.$$

Si l'on porte les valeurs de X, Y, Z tirées des formules (63) dans l'équation (61), on aura la relation

$$(65)\qquad \frac{2\lambda}{\theta}+(\mu+\rho_2)^2+\frac{1}{e}\left(\frac{\partial\mu}{\partial\rho}\right)^2+\frac{1}{g}\left(\frac{\partial\mu}{\partial\rho_1}\right)^2=0,$$

qui fera connaître θ.

Des différentiations nous donneront ensuite les dérivées de X, Y, Z par rapport à ρ, ρ_1, ρ_2. On trouve ainsi

$$(66)\quad \frac{\partial X}{\partial\rho}=\frac{1}{\theta}\frac{\partial\theta}{\partial\rho}\left[X-x+\lambda\frac{\dfrac{\partial c}{\partial\rho}}{\dfrac{\partial\mu}{\partial\rho}}\right],\qquad \frac{\partial X}{\partial\rho_1}=\frac{1}{\theta}\frac{\partial\theta}{\partial\rho_1}\left[X-x+\lambda\frac{\dfrac{\partial c}{\partial\rho_1}}{\dfrac{\partial\mu}{\partial\rho_1}}\right]$$

$$(67)\qquad \frac{\partial X}{\partial\rho_2}=\frac{\mu+\rho_2}{\lambda}\theta\left[X-x+\frac{c\lambda}{\mu+\rho_2}\right],$$

et des formules analogues pour les dérivées de Y et de Z. Ces valeurs permettent de vérifier aisément les relations d'orthogonalité. On en déduit, pour l'élément linéaire relatif au système orthogonal, la formule

$$(68) \qquad ds^2 = \theta^2 d\rho_2^2 + \left(\frac{\lambda \frac{\partial\theta}{\partial\rho}}{\theta\frac{\partial\mu}{\partial\rho}}\right)^2 e\, d\rho^2 + \left(\frac{\lambda \frac{\partial\theta}{\partial\rho_1}}{\theta\frac{\partial\mu}{\partial\rho_1}}\right)^2 g\, d\rho_1^2,$$

où il faudra remplacer θ par sa valeur tirée de l'équation (65).

Lorsqu'on donnera à ρ_2 différentes valeurs constantes, on aura les différentes surfaces qui sont les trajectoires orthogonales des cercles représentés par les équations (59). La surface (A) correspond à l'hypothèse $\rho_2 = \infty$. Il résulte d'ailleurs de la forme des expressions de X, Y, Z, θ par rapport à ρ_2 que quatre trajectoires orthogonales fixes couperont chaque cercle en quatre points dont le rapport anharmonique sera constant. M. Ribaucour a beaucoup insisté sur cette propriété et en a déduit différentes conséquences.

Si l'on prend pour les cosinus directeurs de la normale à une des surfaces les valeurs γ, γ', γ'' définies, en grandeur *et en signe*, par des formules telles que les suivantes

$$(69) \qquad \gamma = c + (X - x)\frac{\mu + \rho_2}{\lambda}, \qquad \ldots,$$

les rayons de courbure principaux R′, R'_1 de la surface seront définis par les relations élégantes

$$(70) \quad R'\frac{\partial\theta}{\partial\rho} + \frac{\partial}{\partial\rho}\left[\frac{\theta(\mu+\rho_2)}{\lambda}\right] = 0, \qquad R'_1\frac{\partial\theta}{\partial\rho_1} + \frac{\partial}{\partial\rho_1}\left[\frac{\theta(\mu+\rho_2)}{\lambda}\right] = 0.$$

Si l'on se reporte à la *fig.* 31 en supposant que x, y, z soient les coordonnées du point A, on déterminera aisément tous les éléments de la figure. Les coordonnées de M et de B seront données par les formules (56) et (63); celles de C et de D par les suivantes

$$(71) \quad \left\{\begin{aligned} X_C &= x - \lambda\frac{\frac{\partial c}{\partial\rho}}{\frac{\partial\mu}{\partial\rho}} = x - \lambda\frac{\frac{\partial x}{\partial\rho}}{\frac{\partial\lambda}{\partial\rho}},\\ X_D &= x - \lambda\frac{\frac{\partial c}{\partial\rho_1}}{\frac{\partial\mu}{\partial\rho_1}} = x - \lambda\frac{\frac{\partial x}{\partial\rho_1}}{\frac{\partial\lambda}{\partial\rho_1}},\end{aligned}\right.$$

auxquelles on ajoutera les valeurs analogues pour Y et Z.

La détermination des systèmes orthogonaux précédents repose sur l'intégration du système (54). Si l'on prenait pour λ et μ les combinaisons linéaires suivantes

$$\begin{aligned}\lambda &= hx + ky + lz + m + \quad n(x^2 + y^2 + z^2),\\ \mu &= hc + kc' + lc'' + \rho_2 + 2n(cx + c'y + c''z)\end{aligned}$$

des solutions signalées plus haut, on retrouverait le cas particulier déjà étudié [I, p. 258 et suiv.], dans lequel les cercles de la congruence sont normaux deux fois à une sphère ou à un plan. La détermination complète des systèmes orthogonaux correspondants exige seulement l'intégration de l'équation différentielle des lignes de courbure sur la surface proposée.

483. La proposition fondamentale, d'après laquelle les *six* coordonnées de la sphère qui enveloppe une surface sur les deux nappes de laquelle les lignes de courbure se correspondent satisfont à une même équation linéaire du second ordre, peut recevoir un grand nombre d'applications. Nous verrons, par exemple, que, lorsque les six coordonnées satisfont à l'équation élémentaire

$$\frac{\partial^2 z}{\partial \alpha\, \partial \beta} = 0,$$

la sphère enveloppe la surface la plus générale ayant ses lignes de courbure sphériques dans les deux systèmes; de sorte que la détermination de toute surface à lignes de courbure sphériques dans les deux systèmes se ramène à celle de six fonctions A_i de α et de six fonctions B_i de β vérifiant l'identité

$$\sum_1^6 (A_i - B_i)^2 = 0.$$

On obtiendra de même toutes les surfaces à lignes de courbure sphériques dans un seul système en déterminant toutes les sphères dont les six coordonnées satisfont à une équation linéaire dont un des invariants est égal à zéro. Nous nous contenterons maintenant de ces indications; et nous terminerons ce Chapitre, ainsi que le Livre destiné aux congruences, en remarquant que l'on peut étendre la proposition précédente aux congruences rectilignes.

Soient (G) une congruence de droites, (Σ) et (Σ_1) les deux nappes de sa surface focale; chaque droite de la congruence, touchant en un point la nappe (Σ) et en un point la nappe (Σ_1), établit ainsi une correspondance point par point entre ces deux nappes. Les lignes asymptotiques de (Σ) ne correspondent pas, en général, à celles de (Σ_1). Mais, si l'on emploie la transformation de M. Lie en l'appliquant à la proposition que nous avons étudiée relativement aux enveloppes de sphères, on est immédiatement conduit au résultat suivant :

La condition nécessaire et suffisante pour que les lignes asymptotiques se correspondent sur les deux nappes (Σ), (Σ_1) *est que les six coordonnées de chaque droite de la congruence, qui sont fonctions de deux paramètres variables, vérifient une même équation linéaire aux dérivées partielles du second ordre.*

Appliquons cette proposition aux congruences de normales; x, y, z désignant les coordonnées du pied de la normale, les six coordonnées de la normale sont

$$-x-pz, \quad y+qz, \quad py-qx, \quad -q, \quad -p, \quad 1,$$

p et q désignant les dérivées de z. Prenons, par exemple, x et y comme variables indépendantes; la condition pour que les lignes asymptotiques se correspondent sur les deux nappes de la surface des centres est

$$D_{xy}(x+pz, y+qz, py-qx, p, q, 1)=0.$$

Cette équation aux dérivées partielles du troisième ordre est celle des surfaces *pour lesquelles les rayons de courbure principaux sont fonctions l'un de l'autre.*

LIVRE V.

DES LIGNES TRACÉES SUR LES SURFACES.

CHAPITRE I.

FORMULES GÉNÉRALES.

Définition d'un trièdre trirectangle (T) lié à chaque élément de la surface. — Application des formules données dans le Livre I relativement aux déplacements qui dépendent de deux paramètres. — Systèmes de formules (A) et (B). — Directions conjuguées. — Lignes asymptotiques. — Lignes de courbure; équation aux rayons de courbure principaux. — Propriété cinématique des lignes de courbure. — Formules relatives à une courbe quelconque tracée sur la surface. — Théorème de Meusnier. — Courbure normale; courbure géodésique. — Éléments du troisième ordre. — Formules de MM. O. Bonnet et Laguerre. — Sphère osculatrice.

484. Nous nous proposons maintenant de reprendre l'étude des surfaces en la rattachant directement aux développements donnés dans le Livre I. Nous ferons connaître d'abord différents systèmes de formules parmi lesquelles se trouvent celles que l'on doit à M. Codazzi.

Considérons une surface quelconque; on peut lier l'étude de cette surface à celle du mouvement d'un système mobile en opérant de la manière suivante.

M désignant un point de la surface, construisons un trièdre trirectangle (T) dont le sommet soit en M et dont l'axe des z soit la normale en M; les axes des x et des y seront, par suite, situés dans le plan tangent à la surface. Ces axes seront parfaitement déterminés si l'on connaît, pour chaque position du point M, l'angle de l'axe des x avec l'une des lignes coordonnées, par exemple avec la tangente à la courbe $v = \text{const.}$ Sans indiquer, pour le moment, rien de plus précis relativement à leur position dans le plan tangent, nous allons montrer comment les propriétés de la surface et des courbes qui y sont tracées se déduisent de l'étude du mouvement du trièdre (T).

Remarquons d'abord que, si l'on conserve toutes les notations du Chapitre VII [I, p. 66], ce mouvement est caractérisé par les équations

$$\zeta = 0, \qquad \zeta_1 = 0,$$

qui expriment que la surface décrite par le sommet du trièdre est tangente au plan des xy.

Alors les formules du Livre I [I, p. 49 et 66] nous donnent le système suivant :

$$(\text{A}) \quad \left\{ \begin{aligned} &\frac{\partial p}{\partial v} - \frac{\partial p_1}{\partial u} = q r_1 - r q_1, && \frac{\partial \xi}{\partial v} - \frac{\partial \xi_1}{\partial u} = \eta r_1 - r \eta_1, \\ &\frac{\partial q}{\partial v} - \frac{\partial q_1}{\partial u} = r p_1 - p r_1, && \frac{\partial \eta}{\partial v} - \frac{\partial \eta_1}{\partial u} = r \xi_1 - \xi r_1, \\ &\frac{\partial r}{\partial v} - \frac{\partial r_1}{\partial u} = p q_1 - q p_1, && p \eta_1 - \eta p_1 + \xi q_1 - q \xi_1 = 0, \end{aligned} \right.$$

et il résulte évidemment des propositions établies au Livre I qu'*à tout système de valeurs des quantités $p, \ldots, \xi, \ldots$, satisfaisant à ces équations, correspondra un mouvement parfaitement déterminé, et par conséquent une seule surface.*

Si un point rapporté au trièdre (T) a pour coordonnées x, y, z, on aura, en appliquant les formules (4) [I, p. 67],

$$(\text{B}) \quad \left\{ \begin{aligned} &dx + \xi\, du + \xi_1\, dv + (q\, du + q_1\, dv) z - (r\, du + r_1\, dv) y, \\ &dy + \eta\, du + \eta_1\, dv + (r\, du + r_1\, dv) x - (p\, du + p_1\, dv) z, \\ &dz \qquad\qquad\qquad + (p\, du + p_1\, dv) y - (q\, du + q_1\, dv) x, \end{aligned} \right.$$

pour les projections de son déplacement sur les axes du trièdre mobile, quand u et v prendront des accroissements du, dv.

485. Considérons, en particulier, la surface proposée, qui est parcourue par l'origine du trièdre mobile ; ds désignant la différentielle de l'arc de courbe décrit par cette origine et ω l'angle que fait la tangente à cette courbe avec l'axe des x du trièdre mobile, on aura

$$(1) \qquad ds \cos\omega = \xi\, du + \xi_1\, dv, \qquad ds \sin\omega = \eta\, du + \eta_1\, dv.$$

Ces formules feront connaître l'élément linéaire de la surface, qui aura pour expression

$$(2)\qquad ds^2 = (\xi\, du + \xi_1\, dv)^2 + (\eta\, du + \eta_1\, dv)^2.$$

Imaginons que, par un point fixe O de l'espace, on mène des droites parallèles aux axes du trièdre (T). On formera ainsi un trièdre (T_1) dont les rotations seront les mêmes que celles du trièdre (T). Si l'on considère le point m à la distance 1 sur l'axe des z de ce trièdre, il décrira une sphère (S) de rayon 1; ce sera évidemment le point qui correspond à M lorsqu'on effectue la représentation sphérique de la surface proposée sur la sphère (S) d'après la règle que nous avons indiquée.

D'ailleurs, si nous appliquons les formules (4) [I, p. 48] relatives au déplacement d'un trièdre ayant un point fixe, nous trouverons pour les projections du déplacement du point m sur les axes du trièdre (T_1) ou, ce qui est la même chose, sur ceux du trièdre (T), les valeurs suivantes :

$$q\, du + q_1\, dv, \qquad -p\, du - p_1\, dv, \qquad 0.$$

Par suite, si nous désignons par $d\sigma$ l'arc de courbe décrit par le point m et par θ l'angle que fait cet arc avec l'axe des x du trièdre (T), on aura

$$(3)\qquad d\sigma \cos\theta = q\, du + q_1\, dv, \qquad d\sigma \sin\theta = -(p\, du + p_1\, dv).$$

L'élément linéaire de la sphère sur laquelle on effectue la représentation de la surface aura donc pour valeur

$$(4)\qquad d\sigma^2 = (p\, du + p_1\, dv)^2 + (q\, du + q_1\, dv)^2.$$

Enfin l'angle $\omega - \theta$ d'une courbe tracée sur la surface avec sa représentation sphérique sera déterminé par l'une ou l'autre des deux équations

$$(5)\qquad \begin{cases} d\sigma \sin(\omega - \theta) = (p\, du + p_1\, dv)\cos\omega + (q\, du + q_1\, dv)\sin\omega, \\ d\sigma \cos(\omega - \theta) = (q\, du + q_1\, dv)\cos\omega - (p\, du + p_1\, dv)\sin\omega. \end{cases}$$

Ces formules nous seront très utiles. Nous allons maintenant résoudre quelques-unes des questions les plus importantes qui se présentent dans les applications.

486. Proposons-nous d'abord d'établir la relation qui doit exister entre deux tangentes conjuguées. Si le point M de la surface décrit une courbe, on obtiendra la conjuguée de la tangente à cette courbe en prenant l'intersection du plan tangent en M avec le plan tangent au point infiniment voisin de la courbe; en d'autres termes, la conjuguée est la caractéristique du plan tangent dans le mouvement du trièdre; elle est le lieu des points de ce plan dont la vitesse est dirigée dans le plan. Les formules (B) donnent les composantes de cette vitesse; si l'on écrit que la composante relative à Mz est nulle, on obtiendra l'équation

$$(p\,du + p_1\,dv)y - (q\,du + q_1\,dv)x = 0,$$

qui représente la tangente conjuguée. Appelons ω' l'angle qu'elle fait avec l'axe des x du trièdre (T); x et y seront proportionnels à $\cos\omega'$, $\sin\omega'$, et l'équation précédente deviendra

$$(6) \qquad (p\,du + p_1\,dv)\sin\omega' - (q\,du + q_1\,dv)\cos\omega' = 0.$$

Désignons par la lettre δ les différentielles relatives à un déplacement suivant la direction conjuguée; on aura

$$\delta s\cos\omega' = \xi\,\delta u + \xi_1\,\delta v, \qquad \delta s\sin\omega' = \eta\,\delta u + \eta_1\,\delta v.$$

En substituant ces valeurs de $\sin\omega'$, $\cos\omega'$ dans l'équation que nous venons d'obtenir, on trouvera

$$(7) \qquad \left\{ \begin{aligned} &(p\eta - q\xi)\,du\,\delta u + (p_1\eta_1 - q_1\xi_1)\,dv\,\delta v \\ &+ (p\eta_1 - q\xi_1)\,du\,\delta v + (p_1\eta - q_1\xi)\,\delta u\,dv = 0. \end{aligned} \right.$$

Cette relation est, comme il fallait s'y attendre, parfaitement symétrique par rapport aux différentielles d, δ; car les coefficients de $du\,\delta v$ et de $\delta u\,dv$ sont égaux en vertu de la dernière des formules (A). Il suit de là que la relation (6) peut aussi être écrite sous la forme suivante :

$$(6)' \qquad (p\,\delta u + p_1\,\delta v)\sin\omega - (q\,\delta u + q_1\,\delta v)\cos\omega = 0.$$

On pourrait encore établir comme il suit la relation entre deux tangentes conjuguées. On déduit des formules précédentes (3)

$$(8) \quad d\tau\cos(\omega' - \theta) = (q\,du + q_1\,dv)\cos\omega' - (p\,du + p_1\,dv)\sin\omega'.$$

Or, si les deux directions définies par les angles ω, ω' sont conjuguées, on aura, d'après une propriété déjà démontrée [I, p. 201],

$$\omega' - \theta = \frac{\pi}{2}.$$

En introduisant cette hypothèse dans l'équation (8), on sera conduit de nouveau à la relation (6).

487. Si l'on suppose que les deux directions conjuguées coïncident, il faudra remplacer partout δ par d, ω' par ω ; et l'on aura l'équation différentielle des lignes asymptotiques sous les deux formes suivantes :

$$(9)\quad \begin{cases} (p\eta - q\xi)\,du^2 + (p\eta_1 - q\xi_1 + p_1\eta - q_1\xi)\,du\,dv + (p_1\eta_1 - q_1\xi_1)\,dv^2 = 0, \\ (p\,du + p_1\,dv)\sin\omega - (q\,du + q_1\,dv)\cos\omega = 0. \end{cases}$$

En comparant la seconde de ces équations à l'une des formules (5), on reconnaît immédiatement une propriété caractéristique des lignes asymptotiques; *elles font, en chaque point, un angle droit avec l'élément correspondant de leur représentation sphérique.*

La seconde équation (9) exprime aussi, nous le verrons plus loin, que le plan osculateur de la ligne asymptotique est tangent à la surface.

488. Cherchons maintenant l'équation différentielle des lignes de courbure. On obtient toutes les propriétés essentielles relatives à ces lignes en se plaçant à des points de vue divers, que nous allons successivement examiner.

On peut d'abord chercher les déplacements du trièdre mobile pour lesquels la normale à la surface, axe des z de ce trièdre, engendre une surface développable.

Pour qu'il en soit ainsi, il faudra qu'il existe sur l'axe des z du trièdre mobile un point variable

$$x = 0, \qquad y = 0, \qquad z = \rho,$$

décrivant, dans le mouvement considéré, une courbe constamment tangente à cet axe. Or les projections du déplacement de ce point quand u et v prennent les accroissements du, dv sont, d'après les formules (B),

$$\xi\, du + \xi_1\, dv + (q\, du + q_1\, dv)\rho,$$
$$\eta\, du + \eta_1\, dv - (p\, du + p_1\, dv)\rho,$$
$$d\rho.$$

Pour que la courbe décrite soit tangente à l'axe des z, il est nécessaire et suffisant que les deux premières projections soient nulles. On a donc

$$(10)\qquad \begin{cases} \xi\, du + \xi_1\, dv + \rho(q\, du + q_1\, dv) = 0, \\ \eta\, du + \eta_1\, dv - \rho(p\, du + p_1\, dv) = 0. \end{cases}$$

Ces deux équations font connaître à la fois $\frac{du}{dv}$ et ρ. Cette dernière quantité est évidemment le rayon de courbure principal correspondant à la ligne de courbure considérée.

Si l'on élimine ρ, on obtient l'équation différentielle

$$(11)\quad (p\, du + p_1\, dv)(\xi\, du + \xi_1\, dv) + (q\, du + q_1\, dv)(\eta\, du + \eta_1\, dv) = 0,$$

qui caractérise les deux lignes de courbure. On peut lui donner la forme suivante

$$(11)_a\qquad (p\, du + p_1\, dv)\cos\omega + (q\, du + q_1\, dv)\sin\omega = 0,$$

qui, rapprochée des formules (5), montre que *les tangentes à une ligne de courbure et à son image sphérique sont parallèles.*

Si l'on élimine au contraire $\frac{du}{dv}$, on obtiendra l'équation aux rayons de courbure principaux

$$(12)\quad \rho^2(pq_1 - qp_1) + \rho(q\eta_1 - q_1\eta - \xi p_1 + \xi_1 p) + \xi\eta_1 - \eta\xi_1 = 0.$$

489. On retrouve encore les lignes de courbure en étudiant une des questions fondamentales relatives au déplacement du trièdre (T). Nous avons vu que, parmi les mouvements infiniment petits qui se produisent à partir d'une position donnée, il y en a deux, réels ou imaginaires, qui se réduisent à des rotations. La valeur de $\frac{du}{dv}$ et l'axe de rotation relatifs à ces mouvements sont définis par les équations (6) [I, p. 68] qui se réduisent ici aux suivantes :

$$(13)\quad \left\{\begin{aligned} &\xi\,du + \xi_1\,dv + (q\,du + q_1\,dv)z - (r\,du + r_1\,dv)y = 0,\\ &\eta\,du + \eta_1\,dv + (r\,du + r_1\,dv)x - (p\,du + p_1\,dv)z = 0,\\ &\qquad\qquad (p\,du + p_1\,dv)y - (q\,du + q_1\,dv)x = 0. \end{aligned}\right.$$

On en déduit d'abord l'équation

$$(p\,du + p_1\,dv)(\xi\,du + \xi_1\,dv) + (q\,du + q_1\,dv)(\eta\,du + \eta_1\,dv) = 0,$$

qui définit les valeurs de $\frac{du}{dv}$ correspondantes aux deux rotations. Or, dans le cas qui nous occupe, l'équation précédente est celle des lignes de courbure.

De plus, l'axe de rotation relatif à chaque ligne de courbure va rencontrer la normale à la surface au centre de courbure correspondant. Cela résulte de la comparaison des formules (10) et (13). En réunissant tous ces résultats, nous pouvons énoncer la proposition suivante :

Dans le déplacement du trièdre (T) *lié à la surface, les mouvements infiniment petits qui se réduisent à des rotations sont toujours réels; ils correspondent à des déplacements de l'origine s'effectuant suivant les lignes de courbure de la surface. Les axes correspondants à ces rotations, qui sont évidemment situés, pour chaque ligne de courbure, dans le plan normal à cette ligne, vont en outre passer par le centre de courbure principal correspondant.*

490. Il nous reste maintenant à étudier les propriétés relatives à une courbe quelconque tracée sur la surface. Nous avons déjà obtenu les formules relatives à la tangente

$$(14)\quad \left\{\begin{aligned} \cos\omega &= \frac{\xi\,du + \xi_1\,dv}{ds},\\ \sin\omega &= \frac{\eta\,du + \eta_1\,dv}{ds}. \end{aligned}\right.$$

Nous allons maintenant indiquer celles qui concernent la normale principale.

Nous savons [I, p. 11] que si, par un point fixe de l'espace, on mène une parallèle à la tangente de la courbe, d'une longueur égale à l'unité, la vitesse de l'extrémité de cette parallèle, en supposant que l'arc de la courbe soit égal au temps, sera égale en grandeur à la courbure de la courbe $\frac{1}{\rho}$ et aura la direction et le sens de la normale principale.

Or si, par le même point fixe, on mène des parallèles aux arêtes du trièdre mobile, on formera le nouveau trièdre (T_1) déjà défini, dont les rotations seront, quand on se déplacera sur la courbe,

$$\frac{p\,du + p_1\,dv}{ds}, \quad \frac{q\,du + q_1\,dv}{ds}, \quad \frac{r\,du + r_1\,dv}{ds}.$$

L'extrémité de la parallèle à la tangente aura pour coordonnées relatives

$$\cos\omega, \quad \sin\omega, \quad 0.$$

En appliquant les formules (4) [I, p. 48] qui donnent la projection de la vitesse sur les axes mobiles, on obtiendra les formules

$$(15) \quad \left\{ \begin{aligned} \frac{ds}{\rho}\cos\xi' &= -\sin\omega(d\omega + r\,du + r_1\,dv), \\ \frac{ds}{\rho}\cos\eta' &= +\cos\omega(d\omega + r\,du + r_1\,dv), \\ \frac{ds}{\rho}\cos\zeta' &= +\sin\omega(p\,du + p_1\,dv) - \cos\omega(q\,du + q_1\,dv), \end{aligned} \right.$$

ξ', η', ζ' désignant les angles de la normale principale avec les axes des x, des y et des z du trièdre (T_1) ou du trièdre (T).

Ces relations prouvent que l'on peut prendre

$$(16) \qquad \cos\xi' = -\sin\omega\sin\varpi, \qquad \cos\eta' = \cos\omega\sin\varpi, \qquad \cos\zeta' = \cos\varpi.$$

ϖ désignera l'angle de la normale à la surface avec le plan osculateur de la courbe ; et les formules (15) pourront être remplacées par les deux suivantes :

$$(17) \qquad \frac{ds\cos\varpi}{\rho} = \sin\omega(p\,du + p_1\,dv) - \cos\omega(q\,du + q_1\,dv),$$

$$(18) \qquad \frac{ds\sin\varpi}{\rho} = d\omega + r\,du + r_1\,dv.$$

Ces formules appellent plusieurs remarques.

La première nous montre immédiatement que $\frac{\cos\varpi}{\rho}$ demeure le même pour toutes les courbes ayant même tangente. Nous retrouvons ainsi le théorème de Meusnier et nous voyons que notre première formule donne ce que l'on appelle la *courbure normale*, c'est-à-dire la courbure de la section normale tangente à la courbe.

Quant à la seconde formule, elle définit un élément qui, comme nous le verrons, joue un rôle important dans la théorie de la déformation des surfaces. Considérons le cylindre projetant la courbe sur le plan tangent. D'après le théorème de Meusnier, $\frac{\sin\varpi}{\rho}$ sera la courbure de la section normale du cylindre tangente à la courbe, c'est-à-dire la courbure de la projection de la courbe sur le plan tangent.

M. Liouville, qui l'a considérée après M. O. Bonnet, lui a donné le nom, accepté par tous les géomètres, de *courbure géodésique* (¹).

Nous appellerons *centre de courbure normale* le centre de courbure de la section plane normale tangente à la courbe, et *centre de courbure géodésique* le centre de courbure de la projection de la courbe sur le plan tangent.

D'après le théorème de Meusnier, ces deux centres se trouvent sur l'axe du cercle osculateur de la courbe considérée.

On sait que l'on appelle *ligne géodésique* toute ligne dont le plan osculateur est, en chaque point, normal à la surface. L'équation différentielle des lignes géodésiques est donc

$$d\omega + r\,du + r_1\,dv = 0. \tag{19}$$

491. La formule (17) nous permet d'obtenir, d'une manière nouvelle, l'équation différentielle des lignes de courbure. On sait, en effet, que ces lignes sont tangentes aux sections normales de plus grande ou de plus petite courbure. Elles sont donc déter-

---

(¹) O. Bonnet, *Mémoire sur la théorie générale des surfaces* (*Journal de l'École Polytechnique*, XXXIIe Cahier, p. 1; 1848). Présenté en 1844 à l'Académie des Sciences.

J. Liouville, *Sur la théorie générale des surfaces* (*Journal de Liouville*, t. XVI, p. 130; 1851).

minées par l'équation

$$\frac{\partial}{\partial\omega}\left(\frac{\cos\varpi}{\rho}\right) = 0,$$

où l'on regarde $\frac{\cos\varpi}{\rho}$ comme une fonction de u, v et de ω. Or on a

$$\frac{\cos\varpi}{\rho} = \sin\omega\,\frac{p\,du + p_1\,dv}{ds} - \cos\omega\,\frac{q\,du + q_1\,dv}{ds}.$$

Les expressions de $\frac{du}{ds}$, $\frac{dv}{ds}$ en fonction de ω se déduiront des formules déjà données (14). On aura

$$\frac{du}{ds} = \frac{\eta_1\cos\omega - \xi_1\sin\omega}{\eta_1\xi - \xi_1\eta}, \qquad \frac{dv}{ds} = \frac{\xi\sin\omega - \eta\cos\omega}{\eta_1\xi - \xi_1\eta}.$$

En faisant usage de ces équations pour calculer les dérivées de $\frac{du}{ds}$, $\frac{dv}{ds}$ considérées comme fonction de la seule variable ω et retranchant du second membre, après la dérivation, la quantité

$$(p\eta_1 - p_1\eta - q\xi_1 + q_1\xi)(\sin^2\omega + \cos^2\omega),$$

qui est nulle en vertu de la dernière des équations (A), on obtient l'identité

$$(20) \qquad \frac{\partial}{\partial\omega}\left(\frac{\cos\varpi}{\rho}\right) = 2\cos\omega\,\frac{p\,du + p_1\,dv}{ds} + 2\sin\omega\,\frac{q\,du + q_1\,dv}{ds},$$

dont nous aurons à faire usage. En égalant le second membre à zéro, on retrouve bien l'équation différentielle des lignes de courbure.

492. Nous allons maintenant passer aux éléments du troisième ordre. Remarquons d'abord que les angles λ', μ', ν' de la binormale avec les axes du trièdre (T) sont connus, puisque nous avons déjà déterminé ceux de la tangente à la courbe et de la normale principale. En appliquant les formules (1) [I, p. 3], on a

$$(21) \qquad \cos\lambda' = \sin\omega\cos\varpi, \qquad \cos\mu' = -\cos\omega\cos\varpi, \qquad \cos\nu' = \sin\varpi.$$

Nous savons aussi [I, p. 11] que si, par un point fixe, nous menons une droite de longueur égale à 1, parallèle à la binormale, l'extrémité de cette droite aura, quand on se déplacera sur la courbe, un déplacement égal à $\frac{ds}{\tau}$ et la direction de ce déplacement sera celle de la normale principale. Reprenons donc le trièdre (T_1) déjà considéré, ayant le point fixe pour origine et parallèle au trièdre (T). L'extrémité de la parallèle à la binormale menée par l'origine aura pour coordonnées

$$\sin\omega\cos\varpi, \quad -\cos\omega\cos\varpi, \quad \sin\varpi$$

et les projections de la vitesse de ce point sur les axes mobiles devront être, en tenant compte des valeurs déjà données des cosinus directeurs de la normale principale,

$$\frac{-\sin\omega\sin\varpi}{\tau}, \quad \frac{\cos\omega\sin\varpi}{\tau}, \quad \frac{\cos\varpi}{\tau}.$$

En appliquant donc l'une quelconque des formules (4) [I, p. 48] qui donnent la projection de la vitesse, la dernière par exemple, on aura

$$\frac{\cos\varpi}{\tau} = \cos\varpi\frac{d\varpi}{ds} - \frac{p\,du + p_1\,dv}{ds}\cos\varpi\cos\omega - \frac{q\,du + q_1\,dv}{ds}\cos\varpi\sin\omega$$

et, en divisant par $\cos\varpi$,

$$(22) \qquad \frac{1}{\tau} - \frac{d\varpi}{ds} = -\frac{p\,du + p_1\,dv}{ds}\cos\omega - \frac{q\,du + q_1\,dv}{ds}\sin\omega.$$

On voit que *le premier membre demeure le même pour toutes les courbes ayant même tangente*. Ce résultat important est dû à M. O. Bonnet. On peut encore donner à l'équation précédente la forme suivante :

$$(23) \qquad \frac{1}{\tau} - \frac{d\varpi}{ds} = -\frac{1}{2}\frac{\partial}{\partial\omega}\left(\frac{\cos\varpi}{\rho}\right),$$

la dérivée par rapport à ω ayant même signification que dans l'équation (20).

493. Pour obtenir tout ce qui se rapporte au troisième ordre, il faut encore connaître $\frac{d\rho}{ds}$. Pour cela nous différentierons la formule qui donne $\frac{\cos\varpi}{\rho}$.

Cette quantité étant toujours considérée comme une fonction de u, v et de ω, nous avons

$$d\left(\frac{\cos\varpi}{\rho}\right) = \frac{\partial}{\partial u}\left(\frac{\cos\varpi}{\rho}\right)du + \frac{\partial}{\partial v}\left(\frac{\cos\varpi}{\rho}\right)dv + \frac{\partial}{\partial\omega}\left(\frac{\cos\varpi}{\rho}\right)d\omega$$

ou, en remplaçant $d\omega$ par sa valeur

$$\frac{\sin\varpi\, ds}{\rho} - r\, du - r_1\, dv$$

déduite de la formule (18),

$$\begin{aligned} d\left(\frac{\cos\varpi}{\rho}\right) - \frac{\partial}{\partial\omega}\left(\frac{\cos\varpi}{\rho}\right)\frac{\sin\varpi\, ds}{\rho} = {} & \left[\frac{\partial}{\partial u}\left(\frac{\cos\varpi}{\rho}\right) - r\frac{\partial}{\partial\omega}\left(\frac{\cos\varpi}{\rho}\right)\right]du \\ & + \left[\frac{\partial}{\partial v}\left(\frac{\cos\varpi}{\rho}\right) - r_1\frac{\partial}{\partial\omega}\left(\frac{\cos\varpi}{\rho}\right)\right]dv. \end{aligned}$$

On voit que le second membre peut être écrit sous la forme

$$(24)\qquad \left\{\begin{aligned} & \left[\frac{\partial}{\partial u}\left(\frac{\cos\varpi}{\rho}\right) - r\frac{\partial}{\partial\omega}\left(\frac{\cos\varpi}{\rho}\right)\right]du \\ & \quad + \left[\frac{\partial}{\partial v}\left(\frac{\cos\varpi}{\rho}\right) - r_1\frac{\partial}{\partial\omega}\left(\frac{\cos\varpi}{\rho}\right)\right]dv = \mathrm{K}\, ds, \end{aligned}\right.$$

K ne dépendant que de la direction de la tangente à la courbe. Quant au premier membre, si l'on y remplace $\frac{\partial}{\partial\omega}\left(\frac{\cos\varpi}{\rho}\right)$ par sa valeur tirée de la formule (23), il ne contient plus que des quantités ayant une signification géométrique simple, et l'on obtient l'équation

$$(25)\qquad d\frac{\cos\varpi}{\rho} + \frac{2\sin\varpi}{\rho}\left(\frac{ds}{\tau} - d\varpi\right) = \mathrm{K}\, ds,$$

qui permettra évidemment de calculer $\frac{d\rho}{ds}$.

En divisant les deux membres de l'équation (25) par $\frac{\cos\varpi}{\rho}$, on aura

$$(26)\qquad -\frac{1}{\rho}\frac{d\rho}{ds} + \operatorname{tang}\varpi\left(\frac{2}{\tau} - 3\frac{d\varpi}{ds}\right) = \frac{\mathrm{K}\rho}{\cos\varpi}.$$

K et $\frac{\rho}{\cos\varpi}$ ne dépendant nullement des éléments du second ordre mais seulement de la direction de la tangente à la courbe, on voit dès à présent que le premier membre de l'équation (26), et aussi celui de l'équation (25) divisé par ds, demeureront les mêmes pour deux courbes ayant la même tangente au point donné, bien que les éléments dont ils dépendent soient du deuxième et du troisième ordre. Nous aurons à développer les conséquences de ce résultat, qui est dû à Laguerre (¹).

Pour terminer ce qui se rapporte au troisième ordre, nous déterminerons le centre de la sphère osculatrice. En appliquant les formules connues et en désignant par x_0, y_0, z_0 les coordonnées du centre de cette sphère, nous trouverons

$$(27)\qquad \left\{\begin{aligned} &x_0\cos\omega + y_0\sin\omega = 0,\\ &\sin\varpi(-x_0\sin\omega + y_0\cos\omega) + z_0\cos\varpi = \rho,\\ &\cos\varpi(\ \ x_0\sin\omega - y_0\cos\omega) + z_0\sin\varpi = -\tau\frac{d\rho}{ds},\end{aligned}\right.$$

d'où l'on déduit

$$(28)\qquad \left\{\begin{aligned} &\frac{-x_0}{\sin\omega} = \frac{y_0}{\cos\omega} = \rho\sin\varpi + \tau\frac{d\rho}{ds}\cos\varpi,\\ &z_0 = \rho\cos\varpi - \tau\frac{d\rho}{ds}\sin\varpi.\end{aligned}\right.$$

Les deux premières équations (27) représentent l'axe du cercle osculateur. En prenant l'intersection de cet axe soit avec la normale, soit avec le plan tangent, on a :

1° Le centre de courbure normale

$$(29)\qquad x_1 = y_1 = 0, \qquad z_1 = \frac{\rho}{\cos\varpi};$$

2° Le centre de courbure géodésique

$$(30)\qquad x_2 = -\frac{\rho\sin\omega}{\sin\varpi}, \qquad y_2 = \frac{\rho\cos\omega}{\sin\varpi}, \qquad z_2 = 0.$$

494. Après le troisième ordre, il ne reste plus d'élément géométrique à calculer. Les dérivées des éléments ρ, ϖ et τ s'obtiendront par la simple différentiation des formules précédentes. Il nous paraît bon toutefois de remarquer que l'on pourra écrire, si

---

(¹) LAGUERRE, *Sur une propriété relative aux courbes tracées sur une surface quelconque* (*Bulletin de la Société philomathique*, t. VII, p. 49; 1870).

l'on veut, pour les éléments différentiels d'un ordre quelconque, deux formules analogues aux relations (23) et (25). Supposons, en effet, que l'on ait une équation de la forme

$$\Phi = K,$$

Φ contenant les éléments différentiels de la courbe jusqu'à l'ordre n et K étant fonction seulement de u, v et de ω. La différentiation de cette équation nous donnera

$$d\Phi = \frac{\partial K}{\partial u}du + \frac{\partial K}{\partial v}dv + \frac{\partial K}{\partial \omega}d\omega,$$

et l'on déduira de là

$$\frac{d\Phi}{ds} - \frac{\partial K}{\partial \omega}\frac{\sin\varpi}{\rho} = \frac{\partial K}{\partial u}\frac{du}{ds} + \frac{\partial K}{\partial v}\frac{dv}{ds} - \frac{\partial K}{\partial \omega}\left(r\frac{du}{ds} + r_1\frac{dv}{ds}\right).$$

Cette formule conserve la forme de celle d'où on l'a déduite : le second membre y dépend seulement de u, v et de ω; mais le premier membre contient les éléments différentiels de la courbe jusqu'à l'ordre $n+1$.

Si l'on applique cette méthode aux deux formules (23) et (25), on en déduira deux équations nouvelles se rapportant aux éléments du quatrième ordre, et l'on pourra continuer ainsi jusqu'à un ordre quelconque.

Par exemple, de la formule (23) on déduira la suivante, que nous nous contenterons d'énoncer,

$$\frac{d}{ds}\left(\frac{1}{\tau} - \frac{d\varpi}{ds}\right) - \frac{\sin\varpi}{\rho}\left(\frac{2\cos\varpi}{\rho} - \frac{1}{R} - \frac{1}{R'}\right) = K_1,$$

K_1 demeurant le même pour deux courbes qui ont la même tangente, et R, R′ désignant les rayons de courbure principaux de la surface.

CHAPITRE II.

LES FORMULES DE M. CODAZZI.

Formules relatives aux coordonnées obliques, l'élément linéaire étant déterminé par l'équation

$$ds^2 = A^2\,du^2 + C^2\,dv^2 + 2AC\cos\alpha\,du\,dv.$$

Angle de deux courbes. — Condition pour que deux directions soient conjuguées. — Lignes asymptotiques. — Lignes de courbure. — Théorème de Gauss. — Courbure totale et courbure moyenne. — Coordonnées curvilignes rectangulaires; formules de M. Codazzi. — Étude particulière relative au système coordonné formé par les lignes de courbure. — Application de la méthode générale au système de coordonnées formé par les lignes de longueur nulle. — Détermination des quantités p, q, r, p_1, q_1, r_1, ξ, η, ξ_1, η_1 lorsqu'on connaît les expressions des coordonnées rectangulaires x, y, z en fonction de deux paramètres u, v. — Application à l'ellipsoïde que l'on suppose rapporté à ses lignes de courbure.

---

495. Nous nous sommes contentés jusqu'ici de supposer que l'axe des z du trièdre (T) était la normale à la surface. Dans les questions où intervient l'élément linéaire de la surface, il importe de définir d'une manière plus précise la relation entre le trièdre et la surface, afin de reconnaître quelles sont les quantités qui demeurent invariables quand on déforme la surface.

A la vérité, ce résultat pourrait être atteint avec les notations précédentes; il suffirait de remarquer que, si la surface se déforme en entraînant avec elle le trièdre (T), les translations ξ, η, ξ_1, η_1 demeurent invariables et, par conséquent, aussi les rotations r, r_1, en vertu de la quatrième et de la cinquième des formules (A). On reconnaîtrait ainsi immédiatement que la courbure géodésique d'une courbe quelconque, le produit des rayons de courbure principaux en chaque point de la surface conservent leur valeur après toute déformation de la surface. Mais ces résultats, et d'autres encore, apparaîtront d'une manière plus nette si l'on part d'une forme donnée *a priori* de l'élément linéaire. Nous allons donc considérer successivement les divers systèmes de coordonnées.

Supposons d'abord que les points de la surface soient rapportés à des coordonnées obliques pour lesquelles l'élément linéaire prendra la forme

$$ds^2 = A^2 du^2 + C^2 dv^2 + 2AC \cos\alpha \, du \, dv. \tag{1}$$

Pour achever de définir la position du trièdre (T), nous donnerons l'angle m que fait l'axe des x avec la tangente à la courbe $v = \text{const.}$, c'est-à-dire avec l'arc infiniment petit $A\,du$. Si l'on désigne de même par n l'angle que fait avec le même axe l'arc infiniment petit $C\,dv$, on aura évidemment

$$n - m = \pm \alpha.$$

L'angle α n'entrant que par son cosinus dans l'élément linéaire, on peut prendre

$$n - m = \alpha. \tag{2}$$

Il est aisé de comprendre pourquoi nous ne donnons pas à l'angle m une valeur particulière. Dans le cas des coordonnées rectangulaires, il serait naturel de faire coïncider les axes des x et des y du trièdre mobile avec les tangentes aux courbes coordonnées; mais, si ces courbes ne se coupent pas à angle droit, la Géométrie n'indique aucune position particulière pour les axes du trièdre mobile. Faire coïncider l'un d'eux avec l'une des tangentes aux courbes coordonnées serait détruire la symétrie qui doit exister dans les formules entre les deux variables u et v. Cette symétrie serait conservée, il est vrai, si l'on prenait pour axes les bissectrices des tangentes aux courbes coordonnées; mais ce choix aurait l'inconvénient de ne pas coïncider avec celui qui est le plus naturel quand les coordonnées deviennent rectangulaires. Il nous paraît donc préférable de conserver cette arbitraire m, sauf à lui donner la valeur qui sera la plus avantageuse dans l'étude de chaque question.

Quand u varie seule, l'origine du trièdre décrit dans le plan tangent l'arc $A\,du$ qui fait l'angle m avec l'axe des x. On aura donc

$$\xi = A \cos m, \qquad \eta = A \sin m, \tag{3}$$

et de même

$$\xi_1 = C \cos n, \qquad \eta_1 = C \sin n. \tag{4}$$

Introduisons ces valeurs des translations dans les formules du Chapitre précédent. Le système (A) prendra la forme

$$(\mathrm{A}')\quad\left\{\begin{aligned}
&\frac{\partial p}{\partial v}-\frac{\partial p_1}{\partial u}=qr_1-rq_1,\\
&\frac{\partial q}{\partial v}-\frac{\partial q_1}{\partial u}=rp_1-pr_1,\\
&\frac{\partial r}{\partial v}-\frac{\partial r_1}{\partial u}=pq_1-qp_1,\\
&r=-\frac{\partial n}{\partial u}-\frac{1}{\mathrm{C}\sin\alpha}\left(\frac{\partial \mathrm{A}}{\partial v}-\frac{\partial \mathrm{C}}{\partial u}\cos\alpha\right),\\
&r_1=-\frac{\partial m}{\partial v}+\frac{1}{\mathrm{A}\sin\alpha}\left(\frac{\partial \mathrm{C}}{\partial u}-\frac{\partial \mathrm{A}}{\partial v}\cos\alpha\right),\\
&\mathrm{A}(p_1\sin m-q_1\cos m)=\mathrm{C}(p\sin n-q\cos n).
\end{aligned}\right.$$

La quatrième et la cinquième équation ont été résolues par rapport à r et à r_1.

496. L'angle ω de la tangente à une courbe tracée sur la surface et la différentielle ds de l'arc de cette courbe seront maintenant définis par les formules

$$(5)\quad\left\{\begin{aligned}
&ds\cos\omega=\mathrm{A}\cos m\,du+\mathrm{C}\cos n\,dv,\\
&ds\sin\omega=\mathrm{A}\sin m\,du+\mathrm{C}\sin n\,dv,
\end{aligned}\right.$$

qui donnent

$$(6)\qquad \mathrm{A}\frac{du}{ds}=\frac{\sin(n-\omega)}{\sin\alpha},\qquad \mathrm{C}\frac{dv}{ds}=\frac{\sin(\omega-m)}{\sin\alpha}.$$

D'après cela, si l'on considère deux courbes différentes passant par le même point de la surface et si l'on désigne par la lettre δ les différentielles relatives à la seconde courbe, par ω' l'angle analogue à ω, l'angle des deux courbes sera donné par les formules

$$(7)\quad\left\{\begin{aligned}
&\cos(\omega-\omega')=\frac{\mathrm{A}^2du\,\delta u+\mathrm{AC}\cos\alpha(du\,\delta v+dv\,\delta u)+\mathrm{C}^2dv\,\delta v}{ds\,\delta s},\\
&\sin(\omega-\omega')=\frac{\mathrm{AC}\sin\alpha(dv\,\delta u-du\,\delta v)}{ds\,\delta s}.
\end{aligned}\right.$$

Cet angle ne dépend, on le voit, que de l'expression de l'élément linéaire; par conséquent, il ne changera pas quand on déformera la surface. Ce résultat avait été déjà signalé (n° 119).

La condition pour que deux directions soient conjuguées deviendra ici

$$(8)\quad \begin{cases} A(q\cos m - p\sin m)\,du\,\delta u + C(q_1\cos n - p_1\sin n)\,dv\,\delta v \\ \quad + A(q_1\cos m - p_1\sin m)\,\delta u\,dv + C(q\cos n - p\sin n)\,du\,\delta v = 0. \end{cases}$$

Par conséquent, l'équation différentielle des lignes asymptotiques sera

$$(9)\quad \begin{cases} A(q\cos m - p\sin m)\,du^2 + C(q_1\cos n - p_1\sin n)\,dv^2 \\ \quad + [A(q_1\cos m - p_1\sin m) + C(q\cos n - p\sin n)]\,dv\,du = 0. \end{cases}$$

Enfin les deux équations qui définissent les lignes de courbure deviendront

$$(10)\quad \begin{cases} A\cos m\,du + C\cos n\,dv + (q\,du + q_1\,dv)\rho = 0, \\ A\sin m\,du + C\sin n\,dv - (p\,du + p_1\,dv)\rho = 0. \end{cases}$$

L'équation différentielle de ces lignes développée s'écrira

$$(11)\quad \begin{cases} A(p\cos m + q\sin m)\,du^2 + C(p_1\cos n + q_1\sin n)\,dv^2 \\ \quad + [C(p\cos n + q\sin n) + A(p_1\cos m + q_1\sin m)]\,du\,dv = 0. \end{cases}$$

Mais nous devons surtout insister sur la forme nouvelle que prendra l'équation du second degré qui détermine les rayons de courbure principaux. Elle devient ici

$$(12)\quad \begin{cases} \rho^2(pq_1 - qp_1) \\ \quad - \rho[A(p_1\cos m + q_1\sin m) - C(p\cos n + q\sin n)] + AC\sin\alpha = 0. \end{cases}$$

On en déduit, par conséquent, en désignant par R, R' les deux rayons de courbure principaux,

$$(13)\quad AC\sin\alpha\left(\frac{1}{R} + \frac{1}{R'}\right) = A(p_1\cos m + q_1\sin m) - C(p\cos n + q\sin n),$$

$$(14)\quad \frac{AC\sin\alpha}{RR'} = pq_1 - qp_1.$$

Remplaçons $pq_1 - qp_1$ par son expression déduite de la troisième des formules (A'); il viendra

$$(15)\quad \frac{AC\sin\alpha}{RR'} = \frac{\partial r}{\partial v} - \frac{\partial r_1}{\partial u},$$

ou, en remplaçant r et r_1 par leurs valeurs,

$$(16)\quad \frac{AC\sin\alpha}{RR'} = -\frac{\partial^2\alpha}{\partial u\,\partial v} - \frac{\partial}{\partial u}\left[\frac{\dfrac{\partial C}{\partial u} - \dfrac{\partial A}{\partial v}\cos\alpha}{A\sin\alpha}\right] - \frac{\partial}{\partial v}\left[\frac{\dfrac{\partial A}{\partial v} - \dfrac{\partial C}{\partial u}\cos\alpha}{C\sin\alpha}\right].$$

Cette formule donne immédiatement le beau théorème de Gauss. Le produit des rayons de courbure principaux ne dépend que de l'expression de l'élément linéaire et subsiste quand la surface est déformée sans déchirure ni duplicature.

497. L'expression $\frac{1}{RR'}$ a reçu le nom de *courbure totale* de la surface; celui de *courbure moyenne* a été donné à la somme $\frac{1}{2}\left(\frac{1}{R}+\frac{1}{R'}\right)$.

On a écrit des Mémoires pour chercher laquelle de ces deux quantités doit servir de mesure à la courbure de la surface en un point donné. Les géomètres qui ont traité ce sujet ne se sont pas aperçus qu'ils renouvelaient, sous d'autres espèces, la célèbre question des forces vives, et qu'ils soulevaient une question qui doit se résoudre par une définition de mots. Tout au plus pourrait-on essayer de raisonner par analogie, en examinant les propriétés relatives à la courbure des lignes planes qui sont susceptibles d'être généralisées dans la théorie des surfaces. Si toutes ces généralisations se rapportaient, par exemple, à la quantité que nous avons appelée la *courbure totale,* les géomètres auraient eu quelque raison de réserver le nom de *courbure* à cet élément. Mais ce moyen indirect de résoudre la question échappe complètement; parmi les propriétés relatives à la courbure dans les lignes planes, les unes admettent une généralisation dans laquelle on emploie la courbure totale; pour d'autres au contraire, il faut faire intervenir la courbure moyenne; quelques-unes d'entre elles admettent même des généralisations différentes dans lesquelles on a à employer tantôt la courbure moyenne, tantôt la courbure totale.

Nous allons d'abord montrer, d'après Gauss, qu'on peut adopter une définition de la courbure totale tout à fait analogue à celle de la courbure dans les lignes planes.

Étant donné un arc de courbe plane, si, par le centre d'un cercle de rayon 1, on mène des parallèles aux normales à l'extrémité de cet arc, ces parallèles interceptent un arc de cercle qui est égal à l'angle des tangentes aux deux extrémités de la courbe et qui, par conséquent, mesure ce que l'on appelle la *courbure* de l'arc de courbe.

De même, si l'on considère une étendue de surface limitée par une courbe fermée et que l'on mène par le centre d'une sphère de rayon 1 des parallèles aux normales de la surface en tous les points de sa courbe limite, ces parallèles couperont la sphère suivant une courbe également fermée. Il y aura une portion de la sphère, limitée par cette courbe, qui contiendra tous les points de la sphère correspondants aux différents points du segment de surface considéré. L'aire de cette portion de la sphère s'appellera la *courbure totale du segment de surface*.

Revenons à la courbe plane. Si l'on divise la courbure totale d'un arc de la courbe par la longueur de cet arc, on démontre que ce quotient tend vers une limite finie et déterminée quand l'arc diminue indéfiniment et se réduit à un point; cette limite est, par définition, la courbure en ce point.

Si l'on envisage de même un segment de surface entourant un point M de la surface, et si l'on suppose que l'étendue de ce segment diminue indéfiniment, et dans tous les sens, autour du point M, la courbure totale du segment diminue indéfiniment; mais, si on la divise par l'aire de la même région, le quotient obtenu tendra, comme nous allons le démontrer, vers une limite finie et déterminée, indépendante de la forme du segment. Cette limite est $\frac{1}{RR'}$, c'est-à-dire l'élément auquel nous avons donné le nom de *courbure totale au point* M.

En nous plaçant au point de vue précédent, il semble donc que l'analogie est complète entre la courbure dans les courbes et la courbure totale dans les surfaces. Mais on peut indiquer d'autres propositions dans lesquelles cette analogie est détruite et qu'on peut généraliser en substituant à la courbure de la ligne plane la courbure moyenne de la surface et non plus la courbure totale.

Imaginons, par exemple, qu'on porte des longueurs infiniment petites sur les normales d'une courbe, de manière à obtenir une courbe voisine. Si h désigne la longueur portée sur chaque normale, l'accroissement de longueur quand on passera de la première courbe à la seconde sera représentée par l'intégrale

$$\int h \frac{ds}{\rho},$$

où ds désigne la différentielle de l'arc et ρ le rayon de courbure.

Si l'on opère de même sur une portion de surface, l'accroissement de l'aire, quand on passera à la surface infiniment voisine, sera (n° 185)

$$\iint h\left(\frac{1}{R}+\frac{1}{R'}\right)d\sigma,$$

$d\sigma$ désignant l'élément d'aire et R, R' les rayons de courbure principaux. Ici, on le voit, l'élément qui se substitue à la courbure dans la proposition généralisée n'est plus la courbure totale; c'est le double de la courbure moyenne.

Il est inutile d'insister sur cet exemple et sur d'autres que l'on pourrait invoquer. On peut dire que la courbure totale a plus d'importance en Géométrie; comme elle ne dépend que de l'élément linéaire, elle intervient dans toutes les questions relatives à la déformation des surfaces. En Physique mathématique, au contraire, c'est la courbure moyenne qui paraît jouer le rôle prépondérant.

498. Il nous reste maintenant à bien préciser la définition de la courbure totale et à démontrer la proposition de Gauss que nous avons énoncée plus haut.

Soient M un point de la surface et M' le point correspondant de la sphère de rayon 1 sur laquelle on effectue la représentation. Menons par M' des parallèles aux axes du trièdre (T). Nous aurons ainsi un trièdre (T') dont les rotations seront évidemment les mêmes que celles du trièdre (T), et qui jouera par rapport à la sphère le même rôle que le trièdre (T) par rapport à la surface; car son axe des z sera la normale à la sphère. Soit

$$ds^2 = A'^2 du^2 + 2A'C' \cos\alpha' \, du\, dv + C'^2 dv^2$$

l'expression de l'élément linéaire de la sphère. L'élément superficiel aura pour valeur

$$A'C' \sin\alpha' \, du\, dv,$$

en grandeur et en signe. Cela posé, appliquons à la sphère la formule (14).

Nous aurons, puisque les rotations du trièdre (T') sont les mêmes que celles du trièdre (T),

$$A'C' \sin\alpha' = pq_1 - qp_1,$$

et, par suite, en tenant compte de la formule (14),

$$A'C' \sin \alpha' = \frac{AC \sin \alpha}{RR'}.$$

Donc la courbure totale d'une portion de la surface, qui, d'après la définition même de Gauss, est représentée par l'intégrale

$$\int\!\!\int A'C' \sin \alpha' \, du \, dv$$

étendue à cette portion de surface, le sera aussi par l'intégrale

$$\int\!\!\int \frac{AC \sin \alpha}{RR'} \, du \, dv,$$

étendue à la même région.

Si donc on divise la courbure totale d'un segment de surface par l'aire de ce segment, le quotient sera

$$\frac{\displaystyle\int\!\!\int \frac{AC \sin \alpha}{RR'} \, du \, dv}{\displaystyle\int\!\!\int AC \sin \alpha \, du \, dv}.$$

Pour supprimer toute difficulté relative au choix des coordonnées, désignons par $d\sigma$ l'élément superficiel et écrivons le quotient précédent sous la forme

$$\frac{\displaystyle\int\!\!\int \frac{d\sigma}{RR'}}{\displaystyle\int\!\!\int d\sigma}.$$

Il est évident qu'il aura pour valeur

$$\left(\frac{1}{RR'}\right)_0,$$

$\left(\frac{1}{RR'}\right)_0$ indiquant une moyenne entre toutes les valeurs de $\frac{1}{RR'}$ à l'intérieur du segment considéré. Si l'étendue de ce segment diminue de manière que les distances de tous ses points à un point M de l'intérieur tendent vers zéro, on voit que le rapport précédent aura pour limite la courbure totale de la surface en ce point. Ce rapport n'aurait aucune limite déterminée si, contrairement à l'hypothèse, le segment se réduisait non plus à un point, mais à une ligne donnée, par la diminution d'une seule de ses deux dimensions.

499. Dans le cas où les coordonnées curvilignes choisies sont rectangulaires, les formules générales se simplifient beaucoup. Alors on peut faire coïncider l'axe des x du trièdre (T) avec la tangente à l'arc $A\,du$, c'est-à-dire avec la tangente à la courbe $v = \text{const}$. Cela donnera

$$n = \frac{\pi}{2}, \qquad m = 0, \qquad \alpha = \frac{\pi}{2}.$$

Les formules (A′) prendront la forme plus simple

$$(\text{A}') \quad \left\{ \begin{aligned} & A q_1 + C p = 0, && \frac{\partial p}{\partial v} - \frac{\partial p_1}{\partial u} = q r_1 - r q_1, \\ & r = -\frac{1}{C}\frac{\partial A}{\partial v}, && \frac{\partial q}{\partial v} - \frac{\partial q_1}{\partial u} = r p_1 - p r_1, \\ & r_1 = \frac{1}{A}\frac{\partial C}{\partial u}, && \frac{\partial r}{\partial v} - \frac{\partial r_1}{\partial u} = p q_1 - q p_1; \end{aligned} \right.$$

elles coïncident, aux notations près, avec celles qui ont été données en premier lieu par M. D. Codazzi (¹).

(¹) CODAZZI (D.), *Mémoire relatif à l'application des surfaces les unes sur les autres, envoyé au Concours ouvert sur cette question, en 1859, par l'Académie des Sciences* (t. XXVII des *Mémoires présentés par divers savants à l'Académie des Sciences*, imprimé en 1882).

M. Codazzi donne aussi, dans un Appendice à son Travail, des formules relatives aux coordonnées obliques. Ces formules, différentes du système (A′), sont équivalentes à des relations que nous ferons connaître plus loin (n° 508). Les formules (A′), qui contiennent une arbitraire m, et où toutes les quantités sont définies par leurs propriétés cinématiques, ont été données en 1866 dans le Cours que j'ai eu l'honneur de faire comme suppléant de M. Joseph Bertrand, au Collège de France. M. Combescure, dans un Mémoire inédit présenté en 1864 à l'Académie des Sciences, avait déjà appliqué des considérations de Cinématique à la démonstration des formules de M. Codazzi. Le travail de M. Combescure traite *des déterminants fonctionnels et des coordonnées curvilignes*; il a été publié en 1867 dans les *Annales de l'École Normale* (t. IV, 1ʳᵉ série).

C'est M. O. Bonnet qui, le premier, a mis en évidence tout l'intérêt et toute l'utilité des formules de M. Codazzi relatives aux coordonnées rectangulaires. Après les avoir démontrées géométriquement dans une *Note sur la théorie de la déformation des surfaces gauches* insérée en 1863 aux *Comptes rendus* (t. LVII, p. 805), l'éminent géomètre en a fait une étude approfondie dans une *Addition* de 120 pages à son *Mémoire sur la théorie des surfaces applicables sur une surface donnée*, inséré en 1867 au XLIIᵉ Cahier du *Journal de l'École Po-*

Les formules (B), [p. 348], qui donnent les projections du déplacement d'un point, prendront ici une forme plus simple et deviendront

$$(B') \quad \begin{cases} dx + A\,du + (q\,du + q_1\,dv)z - (r\,du + r_1\,dv)y, \\ dy + C\,dv + (r\,du + r_1\,dv)x - (p\,du + p_1\,dv)z, \\ dz \qquad\quad + (p\,du + p_1\,dv)y - (q\,du + q_1\,dv)x. \end{cases}$$

Quand on aura à appliquer les formules du Chapitre précédent, il faudra adopter les valeurs suivantes des translations

$$(17) \quad \begin{cases} \xi = A, & \xi_1 = 0, \\ \eta = 0, & \eta_1 = C. \end{cases}$$

Si l'on considère une courbe quelconque tracée sur la surface, on aura

$$(18) \qquad \cos\omega = \frac{A\,du}{ds}, \qquad \sin\omega = \frac{C\,dv}{ds},$$

ω désignant maintenant l'angle de la tangente avec l'arc $A\,du$.

Les lignes de courbure seront définies par les deux équations

$$(19) \quad \begin{cases} A\,du + \rho(q\,du + q_1\,dv) = 0, \\ C\,dv - \rho(p\,du + p_1\,dv) = 0; \end{cases}$$

---

lytechnique (p. 31-151). Cette partie du travail de M. Bonnet contient une démonstration complète et de nombreuses applications; nous aurons à la citer souvent. M. Bonnet s'est placé au même point de vue que M. Codazzi, et il a défini tous les éléments qui entrent dans les formules par des considérations de pure Géométrie.

Depuis 1867, un grand nombre de recherches ont été publiées sur le même sujet. Nous citerons en premier lieu celles de M. Codazzi insérées dans un grand travail : *Sulle coordinate curvilinee d'una superficie e dello spazio* (*Annali di Matematica* de Milan, t. I, p. 293-316; t. II, p. 101-119 et 269-287; t. IV, p. 16-25; 1867-1869). Nous avons aussi emprunté une formule très élégante à un Mémoire de M. Laguerre *Sur les formules fondamentales de la théorie des surfaces* publié en 1872 dans les *Nouvelles Annales de Mathématiques* (t. XI, 2ᵉ série, p. 60). Les méthodes de M. Laguerre ont été développées par M. Ch. Brisse dans un Mémoire intitulé : *Exposition analytique de la théorie des surfaces*. Ce Travail, dont la première Partie a paru en 1874 dans les *Annales de l'École Normale* (t. III, 2ᵉ série, p. 87) se trouve continué, mais non terminé, dans le LIIIᵉ Cahier du *Journal de l'École Polytechnique* (p. 213; 1883).

Mais je dois surtout signaler, comme offrant le plus d'analogie avec les méthodes suivies dans cette partie de mes leçons, celles que M. Ribaucour a dével'élimination de ρ conduira à l'équation différentielle de ces lignes

$$(20) \qquad \mathrm{A}p\,du^2 + \mathrm{C}q_1\,dv^2 + (\mathrm{C}q + \mathrm{A}p_1)\,du\,dv = 0,$$

et celle de $\frac{du}{dv}$ à l'équation aux rayons de courbure principaux

$$(21) \qquad \rho^2\left(\frac{\partial r}{\partial v} - \frac{\partial r_1}{\partial u}\right) - \rho(\mathrm{A}p_1 - \mathrm{C}q) + \mathrm{AC} = 0.$$

En particulier, la courbure totale de la surface sera donnée par la formule

$$(22) \qquad \frac{\mathrm{AC}}{\mathrm{RR}'} = \frac{\partial r}{\partial v} - \frac{\partial r_1}{\partial u} = -\frac{\partial}{\partial u}\left(\frac{1}{\mathrm{A}}\frac{\partial \mathrm{C}}{\partial u}\right) - \frac{\partial}{\partial v}\left(\frac{1}{\mathrm{C}}\frac{\partial \mathrm{A}}{\partial v}\right).$$

Enfin la relation entre deux tangentes conjuguées prendra la forme

$$(23) \qquad \mathrm{A}q\,du\,\delta u - \mathrm{C}p_1\,dv\,\delta v + \mathrm{A}q_1\,du\,\delta v - \mathrm{C}p\,dv\,\delta u = 0,$$

et l'équation différentielle des lignes asymptotiques deviendra

$$(24) \qquad \mathrm{A}q\,du^2 - \mathrm{C}p_1\,dv^2 + (\mathrm{A}q_1 - \mathrm{C}p)\,du\,dv = 0.$$

500. On peut encore faire une hypothèse plus particulière, et envisager le cas, très important pour la théorie et les applications, où les deux systèmes de lignes coordonnées sont les lignes de

---

loppées, d'une manière plus ou moins complète, dans plusieurs de ses travaux, et qui se trouvent exposées d'une manière détaillée, sous le nom de *périmorphie*, dans le Mémoire couronné par l'Académie de Bruxelles : *Étude des élassoïdes ou surfaces à courbure moyenne nulle* (*Mémoires couronnés et Mémoires des Savants étrangers publiés par l'Académie Royale de Belgique*, t. XLIV; 1881). Toutefois, M. Ribaucour ne considère que des coordonnées curvilignes rectangulaires, il ne donne pas la définition cinématique des quantités qui entrent dans ses formules; les deux systèmes de formules qui tiennent dans sa théorie la place de nos systèmes (A) et (B) nous paraissent moins simples et ont une signification moins précise. Au fond, M. Ribaucour a employé la théorie des mouvements relatifs, mais sans le dire explicitement et sans utiliser toutes les ressources que présente cette théorie.

Les formules de M. Codazzi sont loin d'être les seules qui permettent une étude approfondie de la théorie des surfaces. Nous montrerons plus loin tout le parti que l'on peut tirer du beau Mémoire de Gauss, *Disquisitiones generales circa superficies curvas*, auquel se rattachent presque tous les travaux des géomètres allemands. Les relations qui y sont établies permettent de traiter complètement toutes les questions essentielles.

courbure de la surface. Nous allons indiquer rapidement les formules qui se rapportent à cette hypothèse.

Dans ce cas, l'équation différentielle (20) des lignes de courbure doit être privée des termes en du^2, dv^2. Il faut donc que l'on ait

$$p = q_1 = 0. \tag{25}$$

Les formules de M. Codazzi se réduisent alors aux suivantes :

$$(\text{A}''')\quad \begin{cases} r = -\dfrac{1}{C}\dfrac{\partial A}{\partial v}, & \dfrac{\partial p_1}{\partial u} = -q r_1, \\ r_1 = \dfrac{1}{A}\dfrac{\partial C}{\partial u}, & \dfrac{\partial q}{\partial v} = r p_1, \end{cases} \qquad \frac{\partial r}{\partial v} - \frac{\partial r_1}{\partial u} = -q p_1.$$

Six des douze rotations ou translations du trièdre deviennent nulles.

On voit que l'élimination de p_1, q, r, r_1 entre les équations précédentes doit conduire à une relation différentielle entre A et C. On ne pourrait donc pas choisir arbitrairement l'élément linéaire d'une surface rapportée à ses lignes de courbure.

L'élément linéaire $d\sigma$ de la représentation sphérique prend ici la forme très simple

$$d\sigma^2 = q^2\, du^2 + p_1^2\, dv^2. \tag{26}$$

On reconnaît ainsi que les lignes de la sphère qui servent d'images aux lignes de courbure se coupent, elles aussi, à angle droit.

Appelons R le rayon de courbure principal correspondant à l'arc $A\,du$, R′ l'autre rayon correspondant à l'arc $C\,dv$. Les formules (19) nous donnent

$$R = -\frac{A}{q}, \qquad R' = \frac{C}{p_1}. \tag{27}$$

L'élément linéaire de la surface peut donc s'écrire

$$ds^2 = R^2 q^2\, du^2 + R'^2 p_1^2\, dv^2. \tag{28}$$

L'équation différentielle des lignes asymptotiques prend l'une ou l'autre des deux formes

$$(29)\quad \left\{ \begin{aligned} & A q\, du^2 - C p_1\, dv^2 = 0, \\ & \frac{\cos^2\omega}{R} + \frac{\sin^2\omega}{R'} = 0. \end{aligned} \right.$$

Notons encore qu'en introduisant R, R' à la place de A et de C dans les deux premières équations (A'''), on obtient les formules

$$(C)\quad \left\{ \begin{aligned} & \frac{\partial R}{\partial v} = \frac{1}{q} \frac{\partial q}{\partial v}(R' - R), \\ & \frac{\partial R'}{\partial u} = -\frac{1}{p_1} \frac{\partial p_1}{\partial u}(R' - R), \end{aligned} \right.$$

qui constituent les relations entre les rayons de courbure et la représentation sphérique. Comme on peut déduire des trois dernières formules (A''') la relation différentielle suivante :

$$(D)\quad \frac{\partial}{\partial v}\left(\frac{1}{p_1} \frac{\partial q}{\partial v}\right) + \frac{\partial}{\partial u}\left(\frac{1}{q} \frac{\partial p_1}{\partial u}\right) + q p_1 = 0$$

entre p_1 et q, on voit qu'il sera impossible de prendre pour R et R' des fonctions quelconques de u et de v.

Le système (B'') prend ici la forme suivante :

$$(B''')\quad \left\{ \begin{aligned} & dx + A\, du + q z\, du - (r\, du + r_1\, dv) y, \\ & dy + C\, dv + (r\, du + r_1\, dv) x - p_1 z\, dv, \\ & dz + p_1 y\, dv - q x\, du. \end{aligned} \right.$$

501. Les systèmes de coordonnées curvilignes que nous venons d'employer sont tous réels. Il arrive fréquemment, dans les recherches les plus importantes relatives à la théorie des surfaces, que l'on est conduit à se servir des coordonnées symétriques pour lesquelles l'élément linéaire a la forme réduite

$$(\alpha)\qquad ds^2 = 4\lambda^2\, du\, dv.$$

Dans ce cas encore, il est bon d'indiquer les formules qui peuvent remplacer celles de M. Codazzi.

Voici comment nous déterminerons ici la position du trièdre (T) qui admet pour axe des z la normale à la surface. Nous prendrons, en chaque point, pour axe des x du trièdre la tangente à la courbe

$$u - v = \text{const.},$$

et pour axe des y la tangente à la courbe orthogonale

$$u + v = \text{const.}$$

Ces hypothèses donnent déjà entre les translations les relations

$$\xi = \xi_1, \qquad \eta + \eta_1 = 0.$$

Identifions maintenant l'élément linéaire de la surface à celui qui est donné par la formule (2) du Chapitre précédent; nous aurons les relations

$$\xi^2 + \eta^2 = 0, \qquad \xi^2 - \eta^2 = 2\lambda^2.$$

Nous prendrons

$$\xi = \lambda, \qquad \eta = -\lambda i;$$

et, par conséquent, les valeurs des quatre translations seront données par les formules suivantes :

$$(30) \qquad \begin{cases} \xi = \lambda, & \eta = -\lambda i, \\ \xi_1 = \lambda, & \eta_1 = +\lambda i. \end{cases}$$

Il suffit de substituer ces valeurs dans les formules du Chapitre précédent pour obtenir toutes celles qui se reportent aux coordonnées symétriques. Le système (A) nous donnera ici

$$(\text{A}'') \qquad \begin{cases} p + p_1 = \quad i(q_1 - q), & \dfrac{\partial p}{\partial v} - \dfrac{\partial p_1}{\partial u} = qr_1 - rq_1, \\ r = -i\dfrac{\partial \log \lambda}{\partial u}, & \dfrac{\partial q}{\partial v} - \dfrac{\partial q_1}{\partial u} = rp_1 - pr_1, \\ r_1 = \quad i\dfrac{\partial \log \lambda}{\partial v}, & \dfrac{\partial r}{\partial v} - \dfrac{\partial r_1}{\partial u} = pq_1 - qp_1. \end{cases}$$

Les expressions données par les formules (B) deviennent

$$(\text{B}'') \qquad \begin{cases} dx + \ \lambda(du + dv) + (q\,du + q_1\,dv)z - (r\,du + r_1\,dv)y, \\ dy + i\lambda(dv - du) + (r\,du + r_1\,dv)x - (p\,du + p_1\,dv)z, \\ dz \qquad\qquad\qquad\quad + (p\,du + p_1\,dv)y - (q\,du + q_1\,dv)x. \end{cases}$$

Les lignes asymptotiques de la surface ont pour équation différentielle

$$(31) \qquad (q + ip)\,du^2 + (q_1 - ip_1)\,dv^2 + (ip_1 - ip + q + q_1)\,du\,dv = 0.$$

Le système des équations (10) (n° 488), qui définit les lignes de courbure, prend la forme

$$(32)\qquad \begin{cases} \lambda(du+dv)+\rho(q\,du+q_1\,dv)=0, \\ i\lambda(du-dv)+\rho(p\,du+p_1\,dv)=0, \end{cases}$$

ρ désignant toujours le rayon de courbure principal.

L'élimination de $\frac{du}{dv}$ conduit à l'équation

$$(33)\qquad \rho^2(pq_1-qp_1)-\lambda\rho(p_1-p-iq-iq_1)+2i\lambda^2=0,$$

qui fait connaître les rayons de courbure principaux. On en déduit

$$(34)\qquad \frac{1}{RR'}=-\frac{1}{\lambda^2}\frac{\partial^2\log\lambda}{\partial u\,\partial v},$$

formule dont on fait un fréquent usage.

L'élimination de ρ entre les équations (32) conduit à l'équation différentielle des lignes de courbure

$$(35)\qquad du^2(p-iq)+dv^2(p_1+iq_1)=0.$$

L'absence du terme en $du\,dv$ montre immédiatement l'orthogonalité des deux lignes de courbure.

502. En résumé, nous avons à notre disposition quatre systèmes différents de formules se rapportant, respectivement, aux coordonnées obliques, aux coordonnées rectangulaires, aux coordonnées déterminées par les lignes de courbure, aux coordonnées symétriques. Nous allons étudier quelques-unes des questions dans lesquelles ces formules jouent un rôle essentiel. Mais, avant de terminer, nous ferons une remarque générale : Dans l'un quelconque des systèmes obtenus, les expressions de r et de r_1 dépendent exclusivement de l'élément linéaire. Il suit de là que la courbure géodésique, dont l'expression contient les seules rotations r, r_1, ne change pas quand on déforme la surface. En particulier, les lignes géodésiques, pour lesquelles la courbure géodésique est nulle et dont l'équation différentielle se forme exclusivement avec l'élément linéaire de la surface, conserveront leur définition lorsqu'on passera de la surface proposée à toute autre surface applicable sur la première.

Lorsque les recherches que nous aurons à entreprendre devront s'appliquer à tous les cas, nous pourrons employer les formules du Chapitre Ier, en remarquant que ξ, ξ_1, η, η_1, r, r_1 dépendent exclusivement de l'élément linéaire dans tous les systèmes de formules, et demeurent les mêmes quand la surface se déforme en entraînant le trièdre (T).

503. Il nous reste, pour compléter tous ces développements, à indiquer comment on déterminera les différentes quantités qui figurent dans ces systèmes de formules lorsque la surface sera connue et définie; par exemple, lorsqu'on aura les expressions des coordonnées rectangulaires x, y, z d'un point de la surface en fonction des paramètres u et v. Considérons le premier système de formules, celui d'où l'on peut faire dériver tous les autres et qui contient les translations ξ, η, ξ_1, η_1. E, F, G désignant les trois fonctions de Gauss, on aura d'abord

$$(36)\quad \left\{\begin{aligned} E &= \left(\frac{\partial x}{\partial u}\right)^2 + \left(\frac{\partial y}{\partial u}\right)^2 + \left(\frac{\partial z}{\partial u}\right)^2 = \xi^2 + \eta^2, \\ F &= \frac{\partial x}{\partial u}\frac{\partial x}{\partial v} + \frac{\partial y}{\partial u}\frac{\partial y}{\partial v} + \frac{\partial z}{\partial u}\frac{\partial z}{\partial v} = \xi\xi_1 + \eta\eta_1, \\ G &= \left(\frac{\partial x}{\partial v}\right)^2 + \left(\frac{\partial y}{\partial v}\right)^2 + \left(\frac{\partial z}{\partial v}\right)^2 = \xi_1^2 + \eta_1^2. \end{aligned}\right.$$

Ces trois équations permettront de déterminer, autant qu'elles peuvent l'être, les quatre translations. Toute hypothèse sur la manière dont le trièdre (T) est *attaché* à la surface donnera une relation qu'il faudra joindre aux précédentes. Nous pouvons donc considérer les translations comme connues.

Cela posé, conservons, pour déterminer les neuf cosinus qui déterminent la position du trièdre (T), toutes les notations du Livre I [I, p. 2]. La considération des déplacements suivant les courbes coordonnées nous conduira aux six équations

$$(37)\quad \left\{\begin{aligned} \xi a + \eta b &= \frac{\partial x}{\partial u}, \\ \xi a' + \eta b' &= \frac{\partial y}{\partial u}, \\ \xi a'' + \eta b'' &= \frac{\partial z}{\partial u} \end{aligned}\right.$$

et

$$(37)' \qquad \left\{\begin{aligned} \xi_1 a + \eta_1 b &= \frac{\partial x}{\partial v},\\ \xi_1 a' + \eta_1 b' &= \frac{\partial y}{\partial v},\\ \xi_1 a'' + \eta_1 b'' &= \frac{\partial z}{\partial v},\end{aligned}\right.$$

qui feront connaître les six cosinus a, b, a', ... On trouve ainsi

$$(38) \qquad \left\{\begin{aligned} \Delta a &= \eta_1 \frac{\partial x}{\partial u} - \eta \frac{\partial x}{\partial v},\\ \Delta a' &= \eta_1 \frac{\partial y}{\partial u} - \eta \frac{\partial y}{\partial v},\\ \Delta a'' &= \eta_1 \frac{\partial z}{\partial u} - \eta \frac{\partial z}{\partial v};\end{aligned}\right.$$

$$(38)' \qquad \left\{\begin{aligned} \Delta b &= -\xi_1 \frac{\partial x}{\partial u} + \xi \frac{\partial x}{\partial v},\\ \Delta b' &= -\xi_1 \frac{\partial y}{\partial u} + \xi \frac{\partial y}{\partial v},\\ \Delta b'' &= -\xi_1 \frac{\partial z}{\partial u} + \xi \frac{\partial z}{\partial v},\end{aligned}\right.$$

où Δ désigne le déterminant $\xi\eta_1 - \eta\xi_1$ qui, d'après les formules (36), a pour valeur

$$(39) \qquad \Delta = \xi\eta_1 - \eta\xi_1 = \pm\sqrt{EG - F^2}.$$

Quant aux cosinus directeurs c, c', c'' de la normale à la surface, on les déduira de leurs expressions connues [I, p. 3] en fonction des six autres. On trouve ainsi

$$(40) \qquad \left\{\begin{aligned} \Delta c &= \frac{\partial y}{\partial u}\frac{\partial z}{\partial v} - \frac{\partial y}{\partial v}\frac{\partial z}{\partial u},\\ \Delta c' &= \frac{\partial z}{\partial u}\frac{\partial x}{\partial v} - \frac{\partial z}{\partial v}\frac{\partial x}{\partial u},\\ \Delta c'' &= \frac{\partial x}{\partial u}\frac{\partial y}{\partial v} - \frac{\partial x}{\partial v}\frac{\partial y}{\partial u}.\end{aligned}\right.$$

Il nous reste à déterminer les rotations. On les obtient, par exemple, en différentiant les formules (37) et (37)′, qui conduisent ainsi aux suivantes :

$$(41)\quad \left\{\begin{aligned} \mathsf{S}\, c\, d\frac{\partial x}{\partial u} &= \xi\, \mathsf{S}\, c\, da + \eta\, \mathsf{S}\, c\, db \\ &= -\xi\,(q\, du + q_1\, dv) + \eta\,(p\, du + p_1\, dv), \\ \mathsf{S}\, c\, d\frac{\partial x}{\partial v} &= \xi_1 \mathsf{S}\, c\, da + \eta_1 \mathsf{S}\, c\, db \\ &= -\xi_1(q\, du + q_1\, dv) + \eta_1(p\, du + p_1\, dv), \\ \mathsf{S}\frac{\partial x}{\partial v}\, d\frac{\partial x}{\partial u} &= \xi_1\, d\xi + \eta_1\, d\eta + (\xi\eta_1 - \eta\xi_1)(r\, du + r_1\, dv). \end{aligned}\right.$$

En remplaçant c, c', c'' par leurs valeurs données plus haut et en introduisant les déterminants D, D′, D″ définis par l'identité

$$(42)\quad \mathrm{D}\, du^2 + 2\mathrm{D}'\, du\, dv + \mathrm{D}''\, dv^2 = \begin{vmatrix} \frac{\partial x}{\partial u} & \frac{\partial x}{\partial v} & \frac{\partial^2 x}{\partial u^2} du^2 + 2\frac{\partial^2 x}{\partial u\,\partial v} du\, dv + \frac{\partial^2 x}{\partial v^2} dv^2 \\ \frac{\partial y}{\partial u} & \frac{\partial y}{\partial v} & \frac{\partial^2 y}{\partial u^2} du^2 + 2\frac{\partial^2 y}{\partial u\,\partial v} du\, dv + \frac{\partial^2 y}{\partial v^2} dv^2 \\ \frac{\partial z}{\partial u} & \frac{\partial z}{\partial v} & \frac{\partial^2 z}{\partial u^2} du^2 + 2\frac{\partial^2 z}{\partial u\,\partial v} du\, dv + \frac{\partial^2 z}{\partial v^2} dv^2 \end{vmatrix},$$

on obtiendra, par la résolution des équations précédentes, les valeurs suivantes des rotations :

$$(43)\quad \left\{\begin{aligned} \Delta^2(p\, du + p_1\, dv) &= \xi(\mathrm{D}'\, du + \mathrm{D}''\, dv) - \xi_1(\mathrm{D}\, du + \mathrm{D}'\, dv), \\ \Delta^2(q\, du + q_1\, dv) &= \eta(\mathrm{D}'\, du + \mathrm{D}''\, dv) - \eta_1(\mathrm{D}\, du + \mathrm{D}'\, dv), \\ \Delta\,(r\, du + r_1\, dv) &= -\xi_1\, d\xi - \eta_1\, d\eta + \frac{1}{2}\frac{\partial \mathrm{G}}{\partial u} dv + \left(\frac{\partial \mathrm{F}}{\partial u} - \frac{1}{2}\frac{\partial \mathrm{E}}{\partial v}\right) du \\ &= +\xi\, d\xi_1 + \eta\, d\eta_1 - \frac{1}{2}\frac{\partial \mathrm{E}}{\partial v} du - \left(\frac{\partial \mathrm{F}}{\partial v} - \frac{1}{2}\frac{\partial \mathrm{G}}{\partial u}\right) dv. \end{aligned}\right.$$

Nous verrons plus loin que les déterminants D, D′, D″ jouent un rôle essentiel dans la théorie de Gauss. D'après la dernière des formules précédentes, on reconnaît que les rotations r et r_1 dépendent seulement de l'élément linéaire de la surface, ce qui est conforme aux résultats déjà signalés (n° 502). Quant aux rotations p, q, p_1, q_1, elles s'expriment en fonction linéaire de D, D′,

D''. On a, en effet,

$$(44)\quad \begin{cases} \Delta^2 p = \xi D' - \xi_1 D, & \Delta^2 q = \eta D' - \eta_1 D, \\ \Delta^2 p_1 = \xi D'' - \xi_1 D', & \Delta^2 q_1 = \eta D'' - \eta_1 D', \\ \Delta r = +\xi \dfrac{\partial \xi_1}{\partial u} + \eta \dfrac{\partial \eta_1}{\partial u} - \dfrac{1}{2}\dfrac{\partial E}{\partial v}, \\ \Delta r_1 = -\xi_1 \dfrac{\partial \xi}{\partial v} - \eta_1 \dfrac{\partial \eta}{\partial v} + \dfrac{1}{2}\dfrac{\partial G}{\partial u}. \end{cases}$$

Si l'on porte les valeurs de p, q, p_1, q_1 dans la troisième des relations (5) [I, p. 49], on sera conduit à l'identité

$$(45)\quad \Delta^2(pq_1 - qp_1) = DD'' - D'^2 = \Delta^3\left(\frac{\partial r}{\partial v} - \frac{\partial r_1}{\partial u}\right),$$

établissant entre D, D', D'' une relation qui dépend seulement de l'élément linéaire, et sur laquelle nous aurons à revenir quand nous ferons connaître la théorie de Gauss.

504. Pour indiquer au moins une application, supposons que la surface soit un ellipsoïde rapporté à ses lignes de courbure. On aura ici

$$(46)\quad \begin{cases} x = \sqrt{\dfrac{a(a-u)(a-v)}{(a-b)(a-c)}}, \\ y = \sqrt{\dfrac{b(b-u)(b-v)}{(b-a)(b-c)}}, \\ z = \sqrt{\dfrac{c(c-u)(c-v)}{(c-a)(c-b)}}, \end{cases}$$

$$(47)\quad E = \frac{u(u-v)}{f(u)}, \qquad G = \frac{v(v-u)}{f(v)},$$

$f(u)$ désignant la fonction

$$(48)\quad f(u) = 4(a-u)(b-u)(c-u).$$

Le calcul donne

$$(49)\quad \begin{cases} D = \dfrac{-4xyz(u-v)^2(a-b)(a-c)(b-c)}{f^2(u)f(v)} = -\dfrac{\sqrt{abc}(u-v)^2}{f(u)\sqrt{-f(u)f(v)}}, \\ D' = 0, \qquad D'' = \dfrac{\sqrt{abc}(u-v)^2}{f(v)\sqrt{-f(u)f(v)}}. \end{cases}$$

Supposons que l'on prenne

$$\xi_1 = 0, \qquad \eta = 0, \tag{50}$$

ce qui revient à faire coïncider les axes des x et des y du trièdre (T) avec les tangentes aux lignes coordonnées. On aura

$$\xi = \sqrt{E}, \qquad \eta_1 = \sqrt{G}, \tag{51}$$

et les formules (43) donneront

$$\begin{aligned} EG(p\,du + p_1\,dv) &= \sqrt{E}\,D''\,dv, \\ EG(q\,du + q_1\,dv) &= -\sqrt{G}\,D\,du. \end{aligned}$$

On déduira de là

$$\left\{ \begin{aligned} &p = 0, && q_1 = 0; \\ &q = \frac{\sqrt{abc}}{u}\sqrt{\frac{u-v}{vf(u)}}, && p_1 = -\frac{\sqrt{abc}}{v}\sqrt{\frac{v-u}{uf(v)}}. \end{aligned} \right. \tag{52}$$

Quant aux rotations r, r_1, elles se déduisent de l'élément linéaire par la troisième des formules (43), qui nous donne

$$r\,du + r_1\,dv = \frac{1}{2\sqrt{EG}}\frac{\partial G}{\partial u}dv - \frac{1}{2\sqrt{EG}}\frac{\partial E}{\partial v}du$$

et, par suite,

$$\left\{ \begin{aligned} r &= -\frac{1}{2\sqrt{EG}}\frac{\partial E}{\partial v} = \frac{1}{2(u-v)}\sqrt{\frac{-uf(v)}{vf(u)}}, \\ r_1 &= \frac{1}{2\sqrt{EG}}\frac{\partial G}{\partial u} = \frac{1}{2(u-v)}\sqrt{\frac{vf(u)}{-uf(v)}}. \end{aligned} \right. \tag{53}$$

Les formules (27) nous donnent, par exemple, pour les rayons de courbure principaux, les valeurs suivantes

$$R = -\frac{\sqrt{E}}{q} = -\frac{u^{\frac{3}{2}}v^{\frac{1}{2}}}{(abc)^{\frac{1}{2}}}, \qquad R' = \frac{\sqrt{G}}{p_1} = -\frac{u^{\frac{1}{2}}v^{\frac{3}{2}}}{(abc)^{\frac{1}{2}}}, \tag{54}$$

d'où l'on déduit

$$\frac{R}{R'^3} = \frac{abc}{v^4}, \qquad \frac{R'}{R^3} = \frac{abc}{u^4}. \tag{55}$$

Donc, *sur chaque ligne de courbure, le rayon principal correspondant est proportionnel au cube de l'autre rayon de courbure principal.*

Il résulte des formules (54) que l'on a

$$\text{(56)} \qquad RR' = \frac{u^2 v^2}{abc}.$$

Par suite, les lignes pour lesquelles la courbure totale demeure constante sont définies par l'équation

$$uv = \text{const.}$$

Or, si l'on désigne par δ la distance du centre de l'ellipsoïde au plan tangent en un point de coordonnées u, v, un calcul facile donnera

$$\text{(57)} \qquad \frac{1}{\delta^2} = \frac{uv}{abc} = \sqrt{\frac{RR'}{abc}}.$$

Il suit de là que les courbes considérées sont celles que Poinsot a désignées sous le nom de *polhodies* et qui sont le lieu des points pour lesquels la distance du centre de l'ellipsoïde au plan tangent conserve une valeur constante.

Des considérations de Géométrie tirées de la théorie des diamètres conjugués, et auxquelles le lecteur suppléera aisément, mettent en évidence une remarquable propriété de ces courbes :

Si, par chaque tangente à une polhodie, on mène un plan normal à l'ellipsoïde, la section de l'ellipsoïde par ce plan aura un de ses sommets au point de contact de la tangente.

En d'autres termes, *les polhodies sont des courbes telles que chaque section normale tangente à la courbe en un de ses points est surosculée en ce point par un cercle.*

Nous retrouverons plus loin cette propriété au n° 510.

Avant de commencer l'étude détaillée des lignes tracées sur les surfaces, nous allons donner différents Tableaux contenant les systèmes de formules que nous avons obtenus dans ce Chapitre et dans le précédent.

TABLEAU I (Chapitre I).

Rotations $p, q, r; p_1, q_1, r_1$; translations $\xi, \eta, 0; \xi_1, \eta_1, 0$:

$$(\mathrm{A})\quad \left\{\begin{aligned} &\frac{\partial p}{\partial v}-\frac{\partial p_1}{\partial u}=qr_1-rq_1, &&\frac{\partial \xi}{\partial v}-\frac{\partial \xi_1}{\partial u}=\eta r_1-r\eta_1,\\ &\frac{\partial q}{\partial v}-\frac{\partial q_1}{\partial u}=rp_1-pr_1, &&\frac{\partial \eta}{\partial v}-\frac{\partial \eta_1}{\partial u}=r\xi_1-\xi r_1,\\ &\frac{\partial r}{\partial v}-\frac{\partial r_1}{\partial u}=pq_1-qp_1, &&p\eta_1-p_1\eta=q\xi_1-q_1\xi; \end{aligned}\right.$$

$$(\mathrm{B})\quad \left\{\begin{aligned} &dx+\xi\,du+\xi_1\,dv+(q\,du+q_1\,dv)z-(r\,du+r_1\,dv)y,\\ &dy+\eta\,du+\eta_1\,dv+(r\,du+r_1\,dv)x-(p\,du+p_1\,dv)z,\\ &dz\qquad\qquad\qquad\quad+(p\,du+p_1\,dv)y-(q\,du+q_1\,dv)x. \end{aligned}\right.$$

Courbe tracée sur la surface :

$$(1)\qquad ds\cos\omega=\xi\,du+\xi_1\,dv,\qquad ds\sin\omega=\eta\,du+\eta_1\,dv.$$

Image sphérique de la courbe :

$$(2)\qquad d\sigma\cos\theta=q\,du+q_1\,dv,\qquad d\sigma\sin\theta=-p\,du-p_1\,dv,$$

$$(3)\qquad d\sigma^2=(p\,du+p_1\,dv)^2+(q\,du+q_1\,dv)^2.$$

Condition pour que deux directions soient conjuguées :

$$(4)\quad (p\,du+p_1\,dv)(\eta\,\delta u+\eta_1\,\delta v)-(q\,du+q_1\,dv)(\xi\,\delta u+\xi_1\,\delta v)=0.$$

Lignes asymptotiques :

$$(5)\quad (p\eta-q\xi)\,du^2+(p_1\eta_1-q_1\xi_1)\,dv^2+(p\eta_1+p_1\eta-q\xi_1-q_1\xi)\,du\,dv=0,$$

$$(6)\qquad (p\,du+p_1\,dv)\sin\omega-(q\,du+q_1\,dv)\cos\omega=0.$$

Lignes de courbure :

$$(7)\qquad \left\{\begin{aligned} &\xi\,du+\xi_1\,dv+\rho(q\,du+q_1\,dv)=0,\\ &\eta\,du+\eta_1\,dv-\rho(p\,du+p_1\,dv)=0. \end{aligned}\right.$$

Équation différentielle de ces lignes :

$$(8)\quad (p\,du+p_1\,dv)(\xi\,du+\xi_1\,dv)+(q\,du+q_1\,dv)(\eta\,du+\eta_1\,dv)=0,$$

$$(9)\qquad (p\,du+p_1\,dv)\cos\omega+(q\,du+q_1\,dv)\sin\omega=0.$$

Équation aux rayons de courbure principaux :

$$(10)\quad \rho^2(pq_1-qp_1)+\rho(q\eta_1-q_1\eta+p\xi_1-p_1\xi)+\xi\eta_1-\eta\xi_1=0.$$

Courbure totale :

$$(11)\qquad \frac{\xi\eta_1-\eta\xi_1}{\mathrm{RR}'}=pq_1-qp_1=\frac{\partial r}{\partial v}-\frac{\partial r_1}{\partial u}.$$

TABLEAU II (Chapitre I).

Courbure et torsion d'une ligne tracée sur la surface; ξ', η', ζ', angles de la normale principale; λ', μ', ν', angles de la binormale avec les axes du trièdre (T) :

$$(1)\quad \begin{cases} \cos\xi' = -\sin\omega\sin\varpi, & \cos\eta' = \cos\omega\sin\varpi, & \cos\zeta' = \cos\varpi, \\ \cos\lambda' = \sin\omega\cos\varpi, & \cos\mu' = -\cos\omega\cos\varpi, & \cos\nu' = \sin\varpi, \end{cases}$$

$$(2)\qquad \frac{\sin\varpi}{\rho}\,ds = d\omega + r\,du + r_1\,dv,$$

$$(3)\qquad \frac{\cos\varpi}{\rho}\,ds = \sin\omega(p\,du + p_1\,dv) - \cos\omega(q\,du + q_1\,dv),$$

$$(4)\quad \frac{1}{\tau} - \frac{d\varpi}{ds} = -\frac{p\,du + p_1\,dv}{ds}\cos\omega - \frac{q\,du + q_1\,dv}{ds}\sin\omega = -\frac{1}{2}\frac{\partial}{\partial\omega}\left(\frac{\cos\varpi}{\rho}\right),$$

$$(5)\quad \begin{cases} -\dfrac{\cos\varpi}{\rho^2}\dfrac{d\rho}{ds} + \dfrac{\sin\varpi}{\rho}\left(\dfrac{2}{\tau} - 3\dfrac{d\varpi}{ds}\right) = K \\ = \left[\dfrac{\partial}{\partial u}\left(\dfrac{\cos\varpi}{\rho}\right) - r\dfrac{\partial}{\partial\omega}\left(\dfrac{\cos\varpi}{\rho}\right)\right]\dfrac{du}{ds} \\ + \left[\dfrac{\partial}{\partial v}\left(\dfrac{\cos\varpi}{\rho}\right) - r_1\dfrac{\partial}{\partial\omega}\left(\dfrac{\cos\varpi}{\rho}\right)\right]\dfrac{dv}{ds}. \end{cases}$$

Centre de la sphère osculatrice (x_0, y_0, z_0) :

$$(6)\quad \begin{cases} \dfrac{x_0}{-\sin\omega} = \dfrac{y_0}{\cos\omega} = \rho\sin\varpi + \tau\cos\varpi\dfrac{d\rho}{ds}, \\ z_0 = \rho\cos\varpi - \tau\dfrac{d\rho}{ds}\sin\varpi. \end{cases}$$

Centre de courbure normale (x_1, y_1, z_1) :

$$(7)\qquad x_1 = y_1 = 0, \qquad z_1 = \frac{\rho}{\cos\varpi}.$$

Centre de courbure géodésique (x_2, y_2, z_2) :

$$(8)\qquad x_2 = -\frac{\rho\sin\omega}{\sin\varpi}, \qquad y_2 = \frac{\rho\cos\omega}{\sin\varpi}, \qquad z_2 = 0.$$

Centre de courbure de la courbe (x_3, y_3, z_3) :

$$(9)\qquad x_3 = -\rho\sin\omega\sin\varpi, \qquad y_3 = \rho\cos\omega\sin\varpi, \qquad z_3 = \rho\cos\varpi.$$

TABLEAU III (Chapitre II).

(1) $$ds^2 = A^2 du^2 + C^2 dv^2 + 2AC \cos\alpha \, du \, dv,$$

(2) $$n - m = \alpha,$$

(3) $$\xi = A\cos m, \qquad \eta = A \sin m, \qquad \xi_1 = C\cos n, \qquad \eta_1 = C \sin n,$$

(A') $$\left\{\begin{aligned} &\frac{\partial p}{\partial v} - \frac{\partial p_1}{\partial u} = qr_1 - rq_1, \quad r = -\frac{\partial n}{\partial u} - \frac{1}{C\sin\alpha}\left(\frac{\partial A}{\partial v} - \frac{\partial C}{\partial u}\cos\alpha\right), \\ &\frac{\partial q}{\partial v} - \frac{\partial q_1}{\partial u} = rp_1 - pr_1, \quad r_1 = -\frac{\partial m}{\partial v} + \frac{1}{A\sin\alpha}\left(\frac{\partial C}{\partial u} - \frac{\partial A}{\partial v}\cos\alpha\right), \\ &\frac{\partial r}{\partial v} - \frac{\partial r_1}{\partial u} = pq_1 - qp_1, \quad A(p_1 \sin m - q_1 \cos m) = C(p \sin n - q \cos n). \end{aligned}\right.$$

(B') $$\left\{\begin{aligned} &dx + A\cos m\, du + C \cos n\, dv + (q\,du + q_1 dv)z - (r\,du + r_1 dv)y, \\ &dy + A\sin m\, du + C\sin n\, dv + (r\,du + r_1 dv)x - (p\,du + p_1 dv)z, \\ &dz \qquad\qquad + (p\,du + p_1 dv)y - (q\,du + q_1 dv)x, \end{aligned}\right.$$

Ligne tracée sur la surface :

(4) $$ds\cos\omega = A\cos m\, du + C\cos n\, dv, \qquad ds \sin\omega = A \sin m\, du + C \sin n\, dv.$$

Angle de deux directions :

(5) $$\left\{\begin{aligned} &ds\,\delta s \cos(\omega - \omega') = A^2 du\,\delta u + AC\cos\alpha(du\,\delta v + dv\,\delta u) + C^2 dv\,\delta v, \\ &ds\,\delta s \sin(\omega - \omega') = AC \sin\alpha(dv\,\delta u - du\,\delta v). \end{aligned}\right.$$

Directions conjuguées :

(6) $$\left\{\begin{aligned} &A(q\cos m - p \sin m)\,du\,\delta u + C(q_1 \cos n - p_1 \sin n)\,dv\,\delta v \\ &\quad + A(q_1 \cos m - p_1 \sin m)\,du\,\delta v + C(q\cos n - p\sin n)\,dv\,\delta u = 0. \end{aligned}\right.$$

Lignes asymptotiques :

(7) $$\left\{\begin{aligned} &A(q\cos m - p\sin m)\,du^2 \\ &\quad + C(q_1\cos n - p_1 \sin n)\,dv^2 + 2A(q_1\cos m - p_1 \sin m)\,du\,dv = 0. \end{aligned}\right.$$

Lignes de courbure :

(8) $$\left\{\begin{aligned} &A\cos m\, du + C\cos n\, dv + \rho(q\,du + q_1 dv) = 0, \\ &A\sin m\, du + C \sin n\, dv - \rho(p\,du + p_1 dv) = 0. \end{aligned}\right.$$

Équation différentielle :

(9) $$\left\{\begin{aligned} &A(p\cos m + q\sin m)\,du^2 + C(p_1 \cos n + q_1 \sin n)\,dv^2 \\ &\quad + [A(p_1\cos m + q_1 \sin m) + C(p\cos n + q \sin n)]\,du\,dv = 0 \end{aligned}\right.$$

Rayons de courbure principaux :

(10) $$\left\{\begin{aligned} &\rho^2(pq_1 - qp_1) \\ &\quad - \rho[A(p_1\cos m + q_1 \sin m) - C(p\cos n + q\sin n)] + AC\sin\alpha = 0, \end{aligned}\right.$$

(11) $$\frac{AC\sin\alpha}{RR'} = -\frac{\partial^2\alpha}{\partial u\,\partial v} - \frac{\partial}{\partial u}\left(\frac{\dfrac{\partial C}{\partial u} - \dfrac{\partial A}{\partial v}\cos\alpha}{A\sin\alpha}\right) - \frac{\partial}{\partial v}\left(\frac{\dfrac{\partial A}{\partial v} - \dfrac{\partial C}{\partial u}\cos\alpha}{C\sin\alpha}\right).$$

TABLEAU IV (Chapitre II).

Coordonnées rectangulaires quelconques :

(1) $\xi = \text{A}, \quad \eta = 0, \quad \xi_1 = 0, \quad \eta_1 = \text{C}, \quad n = \alpha = \frac{\pi}{2}, \quad m = 0,$

$$(\text{A}) \quad \left\{ \begin{array}{ll} \text{A}q_1 + \text{C}p = 0, & \dfrac{\partial p}{\partial v} - \dfrac{\partial p_1}{\partial u} = qr_1 - rq_1, \\ r = -\dfrac{1}{\text{C}}\dfrac{\partial \text{A}}{\partial v}, & \dfrac{\partial q}{\partial v} - \dfrac{\partial q_1}{\partial u} = rp_1 - pr_1, \\ r_1 = \dfrac{1}{\text{A}}\dfrac{\partial \text{C}}{\partial u}, & \dfrac{\partial r}{\partial v} - \dfrac{\partial r_1}{\partial u} = pq_1 - qp_1, \end{array} \right.$$

$$(\text{B}) \quad \left\{ \begin{array}{l} dx + \text{A}\,du + (q\,du + q_1 dv)z - (r\,du + r_1 dv)y, \\ dy + \text{C}\,dv + (r\,du + r_1 dv)x - (p\,du + p_1 dv)z, \\ dz \qquad\quad + (p\,du + p_1 dv)y - (q\,du + q_1 dv)x. \end{array} \right.$$

Ligne tracée sur la surface :

$$(2) \qquad ds\cos\omega = \text{A}\,du, \qquad ds\sin\omega = \text{C}\,dv.$$

Directions conjuguées :

$$(3) \qquad \text{A}q\,du\,\delta u - \text{C}p_1 dv\,\delta v + \text{A}q_1(du\,\delta v + dv\,\delta u) = 0.$$

Lignes asymptotiques :

$$(4) \qquad \text{A}q\,du^2 - \text{C}p_1 dv^2 + (\text{A}q_1 - \text{C}p)\,du\,dv = 0.$$

Lignes de courbure :

$$(5) \qquad \left\{ \begin{array}{l} \text{A}\,du + \rho(q\,du + q_1 dv) = 0, \\ \text{C}\,dv - \rho(p\,du + p_1 dv) = 0. \end{array} \right.$$

Équation différentielle :

$$(6) \qquad \text{A}p\,du^2 + \text{C}q_1 dv^2 + (\text{C}q + \text{A}p_1)\,du\,dv = 0.$$

Rayons de courbure principaux :

$$(7) \qquad \rho^2\left(\frac{\partial r}{\partial v} - \frac{\partial r_1}{\partial u}\right) - \rho(\text{A}p_1 - \text{C}q) + \text{AC} = 0,$$

$$(8) \qquad \frac{\text{AC}}{\text{RR}'} = -\frac{\partial}{\partial u}\left(\frac{1}{\text{A}}\frac{\partial \text{C}}{\partial u}\right) - \frac{\partial}{\partial v}\left(\frac{1}{\text{C}}\frac{\partial \text{A}}{\partial v}\right).$$

$$(9) \qquad \text{AC}\left(\frac{1}{\text{R}} + \frac{1}{\text{R}'}\right) = \text{A}p_1 - \text{C}q$$

TABLEAU V (Chapitre II).

Système de coordonnées formé par les lignes de courbure :

$$(1) \qquad \xi = A, \qquad \eta = 0, \qquad \xi_1 = 0, \qquad \eta_1 = C, \qquad p = 0, \qquad q_1 = 0,$$

$$(A) \quad \begin{cases} r = -\dfrac{1}{C}\dfrac{\partial A}{\partial v}, & \dfrac{\partial p_1}{\partial u} = -q r_1, \\ r_1 = \dfrac{1}{A}\dfrac{\partial C}{\partial u}, & \dfrac{\partial q}{\partial v} = r p_1, \\ \dfrac{\partial r}{\partial v} - \dfrac{\partial r_1}{\partial u} = -q p_1, & \dfrac{\partial}{\partial u}\left(\dfrac{1}{q}\dfrac{\partial p_1}{\partial u}\right) + \dfrac{\partial}{\partial v}\left(\dfrac{1}{p_1}\dfrac{\partial q}{\partial v}\right) + q p_1 = 0. \end{cases}$$

Directions conjuguées :

$$(2) \qquad A q \, du \, \delta u - C p_1 \, dv \, \delta v = 0.$$

Lignes asymptotiques :

$$(3) \qquad A q \, du^2 - C p_1 \, dv^2 = 0, \qquad \frac{\cos^2\omega}{R} + \frac{\sin^2\omega}{R'} = 0.$$

Rayons de courbure principaux :

$$(4) \qquad R = -\frac{A}{q}, \qquad R' = \frac{C}{p_1},$$

$$(5) \qquad \frac{\partial R}{\partial v} = (R' - R)\frac{\partial \log q}{\partial v}, \qquad \frac{\partial R'}{\partial u} = -(R' - R)\frac{\partial \log p_1}{\partial u}.$$

Ligne tracée sur la surface :

$$\cos\omega = \frac{A\,du}{ds}, \qquad \sin\omega = \frac{C\,dv}{ds},$$

$$(6) \qquad \frac{\cos\varpi}{\rho} = \frac{\cos^2\omega}{R} + \frac{\sin^2\omega}{R'},$$

$$(7) \qquad \frac{1}{\tau} - \frac{d\varpi}{ds} = \left(\frac{1}{R} - \frac{1}{R'}\right)\sin\omega\cos\omega,$$

$$(8) \quad \begin{cases} -\dfrac{\cos\varpi}{\rho^2}\dfrac{d\rho}{ds} + \dfrac{\sin\varpi}{\rho}\left(\dfrac{2}{\tau} - 3\dfrac{d\varpi}{ds}\right) \\ = -q^2\dfrac{\partial R}{\partial u}\dfrac{du^3}{ds^3} - 3q^2\dfrac{\partial R}{\partial v}\dfrac{du^2}{ds^2}\dfrac{dv}{ds} - 3p_1^2\dfrac{\partial R'}{\partial u}\dfrac{du}{ds}\dfrac{dv^2}{ds^2} - p_1^2\dfrac{\partial R'}{\partial v}\dfrac{dv^3}{ds^3}. \end{cases}$$

TABLEAU VI (Chapitre II).

Coordonnées symétriques :

(1) $$ds^2 = 4\lambda^2\, du\, dv,$$

(2) $$\xi = \lambda, \qquad \eta = -i\lambda, \qquad \xi_1 = \lambda, \qquad \eta_1 = i\lambda,$$

(A) $$\left\{\begin{aligned} p + p_1 &= i(q_1 - q), & \frac{\partial p}{\partial v} - \frac{\partial p_1}{\partial u} &= qr_1 - rq_1,\\ r &= -i\frac{\partial \log \lambda}{\partial u}, & \frac{\partial q}{\partial v} - \frac{\partial q_1}{\partial u} &= rp_1 - pr_1,\\ r_1 &= i\frac{\partial \log \lambda}{\partial v}, & \frac{\partial r}{\partial v} - \frac{\partial r_1}{\partial u} &= pq_1 - qp_1,\end{aligned}\right.$$

(B) $$\left\{\begin{aligned} &dx + \lambda(du + dv) + (q\,du + q_1\,dv)z - (r\,du + r_1\,dv)y,\\ &dy + i\lambda(dv - du) + (r\,du + r_1\,dv)x - (p\,du + p_1\,dv)z,\\ &dz \qquad\qquad\qquad + (p\,du + p_1\,dv)y - (q\,du + q_1\,dv)x.\end{aligned}\right.$$

Directions conjuguées :

(3) $$(q + ip)\,du\,\delta u + (q_1 - ip_1)\,dv\,\delta v + (q - ip)(du\,\delta v + dv\,\delta u) = 0.$$

Lignes asymptotiques :

(4) $$(q + ip)\,du^2 + (q_1 - ip_1)\,dv^2 + 2(q - ip)\,du\,dv = 0.$$

Lignes de courbure :

(5) $$\left\{\begin{aligned} &\lambda(du + dv) + \rho(q\,du + q_1\,dv) = 0,\\ &i\lambda(du - dv) + \rho(p\,du + p_1\,dv) = 0.\end{aligned}\right.$$

Équation différentielle :

(6) $$(p - iq)\,du^2 + (p_1 + iq_1)\,dv^2 = 0.$$

Rayons de courbure principaux :

(7) $$\rho^2(pq_1 - qp_1) - \lambda\rho(p_1 - p - iq - iq_1) + 2i\lambda^2 = 0,$$

(8) $$\frac{1}{RR'} = -\frac{1}{\lambda^2}\frac{\partial^2 \log \lambda}{\partial u\,\partial v}.$$

Courbe tracée sur la surface :

(9) $$e^{i\omega} = \frac{2\lambda\,du}{ds}, \qquad e^{-i\omega} = \frac{2\lambda\,dv}{ds},$$

(10) $$\left\{\begin{aligned} \frac{\sin\varpi}{\rho}\,ds &= d\omega + r\,du + r_1\,dv = d\omega - i\left(\frac{\partial \log\lambda}{\partial u}\,du - \frac{\partial \log\lambda}{\partial v}\,dv\right)\\ &= \frac{i}{2}\left[d \log\frac{dv}{du} - 2\frac{\partial \log\lambda}{\partial u}\,du + 2\frac{\partial \log\lambda}{\partial v}\,dv\right].\end{aligned}\right.$$

CHAPITRE III.

COURBURE NORMALE ET TORSION GÉODÉSIQUE.

Théorème d'Euler sur la courbure des sections normales. — Formule de M. O. Bonnet. — Théorèmes de M. J. Bertrand. — Introduction de la torsion géodésique. — Expression géométrique des six rotations qui figurent dans les formules données précédemment. — Relations entre les mêmes éléments géométriques dans le cas des coordonnées obliques. — Théorèmes de Joachimsthal relatifs aux lignes de courbure communes à deux surfaces. — Formule de M. Laguerre. Son application à la détermination du rayon de courbure d'une ligne tracée sur la surface aux points où elle est tangente à une ligne asymptotique. — Théorème de M. Beltrami. — Torsion d'une ligne asymptotique. — Formule de M. Bonnet relative au rayon de courbure d'une ligne asymptotique. — Application aux systèmes orthogonaux et isothermes.

---

505. Nous commencerons par l'étude des deux formules qui donnent la courbure et la torsion

$$(1)\qquad \frac{\cos\varpi}{\rho} = \frac{1}{\rho_n} = \sin\omega\left(p\frac{du}{ds} + p_1\frac{dv}{ds}\right) - \cos\omega\left(q\frac{du}{ds} + q_1\frac{dv}{ds}\right),$$

$$(2)\qquad \frac{d\varpi}{ds} - \frac{1}{\tau} = \cos\omega\left(p\frac{du}{ds} + p_1\frac{dv}{ds}\right) + \sin\omega\left(q\frac{du}{ds} + q_1\frac{dv}{ds}\right).$$

La première nous fait connaître la variation de la courbure normale pour toutes les courbes passant par un même point de la surface. Elle contient donc le célèbre théorème d'Euler relatif à la variation de la courbure des sections normales. Et, en effet, si l'on suppose que les lignes coordonnées soient les lignes de courbure de la surface, et si l'on introduit les simplifications qui résultent de cette hypothèse, les équations précédentes prendront la forme suivante :

$$(3)\qquad \frac{\cos\varpi}{\rho} = \frac{1}{\rho_n} = \frac{\cos^2\omega}{R} + \frac{\sin^2\omega}{R'},$$

$$(4)\qquad \frac{d\varpi}{ds} - \frac{1}{\tau} = \left(\frac{1}{R'} - \frac{1}{R}\right)\sin\omega\cos\omega.$$

La première de ces formules donne immédiatement le théorème

d'Euler. La seconde, qui a été donnée pour la première fois par M. Bonnet ([1]), va nous permettre de faire connaître les lois remarquables que M. Bertrand a ajoutées à celles d'Euler ([2]).

Si l'on considère, sur une surface, un point fixe M et un point M' infiniment voisin, la direction de la normale en M' pourra être déterminée de la manière suivante : 1° par l'angle que fait avec la normale en M la projection de la normale en M' sur le plan normal en M qui passe au point M'; 2° par l'angle que fait la normale en M' avec sa projection sur ce plan normal.

Le premier de ces deux éléments est évidemment l'angle de contingence de la section normale en M dont le plan passe par M'. Lorsque le point M' tourne autour de M, la variation de cet angle est connue; elle sera donnée par le théorème d'Euler. Avant M. Bertrand, on n'avait pas songé à déterminer la grandeur du second angle et à chercher comment il varie quand le point M' se déplace autour de M; cependant, l'étude de cet élément est essentielle si l'on veut connaître complètement les propriétés du pinceau des normales infiniment voisines de la normale en M. Il est aisé de reconnaître que cette étude peut se faire complètement au moyen de la formule de M. Bonnet.

Appliquons-la, en effet, aux sections planes normales passant par le point M. Pour ces sections, la torsion est nulle, et la formule (4) nous donnera par conséquent

$$(5) \qquad d\varpi = \left(\frac{1}{R'} - \frac{1}{R}\right) ds \sin\omega \cos\omega.$$

Or ϖ désigne, en général, l'angle du plan osculateur à la courbe avec la normale à la surface. Considérons, dans le cas qui nous occupe, un point M' voisin de M sur la section plane considérée; ϖ sera l'angle de la normale en M' avec le plan de la section. Comme, au point M, cet angle est nul, $d\varpi$ sera, en négligeant les infiniment petits du second ordre, l'angle même considéré par

---

([1]) O. Bonnet, *Memoire sur la theorie des surfaces* (*Journal de l'École Polytechnique*, XXXIIe Cahier, p. 1; 1848).

([2]) J. Bertrand, *Mémoire sur la théorie des surfaces* (*Journal de Liouville*, t. IX, 1re série, p. 133; 1844).

M. Bertrand qui, du reste, a établi directement la formule précédente.

Cette formule nous montre que $d\varpi$ sera nul pour les deux directions principales. En général, les valeurs de $d\varpi$ correspondantes à la même valeur de ds et à deux directions rectangulaires seront égales et de signes contraires.

506. On peut substituer à l'angle $d\varpi$ le moment des deux normales en M et en M'. Imaginons une force de longueur égale à l'unité dirigée suivant la normale en M'. Le moment $\mathfrak{M}$ de cette force par rapport à la normale en M sera égal à $\delta\psi$, δ désignant la plus courte distance et ψ l'angle des deux droites. Or, si l'on fait glisser cette force sur la normale en M' jusqu'à ce que son point d'application arrive en M', on pourra la décomposer en deux autres forces, dont une sera dirigée suivant la projection de la normale en M' sur le plan normal en M qui contient M', et dont l'autre sera perpendiculaire à ce plan. Le moment de la force sera égal à celui de cette seconde composante, qui est égale à $d\varpi$, et dont la distance à la normale en M est évidemment ds, en négligeant dans les deux évaluations les infiniment petits du second ordre. On a donc

$$\mathfrak{M} = \delta\psi = ds\,d\varpi = ds^2\left(\frac{1}{R'} - \frac{1}{R}\right)\sin\omega\cos\omega.$$

Il est aisé d'ailleurs de vérifier que cette valeur de $\mathfrak{M}$ ne change pas quand on passe à toute surface parallèle; car, en remplaçant $\sin\omega$, $\cos\omega$ par leurs valeurs, on trouve

$$\mathfrak{M} = (R' - R)p_1 q\,du\,dv;$$

et les quantités p_1, q, $R' - R$ ne changent pas évidemment (n° 500) dans le passage à la surface parallèle.

Si l'on voulait connaître l'angle ψ des normales en M et en M', on aurait évidemment

$$\psi^2 = d\varpi^2 + \left(\frac{ds\cos\varpi}{\rho}\right)^2 = \left(\frac{\cos^2\omega}{R'^2} + \frac{\sin^2\omega}{R^2}\right)ds^2.$$

507. La formule de M. Bonnet conduit à d'autres conséquences;

en particulier, elle a donné lieu à l'introduction d'un nouvel élément relatif aux courbes tracées sur une surface.

La fonction $\frac{1}{\tau} - \frac{d\varpi}{ds}$ relative à un point d'une courbe (C) demeurant la même pour toutes les courbes tangentes à la courbe (C) en ce point, considérons, en particulier, la ligne géodésique tangente. Pour cette ligne on a, par définition,

$$\varpi = 0,$$

et la fonction précédente se réduit à la torsion. Ainsi

$$\frac{1}{\tau} - \frac{d\varpi}{ds}$$

représente, en un point quelconque d'une courbe (C), la torsion de la ligne géodésique tangente. M. Bonnet lui a donné le nom de *torsion géodésique*. Cette définition est consacrée bien qu'elle ait l'inconvénient d'éveiller l'idée d'une analogie qui n'existe pas avec la courbure géodésique. La torsion géodésique ne se conserve pas quand on déforme une surface.

Quoi qu'il en soit, une fois que l'on a introduit cette nouvelle notion, il est très aisé de donner des expressions géométriques des six rotations p, q, r, p_1, q_1, r_1.

Désignons par $\frac{1}{\rho_{nu}}, \frac{1}{\rho_{gu}}, \frac{1}{t_u}$ les courbures normale et géodésique et la torsion géodésique de l'arc $A\,du$ et désignons de même par $\frac{1}{\rho_{nv}}, \frac{1}{\rho_{gv}}, \frac{1}{t_v}$ les éléments analogues relatifs à l'arc $C\,dv$.

Les formules précédemment établies nous donnent

$$(6)\quad \left\{\begin{array}{ll} \dfrac{A}{\rho_{nu}} = p \sin m - q \cos m, & \dfrac{C}{\rho_{nv}} = p_1 \sin n - q_1 \cos n, \\[2ex] \dfrac{A}{\rho_{gu}} = \dfrac{\partial m}{\partial u} + r, & \dfrac{C}{\rho_{gv}} = \dfrac{\partial n}{\partial v} + r_1, \\[2ex] \dfrac{A}{t_u} = -p \cos m - q \sin m; & \dfrac{C}{t_v} = -p_1 \cos n - q_1 \sin n. \end{array}\right.$$

Si les coordonnées curvilignes sont rectangulaires, on fera

$n = \frac{\pi}{2}$, $m = 0$, et les formules précédentes deviendront

$$(7)\quad \left\{\begin{aligned} \frac{A}{\rho_{nu}} &= -q, & \frac{C}{\rho_{nv}} &= p_1, \\ \frac{A}{\rho_{gu}} &= r, & \frac{C}{\rho_{gv}} &= r_1, \\ \frac{A}{t_u} &= -p; & \frac{C}{t_v} &= -q_1. \end{aligned}\right.$$

Nous avons ainsi la définition et l'interprétation géométrique des six rotations. On sait que M. O. Bonnet, dans sa belle démonstration des formules de M. Codazzi, a introduit ces six quantités sans les considérer comme des rotations, mais en s'appuyant uniquement sur leur définition géométrique, telle qu'elle résulte des formules précédentes.

508. Dans le cas des coordonnées obliques, on pourrait introduire, au lieu des six rotations, les expressions des six courbures absolument comme dans le cas des coordonnées rectangulaires et poser

$$(8)\quad \left\{\begin{aligned} \frac{A}{\rho_{nu}} &= p \sin m - q \cos m = -Q, \\ \frac{A}{\rho_{gu}} &= \frac{\partial m}{\partial u} + r = R - \frac{\partial \alpha}{\partial u}, \\ \frac{A}{t_u} &= -p \cos m - q \sin m = -P; \\ \frac{C}{\rho_{nv}} &= p_1 \sin n - q_1 \cos n = P_1, \\ \frac{C}{\rho_{gv}} &= \frac{\partial n}{\partial v} + r_1 = R_1 + \frac{\partial \alpha}{\partial v}, \\ \frac{C}{t_v} &= -p_1 \cos n - q_1 \sin n = -Q_1. \end{aligned}\right.$$

On déduit de là

$$(9)\quad \left\{\begin{aligned} p &= P \cos m - Q \sin m, & p_1 &= P_1 \sin n + Q_1 \cos n, \\ q &= P \sin m + Q \cos m, & q_1 &= -P_1 \cos n + Q_1 \sin n, \\ r &= R - \frac{\partial n}{\partial u}, & r_1 &= R_1 - \frac{\partial m}{\partial v}, \end{aligned}\right.$$

et, en portant ces valeurs dans les formules (A') [p. 363], on obtiendra le système

$$(10)\quad \left\{\begin{aligned}
&A(P_1\cos\alpha - Q_1\sin\alpha) = C(P\sin\alpha - Q\cos\alpha),\\
&R = -\frac{1}{C\sin\alpha}\left(\frac{\partial A}{\partial v} - \frac{\partial C}{\partial u}\cos\alpha\right), \qquad R_1 = \frac{1}{A\sin\alpha}\left(\frac{\partial C}{\partial u} - \frac{\partial A}{\partial v}\cos\alpha\right),\\
&\frac{\partial P}{\partial v} - QR_1 = \sin\alpha\left(\frac{\partial P_1}{\partial u} - RQ_1\right) + \cos\alpha\left(\frac{\partial Q_1}{\partial u} + RP_1\right),\\
&\frac{\partial Q}{\partial v} + RP_1 = \sin\alpha\left(\frac{\partial Q_1}{\partial u} + RP_1\right) - \cos\alpha\left(\frac{\partial P_1}{\partial u} - RQ_1\right),\\
&\frac{\partial R}{\partial v} - \frac{\partial R_1}{\partial u} = \frac{\partial^2\alpha}{\partial u\,\partial v} - (PP_1 + QQ_1)\cos\alpha + (PQ_1 - QP_1)\sin\alpha.
\end{aligned}\right.$$

Ces équations, qui coïncident, aux notations près, avec celles que M. Codazzi a données à la fin de son Mémoire, sont évidemment plus compliquées que les formules (A). Ce fait paraît indiquer que l'utilité des formules de M. Codazzi tient surtout à ce que les six éléments géométriques qui y figurent peuvent être considérés comme formant un système de rotations, ce qui n'a plus lieu dans le cas des coordonnées obliques.

509. M. Bonnet a fait remarquer que sa formule met immédiatement en évidence un théorème important. En effet, d'après cette formule, les seules courbes, passant par un point de la surface, dont la torsion géodésique soit nulle en ce point sont celles qui admettent pour tangentes l'une des directions principales de ce point. Les lignes de courbure sont donc caractérisées par cette propriété que la torsion géodésique est nulle en chacun de leurs points. Ce théorème est quelquefois attribué à Lancret, bien que ce géomètre ne l'ait jamais énoncé. Il est dans les rapports les plus étroits avec les belles propositions que Joachimsthal a données relativement aux lignes de courbure planes ou sphériques, et que nous allons exposer rapidement.

Quand deux surfaces se coupent sous un angle constant, la ligne d'intersection ne peut être ligne de courbure de l'une des surfaces sans l'être aussi de l'autre. En effet, ϖ et ϖ' désignant les angles que le plan osculateur de la ligne d'intersection fait avec les normales aux deux surfaces, il est clair que l'angle des deux normales est $\varpi - \varpi'$. Si cet angle est constant, on aura, en chaque point de l'intersection,

$$\frac{1}{\tau} - \frac{d\varpi}{ds} = \frac{1}{\tau} - \frac{d\varpi'}{ds}.$$

Cette égalité montre que la torsion géodésique de la courbe a la même valeur quand on la rapporte successivement aux deux surfaces. Elle ne peut donc être nulle pour l'une des surfaces sans l'être aussi pour l'autre.

Réciproquement, si l'intersection de deux surfaces est une ligne de courbure pour les deux surfaces, elles se coupent sous un angle constant; car on a alors

$$\frac{1}{\tau} - \frac{d\varpi}{ds} = 0 = \frac{1}{\tau} - \frac{d\varpi'}{ds}, \qquad \frac{d\varpi}{ds} = \frac{d\varpi'}{ds},$$

et, par conséquent, l'angle $\varpi - \varpi'$ est constant.

Dans le cas où l'une des surfaces est un plan ou une sphère, ces propositions donnent les corollaires suivants :

Si un plan ou une sphère coupe une surface sous un angle constant, l'intersection est ligne de courbure de la surface.

Si une ligne de courbure est plane ou sphérique, le plan ou la sphère qui contient la courbe coupe la surface sous un angle constant.

Il suffit, pour rattacher ces propositions aux précédentes, de remarquer que toute ligne plane ou sphérique est ligne de courbure du plan ou de la sphère sur laquelle elle est tracée.

Au reste, toutes ces propositions ont leur véritable origine dans la théorie des développées des courbes gauches. Nous avons vu, en effet [I, p. 18], que toute normale d'une courbe gauche qui enveloppe une développée fait avec le plan osculateur un angle V défini par la formule

$$dV = \frac{ds}{\tau}.$$

Étant donnée une courbe tracée sur une surface, pour qu'elle soit une ligne de courbure, c'est-à-dire pour que la normale à la surface en tous ses points enveloppe une développée de la courbe, il sera nécessaire et suffisant que la relation précédente soit vérifiée quand on y remplace V par ϖ, ce qui est le théorème énoncé plus haut.

On démontrera de même les théorèmes de Joachimsthal. Par exemple, si deux surfaces se coupent suivant une ligne de courbure commune, les normales aux deux surfaces en chaque point de cette courbe enveloppent deux développées distinctes; et, par suite, elles se coupent sous un angle constant. Les propositions réciproques s'établissent par des considérations analogues.

Le théorème de Joachimsthal conduit à une conséquence que nous avons déjà signalée [I, p. 316], sans la démontrer. *Toutes les fois qu'une surface admet une ligne de courbure plane, la représentation sphérique de cette ligne de courbure est un cercle dont le plan est parallèle à celui qui contient la ligne de courbure.* En effet, la normale à la surface en tous les points de la ligne de courbure fait alors un angle constant α avec la perpendiculaire au plan de cette ligne. Par suite, la représentation sphérique de la ligne de courbure sera le lieu des extrémités des rayons de la sphère qui font l'angle α avec cette perpendiculaire: ce sera un grand cercle si le plan de la ligne de courbure est normal à la surface et un petit cercle si l'angle α n'est pas droit; mais, dans l'un et l'autre cas, le plan de ce cercle sera évidemment parallèle à celui de la ligne de courbure.

Réciproquement, si la représentation sphérique d'une ligne de courbure est formée par un cercle de la sphère, la tangente en tous les points de cette ligne sera parallèle au plan du cercle; et, par conséquent, la ligne elle-même sera située dans un plan parallèle au plan du cercle.

510. Après avoir étudié la formule de M. O. Bonnet, nous dirons quelques mots de celle de M. Laguerre. Si l'on rapporte la surface au système de coordonnées formé par les lignes de courbure, elle prend la forme

$$\begin{aligned}-\frac{\cos\varpi}{\rho^2}\frac{d\rho}{ds}+\frac{\sin\varpi}{\rho}\left(\frac{2}{\tau}-3\frac{d\varpi}{ds}\right) &= -q^2\frac{\partial R}{\partial u}\frac{du^3}{ds^3}-3q^2\frac{\partial R}{\partial v}\frac{du^2\,dv}{ds^3}\\ &\quad -3p_1^2\frac{\partial R'}{\partial u}\frac{du\,dv^2}{ds^3}-p_1^2\frac{\partial R'}{\partial v}\frac{dv^3}{ds^3}.\end{aligned}$$

Il en résulte que le produit du premier membre par ds^3 demeure constant lorsqu'on passe de la surface à l'une quelconque des surfaces parallèles; il suffit, en effet, pour effectuer ce changement, d'augmenter R et R' d'une même constante, sans changer q et p_1.

Si l'on applique la formule à une section normale de la surface, on a

$$\varpi = 0,$$

et le premier membre se réduit à $\dfrac{d\left(\frac{1}{\rho}\right)}{ds}$. Il suit de là que l'équation différentielle du premier ordre et du troisième degré

$$(11) \qquad q^2 \frac{\partial R}{\partial u} du^3 + 3q^2 \frac{\partial R}{\partial v} du^2 dv + 3p_1^2 \frac{\partial R'}{\partial u} du\, dv^2 + p_1^2 \frac{\partial R'}{\partial v} dv^3 = 0$$

définit les courbes tracées sur la surface, et *pour lesquelles la section normale de la surface tangente à la courbe en un quelconque de ses points est surosculée par un cercle.*

Ces lignes ont été considérées en premier lieu par M. de la Gournerie [1]. Il résulte de leur équation différentielle qu'elles se conservent lorsqu'on passe d'une surface à la surface parallèle. Cette remarque a été faite par M. Ribaucour [2]. On les détermine aisément dans les surfaces du second degré; elles se réduisent alors aux deux systèmes de génératrices rectilignes et aux courbes sur lesquelles la courbure totale de la surface demeure constante. On peut rattacher leur théorie à celle du contact d'une surface avec un cylindre de révolution. Mais cette étude trouvera place ailleurs.

511. La formule de M. Laguerre permet de résoudre une question très intéressante, sur laquelle M. Bonnet a, le premier, appelé l'attention.

Considérons une courbe (C) tracée sur une surface et supposons

---

(1) De la Gournerie, *Étude sur la courbure des surfaces* (*Journal de Liouville*, 1re série, t. XX, p. 145; 1855).

(2) Ribaucour, *Propriétés des lignes tracées sur les surfaces* (*Comptes rendus*, t. LXXX, p. 642; 1875).

qu'elle soit tangente en un de ses points M à une des lignes asymptotiques qui passent en M. Alors nous avons

$$\frac{\cos\varpi}{\rho} = 0$$

et, par conséquent, si $\cos\varpi$ est différent de zéro, c'est-à-dire si le plan osculateur ne coïncide pas avec le plan tangent à la surface, ρ est infini. C'est ce qui arrive, par exemple, pour une section plane dont le plan passe par une des tangentes asymptotiques et ne se confond pas avec le plan tangent.

Mais, si le plan osculateur de la courbe se confond avec le plan tangent à la surface, on a

$$\cos\varpi = 0,$$

et ρ peut avoir une valeur quelconque. La construction géométrique que l'on déduit du théorème de Meusnier tombe également en défaut, et conduit aussi à une indétermination.

M. Bonnet, à qui l'on doit la remarque précédente, a donné pour ce cas spécial une formule que l'on peut rattacher aisément à celle qui a été démontrée par M. Laguerre.

Désignons par $\frac{1}{\tau}$, $\frac{1}{\rho}$ la torsion et la courbure de la courbe considérée, par $\frac{1}{\tau_0}$, $\frac{1}{\rho_0}$ les mêmes quantités relatives à la ligne asymptotique tangente. Nous avons vu (n°s 492 et 493) que les deux fonctions

$$\frac{1}{\tau} - \frac{d\varpi}{ds} \quad \text{et} \quad -\frac{\cos\varpi}{\rho^2}\frac{d\rho}{ds} + \frac{\sin\varpi}{\rho}\left(\frac{2}{\tau} - 3\frac{d\varpi}{ds}\right)$$

ont les mêmes valeurs si on les calcule successivement pour deux courbes tangentes au même point. Ici l'angle ϖ est égal à un quadrant aussi bien pour la courbe considérée que pour la ligne asymptotique; mais $\frac{d\varpi}{ds}$, qui est nul en chaque point de la ligne asymptotique, n'est pas nul nécessairement pour la courbe considérée. On a donc

$$(12)\qquad \left\{\begin{aligned} &\frac{1}{\tau} - \frac{d\varpi}{ds} = \frac{1}{\tau_0},\\ &\frac{1}{\rho}\left(\frac{2}{\tau} - 3\frac{d\varpi}{ds}\right) = \frac{2}{\rho_0\tau_0},\end{aligned}\right.$$

d'où, en éliminant $\frac{d\varpi}{ds}$,

$$\frac{1}{\tau} - \frac{3}{\tau_0} = -\frac{2\rho}{\tau_0\rho_0}. \tag{13}$$

Cette équation fera connaître ρ quand τ sera donné.

Supposons, par exemple, que nous voulions déterminer le rayon de courbure de la section par le plan tangent. Cette section a deux branches passant au point de contact. On aura, pour chacune d'elles,

$$\tau = \infty$$

et, par conséquent ([1]),

$$\rho = \tfrac{3}{2}\rho_0.$$

Mais, pour que les formules précédentes soient réellement utiles, il faut qu'on puisse déterminer ρ_0 et τ_0. Voici comment on y parvient.

512. Dans le cas d'une ligne asymptotique, on a, d'après la formule (22) [p. 357],

$$-\frac{1}{\tau_0} = \frac{p\,du + p_1\,dv}{ds}\cos\omega + \frac{q\,du + q_1\,dv}{ds}\sin\omega.$$

D'ailleurs, l'équation différentielle d'une ligne asymptotique nous donne

$$\frac{p\,du + p_1\,dv}{ds}\sin\omega - \frac{q\,du + q_1\,dv}{ds}\cos\omega = 0.$$

Ces deux relations peuvent être remplacées par les suivantes :

$$\left\{\begin{aligned} &\frac{p\,du + p_1\,dv}{ds} + \frac{\cos\omega}{\tau_0} = 0,\\ &\frac{q\,du + q_1\,dv}{ds} + \frac{\sin\omega}{\tau_0} = 0. \end{aligned}\right. \tag{14}$$

En remplaçant $ds\sin\omega$, $ds\cos\omega$ par leurs expressions (5) [p. 363]

([1]) Cette élégante relation est due à M. Beltrami qui l'a donnée dans un article *Sur la courbure de quelques lignes tracées sur une surface*, inséré en 1865 aux *Nouvelles Annales de Mathématiques* (2e série, t. IV, p. 258).

en fonction de du, dv, on trouvera

$$(15)\quad \left\{\begin{aligned} &\left(p + \frac{A\cos m}{\tau_0}\right)du + \left(p_1 + \frac{C\cos n}{\tau_0}\right)dv = 0,\\ &\left(q + \frac{A\sin m}{\tau_0}\right)du + \left(q_1 + \frac{C\sin n}{\tau_0}\right)dv = 0 \end{aligned}\right.$$

ou, en éliminant $\frac{du}{dv}$,

$$(pq_1 - qp_1)\tau_0^2 + AC\sin\alpha = 0.$$

En introduisant, d'après la formule (14) [p. 364], le produit des rayons de courbure principaux, on obtient

$$(16)\qquad \tau_0 = \pm\sqrt{-RR'},$$

expression remarquable de la torsion due à M. Enneper. On en déduit, en particulier, que les lignes asymptotiques des surfaces à courbure totale constante sont des courbes gauches dont la torsion est invariable.

Si l'on porte l'expression de τ_0 dans la formule (13), elle deviendra

$$(17)\qquad \frac{1}{2\rho} = \frac{\dfrac{1}{\rho} - \dfrac{1}{\rho_0}}{\dfrac{\sqrt{-RR'}}{\tau} - 1}.$$

Cette formule, due à M. O. Bonnet (¹), comprend implicitement celle de M. Enneper; car il suffit d'y faire $\rho = \rho_0$ pour retrouver l'expression de la torsion d'une ligne asymptotique.

513. Il nous reste à déterminer ρ_0. Ici encore, la formule a été donnée par M. Bonnet.

Prenons le système de coordonnées formé par les lignes de courbure. La direction des lignes asymptotiques sera définie par l'équation

$$\frac{\sin^2\omega}{R'} + \frac{\cos^2\omega}{R} = 0,$$

(¹) *Nouvelles Annales de Mathématiques* (2ᵉ série, t. IV, p. 267; 1865).

qui donne

$$(18)\qquad \cos\omega = \frac{\sqrt{R}}{\sqrt{R-R'}},\qquad \sin\omega = \frac{\sqrt{-R'}}{\sqrt{R-R'}},\qquad \operatorname{tang}\omega = \frac{\sqrt{R}}{\sqrt{-R'}},$$

les radicaux ayant partout le même signe. La formule (18) [p. 354] nous donnera

$$\frac{ds}{\rho_0} = d\omega + r\,du + r_1\,dv$$

et, par conséquent,

$$\frac{1}{\rho_0} = \frac{\partial\omega}{\partial u}\frac{du}{ds} + \frac{\partial\omega}{\partial v}\frac{dv}{ds} + r\frac{du}{ds} + r_1\frac{dv}{ds}$$

ou, en remplaçant $\frac{du}{ds}$, $\frac{dv}{ds}$ par leurs expressions en fonction de ω,

$$\frac{1}{\rho_0} = \frac{\cos\omega}{A}\frac{\partial\omega}{\partial u} + \frac{\sin\omega}{C}\frac{\partial\omega}{\partial v} + \frac{r}{A}\cos\omega + \frac{r_1}{C}\sin\omega.$$

Or on déduit des formules du n° 500

$$\frac{r}{A} = \frac{R'}{CR}\,\frac{\frac{\partial R}{\partial v}}{R-R'},\qquad \frac{r_1}{C} = \frac{R}{AR'}\,\frac{\frac{\partial R'}{\partial u}}{R-R'},$$

et, en remplaçant r, r_1 par ces valeurs dans l'expression de ρ_0, on obtient

$$\frac{1}{\rho_0} = \frac{\cos\omega}{A}\frac{\partial\omega}{\partial u} + \frac{\cos^2\omega\sin\omega}{A}\frac{\partial\log R'}{\partial u} + \frac{\sin\omega}{C}\frac{\partial\omega}{\partial v} - \frac{\sin^2\omega\cos\omega}{C}\frac{\partial\log R}{\partial v},$$

$$\frac{1}{\rho_0} = \frac{\cos^2\omega\sin\omega}{A}\frac{\partial\log(R'\operatorname{tang}\omega)}{\partial u} - \frac{\sin^2\omega\cos\omega}{C}\frac{\partial\log(R\cot\omega)}{\partial v}.$$

Remplaçons maintenant $\sin\omega$ et $\cos\omega$ par leurs valeurs, nous trouverons

$$(19)\qquad \frac{(R-R')^{\frac{3}{2}}}{\rho_0} = \frac{R^2}{2(-R')^{\frac{5}{2}}}\frac{\partial}{A\,\partial u}\left(\frac{-R'^3}{R}\right) - \frac{R'^2}{2R^{\frac{5}{2}}}\frac{\partial}{C\,\partial v}\left(\frac{R^3}{-R'}\right).$$

En prenant comme variables auxiliaires $\frac{R'^3}{R}$ et $\frac{R^3}{R'}$, on parviendra aisément à transformer cette formule et à la mettre sous la forme élégante

$$(20)\qquad \frac{1}{\rho_0} = \frac{4(-RR')^{\frac{7}{8}}}{(R-R')^{\frac{3}{2}}}\left[-\frac{\partial}{A\,\partial u}\left(\frac{R}{-R'^3}\right)^{\frac{1}{8}} + \frac{\partial}{C\,\partial v}\left(\frac{-R'}{R^3}\right)^{\frac{1}{8}}\right],$$

qui a été donnée par M. Bonnet, mais qui présente plus de difficultés que la précédente pour l'observation des signes.

On peut donner aux expressions trouvées une forme entièrement géométrique si l'on remarque que

$$\frac{\partial}{A\,\partial u},\quad \frac{\partial}{C\,\partial v}$$

représentent des dérivées relatives à des déplacements effectués sur les lignes de courbure. En désignant ces déplacements par ds_1, ds_2, on trouve, pour les valeurs absolues des deux rayons de courbure,

$$(21)\qquad \frac{1}{\rho_0} = \frac{4(-RR')^{\frac{7}{8}}}{(R-R')^{\frac{3}{2}}}\left[\frac{\partial}{\partial s_1}\left(\frac{R}{-R'^3}\right)^{\frac{1}{8}} \pm \frac{\partial}{\partial s_2}\left(\frac{-R'}{R^3}\right)^{\frac{1}{8}}\right].$$

Une application importante montre tout l'intérêt que peuvent présenter des recherches de la nature de celle que nous venons d'exposer. L'illustre Lamé s'était proposé, dans ses études de Physique mathématique, de déterminer tous les systèmes triples à la fois orthogonaux et isothermes, et la solution qu'il avait donnée de cette importante et très difficile question ne laissait pas de présenter des longueurs et même des difficultés. Dans un Mémoire déjà ancien ([1]), M. Bonnet a montré que toutes les surfaces faisant partie d'un système à la fois orthogonal et isotherme doivent jouir de la propriété suivante : Sur chaque ligne de courbure le rayon principal correspondant à cette ligne est proportionnel au cube de l'autre rayon. En d'autres termes, on doit avoir

$$(22)\qquad \frac{\partial}{\partial s_1}\left(\frac{R}{-R'^3}\right)^{\frac{1}{8}} = 0,\qquad \frac{\partial}{\partial s_2}\left(\frac{-R'}{R^3}\right)^{\frac{1}{8}} = 0;$$

et, par conséquent, M. O. Bonnet a pu déduire de sa formule que les lignes asymptotiques de chacune de ces surfaces doivent avoir un rayon de courbure infini, c'est-à-dire doivent se réduire à des droites. Les surfaces qui composent le système doivent donc être nécessairement du second degré.

([1]) O. Bonnet, *Mémoire sur la théorie des surfaces isothermes orthogonales* (*Journal de l'École Polytechnique*, XXXe Cahier, p. 141; 1845).

CHAPITRE IV.

LES LIGNES GÉODÉSIQUES.

Formes diverses de l'équation différentielle des lignes géodésiques. — Les lignes de longueur nulle de la surface satisfont à cette équation différentielle. — Ligne géodésique passant par deux points suffisamment voisins. — Théorème de Gauss relatif aux lignes géodésiques qui passent par un point de la surface. — Plus court chemin entre deux points suffisamment voisins. — Géodésiques normales à une courbe quelconque. — Second théorème de Gauss; extension de la définition des courbes parallèles dans le plan. — Trajectoires orthogonales d'une famille quelconque de géodésiques; elles se déterminent par une simple quadrature. — Variation de longueur d'un segment de ligne géodésique. — Système orthogonal formé de deux familles d'ellipses et d'hyperboles géodésiques. — Théorème de M. Weingarten. — Coordonnées bipolaires dans le plan et sur la sphère. — Théorème de M. Liouville relatif à deux familles de lignes géodésiques qui se coupent mutuellement sous des angles constants.

---

514. Il nous reste maintenant à entreprendre l'étude de la formule

$$\frac{ds}{\rho_g} = d\omega + r\,du + r_1\,dv, \tag{1}$$

qui donne le rayon de courbure géodésique ρ_g d'une courbe quelconque tracée sur la surface. Cette formule se distingue des précédentes par une propriété essentielle, que nous avons déjà signalée : les quantités qui y figurent dépendent exclusivement de la forme de l'élément linéaire; et, par suite, la courbure géodésique demeure invariable quand on déforme la surface d'une manière quelconque. Nous commencerons par étudier les lignes géodésiques. Leur équation différentielle

$$d\omega + r\,du + r_1\,dv = 0 \tag{2}$$

est du second ordre. On ne sait l'intégrer que dans un petit nombre de cas; néanmoins Gauss, dans son célèbre Mémoire [1],

---

[1] Gauss, *Disquisitiones generales circa superficies curvas* (*Mémoires de la Société Royale des Sciences de Goettingue*, t. VI, 1828, et *Œuvres complètes*,

et les géomètres qui l'ont suivi ont enrichi la théorie des lignes géodésiques d'un grand nombre de propositions intéressantes que nous allons tout d'abord développer.

Nous indiquerons en premier lieu différentes formes de l'équation différentielle. Si nous conservons toutes les notations du Chapitre I [p. 348], nous aurons

$$(3) \qquad \cos\omega\, ds = \xi\, du + \xi_1\, dv, \qquad \sin\omega\, ds = \eta\, du + \eta_1\, dv$$

et, par suite,

$$(4) \qquad \omega = \text{arc tang}\,\frac{\eta\, du + \eta_1\, dv}{\xi\, du + \xi_1\, dv}.$$

Les formules (A) (n° 484) nous donnent

$$(5) \quad \begin{cases} \Delta r = -\dfrac{1}{2}\dfrac{\partial E}{\partial v} + \eta\dfrac{\partial \eta_1}{\partial u} + \xi\dfrac{\partial \xi_1}{\partial u} = \dfrac{\partial F}{\partial u} - \dfrac{1}{2}\dfrac{\partial E}{\partial v} - \eta_1\dfrac{\partial \eta}{\partial u} - \xi_1\dfrac{\partial \xi}{\partial u}, \\ \Delta r_1 = \dfrac{1}{2}\dfrac{\partial G}{\partial u} - \eta_1\dfrac{\partial \eta}{\partial v} - \xi_1\dfrac{\partial \xi}{\partial v} = \dfrac{1}{2}\dfrac{\partial G}{\partial u} - \dfrac{\partial F}{\partial v} + \eta\dfrac{\partial \eta_1}{\partial v} + \xi\dfrac{\partial \xi_1}{\partial v}, \end{cases}$$

Δ désignant toujours le déterminant

$$(6) \qquad \Delta = \xi\eta_1 - \eta\xi_1.$$

Si l'on porte les valeurs de ω, r, r_1 dans l'équation (2) et si l'on développe les calculs en tenant compte des relations

$$(7) \qquad \xi^2 + \eta^2 = E, \qquad \xi\xi_1 + \eta\eta_1 = F, \qquad \xi_1^2 + \eta_1^2 = G,$$

on obtiendra l'équation suivante :

$$(8) \quad \begin{cases} 2(EG - F^2)(du\, d^2v - dv\, d^2u) \\ \quad = +\left(E\dfrac{\partial E}{\partial v} + F\dfrac{\partial E}{\partial u} - 2E\dfrac{\partial F}{\partial u}\right)du^3 \\ \qquad + \left(3F\dfrac{\partial E}{\partial v} - G\dfrac{\partial E}{\partial u} - 2F\dfrac{\partial F}{\partial u} - 2E\dfrac{\partial G}{\partial u}\right)du^2\, dv \\ \qquad - \left(3F\dfrac{\partial G}{\partial u} + E\dfrac{\partial G}{\partial v} - 2F\dfrac{\partial F}{\partial v} - 2G\dfrac{\partial E}{\partial v}\right)du\, dv^2 \\ \qquad - \left(G\dfrac{\partial G}{\partial u} + F\dfrac{\partial G}{\partial v} - 2G\dfrac{\partial F}{\partial v}\right)dv^3, \end{cases}$$

---

t. IV, p. 217). Le Mémoire de Gauss a été souvent reproduit. On le trouve, en particulier, dans l'édition que M. Liouville a donnée en 1850 de l'*Application de l'Analyse à la Géométrie, par* MONGE.

qui caractérise les lignes géodésiques et ne contient que les quantités E, F, G.

515. Si l'on adopte l'arc s de la ligne géodésique comme variable indépendante, on peut substituer à l'équation précédente deux équations différentielles qui définiront u et v en fonction de s. On déduit, par exemple, de la première formule (3)

$$\omega = \arc\cos \frac{\xi\, du + \xi_1\, dv}{ds}.$$

Choisissons le système de translations pour lequel on a

$$\xi_1 = 0, \tag{9}$$

il faudra prendre

$$r_1 = \sqrt{G}, \qquad r = \frac{F}{\sqrt{G}}, \qquad \xi = \frac{\sqrt{EG - F^2}}{\sqrt{G}}. \tag{10}$$

La substitution des valeurs de r, r_1, ω dans la formule (2) permettra de calculer $\frac{d^2 u}{ds^2}$ et nous donnera la première des deux équations suivantes

$$(11)\quad \left\{\begin{aligned} &2(EG - F^2)\frac{d^2 u}{ds^2} \\ &\quad = \left(2F\frac{\partial F}{\partial u} - G\frac{\partial E}{\partial u} - F\frac{\partial E}{\partial v}\right)\frac{du^2}{ds^2} \\ &\qquad + 2\left(F\frac{\partial G}{\partial u} - G\frac{\partial E}{\partial v}\right)\frac{du\,dv}{ds^2} + \left(F\frac{\partial G}{\partial v} + G\frac{\partial G}{\partial u} - 2G\frac{\partial F}{\partial v}\right)\frac{dv^2}{ds^2}, \\ &2(EG - F^2)\frac{d^2 v}{ds^2} \\ &\quad = \left(F\frac{\partial E}{\partial u} + E\frac{\partial E}{\partial v} - 2E\frac{\partial F}{\partial u}\right)\frac{du^2}{ds^2} \\ &\qquad + 2\left(F\frac{\partial E}{\partial v} - E\frac{\partial G}{\partial u}\right)\frac{du\,dv}{ds^2} + \left(2F\frac{\partial F}{\partial v} - E\frac{\partial G}{\partial v} - F\frac{\partial G}{\partial u}\right)\frac{dv^2}{ds^2}, \end{aligned}\right.$$

qui se déduisent l'une de l'autre par l'échange de u et de v, de E et de G. Pour déterminer complètement u et v en fonction de s, il faudra leur adjoindre la relation

$$E\frac{du^2}{ds^2} + 2F\frac{du\,dv}{ds^2} + G\frac{dv^2}{ds^2} = 1, \tag{12}$$

qui sert de définition à la variable auxiliaire s.

On peut remplacer les deux équations (11) par les suivantes :

$$(13)\quad \begin{cases} 2\dfrac{d}{ds}\left(\dfrac{\mathrm{E}\,du+\mathrm{F}\,dv}{ds}\right)=\dfrac{\partial\mathrm{E}}{\partial u}\dfrac{du^2}{ds^2}+2\dfrac{\partial\mathrm{F}}{\partial u}\dfrac{du\,dv}{ds^2}+\dfrac{\partial\mathrm{G}}{\partial u}\dfrac{dv^2}{ds^2},\\ 2\dfrac{d}{ds}\left(\dfrac{\mathrm{F}\,du+\mathrm{G}\,dv}{ds}\right)=\dfrac{\partial\mathrm{E}}{\partial v}\dfrac{du^2}{ds^2}+2\dfrac{\partial\mathrm{F}}{\partial v}\dfrac{du\,dv}{ds^2}+\dfrac{\partial\mathrm{G}}{\partial v}\dfrac{dv^2}{ds^2},\end{cases}$$

qui sont d'une forme plus élégante, mais ne sont pas résolues par rapport aux dérivées secondes.

516. Les différentes équations que nous venons d'obtenir mettent en évidence une propriété fondamentale des lignes géodésiques que l'on peut énoncer comme il suit :

Étant donnée une ligne géodésique et deux points quelconques A, B *pris sur cette ligne, la variation première de l'arc de la géodésique compris entre ces deux points est nulle quand on passe de cette géodésique à toute autre ligne infiniment voisine ayant les mêmes extrémités; et, réciproquement, toute ligne jouissant de cette propriété est une géodésique.*

Considérons, en effet, une ligne quelconque comprise entre les points A et B et définie par l'équation

$$v=\varphi(u);$$

son arc sera donné par la formule

$$\int_{\mathrm{A}}^{\mathrm{B}}\sqrt{\mathrm{E}+2\mathrm{F}v'+\mathrm{G}v'^2}\,du,$$

v' désignant la dérivée de v par rapport à u. Si l'on veut que la variation première de l'arc soit nulle, on aura, en appliquant les principes du calcul des variations, l'équation différentielle

$$(14)\qquad \frac{d}{du}\left(\frac{\mathrm{G}v'+\mathrm{F}}{\sqrt{\mathrm{E}+2\mathrm{F}v'+\mathrm{G}v'^2}}\right)-\frac{\dfrac{\partial\mathrm{E}}{\partial v}+2\dfrac{\partial\mathrm{F}}{\partial v}v'+\dfrac{\partial\mathrm{G}}{\partial v}v'^2}{2\sqrt{\mathrm{E}+2\mathrm{F}v'+\mathrm{G}v'^2}}=0.$$

Si l'on développe les calculs, on retrouve l'équation (8). La proposition est donc établie.

Mais on peut aussi choisir l'arc s comme variable indépendante; alors l'équation (14) prend immédiatement et sans calcul la forme de la seconde équation (13). La première de ces deux équations se déduisant de la seconde par l'échange de u et de v, on peut considérer comme démontré le système (13), système que l'on pourra ensuite résoudre par rapport aux dérivées secondes $\frac{d^2u}{ds^2}$, $\frac{d^2v}{ds^2}$, ce qui donnera les équations (11).

517. Les calculs de vérification que nous venons d'indiquer conduisent à une conséquence intéressante. Reprenons, par exemple, l'équation (14) où nous regarderons u comme variable indépendante. En la développant, on lui donnera d'abord la forme suivante :

$$\left[2\,d(Gv'+F)-du\left(\frac{\partial E}{\partial v}+2\frac{\partial F}{\partial v}v'+\frac{\partial G}{\partial v}v'^2\right)\right](E+2Fv'+Gv'^2)$$
$$-(Gv'+F)\,d(E+2Fv'+Gv'^2)=0.$$

On reconnaît ainsi immédiatement que *les lignes de longueur nulle de la surface, qui sont définies par l'équation*

$$E+2Fv'+Gv'^2=0,$$

satisfont à l'équation différentielle des lignes géodésiques.

Il est aisé, en effet, d'établir directement que ces lignes sont de véritables lignes géodésiques et que leur plan osculateur est, en chaque point, normal à la surface. Il suffit de remarquer que le plan osculateur de toute ligne de longueur nulle est tangent au cercle de l'infini et, par conséquent, normal à la tangente. Si donc une ligne de longueur nulle est tracée sur une surface, son plan osculateur en chaque point, étant normal à la tangente en ce point, contient nécessairement la normale à la surface.

On peut d'ailleurs vérifier autrement la propriété que nous venons d'établir. Si l'on suppose que la surface est rapportée à ses lignes de longueur nulle, on aura

$$E=0, \qquad G=0;$$

l'équation (8) prendra donc la forme particulièrement simple

$$F(du\,d^2v-dv\,d^2u)-dv\,du\left(\frac{\partial F}{\partial u}du-\frac{\partial F}{\partial v}dv\right)=0. \tag{15}$$

On reconnaît ainsi que toutes les lignes coordonnées, définies par l'une ou l'autre des deux équations

$$dv = 0 \quad \text{ou} \quad du = 0,$$

satisfont à l'équation différentielle des lignes géodésiques ([1]).

518. Les équations de différentes formes que nous venons d'obtenir pour les lignes géodésiques mettent en évidence un fait essentiel, sur lequel on s'appuie à chaque instant dans la théorie : c'est que, *par un point quelconque de la surface, il ne passe qu'une ligne géodésique admettant pour tangente en ce point une tangente déterminée de la surface*. En d'autres termes, *une ligne géodésique est pleinement déterminée par la condition de passer en un point de la surface et d'y admettre une tangente donnée.*

Si, au contraire, on veut assujettir une ligne géodésique à passer par deux points, il est aisé de reconnaître que ce problème peut avoir une infinité de solutions, alors même que les deux points seraient très rapprochés. Supposons, par exemple, que la surface donnée soit un cylindre de révolution; les lignes géodésiques seront des hélices. On reconnaîtra aisément que, si l'on prend sur le cylindre deux points M et M', quelque voisins qu'ils soient, il y a une infinité de lignes géodésiques passant par ces deux points. Ces hélices se distinguent les unes des autres par le nombre de tours que fait sur chacune d'elles un point partant de

---

([1]) Les lignes de longueur nulle se distinguent toutefois des autres géodésiques par une propriété qu'il est bon de signaler. La variation première de l'arc, quand on passe d'une telle ligne à la courbe infiniment voisine, se présente sous une forme indéterminée. Cela tient à ce que l'arc de toute ligne infiniment voisine d'une ligne de longueur nulle est un infiniment petit de l'ordre $\frac{1}{2}$. Soit, en effet,

$$v = 0$$

une ligne de longueur nulle. Pour toute ligne infiniment voisine définie par l'équation

$$v = \varepsilon\varphi(u),$$

où ε est une quantité infiniment petite, on aura

$$s = \sqrt{\varepsilon}\int\sqrt{2F\varphi'(u)}\,du.$$

M avant d'arriver en M′, et par le sens dans lequel s'effectue ce mouvement.

Mais, quelle que soit la surface considérée, on peut déterminer une grandeur l telle que, si l'on prend sur chaque ligne géodésique passant par M, et à partir de M, une longueur λ égale ou inférieure à l, il ne passera par le point M et par l'extrémité de cette longueur aucune autre ligne géodésique dont la longueur soit inférieure à l. Cette proposition n'est pas absolument évidente, mais on peut l'établir rigoureusement de la manière suivante.

Nous avons vu que les coordonnées u et v d'un point de la ligne géodésique sont définies en fonction de s par les équations (11), qui sont de la forme suivante :

$$(16)\qquad \left\{\begin{aligned} \frac{d^2u}{ds^2} &= a\left(\frac{du}{ds}\right)^2 + 2b\,\frac{du}{ds}\,\frac{dv}{ds} + c\left(\frac{dv}{ds}\right)^2,\\ \frac{d^2v}{ds^2} &= a'\left(\frac{du}{ds}\right)^2 + 2b'\,\frac{du}{ds}\,\frac{dv}{ds} + c'\left(\frac{dv}{ds}\right)^2, \end{aligned}\right.$$

a, b, a', ... étant des fonctions données de u et de v. Si l'on veut étudier l'ensemble des lignes géodésiques passant par un point M de coordonnées u_0, v_0, les équations différentielles donneront pour u et v des fonctions de l'arc s compté à partir de M et des valeurs initiales u_0, v_0, $\left(\frac{du}{ds}\right)_0$, $\left(\frac{dv}{ds}\right)_0$ relatives à ce point. Remarquons d'ailleurs que les équations différentielles précédentes ne changent pas de forme quand on y remplace s par αs, α désignant une constante quelconque. Il faudra donc que les valeurs de u et de v ne changent pas quand on remplace s, $\left(\frac{du}{ds}\right)_0$, $\left(\frac{dv}{ds}\right)_0$ respectivement par αs, $\frac{1}{\alpha}\left(\frac{du}{ds}\right)_0$, $\frac{1}{\alpha}\left(\frac{dv}{ds}\right)_0$. Cela ne peut avoir lieu que si u, v dépendent, en même temps que de u_0, v_0, des seules variables

$$u' = s\left(\frac{du}{ds}\right)_0, \qquad v' = s\left(\frac{dv}{ds}\right)_0.$$

On aura donc

$$u = f(u', v', u_0, v_0), \qquad v = \varphi(u', v', u_0, v_0).$$

Si les coefficients E, F, G et, par suite, les fonctions a, b, a', ... sont développables suivant les puissances entières de $u - u_0$, $v - v_0$, les fonctions f et φ seront développables suivant les puissances de u' et de v'; et l'on aura des séries de la forme suivante :

$$u - u_0 = u' + \alpha u'^2 + 2\alpha' u'v' + \alpha'' v'^2 + \ldots,$$
$$v - v_0 = v' + \beta u'^2 + 2\beta' u'v' + \beta'' v'^2 + \ldots,$$

où les coefficients α, β, ... seront des fonctions de u_0, v_0, et qui seront convergentes pour toutes les valeurs de u', v' dont le module sera inférieur à une quantité fixe.

Le déterminant fonctionnel

$$\frac{\partial(u, v)}{\partial(u', v')},$$

étant égal à 1 pour $u' = v' = 0$, les équations précédentes pourront être résolues par rapport à u', v' et donneront pour ces quantités des séries ordonnées suivant les puissances de $u - u_0$, $v - v_0$, séries qui demeureront convergentes tant que les modules de ces deux différences demeureront inférieurs à une quantité fixe. En d'autres termes, il ne passera par le point M et par un point suffisamment voisin M' qu'une ligne géodésique pour laquelle u' et v' soient inférieurs à une quantité fixe, c'est-à-dire dont la longueur soit inférieure à une quantité donnée ([1]). C'est la proposition que nous voulions établir. On peut encore l'énoncer en disant qu'on peut délimiter une région entourant le point M et telle que, par un point quelconque de cette région et par le point M, il ne passe qu'une seule ligne géodésique tout entière comprise dans la région ([2]).

([1]) Comme on a

$$E_0\left(\frac{du}{ds}\right)_0^2 + 2F_0\left(\frac{du}{ds}\right)_0\left(\frac{dv}{ds}\right)_0 + G_0\left(\frac{dv}{ds}\right)_0^2 = 1,$$

E_0, F_0, G_0 désignant les valeurs de E, F, G au point M, on obtient, en multipliant par s^2, la relation

$$s^2 = E_0 u'^2 + 2F_0 u'v' + G_0 v'^2,$$

qui montre que, si u', v' sont inférieures à une quantité fixe, il en sera de même de s.

([2]) Les variables u', v' sont celles auxquelles M. Lipschitz, dans des recherches plus générales, a donné le nom de *variables normales*. [*Voir*, en particulier, le *Bulletin des Sciences mathématiques* (1re série, t. IV, p. 97-110)].

519. Il résulte de cette proposition que, si l'on détermine chaque point de la région précédente par la longueur u de la ligne géodésique qui joint ce point au point M et par l'angle v que fait en M cette ligne géodésique avec une des tangentes en ce point à la surface, on aura constitué un système de coordonnées tout à fait analogue au système de coordonnées polaires dans le plan et dans lequel, à chaque point de la surface, correspondra un seul système de valeurs de u et de v, si l'on convient, par exemple, de prendre u positif et v compris entre o et 2π. L'élément linéaire de la surface sera donné par la formule

$$ds^2 = du^2 + 2F\,du\,dv + G\,dv^2,$$

dans laquelle E est égal à 1. On aura évidemment

$$F = 0, \qquad G = 0$$

pour $u = 0$.

Cela posé, exprimons que les lignes $v =$ const. sont des géodésiques. Si l'on emploie, par exemple, l'équation (8), on aura, en annulant dv et d^2v, la condition

$$\frac{\partial F}{\partial u} = 0;$$

F ne peut donc dépendre que de la seule variable v; et, comme on a $F = 0$ pour $u = 0$, F sera identiquement nul. Par suite, l'élément linéaire de la surface prendra la forme simple

$$ds^2 = du^2 + G\,dv^2. \tag{17}$$

520. On peut encore établir le même résultat en adoptant la forme de l'élément linéaire étudiée au Chapitre II [p. 362]. On aura ici

$$ds^2 = du^2 + 2C\cos\alpha\,du\,dv + C^2\,dv^2.$$

Remarquons d'ailleurs que, l'arc $C\,dv$ compris entre deux lignes géodésiques infiniment voisines devant diminuer indéfiniment quand u tend vers zéro, il faudra que l'on ait $C = 0$ pour $u = 0$, quel que soit v.

Cela posé, exprimons que les lignes $v =$ const. sont géodésiques. En appliquant la formule (2) et remarquant qu'ici ω est égal à m, on a

$$\frac{\partial m}{\partial u} + r = 0$$

ou, en remplaçant r par sa valeur déduite des formules (A') (n° 495)

$$-\frac{\partial \alpha}{\partial u} + \frac{\cot \alpha}{C}\frac{\partial C}{\partial u} = 0, \qquad \frac{\partial (C \cos \alpha)}{\partial u} = 0.$$

Ainsi $C \cos \alpha$ doit être une fonction de v

(18) $$C \cos \alpha = \varphi(v).$$

Mais, comme C est nul, quel que soit v, pour $u = 0$, il faut nécessairement que l'on ait

$$\varphi(v) = 0.$$

L'équation précédente nous donne, pour une valeur quelconque de u,

$$C \cos \alpha = 0$$

et, par suite,

$$\cos \alpha = 0.$$

Nous retrouvons ainsi la forme déjà donnée

(19) $$ds^2 = du^2 + C^2 dv^2$$

de l'élément linéaire de la surface.

521. Cette forme est d'une importance capitale. Elle va nous permettre de démontrer que le chemin le plus court entre deux points suffisamment rapprochés d'une surface est toujours une ligne géodésique.

En effet, sur la portion de surface que nous avons définie plus haut et qui peut être considérée comme engendrée par une ligne géodésique de longueur l tournant autour de son extrémité M, prenons un point quelconque M' de coordonnées u_0, v_0; u_0 sera la longueur de la ligne géodésique qui passe par M et M'. Si nous considérons tout autre chemin réunissant ces deux points et compris entièrement dans la portion de surface considérée, la longueur de ce chemin sera exprimée par l'intégrale

$$\int_0^{u_0} \sqrt{du^2 + C^2 dv^2}.$$

Or cette intégrale est évidemment supérieure à

$$\int_0^{u_0} du.$$

Donc le chemin est supérieur à u_0.

Si le chemin sort de la portion de surface que nous venons de définir, il faudra qu'il aille d'abord de M en un point μ de la limite. Le chemin $M\mu$, étant au moins égal à l d'après la démonstration précédente, sera déjà supérieur à u_0; il en sera donc de même *a fortiori* du chemin total.

On peut encore présenter le raisonnement précédent sous une forme géométrique. Construisons autour du point M les courbes $u =$ const. qui offriront autour de ce point la disposition générale d'une série de cercles concentriques autour de leur centre dans le plan. Considérons deux courbes infiniment voisines; l'arc d'une ligne quelconque compris entre ces deux courbes sera

$$\sqrt{du^2 + C^2 dv^2};$$

sa valeur minimum sera donc du et elle correspondra au cas où l'on suit, pour aller de l'une à l'autre courbe, une géodésique normale. Le plus court chemin de M à M' est donc nécessairement la géodésique qui passe par ces deux points.

522. On peut généraliser comme il suit la proposition obtenue au n° 520.

Étant donnée (*fig.* 32) une courbe quelconque AA', construisons les géodésiques normales à cette courbe. Nous définirons un point quelconque de la surface dans le voisinage de AA' par l'arc $v =$ AP qui détermine le pied de la géodésique passant par le point M et par la longueur $u =$ MP comptée à partir de P sur cette géodésique. Tant que u sera inférieur à une limite fixe, un point n'aura qu'un seul système de coordonnées (¹). Il suffit, en

(¹) On peut démontrer cette proposition en toute rigueur; il suffit de s'appuyer sur les résultats obtenus au n° 518.

Nous avons vu que les valeurs de u et de v, relatives à un point quelconque d'une ligne géodésique passant en un point M de coordonnées u_0, v_0, sont des

effet, de remarquer que les lignes géodésiques normales à AA' ne s'entrecroisent pas tant que u est inférieur à une limite que l'on pourra déterminer.

Fig. 32.

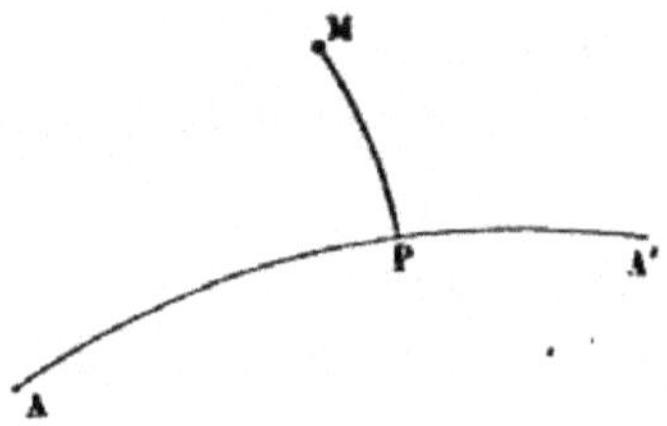

On aura encore, en prenant u et v comme variables,

$$ds^2 = du^2 + 2C\cos\alpha\, du\, dv + C^2 dv^2,$$

---

fonctions des quatre variables

$$u_0, \quad v_0, \quad s\left(\frac{du}{ds}\right)_0, \quad s\left(\frac{dv}{ds}\right)_0.$$

Si le point M est pris sur une courbe (C) et si, de plus, la ligne géodésique doit être normale à (C), u_0, v_0, $\left(\frac{du}{ds}\right)_0$, $\left(\frac{dv}{ds}\right)_0$ deviennent des fonctions de la variable qui fixe la position de ce point sur la courbe. Désignons cette variable par σ; u et v seront des fonctions de s et de σ. Le déterminant fonctionnel

$$\frac{d(u, v)}{d(s, \sigma)}$$

a évidemment pour valeur initiale

$$\begin{vmatrix} \left(\frac{du}{ds}\right)_0 & \frac{du_0}{d\sigma} \\ \left(\frac{dv}{ds}\right)_0 & \frac{dv_0}{d\sigma} \end{vmatrix};$$

$\left(\frac{du}{ds}\right)_0$, $\left(\frac{dv}{ds}\right)_0$, déterminant la tangente à la ligne géodésique, ne peuvent être proportionnels à $\frac{du_0}{d\sigma}$, $\frac{dv_0}{d\sigma}$ qui définissent la tangente à la courbe (C).

La valeur initiale du déterminant fonctionnel n'étant pas nulle, ce déterminant demeure différent de zéro pour des valeurs suffisamment petites de s. Par conséquent, u et v sont des fonctions indépendantes de s et de σ dans la région voisine de la courbe (C), et, réciproquement, s et σ sont des fonctions indépendantes de u et de v n'admettant qu'une seule détermination dans le voisinage de la courbe (C).

avec la condition

$$C \cos\alpha = \varphi(v),$$

qui exprime que les lignes de paramètre v sont des géodésiques.

D'ailleurs, pour $u = 0$, on a

$$\cos\alpha = 0$$

quel que soit v. On a donc encore

$$\varphi(v) = 0,$$

et, par conséquent, on retrouve pour l'élément linéaire la forme déjà obtenue

$$ds^2 = du^2 + C^2 dv^2.$$

Ainsi, *lorsqu'on porte sur les lignes géodésiques normales à une courbe des longueurs constantes, le lieu des extrémités de ces longueurs est une courbe également normale aux lignes géodésiques*. C'est la généralisation d'un résultat bien connu, relatif aux courbes parallèles dans le plan. Les deux théorèmes précédents sont dus, comme on sait, à Gauss.

523. On peut encore les démontrer de la manière suivante. Considérons sur une portion de la surface une famille de géodésiques telle qu'il ne passe qu'une de ces lignes par chaque point de la région considérée, et associons à ces lignes une autre famille de courbes quelconques qui, jointe à la première, permette de constituer un système de coordonnées propre à déterminer tous les points de la région. L'élément linéaire de la surface sera représenté par une formule telle que la suivante

$$ds^2 = E\,du^2 + 2F\,du\,dv + G\,dv^2,$$

où nous supposerons que les lignes géodésiques soient les courbes de paramètre v. Si l'on se reporte à l'équation (8) et si l'on exprime qu'elle est vérifiée lorsqu'on y introduit l'hypothèse $dv = 0$, on sera conduit à l'équation de condition

$$E\frac{\partial E}{\partial v} + F\frac{\partial E}{\partial u} - 2E\frac{\partial F}{\partial u} = 0,$$

à laquelle on peut donner la forme suivante :

$$\frac{\partial\sqrt{E}}{\partial v} = \frac{\partial}{\partial u}\frac{F}{\sqrt{E}}. \tag{20}$$

On peut donc poser

$$\sqrt{E} = \frac{\partial\theta}{\partial u}, \qquad \frac{F}{\sqrt{E}} = \frac{\partial\theta}{\partial v}, \qquad F = \frac{\partial\theta}{\partial u}\frac{\partial\theta}{\partial v}. \tag{21}$$

En substituant les valeurs de E et de F dans l'élément linéaire, on lui donnera la forme suivante :

$$ds^2 = d\theta^2 + \frac{EG - F^2}{E}\, dv^2.$$

On voit donc que les courbes définies par l'équation

$$\theta = \int\left(\sqrt{E}\, du + \frac{F}{\sqrt{E}}\, dv\right) = \text{const.} \tag{22}$$

sont les trajectoires orthogonales des géodésiques considérées. Ainsi :

On peut toujours, par une simple quadrature, déterminer les trajectoires orthogonales d'une famille quelconque de géodésiques; et, si l'on rapporte les points de la surface au système de coordonnées formé par les géodésiques ($v = \text{const.}$) *et leurs trajectoires orthogonales* ($\theta = \text{const.}$), *l'élément linéaire prend la forme*

$$ds^2 = d\theta^2 + G\, dv^2. \tag{23}$$

L'interprétation géométrique est immédiate. *Deux trajectoires orthogonales quelconques interceptent le même arc sur toutes les géodésiques considérées.* Ces résultats sont en parfait accord avec ceux que nous avons déjà obtenus.

Dans le cas où les lignes géodésiques passent toutes par un point, il y a, évidemment, des trajectoires orthogonales qui, dans une portion de leur parcours vue du point sous un angle fini, restent infiniment voisines de ce point; et, par conséquent, le point lui-même peut être assimilé à une trajectoire orthogonale, ce qui démontre le premier théorème de Gauss.

524. Nous voyons que la considération des lignes géodésiques nous conduit à des systèmes nouveaux pour lesquels on doit faire

$$A = 1$$

dans les formules du n° 499. Remarquons la forme exceptionnellement simple que prend, dans ces systèmes, l'expression de la courbure totale. On a alors, d'après la formule (22) (n° 499),

$$\frac{1}{RR'} = -\frac{1}{C}\frac{\partial^2 C}{\partial u^2}, \tag{24}$$

expression qui est due à Gauss et dont nous aurons souvent à faire usage.

Nous donnerons, par analogie, le nom de *courbes parallèles* aux trajectoires orthogonales d'une famille de géodésiques.

525. On peut déduire des résultats précédents une formule fondamentale relative à la variation de longueur d'un segment de ligne géodésique.

Soit (*fig.* 33) MP un segment de ligne géodésique dont les

Fig. 33.

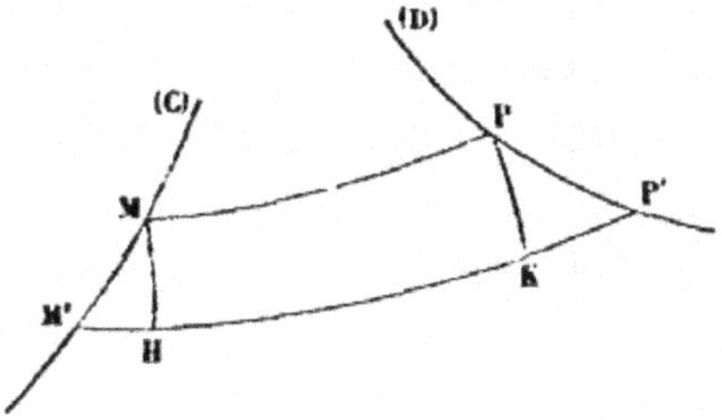

extrémités M et P décrivent deux courbes données (C) et (D). Employons le système de coordonnées curvilignes formé par les positions successives MP, M'P', ... du segment et par leurs trajectoires orthogonales. L'élément linéaire, dans ce système, prendra la forme (23); si u, u_0 désignent les valeurs de u aux points M et P, on aura

$$\text{arc MP} = u - u_0.$$

De même, si $u + du$, $u_0 + du_0$ sont les valeurs de u correspondantes aux points M', P', on aura

$$\text{arc M'P'} = u + du - u_0 - du_0,$$

ce qui donne

$$d\,\text{arc}\,MP = du - du_0.$$

Or, dans les triangles infiniment petits MM′H, PP′K formés avec les trajectoires orthogonales MH et PK, on a

$$M'H = \quad du = -MM'\cos\widehat{M'MP},$$

$$KP' = -du_0 = -PP'\cos\widehat{P'PM}$$

et, par conséquent, la substitution de ces valeurs de du, du_0 conduit au résultat suivant :

$$(25)\qquad d\,\text{arc}\,MP = -MM'\cos\widehat{M'MP} - PP'\cos\widehat{P'PM}.$$

Cette formule est identique à celle qui donne la différentielle d'un segment de droite. Comme il est facile de l'obtenir directement par le calcul des variations, elle pourrait conduire aux propositions de Gauss par un chemin inverse de celui que nous avons suivi.

526. La formule (25) permet d'étendre aux lignes géodésiques un grand nombre des propositions qui s'appliquent, dans la géométrie du plan, aux systèmes de lignes droites. On peut constituer, par exemple, sur toute surface, une théorie analogue à celle des développées et des développantes d'une courbe plane. Nous laisserons au lecteur le soin de poursuivre ces généralisations, et nous nous attacherons, de préférence, à la conséquence suivante de la formule fondamentale.

Considérons (*fig.* 34) deux courbes (C), (C′) et cherchons le lieu des points tels que la somme ou la différence de leurs *distances géodésiques* à ces deux courbes soit constante. Si, d'un point M du lieu, on abaisse les *normales géodésiques* MP, MQ sur les deux courbes, on devra avoir

$$MP \pm MQ = \text{const.};$$

et, par suite, lorsqu'on passera d'un point M du lieu au point infiniment voisin M′, il viendra

$$d\,MP \pm d\,MQ = 0.$$

La formule (25) nous donne

$$d\,\mathrm{MP} = -\,\mathrm{MM}'\cos\widehat{\mathrm{M}'\mathrm{MP}},$$

$$d\,\mathrm{MQ} = -\,\mathrm{MM}'\cos\widehat{\mathrm{M}'\mathrm{MQ}}.$$

En substituant ces valeurs des différentielles dans la relation précédente, on trouvera

$$\cos\widehat{\mathrm{M}'\mathrm{MP}} \pm \cos\widehat{\mathrm{M}'\mathrm{MQ}} = 0.$$

Fig. 34.

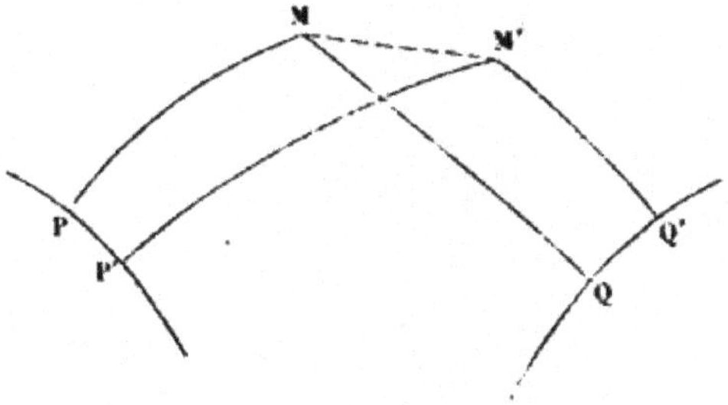

Dans le cas où l'on prend le signe + et où, par conséquent, la somme des distances est constante, l'équation exprime que la tangente au lieu est la bissectrice de l'angle formé par une ligne géodésique et le prolongement de l'autre. Quand on prend le signe —, c'est-à-dire quand la différence des distances est constante, la tangente est la bissectrice de l'angle formé par les deux normales géodésiques.

En rapprochant ces deux résultats, nous obtenons le théorème suivant :

Si l'on construit sur une surface quelconque toutes les courbes lieux des points pour lesquels la somme ou la différence des distances géodésiques à deux courbes données demeure constante, on obtient dans tous les cas deux familles de courbes se coupant à angle droit.

Nous donnerons, dans la suite, le nom d'*ellipses* et d'*hyperboles géodésiques* aux courbes qui composent ces deux familles. Leur définition ne change pas si l'on substitue aux deux courbes de base (C) et (C′) des courbes parallèles quelconques. Il faut toutefois remarquer que ce changement peut transformer les *ellipses* en *hyperboles* et *vice versa*.

527. Nous allons chercher la forme que prend l'élément linéaire de la surface quand on adopte le système de coordonnées curvilignes que nous venons de définir; mais nous prendrons comme intermédiaire un système de coordonnées obliques formé avec deux séries de courbes parallèles.

Considérons (*fig.* 35) une première famille de courbes paral-

Fig. 35.

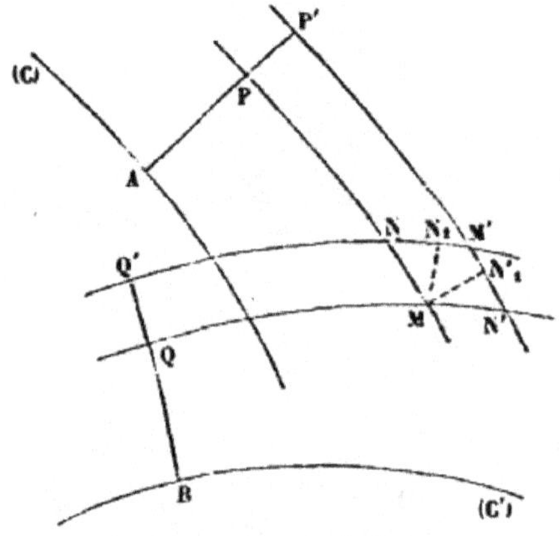

lèles, que nous définirons par leurs distances $u = \text{AP}$ à l'une d'elles (C), distance comptée sur une géodésique normale. Soit de même une seconde famille de courbes parallèles que nous définirons par leurs distances $v = \text{BQ}$ à l'une d'elles (C').

Construisons les quatre courbes de paramètres u, $u + du$, v, $v + dv$ qui formeront un parallélogramme curviligne MNM'N' dont l'angle M sera désigné par α et dont les côtés auront pour valeurs

$$\text{MN}' = \text{A}\,du, \qquad \text{MN} = \text{C}\,dv.$$

A et C étant les quantités qui figurent dans l'expression

$$ds^2 = \text{A}^2\,du^2 + \text{C}^2\,dv^2 + 2\,\text{AC}\cos\alpha\,du\,dv$$

de l'élément linéaire. Si l'on mène par le point M les géodésiques MN_1, MN'_1 normales aux côtés opposés du parallélogramme, les longueurs de ces géodésiques sont

$$\text{MN}_1 = dv, \qquad \text{MN}'_1 = du.$$

Dans les triangles MNN_1, $MN'N'_1$ que l'on peut assimiler à des triangles rectilignes, on aura

$$MN_1 = MN \sin\alpha, \qquad MN'_1 = MN' \sin\alpha,$$

c'est-à-dire

$$du = A\, du \sin\alpha, \qquad dv = C\, dv \sin\alpha$$

et, par suite,

$$A = C = \frac{1}{\sin\alpha}.$$

L'expression de l'élément linéaire sera donc

$$ds^2 = \frac{du^2 + dv^2 + 2\,du\,dv\cos\alpha}{\sin^2\alpha}. \tag{26}$$

Si l'on prend maintenant

$$u + v = 2u', \qquad u - v = 2v', \tag{27}$$

les courbes de paramètre u', v' seront les ellipses et les hyperboles géodésiques définies plus haut, et l'expression de l'élément linéaire prend la forme

$$ds^2 = \frac{du'^2}{\sin^2\frac{\alpha}{2}} + \frac{dv'^2}{\cos^2\frac{\alpha}{2}}, \tag{28}$$

qui met en évidence l'orthogonalité déjà démontrée.

528. M. Weingarten, auquel est dû le résultat précédent [1], l'a établi par une autre méthode, que nous allons indiquer. Soit

$$ds^2 = E\,du^2 + 2F\,du\,dv + G\,dv^2$$

l'expression de l'élément linéaire. Puisque u désigne la distance géodésique à une courbe (C), l'élément linéaire pourra se mettre sous la forme

$$ds^2 = du^2 + \sigma^2\,du'^2.$$

Il faudra donc que la différence

$$ds^2 - du^2 = (E - 1)\,du^2 + 2F\,du\,dv + G\,dv^2$$

---

[1] WEINGARTEN (J.), *Ueber die Oberflächen für welche einer der beiden Hauptkrümmungshalbmesser eine Function der anderen ist* (*Journal de Crelle*, t. LXII, p. 160-173; 1862).

soit un carré parfait. Cela nous donne la condition

$$F^2 = G(E-1).$$

En exprimant de même que v est la distance géodésique à une seconde courbe, on obtiendra la condition

$$F^2 = E(G-1).$$

Ces deux relations, employées simultanément, nous donnent

$$E = G, \qquad F = \sqrt{E(E-1)},$$

et l'élément linéaire prend la forme

$$ds^2 = E(du^2 + dv^2) + 2\sqrt{E(E-1)}\,du\,dv. \tag{29}$$

En remplaçant E par $\frac{1}{\sin^2\alpha}$, on retrouve la formule que nous avons démontrée directement par la Géométrie.

529. La fonction α qui figure dans cette formule dépend de la nature de la surface, ainsi que des courbes de base (C), (C′), et ne peut pas être déterminée en général. Nous allons indiquer deux applications dans lesquelles on obtient sans difficulté l'expression de α.

Considérons d'abord les coordonnées bipolaires dans un plan. Si l'on appelle r, r' les distances d'un point du plan à deux points fixes, la formule (26) nous donnera

$$ds^2 = \frac{dr^2 + dr'^2 + 2\,dr\,dr'\cos\alpha}{\sin^2\alpha}. \tag{30}$$

Soient O, O′ les deux pôles et M le point considéré. Désignons par $2c$ la distance des deux pôles. Le triangle OO′M nous donnera

$$4c^2 = r^2 + r'^2 + 2rr'\cos\alpha, \tag{31}$$

équation d'où nous pourrons tirer α. Mais auparavant remarquons que, si l'on pose

$$\begin{cases} r + r' = 2\mu, \\ r - r' = 2\nu, \end{cases} \tag{32}$$

l'expression de l'élément linéaire deviendra

$$ds^2 = \frac{d\mu^2}{\sin^2\frac{\alpha}{2}} + \frac{d\nu^2}{\cos^2\frac{\alpha}{2}}, \tag{33}$$

et l'on déduira de la formule (31) l'équation

$$c^2 = \mu^2\cos^2\frac{\alpha}{2} + \nu^2\sin^2\frac{\alpha}{2}, \tag{34}$$

qui fera connaître les valeurs de $\sin\frac{\alpha}{2}$, $\cos\frac{\alpha}{2}$. En les portant dans la formule (33), nous aurons

$$ds^2 = (\mu^2 - \nu^2)\left(\frac{d\mu^2}{\mu^2 - c^2} + \frac{d\nu^2}{c^2 - \nu^2}\right). \tag{35}$$

Les courbes $\mu = \text{const.}$ sont des ellipses homofocales, les courbes $\nu = \text{const.}$ des hyperboles ayant les mêmes foyers. On voit ainsi que le système des coordonnées elliptiques n'est qu'une modification, et une modification avantageuse, du système des coordonnées bipolaires. Cela explique pourquoi ce dernier système est si rarement employé.

Si l'on prenait de même sur la sphère le système de coordonnées bipolaires en désignant toujours par $2c$ la distance des pôles, il faudrait substituer à l'équation (31) la suivante

$$\cos 2c = \cos r \cos r' - \sin r \sin r' \cos\alpha, \tag{36}$$

que donne immédiatement le triangle sphérique OO'M. On peut l'écrire

$$\cos 2c = \cos 2\mu \cos^2\frac{\alpha}{2} + \cos 2\nu \sin^2\frac{\alpha}{2},$$

et, par conséquent, on aura pour la sphère

$$ds^2 = (\cos 2\mu - \cos 2\nu)\left(\frac{d\mu^2}{\cos 2\mu - \cos 2c} + \frac{d\nu^2}{\cos 2c - \cos 2\nu}\right). \tag{37}$$

Les courbes coordonnées sont des ellipses et des hyperboles homofocales.

530. Après ces applications particulières, nous signalerons, comme conséquence générale de la formule (8) relative à une surface quelconque, cette proposition due à M. Liouville : *Si l'on a*

sur une surface deux systèmes de lignes géodésiques se coupant sous un angle constant, la surface sera plane ou développable. En effet, si nous construisons les courbes parallèles trajectoires orthogonales de ces géodésiques, elles se couperont, elles aussi, sous un angle constant et, par conséquent, l'élément linéaire de la surface pourra être mis sous la forme (26) ou mieux sous la forme (28), l'angle α étant constant. Posons alors

$$u' = x \sin \frac{\alpha}{2},$$

$$v' = y \cos \frac{\alpha}{2};$$

il restera

$$ds^2 = dx^2 + dy^2,$$

ce qui montre bien que la surface est applicable sur le plan.

CHAPITRE V.

LES FAMILLES DE COURBES PARALLÈLES.

Méthode générale de recherche des lignes géodésiques. — Définition du paramètre différentiel $\Delta\theta$. — Toute fonction dont le paramètre est égal à 1 fait connaître une famille de courbes parallèles. — Lorsque cette fonction contient une constante arbitraire, on peut déterminer les lignes géodésiques de la surface. — Proposition réciproque; lorsqu'on connaît les lignes géodésiques, on peut intégrer, par une simple quadrature, l'équation $\Delta\theta = 1$. — Théorème de Jacobi : Lorsqu'on a obtenu une intégrale première de l'équation différentielle du second ordre des lignes géodésiques, on peut toujours déterminer un facteur de cette intégrale. — Conséquences diverses. — Expression de l'élément linéaire de la surface au moyen de la fonction θ et de ses dérivées par rapport à la constante arbitraire a. — Équation du troisième ordre à laquelle satisfait la fonction θ. — Indication d'une autre méthode permettant d'établir les résultats précédents. — Distance géodésique de deux points. — Propositions relatives à cette distance.

---

531. Les propositions établies dans le Chapitre précédent conduisent à une méthode élégante de recherche des lignes géodésiques, que nous allons exposer avec tous les détails nécessaires.

Considérons une géodésique quelconque de la surface; on peut évidemment lui associer une infinité d'autres géodésiques, par exemple toutes celles qui passent en un de ses points, et constituer avec les trajectoires orthogonales de ces lignes un système de coordonnées curvilignes pour lequel l'élément linéaire prendra la forme

$$ds^2 = d\theta^2 + \sigma^2\, d\theta_1^2.$$

On sera donc assuré d'obtenir toutes les lignes géodésiques si l'on sait résoudre dans toute sa généralité le problème d'Analyse suivant :

Étant donné l'élément linéaire d'une surface sous sa forme la plus générale

$$ds^2 = E\,du^2 + 2F\,du\,dv + G\,dv^2,$$

déterminer trois fonctions θ, σ, θ_1 *de* u *et de* v, *telles que l'on ait identiquement*

$$E\,du^2 + 2F\,du\,dv + G\,dv^2 = d\theta^2 + \sigma^2\,d\theta_1^2. \tag{1}$$

Cette équation se décompose évidemment dans les trois suivantes :

$$\left\{\begin{aligned} E &= \left(\frac{\partial\theta}{\partial u}\right)^2 + \sigma^2\left(\frac{\partial\theta_1}{\partial u}\right)^2, \\ F &= \frac{\partial\theta}{\partial u}\frac{\partial\theta}{\partial v} + \sigma^2\frac{\partial\theta_1}{\partial u}\frac{\partial\theta_1}{\partial v}, \\ G &= \left(\frac{\partial\theta}{\partial v}\right)^2 + \sigma^2\left(\frac{\partial\theta_1}{\partial v}\right)^2, \end{aligned}\right. \tag{2}$$

entre lesquelles on pourra éliminer $\sigma\frac{\partial\theta_1}{\partial u}$ et $\sigma\frac{\partial\theta_1}{\partial v}$. On est ainsi conduit à la relation

$$G\left(\frac{\partial\theta}{\partial u}\right)^2 - 2F\frac{\partial\theta}{\partial u}\frac{\partial\theta}{\partial v} + E\left(\frac{\partial\theta}{\partial v}\right)^2 = EG - F^2, \tag{3}$$

que l'on obtiendrait d'ailleurs immédiatement en écrivant que le polynôme homogène en du, dv

$$ds^2 - d\theta^2$$

est un carré parfait. Si l'on pose, pour abréger,

$$\Delta\theta = \frac{G\left(\frac{\partial\theta}{\partial u}\right)^2 - 2F\frac{\partial\theta}{\partial u}\frac{\partial\theta}{\partial v} + E\left(\frac{\partial\theta}{\partial v}\right)^2}{EG - F^2}, \tag{4}$$

l'équation (3) pourra s'écrire encore

$$\Delta\theta = 1. \tag{5}$$

Nous rencontrerons fréquemment dans la suite la fonction $\Delta\theta$, à laquelle nous donnerons, avec M. Beltrami, le nom de *paramètre différentiel du premier ordre* de θ.

Réciproquement, il est aisé de démontrer qu'à toute solution de l'équation (5) correspond une famille de courbes parallèles, c'est-à-dire de courbes dont les trajectoires orthogonales sont des lignes géodésiques.

En effet, l'équation (5) exprime, nous l'avons vu, que $ds^2 - d\theta^2$ est un carré parfait; on aura donc, quelles que soient les différentielles du, dv,

$$ds^2 - d\theta^2 = (m\,du + n\,dv)^2,$$

m et n étant des fonctions de u et de v. Or on peut toujours ramener la fonction linéaire $m\,du + n\,dv$ à la forme $\sigma\,d\theta_1$. On aura donc

$$ds^2 = d\theta^2 + \sigma^2\,d\theta_1^2;$$

θ_1 sera d'ailleurs une fonction distincte de θ, car autrement ds^2 serait un carré parfait. Notre proposition réciproque est donc établie, et toute solution de l'équation (5) nous donne une famille de courbes parallèles.

532. Cette équation (5) a, comme on sait, des solutions d'espèces très différentes. On peut en trouver qui ne contiennent aucune constante arbitraire; d'autres qui contiennent une ou plusieurs constantes arbitraires, ou même une fonction arbitraire. Au point de vue de la question qui nous occupe, il est essentiel de considérer successivement ces diverses solutions.

Si l'on a obtenu une solution de l'équation (5) ne contenant aucune arbitraire, l'application de la méthode précédente, qui prescrit de mettre la différentielle $m\,du + n\,dv$ sous la forme $\sigma\,d\theta_1$, exige l'intégration de l'équation

$$m\,du + n\,dv = 0, \tag{6}$$

qui est celle des lignes géodésiques trajectoires orthogonales des courbes $\theta =$ const. On ne connaît aucune proposition qui permette d'effectuer l'intégration de cette équation ou qui la rende plus facile.

Supposons, au contraire, que l'on ait obtenu une solution de l'équation aux dérivées partielles (5) contenant une constante autre que celle qui peut toujours être réunie à θ par addition, *constante qui devra figurer par conséquent dans l'une au moins des deux dérivées* $\frac{\partial\theta}{\partial u}$, $\frac{\partial\theta}{\partial v}$. Nous allons voir que, dans ce cas (auquel on peut ramener tous ceux où la fonction contient plusieurs constantes ou une fonction arbitraire), on pourra, par de simples dérivations, obtenir σ et θ_1 et, par suite, les équations finies des lignes géodésiques qui sont les trajectoires orthogonales des courbes $\theta = \text{const.}$

Reprenons, en effet, l'identité

$$ds^2 = d\theta^2 + \sigma^2 d\theta_1^2.$$

Cette équation a lieu entre cinq variables : u, v, du, dv et la constante arbitraire qui entre dans θ et que nous désignerons par a. Différentions par rapport à a en traitant les *quatre* autres variables comme des constantes. La différentielle de θ

$$d\theta = \frac{\partial\theta}{\partial u} du + \frac{\partial\theta}{\partial v} dv$$

deviendra

$$\frac{\partial^2\theta}{\partial a\, \partial u} du + \frac{\partial^2\theta}{\partial a\, \partial v} dv = d\frac{\partial\theta}{\partial a},$$

et l'on aura un résultat analogue pour θ_1. Nous aurons donc, puisque ds^2 ne contient pas a,

$$(7) \qquad 0 = d\theta\, d\left(\frac{\partial\theta}{\partial a}\right) + \sigma\, d\theta_1 \left[\frac{\partial\sigma}{\partial a} d\theta_1 + \sigma\, d\left(\frac{\partial\theta_1}{\partial a}\right)\right].$$

L'équation précédente nous montre que $d\theta_1$, fonction linéaire de du, dv, doit diviser soit $d\theta$, soit $d\left(\frac{\partial\theta}{\partial a}\right)$. Or $d\theta_1$ ne peut diviser $d\theta$, car alors θ_1 serait fonction de θ. Il faut donc que $d\theta_1$ divise $d\frac{\partial\theta}{\partial a}$; θ_1 est une fonction de $\frac{\partial\theta}{\partial a}$, et l'on peut prendre, par conséquent,

$$\theta_1 = \frac{\partial\theta}{\partial a}.$$

Avant de déduire d'autres conséquences de l'équation (7), nous allons nous arrêter à ce premier résultat. Nous voyons que les lignes géodésiques qui coupent à angle droit les courbes $\theta = \text{const.}$ ont pour équation

$$(8) \qquad \frac{\partial\theta}{\partial a} = \text{const.} = a',$$

et de plus leur arc, compté à partir de l'une de leurs trajectoires, est précisément égal à θ.

L'équation (8) contient deux constantes arbitraires dont on pourra disposer de manière à faire passer la ligne géodésique par un point quelconque et à lui donner en ce point une tangente quelconque. Pour établir en toute rigueur ce point essentiel, nous montrerons qu'on peut faire passer une des courbes

$$\theta = \text{const.}$$

par un point quelconque (u_0, v_0) et lui donner en ce point une tangente déterminée.

Remarquons d'abord que le rapport

$$\frac{\partial\theta}{\partial u} : \frac{\partial\theta}{\partial v}$$

ne saurait être indépendant de a. En effet, s'il en était ainsi, si l'on avait

$$\frac{\partial\theta}{\partial u} = \frac{\partial\theta}{\partial v} f(u, v),$$

en joignant cette équation à la suivante

$$\Delta\theta = 1,$$

on pourrait déterminer des valeurs de $\frac{\partial\theta}{\partial u}$, $\frac{\partial\theta}{\partial v}$ qui seraient, l'une et l'autre, indépendantes de a, ce qui est contraire à l'hypothèse.

Cela posé, considérons la courbe (θ) définie par l'équation

$$\theta(u, v, a) = \theta(u_0, v_0, a) = \theta_0.$$

Elle passe évidemment par le point (u_0, v_0), et la direction de sa tangente en ce point dépend du rapport $\frac{\partial\theta_0}{\partial u_0} : \frac{\partial\theta_0}{\partial v_0}$. Comme ce rapport n'est pas indépendant de a, il pourra prendre toutes les valeurs possibles. Ainsi les courbes $\theta =$ const. peuvent passer en un point quelconque de la surface et y admettre une tangente quelconque; il en sera donc de même des lignes géodésiques représentées par l'équation (8), qui sont leurs trajectoires orthogonales. Comme une ligne géodésique est déterminée par la condition de passer en un point et d'y admettre une tangente donnée, nous pouvons dire que l'équation (8) représente toutes les lignes géodésiques et énoncer le théorème suivant :

Pour déterminer les lignes géodésiques, on considère l'équation aux dérivées partielles

$$\Delta\theta = 1.$$

Toute solution de cette équation, égalée à une constante, déterminera une famille de courbes parallèles.

Si l'on a une solution contenant une constante arbitraire a, l'équation de la ligne géodésique la plus générale sera

$$\frac{\partial \theta}{\partial a} = a',$$

et l'arc compris entre deux points de cette ligne géodésique sera égal à la différence des valeurs de θ relatives à ces deux points.

Réciproquement, supposons que l'on ait déterminé par un procédé quelconque les lignes géodésiques; nous allons montrer qu'on saura intégrer l'équation

$$\Delta\theta = 1.$$

Cherchons, par exemple, la solution θ de cette équation qui est égale à zéro en tous les points d'une courbe (C) donnée à l'avance. On construira toutes les lignes géodésiques normales à (C). L'arc de l'une de ces lignes, compté à partir de (C), sera une fonction des coordonnées de son extrémité que l'on obtiendra par une quadrature et qui sera la solution cherchée. Cette remarque, convenablement étendue, est très importante pour la théorie des équations aux dérivées partielles; ici, du moins, elle nous permet de reconnaître que la méthode de recherche des lignes géodésiques instituée par le théorème précédent n'introduit aucune difficulté étrangère à la question.

533. Nous signalerons en premier lieu les conséquences suivantes de la théorie générale que nous venons de développer.

Imaginons que l'on connaisse une équation différentielle

$$\frac{dv}{du} = v' = \varphi(u, v), \tag{9}$$

dont *toutes* les intégrales particulières soient des lignes géodésiques et cherchons l'équation différentielle de leurs trajectoires orthogonales. En appliquant la formule

$$E\,du\,\delta u + F(du\,\delta v + dv\,\delta u) + G\,dv\,\delta v = 0,$$

qui exprime l'orthogonalité de deux directions, on obtiendra l'équation cherchée sous la forme

$$(10)\qquad (E + Fv')\,du + (F + Gv')\,dv = 0,$$

v' devant être remplacé par sa valeur tirée de l'équation (9).

Or on sait que l'on peut trouver un facteur λ tel que le produit

$$\lambda[(E + Fv')\,du + (F + Gv')\,dv]$$

soit la différentielle d'une fonction θ satisfaisant à l'équation

$$\Delta\theta = 1.$$

Si donc on pose

$$\frac{\partial\theta}{\partial u} = \lambda(E + Fv'), \qquad \frac{\partial\theta}{\partial v} = \lambda(F + Gv'),$$

et si l'on exprime que l'équation aux dérivées partielles précédentes est vérifiée, on obtiendra la valeur de λ, qui est

$$\lambda = \frac{1}{\sqrt{E + 2Fv' + Gv'^2}}.$$

On peut donc énoncer le théorème suivant, qui a d'ailleurs été établi sous une autre forme au n° 523.

Si l'équation différentielle

$$\frac{dv}{du} = v' = \varphi(u, v)$$

représente des lignes géodésiques, l'expression

$$\frac{(E + Fv')\,du + (F + Gv')\,dv}{\sqrt{E + 2Fv' + Gv'^2}}$$

est la différentielle exacte d'une fonction θ; l'équation

$$\theta = \text{const.}$$

représente les trajectoires orthogonales des lignes géodésiques satisfaisant à l'équation différentielle proposée, et θ désigne la distance géodésique d'un point quelconque de la surface à l'une de ces trajectoires orthogonales.

Cette proposition va nous conduire à un beau théorème de Jacobi :

Si l'on connaît une intégrale première de l'équation différentielle des lignes géodésiques, on pourra obtenir l'équation en termes finis de ces lignes par une simple quadrature.

Soit, en effet,

$$v' = \varphi(u, v, a) \tag{11}$$

l'intégrale première, contenant la constante a. La fonction

$$\theta = \int \frac{(E + Fv')\,du + (F + Gv')\,dv}{\sqrt{E + 2Fv' + Gv'^2}}, \tag{12}$$

qui, d'après ce que nous venons de démontrer, satisfait à l'équation $\Delta\theta = 1$, contiendra la constante arbitraire a. Donc l'équation des lignes géodésiques sera

$$\frac{\partial\theta}{\partial a} = a'.$$

En prenant la dérivée par rapport à a sous le signe d'intégration, on trouve

$$\frac{\partial\theta}{\partial a} = \int \frac{(EG - F^2)\dfrac{\partial v'}{\partial a}}{(E + 2Fv' + Gv'^2)^{\frac{3}{2}}}(dv - v'\,du), \tag{13}$$

ce qui permet d'énoncer le théorème suivant :

Quand on aura obtenu, par un moyen quelconque, une intégrale première

$$v' = \varphi(u, v, a)$$

de l'équation des lignes géodésiques, on en déterminera immédiatement un facteur; de sorte que

$$\frac{(EG - F^2)\dfrac{\partial v'}{\partial a}}{(E + 2Fv' + Gv'^2)^{\frac{3}{2}}}(dv - v'\,du)$$

sera une différentielle exacte après que l'on aura remplacé v' par sa valeur $\varphi(u, v, a)$.

534. Nous allons maintenant indiquer quelques conséquences moins importantes des résultats obtenus et, en particu-

lier, de l'équation (7). Si l'on y remplace θ_1 par $\frac{\partial\theta}{\partial a}$ et si l'on divise par $d\theta_1$, elle prend la forme

$$d\theta + \sigma \frac{\partial\sigma}{\partial a} d\frac{\partial\theta}{\partial a} + \sigma^2 d\frac{\partial^2\theta}{\partial a^2} = 0.$$

Cette relation devant avoir lieu pour toutes les valeurs de du et de dv, on peut y remplacer du, dv respectivement par $\frac{\partial^2\theta}{\partial a\,\partial v}$, $-\frac{\partial^2\theta}{\partial a\,\partial u}$; si l'on désigne, pour abréger, par (α, β) le déterminant fonctionnel

$$\frac{\partial\alpha}{\partial u}\frac{\partial\beta}{\partial v} - \frac{\partial\alpha}{\partial v}\frac{\partial\beta}{\partial u}$$

de deux fonctions quelconques α, β, on aura

$$\left(\theta, \frac{\partial\theta}{\partial a}\right) + \sigma^2\left(\frac{\partial^2\theta}{\partial a^2}, \frac{\partial\theta}{\partial a}\right) = 0$$

et, par suite,

$$(14)\qquad \sigma^2 = \frac{\left(\theta, \frac{\partial\theta}{\partial a}\right)}{\left(\frac{\partial\theta}{\partial a}, \frac{\partial^2\theta}{\partial a^2}\right)}.$$

L'expression de l'élément linéaire deviendra donc

$$(15)\qquad ds^2 = d\theta^2 + \frac{\left(\theta, \frac{\partial\theta}{\partial a}\right)}{\left(\frac{\partial\theta}{\partial a}, \frac{\partial^2\theta}{\partial a^2}\right)}\left(d\frac{\partial\theta}{\partial a}\right)^2;$$

et, *sous cette forme nouvelle, il ne reste aucune trace de l'expression primitive de cet élément; la formule ne contient que* θ *et ses dérivées.*

Nous signalerons également les formules

$$(16)\qquad ds^2 = d\theta^2 + \frac{1}{\Delta\frac{\partial\theta}{\partial a}}\left(d\frac{\partial\theta}{\partial a}\right)^2,$$

$$(17)\qquad \sigma^2\left(\theta, \frac{\partial\theta}{\partial a}\right)^2 = EG - F^2,$$

que l'on déduira aisément des relations (2); mais elles se distinguent de la précédente en ce qu'elles contiennent à la fois les coefficients E, F, G et les dérivées de θ.

La combinaison des formules (14) et (17) nous donne la relation nouvelle

$$(18)\qquad \frac{\left(\theta, \frac{\partial\theta}{\partial a}\right)^3}{\left(\frac{\partial\theta}{\partial a}, \frac{\partial^2\theta}{\partial a^2}\right)} = \mathrm{EG} - \mathrm{F}^2;$$

et, si l'on prend la dérivée logarithmique des deux membres par rapport à a, on obtient l'équation

$$(19)\qquad 3\left(\theta, \frac{\partial^2\theta}{\partial a^2}\right)\left(\frac{\partial\theta}{\partial a}, \frac{\partial^2\theta}{\partial a^2}\right) - \left(\theta, \frac{\partial\theta}{\partial a}\right)\left(\frac{\partial\theta}{\partial a}, \frac{\partial^3\theta}{\partial a^3}\right) = 0,$$

qui ne contient plus E, F, G. Cette relation, à laquelle on pourrait parvenir de différentes manières, doit être regardée comme une équation aux dérivées partielles du troisième ordre à laquelle doit satisfaire θ, considérée comme fonction des variables u, v et a. Son intégration complète ferait donc connaître toutes les surfaces sur lesquelles on saura déterminer les lignes géodésiques.

533. Supposons l'élément linéaire de la surface exprimé en fonction des variables θ et $\theta_1 = \frac{\partial\theta}{\partial a}$. Nous avons vu (nº 524) que l'expression de la courbure totale sera donnée par la formule de Gauss

$$\frac{\sigma}{\mathrm{RR}'} = -\frac{\partial^2\sigma}{\partial\theta^2}.$$

Dans l'étude approfondie du plus court chemin entre deux points d'une surface, nous aurons à considérer l'équation différentielle du second ordre

$$(20)\qquad \frac{\partial^2\omega}{\partial\theta^2} + \frac{\omega}{\mathrm{RR}'} = 0.$$

La formule précédente nous fait connaître une première intégrale particulière

$$\omega = \sigma$$

de cette équation. Une autre intégrale sera donc donnée par la formule

$$\sigma\int\frac{d\theta}{\sigma^2},$$

où l'on effectue la quadrature en supposant θ_1 constant. On aura donc

$$\frac{\partial \theta_1}{\partial u} du + \frac{\partial \theta_1}{\partial v} dv = 0;$$

si l'on remplace, dans l'expression (14) de σ, $\frac{\partial \theta_1}{\partial u}$, $\frac{\partial \theta_1}{\partial v}$ par les quantités proportionnelles $-dv$, du, il vient

$$\sigma^2 = -\frac{d\theta}{d\frac{\partial^2 \theta}{\partial a^2}}$$

et, par suite,

$$-\sigma \int \frac{d\theta}{\sigma^2} = \sigma \int d\frac{\partial^2 \theta}{\partial a^2} = \sigma \frac{\partial^2 \theta}{\partial a^2}.$$

La deuxième intégrale de l'équation linéaire (20) sera donc

$$\omega = \sigma \frac{\partial^2 \theta}{\partial a^2}, \tag{21}$$

comme on peut le vérifier directement.

536. Les propositions que nous venons d'établir ont été obtenues par la considération des systèmes orthogonaux formés avec une famille de lignes géodésiques. En terminant ce Chapitre, nous indiquerons rapidement une méthode toute différente, qui repose sur le calcul des variations et qui offre l'avantage de bien mettre en évidence un élément très important dans la théorie des lignes géodésiques.

Considérons un segment de ligne géodésique terminé à deux points M, M_0. Si les coordonnées u et v d'un point quelconque de ce segment sont exprimées en fonction d'une autre variable t, la longueur θ de ce segment sera donnée par la formule

$$\theta = \int_{M_0}^{M} \sqrt{E u'^2 + 2F u'v' + G v'^2}\, dt,$$

u' et v' désignant les dérivées de u et de v.

Si les points M, M_0 se déplacent en décrivant des courbes quelconques, l'application des méthodes du calcul des variations nous donnera immédiatement la variation de θ par la formule

$$\delta\theta = \left[\frac{(E u' + F v')\delta u + (F u' + G v')\delta v}{\sqrt{E u'^2 + 2F u'v' + G v'^2}}\right]_{M_0}^{M}, \tag{22}$$

la notation précédente indiquant qu'il faut prendre la différence des valeurs de l'expression pour les points M et M_0. D'après la relation (10), déjà donnée [I, p. 154], on peut écrire la valeur de θ sous la forme

$$\delta\theta = \left[\delta s \cos(ds, \delta s)\right]_{M_0}^{M}, \tag{23}$$

et l'on retrouve ainsi, par une voie entièrement analytique, la relation déjà établie au n° 525. Mais nous allons envisager d'autres conséquences de l'équation (22).

Soient u, v; u_0, v_0 les coordonnées des points M, M_0. La valeur de θ peut évidemment s'exprimer en fonction de u, v, u_0, v_0; ce sera même, d'après les résultats du n° 518, une fonction parfaitement déterminée de ces quatre variables tant que les points M et M_0 seront suffisamment voisins, si l'on convient de prendre la ligne géodésique la plus courte réunissant les deux points. Nous désignerons dans la suite cette fonction θ sous le nom de *distance géodésique des deux points* M, M_0.

Or, si l'on désigne par E_0, F_0, G_0 les valeurs de E, F, G au point M_0, c'est-à-dire pour $u = u_0$, $v = v_0$, la formule (22) peut être écrite comme il suit :

$$(24)\quad \left\{\begin{aligned} \delta\theta = {} & \frac{(Eu'+Fv')\,\delta u + (Fu'+Gv')\,\delta v}{\sqrt{Eu'^2+2Fu'v'+Gv'^2}} \\ & - \frac{(E_0u'_0+F_0v'_0)\,\delta u_0 + (F_0u'_0+G_0v'_0)\,\delta v_0}{\sqrt{E_0u'^2_0+2F_0u'_0v'_0+G_0v'^2_0}}, \end{aligned}\right.$$

et elle nous donne, par conséquent, les quatre équations

$$(25)\quad \left\{\begin{aligned} \frac{\partial\theta}{\partial u} &= \frac{Eu'+Fv'}{\sqrt{Eu'^2+2Fu'v'+Gv'^2}} = E\frac{du}{ds} + F\frac{dv}{ds}, \\ \frac{\partial\theta}{\partial v} &= \frac{Fu'+Gv'}{\sqrt{Eu'^2+2Fu'v'+Gv'^2}} = F\frac{du}{ds} + G\frac{dv}{ds}, \end{aligned}\right.$$

$$(26)\quad \left\{\begin{aligned} \frac{\partial\theta}{\partial u_0} &= -\frac{E_0u'_0+F_0v'_0}{\sqrt{E_0u'^2_0+2F_0u'_0v'_0+G_0v'^2_0}} = -E_0\left(\frac{du}{ds}\right)_0 - F_0\left(\frac{dv}{ds}\right)_0, \\ \frac{\partial\theta}{\partial v_0} &= -\frac{F_0u'_0+G_0v'_0}{\sqrt{E_0u'^2_0+2F_0u'_0v'_0+G_0v'^2_0}} = -F_0\left(\frac{du}{ds}\right)_0 - G_0\left(\frac{dv}{ds}\right)_0, \end{aligned}\right.$$

d'où l'on déduit immédiatement, en éliminant u', v' et u'_0, v'_0, les deux équations

$$(27)\qquad \begin{cases} \Delta\theta = 1, \\ \Delta_0\theta = 1, \end{cases}$$

Δ_0 désignant le symbole Δ où l'on a remplacé u, v par u_0, v_0 et $\frac{\partial\theta}{\partial u}$, $\frac{\partial\theta}{\partial v}$ par $\frac{\partial\theta}{\partial u_0}$, $\frac{\partial\theta}{\partial v_0}$.

Telles sont les propriétés de la *distance géodésique* θ. Lorsqu'on connaîtra cette fonction, les deux équations (26), qui se réduisent à une seule en vertu de la seconde des formules (27), donneront, sous la forme la plus élégante, l'équation de la ligne géodésique qui passe par le point (u_0, v_0) et y admet une tangente déterminée. L'équation

$$\theta = \text{const.}$$

représentera les trajectoires orthogonales de toutes les lignes géodésiques passant par le point (u_0, v_0).

537. Une fois obtenue l'équation

$$(28)\qquad \Delta\theta = 1,$$

on pourra traiter le problème des lignes géodésiques comme tout autre problème de Mécanique et lui appliquer, sans aucune modification, les méthodes d'Hamilton et de Jacobi. On retrouvera ainsi tous les résultats précédents. Nous étudierons d'une manière approfondie, dans les Chapitres suivants, les relations qui se présentent ici entre la théorie des lignes géodésiques et les méthodes de la Mécanique analytique; et nous nous contenterons maintenant d'indiquer comment on détermine la distance géodésique lorsqu'on connaît une intégrale complète, d'ailleurs quelconque, de l'équation aux dérivées partielles (28).

Soit

$$\theta = f(u, v, a)$$

cette solution. Les lignes géodésiques de la surface qui passent par le point (u_0, v_0) seront déterminées par l'équation

$$(29)\qquad \frac{\partial}{\partial a} f(u, v, a) = \frac{\partial}{\partial a} f(u_0, v_0, a),$$

et leur arc compris entre les points (u_0, v_0), (u, v) aura pour expression (n° 532)

$$(30) \qquad \theta = f(u, v, a) - f(u_0, v_0, a).$$

Il suffira de porter dans cette expression la valeur de a tirée de l'équation (29) pour obtenir la distance géodésique cherchée. Ainsi :

Lorsqu'on connaîtra une intégrale avec constante

$$\theta = f(u, v, a)$$

de l'équation

$$\Delta\theta = 1,$$

la distance géodésique des deux points (u, v), (u_0, v_0) *s'obtiendra en éliminant a entre l'équation*

$$\theta = f(u, v, a) - f(u_0, v_0, a)$$

et sa dérivée par rapport à a.

Cette proposition pourrait aussi être établie par la Géométrie; car la règle qui y est indiquée revient à prendre l'enveloppe de toutes les courbes parallèles

$$f(u, v, a) = \text{const.}$$

qui passent à une même distance θ du point (u_0, v_0).

CHAPITRE VI.

ANALOGIES ENTRE LA DYNAMIQUE DES MOUVEMENTS DANS LE PLAN ET LA THÉORIE DES LIGNES GÉODÉSIQUES.

Équations du mouvement dans le plan. — Définition d'une famille de trajectoires. — Équation aux dérivées partielles de Jacobi. — Usage que l'on peut faire d'une solution particulière, d'une solution complète. — Théorèmes fondamentaux de Jacobi. — Détermination des solutions de l'équation aux dérivées partielles par différentes conditions initiales. — Des systèmes orthogonaux formés avec une famille de trajectoires. — Application au mouvement des corps pesants. — Théorème de MM. Thomson et Tait. — Principe de la moindre action pour le cas des mouvements plans. — Principe d'Hamilton. — Correspondance établie entre le plan et une surface de telle manière que les trajectoires du mobile dans le plan correspondent à des lignes géodésiques de la surface. — La solution de tout problème de Mécanique fait connaître une infinité de systèmes orthogonaux dans le plan. — Brachistochrones. — Quelques résultats généraux relatifs aux cas où l'on associe des trajectoires qui ne correspondent pas à une même valeur de la constante des forces vives. — Généralisation de ces résultats et application à la théorie des surfaces minima.

538. Dans les deux Chapitres précédents, nous avons établi un ensemble de propriétés des lignes géodésiques. Nous les avons définies d'abord par la propriété de leur plan osculateur, ce qui revient à les considérer comme les trajectoires d'un point qui se meut sur la surface sans être soumis à l'action d'aucune force; puis, par des considérations entièrement élémentaires, nous avons rattaché à cette définition les propriétés d'orthogonalité et de minimum. Il nous a paru intéressant d'appliquer la même méthode à l'étude de tous les problèmes de Mécanique dans lesquels il existe une fonction des forces. Pour mettre en évidence la simplicité des raisonnements, nous commencerons par les mouvements qui s'effectuent dans un plan.

On a alors les équations

$$(1)\qquad \frac{d^2x}{dt^2} = \frac{\partial U}{\partial x}, \qquad \frac{d^2y}{dt^2} = \frac{\partial U}{\partial y},$$

$$(2)\qquad \left(\frac{dx}{dt}\right)^2 + \left(\frac{dy}{dt}\right)^2 = 2(U + h),$$

dont la dernière est l'intégrale des forces vives. *Si nous regardons la constante des forces vives comme donnée,* les intégrales des équations précédentes admettent seulement deux constantes arbitraires, en dehors de celle que l'on peut ajouter au temps. En d'autres termes, la trajectoire du point matériel sera déterminée par la condition de passer par un point et d'y avoir une tangente donnée. En effet, si l'on compte le temps à partir du moment où le mobile passe en ce point, la condition énoncée détermine les valeurs initiales de x, y, $\frac{dy}{dx}$; et, comme l'équation des forces vives donne les valeurs de $\frac{dx}{dt}$, $\frac{dy}{dt}$ en fonction de $\frac{dy}{dx}$, on peut calculer les valeurs initiales de $\frac{dx}{dt}$, $\frac{dy}{dt}$. Le mouvement est donc complètement déterminé. Remarquons que l'on a pour $\frac{dx}{dt}$, $\frac{dy}{dt}$ deux systèmes de valeurs égales et de signes contraires, qui correspondent à la même trajectoire, parcourue dans les deux sens.

On peut, du reste, obtenir par un calcul facile l'équation différentielle des trajectoires. On trouve, en effet, en combinant les équations (1),

$$dx\, d^2y - dy\, d^2x = \left(\frac{\partial U}{\partial y} dx - \frac{\partial U}{\partial x} dy\right) dt^2,$$

et, en remplaçant dt^2 par sa valeur tirée de l'équation des forces vives,

$$(3) \qquad dx\, d^2y - dy\, d^2x = \left(\frac{\partial U}{\partial y} dx - \frac{\partial U}{\partial x} dy\right) \frac{dx^2 + dy^2}{2(U+h)}.$$

Cette relation ne change pas de forme, on le reconnaît aisément, quand le temps cesse d'être la variable indépendante; elle constitue donc l'équation différentielle des trajectoires qui correspondent à une valeur donnée de la constante des forces vives. Comme elle est du second ordre, on voit que les trajectoires dépendront de deux constantes seulement; mais elle est de plus linéaire par rapport aux différentielles du second ordre et, par conséquent, une trajectoire sera pleinement déterminée par la condition de passer en un point et d'y avoir une tangente donnée.

Parmi tous les mouvements correspondants à une même valeur de h, considérons tous ceux dont les trajectoires satisfont à une condition, par exemple passent par un point, sont normales à une courbe, etc. Ces trajectoires formeront une famille de courbes qui dépendra d'un seul paramètre; il en passera un nombre limité par chaque point du plan. Soit

$$M\,dx + N\,dy = 0$$

l'équation différentielle de cette famille de courbes. En tenant compte de l'équation des forces vives, on pourra exprimer $\frac{dx}{dt}$, $\frac{dy}{dt}$ en fonction de x et de y; on aura

$$\frac{dx}{N} = \frac{dy}{-M} = \frac{dt\sqrt{2(U+h)}}{\sqrt{N^2+M^2}}.$$

On peut donc considérer $\frac{dx}{dt}$, $\frac{dy}{dt}$ comme des fonctions de x et de y. En les substituant dans les équations (1) et (2) et en les désignant, pour abréger, par x' et y', on aura

$$(4)\qquad \begin{gathered} x'^2 + y'^2 = 2(U+h), \\ \frac{dx'}{dt} = \frac{\partial U}{\partial x}, \qquad \frac{dy'}{dt} = \frac{\partial U}{\partial y}; \end{gathered}$$

ou, en remarquant que x', y' sont exprimées en fonction de x et de y,

$$(5)\qquad \left\{ \begin{aligned} \frac{\partial x'}{\partial x}x' + \frac{\partial x'}{\partial y}y' &= \frac{\partial U}{\partial x}, \\ \frac{\partial y'}{\partial x}x' + \frac{\partial y'}{\partial y}y' &= \frac{\partial U}{\partial y}. \end{aligned} \right.$$

L'équation (4) nous fournit, par la différentiation, les valeurs suivantes de $\frac{\partial U}{\partial x}$, $\frac{\partial U}{\partial y}$

$$\frac{\partial U}{\partial x} = x'\frac{\partial x'}{\partial x} + y'\frac{\partial y'}{\partial x}, \qquad \frac{\partial U}{\partial y} = x'\frac{\partial x'}{\partial y} + y'\frac{\partial y'}{\partial y}.$$

Si nous portons ces valeurs dans les équations (5), nous aurons

$$y'\left(\frac{\partial x'}{\partial y} - \frac{\partial y'}{\partial x}\right) = 0, \qquad x'\left(\frac{\partial x'}{\partial y} - \frac{\partial y'}{\partial x}\right) = 0.$$

Ces deux équations, qui se ramènent l'une à l'autre, expriment que x', y', considérées comme fonctions de x et de y, sont les dérivées d'une même fonction. On peut donc poser

$$x' = \frac{\partial\theta}{\partial x}, \qquad y' = \frac{\partial\theta}{\partial y}, \tag{6}$$

et θ devra satisfaire à l'*unique* équation

$$\left(\frac{\partial\theta}{\partial x}\right)^2 + \left(\frac{\partial\theta}{\partial y}\right)^2 = 2(\mathrm{U} + h). \tag{7}$$

Les équations (6) nous montrent que les trajectoires du mobile coupent à angle droit toutes les courbes $\theta =$ const. Nous pouvons donc énoncer le théorème suivant :

Étant donnée une famille quelconque de trajectoires du mobile, les courbes qui les coupent à angle droit sont définies en égalant à une constante une solution de l'équation (7) *et les composantes de la vitesse du mobile sont données en chaque point par les formules* (6).

Réciproquement, toute solution de l'équation (7) définit une famille de trajectoires qu'on obtiendra par l'intégration de l'équation

$$\frac{\partial\theta}{\partial y}\,dx - \frac{\partial\theta}{\partial x}\,dy = 0. \tag{8}$$

539. Si l'on n'a qu'une solution particulière, sans constante arbitraire, de l'équation aux dérivées partielles, on n'obtiendra qu'une famille de trajectoires. Pour trouver toutes les trajectoires du mobile, il faut donc connaître une solution θ contenant au moins une constante arbitraire. Nous allons montrer ici encore qu'étant donnée une telle solution il n'y aura aucune intégration à faire pour obtenir toutes les trajectoires.

Soit, en effet,

$$\theta = f(x, y, a)$$

une solution de l'équation (7), contenant une constante arbitraire a qui figure dans l'une au moins des deux dérivées $\frac{\partial\theta}{\partial x}, \frac{\partial\theta}{\partial y}$. On aura, en différentiant l'équation (7) par rapport à a,

$$\frac{\partial\theta}{\partial x}\frac{\partial^2\theta}{\partial a\,\partial x} + \frac{\partial\theta}{\partial y}\frac{\partial^2\theta}{\partial a\,\partial y} = 0. \tag{9}$$

Cette équation exprime que les courbes

$$\theta = \text{const.}, \qquad \frac{\partial\theta}{\partial a} = \text{const.}$$

se coupent à angle droit. Donc les trajectoires du mobile auront pour équation

$$(10) \qquad \frac{\partial\theta}{\partial a} = a'.$$

On le verrait encore en remarquant que l'identité (9) peut aussi s'écrire

$$\frac{\partial^2\theta}{\partial a\,\partial x}\frac{dx}{dt} + \frac{\partial^2\theta}{\partial a\,\partial y}\frac{dy}{dt} = 0 = \frac{d}{dt}\left(\frac{\partial\theta}{\partial a}\right).$$

Différentions maintenant l'équation (7) par rapport à h, nous aurons

$$\frac{\partial^2\theta}{\partial h\,\partial x}\frac{\partial\theta}{\partial x} + \frac{\partial^2\theta}{\partial h\,\partial y}\frac{\partial\theta}{\partial y} = 1,$$

ou encore, en vertu des équations (6),

$$\frac{\partial^2\theta}{\partial h\,\partial x}\frac{dx}{dt} + \frac{\partial^2\theta}{\partial h\,\partial y}\frac{dy}{dt} = 1.$$

L'intégration des deux membres nous donne

$$(11) \qquad \frac{\partial\theta}{\partial h} = t + \tau,$$

τ désignant une constante arbitraire. On reconnaît les propositions fondamentales de Jacobi.

En résumé, si l'on veut déterminer le mouvement défini par les équations

$$\frac{d^2x}{dt^2} = \frac{\partial U}{\partial x}, \qquad \frac{d^2y}{dt^2} = \frac{\partial U}{\partial y},$$

on considérera l'équation aux dérivées partielles

$$\left(\frac{\partial\theta}{\partial x}\right)^2 + \left(\frac{\partial\theta}{\partial y}\right)^2 = 2U + 2h.$$

Toute intégrale de cette équation, égalée à une constante, donnera une famille de courbes dont les trajectoires orthogonales seront des trajectoires du mobile correspondantes à la valeur h de la constante des forces vives, et que l'on obtiendra en intégrant les deux équations

$$\frac{dx}{dt} = \frac{\partial\theta}{\partial x}, \qquad \frac{dy}{dt} = \frac{\partial\theta}{\partial y}.$$

Mais, si l'on connaît une intégrale de l'équation aux dérivées partielles contenant une constante a, on aura les équations finies de la trajectoire et le temps par les formules

$$\frac{\partial\theta}{\partial a} = a', \qquad \frac{\partial\theta}{\partial h} = t + \tau.$$

On obtient ainsi l'interprétation géométrique de la méthode de Jacobi. Elle consiste à former des systèmes orthogonaux dont une des familles est composée de différentes trajectoires du mobile, correspondantes toutes à la même valeur de la constante des forces vives.

540. Nous voyons, d'après ce qui précède, que lorsqu'on aura trouvé une solution, contenant une constante arbitraire, de l'équation aux dérivées partielles en θ, on pourra obtenir la solution complète du problème de Mécanique considéré. Réciproquement, si l'on a obtenu par un moyen quelconque les équations en termes finis de toutes les trajectoires correspondantes à une valeur déterminée de h, on peut montrer que toutes les solutions de l'équation aux dérivées partielles s'obtiendront par une simple quadrature. Cherchons, par exemple, celle de ces solutions qui s'annule sur une courbe (C) donnée à l'avance. Nous déterminerons toutes les trajectoires du mobile qui sont normales à la courbe (C) et nous exprimerons x', y' en fonction de x et de y. L'expression

$$x'\,dx + y'\,dy$$

sera, nous l'avons vu, la différentielle exacte d'une fonction de deux variables et la fonction

$$(12) \qquad \theta = \int_{x_0, y_0}^{x, y} (x'\,dx + y'\,dy),$$

où x_0, y_0 désignent les coordonnées d'un point quelconque de la courbe (C), sera évidemment la solution cherchée. Comme on peut prendre pour x', y' deux systèmes de valeurs égales et de signes contraires, on aura deux valeurs de θ ne différant que par le signe.

On sait que l'on peut, d'une infinité de manières, ramener l'intégration d'une différentielle à plusieurs variables à celle d'une différentielle ordinaire. Appliquons ici cette remarque. Supposons que l'on se déplace sur la trajectoire normale à la courbe (C) passant par le point (x, y); dans ce cas, x_0, y_0 seront les coordonnées du point de départ de cette trajectoire; on aura

$$x' \, dx + y' \, dy = (x'^2 + y'^2) \, dt = 2(\mathrm{U} + h) \, dt.$$

Calculons l'intégrale

$$\int_{x_0, y_0}^{x, y} 2(\mathrm{U} + h) \, dt,$$

en remplaçant x et y en fonction de t. Le résultat sera une fonction de t et du paramètre qui fixe la position du point (x_0, y_0) sur la courbe (C). Il suffira de l'exprimer en fonction de x et de y seulement pour obtenir la fonction θ. Si l'on suppose que la courbe (C) diminue indéfiniment et se réduise à un point, cette seconde méthode coïncide avec celle qui a été donnée par Jacobi; car alors toutes les trajectoires normales à (C) se transforment dans les trajectoires passant par un point fixe du plan.

541. Les systèmes orthogonaux que nous venons de définir, et dont une des familles est formée d'une série de trajectoires du mobile, jouent un rôle important dans l'étude de certaines questions, comme nous allons le montrer. Mais, auparavant, nous indiquerons comment on peut les obtenir tous sans intégration nouvelle lorsqu'on connaît une solution complète de l'équation aux dérivées partielles (7).

Soit

$$\theta = f(x, y, a) + b \tag{13}$$

une telle solution. Voici la méthode prescrite par Lagrange pour obtenir la solution la plus générale. On posera

$$b = \varphi(a),$$

$\varphi(a)$ désignant une fonction quelconque de a; le résultat de l'élimination de a entre les équations

$$(14) \qquad \begin{cases} \theta = f(x, y, a) + \varphi(a), \\ o = \dfrac{\partial f}{\partial a} + \varphi'(a) \end{cases}$$

fournira la solution demandée. Nous pouvons ajouter ici la remarque suivante, que l'on vérifiera aisément. Soit

$$\theta = F(x, y)$$

la solution ainsi obtenue; les trajectoires orthogonales des courbes

$$\theta = \text{const.}$$

seront définies par la seconde des équations (14)

$$(15) \qquad \frac{\partial f}{\partial a} + \varphi'(a) = o,$$

où l'on donnera à la constante a toutes les valeurs possibles.

512. Ces points étant admis, supposons que l'on veuille déterminer le système orthogonal dont une des familles est composée des trajectoires normales à une courbe donnée (C).

Ce problème est évidemment équivalent au suivant : « Trouver une solution θ de l'équation aux dérivées partielles qui prenne une valeur constante donnée, zéro par exemple, en tous les points de la courbe (C). » Soit

$$y = \lambda(x)$$

l'équation de cette courbe. Proposons-nous, d'une manière plus générale, de déterminer la fonction θ qui se réduit à une fonction donnée $\mu(x)$ lorsqu'on a

$$y = \lambda(x).$$

En substituant les valeurs de θ et de y dans les équations (14), on trouvera les équations de condition

$$(16) \qquad \begin{cases} \mu(x) = f(x, \lambda, a) + \varphi(a), \\ o = \dfrac{\partial f}{\partial a} + \varphi'(a), \end{cases}$$

qui feront connaître la fonction $\varphi(a)$. Il semble au premier abord que, pour résoudre la question posée, il faudra intégrer une équation différentielle; car, si l'on élimine x entre les deux équations (16), on sera conduit à une équation de la forme

$$\mathfrak{F}(a, \varphi(a), \varphi'(a)) = 0.$$

Mais, si l'on différentie la première des équations (16), on trouvera, en tenant compte de la seconde,

$$\frac{\partial}{\partial x} f(x, \lambda, a) + \frac{\partial f}{\partial \lambda} \lambda'(x) = \mu'(x).$$

Il est aisé de montrer qu'au système (16) on peut substituer le suivant :

$$(17) \qquad \left\{ \begin{array}{l} f(x, \lambda, a) + \varphi(a) = \mu(x), \\ \dfrac{\partial f}{\partial x} + \dfrac{\partial f}{\partial \lambda} \lambda'(x) = \mu'(x). \end{array} \right.$$

Ces deux systèmes ont, en effet, une équation commune, et la différentiation totale de cette équation nous montre que la seconde équation de chacun d'eux est toujours une conséquence de la seconde équation de l'autre.

Or les deux équations (17) nous donnent, par l'élimination de x, une relation qui fera connaître $\varphi(a)$ en fonction de a. La question proposée est donc résolue.

Il ne sera pas inutile, pour la suite, de remarquer qu'il y a deux intégrales distinctes, et deux seulement, prenant des valeurs données à l'avance en tous les points d'une courbe (C); car, si l'on veut déterminer, en chaque point de la courbe (C), les dérivées par rapport à x de l'intégrale cherchée θ, on devra joindre à l'équation aux dérivées partielles

$$(18) \qquad \left(\frac{\partial \theta}{\partial x}\right)^2 + \left(\frac{\partial \theta}{\partial y}\right)^2 = 2(U + h)$$

la relation

$$(19) \qquad \frac{\partial \theta}{\partial x} + \frac{\partial \theta}{\partial y} \lambda'(x) = \mu'(x),$$

qui doit avoir lieu pour tous les points de la courbe (C). Or les deux équations précédentes déterminent deux systèmes de valeurs différentes pour les dérivées $\frac{\partial \theta}{\partial x}$, $\frac{\partial \theta}{\partial y}$ prises en un point quelconque de (C). Comme une intégrale est entièrement définie quand on donne sa valeur et celle de ses dérivées premières en tous les points d'une courbe, on voit que la question proposée admettra bien deux solutions et deux seulement.

Dans le cas, que nous avons en vue, où la fonction θ doit avoir une valeur constante, zéro par exemple, en tous les points de la courbe cherchée, on a

$$\mu(x) = 0,$$

les deux solutions obtenues sont égales au signe près et ne peuvent pas être regardées comme réellement distinctes.

513. Comme conséquences des propositions précédentes, nous pouvons énoncer le théorème suivant :

Toutes les fois que l'on connaîtra une intégrale complète de l'équation aux dérivées partielles (7), *on pourra toujours déterminer sans intégration un système orthogonal dont une des familles contiendra une courbe quelconque* (C) *donnée à l'avance. L'autre famille sera formée des trajectoires du mobile qui coupent à angle droit cette courbe* (C) *et correspondent à une même valeur de la constante des forces vives.*

Dans le cas où la courbe (C) deviendrait infiniment petite et se réduirait à un point, on aurait le système orthogonal dont une des familles est composée des trajectoires du mobile qui passent par ce point. Si l'on remarque que, dans ce cas, l'équation (15), qui représente toutes ces trajectoires, doit être vérifiée quand on y remplace x, y par les coordonnées x_0, y_0 du point considéré, on voit que l'on devra avoir

$$\varphi'(a) + \frac{\partial}{\partial a} f(x_0, y_0, a) = 0;$$

et, par suite, on pourra prendre

$$\varphi(a) = -f(x_0, y_0, a).$$

On aura alors

$$\theta = f(x, y, a) - f(x_0, y_0, a),$$

et, d'après la règle donnée au n° 512, il faudra éliminer a entre cette équation et sa dérivée par rapport à a.

Pour donner une application, considérons le mouvement des

corps pesants, dans lequel la fonction des forces est

$$U = g(y+h).$$

L'équation en θ devient ici

$$\left(\frac{\partial\theta}{\partial x}\right)^2 + \left(\frac{\partial\theta}{\partial y}\right)^2 = 2g(y+h).$$

Elle admet la solution suivante :

$$(20)\qquad \frac{\theta}{\sqrt{2g}} = ax + \int\sqrt{y+h-a^2}\,dy = ax + \frac{2}{3}(y+h-a^2)^{\frac{3}{2}} + b.$$

Pour trouver les courbes coupant à angle droit toutes les trajectoires paraboliques passant par un point fixe, l'origine par exemple, il faudra, d'après la règle précédente, déterminer b par la condition que θ s'annule en ce point; ce qui donne

$$b = -\frac{2}{3}(h-a^2)^{\frac{3}{2}},$$

puis éliminer a entre l'équation (20), où l'on a remplacé b par la valeur précédente, et sa dérivée par rapport à a. On trouve ainsi, après un calcul que nous omettons,

$$(21)\qquad \frac{3\theta}{\sqrt{g}} = \left[2h+y+\sqrt{x^2+y^2}\right]^{\frac{3}{2}} - \left[2h+y-\sqrt{x^2+y^2}\right]^{\frac{3}{2}}.$$

Telle est l'équation des trajectoires orthogonales de toutes les paraboles passant par un même point.

544. Considérons d'une manière générale les systèmes orthogonaux que nous venons de définir et dont une des familles est composée de trajectoires du mobile. L'élément linéaire du plan prendra la forme

$$(22)\qquad ds^2 = H^2 d\theta^2 + H_1^2 d\theta_1^2.$$

Si l'on se déplace sur une trajectoire $\theta_1 =$ const., on a

$$(23)\qquad ds^2 = H^2 d\theta^2 = 2(U+h)\,dt^2.$$

D'ailleurs l'équation

$$2(U+h) = \left(\frac{\partial\theta}{\partial x}\right)^2 + \left(\frac{\partial\theta}{\partial y}\right)^2$$

peut s'écrire

$$(24) \qquad 2(U+h) = \frac{\partial\theta}{\partial x}\frac{dx}{dt} + \frac{\partial\theta}{\partial y}\frac{dy}{dt} = \frac{d\theta}{dt}.$$

En substituant la valeur de $\frac{d\theta}{dt}$ dans la relation (23), nous aurons

$$2H^2(U+h) = 1,$$

$$\frac{1}{H^2} = 2U + 2h.$$

La formule (22) prendra donc la forme

$$(25) \qquad 2(U+h)ds^2 = d\theta^2 + \sigma^2 d\theta_1^2,$$

dont nous allons déduire plusieurs conséquences.

Nous voyons d'abord que, si l'on considère deux des courbes de paramètre θ

$$\theta = \alpha, \qquad \theta = \beta,$$

et la portion de l'une quelconque des trajectoires du mobile comprise entre ces deux courbes, l'intégrale

$$\int \sqrt{2(U+h)}\, ds = \int d\theta,$$

prise du commencement à la fin de cet arc, sera constante et égale à la différence $\beta - \alpha$ des valeurs de θ. Nous donnerons à l'intégrale précédente le nom d'*action*. Comme la courbe $\theta = \alpha$ peut être choisie arbitrairement, nous pouvons énoncer le théorème suivant :

Étant donnée une courbe quelconque (C) *et les trajectoires du mobile normales à cette courbe, si l'on porte sur ces trajectoires, à partir de leur point d'incidence, des longueurs pour lesquelles l'action ait une valeur donnée à l'avance mais quelconque, le lieu des extrémités de toutes ces longueurs formera une courbe qui sera encore normale à toutes les trajectoires.*

Cette remarquable proposition, qui est due à MM. Thomson et Tait (¹), est analogue à celle que nous avons donnée au n° 522

(¹) Sir William Thomson and Tait, *Treatise on natural Philosophy*, Vol. I, Part I, p. 353 de la deuxième édition; 1879.

pour les lignes géodésiques. On pourrait, ici encore, la démontrer directement par le calcul des variations et en déduire tous les résultats précédents; on retrouverait ainsi la méthode suivie par Hamilton et par Jacobi.

En particulier, si l'on considère toutes les trajectoires passant par un point A et si l'on détermine sur chacune d'elles un point M, tel que l'action étendue à l'arc AM ait une valeur constante donnée, le lieu des points M sera une courbe normale à toutes les trajectoires.

545. Si l'on rapporte les points du plan au système de coordonnées formé par les trajectoires passant en A et par les courbes qui les coupent à angle droit, l'élément linéaire du plan sera donné par la formule (25), où θ désignera l'action comptée à partir de A. Nous allons déduire de cette remarque une démonstration directe du *principe de la moindre action*.

Ce principe peut être énoncé comme il suit :

Parmi tous les mouvements qui amènent le mobile d'un point A *en un point* M, *la vitesse sur chaque trajectoire étant réglée par l'équation*

$$v^2 = 2(U + h),$$

le mouvement naturel est celui pour lequel l'action, c'est-à-dire l'intégrale

$$\int_A^M \sqrt{2(U + h)}\, ds = \int_A^M v\, ds,$$

est un minimum.

La démonstration est identique à celle que nous avons développée dans le cas des lignes géodésiques. Construisons toutes les trajectoires du mobile correspondantes à la valeur donnée de h, passant au point A; elles donnent naissance à un système orthogonal pour lequel on a

$$2(U + h)\, ds^2 = d\theta^2 + \sigma^2 d\theta_1^2.$$

Cela posé, il est clair que le minimum de l'intégrale

$$\int \sqrt{2U + 2h}\, ds = \int \sqrt{d\theta^2 + \sigma^2 d\theta_1^2},$$

prise entre les points A et M, correspondra au cas où $d\theta_1$ sera nul, le chemin suivi étant la trajectoire qui unit ces deux points. Je n'insiste pas sur toutes les conditions qui doivent avoir lieu pour que la démonstration soit valable; elles sont identiques à celles qui ont été énumérées dans le cas des lignes géodésiques.

546. Le principe d'Hamilton se rapporte à des hypothèses toutes différentes de celles qui interviennent dans le principe de la moindre action. Il concerne l'intégrale

$$\int\left(\frac{ds^2}{2\,dt^2}+\mathrm{U}\right)dt.$$

Le mouvement de la nature est celui pour lequel cette intégrale est maximum ou minimum. *Mais ici le mouvement est comparé à tous ceux qui ont lieu entre les mêmes points* et dans le même temps, *et, de plus, aucune loi n'est imposée à la vitesse*. Nous allons montrer qu'il y a réellement *minimum*.

Si A et M désignent encore les positions extrêmes et si l'on conserve le système orthogonal dont une des familles est composée des trajectoires passant en A, l'intégrale précédente deviendra

$$\int\left[\frac{d\theta^2+\sigma^2 d\theta_1^2}{4(\mathrm{U}+h)\,dt^2}+\mathrm{U}\right]dt.$$

Nous allons la comparer à celle qui correspond au mouvement naturel, pour lequel θ_1 demeure constant.

Soient θ_0, U_0 les valeurs de θ et de U dans le mouvement naturel, θ, U, θ_0, U_0 étant supposées correspondre à la même valeur du temps; posons

$$\theta=\theta_0+\omega,\qquad \mathrm{U}=\mathrm{U}_0+\mathrm{U}_1.$$

On a, nous l'avons vu,

$$(26)\qquad \frac{d\theta_0}{dt}=2(\mathrm{U}_0+h).$$

L'accroissement de l'intégrale d'Hamilton, quand on passe du mouvement naturel à l'autre, est

$$\int\left[\frac{d\theta^2+\sigma^2 d\theta_1^2}{4(\mathrm{U}+h)\,dt^2}+\mathrm{U}-\mathrm{U}_0-\frac{d\theta_0^2}{4(\mathrm{U}_0+h)\,dt^2}\right]dt.$$

Remplaçons θ par sa valeur $\theta_0 + \omega$; puis substituons la valeur de $\frac{d\theta_0}{dt}$ déduite de la formule (26). L'accroissement de l'intégrale deviendra

$$\int \left\{ \frac{\sigma^2 \frac{d\theta_1^2}{dt^2}}{4(U+h)} + \frac{\frac{d\omega^2}{dt^2}}{4(U+h)} + \frac{U_0+h}{U+h}\frac{d\omega}{dt} + U_1 - \frac{U_1(U_0+h)}{U+h} \right\} dt$$

ou, après quelques réductions,

$$\int \left\{ \frac{\sigma^2 \frac{d\theta_1^2}{dt^2} + \frac{d\omega^2}{dt^2}}{4(U+h)} + \frac{U_1^2}{U+h} + \frac{d\omega}{dt} - \frac{U_1}{U+h}\frac{d\omega}{dt} \right\} dt.$$

Comme les deux mouvements se font entre les mêmes points et dans le même temps, ω est nul aux deux limites; on peut donc supprimer le terme $\frac{d\omega}{dt}$ et il reste pour l'accroissement de l'intégrale l'expression

$$(27) \qquad \int \left\{ \frac{\sigma^2 \frac{d\theta_1^2}{dt^2}}{4(U+h)} + \frac{\left(\frac{d\omega}{dt} - 2U_1\right)^2}{4(U+h)} \right\} dt.$$

Sous cette forme on voit clairement que l'intégrale d'Hamilton a augmenté. Pour que l'intégrale précédente soit nulle, il faut que l'on ait à chaque instant

$$\frac{d\theta_1}{dt} = 0, \qquad \frac{d\omega}{dt} = 2U_1$$

ou

$$\frac{d\theta_1}{dt} = 0, \qquad \frac{d\theta}{dt} = 2(U+h), \qquad \frac{ds}{dt} = \sqrt{2(U+h)},$$

et ces équations caractérisent le mouvement naturel.

547. Nous ne nous étendrons pas davantage sur les principes précédents et nous remarquerons, en terminant, que la démonstration du principe de la moindre action peut se rattacher directement à la théorie des lignes géodésiques de la manière suivante.

x et y étant les coordonnées rectangulaires d'un point du plan, U la fonction des forces et h la constante des forces vives, considérons la surface dont l'élément linéaire est donné par la formule

$$ds^2 = 2(U + h)(dx^2 + dy^2).$$

Cette surface sera représentée sur le plan *avec conservation des angles;* mais de plus la correspondance est telle qu'*à toute trajectoire du mobile dans le plan correspond une ligne géodésique de la surface et* vice versa.

Cette proposition s'est déjà présentée plusieurs fois dans les raisonnements précédents. Nous aurions pu l'établir, soit en comparant l'équation différentielle (3) des trajectoires à celle (8) des lignes géodésiques (n° 514), soit en rapprochant l'équation aux dérivées partielles (7) de l'équation (5) (n° 531) dont dépend la recherche des lignes géodésiques. Nous pouvons maintenant la démontrer immédiatement; car, si l'on rapporte les points du plan à un système de coordonnées dont une des familles est formée de trajectoires du mobile, l'élément linéaire du plan sera donné par la formule (25); celui de la surface correspondante aura donc pour expression

$$ds^2 = d\theta^2 + \sigma^2 d\theta_1^2;$$

par suite, les lignes $\theta_1 =$ const., c'est-à-dire les trajectoires du mobile dans le plan, correspondront nécessairement à des géodésiques de la surface; et *vice versa.*

Comme application, considérons le mouvement d'un point attiré par un centre fixe en raison inverse du carré de la distance; r désignant la distance au centre fixe, on aura

$$U + h = \frac{2\mu}{r} - \frac{\mu}{a}.$$

La surface dont les lignes géodésiques correspondent aux trajectoires du mobile aura pour élément linéaire

$$ds^2 = \left(\frac{2\mu}{r} - \frac{\mu}{a}\right)(dx^2 + dy^2)$$

ou, en passant aux coordonnées polaires r, v,

$$ds^2 = \left(\frac{2\mu}{r} - \frac{\mu}{a}\right)(dr^2 + r^2 dv^2). \tag{28}$$

Les surfaces de révolution admettant cet élément linéaire sont définies par les formules

$$(29)\quad \begin{cases} x = m\sqrt{\dfrac{\mu r(2a-r)}{a}}\cos\dfrac{v}{m}, \\ y = m\sqrt{\dfrac{\mu r(2a-r)}{a}}\sin\dfrac{v}{m}, \\ z = \sqrt{\dfrac{\mu}{a}}\displaystyle\int\sqrt{\dfrac{(2a-r)^2 - m^2(a-r)^2}{r(2a-r)}}\,dr. \end{cases}$$

Toutes les fois que m sera commensurable, à un point du plan correspondront des points de la surface en nombre limité; et, par suite, toutes les lignes géodésiques qui ne viendront pas rencontrer la limite de la surface seront fermées, comme les ellipses du plan auxquelles elles correspondent.

548. Cette correspondance, établie entre un plan et une surface de telle manière que les trajectoires du plan correspondent aux lignes géodésiques de la surface, met immédiatement en évidence le principe de la moindre action, qui n'est autre chose que la traduction dans le plan de la propriété de minimum relative aux lignes géodésiques; mais elle conduit sans calcul à un grand nombre d'autres propositions. Nous avons vu, par exemple, que, sur une surface, les courbes lieux des points tels que la somme ou la différence de leurs distances géodésiques à deux courbes fixes (C), (C′) soit constante forment un système orthogonal. Ce système peut évidemment se déterminer sans intégration toutes les fois que l'on connaît les deux courbes (C), (C′) et que l'on a l'expression de la distance géodésique de deux points de la surface. On peut même ajouter que, si l'une des deux courbes (C) est donnée, on peut déterminer l'autre (C′) de telle manière que l'une des familles du système orthogonal contienne une courbe (D) donnée à l'avance. En reportant ce résultat dans le plan, nous obtenons la proposition suivante :

Toutes les fois que l'on aura, dans le plan, la solution complète d'un problème de Mécanique et la fonction θ *relative à ce problème, on pourra déterminer, sans intégration nouvelle, une infinité de systèmes orthogonaux dans le plan, contenant une courbe* (D) *donnée à l'avance; les équations qui définissent ces systèmes contiendront une fonction arbitraire d'une variable.*

Au reste, cette proposition peut se démontrer directement de la manière la plus simple. Soient en effet θ et σ deux solutions quelconques de l'équation aux dérivées partielles (7). On aura

$$\left(\frac{\partial\theta}{\partial x}\right)^2 + \left(\frac{\partial\theta}{\partial y}\right)^2 = \left(\frac{\partial\sigma}{\partial x}\right)^2 + \left(\frac{\partial\sigma}{\partial y}\right)^2$$

et, par conséquent,

$$\frac{\partial(\theta-\sigma)}{\partial x}\frac{\partial(\theta+\sigma)}{\partial x} + \frac{\partial(\theta-\sigma)}{\partial y}\frac{\partial(\theta+\sigma)}{\partial y} = 0.$$

Cette équation exprime que les courbes

$$\theta - \sigma = \text{const.}, \qquad \theta + \sigma = \text{const.}$$

se coupent à angle droit et forment les deux familles d'un système orthogonal. Si l'on veut qu'une certaine courbe (D) fasse partie de l'une de ces familles, il suffira de déterminer deux solutions θ, σ de l'équation aux dérivées partielles qui aient la même valeur en chaque point de la courbe (D). On prendra σ arbitrairement, ce qui introduira une fonction arbitraire; θ sera ensuite déterminée par la condition d'avoir la même valeur que σ en tous les points de la courbe (D). Nous savons (n° 542) que θ sera une fonction distincte de σ.

549. Les propositions générales qui précèdent permettent d'établir que l'on pourra déterminer une infinité de systèmes orthogonaux algébriques dont fera partie une courbe algébrique quelconque, donnée à l'avance. Remarquons d'abord qu'il y a une infinité de problèmes de Mécanique pour lesquels l'*action* est une fonction algébrique, c'est-à-dire pour lesquels l'équation

$$\left(\frac{\partial\theta}{\partial x}\right)^2 + \left(\frac{\partial\theta}{\partial y}\right)^2 = 2(U + h) \tag{30}$$

admet une intégrale complète algébrique. Sans parler même du cas où la fonction des forces est nulle, prenons, par exemple,

$$U = Ax^{\frac{1}{m}} + By^{\frac{1}{n}}, \tag{31}$$

A et B étant des constantes quelconques et m, n deux entiers. On aura la solution complète

$$(32)\qquad \theta = \int\sqrt{2\mathrm{A}x^{\frac{1}{m}} + h + a}\,dx + \int\sqrt{2\mathrm{B}y^{\frac{1}{n}} + h - a}\,dy,$$

qui est évidemment algébrique. Si l'on applique les méthodes précédentes en employant cette valeur de θ, on voit que toutes les solutions de l'équation (30) assujetties à prendre une valeur algébrique en tous les points d'une courbe algébrique seront algébriques. On pourra donc obtenir une infinité de systèmes orthogonaux algébriques dont fera partie une courbe algébrique donnée. Ces systèmes sont de deux espèces différentes. Les uns, dont l'une des familles sera formée par les trajectoires du mobile qui coupent à angle droit la courbe donnée, sont analogues aux systèmes orthogonaux formés avec une famille de courbes parallèles et leurs normales communes. Les autres seront analogues au système orthogonal formé par les deux familles de courbes lieux des points tels que la somme ou la différence de leurs distances géodésiques à deux courbes fixes (C), (C') soit constante. Ils contiendront dans leur définition une fonction algébrique arbitraire, alors même que l'on aura assujetti une courbe donnée à l'avance à faire partie de l'une des deux familles du système orthogonal.

550. Il est aisé de voir que la méthode précédente s'étend à l'étude du mouvement d'un point sur une surface et, en général, à tous les problèmes de Mécanique dans lesquels il y a une fonction des forces, la position du système mobile dépendant de *deux* variables seulement. Nous ne développerons pas les calculs, qui seront donnés plus loin lorsque nous traiterons du problème le plus général de la Mécanique; et nous nous contenterons d'indiquer ici d'autres questions de Mécanique dans lesquelles on retrouve les propriétés que nous venons d'étudier.

On doit à différents géomètres (¹) des propriétés des brachisto-

---

(¹) *Voir*, par exemple, ROGER, *Thèse sur les brachistochrones* (*Journal de Liouville*, 1re série, t. XIII, p. 41; 1848).

ANDOYER, *Sur la réduction du problème des brachistochrones aux équations canoniques* (*Comptes rendus*, t. C, p. 1577; 1885).

chrones, analogues à celles que Gauss a fait connaître pour les lignes géodésiques. L'explication de ce fait repose sur la remarque suivante.

Proposons-nous de déterminer les brachistochrones sur une surface (Σ). La vitesse du mobile étant donnée par l'équation des forces vives

$$v^2 = U + h,$$

les brachistochrones seront les courbes pour lesquelles l'intégrale

$$\int \frac{ds}{v} = \int \frac{ds}{\sqrt{U+h}},$$

prise entre deux points quelconques de la courbe, sera minimum. Or, si l'on considère la surface (Σ′) pour laquelle l'élément linéaire ds' est déterminé par la formule

$$(33) \qquad ds'^2 = \frac{ds^2}{U+h},$$

elle correspondra à la surface (Σ) avec conservation des angles; et les brachistochrones de (Σ) correspondront aux lignes géodésiques de (Σ′), l'arc de chaque géodésique étant égal au temps dans lequel est parcourue la portion correspondante de la brachistochrone. Cette simple remarque permet d'étendre aux brachistochrones toutes les propriétés des lignes géodésiques. On reconnait ainsi, en particulier, que les brachistochrones satisfont réellement à leur définition et que le temps dans lequel un arc quelconque de ces courbes est parcouru est réellement un minimum, pourvu toutefois que cet arc ne soit pas trop étendu.

On peut aussi assimiler les brachistochrones aux trajectoires dans un mouvement plan; et cette comparaison offre l'avantage de s'étendre d'elle-même aux brachistochrones dans l'espace.

Supposons l'élément de la surface (Σ) ramené à la forme

$$(34) \qquad ds^2 = \lambda(dx^2 + dy^2).$$

L'intégrale qui doit être minimum est

$$\int \frac{\sqrt{\lambda}\,\sqrt{dx^2+dy^2}}{\sqrt{U+h}}.$$

En vertu du principe de la moindre action, on reconnaît immédiatement que les brachistochrones correspondent aux trajectoires d'un mouvement plan dans lequel la fonction des forces U' aurait pour valeur

$$U' = \frac{\lambda}{U + h},$$

la vitesse du mobile étant donnée par la formule

$$(35) \qquad v^2 = 2U',$$

où la constante des forces vives a la valeur particulière zéro.

Des remarques analogues peuvent être faites aussi en ce qui concerne les figures d'équilibre d'un fil flexible et inextensible. Mais nous laisserons ce point à l'examen du lecteur.

551. Dans les développements précédents, nous avons associé seulement celles des trajectoires pour lesquelles la constante des forces vives a la même valeur. Cette restriction est bien d'accord avec l'esprit de la Mécanique moderne, qui attache moins d'importance aux forces qu'à l'*énergie* et qui permet de regarder comme distincts deux problèmes dans lesquels, la fonction des forces étant la même, l'énergie totale est différente. Quoi qu'il en soit, en groupant les trajectoires pour lesquelles la constante des forces vives prend des valeurs différentes, on obtient les résultats suivants que nous allons rapidement signaler.

Considérons des trajectoires quelconques, formant une famille analogue à celles que nous avons définies au n° 538; x' et y' seront encore des fonctions de x et de y; mais la constante h, variant quand on passe d'une trajectoire à l'autre, devra être considérée ici comme une fonction de x et de y. On aura encore les équations

$$(36) \qquad \begin{cases} x'\dfrac{\partial x'}{\partial x} + y'\dfrac{\partial x'}{\partial y} = \dfrac{\partial U}{\partial x}, \\ x'\dfrac{\partial y'}{\partial x} + y'\dfrac{\partial y'}{\partial y} = \dfrac{\partial U}{\partial y}, \\ x'^2 + y'^2 = 2h + 2U. \end{cases}$$

Mais la différentiation de l'équation des forces vives donnera des résultats différents; il ne faudra plus y regarder h comme une constante indépendante de x et de y. La différentiation donnera donc les équations

$$(37)\qquad \begin{cases} x'\dfrac{\partial x'}{\partial x} + y'\dfrac{\partial y'}{\partial x} = \dfrac{\partial h}{\partial x} + \dfrac{\partial U}{\partial x}, \\[2ex] x'\dfrac{\partial x'}{\partial y} + y'\dfrac{\partial y'}{\partial y} = \dfrac{\partial h}{\partial y} + \dfrac{\partial U}{\partial y}. \end{cases}$$

Si l'on élimine $\dfrac{\partial U}{\partial x}$, $\dfrac{\partial U}{\partial y}$ entre ces équations et les précédentes, on trouvera

$$y'\left(\frac{\partial y'}{\partial x} - \frac{\partial x'}{\partial y}\right) = \frac{\partial h}{\partial x},$$
$$x'\left(\frac{\partial y'}{\partial x} - \frac{\partial x'}{\partial y}\right) = -\frac{\partial h}{\partial y}.$$

Posons maintenant

$$(38)\qquad \frac{\partial y'}{\partial x} - \frac{\partial x'}{\partial y} = \lambda;$$

on aura d'abord

$$(39)\qquad y' = \frac{1}{\lambda}\frac{\partial h}{\partial x}, \qquad x' = -\frac{1}{\lambda}\frac{\partial h}{\partial y};$$

la substitution de ces valeurs de x', y' dans l'équation des forces vives donnera la relation

$$\Delta h = 2\lambda^2(h + U),$$

où Δh désigne le paramètre différentiel de Lamé

$$(40)\qquad \Delta h = \left(\frac{\partial h}{\partial x}\right)^2 + \left(\frac{\partial h}{\partial y}\right)^2,$$

et qui fera connaître λ. On obtient ainsi

$$(41)\qquad y' = \frac{\sqrt{2(h+U)}}{\sqrt{\Delta h}}\frac{\partial h}{\partial x}, \qquad x' = -\frac{\sqrt{2(h+U)}}{\sqrt{\Delta h}}\frac{\partial h}{\partial y}.$$

En portant ces valeurs dans la formule (38), qui sert de définition à λ, on trouve l'équation aux dérivées partielles du second ordre

$$(42)\qquad \frac{\partial}{\partial x}\left(\frac{\sqrt{U+h}}{\sqrt{\Delta h}}\frac{\partial h}{\partial x}\right) + \frac{\partial}{\partial y}\left(\frac{\sqrt{U+h}}{\sqrt{\Delta h}}\frac{\partial h}{\partial y}\right) = \frac{1}{2}\frac{\sqrt{\Delta h}}{\sqrt{U+h}},$$

qui définit la fonction h. Lorsqu'on aura une solution quelconque de cette équation, les courbes

$$h = \text{const.}$$

seront les trajectoires de la famille correspondante, et les équations (41) feront connaître en chacun de leurs points les composantes de la vitesse du mobile. Inversement, si l'on sait déterminer les trajectoires, on saura aussi intégrer l'équation aux dérivées partielles (42). Lorsqu'on aura obtenu, avec deux constantes arbitraires a et b, l'équation générale des trajectoires

$$y = \varphi(x, a, b, h),$$

il suffira d'y remplacer a et b par des fonctions quelconques de h pour obtenir l'intégrale générale de l'équation (42).

Supposons, par exemple, que la fonction des forces soit nulle : les trajectoires seront des lignes droites représentées par l'équation

$$y = ax + b.$$

L'intégrale de l'équation aux dérivées partielles correspondante sera donnée par la formule

$$y = x\varphi(h) + \psi(h),$$

ce qu'il est aisé de vérifier.

Une circonstance particulière donne quelque intérêt aux remarques précédentes. L'équation aux dérivées partielles (42) intervient dans l'étude d'une question de minimum relative à l'intégrale double

$$(43) \qquad \iint \sqrt{\left(\frac{\partial h}{\partial x}\right)^2 + \left(\frac{\partial h}{\partial y}\right)^2}\sqrt{U + h}\,dx\,dy,$$

qui est d'une forme analogue à celle que Riemann a considérée dans le principe de Dirichlet.

Imaginons que la fonction h soit donnée pour tous les points d'un contour fermé limitant une aire plane A. Si l'on exprime que l'intégrale double précédente étendue à tous les points de cette aire est minimum, on sera conduit, en égalant à zéro la variation première, à une équation aux dérivées partielles qui sera précisément l'équation (42).

Ainsi, *à tout problème de Mécanique dans le plan* (et plus

généralement à deux variables indépendantes), *on peut rattacher une propriété de minimum relative à une intégrale double.*

Quelques considérations de Géométrie auxquelles le lecteur suppléera facilement permettent d'ailleurs de déduire cette propriété de minimum du principe de la moindre action.

552. Dans les deux Chapitres suivants, nous associerons seulement des trajectoires pour lesquelles la constante des forces vives aura la même valeur; nous allons donc indiquer ici sans démonstration l'extension que l'on peut donner aux propriétés précédentes. Pour plus de netteté, nous nous contenterons, dans l'énoncé des propriétés généralisées, de considérer les mouvements dans l'espace.

Si l'on cherche à déterminer les fonctions λ et μ de x et de y de manière à rendre minimum l'intégrale triple

$$(44)\quad \left\{\begin{aligned}&\iiint\sqrt{\left(\frac{\partial\lambda}{\partial y}\frac{\partial\mu}{\partial z}-\frac{\partial\lambda}{\partial z}\frac{\partial\mu}{\partial y}\right)^2+\left(\frac{\partial\lambda}{\partial z}\frac{\partial\mu}{\partial x}-\frac{\partial\lambda}{\partial x}\frac{\partial\mu}{\partial z}\right)^2+\left(\frac{\partial\lambda}{\partial x}\frac{\partial\mu}{\partial y}-\frac{\partial\mu}{\partial x}\frac{\partial\lambda}{\partial y}\right)^2}\\&\quad\times\varphi(x,y,z,\lambda,\mu)\,dx\,dy\,dz,\end{aligned}\right.$$

étendue à un volume fermé, les fonctions λ et μ étant assujetties à prendre des valeurs données en tous les points de la surface ou des surfaces qui limitent ce volume, il suffira d'intégrer les équations du mouvement relatives à un problème de Mécanique où la fonction des forces serait $\varphi(x, y, z, \lambda, \mu)$, la constante des forces vives étant nulle et λ et μ étant traitées comme des constantes, puis de remplacer dans les équations générales de la trajectoire les constantes arbitraires par des fonctions quelconques de λ et de μ; on obtiendra ainsi deux équations qui feront connaître λ et μ.

Si l'on cherche la fonction λ qui assure le minimum de l'intégrale triple

$$(45)\quad \iiint\sqrt{\left(\frac{\partial\lambda}{\partial x}\right)^2+\left(\frac{\partial\lambda}{\partial y}\right)^2+\left(\frac{\partial\lambda}{\partial z}\right)^2}\,\varphi(x,y,z,\lambda)\,dx\,dy\,dz,$$

étendue à un volume fermé, λ étant assujettie à prendre des valeurs données en tous les points de la surface qui limite ce volume, les surfaces

$$\lambda = \text{const.}$$

devront être celles pour lesquelles l'intégrale double suivante, où $d\sigma$ désigne l'aire d'un élément de surface,

$$\iint \varphi(x, y, z, \lambda)\, d\sigma,$$

étendue à la portion de la surface comprise dans un contour donné quelconque, sera un minimum.

En considérant, par exemple, l'intégrale

$$(46)\qquad \iiint \sqrt{\left(\frac{\partial\lambda}{\partial x}\right)^2 + \left(\frac{\partial\lambda}{\partial y}\right)^2 + \left(\frac{\partial\lambda}{\partial z}\right)^2}\, dx\, dy\, dz,$$

qui correspond à l'hypothèse $\varphi = 1$, on reconnaîtra que les surfaces $\lambda =$ const. devront être des surfaces minima. On est ainsi conduit au résultat suivant :

Si l'équation

$$\lambda = \text{const.}$$

représente une famille de surfaces minima, λ devra satisfaire à l'équation aux dérivées partielles

$$(47)\qquad \frac{\partial}{\partial x}\left(\frac{\frac{\partial\lambda}{\partial x}}{\sqrt{\Delta\lambda}}\right) + \frac{\partial}{\partial y}\left(\frac{\frac{\partial\lambda}{\partial y}}{\sqrt{\Delta\lambda}}\right) + \frac{\partial}{\partial z}\left(\frac{\frac{\partial\lambda}{\partial z}}{\sqrt{\Delta\lambda}}\right) = 0,$$

où $\Delta\lambda$ est le paramètre différentiel du premier ordre

$$(48)\qquad \Delta\lambda = \left(\frac{\partial\lambda}{\partial x}\right)^2 + \left(\frac{\partial\lambda}{\partial y}\right)^2 + \left(\frac{\partial\lambda}{\partial z}\right)^2.$$

Ce résultat est dû à Riemann [1], qui a même montré, comme on le vérifie aisément par un calcul direct, que, si l'on a une seule surface représentée par l'équation

$$\lambda = 0,$$

il suffira, pour que la surface soit minima, que l'équation aux dérivées partielles précédentes, au lieu d'être vérifiée identiquement, le soit seulement en vertu de l'équation de la surface.

---

(1) *Riemann's Gesammelte Werke*, p. 311.

La forme précédente (47) de l'équation aux dérivées partielles des surfaces minima se rattache directement à celle de Lagrange (I, n° 175), que l'on retrouve d'ailleurs immédiatement en supposant l'équation de la surface mise sous la forme

$$z = \varphi(x, y);$$

les remarques par lesquelles nous l'avons obtenue montrent que l'on pourra écrire immédiatement, en coordonnées curvilignes quelconques, l'équation aux dérivées partielles des surfaces minima; car, si l'élément linéaire de l'espace est donné par la formule

$$(49) \qquad ds^2 = H^2 d\rho^2 + H_1^2 d\rho_1^2 + H_2^2 d\rho_2^2,$$

l'intégrale (46) prend la forme

$$(50) \qquad \iiint \sqrt{\Delta\lambda}\, H H_1 H_2\, d\rho\, d\rho_1\, d\rho_2,$$

et la propriété de minimum, que nous avons signalée sans calcul, conduit à l'équation

$$(51) \quad \frac{\partial}{\partial\rho}\left(\frac{H_1 H_2}{H}\frac{\frac{\partial\lambda}{\partial\rho}}{\sqrt{\Delta\lambda}}\right) + \frac{\partial}{\partial\rho_1}\left(\frac{H H_2}{H_1}\frac{\frac{\partial\lambda}{\partial\rho_1}}{\sqrt{\Delta\lambda}}\right) + \frac{\partial}{\partial\rho_2}\left(\frac{H H_1}{H_2}\frac{\frac{\partial\lambda}{\partial\rho_2}}{\sqrt{\Delta\lambda}}\right) = 0,$$

qui remplace l'équation (47). On pourrait suivre la même méthode si l'on employait des coordonnées curvilignes obliques.

CHAPITRE VII.

APPLICATION DES MÉTHODES PRÉCÉDENTES A L'ÉTUDE DES MOUVEMENTS DANS L'ESPACE.

Équations différentielles du mouvement. — Toutes les trajectoires qui correspondent à une même valeur de la constante des forces vives et sont normales à une surface sont, par cela même, normales à une famille de surfaces. — Équation aux dérivées partielles d'Hamilton et de Jacobi. — Usage que l'on peut faire d'une intégrale complète. — Conditions auxquelles doit satisfaire cette intégrale. — Définition de l'*action*. — Considération de certains systèmes orthogonaux. — Formule relative à la variation de l'action. — Généralisation du théorème de Malus et de Dupin.

---

553. Considérons maintenant les mouvements dans l'espace. Si U désigne la fonction des forces, les équations du mouvement seront

$$(1) \qquad \frac{d^2x}{dt^2} = \frac{\partial U}{\partial x}, \qquad \frac{d^2y}{dt^2} = \frac{\partial U}{\partial y}, \qquad \frac{d^2z}{dt^2} = \frac{\partial U}{\partial z},$$

$$(2) \qquad x'^2 + y'^2 + z'^2 = 2(U + h),$$

x', y', z' désignant les composantes de la vitesse.

Parmi tous les mouvements correspondants à une valeur donnée de la constante des forces vives, étudions en particulier ceux dont les trajectoires passent par un point, ou sont normales à une surface, ou, en général, satisfont à toute condition qui ne laissera subsister que deux constantes arbitraires dans les équations de la trajectoire. Nous aurons alors une congruence de courbes représentées par des équations telles que les suivantes :

$$(3) \qquad \begin{cases} f(x, y, z, a, b) = 0, \\ \varphi(x, y, z, a, b) = 0. \end{cases}$$

D'ailleurs les composantes de la vitesse en chaque point devront satisfaire aux deux équations

$$(4)\qquad \begin{cases} \dfrac{\partial f}{\partial x}x'+\dfrac{\partial f}{\partial y}y'+\dfrac{\partial f}{\partial z}z'=0, \\ \dfrac{\partial \varphi}{\partial x}x'+\dfrac{\partial \varphi}{\partial y}y'+\dfrac{\partial \varphi}{\partial z}z'=0, \end{cases}$$

qui, jointes à l'équation des forces vives, permettront évidemment de les déterminer, puis de les exprimer, par la substitution des valeurs de a et de b déduites des équations (3), uniquement en fonction de x, y, z.

Supposons que l'on ait obtenu ces expressions. Les équations du mouvement prendront la forme suivante

$$(5)\qquad \begin{cases} \dfrac{\partial x'}{\partial x}x'+\dfrac{\partial x'}{\partial y}y'+\dfrac{\partial x'}{\partial z}z'=\dfrac{\partial U}{\partial x}, \\ \dfrac{\partial y'}{\partial x}x'+\dfrac{\partial y'}{\partial y}y'+\dfrac{\partial y'}{\partial z}z'=\dfrac{\partial U}{\partial y}, \\ \dfrac{\partial z'}{\partial x}x'+\dfrac{\partial z'}{\partial y}y'+\dfrac{\partial z'}{\partial z}z'=\dfrac{\partial U}{\partial z}, \end{cases}$$

qui est analogue à celle que l'on rencontre dans l'étude du mouvement permanent des fluides; x', y', z' devront aussi satisfaire à l'équation des forces vives.

On peut déduire de cette dernière équation les valeurs de $\dfrac{\partial U}{\partial x}$, $\dfrac{\partial U}{\partial y}$, $\dfrac{\partial U}{\partial z}$. On a, par exemple,

$$\frac{\partial U}{\partial x}=x'\frac{\partial x'}{\partial x}+y'\frac{\partial y'}{\partial x}+z'\frac{\partial z'}{\partial x}.$$

En portant cette valeur de $\dfrac{\partial U}{\partial x}$ dans la première équation (5), on obtient la relation

$$x'\frac{\partial x'}{\partial x}+y'\frac{\partial x'}{\partial y}+z'\frac{\partial x'}{\partial z}=x'\frac{\partial x'}{\partial x}+y'\frac{\partial y'}{\partial x}+z'\frac{\partial z'}{\partial x},$$

que l'on peut écrire de la manière suivante :

$$y'\left(\frac{\partial x'}{\partial y}-\frac{\partial y'}{\partial x}\right)=z'\left(\frac{\partial z'}{\partial x}-\frac{\partial x'}{\partial z}\right).$$

La deuxième et la troisième équation (5) donneront des formules analogues, d'où l'on déduira le système suivant

$$(6) \qquad \frac{\dfrac{\partial y'}{\partial z} - \dfrac{\partial z'}{\partial y}}{x'} = \frac{\dfrac{\partial z'}{\partial x} - \dfrac{\partial x'}{\partial z}}{y'} = \frac{\dfrac{\partial x'}{\partial y} - \dfrac{\partial y'}{\partial x}}{z'},$$

qui contient toutes les relations indépendantes de la fonction des forces entre x', y', z'.

On reconnaît immédiatement que l'on peut satisfaire à ces équations en annulant les numérateurs, c'est-à-dire en supposant que x', y', z' soient les dérivées d'une même fonction θ. Posons donc

$$(7) \qquad x' = \frac{\partial\theta}{\partial x}, \qquad y' = \frac{\partial\theta}{\partial y}, \qquad z' = \frac{\partial\theta}{\partial z}.$$

Si l'on porte ces valeurs de x', y', z' dans les équations (2) et (5), l'équation (2) prendra la forme

$$(8) \qquad \left(\frac{\partial\theta}{\partial x}\right)^2 + \left(\frac{\partial\theta}{\partial y}\right)^2 + \left(\frac{\partial\theta}{\partial z}\right)^2 = 2\,\mathrm{U} + 2h,$$

et le système (5) se composera des équations que l'on déduit de la précédente en la différentiant par rapport à x, à y ou à z. *Il suffira donc que* θ *satisfasse uniquement à l'équation aux dérivées partielles* (8).

Les équations (7) nous montrent immédiatement quelle est la signification géométrique de la fonction θ. Si l'on considère la famille de surfaces représentée par l'équation $\theta = \text{const.}$, θ étant une intégrale quelconque de l'équation (6), les courbes qui sont les trajectoires orthogonales de cette famille de surfaces sont aussi des trajectoires du mobile, et la vitesse du mobile en chaque point est égale à la dérivée $\dfrac{\partial\theta}{\partial n}$ de θ suivant la normale. En d'autres termes, *il y a un potentiel* θ *pour les vitesses.*

La méthode précédente reposant sur la considération de certaines congruences particulières formées avec les trajectoires du mobile, il est naturel de se demander si elle donnera toutes les solutions du problème de Mécanique, c'est-à-dire toutes les trajectoires possibles. Soit (C) une de ces trajectoires passant au point $\mathrm{M}_0(x_0, y_0, z_0)$ et soient x'_0, y'_0, z'_0 les composantes de la vitesse du mobile en ce point, composantes qui vérifieront nécessairement l'équation des forces vives

$$x_0'^2 + y_0'^2 + z_0'^2 = 2U_0 + 2h.$$

Il y a évidemment une infinité de solutions θ de l'équation (8) dont les dérivées premières $\frac{\partial\theta}{\partial x}, \frac{\partial\theta}{\partial y}, \frac{\partial\theta}{\partial z}$ prennent les valeurs x'_0, y'_0, z'_0 au point M_0. Considérons l'une quelconque θ' de ces solutions. Les trajectoires orthogonales des surfaces $\theta' =$ const. seront des trajectoires du mobile. Celle de ces trajectoires qui passe au point M_0 coïncidera évidemment avec la courbe (C), les conditions initiales du mouvement étant les mêmes sur l'une et sur l'autre de ces trajectoires.

554. On est encore conduit à la considération des congruences particulières pour lesquelles il y a un potentiel des vitesses par le raisonnement suivant, qui mettra de nouveau en évidence le résultat précédent.

Désignons par λ la valeur commune des rapports (6). On a

$$(9) \qquad \left\{ \begin{aligned} \frac{\partial y'}{\partial z} - \frac{\partial z'}{\partial y} &= \lambda x', \\ \frac{\partial z'}{\partial x} - \frac{\partial x'}{\partial z} &= \lambda y', \\ \frac{\partial x'}{\partial y} - \frac{\partial y'}{\partial x} &= \lambda z', \end{aligned} \right.$$

et, par suite, en faisant usage d'une identité bien connue,

$$(10) \qquad \frac{\partial(\lambda x')}{\partial x} + \frac{\partial(\lambda y')}{\partial y} + \frac{\partial(\lambda z')}{\partial z} = 0.$$

Cette relation, qui rappelle l'*équation de continuité* de l'Hydrodynamique, vient confirmer l'analogie que nous avons déjà signalée plus haut et sur laquelle, d'ailleurs, nous n'insisterons pas. Si l'on effectue les différentiations, elle prend la forme

$$\frac{\partial\lambda}{\partial x} x' + \frac{\partial\lambda}{\partial y} y' + \frac{\partial\lambda}{\partial z} z' = -\lambda\left(\frac{\partial x'}{\partial x} + \frac{\partial y'}{\partial y} + \frac{\partial z'}{\partial z}\right);$$

le premier membre, que l'on peut écrire ainsi

$$\frac{\partial\lambda}{\partial x}\frac{dx}{dt} + \frac{\partial\lambda}{\partial y}\frac{dy}{dt} + \frac{\partial\lambda}{\partial z}\frac{dz}{dt},$$

a une signification très simple; *il exprime la dérivée* $\frac{d\lambda}{dt}$ *de* λ *lorsqu'on se déplace sur une trajectoire du mobile*. Si donc on pose, pour abréger,

$$\Omega = -\frac{\partial x'}{\partial x} - \frac{\partial y'}{\partial y} - \frac{\partial z'}{\partial z} \tag{11}$$

on aura

$$\frac{d\lambda}{dt} = \lambda\Omega,$$

d'où l'on déduit

$$\lambda = \lambda_0 e^{\int_{t_0}^{t} \Omega\, dt}, \tag{12}$$

λ_0 désignant la valeur de λ pour $t = t_0$. Donc :

Si λ *est nul pour un point quelconque d'une trajectoire, il sera nul pour tous les autres points de la même trajectoire.*

D'après cela, considérons, parmi les trajectoires du mobile (qui correspondent toujours à une même valeur de la constante des forces vives), celles qui sont normales à une surface (Σ), et remarquons que, par suite de la définition de λ et de l'équation des forces vives, on a

$$\lambda = \frac{x'\left(\frac{\partial y'}{\partial z} - \frac{\partial z'}{\partial y}\right) + y'\left(\frac{\partial z'}{\partial x} - \frac{\partial x'}{\partial z}\right) + z'\left(\frac{\partial x'}{\partial y} - \frac{\partial y'}{\partial x}\right)}{2(U+h)}. \tag{13}$$

Il résulte de cette expression que λ sera nul pour le point où chaque trajectoire rencontre normalement la surface (Σ). Pour le reconnaître immédiatement, il suffit de remarquer que, les équations différentielles des courbes de la congruence étant

$$\frac{dx}{x'} = \frac{dy}{y'} = \frac{dz}{z'}, \tag{14}$$

x', y', z' jouent ici le rôle des quantités X, Y, Z du n° 438.

λ, étant nul pour un point de chaque trajectoire, sera nul par cela même sur toutes les trajectoires, qui seront, par suite, d'après le théorème du numéro cité, normales à une famille de surfaces. Nous retrouvons ainsi la proposition de MM. Thomson et Tait, que nous établirons, d'ailleurs, d'une autre manière :

Toutes les trajectoires du mobile, correspondantes à une

même valeur de la constante des forces vives, qui sont normales à une seule surface, sont, par cela même, normales à toute une famille de surfaces.

Il résulte des raisonnements précédents que, pour obtenir toutes ces familles de surfaces normales à des trajectoires, il faudra intégrer l'équation aux dérivées partielles (8). Nous allons examiner les différentes solutions de cette équation.

555. Nous n'avons qu'à répéter ici ce qui a été dit dans le cas des mouvements plans. Si la solution θ ne contient aucune constante, il faudra, pour avoir les trajectoires correspondantes, intégrer les trois équations (5) ou les équations (14). Mais je vais montrer que, si la solution θ contient, en dehors de la constante qu'on peut toujours lui ajouter, deux autres constantes arbitraires a et b, on peut obtenir sans aucune intégration la solution complète du problème de Mécanique.

Substituons, en effet, θ dans l'équation (8) et prenons la dérivée par rapport à a; nous aurons

$$\frac{\partial\theta}{\partial x}\frac{\partial^2\theta}{\partial a\,\partial x}+\frac{\partial\theta}{\partial y}\frac{\partial^2\theta}{\partial a\,\partial y}+\frac{\partial\theta}{\partial z}\frac{\partial^2\theta}{\partial a\,\partial z}=0.$$

Si l'on remplace $\frac{\partial\theta}{\partial x}$, $\frac{\partial\theta}{\partial y}$, $\frac{\partial\theta}{\partial z}$ respectivement par x', y', z', l'équation précédente prend la forme

$$\frac{d}{dt}\left(\frac{\partial\theta}{\partial a}\right)=0.$$

Donc $\frac{\partial\theta}{\partial a}$ est constant sur chaque trajectoire du mobile. En appliquant le même raisonnement à b, on voit que les équations

$$\frac{\partial\theta}{\partial a}=a',\qquad \frac{\partial\theta}{\partial b}=b', \tag{15}$$

où a', b' désignent deux constantes nouvelles, définissent une trajectoire du mobile. On vérifierait du reste immédiatement que les deux surfaces représentées par chacune des équations précédentes coupent à angle droit toutes les surfaces $\theta=$ const.

En différentiant de même par rapport à h l'équation (8), on trouvera

$$\frac{d}{dt}\left(\frac{\partial\theta}{\partial h}\right) = 1,$$

et l'on aura, par suite, en intégrant,

$$(16) \qquad \frac{\partial\theta}{\partial h} = t + \tau,$$

τ désignant une nouvelle constante.

Les équations (15) et (16), contenant six constantes arbitraires a, b, h, a', b', τ, définissent bien la solution la plus générale du problème posé. En essayant de le démontrer d'une manière plus rigoureuse, on reconnaîtra à quelles conditions doit satisfaire la solution θ qui contient les constantes a, b. Si l'on veut, en effet, déterminer la trajectoire du mobile qui passe au point $M(x, y, z)$, le mobile admettant les vitesses x', y', z', liées nécessairement par l'équation des forces vives, on aura les trois équations

$$x' = \frac{\partial\theta}{\partial x}, \qquad y' = \frac{\partial\theta}{\partial y}, \qquad z' = \frac{\partial\theta}{\partial z},$$

qui se réduisent à deux, en vertu des équations (2), (8), et qui devront pouvoir déterminer a et b en fonction des six quantités données x, y, z, x', y', z'.

Prenons, par exemple, les deux premières. Pour qu'on puisse en déduire généralement des valeurs de a et de b, il faut et il suffit que $\frac{\partial\theta}{\partial x}, \frac{\partial\theta}{\partial y}$ soient des fonctions indépendantes l'une de l'autre des variables a et b. Il faudra donc que le déterminant

$$\frac{\partial\left(\frac{\partial\theta}{\partial x}, \frac{\partial\theta}{\partial y}\right)}{\partial(a, b)}$$

soit différent de zéro. En raisonnant de même avec $\frac{\partial\theta}{\partial y}, \frac{\partial\theta}{\partial z}$, on est conduit à la conclusion suivante :

La solution θ doit être telle que les deux équations

$$(17) \qquad \frac{\dfrac{\partial^2\theta}{\partial a\,\partial x}}{\dfrac{\partial^2\theta}{\partial b\,\partial x}} = \frac{\dfrac{\partial^2\theta}{\partial a\,\partial y}}{\dfrac{\partial^2\theta}{\partial b\,\partial y}} = \frac{\dfrac{\partial^2\theta}{\partial a\,\partial z}}{\dfrac{\partial^2\theta}{\partial b\,\partial z}},$$

qui se réduisent d'ailleurs à une seule, ne soient pas identiquement vérifiées.

On peut encore énoncer cette condition sous l'une ou l'autre des formes suivantes :

Il ne faut pas que θ, considérée comme fonction de a et de b, satisfasse à une équation du premier ordre

$$F\left(\frac{\partial\theta}{\partial a}, \frac{\partial\theta}{\partial b}, a, b\right) = 0,$$

indépendante de x, y, z.

On peut dire encore que θ, considérée comme fonction de x, y, z, ne doit pas satisfaire à une équation du premier ordre

$$\varphi\left(x, y, z, \frac{\partial\theta}{\partial x}, \frac{\partial\theta}{\partial y}, \frac{\partial\theta}{\partial z}\right) = 0,$$

distincte de l'équation (8) et ne dépendant ni de a ni de b.

Supposons, par exemple, que la fonction des forces soit nulle. L'équation (8) sera

$$\left(\frac{\partial\theta}{\partial x}\right)^2 + \left(\frac{\partial\theta}{\partial y}\right)^2 + \left(\frac{\partial\theta}{\partial z}\right)^2 = 2h,$$

et elle admettra la solution

$$\theta = z\sqrt{2h-1} + \sqrt{(x-a)^2 + (y-b)^2}.$$

Cette solution ne conviendra pas, bien qu'elle contienne deux constantes. On le reconnaît immédiatement en appliquant un quelconque des trois critériums que nous venons de signaler.

556. Nous voyons ici se présenter un fait nouveau. Dans le plan, toutes les familles possibles de trajectoires du mobile font partie d'un système orthogonal, auquel correspond une certaine solution θ de l'équation aux dérivées partielles de Jacobi. Il n'en est plus de même dans l'espace : on peut certainement associer les trajectoires du mobile en congruences qui admettent des surfaces les coupant à angle droit, nous venons de le démontrer; mais il existe aussi des familles de trajectoires ne possédant pas cette importante propriété.

Ce résultat pouvait être prévu. Considérons, en effet, le cas où il n'y a pas de force. Les trajectoires correspondantes à une même valeur de h sont les droites de l'espace, parcourues toutes avec la même vitesse. Or on sait bien qu'un système de rayons rectilignes n'est pas toujours formé des normales à une surface. Mais on sait aussi que, si des droites sont normales à une surface, elles le sont encore à une infinité d'autres surfaces. Cette propriété n'est, on le voit, qu'un cas particulier de celle qui appartient aux trajectoires d'un mobile et que nous avons démontrée au n° 554.

Si on laissait de côté les résultats établis dans ce numéro, on pourrait encore démontrer, comme il suit, le théorème de MM. Thomson et Tait.

Étant donnée une surface (Σ), on sait toujours déterminer une solution θ de l'équation de Jacobi qui soit nulle pour tous les points de cette surface. Alors les trajectoires du mobile, qui sont normales à toutes les surfaces $\theta = \text{const.}$, seront, en particulier, normales à (Σ). Comme leur ensemble est déterminé par cette dernière condition, la proposition est démontrée.

En particulier, si la surface (Σ) devient infiniment petite et se réduit à un point, on aura toutes les trajectoires passant par ce point. On voit donc que :

Toutes les trajectoires du mobile qui passent en un point quelconque sont normales à une famille de surfaces.

Ici encore, on peut introduire une intégrale analogue à celle que nous avons définie au n° 544. On a

$$\left(\frac{\partial\theta}{\partial x}\right)^2 + \left(\frac{\partial\theta}{\partial y}\right)^2 + \left(\frac{\partial\theta}{\partial z}\right)^2 = \frac{\partial\theta}{\partial x}x' + \frac{\partial\theta}{\partial y}y' + \frac{\partial\theta}{\partial z}z' = 2(U + h).$$

Lorsqu'on se déplace sur une trajectoire, l'équation précédente prend la forme

$$\frac{d\theta}{dt} = 2(U + h), \tag{18}$$

$$d\theta = 2(U + h)\,dt = \sqrt{2U + 2h}\,ds. \tag{19}$$

Il suit de là que la différence des valeurs θ_M, $\theta_{M'}$ de θ relatives à deux points M, M' d'une même trajectoire est exprimée par la formule

$$\theta_M - \theta_{M'} = \int_{M'}^{M} \sqrt{2(U+h)}\,ds. \tag{20}$$

L'intégrale qui figure dans le second membre sera appelée, ici encore, l'*action* étendue de M' à M. Les développements donnés par MM. Thomson et Tait montrent toute l'importance de cet élément, qui doit être considéré, au même titre que le travail, dans l'étude des problèmes de Mécanique. La formule précédente donne, en particulier, les théorèmes suivants, analogues à ceux du n° 544 :

Si, sur les trajectoires passant par un point M_0 *ou normales à une surface quelconque, on considère les arcs, comptés à partir du point d'incidence, pour lesquels l'action a une valeur donnée, le lieu des extrémités de tous ces arcs sera normal à toutes les trajectoires.*

557. Nous allons indiquer maintenant comment on pourra employer une intégrale complète

$$\theta = f(x, y, z, a, b) \tag{21}$$

de l'équation aux dérivées partielles de Jacobi pour résoudre les deux problèmes que nous venons de rencontrer.

D'après la règle de Lagrange, la solution la plus générale de l'équation aux dérivées partielles est fournie par les relations

$$\left\{\begin{aligned} \theta &= f(x, y, z, a, b) + \varphi(a, b), \\ 0 &= \frac{\partial f}{\partial a} + \frac{\partial \varphi}{\partial a}, \\ 0 &= \frac{\partial f}{\partial b} + \frac{\partial \varphi}{\partial b}, \end{aligned}\right. \tag{22}$$

entre lesquelles il faudra éliminer a et b.

Si l'on veut que la solution θ soit nulle ou, plus généralement, ait une valeur donnée $\mu(x, y)$, en chaque point d'une surface (Σ), donnée par son équation

$$z = \lambda(x, y), \tag{23}$$

on remplacera θ par μ et z par λ dans les équations précédentes, ce qui donnera le système

$$(24)\quad \begin{cases} \mu = f(x, y, \lambda, a, b) + \varphi(a, b), \\ 0 = \dfrac{\partial f}{\partial a} + \dfrac{\partial \varphi}{\partial a}, \qquad 0 = \dfrac{\partial f}{\partial b} + \dfrac{\partial \varphi}{\partial b}. \end{cases}$$

En différentiant la première relation par rapport à x et à y successivement et tenant compte des deux autres, on aura

$$(25)\quad \begin{cases} \dfrac{\partial f}{\partial x} + \dfrac{\partial f}{\partial \lambda}\dfrac{\partial \lambda}{\partial x} - \dfrac{\partial \mu}{\partial x} = 0, \\ \dfrac{\partial f}{\partial y} + \dfrac{\partial f}{\partial \lambda}\dfrac{\partial \lambda}{\partial y} - \dfrac{\partial \mu}{\partial y} = 0. \end{cases}$$

L'élimination de x et de y entre ces deux équations et la première des équations (24) fera connaître φ en fonction de a et de b et déterminera, par suite, la solution cherchée.

Si l'on veut avoir la solution θ correspondante à toutes les trajectoires passant par un point (x_0, y_0, z_0), il faudra prendre

$$(26)\quad \varphi = -f(x_0, y_0, z_0, a, b);$$

je me contente d'indiquer ces propositions, qui appartiennent à la théorie des équations aux dérivées partielles et sont analogues à celles qui ont été données plus haut (nos 541 et 542).

558. Nous sommes conduits par les résultats précédents à envisager les systèmes de coordonnées curvilignes dans lesquels on définirait un point de l'espace par la valeur des trois quantités

$$\theta, \qquad \theta_1 = \frac{\partial \theta}{\partial a}, \qquad \theta_2 = \frac{\partial \theta}{\partial b}.$$

Un point est alors déterminé par l'intersection de trois surfaces appartenant à des familles différentes; les surfaces des familles

$$\theta_1 = \text{const.}, \qquad \theta_2 = \text{const.}$$

sont engendrées par des trajectoires du mobile normales aux surfaces

$$\theta = \text{const.}$$

On aura donc, en considérant x, y, z comme des fonctions de θ, θ_1, θ_2,

$$(27)\quad \begin{cases} \dfrac{\partial x}{\partial\theta}\dfrac{\partial x}{\partial\theta_1}+\dfrac{\partial y}{\partial\theta}\dfrac{\partial y}{\partial\theta_1}+\dfrac{\partial z}{\partial\theta}\dfrac{\partial z}{\partial\theta_1}=0, \\ \dfrac{\partial x}{\partial\theta}\dfrac{\partial x}{\partial\theta_2}+\dfrac{\partial y}{\partial\theta}\dfrac{\partial y}{\partial\theta_2}+\dfrac{\partial z}{\partial\theta}\dfrac{\partial z}{\partial\theta_2}=0; \end{cases}$$

et, par suite, l'élément linéaire de l'espace sera donné par une équation de la forme

$$ds^2 = H^2\,d\theta^2 + M\,d\theta_1^2 + 2N\,d\theta_1\,d\theta_2 + P\,d\theta_2^2.$$

On trouvera, comme précédemment (n° 544), la valeur de H

$$H^2 = \frac{1}{2U+2h}$$

et, par suite, la valeur de ds^2 pourra s'écrire

$$(28)\qquad (2U+2h)\,ds^2 = d\theta^2 + m\,d\theta_1^2 + 2n\,d\theta_1\,d\theta_2 + p\,d\theta_2^2,$$

les quantités m, p, $mp-n^2$ étant essentiellement positives. On peut déduire de cette formule le principe de la moindre action et celui d'Hamilton par des raisonnements analogues à ceux que nous avons développés dans le cas de deux variables. Au lieu d'insister sur ce sujet, qui sera repris d'une manière générale dans le Chapitre suivant, nous indiquerons en terminant une formule importante relative à l'*action*.

559. Reprenons la relation

$$(29)\qquad \theta_M - \theta_{M'} = \int_{M'}^{M} \sqrt{2U+2h}\,ds$$

qui donne l'action $\overline{M'M}$ étendue à l'arc M'M d'une trajectoire. Soit

$$\theta = f(x, y, z, a, b)$$

une solution complète de l'équation de Jacobi et soient

$$(30)\qquad \frac{\partial\theta}{\partial a}=a', \qquad \frac{\partial\theta}{\partial b}=b'$$

les équations mêmes de la trajectoire considérée. Désignons par x, y, z les coordonnées de M et par x_0, y_0, z_0 celles de M'. On aura, en vertu des équations (30),

$$(31) \quad \begin{cases} \dfrac{\partial}{\partial a} f(x, y, z, a, b) = \dfrac{\partial}{\partial a} f(x_0, y_0, z_0, a, b), \\ \dfrac{\partial}{\partial b} f(x, y, z, a, b) = \dfrac{\partial}{\partial b} f(x_0, y_0, z_0, a, b). \end{cases}$$

Ces deux équations feront connaître a et b en fonction de x, y, z, x_0, y_0, z_0 et permettront, par suite, d'exprimer l'action $\overline{M'M}$ par une formule

$$(32) \qquad \overline{M'M} = \theta(x, y, z;\ x_0, y_0, z_0),$$

ne contenant que les coordonnées des points M, M'. Il est important de calculer les dérivées de cette fonction. Or on a

$$\overline{M'M} = f(x, y, z, a, b) - f(x_0, y_0, z_0, a, b)$$

et, par suite, en différentiant totalement,

$$\delta\overline{M'M} = \frac{\partial f}{\partial x}\delta x + \frac{\partial f}{\partial y}\delta y + \frac{\partial f}{\partial z}\delta z - \frac{\partial f_0}{\partial x_0}\delta x_0 - \frac{\partial f_0}{\partial y_0}\delta y_0 - \frac{\partial f_0}{\partial z_0}\delta z_0$$
$$+ \frac{\partial(f - f_0)}{\partial a}\delta a + \frac{\partial(f - f_0)}{\partial b}\delta b.$$

Comme les coefficients de δa, δb sont nuls en vertu des équations (31), il reste simplement

$$\delta\overline{M'M} = \frac{\partial f}{\partial x}\delta x + \frac{\partial f}{\partial y}\delta y + \frac{\partial f}{\partial z}\delta z - \frac{\partial f_0}{\partial x_0}\delta x_0 - \frac{\partial f_0}{\partial y_0}\delta y_0 - \frac{\partial f_0}{\partial z_0}\delta z_0$$

ou, en remplaçant les dérivées de f et f_0 par les vitesses,

$$(33) \qquad \delta\overline{M'M} = x'\,\delta x + y'\,\delta y + z'\,\delta z - x'_0\,\delta x_0 - y'_0\,\delta y_0 - z'_0\,\delta z_0.$$

Cette relation, d'où la fonction f a complètement disparu, et que l'on peut établir aussi par le calcul des variations, est analogue à celles que nous avons démontrées aux n°s 523 et 540. Elle donne la variation de l'action étendue à un segment de trajectoire M'M (*fig.* 36) lorsqu'on passe à un segment de trajectoire infiniment voisin PP'. On peut lui donner une forme entièrement géométrique. Si M'MP, MM'P' désignent les angles que fait en M, M' la trajectoire avec les déplacements infiniment petits MP,

M'P', on a évidemment

$$x'\delta x + y'\delta y + z'\delta z = -\mathrm{MP}\frac{ds}{dt}\cos\widehat{\mathrm{M'MP}},$$

$$x'_0\delta x_0 + y'_0\delta y_0 + z'_0\delta z_0 = \mathrm{M'P'}\left(\frac{ds}{dt}\right)_0\cos\widehat{\mathrm{MM'P'}}.$$

En remplaçant les vitesses $\frac{ds}{dt}$, $\left(\frac{ds}{dt}\right)_0$ par leurs valeurs déduites de l'équation des forces vives, on aura

$$(34)\quad \left\{\begin{aligned} \delta\overline{\mathrm{M'M}} = &-\mathrm{MP}\sqrt{2\mathrm{U_M}+2h}\cos\widehat{\mathrm{M'MP}} \\ &-\mathrm{M'P'}\sqrt{2\mathrm{U_{M'}}+2h}\cos\widehat{\mathrm{MM'P'}}. \end{aligned}\right.$$

Fig. 36.

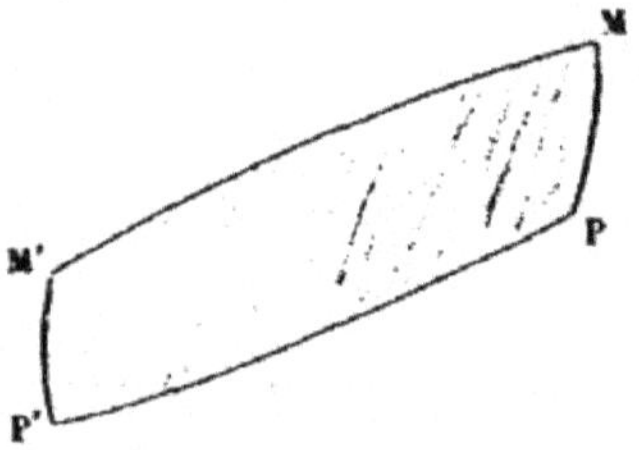

Cette formule comprend, comme cas particulier, celle qui est relative à la différentielle d'un segment de droite, et elle donne naissance à des conséquences analogues. Nous signalerons seulement la suivante, que le lecteur établira en étendant la méthode donnée au n° 450 pour la démonstration du théorème de Malus.

560. Étant donnée une trajectoire quelconque et une surface (D), on peut imaginer que la trajectoire, à son point de rencontre avec la surface (D), se réfléchisse, ou se réfracte d'après la loi du sinus, de la même manière qu'un rayon lumineux. La loi de la réflexion ou de la réfraction détermine la tangente à la trajectoire réfléchie ou réfractée; et, comme une trajectoire correspondante à une valeur donnée de la constante des forces vives est pleinement définie lorsqu'on connaît un de ses points et la tangente en ce point, on voit que l'on pourra toujours déterminer par une construction géométrique ce que nous appelons la trajectoire réfléchie ou réfractée. Cette définition étant admise, les raison-

nements du n° 450 et l'emploi de la formule (34) nous conduisent au théorème suivant :

Considérons toutes les trajectoires du mobile qui sont normales à une surface (Σ), *et supposons qu'elles se réfléchissent ou se réfractent sur une surface* (D), *les trajectoires réfléchies ou réfractées seront aussi normales à une surface* (Σ_1) *que l'on construira de la manière suivante : Si* M *est le point où la trajectoire est normale à* (Σ), P *celui où elle rencontre* (D), *on prendra sur la trajectoire réfractée un arc* PM' *tel que l'action, étendue à l'arc* PM', *soit égale au produit de l'action étendue à l'arc* MP *par la constante* $\frac{-1}{n}$, *n étant l'indice de réfraction.*

561. On peut imaginer des conditions dynamiques qui obligent les trajectoires à se réfléchir ou à se réfracter d'après les lois que nous venons d'indiquer. Supposons, en effet, que, dans le voisinage de la surface (D), la fonction des forces varie brusquement de telle manière qu'elle soit remplacée par

$$n^2(U + h) - h,$$

n étant l'indice de réfraction. Après le passage à travers la surface (D), la loi des trajectoires redeviendra la même; les équations du mouvement (1) et (2) changent, il est vrai; mais il suffit, pour ramener la forme primitive, d'y remplacer dt par $\frac{dt}{n}$. On aura donc les mêmes trajectoires, mais parcourues avec des vitesses qui seront augmentées dans le rapport de l'indice n à l'unité. Pour savoir comment les trajectoires se substituent les unes aux autres dans le voisinage de (D), il suffit d'appliquer le théorème de MM. Thomson et Tait. Si les trajectoires incidentes sont normales à une surface (Σ), elles demeureront normales à toutes les surfaces que l'on obtiendra en prenant à partir de leur point d'incidence sur (Σ) un arc tel que l'action étendue à cet arc ait une valeur donnée. Soient M le point d'incidence pour une des trajectoires, P le point où elle rencontre D, M' un point de la trajectoire réfractée. On aura

$$\overline{MP} = \int_M^P \sqrt{2U+2h}\, ds,$$

$$\overline{PM'} = n\int_P^{M'} \sqrt{2U+2h}\, ds.$$

Si donc on détermine le point M' par l'équation

$$\int_M^P \sqrt{2U+2h}\, ds + n\int_P^{M'} \sqrt{2U+2h}\, ds = \text{const.},$$

on devra obtenir une surface normale aux trajectoires réfractées. Cette condition, combinée avec la formule (34), détermine, on le reconnaîtra aisément, la loi de la réfraction, et l'on retrouve ainsi précisément la loi de Descartes que nous avions admise *a priori*, dans le numéro précédent.

CHAPITRE VIII.

LE PROBLÈME GÉNÉRAL DE LA DYNAMIQUE.

Équations de Lagrange. — Transformation d'Hamilton. — Définition d'une *famille* de solutions. — Équations aux dérivées partielles qui définissent la famille. — Familles orthogonales. — Équation aux dérivées partielles de Jacobi. — Usage que l'on peut faire de ses différentes solutions. — Expression de la force vive due à M. Lipschitz. — Principe de la moindre action. — Formule de M. Liouville. — Définition de l'*action*. — Expression de l'action élémentaire au moyen d'une intégrale complète de l'équation de Jacobi et de ses dérivées par rapport aux constantes. — Autre méthode d'exposition des résultats précédents; élimination du temps à l'aide du principe des forces vives. — Définition des angles par rapport à une forme quadratique, travaux de M. Beltrami. — Définition et propriétés d'invariance des paramètres différentiels $\Delta\theta$, $\Delta(\theta, \theta_1)$. — Transformations remarquables de la forme quadratique. — Lignes géodésiques de la forme, extension des théorèmes de Gauss. — Application au problème général de la Dynamique.

---

562. Les méthodes que nous avons appliquées dans les deux Chapitres qui précèdent s'étendent d'elles-mêmes à l'étude du problème général de la Mécanique. Il ne sera pas inutile de développer ici ce nouveau mode d'exposition des résultats fondamentaux qui sont dus à Hamilton et à Jacobi; car nous serons ainsi conduits à certaines propriétés générales des formes quadratiques qui éclaireront les résultats précédents et nous seront utiles dans la suite.

Envisageons un problème de Mécanique dans lequel il existe une fonction des forces, que nous supposerons indépendante du temps. Soient $q_1, q_2, \ldots, q_n$ les variables indépendantes dont dépend la position du système mobile, $q'_1, \ldots, q'_n$ leurs dérivées par rapport au temps et $2T$ la force vive, définie par la formule

$$(1) \qquad 2T = a_{11}q'^2_1 + 2a_{12}q'_1q'_2 + \ldots = \sum\sum a_{ik}q'_iq'_k,$$

où les coefficients a_{ik} sont des fonctions données de $q_1, q_2, \ldots, q_n$.

Le mouvement sera défini par les équations de Lagrange

$$(2)\qquad \frac{d}{dt}\frac{\partial T}{\partial q'_i} - \frac{\partial T}{\partial q_i} - \frac{\partial U}{\partial q_i} = 0, \qquad (i = 1, 2, \ldots, n).$$

Hamilton a montré que, si l'on introduit les variables auxiliaires

$$(3)\qquad p_i = \frac{\partial T}{\partial q'_i} = \sum_k a_{ik} q'_k, \qquad (i = 1, 2, \ldots, n),$$

on peut transformer ces équations de la manière suivante.

Posons

$$(4)\qquad H = T - U.$$

On peut exprimer H en fonction des variables p_i, q_k; il suffit, pour cela, de déduire des équations (3) les valeurs de $q'_1, q'_2, \ldots, q'_n$ et de les porter dans l'expression précédente. Si l'on pose

$$(5)\qquad D = \begin{vmatrix} a_{11} & a_{12} & a_{1n} \\ a_{21} & \ldots & \ldots \\ \ldots & \ldots & \ldots \\ a_{n1} & a_{n2} & a_{nn} \end{vmatrix},$$

ou, en adoptant la notation de M. Kronecker,

$$D = |a_{ik}|, \qquad (i, k = 1, 2, \ldots, n),$$

et si l'on désigne par A_{ik} le coefficient de a_{ik} dans le déterminant précédent, les formules (3) nous donnent

$$(6)\qquad q'_i = \frac{A_{i1}}{D} p_1 + \ldots + \frac{A_{in}}{D} p_n.$$

Comme on a, d'après le théorème des fonctions homogènes,

$$(7)\qquad 2T = p_1 q'_1 + \ldots + p_n q'_n,$$

on obtiendra sans difficulté la valeur suivante de T

$$(8)\qquad 2T = \frac{1}{D} \sum \sum A_{ik} p_i p_k,$$

que l'on peut encore écrire comme il suit

$$(9)\qquad 2T = -\frac{1}{D} \begin{vmatrix} a_{11} & \ldots & a_{1n} & p_1 \\ \ldots & \ldots & \ldots & \ldots \\ a_{n1} & \ldots & a_{nn} & p_n \\ p_1 & \ldots & p_n & 0 \end{vmatrix};$$

et de là on déduit

$$\text{(10)}\qquad H = T - U = \frac{1}{2D}\sum\sum A_{ik}p_i p_k - U.$$

Une fois connue cette valeur de H, les équations du mouvement se présentent sous la forme *canonique*

$$\text{(11)}\qquad \frac{dq_i}{dt} = \frac{\partial H}{\partial p_i}, \qquad \frac{dp_i}{dt} = -\frac{\partial H}{\partial q_i}, \qquad (i = 1, 2, \ldots, n),$$

et l'équation des forces vives

$$\text{(12)}\qquad T = U + h$$

s'écrit ainsi

$$\text{(13)}\qquad H = h.$$

Tel est le premier résultat établi par Hamilton.

563. Considérons maintenant toutes les solutions du problème pour lesquelles la constante des forces vives a une valeur donnée h et soient

$$\text{(14)}\qquad q_i = f_i(c_1, c_2, \ldots, c_{2n-1}, h, t - t_0), \qquad (i = 1, 2, \ldots, n)$$

les équations qui font connaître les valeurs des variables q_i en fonction du temps.

Les valeurs des variables p_i définies par les formules (3) seront

$$\text{(15)}\qquad p_i = a_{i1}\frac{\partial f_1}{\partial t} + a_{i2}\frac{\partial f_2}{\partial t} + \ldots + a_{in}\frac{\partial f_n}{\partial t}, \qquad (i = 1, 2, \ldots, n).$$

Au lieu de conserver les solutions les plus générales, imaginons que l'on établisse, entre les $2n - 1$ constantes c_i et h, $n - 1$ relations, d'ailleurs quelconques. Par exemple, on annulera $n - 1$ constantes, ou bien l'on considérera l'ensemble des solutions qui correspondent à une même position initiale donnée du système, etc. On obtiendra ainsi des formules contenant seulement $n - 1$ constantes

$$\text{(16)}\qquad q_i = \varphi_i(c_1, c_2, \ldots, c_{n-1}, h, t - t_0), \qquad (i = 1, 2, \ldots, n),$$

qui définiront ce que nous appellerons une *famille* de solutions.

On peut éliminer $t - t_0$ et les constantes c_i entre les équations précédentes et leurs dérivées

$$q'_1 = \frac{d\varphi_1}{dt}, \quad \ldots, \quad q'_n = \frac{d\varphi_n}{dt}.$$

On sera ainsi conduit à un système d'équations différentielles

$$(17) \qquad q'_i = \frac{dq_i}{dt} = \Phi_i(q_1, q_2, \ldots, q_n, h), \qquad (i = 1, 2, \ldots, n),$$

dont l'intégration permettrait de retrouver les équations (16) et qui peut être considéré comme définissant la famille de solutions au même titre que le système (16). Si l'on porte les valeurs précédentes dans les formules (3), on en déduira des expressions de $p_1, \ldots, p_n$ en fonction de $q_1, \ldots, q_n$

$$(18) \qquad p_i = \Psi_i(q_1, q_2, \ldots, q_n, h),$$

qui pourront tenir lieu du système (17). Nous allons maintenant donner les équations qui déterminent les fonctions Ψ_i.

Considérons d'abord les n équations suivantes

$$\frac{dp_i}{dt} = -\frac{\partial H}{\partial q_i}$$

du système (11); les p_i étant exprimées en fonction des variables q_i, elles prennent la forme

$$\frac{\partial p_i}{\partial q_1} q'_1 + \frac{\partial p_i}{\partial q_2} q'_2 + \ldots + \frac{\partial p_i}{\partial q_n} q'_n = -\frac{\partial H}{\partial q_i},$$

et, si l'on remplace q'_i par sa valeur $\frac{\partial H}{\partial p_i}$, on trouve

$$(19) \qquad \sum_k \frac{\partial p_i}{\partial q_k} \frac{\partial H}{\partial p_k} + \frac{\partial H}{\partial q_i} = 0.$$

D'autre part, si l'on porte les expressions de $p_1, \ldots, p_n$ dans l'équation des forces vives

$$(20) \qquad H = h,$$

on doit obtenir une identité. Il faut donc que la dérivée du premier membre par rapport à q_i devienne nulle, ce qui donne la relation

$$\frac{\partial H}{\partial q_i} + \sum_k \frac{\partial H}{\partial p_k} \frac{\partial p_k}{\partial q_i} = 0.$$

En la retranchant de l'équation (19), on trouve

$$(21) \qquad \sum_k \frac{\partial H}{\partial p_k}\left(\frac{\partial p_k}{\partial q_i} - \frac{\partial p_i}{\partial q_k}\right) = 0, \qquad (i = 1, 2, \ldots, n).$$

Ainsi les variables p_i, considérées comme fonctions de $q_1, \ldots, q_n$, doivent satisfaire aux équations (20) et (21).

Considérons maintenant le second groupe des équations différentielles (11)

$$(22) \qquad \frac{dq_i}{dt} = \frac{\partial H}{\partial p_i}.$$

Lorsqu'on y aura remplacé les p_i par leurs valeurs, on aura formé un système de n équations différentielles du premier ordre, l'équivalent du système (17), dont l'intégration fera connaître les valeurs de $q_1, q_2, \ldots, q_n$ en fonction du temps et de $n-1$ constantes arbitraires qui viendront s'ajouter à la constante des forces vives. Toute la difficulté est donc ramenée, on le voit, à déterminer d'abord les expressions de $p_1, p_2, \ldots, p_n$ satisfaisant aux équations (20) et (21).

564. Le problème étant ainsi transformé, on n'aperçoit nullement que l'on ait fait un pas vers la solution : l'intégration des équations (20) et (21) constitue, en apparence, une question beaucoup plus difficile que celle qu'il s'agissait de résoudre.

Seulement ce problème a des solutions particulières qui sont mises en évidence. On reconnaît, en effet, immédiatement que les équations (21) seront vérifiées si l'on prend pour $p_1, \ldots, p_n$ les dérivées d'une même fonction quelconque θ

$$(23) \qquad p_1 = \frac{\partial \theta}{\partial q_1}, \qquad p_2 = \frac{\partial \theta}{\partial q_2}, \qquad \ldots, \qquad p_n = \frac{\partial \theta}{\partial q_n}.$$

Quant à l'équation (20), si l'on y porte les valeurs précédentes des variables p_i, elle se transformera en une équation aux dérivées partielles qui définira la fonction θ. Si l'on pose, pour abréger,

$$(24) \qquad \Delta\theta = \sum\sum \frac{A_{ik}}{D}\,\frac{\partial \theta}{\partial q_i}\,\frac{\partial \theta}{\partial q_k},$$

on trouve ainsi

(25) $$\Delta\theta = 2(U + h),$$

et l'on peut énoncer le théorème suivant :

A chaque intégrale de l'équation aux dérivées partielles (25) *correspond une famille de solutions du problème proposé pour lesquelles h est la constante des forces vives et que l'on déterminera complètement en effectuant l'intégration du système d'équations différentielles.*

(26) $$p_i = \sum_k a_{ik} \frac{dq_i}{dt} = \frac{\partial\theta}{\partial q_i}, \qquad (i = 1, 2, \ldots, n).$$

D'après les raisonnements que nous venons d'exposer, il est clair que le théorème précédent fournit seulement des famillles particulières de solutions; mais nous verrons, et l'on peut démontrer dès à présent, que ces familles particulières comprendront toutes les solutions possibles du problème proposé. Soit en effet (γ) une telle solution; elle est entièrement définie par les valeurs initiales p_i^0, q_k^0 des variables p_i, q_k, valeurs qui doivent d'ailleurs satisfaire à l'équation des forces vives

$$H = h.$$

Or il existe une infinité de solutions θ de l'équation aux dérivées partielles (25) telles que l'on ait

$$\frac{\partial\theta}{\partial q_i} = p_i^0 \quad \text{pour} \quad q_1 = q_1^0, \ldots, q_n = q_n^0.$$

Dans chacune des familles correspondantes, la solution (γ') définie par les valeurs initiales q_i^0 des variables q_i coïncidera avec la solution (γ); car, pour les deux solutions, les valeurs initiales p_i^0, q_k^0 de toutes les variables p_i, q_k seront les mêmes.

565. Nous donnerons le nom de *familles orthogonales* à toutes celles qui sont définies par l'équation (25) et le système (26). Lorsqu'on connaîtra la solution θ, la détermination complète de la famille correspondante exigera l'intégration du système (26).

Cette dernière intégration sera facilitée, et pourra même être rendue inutile, si la solution θ contient un certain nombre de constantes arbitraires. C'est en cela que consiste le théorème fondamental de Jacobi, que nous allons d'abord démontrer.

Soit

$$\theta = f(q_1, \ldots, q_n, c_1, \ldots, c_\lambda, h)$$

une solution de l'équation (25) contenant les constantes arbitraires $c_1, \ldots, c_\lambda$. En différentiant les deux membres de cette équation par rapport à l'une quelconque c_p des constantes précédentes et remarquant que $U + h$ ne contient pas c_p, on trouve

$$\sum\sum \frac{A_{ik}}{D} \frac{\partial\theta}{\partial q_i} \frac{\partial^2\theta}{\partial q_k \partial c_p} = 0.$$

D'après la formule (6), l'ensemble des coefficients de $\frac{\partial^2\theta}{\partial q_k \partial c_p}$ est précisément q'_k. On aura donc

$$\sum_k \frac{\partial^2\theta}{\partial q_k \partial c_p} q'_k = 0$$

ou, plus simplement,

$$\frac{d}{dt}\left(\frac{\partial\theta}{\partial c_p}\right) = 0,$$

et, en intégrant,

$$\frac{\partial\theta}{\partial c_p} = \text{const.} = c'_p.$$

On démontrerait de la même manière l'équation

$$\frac{d}{dt}\left(\frac{\partial\theta}{\partial h}\right) = 1, \qquad \frac{\partial\theta}{\partial h} = t + \tau.$$

Ainsi :

Si la fonction θ *contient dans son expression les constantes arbitraires* $c_1, c_2, \ldots, c_\lambda$, *les équations*

(27) $$\frac{\partial\theta}{\partial c_1} = c'_1, \quad \ldots, \quad \frac{\partial\theta}{\partial c_\lambda} = c'_\lambda$$

sont autant d'intégrales du système (26); *de plus, si l'on n'a pas attribué à la constante des forces vives une valeur numérique, l'équation*

(28) $$\frac{\partial\theta}{\partial h} = t + \tau$$

fera connaître le temps.

Si l'intégrale θ *est complète, c'est-à-dire si elle contient*

$n-1$ constantes arbitraires c_p, les équations

$$(29)\qquad \frac{\partial\theta}{\partial c_1}=c'_1,\quad \ldots,\quad \frac{\partial\theta}{\partial c_{n-1}}=c'_{n-1},\quad \frac{\partial\theta}{\partial h}=t+\tau$$

donneront l'intégration complète du système (26).

La proposition de Jacobi se trouve ainsi établie.

Ici encore, par des raisonnements analogues à ceux du n° 555, on reconnaîtra à quelles conditions doit satisfaire l'intégrale complète. Il faut que, si on la considère comme fonction des constantes c_p, elle ne satisfasse à aucune équation de la forme

$$F\left(\frac{\partial\theta}{\partial c_1},\ldots,\frac{\partial\theta}{\partial c_{n-1}},c_1,\ldots,c_{n-1},h\right)=0.$$

Cette condition est d'ailleurs équivalente à la suivante : θ, considérée comme fonction de $q_1,\ldots,q_n$, ne doit vérifier aucune équation aux dérivées partielles indépendante des constantes c_p et distincte de l'équation (24).

566. Les équations (29), auxquelles il faut joindre les suivantes

$$(30)\qquad p_1=\frac{\partial\theta}{\partial q_1},\quad \ldots,\quad p_n=\frac{\partial\theta}{\partial q_n},$$

qui feront connaître les vitesses, définissent la solution la plus générale du problème proposé. Considérons, parmi toutes les solutions, celles qui correspondent à une même position initiale du système mobile. Soient $q_1^0,\ldots,q_n^0$ les valeurs des variables q_i qui définissent cette position et soit

$$\theta=f(q_1,\ldots,q_n,c_1,\ldots,c_{n-1},h)$$

la solution qui figure dans les formules (30). Nous poserons

$$f_0=f(q_1^0,\ldots,q_n^0,c_1,\ldots,c_{n-1},h);$$

les équations (29) devant être vérifiées quand on y fait $q_i=q_i^0$, on aura

$$c'_i=\frac{\partial f_0}{\partial c_i};$$

et, par suite, ces équations prendront la forme

$$(31)\qquad \frac{\partial}{\partial c_i}(f-f_0)=0,\qquad (i=1,2,\ldots,n-1).$$

En attribuant aux constantes c_i toutes les valeurs possibles dans ces équations, on obtient ainsi ce que nous avons appelé une famille de solutions. *Cette famille est orthogonale;* on peut le montrer de la manière suivante.

D'après la définition même des familles orthogonales, tout revient à établir que l'expression

$$\sum p_i\, dq_i = \sum \frac{\partial f}{\partial q_i}\, dq_i \tag{32}$$

est une différentielle exacte après qu'on y a remplacé les constantes c_i par leurs expressions en fonction de $q_1, \ldots, q_n$ déduites des équations (31). Or, si l'on considère la fonction

$$\sigma = f - f_0,$$

où l'on a remplacé les constantes c_i par leurs valeurs déduites des équations (31), et si on la différentie totalement, on trouve

$$d\sigma = \sum \frac{\partial f}{\partial q_i}\, dq_i + \sum \frac{\partial (f - f_0)}{\partial c_p}\, \partial c_p.$$

Les coefficients des différentielles dc_p étant nuls en vertu des équations (31), $d\sigma$ devient égal à l'expression (32). La proposition que nous avions en vue est donc établie. Nous la retrouverons plus loin par une voie toute différente.

La solution particulière σ que nous venons d'obtenir, solution que l'on peut exprimer en fonction de $q_1, \ldots, q_n, q_1^0, \ldots, q_n^0$, joue, comme on sait, un rôle fondamental dans la théorie d'Hamilton.

Les raisonnements précédents subsisteraient sans modification si l'on substituait à f_0 une fonction quelconque

$$\varphi(c_1, c_2, \ldots, c_{n-1}, h);$$

de sorte que les équations

$$\frac{\partial}{\partial c_p}(f - \varphi) = 0, \qquad (p = 1, 2, \ldots, n-1)$$

définissent toujours une famille orthogonale. Cette famille correspond à cette solution θ de l'équation aux dérivées partielles que l'on obtient, d'après la règle de Lagrange, en éliminant $c_1, c_2, \ldots, c_{n-1}$

entre l'équation

$$0 = f - \dot{\varphi}$$

et ses dérivées par rapport aux constantes arbitraires.

567. Les remarques précédentes s'appliquent toutes à l'hypothèse où la solution θ contiendrait des constantes arbitraires. Quand il n'en sera pas ainsi, il faudra, pour déterminer la famille de solutions correspondante à la solution θ, intégrer le système (26). Toute intégrale

$$F = \text{const.}$$

de ce système devra satisfaire à l'équation linéaire

$$\sum \frac{\partial F}{\partial q_k} q'_k = \sum\sum \frac{A_{ik}}{D} \frac{\partial \theta}{\partial q_i} \frac{\partial F}{\partial q_k} = 0.$$

Nous désignerons, pour abréger, par $\Delta(\theta, F)$ l'expression

$$\Delta(\theta, F) = \sum\sum \frac{A_{ik}}{D} \frac{\partial \theta}{\partial q_i} \frac{\partial F}{\partial q_k}. \tag{33}$$

L'intégration du système (26) équivaut donc à celle de l'équation linéaire

$$\Delta(\theta, F) = 0. \tag{34}$$

Remarquons que le symbole précédent se réduit à $\Delta\theta$ lorsqu'on y suppose $F = \theta$.

La considération des familles orthogonales va nous conduire à une expression remarquable de la force vive du système mobile qui a été signalée par M. Lipschitz [1]. Soient θ une solution quelconque de l'équation (25) et $\theta_1, \theta_2, \ldots, \theta_{n-1}$ les $n-1$ intégrales *distinctes* de l'équation linéaire correspondante (34);

$$\theta, \quad \theta_1, \quad \ldots, \quad \theta_{n-1}$$

forment un système de n fonctions indépendantes; car, si θ pouvait

---

(1) R. Lipschitz, *Untersuchung eines Problems der Variations-rechnung in welchem das Problem der Mechanik enthalten ist* (*Journal de Crelle*, t. LXXIV; 1871). On pourra consulter aussi une analyse de ce Mémoire rédigée par l'auteur dans le *Bulletin des Sciences mathématiques*, 1re série, t. IV, p. 212; 1873.

s'exprimer en fonction de $\theta_1, \ldots, \theta_{n-1}$, on aurait

$$\Delta(\theta, \theta) = \Delta\theta = 0,$$

ce qui est impossible, $\Delta\theta$ étant égal à $U + h$. Nous pouvons donc introduire dans la forme quadratique

$$\sum\sum a_{ik}\, dq_i\, dq_k,$$

qui, divisée par dt^2, donnerait la force vive, les variables θ, θ_i à la place des variables q_i. On obtient ainsi une expression

$$(35)\qquad \sum\sum a_{ik}\, dq_i\, dq_k = B\, d\theta^2 + 2\sum B_i\, d\theta\, d\theta_i + \sum\sum \alpha_{ik}\, d\theta_i\, d\theta_k;$$

nous allons chercher d'abord les valeurs des coefficients B, B_i.

D'après l'équation précédente, on a

$$(36)\qquad \begin{cases} B = \sum\sum a_{ik} \dfrac{\partial q_i}{\partial\theta} \dfrac{\partial q_k}{\partial\theta}, \\ B_p = \sum\sum a_{ik} \dfrac{\partial q_i}{\partial\theta} \dfrac{\partial q_k}{\partial\theta_p}. \end{cases}$$

Or, lorsque θ varie seule, les équations du mouvement sont vérifiées; cela résulte de ce que $\theta_1, \ldots, \theta_{n-1}$ sont les intégrales du système (26). On a donc

$$(37)\qquad \frac{\partial q_i}{\partial\theta} = q_i' \frac{dt}{d\theta},$$

$\dfrac{d\theta}{dt}$ désignant la dérivée de θ par rapport au temps dans le mouvement naturel. On déduit de là

$$\sum_k a_{ik} \frac{\partial q_k}{\partial\theta} = \left(\sum_k a_{ik} q_i'\right) \frac{dt}{d\theta} = p_i \frac{dt}{d\theta}$$

ou encore

$$(38)\qquad \sum_k a_{ik} \frac{\partial q_k}{\partial\theta} = \frac{\partial\theta}{\partial q_i} \frac{dt}{d\theta}.$$

Si l'on multiplie cette équation par $\dfrac{\partial q_i}{\partial\theta}$ et si l'on ajoute toutes les équations semblables, on aura

$$\sum\sum a_{ik} \frac{\partial q_i}{\partial\theta} \frac{\partial q_k}{\partial\theta} = \left(\sum \frac{\partial\theta}{\partial q_i} \frac{\partial q_i}{\partial\theta}\right) \frac{dt}{d\theta},$$

ou, en remarquant que, d'après les formules relatives au changement de variables, le coefficient de $\frac{dt}{d\theta}$ est l'unité,

$$\sum\sum a_{ik}\frac{\partial q_i}{\partial\theta}\frac{\partial q_k}{\partial\theta}=\frac{dt}{d\theta}.$$

L'emploi de la formule (37) nous permet d'éliminer les dérivées $\frac{\partial q_i}{\partial\theta}$ et nous donne

$$\sum\sum a_{ik}q'_iq'_k=\frac{d\theta}{dt},$$

ou, en tenant compte de l'équation des forces vives,

$$\frac{d\theta}{dt}=2(U+h). \tag{39}$$

Telle est la formule qui fera connaître la dérivée de θ dans le mouvement naturel. On en déduit la valeur suivante de B :

$$B=2(U+h)\frac{dt^2}{d\theta^2}=\frac{1}{2(U+h)}.$$

Calculons maintenant la valeur de B_p. Si l'on multiplie les deux membres de l'équation (38) par $\frac{\partial q_i}{\partial\theta_p}$, on aura, en ajoutant toutes les équations semblables,

$$B_p=\sum\sum a_{ik}\frac{\partial q_i}{\partial\theta}\frac{\partial q_k}{\partial\theta_p}=\frac{dt}{d\theta}\left[\sum_i\frac{\partial\theta}{\partial q_i}\frac{\partial q_i}{\partial\theta_p}\right],$$

et, comme le second membre est évidemment nul d'après les formules relatives au changement de variables, on aura

$$B_p=0.$$

En portant les valeurs de B et de B_p dans l'équation (35), on sera donc conduit à l'identité fondamentale

$$(2U+2h)\sum\sum a_{ik}\,dq_i\,dq_k=d\theta^2+f(d\theta_1,\ldots,d\theta_{n-1}). \tag{40}$$

f désignant une forme quadratique des $n-1$ différentielles $d\theta_1,\ldots,d\theta_{n-1}$ qui sera nécessairement *définie positive*.

568. Telle est la formule établie par M. Lipschitz. On peut en

déduire une démonstration nette et précise du principe de la moindre action. Sous la forme qui lui a été donnée par Jacobi ([1]), ce principe peut s'énoncer comme il suit :

Étant données deux positions (P_0) *et* (P_1) *du système mobile, imaginons tous les déplacements continus qui amènent le système de la première position à la seconde, les vitesses satisfaisant à chaque instant à l'équation des forces vives*

$$2T = \sum\sum a_{ik} q'_i q'_k = 2(U + h).$$

Si l'on considère l'intégrale

$$(41)\qquad \int_{(P_0)}^{(P_1)} \sum mv^2\, dt = \int_{(P_0)}^{(P_1)} \sqrt{2U + 2h}\sqrt{\sum\sum a_{ik}\, dq_i\, dq_k},$$

relative à chacun de ces déplacements, elle sera moindre pour le mouvement naturel que pour tous les autres déplacements.

Nous verrons plus loin, en effet (n° 571), que la variation première de l'intégrale précédente est toujours nulle lorsqu'on passe du mouvement naturel à tout autre mouvement infiniment peu différent amenant le système de (P_0) en (P_1). Nous allons démontrer ici une proposition plus précise et prouver que l'intégrale sera réellement un minimum lorsque la position (P_1) sera suffisamment voisine de (P_0).

Soit, en effet, (γ) un des mouvements naturels; considérons une famille orthogonale de solutions (F) à laquelle appartiendra le mouvement (γ). On peut, par exemple, choisir toutes les solutions correspondantes à une position initiale (P′) qui soit l'une de celles que prend le système dans le mouvement naturel. Constituons un domaine continu de positions, caractérisé, par exemple, par certaines inégalités auxquelles doivent satisfaire q_1, $q_2, \ldots, q_n$, assujetti à l'unique condition que la solution θ de l'équation (25), qui caractérise la famille orthogonale, y reste finie et uniforme, ainsi que ses dérivées premières, sauf peut-être pour une certaine position déterminée (P″). Supposons, de plus, que

([1]) *Vorlesungen über Dynamik*, sixième Leçon.

ce domaine comprenne dans son intérieur une partie des positions qu'occupe le système mobile dans le mouvement (γ). Si (P_0) et (P_1) désignent deux de ces positions, nous allons montrer que l'intégrale

$$(42) \qquad \mathfrak{A} = \int_{(P_0)}^{(P_1)} \sqrt{2U + 2h} \sqrt{\sum \sum a_{ik}\, dq_i\, dq_k},$$

à laquelle nous donnerons le nom d'*action*, sera plus petite dans le mouvement naturel que pour tout autre mouvement s'accomplissant, entre les mêmes positions, à l'intérieur du domaine défini plus haut. En effet, il est impossible que deux positions différentes (P_0), (P_1), comprises à l'intérieur du domaine défini, appartiennent à deux solutions distinctes de la famille orthogonale, correspondantes à la détermination de θ que nous avons choisie. S'il en était ainsi, une des deux positions (P_0), (P_1) serait distincte de (P') et, comme les vitesses relatives à cette position sont déterminées par les équations (26), où les dérivées $\frac{\partial \theta}{\partial q_i}$ ne sont, d'après l'hypothèse, ni infinies, ni indéterminées, il en résulterait que les deux solutions distinctes correspondraient à la même position initiale et aux mêmes vitesses initiales, ce qui est évidemment impossible.

D'après cela, évaluons l'action $\mathfrak{A}$ en nous servant de la formule (40). Nous aurons

$$(43) \qquad \mathfrak{A} = \int_{(P_0)}^{(P_1)} \sqrt{d\theta^2 + f(d\theta_1, d\theta_2, \ldots, d\theta_{n-1})}.$$

Dans le mouvement naturel on a

$$d\theta_1 = d\theta_2 = \ldots = d\theta_{n-1} = 0;$$

et, d'autre part, $\frac{\partial \theta}{\partial t}$ étant toujours positive d'après la formule (39), θ est une fonction croissante. On aura donc

$$\mathfrak{A} = \int_{(P_0)}^{(P_1)} d\theta = \theta_{(P_1)} - \theta_{(P_0)}.$$

Si l'on considère maintenant tout autre mouvement s'accomplissant dans le domaine défini, il ne peut, d'après la démonstration précédente, réunir les deux positions (P_0), (P_1) et constituer une solution de la famille orthogonale correspondante à la détermination de θ que nous avons choisie. Par suite, les différentielles $d\theta_1, \ldots, d\theta_{n-1}$ ne seront pas toujours nulles dans ce second mouvement; et, comme f est une forme définie positive, l'intégrale $\mathfrak{A}$, évaluée dans le nouveau mouvement, sera supérieure à

$$\int_{(P_0)}^{(P_1)} \sqrt{d\theta^2}$$

et *a fortiori* à

$$\int_{(P_0)}^{(P_1)} d\theta.$$

Or, la fonction θ étant bien déterminée à l'intérieur du domaine, cette dernière intégrale est toujours $\theta_{(P_1)} - \theta_{(P_0)}$. La proposition que nous avions en vue est donc établie.

Supposons, en particulier, que la famille orthogonale considérée soit celle qui est formée par toutes les solutions qui ont en commun la position initiale (P_0). Soit θ l'intégrale correspondante de l'équation aux dérivées partielles, à laquelle on pourra toujours ajouter une constante, de telle manière qu'elle s'annule pour la position (P_0). Le domaine continu pourra être ici caractérisé par l'inégalité (¹)

$$\theta < A,$$

A étant une constante positive choisie par l'unique condition que θ et ses dérivées ne deviennent ni infinies, ni indéterminées à l'intérieur du domaine. Alors l'action, dans le mouvement naturel qui s'effectue à l'intérieur du domaine entre la position (P_0) et une autre position (P_1) comprise dans le domaine, sera un minimum absolu. Car, d'après la démonstration précédente, elle est plus petite que celle qui est relative à tout autre mouvement s'accomplissant dans le domaine; mais elle est aussi inférieure à celle qui se rapporte à tout mouvement sortant des limites, puisque déjà l'action dans ce mouvement, étendue seulement jusqu'à la première position pour laquelle il sort du domaine, est au moins égale à A et, par suite, supérieure à $\theta_{(P_1)}$. Ce raisonnement ne diffère

(¹) La définition complète et précise de ce domaine exigerait quelques développements qui sont analogues à ceux que nous avons donnés aux nos 518 et 521 relativement aux lignes géodésiques.

que par le nombre des variables de celui que nous avons présenté au n° 521.

569. La démonstration précédente établit donc, sans l'intervention du calcul des variations et par des méthodes purement algébriques, le principe de la moindre action; sous ce point de vue, elle doit être rapprochée de celle que M. Liouville a fait connaître dans un article inséré en 1856 aux *Comptes rendus* (¹). Nous allons indiquer rapidement une méthode nouvelle qui conduit aux résultats obtenus par l'illustre géomètre.

Désignons par ϖ_i les expressions

$$(44) \qquad \varpi_i = a_{i1}\,dq_1 + a_{i2}\,dq_2 + \ldots + a_{in}\,dq_n,$$

qui sont égales aux quantités p_i multipliées par dt, et considérons la forme quadratique

$$(45) \qquad K = \begin{vmatrix} a_{11} & \ldots & a_{1n} & \dfrac{\partial\theta}{\partial q_1} & \varpi_1 \\ \ldots & \ldots & \ldots & \ldots & \ldots \\ a_{n1} & \ldots & a_{nn} & \dfrac{\partial\theta}{\partial q_n} & \varpi_n \\ \dfrac{\partial\theta}{\partial q_1} & \ldots & \dfrac{\partial\theta}{\partial q_n} & 0 & 0 \\ \varpi_1 & \ldots & \varpi_n & 0 & 0 \end{vmatrix}.$$

On reconnaîtra aisément qu'elle est toujours positive ou nulle et qu'elle ne peut s'annuler que si l'on a

$$\frac{\varpi_1}{\dfrac{\partial\theta}{\partial q_1}} = \frac{\varpi_2}{\dfrac{\partial\theta}{\partial q_2}} = \ldots = \frac{\varpi_n}{\dfrac{\partial\theta}{\partial q_n}}.$$

Cela posé, désignons par les notations b_{11}, b_{12}, b_{21}, b_{22} les quatre éléments qui sont des zéros et qui appartiennent aux deux dernières lignes et aux deux dernières colonnes. Une formule

(¹) J. Liouville, *Expression remarquable de la quantité qui, dans le mouvement d'un système de points matériels à liaisons quelconques, est un minimum en vertu du principe de la moindre action* (*Comptes rendus*, t. XLII, p. 1146, et *Journal de Liouville*, 2ᵉ série, t. I, p. 297; 1856).

déjà rappelée (p. 124) nous donnera la relation

$$(46) \qquad K\frac{\partial^2 K}{\partial b_{11}\,\partial b_{22}} = \frac{\partial K}{\partial b_{11}}\,\frac{\partial K}{\partial b_{22}} - \left(\frac{\partial K}{\partial b_{12}}\right)^2.$$

On établit immédiatement, ou par des combinaisons faciles de colonnes, que l'on a

$$\frac{\partial^2 K}{\partial b_{11}\,\partial b_{22}} = D, \qquad \frac{\partial K}{\partial b_{11}} = -D\sum\sum a_{ik}\,dq_i\,dq_k,$$
$$\frac{\partial K}{\partial b_{12}} = -D\,d\theta, \qquad \frac{\partial K}{\partial b_{22}} = -D\Delta\theta,$$

D et $\Delta\theta$ étant les expressions déjà définies par les formules (5) et (24). En portant ces valeurs dans l'équation (46), on trouvera

$$\Delta\theta\sum\sum a_{ik}\,dq_i\,dq_k = d\theta^2 + \frac{K}{D}.$$

Si l'on suppose maintenant que θ satisfasse à l'équation

$$\Delta\theta = 2(U+h),$$

on aura

$$(47) \qquad 2(U+h)\sum\sum a_{ik}\,dq_i\,dq_k = d\theta^2 + \frac{K}{D}.$$

Cette équation, qui donne, comme la formule (40), une expression de l'action élémentaire, peut remplacer cette identité et jouerait le même rôle dans la démonstration que nous avons donnée du principe de la moindre action. Au reste, on peut déduire très aisément la première formule de la seconde.

En effet, d'après l'expression (45), on reconnaît immédiatement que K est une fonction quadratique des binômes

$$\varpi_i\frac{\partial\theta}{\partial q_k} - \varpi_k\frac{\partial\theta}{\partial q_i}.$$

Toutes ces quantités, s'annulant lorsqu'on se déplace sur une trajectoire, en vertu des équations différentielles (26), seront nécessairement de la forme

$$P_1\,d\theta_1 + \ldots + P_{n-1}\,d\theta_{n-1};$$

$\frac{K}{D}$ sera donc une forme quadratique des différentielles $d\theta_1$, $d\theta_2$, ..., $d\theta_{n-1}$. Cette remarque suffit à montrer que l'équation (40) est une conséquence de la formule (47).

570. Nous négligerons ici ce qui concerne le principe d'Hamilton. Il suffirait, pour établir ce principe et reconnaître qu'il y a réellement un minimum de l'intégrale correspondante, de répéter la démonstration du n° 546, en substituant partout au terme $\sigma^2 d\theta_1^2$ la fonction $f(d\theta_1, \ldots, d\theta_{n-1})$ qui figure dans la formule (40). Nous insisterons, au contraire, sur la généralisation suivante d'un résultat établi au n° 534.

Lorsqu'on connaîtra une intégrale complète θ de l'équation (25), on pourra prendre pour les fonctions $\theta_1, \ldots, \theta_{n-1}$ les dérivées de θ par rapport aux constantes c_i. Posons

$$\theta_i = \frac{\partial \theta}{\partial c_i},$$

$$\theta_{ik} = \frac{\partial^2 \theta}{\partial c_i \partial c_k};$$

nous allons voir que l'on peut exprimer entièrement le second membre de la formule (40) en fonction de θ et de ses dérivées.

Remplaçons partout dans cette formule la caractéristique d par $d + \lambda\delta$ et égalons les coefficients de λ dans les deux membres; nous aurons la relation

$$(48)\qquad 2(\mathrm{U} + h)\sum\sum a_{ik}\, dq_i\, \delta q_k = d\theta\, \delta\theta + \frac{1}{2}\sum \frac{\partial f}{\partial\, d\theta_i}\, \delta\theta_i,$$

qui est équivalente à l'équation d'où on l'a déduite, mais qui contient deux systèmes de différentielles. Les deux membres peuvent être considérés comme dépendant des $4n - 1$ variables q_i, dq_k, $\delta q_{k'}$, c_λ. Laissant toutes les autres variables constantes, différentions par rapport à c_λ. En remarquant que le premier membre ne contient pas c_λ et que l'on a, généralement,

$$\frac{\partial}{\partial c_\lambda} du = d\frac{\partial u}{\partial c_\lambda},$$

nous trouverons le résultat suivant

$$\begin{aligned} 0 = d\theta_\lambda\, \delta\theta + d\theta\, \delta\theta_\lambda + \frac{1}{2}\sum \frac{\partial f}{\partial\, d\theta_i}\, \delta\theta_{i\lambda} \\ + \frac{1}{2}\sum \frac{\partial f}{\partial\, \delta\theta_i}\, d\theta_{i\lambda} + \frac{1}{2}\sum \frac{\partial^2 f}{\partial c_\lambda\, \partial\, d\theta_i}\, \delta\theta_i. \end{aligned}$$

Cela posé, choisissons pour les différentielles $\delta q_1, \ldots, \delta q_n$ des valeurs annulant $\delta\theta_1, \delta\theta_2, \ldots, \delta\theta_{n-1}$. Si l'on pose

$$(49)\qquad (o) = \begin{vmatrix} \frac{\partial\theta}{\partial q_1} & \cdots & \frac{\partial\theta}{\partial q_n} \\ \frac{\partial\theta_1}{\partial q_1} & \cdots & \frac{\partial\theta_1}{\partial q_n} \\ \cdots & \cdots & \cdots \\ \frac{\partial\theta_{n-1}}{\partial q_1} & \cdots & \frac{\partial\theta_{n-1}}{\partial q_n} \end{vmatrix},$$

les valeurs de $\delta q_1, \ldots, \delta q_n$ seront proportionnelles aux coefficients de $\frac{\partial\theta}{\partial q_1}, \ldots, \frac{\partial\theta}{\partial q_n}$ dans le déterminant précédent. Si l'on désigne par la notation (ik) ce que devient ce déterminant lorsqu'on y remplace θ par θ_{ik}, l'équation précédente nous donnera

$$(50)\qquad o = (o)\, d\theta_\lambda + \frac{1}{2}\sum \frac{\partial f}{\partial\, d\theta_i}(i\lambda), \qquad (\lambda = 1, 2, \ldots, n-1),$$

tous les autres termes disparaissant en vertu de l'hypothèse faite sur $\delta q_1, \ldots, \delta q_n$. Si l'on joint aux équations précédentes l'identité

$$f = \frac{1}{2}\sum \frac{\partial f}{\partial\, d\theta_i}\, d\theta_i,$$

on pourra éliminer toutes les dérivées $\frac{1}{2}\frac{\partial f}{\partial\, d\theta_i}$ et obtenir l'équation

$$\begin{vmatrix} (1,1) & \cdots & (1,n-1) & d\theta_1 \\ (2,1) & \cdots & (2,n-1) & d\theta_2 \\ \cdots & \cdots & \cdots & \cdots \\ (n-1,1) & \cdots & (n-1,n-1) & d\theta_{n-1} \\ d\theta_1 & \cdots & d\theta_{n-1} & -\frac{f}{(o)} \end{vmatrix} = o,$$

qui fera connaître f. On trouve ainsi

$$(51)\qquad f = \frac{(o)}{D'}\begin{vmatrix} (1,1) & \cdots & (1,n-1) & d\theta_1 \\ (2,1) & \cdots & (2,n-1) & d\theta_2 \\ \cdots & \cdots & \cdots & \cdots \\ (n-1,1) & \cdots & (n-1,n-1) & d\theta_{n-1} \\ d\theta_1 & \cdots & d\theta_{n-1} & o \end{vmatrix},$$

D′ désignant le déterminant

$$|(ik)| \qquad (i, k = 1, 2, \ldots, n-1).$$

Ainsi la forme quadratique $2(U+h)\sum\sum a_{ik}\,dq_i\,dq_k$, qui représente ce que l'on peut appeler le carré de l'*action élémentaire*, sera entièrement exprimée en fonction de θ et de ses dérivées par une formule où ne subsistera plus rien d'inconnu. Ce résultat comprend, comme nous l'avons annoncé, celui qui a été démontré au n° 534.

571. La variable t joue un rôle très effacé et disparaît presque complètement dans les raisonnements précédents. On aurait pu l'éliminer dès le début et retrouver ainsi, d'une autre manière, les résultats que nous venons d'établir. La question est assez importante pour que nous indiquions rapidement ce nouveau mode d'exposition.

On peut, en employant le principe des forces vives, faire disparaître le temps des équations de Lagrange. Si l'on pose, en effet,

$$2(T) = \sum\sum a_{ik}\,dq_i\,dq_k,$$

les équations de Lagrange s'écrivent comme il suit :

$$d\left[\frac{\partial(T)}{\partial\, dq_i}\,\frac{1}{dt}\right] - \frac{1}{dt}\,\frac{\partial(T)}{\partial q_i} - dt\,\frac{\partial U}{\partial q_i} = 0.$$

Or on a, d'après le principe des forces vives,

$$dt = \sqrt{\frac{(T)}{U+h}}.$$

Si l'on porte cette valeur de dt dans les équations de Lagrange, elles prennent la forme

$$d\left[\frac{\partial(T)}{\partial\, dq_i}\,\frac{\sqrt{U+h}}{\sqrt{(T)}}\right] - \frac{\partial(T)}{\partial q_i}\,\frac{\sqrt{U+h}}{\sqrt{(T)}} - \frac{\sqrt{(T)}}{U+h}\,\frac{\partial U}{\partial q_i} = 0$$

ou, plus simplement,

(52) $$d\,\frac{\partial}{\partial\, dq_i}\sqrt{(U+h)(T)} - \frac{\partial}{\partial q_i}\sqrt{(U+h)(T)} = 0.$$

Ce sont celles auxquelles on serait conduit en égalant à zéro la variation première de l'intégrale

$$(53)\qquad \int_{(P_0)}^{(P_1)} \sqrt{(U+h)(T)} = \frac{1}{2}\int_{(P_0)}^{(P_1)} \sqrt{2(U+h)\sum\sum a_{ik}\,dq_i\,dq_k}.$$

Posons

$$(54)\qquad ds^2 = (2U+2h)\sum\sum a_{ik}\,dq_i\,dq_k;$$

ds désignera ce que nous avons appelé l'*action élémentaire,* et l'on voit que la solution du problème général de la Mécanique est ainsi ramenée à la recherche du maximum ou du minimum de l'intégrale

$$\int_{(P_0)}^{(P_1)} ds,$$

où ds^2 désigne une forme quadratique assujettie à la seule condition d'être *définie positive*. C'est en cela que consiste le principe de la moindre action; et l'on reconnait immédiatement, grâce à ce principe, que le problème général de la Mécanique n'est qu'une extension à un nombre quelconque de variables du problème de la recherche des lignes géodésiques. C'est à ce point de vue que nous allons nous placer maintenant en prenant pour guide un beau Mémoire de M. Beltrami ([1]).

572. Étant donnée la forme quadratique

$$(55)\qquad ds^2 = \sum\sum a_{ik}\,dq_i\,dq_k,$$

si l'on fait un changement de variables qui donne

$$\sum\sum a_{ik}\,dq_i\,dq_k = \sum\sum b_{ik}\,dr_i\,dr_k,$$

on aura aussi, en introduisant deux systèmes de différentielles,

$$\sum\sum a_{ik}\,dq_i\,\delta q_k = \sum\sum b_{ik}\,dr_i\,\delta r_k.$$

([1]) E. Beltrami, *Sulla teorica generale dei parametri differenziali* (*Memorie dell' Accademia delle Scienze dell' Istituto di Bologna*, serie 2ª, t. VIII, p. 549; 1869).

Par suite, l'angle $(ds, \delta s)$, défini par l'équation

$$ds\,\delta s \cos(ds, \delta s) = \sum\sum a_{ik}\, dq_i\, \delta q_k, \tag{56}$$

sera un invariant. Dans le cas où la forme est définie, on s'assure aisément, par l'emploi d'une identité de Lagrange, que $\cos(ds, \delta s)$ est en valeur absolue inférieur à l'unité. Nous dirons que l'élément $(ds, \delta s)$ est l'*angle* des deux directions définies par les deux systèmes de différentielles d et δ. Deux directions seront *perpendiculaires* lorsqu'on aura

$$\sum\sum a_{ik}\, dq_i\, \delta q_k = 0. \tag{57}$$

Étant donnée une relation quelconque

$$\varphi(q_1, q_2, \ldots, q_n) = 0, \tag{58}$$

elle définira ce que nous appellerons une *surface*. Supposons que $q_1, \ldots, q_n$ varient sans cesser de satisfaire à cette équation; leurs différentielles devront, à chaque instant, vérifier la relation

$$\sum \frac{\partial \varphi}{\partial q_i}\, \delta q_i = 0. \tag{59}$$

Nous réserverons le nom de *ligne* à l'ensemble des valeurs de $q_1, \ldots, q_n$ qui sont des fonctions données d'un paramètre variable t. Nous ne considérerons dans ce Chapitre que des lignes et des surfaces. Une ligne et une surface ont, en général, un nombre limité d'éléments communs. La condition d'orthogonalité de deux lignes ayant un élément commun sera exprimée par la formule (57), où les caractéristiques d et δ se rapportent respectivement aux déplacements effectués sur les deux lignes.

Si une ligne et une surface ont un élément commun, nous dirons que la ligne est *normale à la surface* lorsqu'elle sera normale à toutes les lignes de la surface contenant l'élément commun. Pour qu'il en soit ainsi, il faudra que l'on ait

$$\sum\sum a_{ik}\, dq_i\, \delta q_k = 0, \tag{60}$$

la différentielle d se rapportant à un déplacement sur la ligne et la différentielle δ à un déplacement sur la surface. Si la surface est représentée par l'équation (58), les différentielles δq_i satisfont à la seule condition (59). Il faudra donc que les coefficients des différentielles δq_i dans les deux équations (57) et (59) soient proportionnels. On est ainsi conduit au système

$$\sum_k a_{ik}\frac{dq_k}{ds} = \lambda\frac{\partial\varphi}{\partial q_i}, \qquad (i=1, 2, \ldots, n), \tag{61}$$

où λ est un facteur de proportionnalité.

Si on le résout par rapport aux dérivées $\frac{dq_k}{ds}$, on obtient les valeurs suivantes

$$\frac{dq_i}{ds} = \lambda\sum_k \frac{A_{ik}}{D}\frac{\partial\varphi}{\partial q_k}, \tag{62}$$

les symboles A_{ik} et D désignant les quantités déjà définies, c'est-à-dire le déterminant $|a_{ik}|$ et ses mineurs du premier ordre.

Comme on a

$$\sum a_{ik}\frac{dq_i}{ds}\frac{dq_k}{ds} = 1, \tag{63}$$

la multiplication des équations (61) et (62) donnera

$$\lambda^2\sum\sum\frac{A_{ik}}{D}\frac{\partial\varphi}{\partial q_i}\frac{\partial\varphi}{\partial q_k} = 1.$$

En posant ici encore

$$\Delta\theta = \sum\sum\frac{A_{ik}}{D}\frac{\partial\theta}{\partial q_i}\frac{\partial\theta}{\partial q_k}, \tag{64}$$

on trouvera

$$\lambda^2 = \frac{1}{\Delta\varphi}. \tag{65}$$

Si l'on remarque maintenant que l'ensemble des termes qui multiplient $\frac{\partial q_i}{\partial s}$ dans l'équation (63) est égal, d'après la formule (61), à $\lambda\frac{\partial\varphi}{\partial q_i}$, on peut encore écrire cette équation sous la forme suivante

$$\lambda\sum\frac{\partial\varphi}{\partial q_i}\frac{dq_i}{ds} = 1,$$

ce qui donne

$$\frac{1}{\lambda} = \frac{d\varphi}{ds}, \tag{66}$$

la différentielle $d\varphi$ se rapportant à un déplacement qui s'effectue sur la courbe normale à la surface. La comparaison des formules (65) et (66) nous donne donc

$$\Delta\varphi = \left(\frac{d\varphi}{ds}\right)^2, \tag{67}$$

et cette expression montre immédiatement que $\Delta\varphi$ est un invariant (¹).

573. Ce fait essentiel peut aussi être établi de la manière suivante. Considérons la forme quadratique ds^2 et cherchons la fonction m, telle que la différence

$$ds^2 - \frac{d\theta^2}{m},$$

considérée comme fonction de $dq_1, \ldots, dq_n$, se réduise à une somme de $n-1$ carrés. Si l'on prend les dérivées de la différence précédente par rapport à $dq_1, dq_2, \ldots, dq_n$, on obtient les n équations

$$\sum_k a_{ik}dq_k - \frac{1}{m}\frac{\partial\theta}{\partial q_i}d\theta = 0, \qquad (i = 1, 2, \ldots, n),$$

dont le déterminant devra être nul. On peut leur adjoindre l'équation

$$\sum \frac{\partial\theta}{\partial q_i}dq_i - d\theta = 0,$$

qui définit $d\theta$. En éliminant $d\theta, dq_1, \ldots, dq_n$, on est conduit à une équation qui donne précisément

$$m = \Delta\theta.$$

La fonction m étant, d'après sa définition même, un invariant, il en sera de même de $\Delta\theta$.

(¹) E. Beltrami, *Mémoire cité*.

574. Puisque la différence

$$ds^2 - \frac{d\theta^2}{\Delta\theta}$$

se réduit à une somme de $n-1$ carrés, qui sont même positifs quand la forme est définie positive, on est conduit à introduire l'élément (θ, ds) défini par l'équation

$$(68) \qquad \frac{d\theta}{\sqrt{\Delta\theta}} = ds \sin(\theta, ds).$$

L'élément (θ, ds) sera dit l'*angle* de la surface (θ) et de la courbe à laquelle se rapportent les différentielles dq_i. Cette définition est d'accord avec celle que nous avons déjà donnée plus haut pour l'orthogonalité, puisque alors on aura, d'après la relation (67),

$$\sin^2(\theta, ds) = 1.$$

De l'invariant $\Delta\theta$ on déduit immédiatement le suivant ([1])

$$(69) \qquad \Delta(\theta, \theta_1) = \sum\sum \frac{A_{ik}}{D} \frac{\partial\theta}{\partial q_i} \frac{\partial\theta_1}{\partial q_k},$$

qui est le coefficient de 2λ dans le développement de $\Delta(\theta + \lambda\theta_1)$, ordonné suivant les puissances de la constante λ.

Cela nous conduit à introduire encore l'élément (θ, θ_1) défini par la formule

$$(70) \qquad \cos(\theta, \theta_1) = \frac{\Delta(\theta, \theta_1)}{\sqrt{\Delta\theta}\sqrt{\Delta\theta_1}},$$

qui sera l'*angle des deux surfaces* (θ), (θ_1).

En résumé, nous avons défini, au moyen des invariants qui se sont présentés successivement, l'angle de deux lignes, de deux surfaces, d'une ligne et d'une surface. On vérifiera aisément que

---

([1]) On peut donner pour $\Delta(\theta, \theta_1)$ une formule analogue à l'équation (67). On a, en effet,

$$\Delta(\theta, \theta_1) = \sqrt{\Delta\theta}\,\frac{d\theta_1}{ds},$$

la différentielle d se rapportant à un déplacement normal à la surface (θ).

ces angles ne changent pas lorsque la forme est multipliée par une fonction quelconque des variables indépendantes. Si l'on considère des lignes et des surfaces ayant un élément commun, l'angle d'une ligne et d'une surface est le complément de l'angle que fait la ligne avec la direction normale à la surface; l'angle de deux surfaces est égal à celui des lignes qui leur sont normales. Des calculs élémentaires établissent ces propositions, qu'il était aisé de prévoir et que le lecteur vérifiera sans peine.

575. Nous allons maintenant indiquer une conséquence intéressante de l'un des résultats précédents. Nous avons vu que la différence

$$ds^2 - \frac{d\theta^2}{\Delta\theta} \tag{71}$$

est toujours réductible à une somme de $n-1$ carrés

$$P_1^2 + P_2^2 + \ldots + P_{n-1}^2.$$

Égalons à zéro chacun de ces carrés; nous aurons un système d'équations différentielles

$$B_{i1}\,dq_1 + \ldots + B_{in}\,dq_n = 0,$$

au nombre de $n-1$. Désignons par $\theta_1, \theta_2, \ldots, \theta_{n-1}$ les $n-1$ intégrales de ce système, c'est-à-dire les fonctions qui, égalées à des constantes, donnent les relations les plus générales entre les valeurs de $q_1, \ldots, q_n$ qui satisfont à ces équations. On aura évidemment $n-1$ identités de la forme suivante :

$$P_i = C_{i1}\,d\theta_1 + C_{i2}\,d\theta_2 + \ldots + C_{i,n-1}\,d\theta_{n-1} \qquad (i = 1, 2, \ldots, n-1);$$

et, par suite, la différence (71) prendra la forme

$$ds^2 - \frac{d\theta^2}{\Delta\theta} = f_1(d\theta_1, \ldots, d\theta_{n-1}),$$

f_1 désignant une forme quadratique des $n-1$ différentielles $d\theta_i$.

Cette égalité ne peut exister que si les fonctions $\theta, \theta_1, \ldots, \theta_{n-1}$ sont indépendantes les unes des autres; et, par suite, en les substituant aux variables primitives, on pourra exprimer $\Delta\theta$ et les coefficients de f_1 en fonction de $\theta, \theta_1, \ldots, \theta_{n-1}$.

Ainsi, *par un changement de variables qui exige seulement l'intégration de $n-1$ équations différentielles ordinaires, on peut toujours ramener la fonction quadratique ds^2 à la forme suivante*

$$(72)\qquad ds^2 = \frac{d\theta^2}{\Delta\theta} + f_1(d\theta_1, \ldots, d\theta_{n-1}),$$

où θ est une fonction arbitrairement choisie, assujettie à l'unique condition que $\Delta\theta$ ne soit pas nul.

En particulier, si l'on a

$$\Delta\theta = 1,$$

on trouvera

$$(73)\qquad ds^2 = d\theta^2 + f_1(d\theta_1, \ldots, d\theta_{n-1}).$$

Cette remarquable proposition, à laquelle on pourrait aisément ramener la précédente, est due à M. Beltrami. Elle joue dans la théorie des formes à n variables le même rôle que la proposition de Gauss relative aux lignes géodésiques (n°s 519 et 531).

On peut définir d'une manière élégante le système des équations différentielles dont l'intégration fera connaître les $n-1$ fonctions θ_i lorsqu'on aura choisi la fonction θ. Il suffit, pour cela, de s'appuyer sur les propriétés d'invariance du symbole $\Delta(\theta, \theta_1)$.

Si l'on cherche, en effet, les fonctions u satisfaisant à l'équation

$$\Delta(\theta, u) = 0,$$

on trouve aisément, en calculant $\Delta(\theta, u)$ avec le second membre de l'équation (73), que l'équation précédente se réduit à la forme simple

$$\frac{\partial u}{\partial \theta} = 0.$$

Par suite, elle admet les $n-1$ intégrales indépendantes θ_1, $\theta_2, \ldots, \theta_{n-1}$. Il suffira donc d'écrire avec les variables primitives l'équation linéaire

$$(74)\qquad \Delta(\theta, u) = \frac{1}{D}\sum\sum A_{ik}\frac{\partial\theta}{\partial q_i}\frac{\partial u}{\partial q_k} = 0;$$

les $n-1$ intégrales indépendantes de cette équation linéaire seront les fonctions que l'on devra associer à θ pour obtenir le nouveau système de variables.

Si la fonction quadratique ds^2 est telle qu'il existe une équation aux dérivées partielles

$$\Delta\theta = U, \tag{75}$$

que l'on puisse intégrer complètement, U étant d'ailleurs une fonction de $q_1, \ldots, q_n$ choisie comme on le voudra, on pourra lui donner sans intégration et d'une infinité de manières la forme

$$ds^2 = \frac{d\theta^2}{U} + f_1(d\theta_1, \ldots, d\theta_{n-1}). \tag{76}$$

Car soit θ une intégrale complète de l'équation (75); en différentiant les deux membres de cette équation par rapport à l'une quelconque c_i des constantes qui entrent dans θ, on trouvera

$$\Delta\left(\theta, \frac{\partial\theta}{\partial c_i}\right) = 0,$$

et, par suite, $\frac{\partial\theta}{\partial c_1}, \ldots, \frac{\partial\theta}{\partial c_{n-1}}$ seront les différentes intégrales de l'équation linéaire (74). Ce sont là, sous une forme un peu différente, les résultats fondamentaux de Jacobi.

576. Les transformations que nous venons de signaler vont nous permettre de traiter le problème déjà posé plus haut relativement au minimum de l'intégrale

$$\int ds,$$

prise entre deux systèmes de valeurs extrêmes donnés. Pour conserver l'analogie, nous donnerons le nom de *géodésiques* à toutes les lignes qui nous donneront une des solutions de ce problème. Il est clair d'ailleurs que ces solutions sont invariantes, c'est-à-dire qu'elles subsistent lorsqu'on change les variables indépendantes.

D'après cela, nous supposerons d'abord que l'on ait choisi ces variables de la manière suivante : $n-1$ des variables, $y_1, \ldots, y_{n-1}$ seront telles que les équations

$$y_1 = C_1, \quad \ldots, \quad y_{n-1} = C_{n-1} \tag{77}$$

définissent, *quelles que soient les constantes* C_i, une solution du problème, c'est-à-dire une ligne géodésique. La dernière variable θ sera simplement une fonction indépendante des précédentes. Pour plus de simplicité on peut supposer que θ soit la valeur de l'intégrale $\int ds$ comptée sur chacune des lignes géodésiques (77) à partir d'une origine fixe, mais quelconque. Alors ds^2 prendra la forme

$$(78) \qquad ds^2 = d\theta^2 + 2(a_1\,dy_1 + \ldots + a_{n-1}\,dy_{n-1})\,d\theta + \sum\sum b_{ik}\,dy_i\,dy_k.$$

Prenons θ comme variable indépendante et posons

$$s' = \frac{ds}{d\theta},$$

$$y'_i = \frac{dy_i}{d\theta}.$$

En égalant à zéro la variation première de l'intégrale

$$\int ds = \int s'\,d\theta,$$

nous aurons les équations

$$\frac{d}{d\theta}\frac{\partial s'}{\partial y'_i} - \frac{\partial s'}{\partial y_i} = 0, \qquad (i = 1, 2, \ldots, n-1).$$

Si nous écrivons qu'elles sont vérifiées par l'hypothèse

$$dy_1 = dy_2 = \ldots = dy_{n-1} = 0,$$

nous trouverons les équations

$$\frac{\partial a_i}{\partial \theta} = 0, \qquad (i = 1, 2, \ldots, n-1),$$

qui s'intègrent immédiatement et donnent

$$(79) \qquad a_i = \varphi_i(y_1, y_2, \ldots, y_{n-1}), \quad (i = 1, 2, \ldots, n-1).$$

Ainsi, *il faut et il suffit que tous les coefficients a_i soient indépendants de θ.*

D'après cela, considérons sur le lieu, défini par l'équation $\theta = 0$, qui contient les points de départ de toutes les géodésiques

$$y_i = \text{const.}, \qquad (i = 1, 2, \ldots, n-1),$$

une courbe quelconque; et cherchons l'angle de cette courbe avec la géodésique qui passe en un de ses points. On a, pour la géodésique,

$$d\theta = ds,$$
$$dy_1 = dy_2 = \ldots = dy_{n-1} = 0,$$

et pour la courbe

$$\delta\theta = 0,$$

$\delta y_1, \delta y_2, \ldots, \delta y_{n-1}$ étant quelconques. L'angle ω de ces deux lignes, qui est défini en général par la formule (56), aura donc ici la valeur donnée par l'équation

$$(80) \qquad \cos\omega = \frac{a_1\,\delta y_1 + a_2\,\delta y_2 + \ldots + a_{n-1}\,\delta y_{n-1}}{\sqrt{\sum\sum b_{ik}\,\delta y_i\,\delta y_k}}.$$

Pour que les lignes géodésiques soient normales au lieu géométrique ($\theta = 0$) qui leur sert de point de départ, il faut et il suffit que l'expression précédente de $\cos\omega$ soit nulle pour toutes les valeurs des différentielles δy_i, c'est-à-dire que l'on ait, pour $\theta = 0$,

$$a_1 = a_2 = \ldots = a_{n-1} = 0.$$

Mais, comme ces coefficients ne contiennent pas θ, *ils seront alors identiquement nuls*.

Ainsi, *si des lignes géodésiques sont normales à une surface quelconque* ($\theta = 0$), *tous les coefficients* a_i *disparaissent dans l'expression* (78); ds^2 *prend la forme suivante*

$$(81) \qquad ds^2 = d\theta^2 + f_1(dy_1, \ldots, dy_{n-1}),$$

et, par suite, les lignes géodésiques sont aussi normales à toutes les surfaces

$$\theta = \text{const.}$$

que l'on obtient en portant sur chacune d'elles à partir de son point d'incidence une longueur donnée.

Telle est la proposition démontrée par M. Beltrami. Elle s'applique aussi au cas où l'on considère toutes les lignes géodésiques passant par un même point; car, si l'on prend ce point pour origine des arcs, on doit avoir, d'après la définition même de θ,

$$ds = d\theta, \qquad \text{pour} \qquad \theta = 0,$$

quelles que soient les variables y_i. Par suite, les coefficients a_i et b_{ik} doivent s'annuler pour $\theta = 0$. Mais, comme les premiers a_i ne contiennent pas θ, ils seront identiquement nuls. Ainsi :

Si, sur toutes les géodésiques passant par un point, on porte des longueurs égales, à partir de ce point, le lieu géométrique de l'extrémité de ces longueurs est normal à toutes les géodésiques.

577. Les théorèmes précédents, qui constituent une généralisation de la théorie de Gauss, mettent immédiatement en évidence le résultat suivant, déjà établi aux n°s 531 et 532 pour le cas de deux variables.

La détermination des lignes géodésiques de la forme quadratique et l'intégration de l'équation aux dérivées partielles

$$\Delta\theta = 1$$

constituent deux problèmes équivalents. La résolution de l'un entraîne nécessairement celle de l'autre.

Il ne nous reste plus qu'un mot à ajouter en ce qui concerne le problème le plus général de la Mécanique. Il revient, nous l'avons déjà remarqué, à la détermination des lignes géodésiques de la forme

$$(82) \qquad dS^2 = (U + h)\sum\sum a_{ik}\, dq_i\, dq_k = (U + h)\, ds^2.$$

Si l'on remarque maintenant que le paramètre différentiel $\Delta\theta$ évalué relativement à dS^2 est égal au quotient par $U + h$ du même paramètre différentiel relativement à ds^2, on reconnaîtra immédiatement que la solution du problème de Mécanique se ramène à l'intégration de l'équation

$$\Delta\theta = U + h, \tag{83}$$

Δ étant le paramètre différentiel par rapport à ds^2.

D'après la remarque que nous avons déjà faite (n° 574), les angles des lignes et des surfaces sont les mêmes par rapport aux deux formes dS^2 et ds^2. En tenant compte de ce résultat, on peut étendre au problème général de la Mécanique les deux propositions relatives à l'orthogonalité que nous avons démontrées d'après M. Beltrami dans le numéro précédent. On retrouvera ainsi deux théorèmes que M. Lipschitz a énoncés dans le Mémoire que nous avons déjà signalé plus haut et auquel nous renverrons le lecteur.

FIN DE LA SECONDE PARTIE.

TABLE DES MATIÈRES

DE LA SECONDE PARTIE.

LIVRE IV.

LES CONGRUENCES ET LES ÉQUATIONS LINÉAIRES AUX DÉRIVÉES PARTIELLES.

CHAPITRE I.

CHAPITRE II.

CHAPITRE XIII.

CHAPITRE XIV.

CHAPITRE XV.

LIVRE V.

DES LIGNES TRACÉES SUR LES SURFACES.

CHAPITRE I.

CHAPITRE II.

CHAPITRE III.

CHAPITRE IV.

CHAPITRE V.

FIN DE LA TABLE DES MATIÈRES DE LA SECONDE PARTIE.

1864 Paris. — Imprimerie GAUTHIER-VILLARS ET FILS, quai des Grands-Augustins, 55.

placement de la leçon sur la question, purement algébrique, des équations binômes par une leçon nouvelle qui contient le développement d'un chapitre sur l'élimination des fonctions arbitraires, emprunté à une autre leçon de l'ancien texte, et la théorie du changement de variables quand il y en a plusieurs d'indépendantes. A une démonstration assez pénible de la série de Taylor, j'ai substitué l'élégante démonstration de M. Rouché, en rappelant la démonstration si générale que M. Bonnet a donnée du théorème de Rolle. J'ai dû compléter la leçon sur les imaginaires par des développements sur la définition et les propriétés des fonctions e^z, $\sin z$, $\cos z$, lz, z^m. La solution de problèmes élémentaires sur le plan tangent est remplacée par des notions sur les surfaces enveloppes; un paragraphe est consacré au changement de variables dans les intégrales doubles. Enfin, la leçon sur l'intégration des équations aux dérivées partielles du premier ordre a été refondue et accrue de la théorie des équations aux différentielles totales et des équations non linéaires aux dérivées partielles, dans le cas de deux variables indépendantes.

J'ai relu avec soin le texte donné par Prouhet et j'y ai fait maintes corrections de détail, évidemment indiquées; je n'ai pas hésité à abréger certains passages, quand j'ai cru ne rien sacrifier d'utile; mais j'ai conservé les leçons sur les séries et les différences finies, ainsi que les notes de MM. Catalan, Despeyrous, Prouhet et Brassinne, qui toutes présentaient de l'intérêt. Chaque Leçon continue à être suivie d'exercices tirés des papiers de Sturm; d'autres sont empruntés aux excellents Ouvrages de M. Frenet (¹) et de M. Tisserand (²). De plus, j'ai cru faire plaisir à plusieurs lecteurs en donnant une série de sujets de compositions proposés par les Facultés de Paris et de la province.

Nous espérons que cette nouvelle édition sera au moins aussi facile à étudier que les éditions précédentes, tout en étant suffisamment complète pour les débutants.

A. de Saint-Germain.

Table des Matières de l'Appendice sur les fonctions elliptiques

par M. H. Laurent.

(¹) Frenet, Professeur à la Faculté des Sciences de Lyon, *Recueil d'Exercices sur le Calcul infinitésimal*. 4ᵉ édition. In-8; 1882 .... 8 fr.

(²) Tisserand, Membre de l'Institut, *Recueil complémentaire d'Exercices sur le Calcul infinitésimal*, à l'usage des candidats à la Licence et à l'Agrégation des Sciences mathématiques (cet Ouvrage forme une suite naturelle au Recueil de M. Frenet). In-8, avec figures dans le texte; 1877..... 7 fr. 50 c.

Résumé des principales formules elliptiques; comparaison des arcs d'ellipse et d'hyperbole; lignes de courbure et d'hyperboloïde; théorème de Poncelet; théorème de Fagnano; aire de quelques courbes; quelques courbes dont l'équation dépend des fonctions elliptiques; mouvement de rotation autour d'un point; pendule conique.

Table des Matières des Leçons complémentaires

par M. A. de Saint-Germain.

Ire Leçon. *Courbes à double courbure.* Cosinus directeurs de la tangente, de la normale principale et de la binormale. Expression des coordonnées en séries. Propriété du plan osculateur. Formules de Serret. Droites et surface polaires. Développées. Contact d'une ligne et d'une surface. Sphère osculatrice. Applications à l'hélice. Contact de deux lignes. — IIe Leçon. *Intégration de quelques différentielles algébriques.* Différentielles qui dépendent des courbes unicursales. Différentielles qui contiennent la racine carrée d'un polynôme du troisième ou du quatrième degré. Intégrales et fonctions elliptiques. — IIIe Leçon. *Propriétés des surfaces courbes.* Surfaces réglées. Lignes de striction. Plans tangents à une surface réglée, gauche ou développable. Lignes asymptotiques. Contact de deux surfaces. — IVe Leçon. *Séries de Lagrange et de Fourier.* Nombre de racines d'une équation comprises dans un contour donné. Série de Lagrange. Problème de Kepler. Série de Fourier.

14655 Paris — Imprimerie GAUTHIER-VILLARS ET FILS, quai des Grands-Augustins, 55.

14652 Paris. — Imprimerie GAUTHIER-VILLARS ET FILS, quai des Grands-Augustins, 55.

www.ingramcontent.com/pod-product-compliance
Lightning Source LLC
Chambersburg PA
CBHW060911220326
41599CB00020B/2930